系統程式設計 下冊

陳金追／著

- 本書英文版獲得美國最權威的書評機構 Bookauthority 的推薦，並評為最佳網路程式設計書籍。
- 想成為世界級的電腦軟體專家，看本書就對了！

序

這本書的英文版近一年前在美國 Amazon 公司出版後，很快在美國，加拿大，德國，和日本都有售出。最近，又獲得美國最權威的書評機構 Bookauthority 的推薦，並評為最佳網路程式設計書籍。今將之譯成中文，以享國內讀者。

這本書含有我在美國電腦軟體工業界，橫跨好幾個領域，逾三十幾年的實際寶貴經驗的精華，是任何想成為世界頂尖軟體工程師或總工程師者，所必知的知識與必備的技能。深信讀者會終身受益。許多的留美電腦博士（大多在美國已工作很久） 買了與讀了之後都說，這本書的內容既廣泛又深入，他們從中學到了很多從其它書學不到的寶貴實際經驗，知識，與技能。

在計算機系統及網路程式設計上，看這本書就對了！但願這是一本您一輩子都想帶在身邊的書！

陳金追 謹上 2022 年 2 月

前言

這本書旨在作為大學部或研究所，系統程式設計課程的教科書（一年的系統程式設計或一學期的系統程式設計加上一學期的網路程式設計），或是已就業之電腦從業人員的參考書或自學指引。

此書的目標在於就如何以 POSIX 標準所規範的作業系統程式界面（APIs），做系統層次之軟體開發，給讀者做個很有系統，既廣泛又深入的介紹。書中涵蓋了讀者從事系統軟體設計所需的基本觀念，常識，技術，技巧，技能，常見基本問題的解決方案，以及優雅的簡單解法。這些知識及技能，都是當今世界系統軟體設計最先進、最前端與最實用的。是任何想成為世界第一流軟體工程師者，所必知的與必備的。也是任何從事諸如作業系統，資料庫管理系統，網路系統，分散式系統，群集（cluster）系統，客戶伺服軟體，以及其它許多應用軟體之開發工程師，所不可或缺的。

只要 POSIX 標準有規範，書中所使用的程式界面都是出自最新的 POSIX 2018 版本。書中的例題程式都是跨平台的。幾乎所有例題程式，都分別在 RedHat Linux，IBM AIX，Oracle/Sun Solaris，HP HP-UX 與 Apple Darwin 等系統上測試過。唯一的例外是第十五章使用 OpenSSL 的網路安全程式，只有在 RedHat Linux 與 Apple Darwin 上測試過。只要微軟視窗系統有支援，幾乎所有網路插口（socket）程式，也都在視窗系統上測試過。

書中所介紹之 POSIX程式界面，涵蓋檔案作業，信號，程序（process）管理，程序間通信方法（IPC），多程線（multithreading），共時控制，共有記憶，網路插口（socket）程式設計，插口選項，與插口性能調整等各領域。

共時控制（concurrency control）一章同時介紹了系統五與 POSIX 旗誌（semaphore）。為了能達到最快速度，這一章亦教讀者如何以組合語言設計與實作您自己的上鎖函數，以達成比任何其它方法都至少快上 25-80% 的性能。這是幾乎當前所有最廣泛應用之資料庫管理系統，其內部所使用且一般人都不知道的絕技。書中所舉的實際範例，包括 Intel x86，IBM Power PC，Oracle/Sun SPARC，HP PARISC，與 HP/DEC Alpha 等中央處理器。

書中第十五章也介紹了計算機網路安全，並以 OpenSSL 實際舉例說明如何實現信息紋摘（digest），HMAC，加密，解密，PKI，數位簽字，以及 SSL/TLS 等作業。如何產生並建立自簽的 X.509 憑證，如何做不同格式憑證的轉換，如何在 SSL/TLS 作業時驗證一串的憑證，以及如何在 SSL/TLS 上做客戶認證等。

一般系統軟體工程師，工作時經常碰到的許多實際的問題，作者憑其在美國軟體工業界三十幾年，橫跨多領域的世界一流經驗，都提供了最簡單且優雅的解決方案。這些包括更新遺失，跨印地（cross-endian），記憶對位，分散式系統的設計，版本化，往後相容，再進入，互斥（mutual exclusion），各種互斥技術的性能比較，生產消費問題，程線的私有記憶，如何解決吊死的互斥鎖，如何避免鎖死，網路非同步連線與自動再連線，多播（multicast），使用固定或不固定端口號，共有記憶，系統性能調整，錯誤碼的正確設計與處理等等，還有其它。一般許多軟體工程師的錯誤觀念，作者在書中也都一一做了更正。這些實際範例充份顯示了程式設計就是一種以做得最少達成最多的藝術！

此外，書中最後一章也談到什麼是世界一流的軟體，以及如何設計與開發世界一流的軟體。

我為何會寫這本書

作者有幸在美國電腦軟體工業界的許多不同領域工作了三十幾年，有機會親自參與很多不同系統軟體的設計與開發，包括 Unix 作業系統核心（kernel），兩個不同資料庫管理系統的核心，群集系統，網路系統，客戶伺服系統，網路管理，網際網路服務，與應用伺服器等，從中學到了許多。看過諸如 AT&T Unix Svr3 與 Svr4 等一流的系統軟體，但也見過這輩子所看過最爛的系統軟體。

在職業生涯的末期，因在世界馳名的軟體產品中見到無數多餘，人造，不必要的複雜度，挫折感日漸累積。我親自看到了全世界最有名之系統軟體中，無數的不必要複雜。許多很基本的問題都沒做對。使產品的複雜度增加了 50 至 100 倍。例子有一籮筐。譬如，網路插口的非同步連線，總共寫了好幾十個函數，至少超過 1500 行。我將之重寫，總共才很簡單的 25 行，只有兩個函數叫用（是 POSIX 的函數），而且在產品所支援的五個不同平台上，全部都沒問題。

這些人造，多餘，不必要的複雜，讓整個產品變得程式錯蟲一堆，產品經常出問題，客戶日常作業經常必須中斷，整個產品的維護費時又費力，成本高漲，且客戶又不滿意，這讓我深深覺得，非把我所學與所知，與全世界的軟體工程師分享不可！

我親眼看到了世界頂尖的軟體公司中，許多資深工程師所受之教育與訓練的不足，連許多很基本的東西都沒做對。是的，感謝電腦科技的迅速且蓬勃發展，讓許多人都受益了。但是，整個電腦軟體工業界，不論在產品品質，效率，與生產力上，都必須大幅提升。許多軟體產品必須更簡化，更瘦身，更易於使用，錯蟲數更少，且維修與支援的成本更低。軟體的設計與開發工程師，必須擁有更好的訓練，知道的比現在更多，才能開發出設計精良，品質更高，讓使用者更滿意，同時提升軟體商與客戶之總生產力的產品。

此外，從另外兩個不同地方，我也看見了世界電腦軟體品質的危機。首先，從世界幾個最大軟體商所推出之產品品質的低落，以及它們最近所犯的大錯誤，多次整個產品新版推出後，迅速因問題又全部取消。我看到了計算機軟體工業界缺乏真正專家級的工程師、總設計師、及管理人才。這些錯誤，在我眼裡，都是很基本與明顯的。其次，查遍世界最頂尖的近百所大學的電腦課程，我發現，幾乎每一所大學都開 C++ 或 Java 物件導向程式設計，但開設 C 語言系統程式設計課程的卻不多。我們都知道，物件導向雖然在概念上很吸引人，但除了極少數較高層的應用之外，物件導向的本質是僵硬的階級式結構，它與絕大多數待解的實際問題，不僅不吻合，反而是一種障礙與束縛。從物件導向資料庫系統在 1980 年代大量崛起，後來又全部都消失，即可看出，物件導向基本上是不適合系統軟體的。

這就是為何我決定寫這本書的原因。希望透過閱讀像這樣的一本書，所有的電腦軟體工程師，都能擁有更好的教育與訓練，知曉所有必要的基本觀念，熟悉所有可用的技術及工具，基本的軟體組構方塊，以及知道如何很簡單且很優雅地解決許多常見的基本問題。將所有基本與最重要的東西作對，設計與開發出一個很精簡、快速、紮實、千錘百鍊，百攻不破的一流軟體產品。

最重要的是，在讀過這一本書後，由於已經知道了所有必備的知識，相信讀者在設法解決一個問題時，就不會再迷失方向，誤入歧途，把問題解決方案做錯了，這就是一切不必要複雜度的起源。讀者應有足夠的知識與技能，選擇正確的技術與組構方塊，設計與開發出一個堅實的一流產品。

深信當其它人看到您所設計與開發的軟體產品時，都會說，“嗯，這是真正由專家所設計的!”、“這程式很容易讀也很容易懂。”、“這產品很容易使用。”、“這產品沒有錯蟲，很易於維修！”、“這產品很穩定，不需要任何維修。”。

我一直覺得，人生的目的之一，就是留給未來的世代一個更好的環境。這包括把我們這一代所學到的，留傳給下一代。也算是對我們祖先所遺留給我們，讓我們不需從零開始的一種報恩！這就是我所選擇的報恩方式，寫這本書就是我履行這份責任的方法。

寫完這本書算是完成了我這一生最大的願望。我一直希望能幫助其它人與所有的年輕人。希望這本書能對全世界的電腦教育，電腦軟體工業界，以及提升全世界的軟體產品的品質，有些微的貢獻。若是，吾心足矣！

英文是我的第三語言。我真希望我的英文還比這更好。但是，我已盡了最大的努力。因此，萬一您發現有任何不完美之處，還請多包涵。感謝您的支持，希望我在這本書所分享的一切，能對您有所助益。祝閱讀愉快！

陳金追 謹上 2020.12.08

感謝

謹將此書獻給我的父母陳順得先生與陳郭寶玉女士，我的內祖父陳漲生先生，以及我的外祖父郭文樹先生。感謝他們的養育之恩，愛，教育和鼓勵。

同時，也感謝教導過我的所有老師，對我的啟發以及保留我的興趣和衝勁！

目錄

第 12 章 網路插口程式設計

第 13 章 插口選項與性能調整

第 14 章 分散式軟體的設計

第 15 章 計算機網路安全

第 16 章 軟體設計原理與程式設計建議

線上下載

本書範例程式請至 http://books.gotop.com.tw/download/ACL064200 下載，其內容僅供合法持有本書的讀者使用，未經授權不得抄襲、轉載或任意散佈。

網路插口程式設計

12

CHAPTER

這一章討論網路插口（socket）的程式設計，介紹網路及分散式（distributed）程式設計的基本程式界面。這些是當今位處無數電腦網路，分散式與網際網路（web）應用程式之核心的技術。

當下有無數的軟體工程師都在開發網路式、分散式、與網際網路的程式，所有這些系統或應用軟體的核心與最底層，就是網路插口的程式界面（socket APIs）。

這一章所介紹的網路插口程式界面是 POSIX 標準所訂定的。因此，這一章所舉的程式例題，在所有支援 POSIX 標準的作業系統上，都能執行。這些程式也都曾在包括 Linux，各種的 Unix（IBM AIX，Oracle/Sun Solaris，HP HP-UX），以及使用達爾文作業系統（Darwin）的 Apple MacBook 上測試過。絕大部分的程式也在微軟的視窗系統上測試過。

有許多種不同的方式，可以從事網路與分散式的程式設計。亦即，分別在不同的層次上，使用不同的程式界面。不同的軟體工程師，也在不同的階層，使用不同的程式界面，開發各種不同的網際網路程式。不過，最常見的，就是利用離作業系統核心層最近的插口程式界面了。這些 C 語言的程式界面透過系統叫用，直接使用作業系統核心層所提供的各項網路服務。因此，它是最底層，直接叫用作業系統的核心層功能。所以，速度最快。

在插口界面往上一層，有所謂的**遠端程序叫用**（Remote Procedure Call，簡稱 RPC）。遠端程序叫用也是 C 語言的程式界面，這些界面等於將插口界面外包一層，過濾掉一些細節，讓其更簡化容易使用，也稍較抽象一些。這些比插口界面較高一層。

再往上更高一層則有 REST，HTTP/HTTPS，SOAP 等程式界面。這些程式界面的內部實際作業，通常不是直接叫用插口界面，就是遠端程式叫用。

誠如上面所說的，插口程式界面是緊貼著作業系統的核心，離作業系統最近，直接叫用作業系統核心層內之網路單元所提供的各項服務。這些程式界面讓分別在經由電腦網路互相連接之兩部計算機上執行的兩個程式，能彼此相互通信。美妙的是，即使是兩個程式正好都在同一部電腦上執行，也毫無差別，結果完全一樣。這個插口程式界面所提供的，就是今日網際網路的骨幹與核心。它與在它更下層的作業系統網路單元以及將所有電腦連在一起的計算機網路硬體設備，共同形成了你我每天使用的網際網路。當然，這也要包括位在最上層用者每天直接使用的網際網路瀏覽器（web browser）應用程式在內。

如今，網際網路已到處都是，而且可以說已人人都有使用的經驗，甚至於到了一日沒有它，就等於沒吃飯的地步了。從軟體工程師的角度而言，網際網路基本上就是位於地球兩端，或甚至在同一房間內，經由電腦網路連接的兩部電腦上的兩個程式在通信對談。而這個通信對話，在離作業系統最近的層級上，就是兩個使用插口界面的程式在彼此通信。而插口界面在更下層所使用的，即是作業系統與電腦網路硬體所提供的 TCP 與 IP 網路協定（protocols）。整個網際網路，事實上就是一個利用 TCP 與 IP 網路協定在溝通運作的網路。

提供使用者網際網路經驗的這兩個主要程式，通常角度略有不同。使用者直接使用，離使用者最近的程式，這通常是瀏覽器，或某種網路應用程式，扮演**用戶**或**客戶**（client）的角色。它一般主動連接，啟動對談，並提出服務請求。收到這服務請求的遠方程式，通常扮演所謂**伺服器**（server）的角色。它通常座落於某公司電腦房內的某一伺服系統上，很有可能存在幾千里之外。為了滿足客戶的請求，這伺服器程式一般必須存取資料庫，取得客戶所要求的網頁或其他資料，再將之送回給客戶。換言之，這是一個典型的**客戶伺服**（client-server）通信。這兩個（實際上通常中間還有其他輔助這兩個程式搭上線的程式）程式在執行它們的作業系統層次，就是透過使用 TCP/IP 電腦網路協定的網路插口程式界面在相互通信的。

因此，網路插口程式設計，事實上就是絕大多數電腦網路系統軟體與應用軟體，分散式系統，網際網路應用，以及更高層之網路協定（如 HTTP，HTTPS，REST）等的基礎與核心。是以，了解網路插口以及其程式設計，對於了解今天的網際網路如何運作，以及開發與維修網路式、分散式、或網際網路的系統與應用軟體，都會有無限的助益。

這一章介紹網路插口程式界面，討論網路插口如何動作，以及如何以這程式界面，開發各種網路式、分散式、及網際網路式的系統與應用程式。讀者會學到如何使用 TCP，UDP，以及 Unix 領域等不同插口，以之設計開發各種不同的網路通信軟體，以及如何設計履行包括客戶伺服通信，同步連接，非同步連接（asynchronous connect），多播作業（multicasting），多程線伺服器，動態查取插口之**端口號**（port number），以及其他不同作業的插口程式。

在唸完這一章後，讀者將能以最底層且效率最高的插口程式界面，設計各種不同的網路式及分散式系統軟體與應用軟體。

12-1 基本網路概念

12-1-1 七層模型

應用層	如 HTTP,HTTPS
展示層	
會期層	如 SSL,TLS, 插口
傳輸層	如 TCP 或 UDP
網路層	如 IPv4 或 IPv6
資料連結層	如 Ethernet 乙太網
實體層	

圖 12-1　電腦網路結構的 OSI 模型

在面對各種網路及分散式的應用軟體時，由於其總體的複雜性與眾多的階層與組件，一般人都很難有個清晰的了解。因此，若能在腦中有個電腦網路結構的模型，進而分層了解，相對會簡易多了。

圖 12-1 所示即為國際標準局（ISO）所公佈的七層網路結構圖。這節，我們即簡短介紹這電腦網路結構。

實體層

整個電腦網路結構的最底層就是實體層（physical layer）。

實體層就是實際將多部電腦彼此連接在一起，形成一個電腦網路的電纜線，或是無線網路中的空中媒體。這個階層負責處理數位資訊（一串的 0 與 1）或資料的實際傳輸，涉及信號的電壓與雜訊處理。

實體層的配線視網路型態的不同而異：有線網路、無線網路、局部網路（Local Area Network，簡稱 LAN）、市區網路（Metropolitan Area Network，簡稱 MAN）、或大地區網路（Wide-Area Network，簡稱 WAN）。以及視網路的脫普結構（topology）及不同技術而定。

記得，在實體層之上的全部是軟體。

資料連結層

資料連結層（data link layer）處理網路實際通信媒體的存取，網路的脫普結構，錯誤偵測與校正，資料包（packet）的損毀，資料包的遺失，資料的重複，確認（authentication），以及發送者與接收者之間的速度差異等問題。為了達成這些任務，資料連結層將資料位元組串，分成資料段或框（data frames）。

資料連結層必須做**流量控制**（flow control）。理由包括資料段可能會遺失或在傳輸過程中絞在一起，或是傳輸者與接收者速度有很大的差異。

基於接收者的速度可能會比傳送者慢很多，或是由於資料段遺失或毀損以致某些資料段必須重送，因此，傳送者可能必須將送出的資料段放進緩衝器裡。流量控制通常會使用諸如滑溜窗口（sliding window）演算法或類似的演算法。

資料連結層進一步細分成兩個子階層：較高的子階層叫**邏輯連結控制**（Logical Link Control，簡稱 **LLC**）與較低的子階層叫**媒體存取控制**（Media Access Control，簡稱 **MAC**）。譬如，IEEE 802 是局部網路很著名的標準。它就包括了 802.1（高階層 LAN 網路協定，如橋接 bridging），802.2（LLC），與好幾個 MAC 的網路協定，包含 802.3（乙太網，Ethernet）、802.4（令牌巴士網，Token Bus），802.5（令牌環型網，Token Ring）等脫普結構，以及 802.11（無線局部網路標準）— 這包括 802.11a，802.11b，802.11g 與 802.11n。IEEE 802.11 標準所界定的無線局部網路，很多人都很熟悉。許多家庭或商店在家裡或商店或甚至在機場內所使用的 Wi-Fi 無線電腦網路，就是 802.11 標準所界定的。這些全都是屬於資料連結層上的各種不同網路協定與技術。

多年來，在資料連結層所發展出的各種電腦網路媒體存取協定與技術有很多。包括下面所列：

- LAN：乙太網（Ethernet，CSMA/CD 存取技術），令牌環型網，FDDI 光纖網。
- WAN：Frame Relay，ATM，X.25
- 無線：CSMA/CA
- 點至點連結：SLIP（串聯線 IP），PPP（點至點網路協定），HDLC（高層資料連結）

實際做出這些不同網路技術或結構的軟體，有時又稱網路驅動程式（network driver）。它位於作業系統的最底層，直接控制硬體。

網路層

網路階層處理兩個相互通信之個體之間的連接性（connectivity）。它是負責端至端（end-to-end，由這端到那端）傳輸的最低層級。網路階層的主要任務是，根據每一連線（connection）或資料郵包（packet）的來源與目的 IP 位址，找出路線遞送每一網路資料包。除此之外，網路階層也提供**堵塞控制**（congestion control）的功能。

當一個**子網**或**副網**（subnet）上的資料包個數接近或超過其最大容量時，傳輸速度即會減緩，這就是堵塞現象。相對應於資料連結層與傳輸層做流量控制，網路層則做堵塞控制，使傳輸速度獲得控制，不致降低太多。堵塞控制有多種不同的策略。有些甚至涉及流量控制。不過，由於計算機網路的資料流量一般傾向於爆發式，因此，流量控制並無法真正解決堵塞問題。

總之，網路階層負責找路線遞送（route）資料包，以及做堵塞控制。

就局部網路（LAN）而言，網路階層就是 IP 階層，這個階層所使用的網路協定就叫 IP（Internet Protocol，網際網路協定）。這個階層一般都支援 IPv4，IPv6 與 IPsec 三種網路協定。所以，IP 位址主要是這個網路層的 IP 協定在使用的。當然，這層次還有其他一些網路協定，但對我們而言，並不重要。所以，就不提了。

傳輸層

傳輸層提供端至端通信的服務。它將上一階層會期層所送來的信息（message），在必要時細分成較小的所謂**傳輸協定資料單元**（transport protocol data units，簡稱 **TPDU**），然後再交給下面的網路層。

為了應付更高階層的不同需要，傳輸層提供了兩種不同服務：可靠的**連線性**（connection-oriented）服務，與無連線的**資料郵包**（datagram）服務。

在提供連線性服務時，傳輸層會處理互相通信之兩端點（endpoints）之間的連線的建立與剔除。

傳輸層所提供的是一**虛擬線路**（virtual circuit，VC）的服務。它會在資料交換正式開始之前，先在通信的兩端點間建立起一個連線。這代表從來源電腦開始，至中間的**尋路器或路由器**（router），以至最後的目的地電腦，這個連線所需用到的資源，都會事先預留下來。這實際等於在這可能彼此相距千哩之兩個互相通信的程式之間，建立起一條像電話線一樣的虛擬線路。讓兩個程式能透過這連線，很可靠地，一直川流不息地互相傳送大量的資料。一旦連線建立了，除非有任何硬體設備當掉，否則，資料傳送的可靠性是絕對掛保證的。為了達成這崇高的目標，傳輸層會負責偵測信息的損毀或遺失，並加以處理（重送）。所有網際網路的資料通信，都是使用這類型的服務的。當然，在連線期間，所有的資料包都是經由同一連線傳遞的。

無連線的服務並不在兩通信端點間建立起一道連線，因此，在一開始時沒有所謂的連線建立，在結束時也不必拆除連線。它所提供的是像郵局服務一樣的，將每一個信息，做儘最大努力的遞送。但並無可靠性的保證。由於沒有事先建立起一虛擬線路，因此，也無事先預留所需資源。所以，延路若有電腦或網路尋路器發生資源不足，資料包可能就會被丟包而遺失。這時，偵測與重送就是更高層的責任。顯然，在無連線的服務，同樣兩端點間，不同的郵包可能會經由不同的路線抵達。

在傳輸層，連線式的服務由 TCP 網路協定提供，而無連線式的服務則由 UDP 網路協定擔綱。TCP 提供可靠的端至端資訊傳輸。而 UDP 則提供不掛保證的儘最大努力服務，並不保證永遠可靠。

不論下層實際的電腦網路是那一種（例如，不管是 LAN 或 WAN），傳輸層提供了一個與下層之實際網路完全獨立的程式界面。在下層有出錯時，傳輸層也增加了另一層的錯誤偵測與處理，以改善與提升服務的品質。

傳輸層另外也提供了一些**服務品質**（Quality of Service，QOS）。傳輸層的工作之一，就是強化網路層以及底下的其他階層所提供之服務品質。理想上，不論實際網路之型態以及下面之階層所提供之服務為何，傳輸層應讓一切透明並提供一致性的服務與行為。這意指，即使實際網路並不是很穩定可靠或其速度慢很多，傳輸層也應盡最大努力，讓其儘可能地達到用者的期待。

傳輸層支援了多種服務品質的參數，這些包括輸出量（throughput），傳遞延遲，優先順序，連線建立與放開延遲，錯誤比率，與其他。

跟資料連結層一樣的，傳輸層也需做**流量控制**，以防一個速度比較快的傳送者，噎梗住了一個速度比較慢的接收者。所以，發送出的資料包可能都需要存在緩衝器裡，以備因遺失或損毀而需要重送。這通常以滑溜窗口演算法解決。

網際網路（Internet）所使用的是 TCP/IP 協定組合，這在傳輸層是 TCP 協定，且在網路層是 IP 協定。

傳輸層、網路層及資料連結層，一般都實際做在作業系統的核心層，它們一起構成作業系統的網路單元。資料連結層由於直接控制網路硬體，它們通常以驅動程式（drivers）的形式存在。

會期層

傳輸層以上的幾個層次有時就不像下面幾個層次般地分明。有些應用甚至會沒有這幾個層次或將之混在一起。這些層次提供了各種應用以及用者所需的共通功能。

例如，當初在 ARPANET 網路一開始設計時，並無會期層或展示層。這兩個階層是後來 OSI 模型加上去的。ARPANET 是美國國防部的高等研究計畫所（Advanced Research Projects Agency，ARPA）所建立的第一個大地區資料包交換網路。它是當初最早根據 TCP/IP 協定組所建立的電腦網路之一。今天的網際網路也是建立在 TCP/IP 協定組上的。

會期層讓應用程式或用者建立起會議期間。每一會期就是一系列的信息交換或對話。會期的特性之一，就是資料是否能同時雙向傳輸（full duplex，全雙向式的），或每次只能單向傳輸。會期層就負責管理這個。

此外，會期層也提供當機（crash）管理，將萬一當機所造成的傷害減到最低。有些有關安全的特色，也是在會期層實現的。確認，加密與解密等就是例子。

位於會期層的網路協定例子包括遠端程序叫用（RPC），第二層地道（Layer 2 Tunneling，L2TP）協定，會期起始協定（Session Initiation Protocol，SIP），網路檔案系統（NFS）協定，伺服信息區塊（Server Message Block，SMB）協定，視窗系統上的 NetBIOS（名稱解決與檔案共用）協定，與其他。

另外，網際網路的安全協定，諸如安全插口層（Secure Sockets Layer，SSL），與傳輸層安全（Transport Layer Security，TLS）等主要也是會期層的協定。這些協定都建立在可靠的 TCP 協定之上，再製作加密，雜數（hash），與其他安全特色，以確保兩端點間的通信會期的安全。

遠方登入協定（Secure Shell，SSH），也可以說是會期層的協定之一。但是它有時會被當成是應用層的協定。

展示層

展示層（presentation layer）處理諸如資料表示，資料寫碼，與資料之意義等問題，以確保資料會以與機器獨立的方式表示與展現在用者眼前。

就二進數目資料而言，印地（endianness）格式的不同在這個階層處理。若有必要，印地格式的轉換也是在此一階層完成，以確保大印地與小印地的電腦，能彼此無礙地通信。

就文字資料而言，適當的資料寫碼方式（如 ASCII，EDCBIC，或 UTF-8）會被選定，而且必要時會作轉換。為了支援世界各種不同的語言，選擇某種型式的**世通碼**（Unicode）（如 UTF-8，UTF-16，或 UTF-32）早已是世界的趨勢。這種寫碼方式能支援上萬個多位元組的文字，足以涵蓋中文、日文、阿拉伯文，等各國的語言文字。

應用層

應用層利用底下之展示層與會期層所提供的服務，實現應用的邏輯。常見的應用層例子包括使用應用層之 SMTP 協定的電子郵件（electronic mail），使用 ftp 或 tftp 協定的檔案傳輸，使用 telnet，rlogin 或 SSH 協定的遠方登入，使用 HTTP 或 HTTPS 協定的網上瀏覽，在 TCP 與 UDP 上使用私有協定的網際網路電話 Skype，還有很多其他的應用。

圖 12-2 所示即少數一部分常見的應用層應用及協定

圖 12-2　一些應用層應用的例子

應用	應用層/會期層之協定	底下之傳輸層協定
網上瀏覽	HTTP/HTTPS	TCP
檔案傳輸	FTP	TCP
電子郵件	SMTP	TCP
遠方程序叫用	RPC	TCP 與 UDP
網路檔案系統	NFS	一開始 UDP，現在是 TCP
遠方終端機	Telnet	TCP
網路管理	SNMP	UDP
伺服信息區塊	SMB	TCP 與 UDP
微軟視窗系統上之檔案分享	NetBIOS	TCP 與 UDP
會期啟動協定	SIP	TCP 或 UDP
第二層地道協定	L2TP	UDP
點至點地道	PPTP	TCP
網際網路電話（Skype）	SIP，RTP	大多數 UDP
多媒體持續播放（Streaming）	HTTP，RTP	TCP 或 UDP

12-1-2 最常用網路協定的階層位置

協定	階層
REST, SOAP, MIME	
HTTPS, HTTP, SMTP, FTP, SSH, SMB, NFS, DNS, SMB, SNMP	應用層
SSL/TLS, RPC, SIP,NetBIOS, L2TP	會期層
TCP, UDP	傳輸層
IP (IPv4, IPv6), IPSec	網路層
Ethernet,FDDI,WiFi,WiMAX,ARP,PPP,SLIP,MAC,Frame Relay,ATM,X.25	資料連結層
Ethernet 實體層, 10BASE-T,100BASE-T,1000BASE-T, ... Bluetooth 實體層, ISDN, Wi-Fi, SONET/SDH, DSL, ...	實體層

圖 12-3 常見網路協定在網路七層模型中的位置

電腦網路界有許多許多的不同網路協定（protocols），每一網路協定定義與規範一種不同的通信應用。你在日常對話中經常會聽見這些名稱。倘若你知道它是位於 OSI 電腦網路七層模型的那一層，會讓你更易於了解對方在講些什麼。

圖 12-3 所示，即一小部分常聽見之網路協定，它們的位置圖。

從圖中可看出，傳輸層總共只有二種網路協定：TCP 與 UDP。有些更高層或應用層的協定使用 TCP，有些則使用 UDP。有些則兩者都支援或都用。使用 TCP 或 UDP 都可以的上層協定包括 RPC、DNS、NFS、SIP 與 NetBIOS。但這些並不是全部。

在網路層則有三個協定：IPv4、IPv6、與 IPsec。

在資料連結層與實體層也有許多不同的電腦網路技術與協定。其中，有一些我們在前面也稍微提過。

12-1-3 IPv4 與 IPv6

就像街上的每戶人家都有一個與眾不同的地址一樣，在一電腦網路或網際網路上的每一部電腦或設備，也需要一與眾不同的 IP 位址，以作辨別。

當網際網路（可以通全世界的巨大 TCP/IP 網路）在好幾十年前剛問世時，該網路上的每一部電腦都有一四個位元組（32 位元）的 IP 位址作辨別。例如，11.150.212.102。這種 32 位元的 IP 位址，叫作 IPv4 位址。在當時以及隨後的幾十年，由於沒那麼多電腦或其他諸如手機等設備實際連至網路上，因此，32 位元的 IPv4 位址還夠用。

後來，膝上型電腦與手機開始流行，而且幾乎每一個人都隨時想上網，計算機工業界就預見到，在很快的未來，32 位元的 IP 位址總會不夠用的。所以，網際網路工程作業小組（Intenet Engineering Task Force，IETF）在 1994 年，就開始著手設計下一代的 IPv6 協定，以及使用 128 位元（四倍長）IP 位址，以應未來長久之需。

今天，在 2020 年代，電腦界還處於一個新舊混合使用的時代。絕大多數國家及公司，還是大部分繼續沿用舊有的 IPv4，但另一方面也開始逐漸慢慢地增加 IPv6 的使用。

目前，幾乎所有的作業系統都能同時支援 IPv4 與 IPv6 兩種協定。這兩種協定同時並存。事實上，有些程式便在一方面以 IPv4 協定和另一個程式通信時，也同時另一方面以 IPv6 協定，與另一個程式在通信。事實上，作者在 2005 年時，即開發過多個能同時與 IPv4 與 IPv6 客戶同時通信的伺服程式。

不同國家邁向 IPv6 的速度也不一樣。亞洲已有幾個國家，其政府機構已全部正式採用 IPv6 作為標準作業。可以說，IPv6 將會愈來愈普遍。但是，還會有一段很長 IPv4 與 IPv6 同時存在的日子。

IP 位址

在 C 語言程式裡，每一 IPv4 位址以 in_addr_t 資料型態表示。這資料型態事實上就是“struct in_addr”。它佔用 32 位元，四個位元組的記憶空間。譬如 192.168.1.10 即是一個 IPv4 位址。

一個 IPv6 位址則以“struct in6_addr”資料型態表示。它是 16 個位元組，128 位元長。例如，FE80::3054:1B1E:F0DD:401B 即是一 IPv6 位址。

“struct in_addr”與“struct in6_addr”兩者都定義在 in.h 前頭檔案上。為了取得這兩個資料型態，你的程式必須包含下列述句：

```
#include <netinet/in.h>
```

注意到，“struct in_addr”有簡易的名稱 in_addr_t 作為別名。但“struct in6_addr”卻沒有 in6_addr_t 作為簡易的別名。似乎有點奇怪。

12-1-4 RFC

曾如我們所說過的，截至目前為止，有許多的網路協定已定出且實作出。它們位處各個階層，這些網路協定界定，批准與文件說明的方式也不同。有些協定很正式的被 IEEE 採用成 IEEE 標準。例如，定義各種局部網路的 IEEE 802 標準。但有些則不。

有許多網路協定則以 RFC（Request For Comments）（請給意見）的方式發表，“請表示意見”是一種網際網路工程工作小組（IETF），網際網路結構會（IAB），與網際網路協會（ISOC）的其中一種文件說明與出版的型態。

每一 RFC 通常由負責作研究的工程師及電腦科學家，或擬定某項標準的工作起草小組所撰寫，然後提出來讓大眾與同儕評論。IETF 將有些以 RFC 形式發表的建議採用作網際網路標準。有些 RFC 則只是說明性的。一旦一個 RFC 變成一網際網路標準，就不能再有進一步的意見或改變。若真正需要變動，也須要透過另一個後繼的 RFC，來取代原先的 RFC，或對其中某一部分或全部做進一步詳細說明。

以下是一些以 RFC 形式發表的網路協定例子。

- 被廣泛應用的 HTTP/1.1。最初版本是在 1997 年由 RFC 2068 所定義。後來，1999 年 RFC 2616 將其榮退。然後，於 2014 年 RFC 7230 再將之取代。HTTP/2 則在 2015 年成為標準，並且發表在 RFC 7540。
- HTTPS（使用 SSL 的安全 HTTP 版本）則發表在 RFC 2818。
- TLS 1.0 協定則定義在 RFC 2246。
- 簡易郵件傳送協定（Simple Mail Tranfer Protocol，SMTP）則記載在 RFC 821 上。
- SSH-2 協定則定義在一連串的 RFC 上，從 RFC4251 到 RFC4256。

作為軟體工程師，你會發現你得經常去參考或閱讀許多不同的 RFC 文件。以進一步了解協定的某些細節。網路一搜尋，通常很容易就能找到各 RFC 文件。

12-2 何謂插口

計算機網路插口的概念，源自於 1970 年代 ARPANET 網路。插口是一個程式能以之發送與接收資料的抽象概念。

每一**插口**在程式內代表一個**通信端點**（communication endpoint）。一個網路插口是一部計算機上一個通信端點的軟體象徵或代表。它能將資料送給另一插口，或接收來自另一插口的資料。

插口的特色與功能，是經由一組稱為插口程式界面的軟體函數，呈現給各種軟體程式。這套插口程式界面，讓軟體程式能利用位在作業系統核心內的網路傳輸層與網路層所提供的服務，與計算機網路上的另一個程式，彼此通信，互相交換資料。這另一個程式可在經電腦網路連接的另一部計算機上，亦可在同一部計算機上。

插口程式界面，實際是製作在作業系統的核心層內，是屬於會期層的服務。就在傳輸層之上，也正好在作業系統核心之上。最早的插口程式界面，出現在 1983 年的美國加州大學柏克萊校區所開發的 BSD UNIX 作業系統的 4.2 版本上。當初稱之為 BSD 插口程式界面，或柏克萊插口。

倘若在計算機 A 上執行的程式 P1，欲與在計算機 B 上執行的程式 P2，經由插口互相通信，則計算機 A 上就必須有一通信端點讓程式 P1 使用。同時，計算機 B 上也必須要有另一通信端點，讓程式 P2 使用。每一通信端點就是一個網路插口。換言之，每一插口即為一個能讓一個程式用以發送與/或接收資料的設施。

欲以插口與網路上其他的程式通信，程式就必須使用插口程式界面。插口程式界面是包括在 POSIX 標準內。這正是本章欲介紹給讀者的。

注意到，插口程式界面雖然主要用在分處兩部不同計算機上之兩個程式之間的通信，但若這兩個程式正好都位處同一部計算機，也完全可以，且完全一樣，並無差別。由於這緣故，並且由於程式可經由插口傳送任何資料，插口幾乎已變成最重要且功能強大的程序間通信方式之一。

簡言之，插口是一個軟體特色，它讓分別在經由電腦網路或網際網路所連接的不同電腦上執行的程式，能彼此交換資料，相互通信。

12-2-1 不同類型的插口

根據其所使用的協定，可靠性以及特性的不同，插口有不同的種類。

首先，可分網際網路（Internet）插口與 Unix 領域（domain）插口。網際網路插口主要設計以用在，作為在網路所連接之不同計算機上執行之程式的程序間通信。不過，假若兩個程序都正好在同一部計算機上，也沒問題。網際網路插口使用網際網路協定組，TCP/IP 或 UDP/IP。這正是當今所有網際網路活動所使用的。

相對地，Unix 領域插口則是設計以用在同一部計算機內執行之程序間的通信用的，它無法超出一部計算機的領域。就某種意義而言，Unix 領域插口很類似前面幾章討論過的系統五 IPC。因為，它們都是給在同一系統上執行的程式，彼此之間互相通信用的。不過，這兩者還是有點差別。那就是，以Unix領域插口互相通信的兩個程式，不需具有任何關係。

其次，依據其使用之網際網路協定不同而分，網際網路插口又進一步分成三種：**連播**（Stream）、**資料郵包**（Datagram）與**生料**（raw）。

這裡，我們簡短介紹這三種不同的網際網路插口以及 Unix 領域插口。

1. **連播插口**（Stream sockets）

   由於其下面所使用的傳輸層網路協定是連線式的 TCP 協定，因此，連播插口是連線式（connection-oriented）的插口。在連線建立時，TCP 協定會預留連線所需的資源，因此，可靠性獲得保證。使用這種插口相互通信，連線一旦建立後，程序即可一直連續不斷地一直發送資料給對方，相當於持續播放（連著播放），幾無限制。稱之為連播插口，原因在此。

   在可靠性是必要條件時，連播插口是最正確的選擇。

2. **資料郵包插口**

資料郵包（Datagram），或簡稱郵包，插口是不連線（connection-less）的插口，因為，它下面所使用的傳輸層協定，是不連線的 UDP。UDP 基本上是不事先建立連線的。是以，沿途所需用到的所有資源，也未事先保留。也因此，它無法保證絕對可靠。在系統資源不足的情況下，資料郵包就有可能因被丟包而遺失。

不過，資料郵包插口簡單，容易使用，也不像連播插口消耗那麼多系統的資源。

3. **生料插口**

生料（raw）插口也叫生料 IP 插口。它是在諸如尋路器（router）等之網路設備上使用的。生料插口略過傳輸層，資料包的前頭資料（headers）直接送給應用程式。

注意到，POSIX 標準並未要求生料插口一定要有，它是可有可無的。以上三種是網際網路插口。

4. **Unix領域插口**

Unix 領域插口有時又叫 IPC 插口。它是設計以用在同一系統上之不同程序間的通信用的。由於這緣故，Unix 領域插口並非以 IP 位址識別，而是以檔案系統中的檔案作識別。

Unix 領域插口的好處是，它的用法與網際網路插口幾乎一模一樣，唯一的差別是，它是跟一路徑名綁（bind）在一起，而非一 IP 位址。

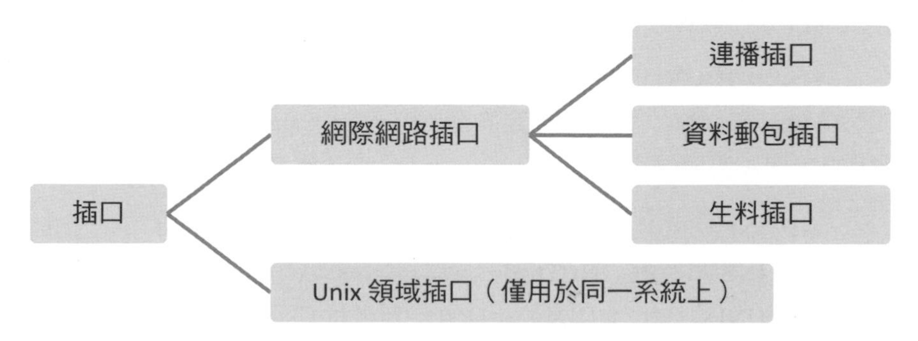

圖 12-4　不同類型的插口

12-2-2 socket() 函數

欲以插口和其他程式通信，不論這另一個程式是在同一部計算機上，或在網路上的另一部計算機，程式所需的第一件東西，就是一個網路插口。每一網路插口即為一通信端點。兩個程式，只要各自擁有一個插口，即能以插口相互通信。這一節討論程式如何產生插口。

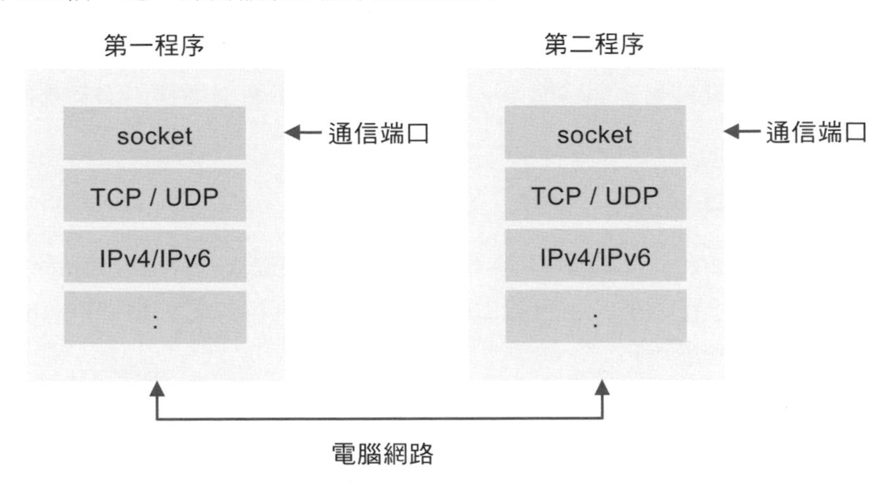

圖 12-5 使用網際網路插口的網路通信

socket() 函數叫用產生一個插口。它產生一個通信端點。這函數叫用會送回一個代表著這已打開之插口的檔案描述。你知道，在 Unix/Linux 作業系統，很多東西都被程式當成檔案看待，這包括網路插口在內。

socket() 函數的格式如下：

```
#include <sys/types.h>
#include <sys/socket.h>
int socket(int domain, int type, int protocol);
```

socket()函數的第一個參數指出一個**領域**（domain），稱作**位址族系**（Address Family，AF）或**協定族系**（Protocol Family，PF）。POSIX 標準所支援的三個主要領域定義在 <sys/socket.h> 前頭檔案上，其符號常數名稱如下：

AF_INET（PF_INET）— 網際網路領域的插口（IPv4 位址用的）
AF_INET6（PF_INET6）— 網際網路領域的插口（IPv6 位址用的）
AF_UNIX（PF_UNIX）— UNIX 領域插口

為了避免混淆，我們將分別稱之為網際網路插口與 UNIX 領域插口。

注意到，AF_INET 與 PF_INET 是一樣的，AF_INET6 與 PF_INET6 一樣，且 AF_UNIX 與 PF_UNIX 一樣。舉例而言，在某些 UNIX 系統上，以下就是 /usr/include/sys/socket.h 對這些符號常數的定義：

```
#define AF_UNIX         1               /* local to host (pipes, portals) */
#define AF_INET         2               /* internetwork: UDP, TCP, etc. */
#define AF_INET6        26              /* Internet Protocol, Version 6 */

#define PF_UNIX         AF_UNIX
#define PF_INET         AF_INET
#define PF_INET6        AF_INET6
```

而下面則是你在 Linux 系統 /usr/include/bits/socket.h 上所看到的：

```
#define PF_LOCAL        1        /* Local to host (pipes and file-domain).  */
#define PF_UNIX         PF_LOCAL /* POSIX name for PF_LOCAL.  */
#define PF_INET         2        /* IP protocol family.  */
#define PF_INET6        10       /* IP version 6.  */

#define AF_UNIX         PF_UNIX
#define AF_INET         PF_INET
#define AF_INET6        PF_INET6
```

注意到，AF_INET6/PF_INET6 的實際號碼在 Unix 和 Linux 上並不相同。

這無所謂，因為這數目只有在同一作業系統之內使用。同時，這也說明為何你在程式內要記得永遠只使用諸如 AF_INET6 或 PF_INET6 之符號常數。因為，這樣你的程式才有移植性。不論放在那一作業系統上編譯，都不必修改。

假若程式想產生並使用的是 Unix 領域插口，即在 socket() 函數的第一個引數，你就得指明 AF_UNIX 或 PF_UNIX。若是想產生與使用網際網路插口，那該第一引數的值即應為 AF_INET 或 PF_INET，或 AF_INET6 或 PF_INET6，視你是使用 IPv4 或 IPv6 的插口而定。

Unix 領域插口用在同一系統上不同程序間的通信。網際網路插口則用在不同系統間之程序的通信，但即使是同一系統也行。就網際網路插口而言，兩通信的程序是在不同系統或同一系統，並無差別，一樣用法。

socket() 函數的第二個引數指出插口的類型。POSIX 標準所支援的插口類別也是定義在 <sys/socket.h> 上，其符號常數如下：

SOCK_STREAM：連播插口

SOCK_DGRAM：資料郵包插口

SOCK_RAW：生料插口。這類型可有可無。POSIX 標準並未硬性規定一定要有。

SOCK_SEQPACKET：排序資料包插口

倘若程式想使用的是可靠的連線式插口，那 socket() 函數叫用的第二個引數值，即應指明 SOCK_STREAM。若是非連線式的插口，則這引數的值即應是 SOCK_DGRAM。若是生料插口，則這引數的值即是 SOCK_RAW。記得，產生生料插口通常是要有超級用戶的權限。SOCK_SEQPACKET 的插口在資料郵包的最大長度固定的情況下，為資料郵包提供一個循序且可靠的雙向連線式通信管道。在資料接收端，接收者每次讀取一定要讀取一整個郵包。

記得，並非每一協定族系都支援所有的插口類型的。譬如，AF_INET 位址族系即不支援 SOCK_SEQPACKET 插口。所以，假若你在領域參數傳入的值是 AF_INET，那插口型態的值即不能是 SOCK_SEQPACKET。不過，AF_UNIX 協定族系就有支援這個插口類別。

socket() 函數的第三個參數指出一種協定。這個參數指出插口想用的網路協定。在絕大多數情況下，每一協定族系就只有支援一種協定，因此，這個引數的值經常是 0。只有在少數情況下，協定族系支援多種網路協定時，這個參數才會用到。

圖 12-5 所示即兩個程序透過插口相互通信的情形。每一程序使用一個插口，藉以發送與接收資料。插口利用底下傳輸層與網路層的網路協定，達成與對手插口的資料交換。

圖 12-6 所列即為一展示如何使用 socket() 函數的程式。它分別測試各種不同的協定族系，插口類型與網路協定組合，在你使用的系統上是否有支援。記得我們提過，使用 SOCK_RAW 類型的插口必須有超級用戶的權限。因此，假若你是以一般用戶執行這個例題程式，在試圖產生一生料插口時，作業會得到錯誤 EPERM（沒有權限）。

圖 12-6 找出那些插口類別這系統有支援（socket.c）

```
/*
 * socket()
 * Different combinations of socket types and protocols that are supported.
 * Authored by Mr. Jin-Jwei Chen.
 * Copyright (c) 1993-2016, Mr. Jin-Jwei Chen. All rights reserved.
 */

#include <stdio.h>
#include <errno.h>
#include <sys/types.h>
#include <sys/socket.h>
#include <netinet/in.h>     /* protocols such as IPPROTO_TCP, ... */
#include <unistd.h>

int main(int argc, char *argv[])
{
  int    sockfd;

  sockfd = socket(AF_INET, SOCK_STREAM, 0);
  if (sockfd == -1)
    fprintf(stderr, "socket(AF_INET, SOCK_STREAM, 0) failed,
errno=%d\n", errno);
  else
  {
    fprintf(stdout, "socket(AF_INET, SOCK_STREAM, 0) is supported\n");
    close(sockfd);
  }

  sockfd = socket(AF_INET, SOCK_DGRAM, 0);
  if (sockfd == -1)
    fprintf(stderr, "socket(AF_INET, SOCK_DGRAM, 0) failed, errno=%d\n", errno);
  else
  {
    fprintf(stdout, "socket(AF_INET, SOCK_DGRAM, 0) is supported\n");
    close(sockfd);
  }

  sockfd = socket(AF_INET, SOCK_STREAM, IPPROTO_TCP);
  if (sockfd == -1)
    fprintf(stderr, "socket(AF_INET, SOCK_STREAM, IPPROTO_TCP) failed,
errno=%d\n", errno);
  else
  {
    fprintf(stdout, "socket(AF_INET, SOCK_STREAM, IPPROTO_TCP) is supported\n");
    close(sockfd);
  }

  sockfd = socket(AF_INET, SOCK_DGRAM, IPPROTO_UDP);
  if (sockfd == -1)
```

```
      fprintf(stderr, "socket(AF_INET, SOCK_DGRAM, IPPROTO_UDP) failed, 
errno=%d\n", errno);
    else
    {
      fprintf(stdout, "socket(AF_INET, SOCK_DGRAM, IPPROTO_UDP) is supported\n");
      close(sockfd);
    }

    sockfd = socket(AF_UNIX, SOCK_STREAM, 0);
    if (sockfd == -1)
      fprintf(stderr, "socket(AF_UNIX, SOCK_STREAM, 0) failed, errno=%d\n", errno);
    else
    {
      fprintf(stdout, "socket(AF_UNIX, SOCK_STREAM, 0) is supported\n");
      close(sockfd);
    }

    sockfd = socket(AF_UNIX, SOCK_DGRAM, 0);
    if (sockfd == -1)
      fprintf(stderr, "socket(AF_UNIX, SOCK_DGRAM, 0) failed, errno=%d\n", errno);
    else
    {
      fprintf(stdout, "socket(AF_UNIX, SOCK_DGRAM, 0) is supported\n");
      close(sockfd);
    }

    sockfd = socket(AF_UNIX, SOCK_SEQPACKET, 0);
    if (sockfd == -1)
      fprintf(stderr, "socket(AF_UNIX, SOCK_SEQPACKET, 0) failed, 
errno=%d\n", errno);
    else
    {
      fprintf(stdout, "socket(AF_UNIX, SOCK_SEQPACKET, 0) is supported\n");
      close(sockfd);
    }

    sockfd = socket(AF_INET, SOCK_RAW, IPPROTO_RAW);
    if (sockfd == -1)
      fprintf(stderr, "socket(AF_INET, SOCK_RAW, IPPROTO_RAW) failed, 
errno=%d\n", errno);
    else
    {
      fprintf(stdout, "socket(AF_INET, SOCK_RAW, IPPROTO_RAW) is supported\n");
      close(sockfd);
    }

    sockfd = socket(AF_INET, SOCK_RAW, IPPROTO_ICMP);
    if (sockfd == -1)
```

```
        fprintf(stderr, "socket(AF_INET, SOCK_RAW, IPPROTO_ICMP) failed, 
errno=%d\n", errno);
      else
      {
        fprintf(stdout, "socket(AF_INET, SOCK_RAW, IPPROTO_ICMP) is supported\n");
        close(sockfd);
      }

      sockfd = socket(AF_INET, SOCK_RAW, IPPROTO_EGP);
      if (sockfd == -1)
        fprintf(stderr, "socket(AF_INET, SOCK_RAW, IPPROTO_EGP) failed, 
errno=%d\n", errno);
      else
      {
        fprintf(stdout, "socket(AF_INET, SOCK_RAW, IPPROTO_EGP) is supported\n");
        close(sockfd);
      }

      sockfd = socket(AF_INET, SOCK_RAW, IPPROTO_RSVP);
      if (sockfd == -1)
        fprintf(stderr, "socket(AF_INET, SOCK_RAW, IPPROTO_RSVP) failed, 
errno=%d\n", errno);
      else
      {
        fprintf(stdout, "socket(AF_INET, SOCK_RAW, IPPROTO_RSVP) is supported\n");
        close(sockfd);
      }

      return(0);
    }
```

從執行這例題程式，你可發現下列的插口類型與協定的組合，通常是有支援的：

```
socket(AF_INET, SOCK_STREAM, 0)
socket(AF_INET, SOCK_DGRAM, 0)
socket(AF_INET, SOCK_STREAM, IPPROTO_TCP)
socket(AF_INET, SOCK_DGRAM, IPPROTO_UDP)
socket(AF_UNIX, SOCK_STREAM, 0)
socket(AF_UNIX, SOCK_DGRAM, 0)
socket(AF_INET, SOCK_RAW, IPPROTO_RAW)
socket(AF_INET, SOCK_RAW, IPPROTO_ICMP)
socket(AF_INET, SOCK_RAW, IPPROTO_EGP)
socket(AF_INET, SOCK_RAW, IPPROTO_RSVP)
```

記得，SOCK_RAW 類型的插口（上述最後四種組合），需要超級用戶的權限。

12-2-3 插口的類別

每一網路插口產生時都有一特定的類別。不同類別的插口使用不同的網路通信協定，且有不同的通信內含與行為。上面提過，總共有四種不同的插口：SOCK_STREAM，SOCK_DGRAM，SOCK_RAW，SOCK_SEQPACKET。這裡，我們進一步介紹它們。然後，這一章會聚焦在最前面兩類插口，因為，它們最常用。

SOCK_STREAM 插口

SOCK_STREAM（連播式）插口，在它自己與對方同類的插口間，提供了一種**可靠**、循序、全雙向的雙向位元組持續連播服務。這類型的插口必須先連線，進入連接（connected）狀態以後，才能開始發送與接收資料。因此，它是**連線式的**。資料傳輸是位元組串，中間沒有分界（成紀錄）。傳送者與接收者可分別使用不同大小的緩衝器，每次要發送或接收多少資料，也是隨意的。在傳輸層與網路層，SOCK_STREAM 插口分別使用 TCP 與 IP（IPv4 或 IPv6）網路協定。這一類型的插口就叫**連播插口**（Stream socket）。

一連播插口一旦產生而且連上線，使用它的程式即可藉之發送任何數量的資料，持續連著一直送，送多少都沒關係。那就是為何它叫連播插口。

TCP 協定會在兩通信端點之間形成一虛擬線路，預留所需之系統資源。它也會檢查傳送是否有發生錯誤，以確保資料不致被損毀、遺失、重複或亂了順序。也可能會做流量控制。這一切都在確保可靠性。

傳送的資料很可能在沿途每一站都存在緩衝器內。因此，發送的函數成功回返，並不代表資料已到達對方手上，或甚至已送出來源系統。若資料在某一特定時間內仍無法成功地傳達至對方，則系統會認為連線已故障，而且隨後的作業會失敗。除非程式叫用 send()，sendto()，與 sendmsg() 時指明 MSG_NOSIGNAL 旗號，抑制信號，否則，在一程序或程線試圖從一已故障的連線送出資料時，它即會收到一 SIGPIPE 的信號。換言之，SIGPIPE 信號代表連線已故障。

SOCK_DGRAM 插口

SOCK_DGRAM 插口提供**不連線式的**資料傳輸，可靠性並無完全保證。這種插口在傳輸層與網路層分別使用 UDP 與 IP 網路協定。

SOCK_DGRAM 插口提供**資料郵包**（datagram）的服務，可靠性並無百分之百的保證。若系統資源耗盡，資料郵包可能會因各種不同理由而遺失或被丟包。因此，使用它的程式必須負責處理這些錯誤狀況。

每一資料郵包或信息必須以單一個輸出或發送作業送出，且必須以單一個輸入或接收作業接收。每一資料郵包的最大容量視協定不同而異。同樣的，寄送出的資料郵包有可能會存在緩衝器內，因此，發送函數成功回返並不代表對方已實際收到資料。不過，系統在函數回返前，會盡力地測知並回報錯誤情況。

因為它沒有連線，所以同一 SOCK_DGRAM 插口可用以將資料分別寄給多個不同的插口（如多播或廣播），因為，每一郵包上都含有目的位址。同時，它亦可接收來自多個不同位址的郵包。因為，每一郵包上也都有詳載來源位址。此外，在使用 SOCK_DGRAM 插口時，倘若程式只固定跟某一特定對象通信，那叫用者亦可預設目的位址，將位址固定。這種情況下，這個插口所接收的郵包，也就只有來自那同一對手的位址。

SOCK_RAW 插口

SOCK_RAW 插口與 SOCK_DGRAM 類似。所不同的是，它通常是給通信軟體或硬體製造商用的。那就是為何產生這類插口通常需要有超級用戶的權限。以這種插口所送的資料郵包的格式，一般都含有某特定協定的前頭（headers），其格式依協定與實作之不同而異。

SOCK_SEQPACKET 插口

SOCK_SEQPACKET 插口與 SOCK_STREAM 類似，它也是連線式的。唯一不同的是，對 SOCK_SEQPACKET 而言，資料是有記錄界限隔開的。一個資料記錄（record）可以用一個或多個輸出或發送作業送出，也可以用一個或多個輸入或接收作業接收，但每一輸入/輸出作業，最多只能發送或接收一個記錄。資料的接收者可以從 recvmsg() 函數所送回的信息旗號中的 MSG_EOR 旗號，得知記錄的邊界在那裡。每一資料記錄是否有最大容量限制則視網路協定不同而異。

12-2-4 插口位址與資料結構

記得我們說過，每一部計算機都有一與眾不同的 IP 位址作辨別。我們也說過，每一插口代表一部計算機上的一個通信端點。因此，每一插口也有一個與眾不同的插口位址作辨別。由於每一計算機上平常都有好多個插口一起使用，所以，每一插口位址亦含計算機之 IP 位址。為了區別同一計算機上之不同插口，每一插口都有一個不同的號碼，這個號碼即稱為**港口號**或**端口號**（port number）。端口號的大小為 16 位元。所以，為了辨別一個插口，首先需要的是一 IP 位址，辨別這插口所在的計算機，其次還須一個端口號，選定這部計算機上的某一個插口。換言之，一個插口位址基本上就是一個 IP 位址加上一個端口號。

插口位址=IP 位址+端口號

但這並非全部。事實上還要再加一個小細節。前面我們說過，傳輸層主要有兩種協定，TCP 或 UDP。視插口的型態是連播式或資料郵包型態而定，一個插口在傳輸層可能使用 TCP 或 UDP 協定，但不會是兩者同時使用。因此，插口的辨別也須加上這項資訊。換言之，在同一部計算機上可以同時有兩個插口，它們都是使用同一個端口號，但只要一個是使用 TCP 協定，而另一個是使用 UDP 協定，那就沒問題。是以，一個插口位址至少必須包括三項資訊：

插口位址=IP 位址+端口號+一傳輸層協定（TCP 或 UDP）

了解這個相當重要。因為，在 Linux/Unix 系統上，/etc/services 檔案載明了各種應用軟體所保留與使用的端口號，你會發現，每一端口號通常會出現兩次。因為，同一端口號可以與 TCP 或 UDP 一起使用。以下便是一例：

```
ftp             21/tcp
ftp             21/udp          fsp fspd
```

最左一行是應用程式的名稱，中間一行即該應用程式所預留與使用的端口號與協定。

換言之，端口號之外，還要看它是使用那一個協定，若分別使用不同的協定，則每一端口號可以同時有兩個不同插口在使用。

緊接我們看一下插口位址的資料結構。插口位址的資料結構不止一個。所以，有時會讓人搞糊塗了。

首先，有一個通用的插口位址資料結構，那就是"struct sockaddr"。這個插口位址資料型態主要用在接收函數參數的宣告上。它是 16 位元組，包含一個 2 位元組的族系 sa_family，緊接是 14 位元組的資料：

```
/* 通用的插口位址資料結構, 用於函數參數宣告 */
struct sockaddr
{
  sa_family_t sa_family;
  char sa_data[14];
};
```

有幾個插口函數，如 connect() 與 bind() 等，這些通用且同時支援 IPv4 與 IPv6 協定的函數，都使用這個通用的插口位址資料型態。它可用以接收 IPv4 與 IPv6 的插口位址，兩者都通用。

其次，有 IPv4 的插口位址資料結構，struct sockaddr_in。這個插口位址資料結構包含一個兩位元組的族系 sin_family，一個兩位元組大的端口號碼，一個四位元組長的 IPv4 位址 struct in_addr，緊接是八個位元組長的填充（padding），總共十六個位元組。記得，填充部分最好都清除為零。

```
/* IPv4 插口位址的資料結構 */
struct sockaddr_in
{
  sa_family_t sin_family;
  in_port_t sin_port;
  struct in_addr sin_addr;
  unsigned char sin_zero[sizeof (struct sockaddr) -
    (sizeof (unsigned short int)) -
    sizeof (in_port_t) -
    sizeof (struct in_addr)];
};
```

第三，IPv6 插口位址，struct sockaddr_in6。這資料結構包含一個兩位元組的族系 sin6_family，兩位元組長的端口號 sin6_port，四位元組的流量資訊，一個十六位元組長的 IPv6 位址 struct in6_addr，以及一個四位元組的範圍號碼 scope_id，總共 28 個位元組。

```
/* IPv6 插口位址的資料結構 */
struct sockaddr_in6
{
  sa_family_t sin6_family;
  in_port_t sin6_port;
  uint32_t sin6_flowinfo;
  struct in6_addr sin6_addr;
  uint32_t sin6_scope_id;
};
```

最後，還有“struct sockaddr_storage”。由於“struct sockaddr”不夠大，可以存得下 IPv4 的插口位址，但無法容納 IPv6 的插口位址，因此，程式若要把一個插口位址傳來傳去時，就得將之放入“struct sockaddr_storage”資料結構裡，因為，它兩種插口位址都容得下。這樣做，當真正要用資料時，再將之型態轉換（typecast）成 IPv4 或 IPv6 插口位址。

“struct sockaddr_storage”有 128 位元組長。一開始是兩位元組的族系，ss_family。緊接是一個八位元組的對位（alignment），再來是 112 位元組的填充。由於有八位元組對正的資料欄 __ss_align，因此，資料結構的第二資料欄 __ss_align 會從位移是 8 的位元組開始，這迫使第三資料欄 __ss_padding 一定會從第 16 個位元組開始，所以填充欄的大小是 128 −(2 ×8)=112 位元組。

```
/* 通用的插口位址資料結構，用於實際儲存與載送 IPv4 或 IPv6 插口位址 */
struct sockaddr_storage
{
  sa_family_t ss_family;
  __uint64_t __ss_align;
  char __ss_padding[(128 - (2 * sizeof (__uint64_t)))];
};
```

這些插口位址資料結構，一開始時可能會讓人覺得有些眼花撩亂。但在觀念上，每一插口位址主要就是包含三個成員：

1. 網路協定族系（亦即，顯示是網際網路插口還是 Unix 領域插口）
2. IP 位址（可能是 IPv4 或 IPv6）
3. 端口號

其中，網路協定族系成員指明這插口是一作電腦與電腦間通信用的網際網路插口，或是一作為同一電腦內不同程序間之通信用的 Unix 領域插口。IP 位址值則在網路中選擇其中一部電腦。端口號與 socket() 函數叫用的第三個引數所指明的傳輸層協定，兩者合在一起則在這部電腦上選擇了其中一個插口。換言之，在一個電腦上，只有一個程序可以使用某一個端口號與 TCP 協定的組合。當然，另一個程序可以同時使用此一相同端口號與 UDP 協定的組合。這四項資訊在一起，就可以在全世界這麼大的網際網路，單獨辨別出其中一部電腦上的其中一個程序。夠神奇厲害吧！

12-2-5 插口位址中的 IP 位址

如以上所說的，除了諸如端口號等其他資訊之外，每一插口位址都包含一個 IP 位址在內。亦即，“struct sockaddr_in”的 IPv4 插口位址內含有一“struct in_addr”。這就是一個二進制 32 位元的 IPv4 位址。一個字串型式的 IPv4 位址，必須先經轉換成二進制的形式，才能存入這個資料欄上。絕大多數的 Linux 與 Unix 系統，都將 in_ addr _t 定義成 uint32_t 並且將“struct in_addr”定義成 in_addr_t。因此，這三個資料型態其實都是一樣的。

```
struct sockaddr_in  /* IPv4 socket address */
{
    :
  struct in_addr sin_addr;  /* host IPv4 address in binary format */
    :
};
```

同樣地，一個 IPv6 的插口位址“struct sockaddr_in6”亦含有一“struct in6_addr”這就是一 IPv6 位址。“struct in6_addr”則有 128 位元（亦即，16 位元組）長。

```
struct sockaddr_in6  /* IPv6 socket address */
{
    :
  struct in6_addr sin6_addr;  /* host IPv6 address in binary format */
    :
};
```

在程式透過插口相互通信時，它們都可以取得對手的插口位址。然後，由插口的位址取得對方的 IP 位址與端口號。這資訊有時很有用。

12-2-6 插口的前頭檔案

POSIX 標準規定，所有與插口相關的程式界面與常數，應該宣告在 <sys/socket.h> 前頭檔案內。因此，在使用插口時，你的 C 語言程式必須包含下面的述句：

```
#include <sys/socket.h>
```

雖然許多作業系統都將插口程式界面與常數定義在 <sys/socket.h> 檔案內，但有些作業系統則將有關資訊分散在多個檔案上。例如，在 Linux 上，<sys/socket.h> 定義了以下的插口程式界面：

```
socket(), listen(), accept(), connect(), send(), recv(), sendto(),
recvfrom(), sendmsg(), recvmsg(), getsockopt(), setsockopt(), ...
```

但諸如插口類型（SOCK_*），協定族系（PF_*），位址族系（AF_*），send() 與 recv() 等函數之旗號引數（MSG_*），與插口選項（SO_*）等則定義在 <bits/socket.h> 內。

插口類型：SOCK_STREAM，SOCK_DGRAM，SOCK_RAW，……

協定族系：PF_INET，PF_UNIX，PF_INET6，……

位址族系：AF_INET，AF_UNIX，AF_INET6，……

發送/接收旗號：MSG_PEEK，MSG_OOB，MSG_DONTWAIT，MSG_EOR，……

另外，插口選項（options）在 Linux 則定義在 <asm-generic/socket.h> 上。

換言之，在 Linux 上，這些插口有關的資訊與常數，分別定義在四至五個不同檔案上，但你的程式只需包含<sys/socket.h>就可以了。這是因為 <sys/socket.h> 包含了<bits/socket.h> 與 <bits/socket2.h>。而 <bits/socket.h> 進一步包含 <bits/sockaddr.h> 與 <asm/socket.h），然後 <asm/socket.h> 又包含 <asm-generic/socket.h>。這整個複雜的階級體系如下所示：

```
#include <sys/socket.h> /* This is the header file your program includes. */
    /* It in fact includes the following in Linux. */
    #include <bits/socket.h>
        #include <bits/sockaddr.h>
        #include <asm/socket.h>
            #include <asm-generic/socket.h>
    # include <bits/socket2.h>
```

值得一提的是，你的插口程式通常必須包含多個前頭檔案，才能成功地順利編譯。不同的插口函數通常會需要不同的前頭檔案。這些前頭檔案可由系統的文書得知。譬如，欲知道引用 socket() 函數必須包括那些檔案，你可藉著執行下面的命令找到答案：

```
$ man socket
```

倘若你使用的是微軟視窗系統，則可在 MSDN 上搜尋 socket。

12-3 計算機網路通信的類型

在我們進一步深入討論如何設計經由計算機網路相互通信的程式之前，這裡，我們先簡短介紹一下，從程式的觀點而言，計算機網路的通信，通常有那些型態。

就每一程式所扮演的角色而言，計算機網路通信一般有三種型態。

1. 客戶伺服型態

最常見的電腦網路通信型態是客戶伺服（client-server）型。在此一型態的通信，伺服程式平常就是在迴路裡，等待並聽取客戶請求的來到。每次一有客戶請求抵達，伺服程式即執行客戶所請求的作業，然後將結果送回給客戶。之後，又回到同一迴路，聽取並執行下一個客戶的請求。在這種類型的通信，一般都是客戶先主動連繫。

使用 HTTP/HTTPS 協定的網際網路瀏覽，使用 ftp 協定的檔案傳輸，以及使用 NFS 協定的網路檔案系統等應用，都是典型的客戶伺服通信型態。

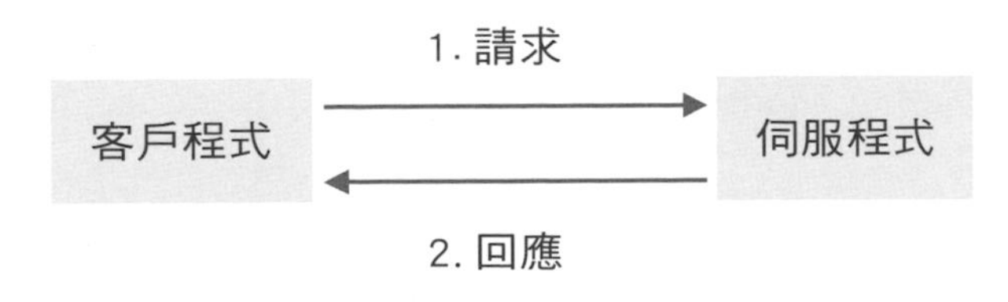

圖12-7a　客戶伺服型的通信

2. 對手與對手型態

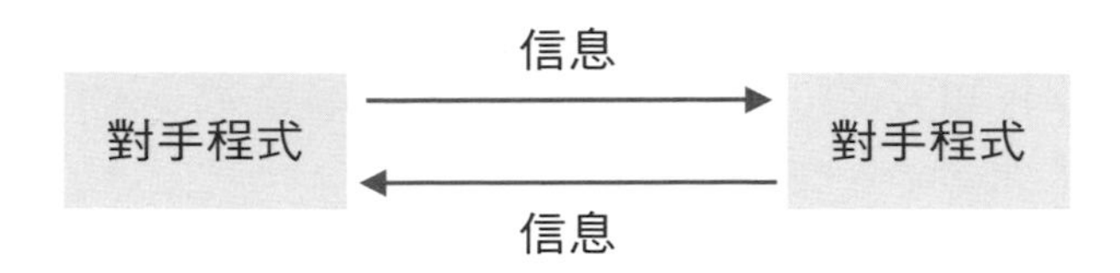

圖 12-7b 對手與對手型態的通信

在對手與對手通信型態上，兩方的角色相同或類似，任何一方都可以主動先連繫。

其中一個例子就是群集系統（clustered system）。在一群集系統內，每一部電腦之間通常必須交換“心跳”（heartbeat）信息，以讓其他電腦知道你還健在。這通常以一專用的幕後伺服程式為之。在這應用上，互相交換心跳訊息的電腦，並非客戶伺服關係，也非主從關係。它們只是對手與對手的平等關係。

3. 主從或經理與工人類型

在主從（master-slave）類型，通常有一主人程序與多個奴隸或工人程序相互通信。典型上，主人程序會先主動，派定工作給奴隸或工人程序做，之後，奴隸或工人程序在完成工作後，再回報主人程序。主人程序有時也叫經理程序。

主從類型有幾種變化。首先，每一奴隸或工人程序可以是程序或程線。其次，這些奴隸或工人程序或程線，可以是需要時再產生而用完時就結束摧毀，或是事先產生，集中管理，且用完時不結束或摧毀。第三，全部的奴隸或工人程序或程線，數目可固定或不固定。有時，萬一這數目超越了系統的某些資源的極限，微調一下系統也在所難免。

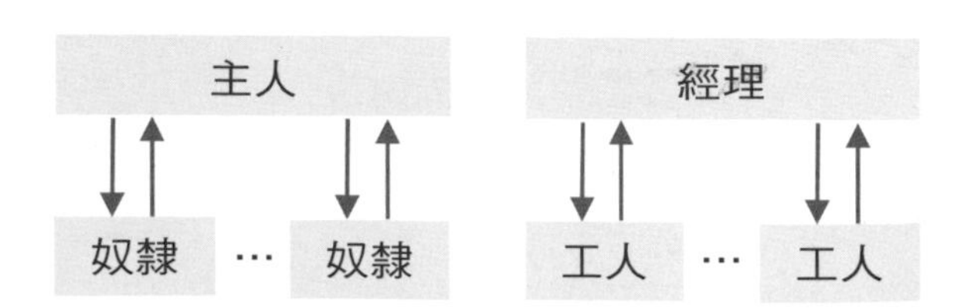

圖12-7c 主從式通信模式

平常，主從模式會製作成在同一系統上的多程序或多程線伺服器程式，但在少數情況下，也有可能製作成多個程序，分散在網路上的不同系統上，形成一分散式系統。

這個類型平常是用以製作一很忙的伺服器，必須同時服務大量的客戶，單程線應付不了。網際網路伺服器就是一個最佳例子。就誠如我們所說的，實際的做法可能會有些變化。在某些特殊情況下，彼此之間也不見得非得使用插口作為通信的工具不可。

12-4 使用資料郵包插口的非連線式通信

這節我們舉第一個設計兩個程式，經由插口相互溝通的例子。這是一個使用非連線式資料郵包插口（connectionless Datagram sockets）的客戶伺服程式。

記得，兩個互相通信的端口，通常使用相同類型的插口。亦即，兩者都是連播式的插口（Stream sockets）或兩者都是郵包式的插口（Datagram sockets）。

12-4-1 發送與接收郵包式信息

在知道如何產生一個插口之後，欲與另一個程序通信最簡單的方式，即是使用一個郵包式插口。因為，它不需建立一個連線。一切所需要的，就是對方的插口位址，就這樣，只要你有對方的位址，你即可發送一個信息給它。這跟平常到郵局寄個包裹給某人是幾乎完全一樣的，只要你知道對方的姓名及住址，你即可寄個包裹給他。可是，萬一這人已搬家了，那他很可能永遠收不到你的包裹。當然，有很些微的可能性存在你的包裹會寄丟了。

以郵包式插口傳遞信息異曲同工。程式所發送寄出的信息，在系統資源不足時，有可能會遺失，亦有可能會重複出現，且並不保證一定會送達目的地。不過，它卻是很簡單，很有彈性，且最不費力的方式。除非是系統非常非常忙碌，缺乏資源，否則，它一般很少出問題。正常的情況下幾乎是不會有問題的。因此，郵包式插口還是有很多應用程式使用。

12-4-1-1 sendto() 函數

在一個郵包式或未連線的插口上，程式以叫用 sendto() 函數發送信息。

```
#include <sys/socket.h>
ssize_t sendto(int sockfd, const void *msgbuf, size_t bufsz,
   int flags, const struct sockaddr *dest_addr, socklen_t dest_len);
```

sendto() 函數的第一個引數 sockfd 指明程式欲以之發送訊息之插口的檔案描述。這個值應該是成功的 socket() 函數叫用所送回的值。

函數的第二個引數 msgbuf 是一位址指標，它應指出含欲發送出之訊息的緩衝器的起始位址。第三引數 bufsz 則指出欲送出之信息的長度，總共有多少個位元組。

第五個引數 dest_addr 指出信息欲送達之目的插口的位址。這個目的插口位址的格式及大小，視插口的位址族系不同而異。第六個引數 dest_len 則指出目的插口位址的大小，有多少位元組。

第四個引數是旗號。這引數可以是 0，或是若干下列旗號的組合，彼此 OR 在一起。

- MSG_OB：在支援插隊資料（out-of-band data）的插口上，送出插隊的資料。插隊資料的意涵視協定不同而定。
- MSG_NOSIGNAL：倘若是在連播式插口上，而且連線已斷，那就不必發送 SIGPIPE 信號了。但是，函數叫用還是會送回 EPIPE 的錯誤。
- MSG_EOR：記錄終止。若協定支援資料記錄，這旗號告訴接收者，現在記錄已結束。

記得，sendto() 函數叫用成功，並不代表信息已安全送達目的插口。譬如，即令信息抵達了目的插口所在的系統，但若那系統缺乏資源，它還是有可能被丟包，因此，並未實際送達目的插口上的。

在成功回返時，sendto() 函數送回發送系統實際所送出的位元組數。若發送系統出錯或發現錯誤，則 sendto() 函數會回 -1，這時，errno 會含錯誤號碼。

程式同樣可以利用 sendto() 函數，在一 SOCK_RAW 類型的插口上送出一個資料郵包。

12-4-1-2 recvfrom() 函數

自一資料郵包或非連線式插口接收一信息的方式與發送類似，所不同的是這次要使用 recvfrom() 函數。這個函數的規格如下：

```
#include <sys/types.h>
#include <sys/socket.h>
ssize_t recvfrom(int sockfd, void *msgbuf, size_t bufsz, int flags,
                 struct sockaddr *from_addr, socklen_t *from_len);
```

同樣地，sockfd 引數指出用以接收信息的插口，同一個插口可以發送信息，也可以接收信息。這個引數的值必須是先前成功的 socket() 函數叫用所送回的值。

第二個引數 msgbuf 指出用以接收信息之輸入緩衝器的起始位址，第三引數 bufsz 則指出輸入緩衝器的容量（有多少位元組）。

第四個引數 flags 則指出一些旗號，它的值可以是 0 或下列旗號的 OR 組合：

- MSG_PEEK：偷看一下進來的信息。這偷窺的動作並未實際讀取輸入資料。因此，再下一個 recvfrom() 或類似的函數叫用才會實際讀取資料。
- MSG_OOB：顯示欲讀取插隊的資料。實際意涵隨協定不同而異。
- MSG_WAITALL：在連播插口上，這個旗號要求函數叫用等到全數資料都讀到了，才回返。但是，假若插口是信息式的插口，或收到信號，或連線終止了，或有指明 MSG_PEEK 旗號，或這插口有錯誤，則函數有可能會送回比較少量的資料。

假若函數的 from_addr 引數提供了一個非空的（non-NULL）指標，則在函數回返時，這個引數會送回信息之發送者的位址。最後一個引數 from_len 則指出 from_addr 引數之插口位址資料結構有多大（有多少位元組）。倘若叫用 recvfrom() 函數的程序不須或不想知道信息發送者的位址，則這 from_addr 與 from_len 兩個引數的值都應該是 NULL。

簡言之，recvfrom() 函數叫用接收下一個資料郵包，並且送回郵包發送者的位址。

在回返時，recvfrom() 函數送回實際收到的資料長度（位元組數）。若有錯誤，recvfrom() 會送回 -1 且 errno 會含錯誤號碼。

12-4-2 資料郵包伺服器

最典型的網路或分散式應用是一伺服程式服務許多客戶程式的客戶伺服應用。在這類型的應用，伺服程式都先啟動，在某系統上的某個端口號上執行，並使用某一種網路協定。而且會"公佈"它自己的位址，讓客戶知道。

一個伺服程式的位址基本上就是這伺服程式所使用之伺服插口的位址，包括一 IP 位址，一端口號，以及一網路協定（TCP 或 UDP）。IP 位址選定了網路中的一部電腦系統，端口號與協定則進一步在這部電腦上選定一個程序。這就是為何今天網際網路上這麼多用戶與伺服器都能彼此找到對方，而不致搞錯的原因。當然，用者在瀏覽器上所打的伺服器位址通常是一 URL，但最終它會被轉換成（IP 位址+端口號+協定）形式的位址，找到伺服器。

因此，記得伺服程式一定要有且使用一與眾不同的 IP 位址和端口號的組合。它也必須將它的伺服插口與這個位址綁在一起，才能讓客戶找得到它。這永遠是這樣。不論是網際網路伺服器，ftp 伺服器，或任何種類的伺服器，都是一樣。

一個伺服程式可以選擇使用一連播插口（使用 TCP 協定）或資料郵包插口（使用 UDP 協定）。它們的主要差別在可靠性。連播插口由於使用 TCP 協定，因此保障信息不會遺失，不會重複，而且一定依原來順序送達對方，但郵包插口則不。

這一節我們先解釋如何撰寫一資料郵包伺服程式。然後，下下節再解釋如何開發一使用連播插口的伺服程式。

12-4-2-1 bind() 函數

一個伺服程式最重要的是要記得將其伺服插口與其伺服位址捆綁在一起。將伺服插口綁在一眾所皆知的伺服位址上，是不論使用連播或郵包插口都是一樣的。這主要是讓客戶或用戶程式有辦法找到或連接到這位址上。將一伺服插口綁在一已知位址是透過叫用下列所示的 bind() 函數達成：

```
#include <sys/types.h>
#include <sys/socket.h>
int  bind(int sockfd, const struct sockaddr *srvaddr, socklen_t addrlen);
```

如上所示，bind() 函數需要三個輸入引數。第一引數是插口的檔案描述。這個值應是產生伺服插口之 socket() 函數成功執行時所送回的值。第二個引數指出這插口欲繫綁的位址。第三引數則指出第二引數之插口位址資料結構的大小。

例如，下面就是一個將插口與一 IPv4 位址綁在一起的程式片段。由於其使用 IPv4 協定，因此，插口位址是存在"struct sockaddr_in"結構裡。程式片段的第一個步驟是將含插口位址的整個資料結構的初值設定成零。這永遠是個好主意。緊接，它將協定族系設定成 AF_INET，代表程式欲產生一能做電腦與電腦之間通信的網際網路插口，而且欲使用 IPv4 位址。

```
struct sockaddr_in    srvaddr;    /* 伺服插口的位址 */
socklen_t             srvaddrsz = sizeof(struct sockaddr_in);
in_port_t             portnum = 2345;  /* 伺服插口的端口號 */
int                   sfd, ret;

sfd = socket(AF_INET, SOCK_DGRAM, 0);  /* 產生一插口 */

memset((void *)&srvaddr, 0, (size_t)srvaddrsz);  /* 插口位址清除成零 */
srvaddr.sin_family = AF_INET;        /* 位址族系是 IPv4 網際網路插口 */
srvaddr.sin_addr.s_addr = htonl(INADDR_ANY);  /*伺服插口位址是通配位址*/
srvaddr.sin_port = htons(portnum);      /* 設定伺服插口之端口號 */

/* 將插口與伺服插口位址，繫綁在一起 */
if ((ret = bind(sfd, (struct sockaddr *)&srvaddr, srvaddrsz)) != 0) {
  fprintf(stderr, "error: bind() failed, errno=%d\n", errno);
  exit(-1);
}
```

緊接的步驟將插口的 IP 位址設定成 htonl（INADDR_ANY）。INADDR_ANY 是一**通配位址**（wildcard address），它真正的值是零。

請注意，就一伺服插口而言，這個作法是很平常且很標準化的。伺服程式一般都將伺服插口綁在一通配位址上，這樣子它就能收到從電腦上任何一個網路卡界面抵達或進來的客戶請求！

通配位址很方便，而且簡化了程式設計。沒有它，因為每一系統的 IP 位址都不一樣，因此，程式很可能在啟動前必須先輸入 IP 位址。有了通配位址，伺服器的程式設計工作就簡單了一些。因為，只要使用它，一個伺服程式就能在任何 IP 位址的電腦上執行，而不需事先知道 IP 位址。

值得一提的是，雖然一伺服程式可以用通配位址作其 IP 位址，跟之綁在一起，一欲與伺服程式通信的客戶程式，則不能以通配位址作為一伺服程式的位址，除非那伺服程式也在同一電腦上執行。換言之，假如客戶與伺服程式分別在兩部不同的電腦上執行，則客戶程式一定得知道伺服程式的明確特定位址，才有辦法與之通信。倘若客戶程式只知道伺服程式所在之電腦主機名字（hostname），那它則能以叫用 getaddrinfo() 函數，將主機名字轉換成 IP 位址。這我們在稍後一節會討論。

此外，將一網路位址加上 htonl() 函數也是很標準化的。這解決了萬一通信的兩部電腦是不同的印地格式（endian format）的問題，這點我們在下一節也會進一步討論。目前，你就這樣用就是了。

第四個步驟是設定伺服插口的端口號。理想上，這端口號最好應該是列在 /etc/services 檔案內，專門為此一應用程式保留的端口號。若不是這樣，那至少應該是兩個通信的程式都知道，而且沒有其他程式正在使用的端口號碼。

以上所說的設定一伺服插口之位址的四步驟，也是很標準化的。

請注意，只有伺服程式必須將其插口與一伺服位址綁在一起。客戶程式永遠都不必有此一步驟。

圖12-8 所示即為使用資料郵包插口相互通信的一對客戶與伺服程式。

圖 12-8 使用郵包插口的客戶與伺服程式

（a）使用郵包插口的伺服程式（udpsrv.c）

```
/*
 * A connectionless server program using Datagram socket.
 * Usage: udpsrv [port#]
 * Authored by Mr. Jin-Jwei Chen.
 * Copyright (c) 1993-2018, 2020 Mr. Jin-Jwei Chen. All rights reserved.
 */

#include <stdio.h>
#include <errno.h>
#include <sys/types.h>
#include <sys/socket.h>
#include <netinet/in.h>    /* protocols such as IPPROTO_TCP, ... */
#include <string.h>        /* memset() */
#include <stdlib.h>        /* atoi() */
#include <unistd.h>        /* close() */
```

```
#define  BUFLEN      1024    /* size of message buffer */
#define  DEFSRVPORT  2345    /* default server port number */

int main(int argc, char *argv[])
{
  int    ret, portnum_in=0;
  int    sfd;                       /* file descriptor of the socket */
  struct sockaddr_in    srvaddr;    /* socket structure */
  int    srvaddrsz=sizeof(struct sockaddr_in);
  struct sockaddr_in    clntaddr;   /* socket structure */
  socklen_t    clntaddrsz=sizeof(struct sockaddr_in);
  in_port_t    portnum=DEFSRVPORT; /* port number */
  char   inbuf[BUFLEN];             /* input message buffer */
  char   outbuf[BUFLEN];            /* output message buffer */
  size_t    msglen;                 /* length of reply message */

  fprintf(stdout, "Connectionless server program ...\n");

  /* Get the port number from user, if any. */
  if (argc > 1)
    portnum_in = atoi(argv[1]);
  if (portnum_in <= 0)
  {
    fprintf(stderr, "Port number %d invalid, set to default value %u\n",
      portnum_in, DEFSRVPORT);
    portnum = DEFSRVPORT;
  }
  else
    portnum = portnum_in;

  /* Create the Datagram server socket. */
  if ((sfd = socket(AF_INET, SOCK_DGRAM, 0)) < 0)
  {
    fprintf(stderr, "Error: socket() failed, errno=%d, %s\n", errno,
      strerror(errno));
    return(-1);
  }

  /* Fill in the server socket address. */
  memset((void *)&srvaddr, 0, (size_t)srvaddrsz); /* clear the address buffer */
  srvaddr.sin_family = AF_INET;                    /* Internet socket */
  srvaddr.sin_addr.s_addr = htonl(INADDR_ANY);     /* server's IP address */
  srvaddr.sin_port = htons(portnum);               /* server's port number */

  /* Bind the server socket to its address. */
  if ((ret = bind(sfd, (struct sockaddr *)&srvaddr, srvaddrsz)) != 0)
  {
    fprintf(stderr, "Error: bind() failed, errno=%d, %s\n", errno,
      strerror(errno));
    close(sfd);
```

```
      return(-2);
    }

    /* Set the reply message */
    sprintf(outbuf, "%s", "This is a reply from the server program.");
    msglen = strlen(outbuf);

    fprintf(stdout, "Listening at port number %u ...\n", portnum);

    /* Receive and service requests from clients. */
    while (1)
    {
      /* Receive a request from a client. */
      errno = 0;
      inbuf[0] = '\0';
      ret = recvfrom(sfd, inbuf, BUFLEN, 0, (struct sockaddr *)&clntaddr,
              &clntaddrsz);
      if (ret > 0)
      {
        /* Process the request. We simply print the request message here. */
        inbuf[ret] = '\0';
        fprintf(stdout, "\nReceived the following request from client:\n%s\n",
          inbuf);

        /* Send a reply. */
        errno = 0;
        ret = sendto(sfd, outbuf, msglen, 0, (struct sockaddr *)&clntaddr,
          clntaddrsz);
        if (ret == -1)
          fprintf(stderr, "Error: sendto() failed, errno=%d, %s\n", errno,
            strerror(errno));
        else
          fprintf(stdout, "%u of %lu bytes of the reply was sent.\n", ret, msglen);
      }
      else if (ret < 0)
        fprintf(stderr, "Error: recvfrom() failed, errno=%d, %s\n", errno,
          strerror(errno));
      else
        fprintf(stdout, "The client may have disconnected.\n");
    }  /* while */
}
```

（b）使用郵包插口的客戶程式（udpclnt.c）

```
/*
 * A connectionless client program using Datagram socket.
 * Usage: udpclnt [srvport# [server-ipaddress]]
 * Authored by Mr. Jin-Jwei Chen.
 * Copyright (c) 1993-2018, 2020 Mr. Jin-Jwei Chen. All rights reserved.
 */

#include <stdio.h>
```

```
#include <errno.h>
#include <sys/types.h>
#include <sys/socket.h>
#include <netinet/in.h>     /* protocols such as IPPROTO_TCP, ... */
#include <arpa/inet.h>      /* inet_pton() */
#include <string.h>         /* memset() */
#include <stdlib.h>         /* atoi() */
#include <unistd.h>         /* close(), sleep() */

#define  BUFLEN      1024    /* size of input message buffer */
#define  DEFSRVPORT  2345    /* default server port number */
#define  MAXMSGS        3    /* Maximum number of messages to send */
#define  IPV4LOCALADDR "127.0.0.1"  /* IPv4 address for local host */

int main(int argc, char *argv[])
{
  int    ret, portnum_in=0;
  int    sfd;                         /* file descriptor of the socket */
  struct sockaddr_in    srvaddr;     /* socket structure */
  int    srvaddrsz=sizeof(struct sockaddr_in);
  struct sockaddr_in    fromaddr;    /* socket structure */
  socklen_t fromaddrsz=sizeof(struct sockaddr_in);
  in_port_t portnum=DEFSRVPORT;      /* port number */
  char      inbuf[BUFLEN];           /* input message buffer */
  char      outbuf[BUFLEN];          /* output message buffer */
  size_t    msglen;                  /* length of reply message */
  size_t    msgnum=0;                /* count of request message */
  char *ipaddrstr = IPV4LOCALADDR;   /* IP address in string format */
  in_addr_t ipaddrbin;               /* IP address in binary format */

  fprintf(stdout, "Connectionless client program ...\n");

  /* Get the port number from user, if any. */
  if (argc > 1)
  {
    portnum_in = atoi(argv[1]);
    if (portnum_in <= 0)
    {
      fprintf(stderr, "Port number %d invalid, set to default value %u\n",
        portnum_in, DEFSRVPORT);
      portnum = DEFSRVPORT;
    }
    else
      portnum = (in_port_t)portnum_in;
  }

  /* Get the server's or peer's IP address from user, if any. */
  if (argc > 2)
    ipaddrstr = argv[2];

  /* Convert the server/peer IP address from string format to binary */
```

```
ret = inet_pton(AF_INET, ipaddrstr, &ipaddrbin);
if (ret == 0)
{
  fprintf(stderr, "%s is not a valid IP address.\n", ipaddrstr);
  return(-1);
}

/* Create the client socket. */
if ((sfd = socket(AF_INET, SOCK_DGRAM, 0)) < 0)
{
  fprintf(stderr, "Error: socket() failed, errno=%d, %s\n", errno,
    strerror(errno));
  return(-2);
}

/* Fill in the server's address. */
memset((void *)&srvaddr, 0, (size_t)srvaddrsz); /* clear the address buffer */
srvaddr.sin_family = AF_INET;                   /* Internet socket */
if (ipaddrstr)
  srvaddr.sin_addr.s_addr = ipaddrbin;          /* server/peer is remote */
else
  srvaddr.sin_addr.s_addr = htonl(INADDR_ANY);  /* server/peer is local */
srvaddr.sin_port = htons(portnum);              /* server's port number */

fprintf(stdout, "Send request messages to server(%s) at port %d\n",
  ipaddrstr, portnum);

/* Send request messages to the server and process the reply messages */
while (msgnum < MAXMSGS)
{
  /* Send a request message to the server. */
  sprintf(outbuf, "%s%4lu%s", "This is request message ", ++msgnum,
    " from the client program.");
  msglen = strlen(outbuf);
  errno = 0;

  ret = sendto(sfd, outbuf, msglen, 0, (struct sockaddr *)&srvaddr, srvaddrsz);
  if (ret >= 0)
  {
    /* Print a warning if not entire message was sent. */
    if (ret == msglen)
      fprintf(stdout, "\n%lu bytes of message were successfully sent.\n",
        msglen);
    else if (ret < msglen)
      fprintf(stderr, "Warning: only %u of %lu bytes were sent.\n",
        ret, msglen);

    if (ret > 0)
    {
      /* Receive a reply from the server. */
      errno = 0;
```

```
        inbuf[0] = '\0';
        ret = recvfrom(sfd, inbuf, BUFLEN, 0, (struct sockaddr *)&fromaddr,
              &fromaddrsz);

        if (ret > 0)
        {
          /* Process the reply. */
          inbuf[ret] = '\0';
          fprintf(stdout, "Received the following reply from server:\n%s\n",
            inbuf);
        }
        else if (ret == 0)
          fprintf(stdout, "Warning: Zero bytes were received.\n");
        else
          fprintf(stderr, "Error: recvfrom() failed, errno=%d, %s\n", errno,
            strerror(errno));
      }
    }
    else
      fprintf(stderr, "Error: sendto() failed, errno=%d, %s\n", errno,
        strerror(errno));

    sleep(1);  /* For demo only. Remove this in real code. */
  }  /* while */

  close(sfd);
  return(0);
}
```

誠如你可看出的，寫一對能相互通信的客戶與伺服程式，事實上並不那麼難。

就必須簡單，有彈性，少功夫，與百分之百絕對可靠不見得需要的應用而言，資料郵包插口是不錯的選擇。例如，標準的網路管理協定 SNMP（Simple Network Management Protocol）就是完全使用在傳輸層應用 UDP 協定的資料郵包插口的。有些應用也是使用郵包插口，在幾個協力的系統間，彼此互送心跳信息，但是也有一些這樣的應用選擇採用連播插口。長久以來一直被很廣泛應用，由 Sun 公司開發的網路檔案系統（Network File System，NFS），一開始時也是完全使用資料郵包插口的。

由於使用郵包插口的非連線式通信是信息式的，不需事先建立任何連線。因此，萬一其中一邊死掉了，就只需重新啟動那邊，重新開始就是了。它是無狀態性的。因此，很快就能恢復正常。事實上，很多情況下，對方會完全不知道另外一端事實上已經死掉又重新啟動過了。亦即，一端死掉或當機，並不影響另外一端。倘若是連線式的通信，復原就沒有這麼簡單容易了。

12-4-2-2 跨平台的支援

基本上，就插口程式界面層次而言，插口程式在各 Linux 與 Unix 系統之間，可移植性（portability）是非常高的。這得感謝 POSIX 標準。可是，偶而你還是會發現，不同平台之間，在程式界面的行為，某些參數的型態，以及對插口選項的支援上，還是會有少許的差異。除此之外，微軟的視窗系統與一般的 Linux/Unix 之間，也有進一步的差異。尤其是在插口的前置與關閉作業（setup）以及前頭檔案方面。

對於使用微軟視窗系統的讀者而言，圖 12-8c 與 12-8d 所示，即為前面之郵包客戶伺服程式，支援包括視窗系統在內之多平台的版本。這一章的例題程式，支援包括視窗系統在內的多平台版本，檔案名上都有加“_all”的字眼。

圖 12-8c 支援多平台的郵包伺服程式（udpsrv_all.c）

```
/*
 * A connectionless server program using Datagram socket.
 * Usage: udpsrv_all [port#]
 * Authored by Mr. Jin-Jwei Chen.
 * Copyright (c) 1993-2020, Mr. Jin-Jwei Chen. All rights reserved.
 */

#include "mysocket.h"

int main(int argc, char *argv[])
{
  int     ret, portnum_in=0;
  int     sfd;                        /* file descriptor of the socket */
  struct sockaddr_in    srvaddr;      /* socket structure */
  int     srvaddrsz=sizeof(struct sockaddr_in);
  struct sockaddr_in    clntaddr;     /* socket structure */
  socklen_t    clntaddrsz=sizeof(struct sockaddr_in);
  in_port_t    portnum=DEFSRVPORT;  /* port number */
  char    inbuf[BUFLEN];              /* input message buffer */
  char    outbuf[BUFLEN];             /* output message buffer */
  size_t    msglen;                   /* length of reply message */
#if WINDOWS
  WSADATA wsaData;                      /* Winsock data */
  char* GetErrorMsg(int ErrorCode);     /* print error string in Windows */
#endif
```

```
    fprintf(stdout, "Connectionless server program ...\n");

    /* Get the port number from user, if any. */
    if (argc > 1)
      portnum_in = atoi(argv[1]);
    if (portnum_in <= 0)
    {
      fprintf(stderr, "Port number %d invalid, set to default value %u\n",
        portnum_in, DEFSRVPORT);
      portnum = DEFSRVPORT;
    }
    else
      portnum = portnum_in;

  #if WINDOWS
    /* Initiate use of the Winsock DLL. Ask for Winsock version 2.2 at least. */
    if ((ret = WSAStartup(MAKEWORD(2, 2), &wsaData)) != 0)
    {
      fprintf(stderr, "Error: WSAStartup() failed with error %d: %s\n",
        ret, GetErrorMsg(ret));
      return (-1);
    }
  #endif

    /* Create the Datagram server socket. */
    if ((sfd = socket(AF_INET, SOCK_DGRAM, 0)) < 0)
    {
      fprintf(stderr, "Error: socket() failed, errno=%d, %s\n", ERRNO,
        ERRNOSTR);
  #if WINDOWS
      WSACleanup();
  #endif
      return(-2);
    }

    /* Fill in the server socket address. */
    memset((void *)&srvaddr, 0, (size_t)srvaddrsz); /* clear the address
buffer */
    srvaddr.sin_family = AF_INET;                    /* Internet socket */
    srvaddr.sin_addr.s_addr = htonl(INADDR_ANY);     /* server's IP
address */
    srvaddr.sin_port = htons(portnum);               /* server's port
number */

    /* Bind the server socket to its address. */
    if ((ret = bind(sfd, (struct sockaddr *)&srvaddr, srvaddrsz)) != 0)
    {
      fprintf(stderr, "Error: bind() failed, errno=%d, %s\n", ERRNO,
        ERRNOSTR);
      CLOSE(sfd);
```

```
        return(-3);
      }

      /* Set the reply message */
      sprintf(outbuf, "%s", "This is a reply from the server program.");
      msglen = strlen(outbuf);

      fprintf(stdout, "Listening at port number %u ...\n", portnum);

      /* Receive and service requests from clients. */
      while (1)
      {
        /* Receive a request from a client. */
        errno = 0;
        inbuf[0] = '\0';
        ret = recvfrom(sfd, inbuf, BUFLEN, 0, (struct sockaddr *)&clntaddr,
                &clntaddrsz);
        if (ret > 0)
        {
          /* Process the request. We simply print the request message here.
*/
          inbuf[ret] = '\0';
          fprintf(stdout, "\nReceived the following request from
client:\n%s\n",
            inbuf);

          /* Send a reply. */
          errno = 0;
          ret = sendto(sfd, outbuf, msglen, 0, (struct sockaddr *)&clntaddr,
            clntaddrsz);
          if (ret == -1)
            fprintf(stderr, "Error: sendto() failed, errno=%d, %s\n", ERRNO,
              ERRNOSTR);
          else
            fprintf(stdout, "%u of %lu bytes of the reply was sent.\n",
ret, msglen);
        }
        else if (ret < 0)
          fprintf(stderr, "Error: recvfrom() failed, errno=%d, %s\n", ERRNO,
            ERRNOSTR);
        else
          fprintf(stdout, "The client may have disconnected.\n");
      }  /* while */
    }
```

圖 12-8d 支援多平台的郵包客戶程式（updclnt_all.c）

```
  /*
   * A connectionless client program using Datagram socket.
   * Usage: udpclnt_all [srvport# [server-ipaddress]]
   * Authored by Mr. Jin-Jwei Chen.
```

```
 * Copyright (c) 1993-2019, 2020 Mr. Jin-Jwei Chen. All rights reserved.
 */

#include "mysocket.h"

int main(int argc, char *argv[])
{
  int    ret, portnum_in=0;
  int    sfd;                         /* file descriptor of the socket */
  struct sockaddr_in    srvaddr;      /* socket structure */
  int    srvaddrsz=sizeof(struct sockaddr_in);
  struct sockaddr_in    fromaddr;     /* socket structure */
  socklen_t fromaddrsz=sizeof(struct sockaddr_in);
  in_port_t portnum=DEFSRVPORT;       /* port number */
  char      inbuf[BUFLEN];            /* input message buffer */
  char      outbuf[BUFLEN];           /* output message buffer */
  size_t    msglen;                   /* length of reply message */
  size_t    msgnum=0;                 /* count of request message */
  char *ipaddrstr = IPV4LOCALADDR;    /* IP address in string format */
  in_addr_t ipaddrbin;                /* IP address in binary format */
#if WINDOWS
  WSADATA wsaData;                       /* Winsock data */
  char* GetErrorMsg(int ErrorCode);      /* print error string in Windows */
#endif

  fprintf(stdout, "Connectionless client program ...\n");

  /* Get the port number from user, if any. */
  if (argc > 1)
  {
    portnum_in = atoi(argv[1]);
    if (portnum_in <= 0)
    {
      fprintf(stderr, "Port number %d invalid, set to default value %u\n",
        portnum_in, DEFSRVPORT);
      portnum = DEFSRVPORT;
    }
    else
      portnum = (in_port_t)portnum_in;
  }

  /* Get the server's or peer's IP address from user, if any. */
  if (argc > 2)
    ipaddrstr = argv[2];

#if WINDOWS
  /* Initiate use of the Winsock DLL. Ask for Winsock version 2.2 at least. */
  if ((ret = WSAStartup(MAKEWORD(2, 2), &wsaData)) != 0)
  {
    fprintf(stderr, "Error: WSAStartup() failed with error %d: %s\n",
      ret, GetErrorMsg(ret));
```

```
      return (-1);
    }
#endif

    /* Convert the server/peer IP address from string format to binary */
    ret = inet_pton(AF_INET, ipaddrstr, &ipaddrbin);
    if (ret == 0)
    {
      fprintf(stderr, "%s is not a valid IP address.\n", ipaddrstr);
#if WINDOWS
      WSACleanup();
#endif
      return(-2);
    }

    /* Create the client socket. */
    if ((sfd = socket(AF_INET, SOCK_DGRAM, 0)) < 0)
    {
      fprintf(stderr, "Error: socket() failed, errno=%d, %s\n", ERRNO, ERRNOSTR);
#if WINDOWS
      WSACleanup();
#endif
      return(-3);
    }

    /* Fill in the server's address. */
    memset((void *)&srvaddr, 0, (size_t)srvaddrsz); /* clear the address buffer */
    srvaddr.sin_family = AF_INET;                   /* Internet socket */
    if (ipaddrstr)
      srvaddr.sin_addr.s_addr = ipaddrbin;          /* server/peer is remote */
    else
      srvaddr.sin_addr.s_addr = htonl(INADDR_ANY);  /* server/peer is local */
    srvaddr.sin_port = htons(portnum);              /* server's port number */

    fprintf(stdout, "Send request messages to server(%s) at port %d\n",
      ipaddrstr, portnum);

    /* Send request messages to the server and process the reply messages */
    while (msgnum < MAXMSGS)
    {
      /* Send a request message to the server. */
      sprintf(outbuf, "%s%4lu%s", "This is request message ", ++msgnum,
        " from the client program.");
      msglen = strlen(outbuf);
      errno = 0;

      ret = sendto(sfd, outbuf, msglen, 0, (struct sockaddr *)&srvaddr, srvaddrsz);
      if (ret >= 0)
      {
        /* Print a warning if not entire message was sent. */
        if (ret == msglen)
```

```
      fprintf(stdout, "\n%lu bytes of message were successfully sent.\n",
        msglen);
    else if (ret < msglen)
      fprintf(stderr, "Warning: only %u of %lu bytes were sent.\n",
        ret, msglen);

    if (ret > 0)
    {
      /* Receive a reply from the server. */
      errno = 0;
      inbuf[0] = '\0';
      ret = recvfrom(sfd, inbuf, BUFLEN, 0, (struct sockaddr *)&fromaddr,
            &fromaddrsz);

      if (ret > 0)
      {
        /* Process the reply. */
        inbuf[ret] = '\0';
        fprintf(stdout, "Received the following reply from server:\n%s\n",
          inbuf);
      }
      else if (ret == 0)
        fprintf(stdout, "Warning: Zero bytes were received.\n");
      else
        fprintf(stderr, "Error: recvfrom() failed, errno=%d, %s\n", ERRNO,
          ERRNOSTR);
    }
  }
  else
    fprintf(stderr, "Error: sendto() failed, errno=%d, %s\n", ERRNO,
      ERRNOSTR);

#if WINDOWS
    Sleep(1000); /* Unit is ms. For demo only. Remove this in real code. */
#else
    sleep(1);  /* For demo only. Remove this in real code. */
#endif
  } /* while */

  CLOSE(sfd);
  return(0);
}
```

12-4-3 在郵包插口上使用 connect() 叫用

誠如我們在上一節之例題程式所顯示的，以資料郵包插口通信時，兩個通信端點間並沒有建立任何網路的連線，而資料傳輸是將每一個別信息，當成是一獨立之資料郵包似處理的。這意謂任一通信端都不必用到像下一節所介紹之連線式通信所使用的 connect() 函數的。

不過，話雖如此，但在很特殊的情況下，程式還是可以在郵包式插口上，使用建立連線式通信用的 connect() 函數叫用的。

前面我們說，在一郵包插口上，程式以 sendto() 函數送出一個信息，每一 sendto() 函數叫用都指出該信息要送到那裡 — 那個插口位址上。因此，一個程式可以同一個郵包插口，將信息送給不同的接收者。很有彈性，不是嗎？

可是，要是使用郵包插口的程式，固定都與同一對手通信。在這種情況下，它就可以叫用 connect() 函數，將目的位址固定，然後就不必每次都必須在 sendto() 函數叫用時，都指明目的位址了。

當用在郵包插口時，connect() 函數會將目前的插口與一目的插口或對手插口相連在一起，以致 connect() 函數中所指明的目的或對手插口位址，會變成該插口的既定目標。每一送出的信息就會自動送至該目的位址上。同時，插口也會變成只接收那個目的插口所送來的信息。

換言之，在使用郵包插口前，叫用 connect() 函數一次，等於讓叫用程式免於每次在叫用 sendto() 函數時，都得指明信息的目的位址。

值得一提的是，在完成和某一目標或目的位址的通信後，程式可以再度叫用 connect() 函數，轉換目標，繼續以同一插口和其他不同的目標或對手繼續通信。

此外，在一郵包插口上叫用 connect() 函數，將該插口轉換成連線狀態（connected state）。這等於讓這原先必須叫用 sendto() 與 recvfrom() 函數發送與接收信息的郵包插口，變成也可以使用 send()，recv()，read() 與 write() 等函數發送與接收信息。

圖 12-9 所示，即為一在郵包插口上使用 connect() 函數叫用的程式例子。這程式只是前面的 udpclnt.c，在作一些更改後得來的。它可以與 udpsrv.c 一起測試。從程式中你可看出，在加了 connect() 函數叫用後，現在的 sendto() 函數叫用，就不需要指明目的位址了。

圖 12-9 郵包插口上使用 connect() 函數（udpclnt_conn_all.c）

```
/*
 * A connectionless client program using connect() with Datagram socket.
 * Usage: udpclnt_conn_all [srvport# [server-ipaddress]]
 * Authored by Mr. Jin-Jwei Chen.
```

```
 * Copyright (c) 1993-2019, 2020 Mr. Jin-Jwei Chen. All rights reserved.
 */

#include "mysocket.h"

int main(int argc, char *argv[])
{
  int    ret, portnum_in=0;
  int    sfd;                          /* file descriptor of the socket */
  struct sockaddr_in    srvaddr;       /* socket structure */
  int    srvaddrsz=sizeof(struct sockaddr_in);
  struct sockaddr_in    fromaddr;      /* socket structure */
  socklen_t fromaddrsz=sizeof(struct sockaddr_in);
  in_port_t portnum=DEFSRVPORT;        /* port number */
  char      inbuf[BUFLEN];             /* input message buffer */
  char      outbuf[BUFLEN];            /* output message buffer */
  size_t    msglen;                    /* length of reply message */
  size_t    msgnum=0;                  /* count of request message */
  char *ipaddrstr = IPV4LOCALADDR;     /* IP address in string format */
  in_addr_t ipaddrbin;                 /* IP address in binary format */
#if WINDOWS
  WSADATA wsaData;                        /* Winsock data */
  char* GetErrorMsg(int ErrorCode);       /* print error string in Windows */
#endif

  fprintf(stdout, "Connectionless client program ...\n");

  /* Get the port number from user, if any. */
  if (argc > 1)
  {
    portnum_in = atoi(argv[1]);
    if (portnum_in <= 0)
    {
      fprintf(stderr, "Port number %d invalid, set to default value %u\n",
        portnum_in, DEFSRVPORT);
      portnum = DEFSRVPORT;
    }
    else
      portnum = (in_port_t)portnum_in;
  }

  /* Get the server's or peer's IP address from user, if any. */
  if (argc > 2)
    ipaddrstr = argv[2];

#if WINDOWS
  /* Initiate use of the Winsock DLL. Ask for Winsock version 2.2 at least. */
  if ((ret = WSAStartup(MAKEWORD(2, 2), &wsaData)) != 0)
  {
    fprintf(stderr, "Error: WSAStartup() failed with error %d: %s\n",
      ret, GetErrorMsg(ret));
```

```
        return (-1);
      }
    #endif

      /* Convert the server/peer IP address from string format to binary */
      ret = inet_pton(AF_INET, ipaddrstr, &ipaddrbin);
      if (ret == 0)
      {
        fprintf(stderr, "%s is not a valid IP address.\n", ipaddrstr);
    #if WINDOWS
        WSACleanup();
    #endif
        return(-2);
      }

      /* Create the client socket. */
      if ((sfd = socket(AF_INET, SOCK_DGRAM, 0)) < 0)
      {
        fprintf(stderr, "Error: socket() failed, errno=%d, %s\n", ERRNO,
ERRNOSTR);
    #if WINDOWS
        WSACleanup();
    #endif
        return(-3);
      }

      /* Fill in the server's address. */
      memset((void *)&srvaddr, 0, (size_t)srvaddrsz); /* clear the address buffer */
      srvaddr.sin_family = AF_INET;                   /* Internet socket */
      if (ipaddrstr)
        srvaddr.sin_addr.s_addr = ipaddrbin;          /* server/peer is remote */
      else
        srvaddr.sin_addr.s_addr = htonl(INADDR_ANY);  /* server/peer is local */
      srvaddr.sin_port = htons(portnum);              /* server's port number */

      /* Fix our target/peer address */
      ret = connect(sfd, (struct sockaddr *)&srvaddr, srvaddrsz);
      if (ret != 0)
      {
        fprintf(stderr, "Error: connect() failed, errno=%d, %s\n", ERRNO, ERRNOSTR);
        CLOSE(sfd);
        return(-4);
      }

      fprintf(stdout, "Send request messages to server(%s) at port %d\n",
        ipaddrstr, portnum);

      /* Send request messages to the server and process the reply messages */
      while (msgnum < MAXMSGS)
      {
        /* Send a request message to the server. */
```

```
    sprintf(outbuf, "%s%4lu%s", "This is request message ", ++msgnum,
      " from the client program.");
    msglen = strlen(outbuf);
    errno = 0;

    ret = sendto(sfd, outbuf, msglen, 0, (struct sockaddr *)NULL, 0);
    if (ret >= 0)
    {
      /* Print a warning if not entire message was sent. */
      if (ret == msglen)
        fprintf(stdout, "\n%lu bytes of message were successfully sent.\n",
          msglen);
      else if (ret < msglen)
        fprintf(stderr, "Warning: only %u of %lu bytes were sent.\n",
          ret, msglen);

      if (ret > 0)
      {
        /* Receive a reply from the server. */
        errno = 0;
        inbuf[0] = '\0';
        ret = recvfrom(sfd, inbuf, BUFLEN, 0, (struct sockaddr *)&fromaddr,
              &fromaddrsz);

        if (ret > 0)
        {
          /* Process the reply. */
          inbuf[ret] = '\0';
          fprintf(stdout, "Received the following reply from server:\n%s\n",
            inbuf);
        }
        else if (ret == 0)
          fprintf(stdout, "Warning: Zero bytes were received.\n");
        else
          fprintf(stderr, "Error: recvfrom() failed, errno=%d, %s\n", ERRNO,
            ERRNOSTR);
      }
    }
    else
      fprintf(stderr, "Error: sendto() failed, errno=%d, %s\n", ERRNO,
        ERRNOSTR);

#if WINDOWS
    Sleep(1000); /* Unit is ms. For demo only. Remove this in real code. */
#else
    sleep(1);  /* For demo only. Remove this in real code. */
#endif
  } /* while */

  CLOSE(sfd);
  return(0);
}
```

12-5 通配伺服位址與印地

在知道如何開發使用插口的客戶伺服程式之後，這裡我們討論兩個不同插口類別之間共通的問題，那就是通配伺服位址（wildcard server IP address）與印地（endian）。

12-5-1 通配伺服位址

前面我們說過，將一伺服程式繫綁在一通配 IP 位址上，是很標準的作法。注意，這與將伺服插口繫綁在**回套主機當地位址**（loopback local host address）127.0.0.1 上是完全不一樣的。因此，請千萬勿將這兩者搞混在一起。

在此，我們特地再重複強調一次，那就是，將一伺服插口繫綁在一通用 IP 位址上，主要是在讓經由電腦上之任一網路界面卡進至該電腦的所有客戶請求，都能抵達該伺服程式。這個特色非常方便好用。因為，基於備用或同時在多個不同網路上之理由，許多電腦經常都會同時安裝兩個或甚至兩個以上的網路界面卡，或使用多個不同的 IP 位址。讓所有經由這各個不同網路界面卡或不同 IP 位址進來的客戶請求，都能抵達同一個伺服程式，解決了如何以單一伺服程式，服侍所有經由不同路徑進入同一部電腦之所有客戶請求的問題。要沒這個，裝有多個網路界面卡的電腦，還得跑多個伺服程式才能網羅所有一切進入同一部電腦之客戶請求呢！那有多麻煩。是以，通用伺服位址表示經由"任何" IP 位址或網路界面卡進至該電腦的客戶請求都可以，全適用！

事實上，總共有兩個通配的 IP 位址，一個是 IPv4，另一個是 IPv6。IPv4 的通用 IP 位址是 INADDR_ANY，而 IPv6 的通用 IP 位址則是 in6addr_any。注意到，這兩個值是不同的，一個大寫，另一個小寫。另外，INADDR_ANY 是一個四個位元組的零，而 in6addr_any 則是一個資料型態是"struct in6_addr"的常數，它的值是連續 16 位元組的零。

因此，以下是程式在叫用 bind() 函數之前，如何將伺服插口的 IP 位址設定成通配的 IP 位址：

```
/* 將一伺服插口的 IP 位址設定成 IPv4 的通配位址 -- 四位元組的零 */
serveraddr.sin_addr.s_addr = htonl(INADDR_ANY);
```

```
/* 將一伺服插口的 IP 位址設定成 IPv6 的通配位址 -- 十六位元組的零 */
serveraddr.sin6_addr    =  in6addr_any;
```

將一伺服插口與一通配伺服位址或一其他的特定 IP 位址繫綁在一起，是非連線式與連線式網路通信都一樣的，彼此並無差別。換言之，不論程式使用的是連播式的插口或是郵包式的插口，都是一樣，與插口類型獨立。

12-5-2 印地與位元組順序轉換

一樣地，這一節所討論的議題，印地（endian）也是非連線式與連線式網路通信都適用。

什麼是印地？

印地指的是計算機的中央處理器，在將一個多位元組的整數儲存在記憶器時，它的位元組順序。所以，印地（endianness）指的是**位元組順序**（byte-ordering），這是每一中央處理器的設計特性之一。

根據印地或位元組順序來劃分，世界上的計算機中央處理器，基本上有兩大類。一是**大印地**（big endian），另一則是**小印地**（little endian）。

大印地的中央處理器將一個多位元組的整數的最高次位元組，存在前面，亦即記憶位址最小的位元組。小印地的中央處理器正好相反，它將一多位元組整數的最低次位元組存在記憶位址最小的位元組位置上。

當今最常用的計算機處理器中，採用大印地格式的包括 IBM 的 Power 與 PowerPC 處理器，Oracle/Sun 的 SPARC 處理器，與 HP 的 PARISC 處理器。採用小印地格式則包括 Intel 的 x86 處理器，以及 HP/DEC 的 Alpha 處理器。

為何印地很重要？

印地或位元組順序在網路與分散式計算上非常重要。當兩部計算機通信，相互交換資料時，很可能其中一部計算機是大印地，而且另一部計算機是小印地。由於這兩種計算機的二進整數儲存格式不同，當它們彼此交換資料時，除非經過適當的轉換，否則，一個整數值由某一印地的計算機傳輸至另一印地的計算機時，它的值就會被解釋成另一個完全不同的值，而變成錯誤的資料了。譬如，在大印地計算機上是 2345 的整數，一傳輸至一小印地的計算機上時，因位元組順序的差異，它就會被解釋成 10505。因此，一多位元組的二進整數在由某一計算機，傳輸至另一計算機時，若兩計算機所使用的印地格式不同，就必須經過轉換，否則，其值就會被解釋成另一個不同的值，那也就錯了！

為了解決這個問題，網際網路當初在設計時，就決定所有二進整數在經由網路傳輸時，它們都必須只能表示成某同一種印地格式。這樣才不致在資料接收端造成錯誤的解釋。換言之，所有多位元組的二進整數，在能被放在網路上傳輸之前，都必須事先轉換成網路的位元組順序，而當初選的格式就是大印地。如此，資料接收端就可以永遠假設，經由網路所接收到的二進整數資料，一定是大印地格式。因此，若接收計算機本身是小印地，那它就必須把資料由大印地格式轉換成小印地格式，才能開始使用。這樣，把整數資料經由電腦網路傳輸就不會因印地格式的不同而發生問題。

為了便於做這些轉換，網際網路當初就設計好如下所示的轉換函數，讓所有程式使用：

```
#include <arpa/inet.h>

uint16_t htons(uint16_t hostshort);
uint32_t htonl(uint32_t hostlong);
uint16_t ntohs(uint16_t netshort);
uint32_t ntohl(uint32_t netlong);
```

記得，在這些函數的名稱上，字母 h 就代表 host，亦即目前的計算機的印地格式，而字母 n 則代表網路，意指網路的印地格式。另外，名字中的 s 字母代表 short 資料型態，亦即資料是 16 位元，而 l 則代表 long 資料型態，代表資料的大小是 32 位元。因此，函數名稱 hton 代表它是將資料由電腦主機的印地格式，轉換成網路的印地格式，而 ntoh 則將資料由網路印地格式轉換成當地主機的印地格式。

所以，htons() 與 htonl() 函數，即分別將其引數所指的兩位元組或四位元組二進整數資料，分別由在地主機的印地格式，轉換成網路的印地格式。這兩個函數通常在資料發送端使用，在將二進整數資料送出前，先轉換成網路格式。相反地，ntohs() 與 ntohl() 函數則分別將一個兩位元組或四位元組的二進整數資料，由網路印地格式，轉換成在地主機的印地格式。這兩個函數通常在資料接收端使用。將自網路所接收的二進整數資料轉換成目前主機的印地格式。

由於你永遠無法預知程式所送出的資料，最後會抵達那一種印地格式的計算機，在接收端也無法預知所接收的資料是來自那一種印地格式的計算機。所以，為了保證程式永遠都能正確動作，唯一的辦法，就是記得在資料發送端，永遠將欲送出的二進整數資料，先經 htons() 或 htonl() 函數轉換成網路印地格式，然後再送出。同時，在資料接收端，也永遠將自網路所收到的二進整數資料，先經 ntohs() 或 ntohl() 函數由網路印地格式轉換成在地主機的印地格式之後，才開始使用。

知道了這個以後，最重要的是在開發網路或分散式程式時，要永遠記得這樣做。注意到，只有多位元組的二進式整數才需做這轉換。一個僅有單一位元組的二進整數值就不需要，因為，只有一個位元組，就沒有位元組順序的問題。此外，若一個整數數目是以字串（string）形式送出，那也不需做轉換，因為，字串資料是每一個別數字分別各自寫碼成諸如 ASCII 或 UTF-8 的形式的，所以，也沒有位元組順序的問題。印地的問題，只會發生在表示成二進制的多位元組整數資料上。這就是為什麼你在我們的程式例題中，看到了 htons（portnumber）與 htonl（INADDR_ANY）。

究竟有那些資料項目必須做印地轉換呢？計算機網路通信所傳輸的資料中，若含有表示成二進制的多位元組整數資料，則那整數資料即需要做印地轉換。除了用者自己欲傳輸的整數資料以外，在使用插口作通信時，插口位址本身也是經過網路傳輸的。由於插口位址包括 IP 位址與端口號，這兩項資料也都表示成二進制形式，因此，它們也必須做印地轉換。因為，接收到這個插口位址的計算機，很有可能是使用另一種不同的印地格式的。

所以，為了能讓任何接收到此一插口位址的任何計算機，都能永遠正確地解讀，這兩個值也必須做印地轉換。亦即，在發送出前，預先轉換成網路印地格式。這就是為何你看到在例題程式中，在將 IP 位址儲放在插口位址結構時，我們用的是 htonl（INADDR_ANY），以及在設定插口位址的端口號時，我們用的是 htons（portnum）。

有人可能會說，由於 INADDR_ANY 的值是 0，因此，加上 htonl() 是多餘的。這是有道理，因為 0 不論在大印地或小印地，都是一樣是 0。因此，實際上是不需轉換的。但若此值不正好是 0，那就非轉換不可了。因此，為了怕有時不是 0 時忘了，習慣上，一般人都永遠加上 htonl()，這樣，不論 IP 位址是不是 0，永遠都不會出問題！

就 IPv6 的通配位址 in6addr_any 而言，由於它是 16 位元組長，而且定義成一資料結構，而非一整數。加上又沒有轉換函數可用，因此，一般程式就不加上任何轉換函數了。還好，零值是不因大小印地而異的。

值得一提的是，印地轉換是不會自動發生的。所以，身為程式設計者，這永遠都是你的責任。你必須知道，在網路上傳送多位元組的二進制整數值會有印地的問題。因此，程式必須做必要的轉換，以確保那項資料能永遠得到正確的傳送與解讀。

此外，印地轉換是跟插口類型無關的。換言之，不論你的程式使用的是連播插口或是資料郵包插口，印地轉換都是必須要做的。它主要是跟通信兩端之計算機處理器的印地格式有關。

12-6 使用連播插口的連線式通信

前面說過，使用資料郵包插口的非連線式電腦網路通信，在傳輸層使用 UDP 協定，非常易於使用且富有彈性。但缺點是並未保障百分之百可靠。由於這緣故，絕大部分的分散式應用都傾向於採用在傳輸層使用 TCP 協定的連線式通信（connection-oriented communication）。例子包括網際網路的應用協定 HTTP 與 HTTPS，以及檔案傳送協定 FTP。

與非連線式通信不同的是，連線式通信一定會在兩通信的端點間建立起一個連線（connection）。它是比較稍微複雜一點，需要事先搭起一個連線，而且一直到連線被拆掉關閉為止，即使兩端沒有任何資料傳輸，仍然繼續佔用系統為之所保留的資源。但卻保障可靠。使用它的應用程式不必擔心資料會遺失，重複，或亂了順序等。

以下是連線式通信的摘要。

- 通信的兩端點必須都使用連播式插口（Stream socket）。
- 伺服程式一樣必須把插口繫綁（bind）在一已知位址上。

- 伺服程式必須將自己設定成“傾聽模式”（listening mode）。
- 客戶程式必須主動向伺服程式做出連線請求（connection request），進而與伺服程式建立起一連線。
- 伺服程式必須接受客戶程式的連線請求，連線才能建立。
- 連線搭起後，資料傳輸才能開始。
- 發送與接收信息分別以叫用 send() 與 recv() 函數為之。當然也可以使用 write() 與 read() 函數。

底下的幾個小節，分別解釋這些步驟。

12-6-1 產生一連線式插口

不論是客戶伺服，對手與對手，或主奴式的關係，在一以基於 TCP 傳輸協定的連線式通信上，彼此通信的兩個端口，必須都各自產生並使用一連播式插口。這就由以下的述句達成：

```
int sfd = socket(AF_INET, SOCK_STREAM, 0);
```

函數叫用的第一個引數的值，AF_INET，指出叫用者欲產生一個在網路層使用 IPv4 協定的網際網路插口。倘若叫用者欲在網路層使用 IPv6 協定，那這第一個引數的值即應為 AF_INET6。曾如我們前面說過的，分別使用 PF_INET 與 PF_INET6 也是一樣。

函數的第二個引數的值，SOCK_STREAM，表明叫用者欲產生的是一連播式插口。選擇這類插口，就等於選擇在傳輸層使用可靠的 TCP 協定。

第三個引數本應選擇一個網路層協定。不過，由於在網際網路插口族系（AF_INET 或 AF_INET6）下，連播插口（SOCK_STREAM）只有唯一支持 TCP 協定。因此，這個引數值是零。唯有在多個協定都獲支援下，這個引數的值才須自其中選擇一個。

在成功時，socket() 函數叫用送回這函數所新產生之插口的檔案描述。失敗時，socket() 函數會送回 -1，且 errno 會含錯誤號碼。

產生一連播插口與產生一郵包插口極為類似。唯一的不同是，函數的第二引數所指的插口類型現在變成了 SOCK_STREAM。

12-6-2 伺服器廣告自己—bind()函數

在非連線式通信時我們說，一個伺服程式必須把它的伺服插口，與一通配位址或一已知的伺服位址，繫綁（bind）在一起。這點在連線式通信也完全一樣，這個 bind() 函數的格式，與先前所介紹過的一模一樣。記得，bind() 函數是伺服程式用的，客戶程式從不需要叫用 bind()。

通常，一伺服程式都將自己的伺服插口，繫綁在一通配位址上，以便經由系統上任一個網路界面卡或 IP 位址所抵達的客戶請求，它都能收得到。在 IPv4，這通配位址是 INADDR_ANY。而在 IPv6，這通配位址是 in6addr_any。注意，前者是大寫而後者是小寫。不要搞錯了。

若不用通配位址，採用一特定的 IP 位址也行。不過，這樣做有兩個缺點。首先，這等於將伺服器的位址，硬綁（hardwire）在某一部電腦上，讓它無法在任一部電腦上執行。其次，倘若那部電腦裝有多個網路界面卡，那這樣做等於限制了這伺服程式，只能服務經由其中某一個網路卡抵達的客戶請求。經由其他網路卡抵達的客戶請求，該伺服程式就看不見了。

除了 IP 位址外，每一伺服程式也必須將其伺服插口綁在某一端口號上。這端口號在電腦上的所有程序中，幫忙選定了其中一個程序。

以下是一伺服程式將其伺服插口，繫綁在一通配位址的程式片段：

IPv4：

```
   struct sockaddr_in     serveraddr;    /* socket structure */

   /* Fill in the server socket address. */
   memset((void *)&serveraddr, 0, (size_t)sizeof(serveraddr)); /* clear
the address buffer */
   serveraddr.sin_family = AF_INET;                   /* Internet socket IPv4 */
   serveraddr.sin_addr.s_addr = htonl(INADDR_ANY); /* server's IP address */
   serveraddr.sin_port = htons(srvport);              /* server's port number */

   /* Bind the server socket to its address. */
   ret = bind(sfd, (struct sockaddr *)&serveraddr, sizeof(serveraddr));
```

IPv6：

```
struct sockaddr_in6   serveraddr;   /* socket structure */

/* Fill in the server socket address. */
memset((void *)&serveraddr, 0, (size_t)sizeof(serveraddr)); /* clear
the address buffer */
serveraddr.sin6_family = AF_INET6;        /* Internet socket IPv6 */
serveraddr.sin6_addr   = in6addr_any;     /* server's IP address */
serveraddr.sin6_port   = htons(srvport); /* server's port number */

ret = bind(sd, (struct sockaddr *)&serveraddr, sizeof(serveraddr));
```

不像在不連線通信，每一伺服程式只使用一個插口。在連線式通信每一伺服程式都使用多個（至少兩個）插口：一個傾聽進來之客戶請求的**聆聽插口**（listener socket），以及另一個能和客戶形成連線並與之交換資料的插口。假若該連線式的伺服程式同時在與多個客戶程式通信，那伺服程式就有多個與客戶相互交換資料的插口，每一客戶有一個。當我們說伺服程式將其插口與一通配位址綁在一起時，我們所指的是它的聆聽插口。這只有一個。

在一連線式的客戶伺服通信上，永遠都是伺服程式將其聆聽插口繫綁在某一位址上，然後客戶程式叫用 connect() 函數，與伺服程式端的客戶資料插口形成一個連線的。然後，實際的資料交換與通信才開始。亦即，客戶實際送出服務請求，然後伺服器在計算後送回結果。當然，伺服程式在客戶程式試圖連線之前，必須先啟動，否則，客戶程式就連線不上了。

12-6-3 伺服器接受連線請求—accept()函數

在連線式通信裡，典型的伺服程式都在一個迴路（loop）上執行。迴路的一個輪迴就是伺服程式傾聽是否有客戶連線請求進來，若有，即接受客戶連線請求，並產生一程序或程線服務這客戶請求，然後，就再回頭聆聽下一個客戶的連線請求。

連線式通信的伺服程式以 accept() 函數叫用，接受客戶的連線請求。該函數的格式如下：

```
#include <sys/types.h>
#include <sys/socket.h>
int accept(int sockfd, struct sockaddr *addr, socklen_t *addrlen);
```

記得，accept() 函數叫用是阻擋性的。叫用這函數時，伺服程式會被迫等著，一直等到有客戶連線請求來到為止。在接受客戶連線請求時，accept() 函數會產生一個新的插口，並以之與客戶的插口互相連線，然後送回這個新的伺服端的插口的檔案描述。記得，這個新的插口只是一般的插口，它不是聆聽插口，而是一個與客戶插口形成連線的普通插口。

accept() 函數叫用的第一個引數提供伺服程式之聆聽插口的檔案描述。這插口必須是已經經過 bind() 函數叫用，與一當地位址綁在一起的插口。

函數的第二引數提供一指向插口位址 sockaddr 之資料結構的指標。倘若這個引數有值（不是空的），則在回返時，這個引數即會送回對方（亦即，客戶）之插口的位址。這個位址讓伺服程式知道它是在與誰通信，對方的 IP 位址與端口號是什麼。這樣，伺服程式就不必再叫用另外一個函數，以取得對方的插口位址。

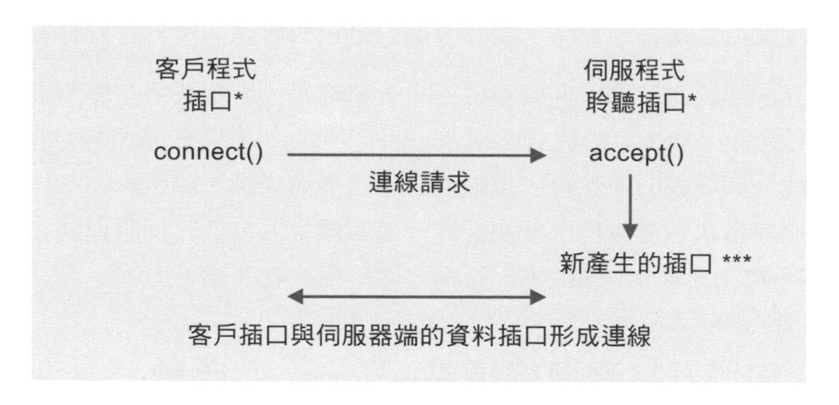

圖 12-10 網路連線的建立一共牽涉三個插口

圖 12-10 所示，即為網路連線的建立。首先，客戶程式叫用 connect() 函數，主動要求欲與伺服程式連線。這連線請求抵達伺服程式，被 accept() 函數所接受。在接受此一客戶連線請求時，accept() 函數產生一新的插口，與客戶插口形成一個連線，並送回該新插口的檔案描述。伺服程式就是以此一新插口，與客戶插口彼此連線且互相通信的。這新插口已處於連線狀態以及它跟誰在通信等細節則記錄在伺服器端的作業系統核心層內。記得，總共三個插口涉及在內。

12-6-4 伺服器設定其排隊長度限制—listen()函數

在連線式通信，一個伺服程式所產生的第一個插口，通常是聆聽插口。產生聆聽插口之後，在正式進入聆聽迴路之前，伺服程式一般都會叫用 listen() 函數一次，設定它聆聽排隊（listening queue）的長度。

以下所示即為一伺服程式的典型作業步驟。

IPv4：

```
#define BACKLOG_LEN  200
struct sockaddr_in   serveraddr;
int                sfd, sfd2, ret;

sfd = socket(AF_INET, SOCK_STREAM, 0);
/* fill in the fields in serveraddr here ... */
ret = bind(sfd, (struct sockaddr *)&serveraddr, sizeof(serveraddr));
ret = listen(sfd, BACKLOG_LEN);
sfd2 = accept(sfd, NULL, NULL);
```

IPv6：

```
#define BACKLOG_LEN  200
struct sockaddr_in6  serveraddr;
int                sfd, sfd2, ret;

sfd = socket(AF_INET6, SOCK_STREAM, 0);
/* fill in the fields in serveraddr here ... */
ret = bind(sfd, (struct sockaddr *)&serveraddr, sizeof(serveraddr));
ret = listen(sfd, BACKLOG_LEN);
sfd2 = accept(sfd, NULL, NULL);
```

叫用 listen() 函數，設定聆聽排隊的長度限制的步驟很重要。因為，一般的伺服程式都很忙。當伺服程式接受並正在處理一客戶請求之際，通常就同時又會有其他的客戶連線請求到來。由於這時間伺服程式正在忙，還沒空處理這些陸續到來的其他客戶請求。若不先將這些請求以緩衝器存起來，它們就會遺失不見的。listen() 函數叫用即設定有多少正在等候的客戶請求，可以先被暫時存起來，放在緩衝器裡，排隊等候，免得遺失。這個聆聽排隊的長度，影響一伺服器的性能與輸出量（throughput）。一般而言，聆聽排隊的長度應儘量避免客戶請求被遺失。

設定伺服器之聆聽排隊長度的函數之格式如下：

```
#include <sys/socket.h>
int listen(int sockfd, int backlog);
```

函數的第一個引數指出伺服器之聆聽插口的檔案描述。第二個引數 backlog 則指出伺服器之聆聽排隊的最大長度 — 最多可以有多少個客戶連線請求在等著。顯然，愈忙碌的伺服程式，需要的排隊長度也愈長。有時，這個極限可能會達數千個。

通常有兩個因素決定一伺服器的最高輸出容量。那就是此一聆聽排隊的長度與服侍每一客戶需時多久。後者視每一客戶所需的工作量以及計算機處理器的速度而定。這也有可能會受限於系統所允許的最高程序數或程線數。若是，那調整這些系統參數則在所難免。總之，設定伺服器的適當聆聽排隊長度，避免或減少客戶連線請求被丟包，是影響一個伺服器之性能與總輸出量的重要因素之一。

listen() 函數叫用僅適用於 SOCK_STREAM 或 SOCK_SEQPACKET 類型的插口，這兩種插口都是連線式的插口。

12-6-5 客戶主動請求連線 — connect() 函數

在能相互交換信息之前，連線式通信必須先在通信的兩端點之間，建立起一連線。這程序通常由客戶程式主動開始。整個通信過程由客戶程式叫用 connect() 函數，試圖與伺服程式搭起連線時開始。此一函數叫用指明了伺服程式的位址。

connect() 函數的規格如下：

```
#include <sys/types.h>
#include <sys/socket.h>
int  connect(int sockfd, const struct sockaddr *srvaddr, socklen_t addrlen);
```

一個程式（通常是客戶程式），透過叫用 connect() 函數，以與另一程式（伺服程式）建立起一連線。當用在連播式插口時，connect() 函數會在第一引數所指明的本地插口，與第二引數所指明之伺服程式即將產生的新插口之間，築起一網路連線。函數的第三引數指明第二引數之插口位址的大小（有多少位元組）。這個值會因 IPv4 或 IPv6 位址而有所不同。第二引數 srvaddr 所提供之伺服位址的格式及長度，依插口的位址族系不同而異。

在 connect() 函數成功執行後，上述的兩插口間即形成連線，可以彼此開始交換資料。

成功時，connect() 函數送回零。出錯時，該函數送回 -1，且 errno 會含錯誤號碼。

以下是連線式通信之客戶程式的連線動作以及其準備步驟的 IPv4 版本：

```
struct sockaddr_in   server;      /* socket structure */
in_port_t            portnum = DEFAULT_SRV_PORT; /* server's port number */
int                  sfd, ret;

char  *ipaddrstr = "127.0.0.1";  /* server's IP address in string format */
in_addr_t ipaddrbin;             /* server's IP address in binary format */

/* 產生客戶程式所需的連播插口 */
sfd = socket(AF_INET, SOCK_STREAM, 0);

/* 填入伺服器的位址 */
ret = inet_aton(ipaddrstr, &ipaddrbin);
memset((void *)&server, 0, (size_t)sizeof(server));  /* 清除位址緩衝器 */
server.sin_family = AF_INET;         /* 使用網際網路插口 Internet socket */
if (ipaddrstr)
  server.sin_addr.s_addr = ipaddrbin;            /* 伺服器是另一電腦 */
else
  server.sin_addr.s_addr = htonl(INADDR_ANY);  /* 伺服器是本電腦 */
server.sin_port = htons(portnum);              /* 伺服器的端口號 */

/* 與伺服器連線 Connect to the server. */
ret = connect(sfd, (struct sockaddr *)&server, sizeof(server));
```

你可看出，在最後，客戶程式叫用 connect() 函數，與伺服程式形成連線。為了能與之連線，客戶程式必須知道伺服程式所在之計算機的 IP 位址或主機名，以及伺服程式所使用的端口號。客戶程式必須將這些資訊，填入伺服程式插口位址的資料結構內。這個位址即以 connect() 函數的第二引數傳入。其中，伺服器的 IP 位址即在網路上選定了一部特定的計算機，而端口號則在那部計算機內，選定其中一個程序。

至此，你知道，在一個程式欲以插口，與另一個程式通信時，它必須準備並提供對手的插口位址。這個插口位址必須包括對手所在之計算機的 IP 位址（IPv4 或 IPv6），以及對手所使用的端口號。

為了簡單，在上述的程式片段中，我們以“127.0.0.1”作為伺服器的 IP 位址。這位址代表的是“這一部計算機”，亦即，程式執行時所在的計算機。這意指伺服程式與客戶程式是在同一部計算機上執行。在實際應用時，你就不應該這樣做。程式可以自使用者或叫用者取得伺服器的 IP 位址。

緊接我們討論 connect() 函數的一些細節。

除非插口位址的族系是 AF_UNIX，否則，假若 connect() 函數叫用所指的插口還尚未繫綁在一本地位址，那 connect() 即會將之綁在一沒人使用的本地位址上。

假若主動要求連線的插口是連線式的插口（亦即，是一連播插口），那 connect() 即會與函數所指明之伺服位址建立起連線。

倘若連線無法立即形成，同時，插口之檔案描述的 O_NONBLOCK 旗號值是零（即未設定），則 connect() 會等一段時間，試圖形成連線。假若這段時間過後，連線還是無法建立，那試圖連線即會終止，且 connect() 會失敗回返。假若在試圖建立連線的過程中收到被攔接的信號，那 connect() 函數叫用即會被中斷並錯誤回返，這時 errno 會是 EINTR。不過，連線的請求不會被取消，連線會以非同步的方式建立。

倘若連線無法立即形成，而插口的檔案描述的 O_NONBLOCK 旗號值是 1（亦即，有設定），則 connect() 函數叫用會錯誤回返，且 errno 的值會是 EINPROGRESS（進行中），但連線請求不會終止，連線會以非同步的方式建立。在連線實際建立前，程式在 connect() 函數叫用之後，對插口所做的函數叫用會失敗，且 errno 會是 EALREADY。

記得，connect() 函數亦可用在像郵包插口之類的非連線式插口上。假若是這種情況，則 connect() 函數的叫用並不會建立連線，而只是固定對手的插口位址。就一 SOCK_DGRAM 插口而言，這等於讓此插口隨後所發送的所有信息，都被送至此一對手插口位址上。同時，隨後的 recv() 函數也僅限於接收來自此同一位址的插口。倘若位址的族系是 AF_UNSPEC，則這插口之對手位址即會重置（reset）。對非連線式插口而言，“連線”一詞只代表對手插口位址固定了，而不是實際有連線。

在連線以非同步方式建立時，程式可以 pselect()，select() 或 poll() 函數，得知該插口是否已可以開始輸出資料了。

12-6-6 交換資料 — send() 與 recv() 函數

與非連線式郵包插口分別使用 sendto() 與 recvfrom() 函數發送與接收資料相對照的，連線式的連播插口，分別以 send() 與 recv() 函數發送與接收資料。請注意這些函數名稱上的些微差異。

在一連線式的通信，客戶與伺服程式都以 send() 函數叫用送出信息給對方。send() 函數與 sendto() 類似，但簡單些。由於插口已形成連線，因此，send() 不再需要有目的位址 dest_addr 與目的位址之長度 dest_len 兩個引數。send() 函數成功回返並不保證信息已送達對方。

```
#include <sys/types.h>
#include <sys/socket.h>
ssize_t send(int s, const void *buf, size_t len, int flags);
```

send() 函數送回實際送出的位元組數。出錯時，它送回-1，且 errno 含錯誤號碼。送回 -1 只代表發送系統有出錯。

類似地，一連線插口以 recv() 函數接收信息。recv() 函數也與 recvfrom() 類似，但少了來源位址 from_addr 與來源位址之長度 from_len 兩個引數。

```
#include <sys/types.h>
#include <sys/socket.h>
ssize_t recv(int s, void *buf, size_t len, int flags);
```

recv() 函數送回函數實際接收的位元組數。若對手已關掉，則 recv() 會送回零。若發生錯誤，函數則會送回 -1。

注意到，recv() 函數可送回最多是緩衝器最大容量，或小於那數目的任何數目。它並不保證回返時，輸入緩衝器一定是裝滿的。

永遠讓客戶程式關閉連線

客戶與伺服程式間很典型的會議期，是客戶程式送出一服務請求，然後伺服程式計算後送回結果。沒經驗的程式設計者最常犯的一個錯誤是，當伺服程式一送出計算結果後，即立即由伺服端將插口連線關閉。這樣做是錯的。這是一個程式錯蟲（bug）。這是因為雖然伺服程式已送出回覆，但客戶程式可能尚未收到。因此，倘若伺服程式在一送出回覆之後，就立即關閉（close）連線，那客戶程式可能就永遠收不到伺服程式的回覆的。所以，非常重要的是，要永遠讓客戶程式先關閉連線。稍後我們會進一步深入討論這一點。因為，這樣做還有另外一個好處。

12-6-7 read()與write()函數

在 Unix 與 Linux 系統上，很多東西都被看成檔案，從輸入/輸出的觀點而言，插口即被看成是一個檔案。這就是為何在 C 語言程式內，每一插口即以一檔案描述表示。因為這樣，一個程式除了可以使用 send() 與 recv() 函數分別發送與接收資料外，也可以使用 write() 與 read() 函數。在以 read() 與 write() 函數自插口接收或發送資料時，旗號引數 flags 通常是不需要的。

12-6-8 連線式客戶與伺服程式的綱要

不連線式的客戶與伺服程式並不難寫。其伺服器就是產生一郵包插口，將之繫綁在伺服器之位址上，然後在一迴路內執行 recvfrom() 函數就是了。而不連線的客戶程式就是產生一郵包插口，將伺服器的位址放入插口位址結構內，然後用 sendto() 函數發送信息就是了。

連線式的客戶伺服程式，保證資料一定依序抵達，不會遺失。但同時也稍微複雜一些，需要更多步驟。首先，在能發送信息之前，客戶程式必須先叫用 connect() 函數，建立連線。伺服程式由於需要處理同時有好多個連線，因此，必須多兩個步驟。一是叫用 listen() 函數，設定其聆聽排隊等候的長度。二是，還必須執行一包含 accept() 函數叫用的迴路，以聆聽並接受客戶的連線請求。

由於每一客戶必須擁有其各自的連線，因此，伺服程式每次接受一個客戶連線請求時，都會在伺服器內產生一新的插口，並以之與客戶形成連線，相互通信。這個新插口是要與客戶連線與通信用的。它與伺服器一開始產生的聆聽插口完全不同。

圖12-11 所示即為連線式客戶伺服應用程式的綱要。

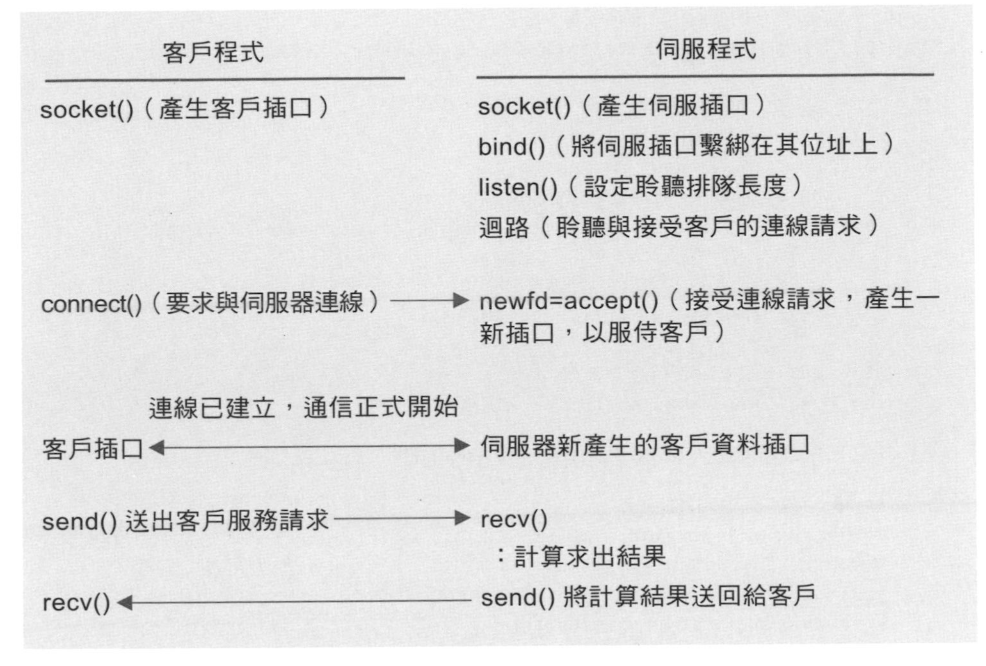

圖 12-11　連線式客戶伺服通信的摘要

以下是連線式通信之客戶程式的綱要：

```
/* Step 1: 產生一連播插口 */
sfd = socket(AF_INET, SOCK_STREAM, 0);

/* Step 2: 填入伺服器的位址 */
    :  (如下所示)

/* Step 3: 與伺服程式建立連線 */
ret = connect(sfd, (struct sockaddr *)&srvaddr, srvaddrsz);

/* Step 4: 送出服務請求 */
ret = send(sfd, outbuf, msglen, 0);

/* Step 5: 接收回覆信息 */
ret = recv(sfd, inbuf, BUFLEN, 0);
```

以下是連線式通信之伺服程式的綱要：

```
/* Step 1: 產生一連播插口 */
sfd = socket(AF_INET, SOCK_STREAM, 0);

/* Step 2: 填入伺服器的位址 */
    :  (如下所示)
```

```
/* Step 3: 將伺服插口繫綁在其位址上 */
ret = bind(sfd, (struct sockaddr *)&srvaddr, srvaddrsz);

/* Step 4: 設定聆聽排隊長度 */
ret = listen(sfd, BACKLOG);

/* Step 5: 聆聽與接受客戶的連線請求 */
newsock = accept(sfd, (struct sockaddr *)&clntaddr, &clntaddrsz);

/* Step 6: 接收客戶程式的服務請求 */
ret = recv(newsock, inbuf, BUFLEN, 0);

/* Step 7: 送出回覆信息 */
ret = send(newsock, outbuf, msglen, 0);
```

以下是如何填入伺服器的位址（IPv4 版）：

```
/* 填入伺服器的插口位址 */
memset((void *)&srvaddr, 0, (size_t)sizeof(srvaddr));  /* 清除位址緩衝器 */
srvaddr.sin_family = AF_INET;                         /* 使用網際網路插口 */
srvaddr.sin_addr.s_addr = htonl(INADDR_ANY);          /* 伺服器的 IP 位址 */
srvaddr.sin_port = htons(portnum);                    /* 伺服器的端口號 */
```

注意，對客戶程式而言，若伺服器在另外不同的電腦上，則通配位址 INADDR_ANY 即須換成伺服器的實際 IP 位址。

圖 12-12 所示，即為連線式客戶與伺服程式的一個例子。

圖 12-12a 連線式通信的伺服程式（tcpsrv1.c）

```
/*
 * A connection-oriented server program using Stream socket.
 * Single-threaded server.
 * Usage: tcpsrv1 [port#]
 * Authored by Mr. Jin-Jwei Chen.
 * Copyright (c) 1993-2018, 2020 Mr. Jin-Jwei Chen. All rights reserved.
 */

#include <stdio.h>
#include <errno.h>
#include <sys/types.h>
#include <sys/socket.h>
#include <netinet/in.h>    /* protocols such as IPPROTO_TCP, ... */
#include <string.h>        /* memset() */
#include <stdlib.h>        /* atoi() */
#include <unistd.h>        /* close() */

#define  BUFLEN       1024    /* size of message buffer */
#define  DEFSRVPORT   2345    /* default server port number */
```

```
#define  BACKLOG        50    /* length of listener queue */

int main(int argc, char *argv[])
{
  int    ret, portnum_in=0;
  int    sfd;                        /* file descriptor of the listener socket */
  int    newsock;                    /* file descriptor of client data socket */
  struct sockaddr_in    srvaddr;     /* socket structure */
  int    srvaddrsz=sizeof(struct sockaddr_in);
  struct sockaddr_in    clntaddr;    /* socket structure */
  socklen_t    clntaddrsz=sizeof(struct sockaddr_in);
  in_port_t    portnum=DEFSRVPORT;   /* port number */
  char   inbuf[BUFLEN];              /* input message buffer */
  char   outbuf[BUFLEN];             /* output message buffer */
  size_t msglen;                     /* length of reply message */
  unsigned int  msgcnt;              /* message count */

  fprintf(stdout, "Connection-oriented server program ...\n");

  /* Get the port number from user, if any. */
  if (argc > 1)
  {
    portnum_in = atoi(argv[1]);
    if (portnum_in <= 0)
    {
      fprintf(stderr, "Port number %d invalid, set to default value %u\n",
        portnum_in, DEFSRVPORT);
      portnum = DEFSRVPORT;
    }
    else
      portnum = (in_port_t)portnum_in;
  }

  /* Create the Stream server socket. */
  if ((sfd = socket(AF_INET, SOCK_STREAM, 0)) < 0)
  {
    fprintf(stderr, "Error: socket() failed, errno=%d, %s\n", errno,
      strerror(errno));
    return(-1);
  }

  /* Fill in the server socket address. */
  memset((void *)&srvaddr, 0, (size_t)srvaddrsz); /* clear the address buffer */
  srvaddr.sin_family = AF_INET;                    /* Internet socket */
  srvaddr.sin_addr.s_addr = htonl(INADDR_ANY);     /* server's IP address */
  srvaddr.sin_port = htons(portnum);               /* server's port number */

  /* Bind the server socket to its address. */
  if ((ret = bind(sfd, (struct sockaddr *)&srvaddr, srvaddrsz)) != 0)
```

```
    {
      fprintf(stderr, "Error: bind() failed, errno=%d, %s\n", errno,
        strerror(errno));
      return(-2);
    }

    /* Set maximum connection request queue length that we can fall behind. */
    if (listen(sfd, BACKLOG) == -1) {
      fprintf(stderr, "Error: listen() failed, errno=%d, %s\n", errno,
        strerror(errno));
      close(sfd);
      return(-3);
    }

    /* Wait for incoming connection requests from clients and service them. */
    while (1) {

      fprintf(stdout, "\nListening at port number %u ...\n", portnum);
      newsock = accept(sfd, (struct sockaddr *)&clntaddr, &clntaddrsz);
      if (newsock < 0)
      {
        fprintf(stderr, "Error: accept() failed, errno=%d, %s\n", errno,
          strerror(errno));
        close(sfd);
        return(-4);
      }

      fprintf(stdout, "Client Connected.\n");

      msgcnt = 1;
      /* Receive and service requests from the current client. */
      while (1)
      {
        /* Receive a request from a client. */
        errno = 0;
        inbuf[0] = '\0';
        ret = recv(newsock, inbuf, BUFLEN, 0);
        if (ret > 0)
        {
          /* Process the request. We simply print the request message here. */
          inbuf[ret] = '\0';
          fprintf(stdout, "\nReceived the following request from client:\n%s\n",
            inbuf);

          /* Construct a reply */
          sprintf(outbuf, "This is reply #%3u from the server program.", msgcnt++);
          msglen = strlen(outbuf);

          /* Send a reply. */
```

```
            errno = 0;
            ret = send(newsock, outbuf, msglen, 0);
            if (ret == -1)
              fprintf(stderr, "Error: send() failed, errno=%d, %s\n", errno,
                strerror(errno));
            else
              fprintf(stdout, "%u of %lu bytes of the reply was sent.\n", ret, msglen);
          }
          else if (ret < 0)
          {
            fprintf(stderr, "Error: recv() failed, errno=%d, %s\n", errno,
              strerror(errno));
            break;
          }
          else
          {
            /* The client may have disconnected. */
            fprintf(stdout, "The client may have disconnected.\n");
            break;
          }
        }  /* while - inner */
        close(newsock);

    }  /* while - outer */
}
```

圖 12-12b 連線式通信之客戶程式（tcpclnt1.c）

```
/*
 * A connection-oriented client program using Stream socket.
 * Connecting to server on the same (local) host or a different remote host.
 * Usage: tcpclnt1 [srvport# [server-ipaddress]]
 * Authored by Mr. Jin-Jwei Chen.
 * Copyright (c) 1993-2018, 2020 Mr. Jin-Jwei Chen. All rights reserved.
 */

#include <stdio.h>
#include <errno.h>
#include <sys/types.h>
#include <sys/socket.h>
#include <netinet/in.h>    /* protocols such as IPPROTO_TCP, ... */
#include <arpa/inet.h>     /* inet_pton(), inet_ntoa() */
#include <string.h>        /* memset() */
#include <stdlib.h>        /* atoi() */
#include <unistd.h>        /* close(), sleep() */

#define  BUFLEN       1024    /* size of input message buffer */
#define  DEFSRVPORT   2345    /* default server port number */
#define  MAXMSGS         3    /* Maximum number of messages to send */
```

```
#define  IPV4LOCALADDR "127.0.0.1"  /* IPv4 address for local host */

int main(int argc, char *argv[])
{
  int     ret, portnum_in=0;
  int    sfd;                        /* file descriptor of the socket */
  struct sockaddr_in    server;     /* socket structure */
  int    srvaddrsz=sizeof(struct sockaddr_in);
  struct sockaddr_in    fromaddr;  /* socket structure */
  socklen_t    fromaddrsz=sizeof(struct sockaddr_in);
  in_port_t    portnum=DEFSRVPORT; /* port number */
  char   inbuf[BUFLEN];              /* input message buffer */
  char   outbuf[BUFLEN];             /* output message buffer */
  size_t    msglen;                  /* length of reply message */
  size_t    msgnum=0;                /* count of request message */
  char *ipaddrstr = IPV4LOCALADDR; /* server's IP address in string format */
  in_addr_t ipaddrbin;              /* server's IP address in binary format */

  fprintf(stdout, "Connection-oriented client program ...\n");

  /* Get the port number from user, if any. */
  if (argc > 1)
  {
    portnum_in = atoi(argv[1]);
    if (portnum_in <= 0)
    {
      fprintf(stderr, "Port number %d invalid, set to default value %u\n",
        portnum_in, DEFSRVPORT);
      portnum = DEFSRVPORT;
    }
    else
      portnum = (in_port_t)portnum_in;
  }

  /* Get the server's IP address from user, if any. */
  if (argc > 2)
    ipaddrstr = argv[2];

  /* Convert the server's IP address from string format to binary */
  ret = inet_pton(AF_INET, ipaddrstr, &ipaddrbin);
  if (ret == 0)
  {
    fprintf(stderr, "%s is not a valid IPv4 address.\n", ipaddrstr);
    return(-1);
  }

  /* Create the client socket. */
  if ((sfd = socket(AF_INET, SOCK_STREAM, 0)) < 0)
  {
```

```
    fprintf(stderr, "Error: socket() failed, errno=%d, %s\n", errno,
      strerror(errno));
    return(-2);
  }

  /* Fill in the server's address. */
  memset((void *)&server, 0, (size_t)srvaddrsz); /* clear the address buffer */
  server.sin_family = AF_INET;                   /* Internet socket */
  if (strcmp(ipaddrstr, IPV4LOCALADDR))
    server.sin_addr.s_addr = ipaddrbin;
  else
    server.sin_addr.s_addr = htonl(INADDR_ANY);  /* server's IP address */
  server.sin_port = htons(portnum);              /* server's port number */

  /* Connect to the server. */
  ret = connect(sfd, (struct sockaddr *)&server, srvaddrsz);
  if (ret == -1)
  {
    fprintf(stderr, "Error: connect() failed, errno=%d, %s\n", errno,
      strerror(errno));
    close(sfd);
    return(-3);
  }

  fprintf(stdout, "Send request messages to server(%s) at port %d\n",
   ipaddrstr, portnum);

  /* Send request messages to the server and process the reply messages. */
  while (msgnum < MAXMSGS)
  {
    /* Send a request message to the server. */
    sprintf(outbuf, "%s%4lu%s", "This is request message ", ++msgnum,
      " from the client program.");
    msglen = strlen(outbuf);
    errno = 0;

    ret = send(sfd, outbuf, msglen, 0);
    if (ret >= 0)
    {
      /* Print a warning if not entire message was sent. */
      if (ret == msglen)
        fprintf(stdout, "\n%lu bytes of message were successfully sent.\n",
          msglen);
      else if (ret < msglen)
        fprintf(stderr, "Warning: only %u of %lu bytes were sent.\n",
          ret, msglen);

      if (ret > 0)
      {
```

```
        /* Receive a reply from the server. */
        errno = 0;
        inbuf[0] = '\0';
        ret = recv(sfd, inbuf, BUFLEN, 0);

        if (ret > 0)
        {
          /* Process the reply. */
          inbuf[ret] = '\0';
          fprintf(stdout, "Received the following reply from server:\n%s\n",
            inbuf);
        }
        else if (ret == 0)
          fprintf(stdout, "Warning: Zero bytes were received.\n");
        else
          fprintf(stderr, "Error: recv() failed, errno=%d, %s\n", errno,
            strerror(errno));
      }
    }
    else
      fprintf(stderr, "Error: send() failed, errno=%d, %s\n", errno,
        strerror(errno));

    sleep(1);  /* For demo only. Remove this in real code. */
  }  /* while */

  close(sfd);
}
```

12-7 插口選項

當你在設計插口程式時，有一些事情你最好要知道。其中包括插口選項（socket options）。插口選項讓程式設計者改變或控制插口的行為。這在日後你發現你的插口程式，表現不如理想或有問題時，尤其有用。這些插口選項包括變更插口緩衝器的大小，控制時間到的時間值，優雅地關閉連線，允許資料廣播等等。

表格12-1 所示即 POSIX 標準所定義的插口選項。

表格12-1 POSIX 標準下的插口層次選項

插口選項	資料型態	意義
SO_ACCEPTCONN	int	非零的值表示插口可以聆聽。亦即，插口可以接受連線請求。
SO_BROCAST	int	非零的值要求有信息廣播的支援。這只用於 SOCK_DGRAM 類型的插口。
SO_DEBUG	int	非零的值請求除錯資訊被記錄下來。
SO_DONTROUTE	int	非零的值請求略過正常的路尋（routing），而僅依據目的位址做路尋。
SO_ERROR	int	請求且清除插口的錯誤（只用於 getsockopt()）
SO_KEEPALIVE	int	非零的值請求週期性地傳送“還活著”（keepalive）的信息。行為視網路協定不同而定。
SO_LINGER	struct linger	插口關閉時，稍微逗留（linger）一下。指明插口關閉時，尚未送出的資料欲如何處理。可以逗留或不逗留，逗留時間以秒計。
SO_OOBINLINE	int	非零的值請求插隊（out-of-band）資料依序傳輸，亦即，收到時放入正常的輸入資料排隊內。
SO_RCVBUF	int	接收緩衝器的大小（以位元組數計）。
SO_RCVLOWAT	int	接收動作的低水標。接收作業必須送回的最小資料量（以位元組計算）。
SO_RCVTIMEO	struct timeval	接收作業的時間到（timeout）時間值。
SO_REUSEADDR	int	非零的值請求 bind() 重用本地的位址。
SO_SNDBUF	int	信息發送緩衝器的大小（以位元組計）。
SO_SNDLOWAT	int	發送作業的低水標。送出作業必須送出的最小資料量（以位元組計）。
SO_SNDTIMEO	struct timeval	送出作業的時間到之時間值。
SO_TYPE	int	插口類型（只在 getsockopt() 用）。

值得注意的是，你很有可能完全不必動到這些插口選項，而你的插口應用程式還是正常動作。不過，倘若你對所有這些選項都採用既定（default）值，則你的應用程式雖然還是會動作，但不見得在所有情況下都是最佳性能，它們可能在某些狀況下，表現還算滿意，但在其他情況下則不。

在這一章我們會用到少數幾個插口選項。不過，在下一章我們會深入討論，如何應用與調整幾個最重要的插口選項。

圖 12-13 所示即為一讀取 POSIX 標準所定義之插口層次之插口選項的現有值的程式。

圖 12-13 讀取插口層次之所有插口選項的值（get_all_sockopt.c）

```
/*
 * Get all socket options at the socket level (SOL_SOCKET).
 * Authored by Mr. Jin-Jwei Chen.
 * Copyright (c) 1993-2016, 2018-2020 Mr. Jin-Jwei Chen. All rights reserved.
 */

#include <stdio.h>
#include <errno.h>
#include <sys/types.h>
#include <sys/socket.h>
#include <netinet/in.h>    /* protocols such as IPPROTO_TCP, ... */
#include <unistd.h>        /* close() */
#include <netinet/tcp.h>
#include <string.h>        /* memset() */
#include <sys/time.h>      /* struct timeval */

int main(int argc, char *argv[])
{
  int    ret;
  int    sfd;                      /* file descriptor of the socket */
  int        option;               /* option value */
  socklen_t  optlen;               /* length of option value */
  struct linger  linger;           /* linger on/off & time */
  struct timeval  tmout;           /* send/receive timeout */

  /* Create a Stream socket. */
  if ((sfd = socket(AF_INET, SOCK_STREAM, 0)) < 0)
  {
    fprintf(stderr, "Error: socket() failed, errno=%d\n", errno);
    return(-1);
  }

  /* Get the SO_ACCEPTCONN socket option. */
  option = 0;
```

```
    optlen = sizeof(option);
    ret = getsockopt(sfd, SOL_SOCKET, SO_ACCEPTCONN, &option, &optlen);
    if (ret < 0)
      fprintf(stderr, "Error: getsockopt(SO_ACCEPTCONN) failed, errno=%d\n", errno);
    else
      fprintf(stdout, "SO_ACCEPTCONN's current setting is %d\n", option);

    /* Get the SO_BROADCAST socket option. */
    option = 0;
    optlen = sizeof(option);
    ret = getsockopt(sfd, SOL_SOCKET, SO_BROADCAST, &option, &optlen);
    if (ret < 0)
      fprintf(stderr, "Error: getsockopt(SO_BROADCAST) failed, errno=%d\n", errno);
    else
      fprintf(stdout, "SO_BROADCAST's current setting is %d\n", option);

    /* Get the SO_DEBUG socket option. */
    option = 0;
    optlen = sizeof(option);
    ret = getsockopt(sfd, SOL_SOCKET, SO_DEBUG, &option, &optlen);
    if (ret < 0)
      fprintf(stderr, "Error: getsockopt(SO_DEBUG) failed, errno=%d\n", errno);
    else
      fprintf(stdout, "SO_DEBUG's current setting is %d\n", option);

    /* Get the SO_DONTROUTE socket option. */
    option = 0;
    optlen = sizeof(option);
    ret = getsockopt(sfd, SOL_SOCKET, SO_DONTROUTE, &option, &optlen);
    if (ret < 0)
      fprintf(stderr, "Error: getsockopt(SO_DONTROUTE) failed, errno=%d\n", errno);
    else
      fprintf(stdout, "SO_DONTROUTE's current setting is %d\n", option);

    /* Get the SO_ERROR socket option. */
    option = 0;
    optlen = sizeof(option);
    ret = getsockopt(sfd, SOL_SOCKET, SO_ERROR, &option, &optlen);
    if (ret < 0)
      fprintf(stderr, "Error: getsockopt(SO_ERROR) failed, errno=%d\n", errno);
    else
      fprintf(stdout, "SO_ERROR's current setting is %d\n", option);

    /* Get the SO_KEEPALIVE socket option. */
    option = 0;
    optlen = sizeof(option);
    ret = getsockopt(sfd, SOL_SOCKET, SO_KEEPALIVE, &option, &optlen);
    if (ret < 0)
      fprintf(stderr, "Error: getsockopt(SO_KEEPALIVE) failed, errno=%d\n", errno);
    else
      fprintf(stdout, "SO_KEEPALIVE's current setting is %d\n", option);
```

```
/* Get the SO_LINGER socket option. */
optlen = sizeof(struct linger);
memset((void *)&linger, 0, optlen);
ret = getsockopt(sfd, SOL_SOCKET, SO_LINGER, &linger, &optlen);
if (ret < 0)
  fprintf(stderr, "Error: getsockopt(SO_LINGER) failed, errno=%d\n", errno);
else
  fprintf(stdout, "SO_LINGER's current setting is onoff=%u linger_time=%u\n",
    linger.l_onoff, linger.l_linger);

/* Get the SO_OOBINLINE socket option. */
option = 0;
optlen = sizeof(option);
ret = getsockopt(sfd, SOL_SOCKET, SO_OOBINLINE, &option, &optlen);
if (ret < 0)
  fprintf(stderr, "Error: getsockopt(SO_OOBINLINE) failed, errno=%d\n", errno);
else
  fprintf(stdout, "SO_OOBINLINE's current setting is %d\n", option);

/* Get the SO_RCVBUF socket option. */
option = 0;
optlen = sizeof(option);
ret = getsockopt(sfd, SOL_SOCKET, SO_RCVBUF, &option, &optlen);
if (ret < 0)
  fprintf(stderr, "Error: getsockopt(SO_RCVBUF) failed, errno=%d\n", errno);
else
  fprintf(stdout, "SO_RCVBUF's current setting is %d\n", option);

/* Get the SO_RCVLOWAT socket option. */
option = 0;
optlen = sizeof(option);
ret = getsockopt(sfd, SOL_SOCKET, SO_RCVLOWAT, &option, &optlen);
if (ret < 0)
  fprintf(stderr, "Error: getsockopt(SO_RCVLOWAT) failed, errno=%d\n", errno);
else
  fprintf(stdout, "SO_RCVLOWAT's current setting is %d\n", option);

/* Get the SO_RCVTIMEO socket option. */
optlen = sizeof(struct timeval);
memset((void *)&tmout, 0, optlen);
ret = getsockopt(sfd, SOL_SOCKET, SO_RCVTIMEO, &tmout, &optlen);
if (ret < 0)
  fprintf(stderr, "Error: getsockopt(SO_RCVTIMEO) failed, errno=%d\n", errno);
else
  fprintf(stdout, "SO_RCVTIMEO's current setting is %lu:%u\n",
    tmout.tv_sec, tmout.tv_usec);

/* Get the SO_REUSEADDR socket option. */
option = 0;
optlen = sizeof(option);
```

```
  ret = getsockopt(sfd, SOL_SOCKET, SO_REUSEADDR, &option, &optlen);
  if (ret < 0)
    fprintf(stderr, "Error: getsockopt(SO_REUSEADDR) failed, errno=%d\n", errno);
  else
    fprintf(stdout, "SO_REUSEADDR's current setting is %d\n", option);

  /* Get the SO_REUSEPORT socket option. */
  option = 0;
  optlen = sizeof(option);
  ret = getsockopt(sfd, SOL_SOCKET, SO_REUSEPORT, &option, &optlen);
  if (ret < 0)
    fprintf(stderr, "Error: getsockopt(SO_REUSEPORT) failed, errno=%d\n", errno);
  else
    fprintf(stdout, "SO_REUSEPORT's current setting is %d\n", option);

  /* Get the SO_SNDBUF socket option. */
  option = 0;
  optlen = sizeof(option);
  ret = getsockopt(sfd, SOL_SOCKET, SO_SNDBUF, &option, &optlen);
  if (ret < 0)
    fprintf(stderr, "Error: getsockopt(SO_SNDBUF) failed, errno=%d\n", errno);
  else
    fprintf(stdout, "SO_SNDBUF's current setting is %d\n", option);

  /* Get the SO_SNDLOWAT socket option. */
  option = 0;
  optlen = sizeof(option);
  ret = getsockopt(sfd, SOL_SOCKET, SO_SNDLOWAT, &option, &optlen);
  if (ret < 0)
    fprintf(stderr, "Error: getsockopt(SO_SNDLOWAT) failed, errno=%d\n", errno);
  else
    fprintf(stdout, "SO_SNDLOWAT's current setting is %d\n", option);

  /* Get the SO_SNDTIMEO socket option. */
  optlen = sizeof(struct timeval);
  memset((void *)&tmout, 0, optlen);
  ret = getsockopt(sfd, SOL_SOCKET, SO_SNDTIMEO, &tmout, &optlen);
  if (ret < 0)
    fprintf(stderr, "Error: getsockopt(SO_SNDTIMEO) failed, errno=%d\n", errno);
  else
    fprintf(stdout, "SO_SNDTIMEO's current setting is %lu:%u\n",
      tmout.tv_sec, tmout.tv_usec);

  /* Get the SO_TYPE socket option. */
  option = 0;
  optlen = sizeof(option);
  ret = getsockopt(sfd, SOL_SOCKET, SO_TYPE, &option, &optlen);
  if (ret < 0)
    fprintf(stderr, "Error: getsockopt(SO_TYPE) failed, errno=%d\n", errno);
  else
    fprintf(stdout, "SO_TYPE's current setting is %d\n", option);

  close(sfd);
}
```

絕大多數的插口選項都很有用。曾經開發與除錯過網路式及分散式應用軟體的讀者，可能會知悉，這些應用程式上常見的問題。它們包括，但不止於，下列幾項：

- 速度很慢
- 程式似乎吊死在那兒
- 偶而會有資料遺失的情形發生

隨後幾節，我們會觸及幾個插口程式常見的問題，以及如何以插口選項解決這些問題。此外，下一章將會專門深入探討幾個最重要的插口選項。

12-7-1 getsockopt()與 setsockopt()函數

POSIX 標準包括了兩個能讓程式讀取或設定插口選項之值的函數。其中，getsockopt() 函數讀取某一插口選項的現有值，而 setsockopt() 函數則改變或設定一插口選項的現有值。

```
#include <sys/socket.h>
int getsockopt(int sock, int level, int optname, void *optval, socklen_t
    *optlen);
int setsockopt(int sock, int level, int optname, const void *optval,
    socklen_t optlen);
```

這兩個函數的參數完全相同。唯一不同的是，最後一個參數，optlen 在 setsockopt() 時只是輸入，但在 getsockopt() 時則既是輸入也是輸出。這就是為何這參數在 getsockopt() 時，其資料型態是一指標。因為，這樣它才能輸出，送回一個值。

兩個函數的第一個引數都是打開之插口的檔案描述。它指出函數想要讀取或設定插口選項值的插口。

函數的第二個引數指出插口選項所存在的協定層。記得，並非全部插口選項都存在同一協定層次的，有的選項存在插口層次，要存取存在插口層次的選項，這個引數的值必須是 SOL_SOCKET。欲存取位於其他層次的選項時，這個引數的值就要換成控制這選項之協定的符號。譬如，若選項是位於 TPC 協定的層次，那這個引數的值就必須換成 IPPROTO_TCP。這個值定義在<netinet/in.h> 前頭檔案內。

第三個引數 optnam 則指出函數欲讀取或設定之選項的名稱。就插口層次的選項而言，這些選項的名稱都列在表格12-1。

第四個引數 optval，輸入或輸出選項的值。如表格 12-1 所示的，絕大多數選項的資料型態都是整數（int）。例外的是，SO_LINGER 選項需要的是一個 “struct linger” 資料型態的值，SO_SNDTIMEO 與 SO_RCVTIMEO 選項之值的資料型態則是 “struct timeval”。假若選項是關於使能（enable）或使不能（disable），則選項的值是 1 或非零代表使能，且值是 0 代表使不能。

兩個函數的最後參數 optlen 指出第四參數 optval 的大小（其位元組數）。就 setsockopt() 而言，這個值是由叫用程式所提供。因此，這個值一般是 sizeof（optval）。對 getsockopt() 而言，假若函數所送回之選項的值的實際大小，是大於 optlen 參數所指明的大小，則 optval 參數所實際送回的值，會默默地被砍掉一部分。縮減至這引數所指的長度。通常，這個參數的值會被改成實際被送回之選項的值的大小。前面說過，這個參數在 setsockopt() 時只是輸入，但在 getsockopt() 時，則是既輸入又輸出。

記得，改變或設定某些選項的值，可能需要叫用者有適當的權限。在成功時，getsockopt() 與 setsockopt() 都送回 0。否則，它們會送回 -1，而 errno 會含錯誤號碼。

在這章稍後，以及下一章，你會看到許多使用這兩個函數的程式例子。

12-8 支援多個平台

這一節討論在開發能在多個平台上執行的插口程式時，常見的一些問題。

12-8-1 Linux 與 Unix

由於插口程式界面是定義在 POSIX 標準上。因此，在所有順從 POSIX 標準的作業系統上，插口程式一般只要重新編譯一下，就都可以執行了。這在Linux 與 Unix 系統上，特別是這樣。不過，在這些系統上，偶而你還是會發現，少數一些函數的行為，在不同作業系統上還是會有些微的差異。因此，程式必須作些微的更改。在碰到這些情況時，我們都會個別指出。不過，這種情況並不多。

12-8-2 Windows

不使用微軟視窗系統的讀者可以跳過這一小節。

微軟公司的視窗系統是一個例外。視窗系統與 Linux/Unix 系統在插口的使用上有一些比較明顯的差異，尤其是在少數幾個方面，這一節就討論這個。

首先，在視窗傳統上，一個使用插口的程式，必須在一開始時先啟動視窗插口（Windows Socket），並在最後使用完時，將之關閉。

同時，每一次成功的視窗插口啟動，都必須有一對應的關閉。視窗插口的啟動與關閉，分別以 WSAStartup() 與 WSACleanup() 函數叫用達成。這意謂假若一個程式叫用了 WSAStartup() 五次，那它也必須叫用 WSACleanup() 五次。

WSAStartup() 函數啟動了一個程序對 Winsock DLL 庫存的使用。一個程式必須成功地叫用 WSAStartup() 函數之後，才能執行任何與插口有關的函數。如下所示的，這個函數讓你指出你所想用的是那一個版本的視窗插口。對現代的視窗系統而言，至少程式得使用版本 2.2 或以上。

```
#if WINDOWS
  /* Start up Windows Socket. */
  /* Ask for Winsock version 2.2 at least. */
  if ((ret = WSAStartup(MAKEWORD(2, 2), &wsaData)) != 0)
  {
    fprintf(stderr, "WSAStartup() failed with error %d: %s\n",
      ret, PrintError(ret));
    return (-1);
  }
#endif

  :

#if WINDOWS
  /* Shut down Windows Socket. */
  WSACleanup();
#endif
```

換言之，在視窗系統的平台上，使用視窗插口的程式或 DLL，在能叫用任何插口函數之前，一定得事先成功地執行 WSAStartup() 函數。同時，在使用完視窗插口後，這程式或 DLL，也一定要叫用 WSACleanup() 函數，取消自己在視窗插口系統內的註冊，並且釋放視窗插口為之保留的所有資源。

記得，一定要在 WSAStartup() 函數成功執行後，程式才能開始叫用任何的插口函數。因此，它通常都擺在程式一開始時執行。同時，由於一旦程式成功地叫用 WSACleanup() 之後，就不可能再叫用任何插口函數，除非程式又再度成功地叫用了 WSAStartup()。因此，WSACleanup() 叫用通常都擺在程式最後，在所有插口函數叫用之後。

其次，關閉插口的作業在視窗上也略有不同。在 Linux 與 Unix 上，由於插口被看成是檔案。因此，關閉插口就跟關閉檔案一樣簡單。叫用 close() 函數，並附上插口的檔案描述，就這樣：

```
close(sfd)；   /* sfd 是插口的檔案描述 */
```

可是，在微軟視窗上，關閉插口需要兩個步驟。第一個步驟是程式必須先將插口關機（shut down），以停止插口繼續發送或接收資料(或兩者都有)。這以 shutdown() 函數達成。這函數需要兩個引數。第一引數為程式想關閉之插口的檔案描述。第二引數則為程式想停止的作業，其值可為 SD_SEND（發送），SD_RECEIVE（接收），或 SD_BOTH（兩者都是）。然後，才能再以 closesocket() 函數將插口完全關閉：

```
shutdown(sfd, SD_BOTH);
closesocket(sfd);
```

注意到，最後關閉的函數，其名稱也是跟 Linux/Unix 系統不一樣。

第三個差異是，視窗系統對插口錯誤的處理也不一樣。

在 Linux 和 Unix 上，傳統上，一個系統叫用在成功時都會送回 0。而失敗時送回 -1，且出錯時，錯誤號碼都存在 errno 上。當然，程式必須包括 errno.h。漂亮的是，在這些作業系統上，所有的插口程式界面也都實作成系統叫用，遵循同樣的規矩。因此，程式在處理插口界面的錯誤時，不必做任何不同的處置。

可是，在視窗系統就不同了。即令程式包含了前頭檔案 <errno.h>，但在插口函數叫用結束時，錯誤號碼並非存在通用變數 errno 內。而是你還必須另外叫用 WSAGetLastError() 去取得。在視窗系統上，WSAGetLastError() 函數送回上一個失敗之視窗插口作業的錯誤號碼。

此外，在 Linux 和 Unix 系統上，程式可以叫用 strerror（errno），輕易印出錯誤信息（字串形式）。可是，在視窗系統上，假若程式以 WSAGetLastError() 所送回的插口錯誤號碼，送給 strerror() 函數：

```
fprintf(stderr, "Error: socket() failed, errno=%d, %s\n",
  WSAGetLastError(), strerror(WSAGetLastError()));
```

所得結果卻如下，很不幸地，視窗上的 strerror() 函數回覆說 "Unknown error"（看不懂的錯誤號碼）：

```
Error: socket() failed, errno=10047, Unknown error
```

因此，如圖 12-14 所示地，在視窗上，我們另外寫個 GetErrorMsg() 函數來取得錯誤訊息字串。

因此為了簡化錯誤的處理，使得程式能不論在任何平台上執行，都能以同樣的單一印出述句 printf() 印出錯誤訊息，我們就定義了以下兩個代號：

```
#if WINDOWS
#define ERRNO WSAGetLastError()
#define ERRNOSTR GetErrorMsg(WSAGetLastError())
#else
#define ERRNO errno
#define ERRNOSTR strerror(errno)
#endif
```

並在所有平台上都以下面的述句印出錯誤訊息：

```
fprintf(stderr, "Error: socket() failed, errno=%d, %s\n",
  ERRNO, ERRNOSTR);
```

所幸，在微軟視窗上，幾乎所有插口函數在成功時都送回 0，而在出錯時不是送回 SOCKET_ERROR 就是 INVALID_SOCKET（事實上這兩個都是 -1）。由於這與 Linux/Unix 的規則一樣，因此，檢查函數叫用成功或失敗，就簡單些。所以，就是取得錯誤號碼與錯誤信息不同罷了！

第四個差異是某些資料型態的定義不一樣。例如，網際網路插口的端口號在 Linux/Unix，都在《netinet/in.h》上定義成 in_port_t。，但在視窗系統上則未定義。

這就是為何在程式裡，我們在視窗前頭檔案部分加了下列這一行。

```
typedef unsigned short in_port_t;
```

第五，有些函數叫用亦有差異。譬如，將一插口設定成阻擋式（blocking）或非阻擋式模式的函數，在視窗系統上即與 Linux/Unix 不同。

如下所示地，Linux/Unix 使用 fcntl() 函數，但視窗則使用 ioctlsocket()。

此外，位元旗號的名稱也是不一樣。

```
#if WINDOWS
  if (ioctlsocket(sfd, FIONBIO, &opt) != 0)
#else
  if (fcntl(sfd, F_SETFL, fcntl(sfd, F_GETFL, 0) | O_NONBLOCK) != 0)
#endif
```

第六個差異是，IPv6 的伺服插口的既定行為，在視窗系統上也不同。在 Linux/Unix 上，當程式產生一 IPv6 的伺服插口時，既定行為是這伺服插口可以同時接受來自 IPv6 與 IPv4 客戶程式的連線請求。

可是在視窗作業系統上，既定行為是，一個 IPv6 的伺服插口，只能接受 IPv6 客戶程式的連線請求。為了要讓一個 IPv6 的伺服插口，也能同時接受 IPv4 的連線請求，程式必須額外叫用 setsockopt() 函數，將該伺服插口的 IPV6_V6ONLY 插口選項關掉。Linux/Unix 就不需此一額外步驟。它的既定行為就是能同時接受 IPv6 與 IPv4 的連線請求。這樣合理多了。因為，畢竟現在我們還是處於 IPv6 與 IPv4 混合使用的時代，而且在可預見的未來也是這樣。這可能和視窗作業系統核心將 IPv6 實作成另一套與原來之 IPv4 系統，並行同時存在有關。不像在其他作業系統，兩者融合在一起。

最後，我相信一定可能還會有這裡我們沒提到的小差異存在。

這一章所舉的程式例題，可以在包括微軟視窗系統上執行的，我們都取名叫 xxx_all.c。在視窗系統上編譯這些程式時，你必須在編譯程式命令上定義 WINDOWS。譬如，下面就是如何在視窗系統上編譯 tcpclnt_all.c 與 tcpsrv_all.c 的例子：

```
cl -DWINDOWS tcpclnt_all.c ws2_32.lib kernel32.lib
cl -DWINDOWS tcpsrv_all.c ws2_32.lib
```

值得一提的是，在視窗系統上，欲在微軟 Visual Studio 之外，以控制台模式（console mode）開發程式時，你必須先執行一名叫 vsvars32.bat 的腳本程式：

```
C:\myprog>vsvars32.bat
Setting environment for using Microsoft Visual Studio 2010 x86 tools.
```

微軟的文書工作做得很好。插口的文書可從下面的網址上查得：

https://msdn.microsoft.com

12-8-3 例題程式

圖 12-14a 所示，即為一在 Unix，Linux，Apple Darwin 與微軟視窗系統上都能執行的連線式伺服程式。圖 12-14b 則為一能在這些系統上編譯與執行的連線式客戶程式。圖 12-14c 則為所需的前頭檔案。

圖 12-14a 支援多平台的連線式伺服程式（tcpsrv_all.c）

```
/*
 * A connection-oriented server program using Stream socket.
 * Support for IPv4 and IPv6. Default to IPV6. Compile with -DIPV4 to
get IPV4.
 * Support for multiple platforms including Linux, Windows, Solaris,
AIX, HPUX
 * and Apple Darwin.
 * Usage: tcpsrv_all [port#]
 * Authored by Mr. Jin-Jwei Chen.
 * Copyright (c) 1993-2018, 2020 Mr. Jin-Jwei Chen. All rights reserved.
 */

#include "mysocket.h"

int main(int argc, char *argv[])
{
  int    ret;                    /* return code */
  int    sfd;                    /* file descriptor of the listener socket */
  int    newsock;                /* file descriptor of client data socket */
#if IPV4
  struct sockaddr_in    srvaddr;   /* socket structure */
  int    srvaddrsz=sizeof(struct sockaddr_in);
  struct sockaddr_in    clntaddr;  /* socket structure */
  socklen_t    clntaddrsz=sizeof(struct sockaddr_in);
#else
  struct sockaddr_in6   srvaddr;   /* socket structure */
  int    srvaddrsz=sizeof(struct sockaddr_in6);
  struct sockaddr_in6   clntaddr;  /* socket structure */
  socklen_t    clntaddrsz=sizeof(struct sockaddr_in6);
  int    v6only = 0;             /* IPV6_V6ONLY socket option off */
#endif
  in_port_t    portnum=DEFSRVPORT; /* port number */
  int    portnum_in = 0;         /* port number entered by user */
  char   inbuf[BUFLEN];          /* input message buffer */
  char   outbuf[BUFLEN];         /* output message buffer */
  size_t msglen;                 /* length of reply message */
```

```
  unsigned int  msgcnt;           /* message count */

#if WINDOWS
  WSADATA wsaData;                  /* Winsock data */
  char* GetErrorMsg(int ErrorCode); /* print error string in Windows */
#endif

  fprintf(stdout, "Connection-oriented server program ...\n");

  /* Get the port number from user, if any. */
  if (argc > 1)
  {
    portnum_in = atoi(argv[1]);
    if (portnum_in <= 0)
    {
      fprintf(stderr, "Port number %d invalid, set to default value %u\n",
        portnum_in, DEFSRVPORT);
      portnum = DEFSRVPORT;
    }
    else
      portnum = (in_port_t)portnum_in;
  }

#if WINDOWS
  /* Initiate use of the Winsock DLL. Ask for Winsock version 2.2 at least. */
  if ((ret = WSAStartup(MAKEWORD(2, 2), &wsaData)) != 0)
  {
    fprintf(stderr, "WSAStartup() failed with error %d: %s\n",
      ret, GetErrorMsg(ret));
    return (-1);
  }
#endif

  /* Create the Stream server socket. */
  if ((sfd = socket(ADDR_FAMILY, SOCK_STREAM, 0)) < 0)
  {
    fprintf(stderr, "Error: socket() failed, errno=%d, %s\n", ERRNO, ERRNOSTR);
#if WINDOWS
    WSACleanup();
#endif
    return(-2);
  }

  /* Fill in the server socket address. */
  memset((void *)&srvaddr, 0, (size_t)srvaddrsz); /* clear the address buffer */
#if IPV4
  srvaddr.sin_family = ADDR_FAMILY;                /* Internet socket */
  srvaddr.sin_addr.s_addr = htonl(INADDR_ANY);     /* server's IP address */
  srvaddr.sin_port = htons(portnum);               /* server's port number */
#else
  srvaddr.sin6_family = ADDR_FAMILY;               /* Internet socket */
```

```
    srvaddr.sin6_addr = in6addr_any;              /* server's IP address */
    srvaddr.sin6_port = htons(portnum);           /* server's port number */
  #endif

    /* If IPv6, turn off IPV6_V6ONLY socket option. Default is on in Windows. */
  #if !IPv4
    if (setsockopt(sfd, IPPROTO_IPV6, IPV6_V6ONLY, (char*)&v6only,
      sizeof(v6only)) != 0)
    {
      fprintf(stderr, "Error: setsockopt(IPV6_V6ONLY) failed, errno=%d, %s\n",
        ERRNO, ERRNOSTR);
      CLOSE(sfd);
      return(-3);
    }
  #endif

    /* Bind the server socket to its address. */
    if ((ret = bind(sfd, (struct sockaddr *)&srvaddr, srvaddrsz)) != 0)
    {
      fprintf(stderr, "Error: bind() failed, errno=%d, %s\n", ERRNO, ERRNOSTR);
      CLOSE(sfd);
      return(-4);
    }

    /* Set maximum connection request queue length that we can fall behind. */
    if (listen(sfd, BACKLOG) == -1) {
      fprintf(stderr, "Error: listen() failed, errno=%d, %s\n", ERRNO, ERRNOSTR);
      CLOSE(sfd);
      return(-5);
    }

    /* Wait for incoming connection requests from clients and service them. */
    while (1) {

      fprintf(stdout, "\nListening at port number %u ...\n", portnum);
      newsock = accept(sfd, (struct sockaddr *)&clntaddr, &clntaddrsz);
      if (newsock < 0)
      {
        fprintf(stderr, "Error: accept() failed, errno=%d, %s\n", ERRNO, ERRNOSTR);
        CLOSE(sfd);
        return(-6);
      }

      fprintf(stdout, "Client Connected.\n");

      msgcnt = 1;
      /* Receive and service requests from the current client. */
      while (1)
      {
        /* Receive a request from a client. */
        errno = 0;
```

```
      inbuf[0] = '\0';
      ret = recv(newsock, inbuf, BUFLEN, 0);
      if (ret > 0)
      {
        /* Process the request. We simply print the request message here. */
        inbuf[ret] = '\0';
        fprintf(stdout, "\nReceived the following request from client:\n%s\n",
          inbuf);

        /* Construct a reply */
        sprintf(outbuf, "This is reply #%3u from the server program.", msgcnt++);
        msglen = strlen(outbuf);

        /* Send a reply. */
        errno = 0;
        ret = send(newsock, outbuf, msglen, 0);
        if (ret == -1)
          fprintf(stderr, "Error: send() failed, errno=%d, %s\n", ERRNO,
            ERRNOSTR);
        else
          fprintf(stdout, "%u of %lu bytes of the reply was sent.\n", ret, msglen);
      }
      else if (ret < 0)
      {
        fprintf(stderr, "Error: recv() failed, errno=%d, %s\n", ERRNO,
          ERRNOSTR);
        break;
      }
      else
      {
        /* The client may have disconnected. */
        fprintf(stdout, "The client may have disconnected.\n");
        break;
      }
    }  /* while - inner */
    CLOSE1(newsock);
  }  /* while - outer */

  CLOSE(sfd);
  return(0);
}
```

圖 12-14b 支援多平台的連線式客戶程式（tcpclnt_all.c）

```
/*
 * A connection-oriented client program using Stream socket.
 * Connecting to a server program on any host using a hostname or IP address.
 * Support for IPv4 and IPv6 and multiple platforms including
 * Linux, Windows, Solaris, AIX, HPUX and Apple Darwin.
 * Usage: tcpclnt_all [srvport# [server-hostname | server-ipaddress]]
 * Authored by Mr. Jin-Jwei Chen.
```

```
 * Copyright (c) 1993-2018, 2020 Mr. Jin-Jwei Chen. All rights reserved.
 */

#include "mysocket.h"

int main(int argc, char *argv[])
{
  int    ret;
  int    sfd;                      /* socket file descriptor */
  in_port_t  portnum=DEFSRVPORT;  /* port number */
  int    portnum_in = 0;           /* port number user provides */
  char   *portnumstr  = DEFSRVPORTSTR; /* port number in string format */
  char   inbuf[BUFLEN];            /* input message buffer */
  char   outbuf[BUFLEN];           /* output message buffer */
  size_t msglen;                   /* length of reply message */
  size_t msgnum=0;                 /* count of request message */
  size_t len;
  char   server_name[NAMELEN+1] = SERVER_NAME;
  struct addrinfo hints, *res=NULL;  /* address info */

#if WINDOWS
  WSADATA wsaData;                     /* Winsock data */
  char* GetErrorMsg(int ErrorCode);    /* print error string in Windows */
#endif

  fprintf(stdout, "Connection-oriented client program ...\n");

  /* Get the server's port number from command line. */
  if (argc > 1)
  {
    portnum_in = atoi(argv[1]);
    if (portnum_in <= 0)
    {
      fprintf(stderr, "Port number %d invalid, set to default value %u\n",
        portnum_in, DEFSRVPORT);
      portnum = DEFSRVPORT;
      portnumstr = DEFSRVPORTSTR;
    }
    else
    {
      portnum = (in_port_t)portnum_in;
      portnumstr = argv[1];
    }
  }

  /* Get the server's host name or IP address from command line. */
  if (argc > 2)
  {
    len = strlen(argv[2]);
    if (len > NAMELEN)
      len = NAMELEN;
```

```
    strncpy(server_name, argv[2], len);
    server_name[len] = '\0';
  }

#if WINDOWS
  /* Initiate use of the Winsock DLL. Ask for Winsock version 2.2 at least. */
  if ((ret = WSAStartup(MAKEWORD(2, 2), &wsaData)) != 0)
  {
    fprintf(stderr, "Error: WSAStartup() failed with error %d: %s\n",
      ret, GetErrorMsg(ret));
    return (-1);
  }
#endif

  /* Translate the server's host name or IP address into socket address.
   * Fill in the hints information.
   */
  memset(&hints, 0x00, sizeof(hints));
    /* This works on AIX but not on Solaris, nor on Windows. */
    /* hints.ai_flags    = AI_NUMERICSERV; */
  hints.ai_family   = AF_UNSPEC;
  hints.ai_socktype = SOCK_STREAM;
  hints.ai_protocol = IPPROTO_TCP;

  /* Get the address information of the server using getaddrinfo().
   * This function returns errors directly or 0 for success. On success,
   * argument res contains a linked list of addrinfo structures.
   */
  ret = getaddrinfo(server_name, portnumstr, &hints, &res);
  if (ret != 0)
  {
    fprintf(stderr, "Error: getaddrinfo() failed, error %d, %s\n", ret,
      gai_strerror(ret));
#if !WINDOWS
    if (ret == EAI_SYSTEM)
      fprintf(stderr,"System error: errno=%d, %s\n", errno, strerror(errno));
#else
    WSACleanup();
#endif
    return(-2);
  }

  /* Create a socket. */
  sfd = socket(res->ai_family, res->ai_socktype, res->ai_protocol);
  if (sfd < 0)
  {
    fprintf(stderr,"Error: socket() failed, errno=%d, %s\n", ERRNO, ERRNOSTR);
#if WINDOWS
    WSACleanup();
#endif
    return (-3);
```

```
    }

    /* Connect to the server. */
    ret = connect(sfd, res->ai_addr, res->ai_addrlen);
    if (ret == -1)
    {
      fprintf(stderr, "Error: connect() failed, errno=%d, %s\n", ERRNO, ERRNOSTR);
      CLOSE(sfd);
      return(-4);
    }

    fprintf(stdout, "Send request messages to server(%s) at port %d\n",
     server_name, portnum);

    /* Send request messages to the server and process the reply messages. */
    while (msgnum < MAXMSGS)
    {
      /* Send a request message to the server. */
      sprintf(outbuf, "%s%4lu%s", "This is request message ", ++msgnum,
        " from the client program.");
      msglen = strlen(outbuf);
      errno = 0;

      ret = send(sfd, outbuf, msglen, 0);
      if (ret >= 0)
      {
        /* Print a warning if not entire message was sent. */
        if (ret == msglen)
          fprintf(stdout, "\n%lu bytes of message were successfully sent.\n",
            msglen);
        else if (ret < msglen)
          fprintf(stderr, "Warning: only %u of %lu bytes were sent.\n",
            ret, msglen);

        if (ret > 0)
        {
          /* Receive a reply from the server. */
          errno = 0;
          inbuf[0] = '\0';
          ret = recv(sfd, inbuf, BUFLEN, 0);

          if (ret > 0)
          {
            /* Process the reply. */
            inbuf[ret] = '\0';
            fprintf(stdout, "Received the following reply from server:\n%s\n",
              inbuf);
          }
          else if (ret == 0)
            fprintf(stdout, "Warning: Zero bytes were received.\n");
          else
```

```
            fprintf(stderr, "Error: recv() failed, errno=%d, %s\n", ERRNO,
              ERRNOSTR);
          }
        }
        else
          fprintf(stderr, "Error: send() failed, errno=%d, %s\n", ERRNO, ERRNOSTR);

        /* Sleep a second. For demo only. Remove this in real code. */
#if WINDOWS
        Sleep(1000); /* Unit is ms. For demo only. Remove this in real code. */
#else
        sleep(1);  /* For demo only. Remove this in real code. */
#endif
      } /* while */

      /* Free the memory allocated by getaddrinfo() */
      freeaddrinfo(res);
      CLOSE(sfd);
      return(0);
}
```

圖12-14c 跨平台插口程式所需的前頭檔案（mysocket.h）

```
/*
 * Include file for cross-platform socket applications.
 * Supported operating systems: Linux, Unix (AIX, Solaris, HP-UX), Windows.
 * Copyright (c) 2002, 2014, 2017, 2018, 2020 Mr. Jin-Jwei Chen. All rights reserved.
 */

/*
 * Standard include files for socket applications
 */

#include <stdio.h>
#include <errno.h>
#include <string.h>          /* memset(), strerror() */
#include <stdlib.h>          /* atoi() */
#include <ctype.h>           /* isalpha() */

#ifdef WINDOWS

#define WIN32_LEAN_AND_MEAN
#include <Winsock2.h>
#include <ws2tcpip.h>
#include <mstcpip.h>
#include <Windows.h>         /* Sleep() - link Kernel32.lib */

/* Needed for the Windows 2000 IPv6 Tech Preview. */
#if (_WIN32_WINNT == 0x0500)
#include <tpipv6.h>
#endif
```

```
#define STRICMP _stricmp
typedef unsigned short in_port_t;
typedef unsigned int in_addr_t;

#else  /* ! WINDOWS */

/* Unix and Linux */
#include <sys/types.h>
#include <sys/socket.h>
#include <netinet/in.h>    /* protocols such as IPPROTO_TCP, ... */
#include <arpa/inet.h>     /* inet_pton(), inet_ntoa() */
#include <netdb.h>         /* struct hostent, gethostbyaddr() */
#include <time.h>          /* nanosleep() */
/* The next four are for async I/O. */
#include <unistd.h>
#include <fcntl.h>
#include <sys/time.h>
#include <sys/select.h>
/* Below is for Unix Domain socket */
#include <sys/un.h>

#endif

/*
 * Some constants: port number, buffer length, etc.
 */
#define  BUFLEN           1024    /* size of I/O buffer */
#define  BUFLEN1           128    /* size of small I/O buffer */
#define  DEFSRVPORT       2345    /* default server port number */
#define  DEFSRVPORTSTR  "2345"    /* default server port number string */
#define  NAMELEN            63    /* max. length of names */
#define  MAXMSGS             2    /* maximum number of messages to exchange */
#define  BACKLOG            50    /* length of listener queue */
#define  IPADDRSZ          128    /* size of buffer for IP address */
#define  MAXSOURCES          5    /* Maximum number of message sources */
#define  SLEEPS              3    /* number of seconds to sleep */
#define  SLEEPMS            10    /* number of milliseconds to sleep & wait */
#define  PEERADDRLEN        64    /* length of buffer for peer address */
#define  SRVIPLEN           64    /* max. length of IP address */
#define  MAXCONNTRYCNT       5    /* Maximum connect try count */
#define  FALSE                  0
#define  NETDB_MAX_HOST_NAME_LENGTH  256    /* max. length of a host name */
#define  SERVER_NAME         "localhost"    /* default server's host name */
#define  NOHOST                 ""
#define  IPV6LOCALADDR   "::1"     /* IPv6 address for local host */
/* These are for Unix domain socket. */
#define  SERVER_PATH   ".udssrv_name"   /* file pathname of the server */
#define  CLIENT_PATH   ".udsclnt_name"  /* file pathname of the client */
/* These are for getservbyname() call. */
#define  SVCNAME          "dbm"    /* default service name */
```

```
#define  PROTOCOLNAME     "tcp"     /* default protocol name */
#define  IPV4LOCALADDR "127.0.0.1"      /* IPv4 address for local host */
/* These below are for multicasting. */
#define  MULTICASTGROUP  "224.0.0.251"  /* address of the multicast group */
#define  MULTICASTGROUP2 "224.1.1.1"    /* address of the multicast group */
#define  LOCALINTFIPADDR "127.0.0.1"    /* address of local interface */
#define  MCASTPORT                3456    /* multicast group port number */

/*
 * Macros for printing and handling socket errors
 */

#if WINDOWS
#define ERRNO WSAGetLastError()
#define ERRNOSTR GetErrorMsg(WSAGetLastError())
#define CLOSE(sfd)  shutdown(sfd, SD_BOTH); closesocket(sfd); WSACleanup();
#define CLOSE1(sfd) shutdown(sfd, SD_BOTH); closesocket(sfd);
#else
#define ERRNO errno
#define ERRNOSTR strerror(errno)
#define CLOSE(sfd) close(sfd)
#define CLOSE1(sfd) close(sfd)
#endif

/* IP address family */
#if IPV4
#define  ADDR_FAMILY AF_INET          /* IPv4 */
#else
#define  ADDR_FAMILY AF_INET6         /* IPv6 */
#endif

/*
 * Function to get error message in Windows
 */

#if WINDOWS
#define ERRBUFLEN1 512
char* GetErrorMsg(int ErrorCode)
{
  static char ErrorMsg[ERRBUFLEN1];

  /* For multi-threaded applications, use FORMAT_MESSAGE_ALLOCATE_BUFFER
   * or malloc-ed buffer here instead of a static buffer.
   */
  FormatMessage(FORMAT_MESSAGE_FROM_SYSTEM | FORMAT_MESSAGE_IGNORE_INSERTS |
                FORMAT_MESSAGE_MAX_WIDTH_MASK,
                NULL, ErrorCode, MAKELANGID(LANG_NEUTRAL, SUBLANG_DEFAULT),
                (LPSTR) ErrorMsg, ERRBUFLEN1, NULL);
  return (ErrorMsg);
}
#endif
```

12-9 以主機名查取其 IP 位址

截至目前為止我們所舉的程式例題，不論你將客戶與伺服程式擺在同一系統上執行，或是放在不同系統上執行，只要提供伺服器的 IP 位址給客戶程式，都沒問題。在實際應用上，絕大多數情況下，客戶與伺服程式通常會分處不同計算機上。在那種情況下，客戶程式就不能再以 INADDR_ANY 作為伺服程式的 IP 位址了。亦即，客戶程式中的下面這個述句，就不再可行了：

```
srvaddr.sin_addr.s_addr = htonl(INADDR_ANY);  /*伺服器的IP位址*/
```

除此之外，經常客戶程式拿到的可能是伺服程式所在之計算機的主機名（hostname），而不是 IP 位址。

假若客戶程式是在另一不同的計算機上執行，而且它所知道的只是伺服程式所在之計算機的主機名，那在能設定伺服器之位址以便能進行連線請求之前，程式就必須先將伺服器的主機名，轉換成其 IP 位址。

這是因為，伺服器插口位址內所包含的 IP 位址，一定要是二進形式，且不能是主機名。

12-9-1 主機名的轉換

在寫網路程式時，你希望程式是在任何計算機上都能執行的。因此，不應該把某一個 IP 位址，硬綁在程式內。因為這樣，所以在我們截至目前為止的所有例題程式上，我們都將伺服程式的聆聽插口，綁在諸如 INADDR_ANY（IPv4）或 in6addr_any（IPv6）等之通配位址上，而不是像 10.120.135.46 等之某一特定的 IPv4 位址或像 1：0：1：1000：ff3f：7408：ff3f：7594 或 fd00：18d：808f：1：：30 等之 IPv6 位址上。

伺服程式平常就是這樣寫，它使用通配位址，以便能在任何計算機上執行，而不須做任何更改。此外，通配位址又讓伺服程式，能收到由計算機上之任一網路界面卡進來的客戶連線請求，一舉兩得。

客戶程式的情況則有所不同。在一個客戶程式想跟一伺服程式連上線時，它就必須知道該伺服程式的確切 IP 位址，而不能用通配位址（除非兩者都在同一部計算機上）。

同樣地，將伺服器的 IP 位址，硬寫在客戶程式內也是不好的。因為，你也希望同一客戶程式，能在不需修改下，就能和任一伺服程式通信。所以，典型上，一客戶程式都會把伺服程式所在之計算機的 IP 位址當成是程式的輸入資料之一。由於所有插口界面的函數都使用 IP 位址，而非主機名。因此，主機名必須先轉換成 IP 位址。

將一諸如 myserver.xyz.com 或只是 myserver 之主機名稱，轉換成一 IP 位址的作業，一般是由一稱為**領域名服務**（Domain Name Service，DNS）作業系統服務達成。作業系統通常有一稱為領域名稱服務的背景程式（DNSD）在做這個服務，一般的程式設計者則透過叫用程式界面，來使用這個服務。

在早期，IPv6 尚未誕生時，程式透過分別叫用 gethostbyname() 或 gethostbyaddr() 函數，分別將一主機名或一字串形式的 IP 位址，轉換成一 "struct hostent" 的資料結構，然後再以之設定伺服器的位址：

```
char   server_name[NAMELEN+1] = "localhost";
struct sockaddr_in server;
struct hostent *hp;
hp = gethostbyname(server_name);
memcpy(&(server.sin_addr), hp->h_addr, hp->h_length);
server.sin_family = hp->h_addrtype;
```

或

```
char   server_ip_dot_addr[NAMELEN+1] = "127.0.0.1";
struct sockaddr_in server;
struct hostent *hp;
unsigned int addr;

addr = inet_addr(server_ip_dot_addr);
hp = gethostbyaddr((char *)&addr, sizeof(addr), AF_INET);
memcpy(&(server.sin_addr), hp->h_addr, hp->h_length);
server.sin_family = hp->h_addrtype;
```

這些函數送回指向一靜態資料的指標，其所送回的值會被之後同樣的函數叫用蓋過，因此，並不程線安全。此外，這些函數也只能用於 IPv4，並不支援 IPv6。所以，POSIX.1-2001 標準已宣告它們已過時。POSIX.1-2004 標準，等於 IEEE 標準 1003.1 的 2004 年版本，還繼續列出這些函數，但宣告它們已過時。2008 年以後的版本就不再登列它們。這些函數可能還存在系統上的唯一理由，就是往後相容，讓舊有的應用程式能在不修改的情況下，能繼續使用。

現在的程式應該都改成使用 getaddrinfo() 函數。getaddrinfo() 支援 IPv4 的主機名與 IP 位址，也支援 IPv6 的主機名與 IP 位址。同時，也是程線安全的。因為，它們所送回的結果是存在動態騰出的記憶器裡，而非靜態記憶。換言之，它同時支援 IPv4 與 IPv6，而且輸入資料是主機名或 IP 位址都可以。

不過，就像剛說過的，為了能讓既有舊的軟體能在不需修改的情況下繼續運作，一般的作業系統並未實際將 gethostbyname() 與 gethostbyaddr() 自系統中完全剔除。但是，記得，程式不應該再繼續使用這些過了時的程式界面。

總之，同時支援 IPv4 與 IPv6，而且又是程線安全的 getaddrinfo() 函數，是現代用以將一主機名或字串形式的 IP 位址，轉換成一表示成二進制之IP 位址，進而能放進一插口位址內的函數。getnameinfo() 函數則正好是 getaddrinfo() 函數的顛倒，它用以將一 IP 位址，轉換成一主機名。這一節即介紹這兩個函數。

注意到，在客戶伺服通信裡，通常是客戶程式需要用到 getaddrinfo() 函數，而非伺服程式。這是因為一般伺服程式都是將其聆聽插口綁在通配位址上。所以，不需經過此一轉換步驟。

12-9-2 getaddrinfo() 函數

getaddrinfo() 函數的格式如下所示。

```
#include <sys/types.h>
#include <sys/socket.h>
#include <netdb.h>
int getaddrinfo(const char *host, const char *service,
          const struct addrinfo *hints, struct addrinfo **res);
```

getaddrinfo() 將 gethostbyname() 與 getservbyname() 兩個函數合併為一。

getaddrinfo() 函數產生且送回與函數之第一引數所指出之計算機相關的一個或多個插口位址結構。結果由函數的最後一個引數 res 送回。函數叫用的前三個引數為輸入，由叫用者提供。第一引數 host 指出計算機的主機名或字串式 IP 位址。第二引數則指明一端口號或服務名稱。第三引數則提供一些暗示，包括幾個資料項目與一些旗號。其中的資料項目包括網路協定的族系與插口的類型（平常 socket() 函數叫用所需之資料）。

在成功時，getaddrinfo() 函數會自引數 res 送回一連串（linked list）的 addrinfo 資料結構，其中每一個資料結構就代表這計算機的其中一個 IP 位址。（記得，很多計算機都有一個以上的 IP 位址）。

getaddrinfo() 函數所送回的位址結構，一般在客戶程式上就用在 connect() 函數叫用，而在伺服程式就用在 bind() 函數叫用上。

函數所送回的結果所佔用的記憶空間，是 getaddrinfo() 函數動態騰出的。因此，在叫用程式不再需要它們時，就必須被釋回。否則，就會造成記憶流失。叫用程式以如下的 freeaddrinfo() 函數釋回這些動態記憶。

```
void freeaddrinfo(struct addrinfo *res);
```

在此順便一提的是，雖然 getaddrinfo() 函數是定義在 POSIX 標準上，但其行為並非所有作業系統都一樣。某些細節還是有差別。例如，在暗示引數之旗號的支援上，以及函數所送回的位址上，Linux 似乎與 Solaris 一致，且 AIX 也與微軟視窗一致，但這兩陣營間彼此就有差異。其中有些可能又與網路的組構有關。

注意到，getaddrinfo() 函數有可能送回一個或一個以上的 IP 位址結構。這種情況下，這些 addrinfo 資料結構，就形成一連結串列（linked list），彼此以 ai_next 資料欄連接在一起。這種情況下，這些不同位址被送回的順序，可能就會因作業系統的不同而異。

記得，在微軟視窗上，WSAStartup() 函數必須先成功地執行過後，程式才能叫用 getaddrinfo() 函數。

12-9-3 getnameinfo() 函數

誠如我們說過的，getnameinfo() 函數正好與 getaddrinfo() 相反。它將一個表示成二進制的插口位址，轉換成一主機名與一服務名稱。換言之，它將 gethostbyaddr() 與 getservbyport() 兩個函數結合在一起。其規格如下：

```
#include <sys/socket.h>
#include <netdb.h>
int getnameinfo(const struct sockaddr *restrict sa, socklen_t salen,
     char *restrict node, socklen_t nodelen, char *restrict service,
     socklen_t servicelen, int flags);
```

函數的第一個引數 sa 是一指向包含一 IP 位址與一端口號之通用插口位址資料結構的指標。第二引數 salen 則指出第一引數的大小，以位元組計。

所轉換成之主機名，將由第三引數 node 送回。第三引數的大小則由第四引數 nodelen 指明。同樣地，轉換所得的服務名稱由第五引數送回。第五引數之緩衝器的大小，則由第六引數 servicelen 指明。最後第七引數 flags 則為能改變 getnameinfo() 之行為的旗號。

12-9-4 getaddrinfo() 與 getnameinfo() 可能的錯誤

與普通的插口函數不同的是，getaddrinfo() 函數並不送回 -1（或 SOCKET_ERROR，這在視窗系統上是 -1）。因此，記得，你不能在程式內檢查函數的回返值是否為 -1。在成功時，getaddrinfo() 送回 0。但在出錯時，它則送回一個非零的值（通常是一負數），顯示真正的錯誤。記得，錯誤號碼是由函數直接送回，而非像一般其他函數一樣的經由 errno 通用變數送回。

欲將這錯誤號碼轉換成錯誤信息，程式則必須叫用一個名叫 gai_strerror() 的特別函數。

此外，在 Linux/Unix 上，getaddrinfo() 有可能送回 EAI_SYSTEM，代表其他的系統錯誤。在這種情況下，真正的錯誤才會在 errno 裡。

getnameinfo() 所送回的結果與錯誤則與 getaddrinfo() 類似。兩個函數所送回的錯誤都很類似。因此，兩者可以同一方式處理。

圖 12-14b 所示即為一叫用 getaddrinfo() 函數之連線式通信的客戶程式。該程式自使用者輸入伺服程式的主機名或 IP 位址，叫用 getaddrinfo() 將之轉換成插口位址，然後以這函數所送回的位址資料，與伺服程式連線。伺服器的 IP 位址可以是 IPv4 或 IPv6。倘若執行該程式時，你不指明主機名及端口號，那其既定值即為 localhost 與既定端口號 2345。若你想指明主機名，則程式會要求你同時指明端口號在前。這樣的引數順序是因為程式假設 "tcpclnt_all 端口號" 是最常見的應用。

使用這程式的命令格式如下：

```
$ tcpclnt_all  [server_port_number [server_host_name]]
```

或

```
$ tcpclnt_all  [server_port_number [server_ip_address]]
```

以括弧括起的引數是可有可無。亦即，你可選擇省略主機名或 IP 位址，或連端口號也省了。

注意到，為了簡單起見，該程式就取用了 getaddrinfo() 所送回的第一個 IP 位址，而忽略其他的位址。

12-10 同時支援 IPv4 與 IPv6

由美國國防部高等研究計畫署（DARPA）所贊助，在 1960 及 1970 年代開發設計 TCP/IP 網路時，當初並沒有那麼多設備在網路上。因此，當初就選定了使用 32 位元的 IP 位址，而且事後用了幾十年也都還夠用。不過，在網際網路於 1990 年代開始盛行以後，膝上型電腦，手機，以及智慧型家電用品等，全部都上了網，以致 32 位元的 IP 位址開始不夠用，這就導致了後來新設計的 IPv6 位址，長度達 128 位元，四倍長。

對於 IPv6 的採用，有些國家快，有些國家慢。目前，在 2020 年代，IPv4 與 IPv6 同時並存仍是常態。而且這很可能還要持續一陣子。由於這個現實，軟體工程師們在開發網路軟體時，就必須同時支援兩者。

在這種 IPv4 與 IPv6 混合的環境下，開發一伺服程式最好的策略，就是使用一個 IPv6 的聆聽插口，並將之繫綁在一 IPv6 的通配位址（in6addr_any）上。這樣，伺服程式就能同時接受 IPv6 與 IPv4 的連線請求，服務所有可能的客戶程式。

注意，IPv4 的客戶可以與IPv6 的伺服器連線。但反之則不行。亦即，IPv6 的客戶程式是無法和 IPv4 的伺服程式連線的。這是正常的。伺服程式或許多其他程式一般都是能往後相容，但由於無法預知未來，致很難往前（未來）相容。是以，IPv4 的伺服器不知如何，也無法和較新的 IPv6 客戶互相連線。

例題程式 tcpsrv_all.c 就是這樣子做的。既定上，它都是使用 IPv6 的伺服插口。該程式是寫成可以支援 IPv6 或 IPv4 的形式。若你想測試只有 IPv4 的版本，那在編譯程式的命令上，你就必須加上一“-DIPV4”的開關，才能將之編譯成只使用 IPv4 的格式。

圖 12-14a所示，即為一使用 IPv6 聆聽插口，以便能同時接受 IPv6 與 IPv4 客戶之連線請求的連線式伺服程式。

12-10-1 將舊有 IPv4 的網路程式轉換成 IPv6

假若你負責維修一些既有的網路程式，很可能它仍是 IPv4 為主，尚未更新成能同時支援 IPv4 與 IPv6 的版本。那這節就告訴你如何將之更新成也能支援 IPv6。

將一既有的使用 IPv4 的插口程式，改成 IPv6 的版本，可遵循下列的步驟。

1. 熟悉相關的資料型態與結構

   每一插口位址包含 IP 位址，端口號，與位址族系等資訊。

   傳統 IPv4 的插口位址之資料型態為 "struct sockaddr_in"，而新的 IPv6 的插口位址的資料型態則是 "struct sockaddr_in6"。

   此外，在伺服程式端，通配的位址在 IPv4 是INADDR_ANY，而在IPv6 則是in6addr_any。

2. 下一個步驟則是把 IPv4 程式中的所有 "struct sockaddr_in" 資料型態，都改成 "struct sockaddr_in6"，看看結果會如何。這一步驟等於將所有插口位址的內含仍保留在 IPv4 型態，但所有資料結構則改成新的，容量較大的 IPv6 版本。照理說，一切應該還是照常動作的。這顯示 IPv6 插口位址資料結構的設計是往後相容的。

3. 為了真正由 IPv4 改成 IPv6，你必須將插口位址資料結構的內含，實際由 IPv4 改成 IPv6。這包括改變結構中的下列資料欄（左邊是現在的 IPv4 格式，右邊則是新的 IPv6 格式）：

'struct sockaddr_in'		'struct sockaddr_in6'
sin_family (AF_INET)	⟶	sin6_family (AF_INET6)
sin_addr (INADDR_ANY)	⟶	sin6_addr (in6addr_any)
sin_port	⟶	sin6_port

一步一步來

按步就班的做。

1. 將所有“struct sockaddr_in”改成“struct sockaddr_in6”。

   出於好奇心，在這步驟完成後，你可試著重新編譯與重建你的軟體或程式。照理說，此時，絕大多數應該還是照常動作的。

2. 將所有位址族系由 AF_INET 或 PF_INET 改成 AF_INET6 或 PF_INET6。

3. 將插口位址資料結構中每一資料欄的名稱與數值，都由 IPv4 格式改成 IPv6 格式。

12-11 取得對手的位址與端口號

在一網路程式內，偶而你會想知道正和程式通信的是誰。換言之，程式會想知道通信對手的 IP 位址與端口號。不論是在使用 TCP 協定的連線式通信或是 UDP 的非連線通信，這是做得到的。

請注意，這裡我們稱對手，那是泛指通信的另一方。其真正角色可以是對手，客戶或伺服器，全都一樣。就找出對方是誰而言，角色是無關的。

TCP

一旦一 TCP 連線建立了，程式可以隨時叫用 getpeername() POSIX 函數，取得通信對手的 IP 位址與端口號。這意謂伺服程式可以取得正與其通信之客戶程式的 IP 位址與端口號，而客戶程式也可以獲知正與其通信之伺服器的位址。不過，一客戶程式本來就已知道其伺服程式的位址的，那就是建立連線時它所使用的資訊。

getpeername() 函數的規格如下：

```
#include <sys/socket.h>
int getpeername(int socket, struct sockaddr *restrict address,
    socklen_t *restrict address_len);
```

第一引數指出通信正在使用的插口。第二引數提供一“struct sockaddr”資料結構的起始位址，函數成功回返時，對手的插口位址即會存在這引數上送回。第三引數指出這欲儲存送回之插口位址的緩衝器有多大。

成功時，getpeername() 函數送回 0，出錯時，其送回 -1 且 errno 會含錯誤號碼。在成功回返時，函數的第三引數會含正被送回之插口位址的大小（位元組數）。藉著檢查看這個值是等於 sizeof（struct sockaddr_in）或 sizeof（struct sockaddr_in 6），叫用程式即可知道正被送回的插口位址，究竟是 IPv4 還是 IPv6 了。

以下所示即為取得並印出通信對手之 IP 位址與端口號的程式片段：

```
    struct sockaddr_in6    peeraddr6;  /* IPV6 socket structure */
    struct sockaddr_in    *peeraddr4p; /* IPV4 socket structure */
    socklen_t    peeraddr6sz=sizeof(struct sockaddr_in6);
    char   peeraddrstr[PEERADDRLEN]; /* IP address of peer socket, string
form */

    /* Get and print peer's IP address and port number */
    memset((void *)&peeraddr6, 0, (size_t)peeraddr6sz);
    memset(peeraddrstr, 0, PEERADDRLEN);
    errno = 0;
    ret = getpeername(sfd, (struct sockaddr *) &peeraddr6, &peeraddr6sz);
    if (ret == 0)
    {
      /* The return structure size indicates IPv4 or IPv6. */
      if (peeraddr6sz > sizeof(struct sockaddr_in))
      {
        inet_ntop(AF_INET6, &(peeraddr6.sin6_addr), peeraddrstr, PEERADDRLEN);
        fprintf(stdout, "Server's IP address from getpeername(): %s port=%u\n",
          peeraddrstr, ntohs(peeraddr6.sin6_port));
      } else {
        peeraddr4p = (struct sockaddr_in *)&peeraddr6;
        inet_ntop(AF_INET, &(peeraddr4p->sin_addr.s_addr), peeraddrstr,
PEERADDRLEN);
        fprintf(stdout, "Server's IP address from getpeername(): %s port=%u\n",
          peeraddrstr, ntohs(peeraddr4p->sin_port));
      }
    }
    else
      fprintf(stderr, "Error: getpeername() failed, errno=%d\n", errno);
```

在叫用 getpeername() 以取得對手的插口位址後，我們以 inet_ntop() 函數，將對手的 IP 位址，由二進制形式轉換成字串形式，以便印出。

程式同時以 ntohs() 函數將端口號由網路印地格式轉換成本地主機的印地格式。

請注意，在使用 inet_ntop() 或 inet_ntoa() 函數，做二進制與字串之間的 IP 位址轉換時，你的程式必須包括下列的前頭檔案：

```
#include <sys/socket.h>
#include <netinet/in.h>
#include <arpa/inet.h>
```

萬一你忘了或漏了第三個前頭檔案＜arpa/inet.h＞，很可能 inet_ntop() 或 inet_ntoa() 函數叫用會獲得 "Segmentation Fault"（節段位址錯誤）的錯誤，而且程式會死掉。

同時記得，inet_ ntoa() 函數是舊的版本，它只支援 IPv4。新的版本是 inet_ntop()，它同時支援 IPv4 與 IPv6。亦即，inet_ntop()支援多個位址族系。它是 inet_ntoa() 的擴充版。相反地，欲將一 IPv6 或 IPv4 的字串式 IP 位址轉換成二進制時，也請記得使用新版的 inet_pton() 函數。

值得一提的是，在一連線式的 TCP 伺服程式上，程式不見得要使用 getpeername() 函數。這是因為每一 TCP 伺服程式都叫用 accept() 函數接受客戶的連線請求，該函數回返時，其第二引數即會送回客戶插口的位址。

換言之，一 TCP 伺服程式有兩種方式可以獲得其客戶的位址：accept() 與 getpeername()。

圖 12-15 所示即為一雙顯示對手之 IPv6 位址與端口號的客戶與伺服程式。這對程式已在 AIX，Solaris，HP-UX，Apple Darwin 與 Windows7 上分別測試過。下面三種格式的 IPv6 位址，全都沒問題：

::1

fe80::dce3:7621:7024:4467%11

2001:0:9d38:6ab8:189d:1d52:e7dd:d627

圖 12-15a　獲取對手之 IP 位址（伺服程式 tcpsrv_peeraddr_all.c）

```
/*
 * A connection-oriented server program using Stream socket.
 * Support for IPv4 and IPv6. Default to IPV6. Compile with -DIPV4 to get IPV4.
 * Support for multiple platforms including Linux, Windows, Solaris, AIX, HPUX
 * and Apple Darwin.
 * Usage: tcpsrv_peeraddr_all [port#]
 * Authored by Mr. Jin-Jwei Chen.
 * Copyright (c) 1993-2018, 2020 Mr. Jin-Jwei Chen. All rights reserved.
 */

#include "mysocket.h"

int main(int argc, char *argv[])
```

```
  {
    int     ret;                          /* return code */
    int     sfd;                          /* file descriptor of the listener 
socket */
    int     newsock;                      /* file descriptor of client data 
socket */
  #if IPV4
    struct sockaddr_in    srvaddr;    /* socket structure */
    int     srvaddrsz=sizeof(struct sockaddr_in);
    struct sockaddr_in    clntaddr;  /* socket structure */
    socklen_t    clntaddrsz=sizeof(struct sockaddr_in);
  #else
    struct sockaddr_in6   srvaddr;    /* socket structure */
    int     srvaddrsz=sizeof(struct sockaddr_in6);
    struct sockaddr_in6   clntaddr;  /* socket structure */
    socklen_t    clntaddrsz=sizeof(struct sockaddr_in6);
    int     v6only = 0;                   /* IPV6_V6ONLY socket option off */
  #endif
    in_port_t    portnum=DEFSRVPORT; /* port number */
    int     portnum_in = 0;               /* port number entered by user */
    char    inbuf[BUFLEN];                /* input message buffer */
    char    outbuf[BUFLEN];               /* output message buffer */
    size_t msglen;                        /* length of reply message */
    unsigned int  msgcnt;                 /* message count */
    struct sockaddr_in6   peeraddr6; /* IP address of peer socket */
    socklen_t    peeraddr6sz=sizeof(struct sockaddr_in6);
    char    peeraddrstr[PEERADDRLEN]; /* IP address of peer socket, string form */

  #if WINDOWS
    WSADATA wsaData;                      /* Winsock data */
    char* GetErrorMsg(int ErrorCode); /* print error string in Windows */
  #endif

    fprintf(stdout, "Connection-oriented server program ...\n");

    /* Get the port number from user, if any. */
    if (argc > 1)
    {
      portnum_in = atoi(argv[1]);
      if (portnum_in <= 0)
      {
        fprintf(stderr, "Port number %d invalid, set to default value %u\n",
          portnum_in, DEFSRVPORT);
        portnum = DEFSRVPORT;
      }
      else
        portnum = (in_port_t)portnum_in;
    }

  #if WINDOWS
    /* Initiate use of the Winsock DLL. Ask for Winsock version 2.2 at least. */
```

```
  if ((ret = WSAStartup(MAKEWORD(2, 2), &wsaData)) != 0)
  {
    fprintf(stderr, "WSAStartup() failed with error %d: %s\n",
      ret, GetErrorMsg(ret));
    return (-1);
  }
#endif

  /* Create the Stream server socket. */
  if ((sfd = socket(ADDR_FAMILY, SOCK_STREAM, 0)) < 0)
  {
    fprintf(stderr, "Error: socket() failed, errno=%d, %s\n", ERRNO, ERRNOSTR);
#if WINDOWS
    WSACleanup();
#endif
    return(-2);
  }

  /* Fill in the server socket address. */
  memset((void *)&srvaddr, 0, (size_t)srvaddrsz); /* clear the address buffer */
#if IPV4
  srvaddr.sin_family = ADDR_FAMILY;                  /* Internet socket */
  srvaddr.sin_addr.s_addr = htonl(INADDR_ANY);       /* server's IP address */
  srvaddr.sin_port = htons(portnum);                 /* server's port number */
#else
  srvaddr.sin6_family = ADDR_FAMILY;                 /* Internet socket */
  srvaddr.sin6_addr = in6addr_any;                   /* server's IP address */
  srvaddr.sin6_port = htons(portnum);                /* server's port number */
#endif

  /* If IPv6, turn off IPV6_V6ONLY socket option. Default is on in Windows. */
#if !IPv4
  if (setsockopt(sfd, IPPROTO_IPV6, IPV6_V6ONLY, (char*)&v6only,
    sizeof(v6only)) != 0)
  {
    fprintf(stderr, "Error: setsockopt(IPV6_V6ONLY) failed, errno=%d, %s\n",
      ERRNO, ERRNOSTR);
    CLOSE(sfd);
    return(-3);
  }
#endif

  /* Bind the server socket to its address. */
  if ((ret = bind(sfd, (struct sockaddr *)&srvaddr, srvaddrsz)) != 0)
  {
    fprintf(stderr, "Error: bind() failed, errno=%d, %s\n", ERRNO, ERRNOSTR);
    CLOSE(sfd);
    return(-4);
  }

  /* Set maximum connection request queue length that we can fall behind. */
```

```
    if (listen(sfd, BACKLOG) == -1) {
      fprintf(stderr, "Error: listen() failed, errno=%d, %s\n", ERRNO, ERRNOSTR);
      CLOSE(sfd);
      return(-5);
    }

    /* Wait for incoming connection requests from clients and service them. */
    while (1) {

      fprintf(stdout, "\nListening at port number %u ...\n", portnum);
      newsock = accept(sfd, (struct sockaddr *)&clntaddr, &clntaddrsz);
      if (newsock < 0)
      {
        fprintf(stderr, "Error: accept() failed, errno=%d, %s\n", ERRNO,
ERRNOSTR);
        CLOSE(sfd);
        return(-6);
      }

      fprintf(stdout, "Client Connected.\n");

      /* Print the peer's IP address & port# returned from accept() */
      memset(peeraddrstr, 0, PEERADDRLEN);
      inet_ntop(AF_INET6, &(clntaddr.sin6_addr), peeraddrstr, PEERADDRLEN);
      fprintf(stdout, "Client's IP address from accept(): %s port=%u\n",
        peeraddrstr, ntohs(clntaddr.sin6_port));

      /* Get and print peer's IP address & port# returned from getpeername() */
      memset(&peeraddr6, 0, peeraddr6sz);
      memset(peeraddrstr, 0, PEERADDRLEN);
      errno = 0;
      ret = getpeername(newsock, (struct sockaddr *)&peeraddr6, &peeraddr6sz);
      if (ret == 0)
      {
        inet_ntop(AF_INET6, &(peeraddr6.sin6_addr), peeraddrstr, PEERADDRLEN);
        fprintf(stdout, "Client's IP address from getpeername(): %s port=%u\n",
          peeraddrstr, ntohs(peeraddr6.sin6_port));
      }
      else
        fprintf(stderr, "Error: getpeername() failed, errno=%d, %s\n", ERRNO,
          ERRNOSTR);

      msgcnt = 1;
      /* Receive and service requests from the current client. */
      while (1)
      {
        /* Receive a request from a client. */
        errno = 0;
        inbuf[0] = '\0';
        ret = recv(newsock, inbuf, BUFLEN, 0);
        if (ret > 0)
```

```
        {
          /* Process the request. We simply print the request message here. */
          inbuf[ret] = '\0';
          fprintf(stdout, "\nReceived the following request from
client:\n%s\n",
            inbuf);

          /* Construct a reply */
          sprintf(outbuf, "This is reply #%3u from the server program.",
msgcnt++);
          msglen = strlen(outbuf);

          /* Send a reply. */
          errno = 0;
          ret = send(newsock, outbuf, msglen, 0);
          if (ret == -1)
            fprintf(stderr, "Error: send() failed, errno=%d, %s\n", ERRNO,
              ERRNOSTR);
          else
            fprintf(stdout, "%u of %lu bytes of the reply was sent.\n",
ret, msglen);
        }
        else if (ret < 0)
        {
          fprintf(stderr, "Error: recv() failed, errno=%d, %s\n", ERRNO,
            ERRNOSTR);
          break;
        }
        else
        {
          /* The client may have disconnected. */
          fprintf(stdout, "The client may have disconnected.\n");
          break;
        }
      }  /* while - inner */
      CLOSE1(newsock);
    }  /* while - outer */

    CLOSE(sfd);
    return(0);
}
```

圖 12-15b　獲取對手之 IP 位址（客戶程式 tcpclnt_peeraddr_all.c）

```
/*
 * A connection-oriented client program using Stream socket.
 * Connecting to a server program on any host using a hostname or IP address.
 * Support for IPv4 and IPv6 and multiple platforms including
 * Linux, Windows, Solaris, AIX, HPUX and Apple Darwin.
 * Usage: tcpclnt_peeraddr_all [srvport# [server-hostname | server-
ipaddress]]
```

```
 * Authored by Mr. Jin-Jwei Chen.
 * Copyright (c) 1993-2018, 2020 Mr. Jin-Jwei Chen. All rights reserved.
 */

#include "mysocket.h"

#undef   MAXMSGS
#define  MAXMSGS              1    /* Maximum number of messages to send */

int main(int argc, char *argv[])
{
  int     ret;
  int     sfd;                    /* socket file descriptor */
  in_port_t  portnum=DEFSRVPORT;  /* port number */
  char    *portnumstr  = DEFSRVPORTSTR; /* port number in string format */
  int     portnum_in = 0;         /* port number provided by user */
  char    inbuf[BUFLEN];          /* input message buffer */
  char    outbuf[BUFLEN];         /* output message buffer */
  size_t msglen;                  /* length of reply message */
  size_t msgnum=0;                /* count of request message */
  size_t len;
  char    server_name[NAMELEN+1] = "localhost";
  struct addrinfo hints, *res=NULL;  /* address info */
  char *ipaddrstr = IPV6LOCALADDR;   /* server's IP address in string format */
  struct in6_addr  ipaddrbin;        /* server's IP address in binary format */
  struct sockaddr_in6    peeraddr6;  /* IPV6 socket structure */
  struct sockaddr_in    *peeraddr4p; /* IPV4 socket structure */
  socklen_t    peeraddr6sz=sizeof(struct sockaddr_in6);
  char   peeraddrstr[PEERADDRLEN]; /* IP address of peer socket, string form */

#if WINDOWS
  WSADATA wsaData;                      /* Winsock data */
  int winerror;                         /* error in Windows */
  char* GetErrorMsg(int ErrorCode);     /* print error string in Windows */
#endif

  fprintf(stdout, "Connection-oriented client program ...\n");

  /* Get the server's port number from command line. */
  if (argc > 1)
  {
    portnum_in = atoi(argv[1]);
    if (portnum_in <= 0)
    {
      fprintf(stderr, "Port number %d invalid, set to default value %u\n",
        portnum_in, DEFSRVPORT);
      portnum = DEFSRVPORT;
      portnumstr = DEFSRVPORTSTR;
    }
    else
    {
```

```
      portnum = (in_port_t)portnum_in;
      portnumstr = argv[1];
    }
  }

  /* Get the server's host name or IP address from command line. */
  if (argc > 2)
  {
    len = strlen(argv[2]);
    if (len > NAMELEN)
      len = NAMELEN;
    strncpy(server_name, argv[2], len);
    server_name[len] = '\0';
  }

#if WINDOWS
  /* Ask for Winsock version 2.2 at least. */
  if ((ret = WSAStartup(MAKEWORD(2, 2), &wsaData)) != 0)
  {
    fprintf(stderr, "Error: WSAStartup() failed with error %d: %s\n",
      ret, GetErrorMsg(ret));
    return (-1);
  }
#endif

  /* Translate the server's host name or IP address into socket address.
   * Fill in the hints information.
   */
  memset(&hints, 0x00, sizeof(hints));
    /* This works on AIX but not on Solaris, nor on Windows. */
    /* hints.ai_flags    = AI_NUMERICSERV; */
  hints.ai_family   = AF_UNSPEC;
  hints.ai_socktype = SOCK_STREAM;

  /* Get the address information of the server using getaddrinfo().  */
  ret = getaddrinfo(server_name, portnumstr, &hints, &res);
  if (ret != 0)
  {
    fprintf(stderr, "Error: getaddrinfo() failed. Host %s not found.\n",
      gai_strerror(ret));
#if WINDOWS
    /* Windows supports EAI_AGAIN, EAI_BADFLAGS, EAI_FAIL, EAI_FAMILY,
       EAI_MEMORY, EAI_NONAME, EAI_SERVICE, EAI_SOCKTYPE, but no EAI_SYSTEM */
    fprintf(stderr, "getaddrinfo() failed with error %d: %s\n",
          WSAGetLastError(), GetErrorMsg(WSAGetLastError()));
    WSACleanup();
#else
    if (ret == EAI_SYSTEM)
      perror("getaddrinfo() failed");
#endif
    return(-2);
```

```
   }

   /* Create a socket. */
   sfd = socket(res->ai_family, res->ai_socktype, res->ai_protocol);
   if (sfd < 0)
   {
     fprintf(stderr,"Error: socket() failed, errno=%d, %s\n", ERRNO,
       ERRNOSTR);
 #if WINDOWS
     WSACleanup();
 #endif
     return (-3);
   }

   /* Connect to the server. */
   ret = connect(sfd, res->ai_addr, res->ai_addrlen);
   if (ret == -1)
   {
     fprintf(stderr, "Error: connect() failed, errno=%d, %s\n", ERRNO,
       ERRNOSTR);
     CLOSE(sfd);
     return(-4);
   }

   /* Get and print peer's IP address and port number */
   memset((void *)&peeraddr6, 0, (size_t)peeraddr6sz);
   memset(peeraddrstr, 0, PEERADDRLEN);
   errno = 0;
   ret = getpeername(sfd, (struct sockaddr *) &peeraddr6, &peeraddr6sz);
   if (ret == 0)
   {
     /* The return structure size indicates IPv4 or IPv6. */
     if (peeraddr6sz > sizeof(struct sockaddr_in))
     {
       inet_ntop(AF_INET6, &(peeraddr6.sin6_addr), peeraddrstr, PEERADDRLEN);
       fprintf(stdout, "Server's IP address from getpeername(): %s port=%u\n",
         peeraddrstr, ntohs(peeraddr6.sin6_port));
     } else {
       peeraddr4p = (struct sockaddr_in *)&peeraddr6;
       inet_ntop(AF_INET, &(peeraddr4p->sin_addr.s_addr), peeraddrstr,
PEERADDRLEN);
       fprintf(stdout, "Server's IP address from getpeername(): %s port=%u\n",
         peeraddrstr, ntohs(peeraddr4p->sin_port));
     }
   }
   else
     fprintf(stderr, "Error: getpeername() failed, errno=%d, %s\n", ERRNO,
       ERRNOSTR);

   fprintf(stdout, "Send request messages to server(%s) at port %d\n",
    server_name, portnum);
```

```
   /* Send request messages to the server and process the reply messages. */
   while (msgnum < MAXMSGS)
   {
     /* Send a request message to the server. */
     sprintf(outbuf, "%s%4lu%s", "This is request message ", ++msgnum,
       " from the client program.");
     msglen = strlen(outbuf);
     errno = 0;

     ret = send(sfd, outbuf, msglen, 0);
     if (ret >= 0)
     {
       /* Print a warning if not entire message was sent. */
       if (ret == msglen)
         fprintf(stdout, "\n%lu bytes of message were successfully sent.\n",
           msglen);
       else if (ret < msglen)
         fprintf(stderr, "Warning: only %u of %lu bytes were sent.\n",
           ret, msglen);

       if (ret > 0)
       {
         /* Receive a reply from the server. */
         errno = 0;
         inbuf[0] = '\0';
         ret = recv(sfd, inbuf, BUFLEN, 0);

         if (ret > 0)
         {
           /* Process the reply. */
           inbuf[ret] = '\0';
           fprintf(stdout, "Received the following reply from server:\n%s\n",
             inbuf);
         }
         else if (ret == 0)
           fprintf(stdout, "Warning: Zero bytes were received.\n");
         else
           fprintf(stderr, "Error: recv() failed, errno=%d, %s\n", ERRNO,
             ERRNOSTR);
       }
     }
     else
       fprintf(stderr, "Error: send() failed, errno=%d, %s\n", ERRNO,
         ERRNOSTR);

#if WINDOWS
     Sleep(1000); /* Unit is ms. For demo only. Remove this in real code. */
#else
     sleep(1);  /* For demo only. Remove this in real code. */
#endif
```

```
   }  /* while */

   /* Free the memory allocated by getaddrinfo() */
   freeaddrinfo(res);
   CLOSE(sfd);
   return(0);
}
```

UDP

在使用 UDP 協定或資料郵包的插口程式上，程式不必另外叫用 getpeername() 函數，以獲取對手的位址。因為接收郵包函數 recvfrom()，本身就會送回目前郵包之發送者的插口位址。只要叫用者提供了輸入緩衝器，該函數的第五引數即會送回對手的 IP 位址與端口號。程式可以經由圖 12-15 所示的相同方式，取出且印出對手的 IP 位址與端口號。以下所示即如何在 recvfrom() 函數叫用時，順便取得對手的 IP 位址與端口號：

```
struct sockaddr_in     fromaddr;  /* socket structure */
socklen_t     fromaddrsz=sizeof(struct sockaddr_in);

ret = recvfrom(sfd, inbuf, BUFLEN, 0, (struct sockaddr *)&fromaddr, &fromaddrsz);
```

12-12 IP 不分的程式

在可預見的未來，IPv6 將愈來愈普遍，且 IPv4 會慢慢地退場。對在這個時代開發分散式與網路系統的軟體工程師們而言，很重要的是，所開發的軟體一定要同時支援 IPv4 與 IPv6。這一節呈現一對這樣的客戶與伺服程式。無論你所使用的是一 IPv4，IPv6，或兩者混合的網路，這對程式應該完全動作而不須做任何修改的。我們稱之為 **IP 無知**（IP-agnostic）的程式。

12-12-1 在客戶端使用 getaddrinfo() 且在伺服端使用 IPv6 插口

開發對 IP 無知的客戶伺服程式，關鍵即在於使用同時支援 IPv4 與 IPv6 協定之較新的插口以及網路程式界面。其中，以下面兩件事為最。

1. 在客戶程式端，以 getaddrinfo() 函數將主機名轉換成 IP 位址。這個函數同時支援 IPv4 與 IPv6，是程線安全，也接受主機名或 IP 位址作為輸入。

2. 在伺服程式端，永遠產生與使用 IPv6 的伺服插口，以便其能同時接受 IPv4 與 IPv6 的客戶連線請求。絕大多數系統上，IPv6 的插口都同時支援 IPv4 與 IPv6。但在極少數系統上，如微軟視窗系統，IPv6 插口既定上只支援 IPv6，並不支援 IPv4。因此程式必須記得特別地關掉只支援 IPv6（IPV6_V6ONLY）的選項。

圖 12-16 所示即為 IP 無知的客戶伺服程式。

圖 12-16a　IP 無知的伺服程式（ip_ag_srv_all.c）

```
/*
 * A cross-platform IP-agnostic TCP Server program.
 * This is a very flexible IP-agnostic TCP server program.
 * It supports IPv4 and IPv6 at the same time.
 * This program allows users to easily test IPv4 and IPv6 combinations.
 * If the user does not specify a host name argument, this program
 *   determines if IPv6 is supported in the localhost. If yes, it starts an
 *   IPv6 listener server socket and accepts both IPv4/IPv6 client connections.
 *   If IPv6 is not supported, it starts an IPv4 server.
 * If the user specifies a hostname, this program creates a server socket
 *   matching the IP type of that hostname so the user has control over
 *   which IP to use.
 *   Should the host be dual-IP with a single name, whichever IP address type
 *   returned first by getaddrinfo() will be used.
 *   Note that this approach of using hostname to control the IPv4 vs. IPv6
 *   type of socket seems to work well on Solaris and Linux. But it might not
 *   work on some Windows Server 2003 where using an IPv4 hostname may lead to
 *   a Link Local IPv6 address (that begins with fe80) in some environment and
 *   an IPv6 server socket was used. Specifying the IPv4 address in place of
 *   the IPv4 hostname works around the problem.
 * This program also prints the communication partner's IP address.
 * Support for multiple platforms including Linux, Windows, Solaris, AIX, HPUX
 *   and Apple Darwin.
 * Usage: ip_ag_srv_all [port_num [hostname_or_IPaddr]]
 * By default, if user specifies nothing, an IPv6 server socket is used.
 * The user can specify an IP address or hostname as the second command-line
 * argument, after the port number, to select an IP type he/she prefers.
 *
 * Authored by Jin-Jwei Chen.
 * Copyright (c) 2005-2018, 2020 Mr. Jin-Jwei Chen. All rights reserved.
 */

#include "mysocket.h"

void  printSockType(int);

int main(int argc, char **argv)
{
```

```
  /* Variable and structure definitions */
  int lsnr=-1, clntsk=-1;                /* socket file descriptors */
  int on=1, datasz=BUFLEN;               /* value of socket option */
  char buf[BUFLEN];                      /* input & output buffer */
  /*struct sockaddr_in6 serveraddr, clientaddr;*/
  struct sockaddr_storage  clntaddr;  /* client's address */
  struct sockaddr_in   srvaddr4;         /* server's IPv4 address */
  struct sockaddr_in6  srvaddr6;         /* server's IPv6 address */
  /* unsigned long addrlen = sizeof(clntaddr); */ /* AIX*/
  socklen_t addrlen = sizeof(clntaddr); /* Solaris, Linux, HPUX, Windows */
  short srvport = DEFSRVPORT;         /* port number server listens on */
  char  *srvhost = NOHOST;            /* name of the server host */
  char  hostaddr[IPADDRSZ];           /* buffer for host's string IP address */
  char  straddr[INET6_ADDRSTRLEN];    /* IP address in string format */
  int   v6only = 0;                   /* IPV6_V6ONLY socket option off */
  struct addrinfo hints, *res=NULL, *aip;
  int  ret=0, success=0;

  /* On AIX getaddrinfo() always fails with EAI_NONAME if service="" */
#if AIX
  char *service = NULL;  /* e.g. set to "ftp" works */
#else
  char *service = "";
#endif
  int  niflags = (NI_NUMERICHOST|NI_NUMERICSERV); /* getnameinfo() flags */
  char clntipaddr[NI_MAXHOST];          /* client's string IP address */
#if WINDOWS
  short        addrFam;                 /* protocol family (IPv4 or IPv6) */
#else
  sa_family_t  addrFam;                 /* protocol family (IPv4 or IPv6) */
#endif
#if WINDOWS
  WSADATA wsaData;                       /* Winsock data */
  int winerror;                          /* error in Windows */
  char* GetErrorMsg(int ErrorCode);      /* print error string in Windows */
#endif

  /* Get server's port number and hostname or IP address provided by user */
  if (argc > 1)
    srvport = atoi(argv[1]);
  if (argc > 2)
    srvhost = argv[2];

  fprintf(stdout, "srvhost=%s  port_num=%d\n", srvhost, srvport);

#if WINDOWS
  /* Use at least Winsock version 2.2 */
  if ((ret = WSAStartup(MAKEWORD(2, 2), &wsaData)) != 0)
  {
    fprintf(stderr, "WSAStartup failed with error %d: %s\n",
      ret, GetErrorMsg(ret));
```

```
      return (-1);
    }
  #endif

    /* Server's service loop */
    do
    {
      if ( !strcmp(srvhost, NOHOST) )
      {
        /* No host name or IP address is given. Use Ipv6 over Ipv4 if it works. */
        addrFam = AF_INET6;
        if ((lsnr = socket(addrFam, SOCK_STREAM, 0)) < 0)
        {
          fprintf(stdout, "IPv6 does not seem to be supported. Try IPv4.\n");
          addrFam = AF_INET;
          if ((lsnr = socket(addrFam, SOCK_STREAM, 0)) < 0)
          {
            fprintf(stdout, "IPv4 does not seem to be supported, either.\n");
            fprintf(stderr, "socket() failed, errno=%d, %s\n", ERRNO, ERRNOSTR);
            ret = (-2);
            break;
          }
        }

        /* A server socket was successfully created. */
        printSockType(addrFam);

      } else {

        /* A server host name or IP address is given by the user. Do lookup and
          use that IP type. */

        /* Set up the hints for lookup */
        memset(&hints, 0, sizeof(hints));
        hints.ai_flags = AI_PASSIVE;
        hints.ai_family = AF_UNSPEC;
        hints.ai_socktype = SOCK_STREAM;

        /* Call getaddrinfo() for the server hostname or IP address.
         * Note that the res returned by getaddrinfo() contains a linked list
         * of the server's addresses found. So one could potentially try the
         * next one in the list if the current one fails.
         */
        ret = getaddrinfo(srvhost, service, &hints, &res);
        if (ret != 0)
        {
          fprintf(stderr, "Error: getaddrinfo() failed, error %d, %s\n", ret,
            gai_strerror(ret));
#if !WINDOWS
          if (ret == EAI_SYSTEM)
            fprintf(stderr,"System error: errno=%d, %s\n", errno, strerror(errno));
```

```
#endif
          ret = (-3);
          break;
        }

        /* Loop through all addresses returned until one succeeds. */
        success = 0;
        for (aip = res; aip; aip = aip->ai_next)
        {
          /* Print the server's IP address */
          switch (aip->ai_family)
          {
            case AF_INET6:
              addrFam = AF_INET6;
              /* Without NI_NUMERIC*, it returns hostname & text service name */
              ret = getnameinfo(aip->ai_addr, sizeof(struct sockaddr_in6),
                hostaddr, IPADDRSZ, NULL, 0,  niflags);
              if (ret == 0)
                fprintf(stdout, "Server IPv6 address is %s.\n", hostaddr);
              else
                fprintf(stderr, "Error: getnameinfo() failed, error %d, %s\n",
                  ret, gai_strerror(ret));
            break;
            case AF_INET:
              addrFam = AF_INET;
              ret = getnameinfo(aip->ai_addr, sizeof(struct sockaddr_in),
                hostaddr, IPADDRSZ, NULL, 0,  niflags);
              if (ret == 0)
                fprintf(stdout, "Server IPv4 address is %s.\n", hostaddr);
              else
                fprintf(stderr, "Error: getnameinfo() failed, error %d, %s\n",
                  ret, gai_strerror(ret));
            break;
            default:
              fprintf(stdout, "Server address family unexpected = %d\n",
                aip->ai_family);
            break;
          }  /* switch */

          /* Create the server's listener socket. */
          if ((lsnr = socket(addrFam, SOCK_STREAM, 0)) < 0)
          {
            fprintf(stderr, "socket() failed, errno=%d, %s\n", ERRNO, ERRNOSTR);
            continue;
          } else {
            /* Set the flag and exit the for loop. */
            success = 1;
            printSockType(addrFam);
            break;
          }
        }  /* for */
```

```
    /* Exit if no success in creating the server socket. */
    if (!success)
    {
      fprintf(stderr, "Failed to create the server socket.\n");
      ret = (-4);
      break;
    }
  }  /* if (!LOCALHOST) */

  /* We have a listener socket to work with. */

  if (setsockopt(lsnr, SOL_SOCKET, SO_REUSEADDR, (char *)&on,sizeof(on)) < 0)
  {
    fprintf(stderr, "setsockopt(SO_REUSEADDR) failed, errno=%d, %s\n", ERRNO,
      ERRNOSTR);
    ret = (-5);
    break;
  }

  /* If IPv6, turn off IPV6_V6ONLY socket option. Default is on in Windows. */
  if (addrFam == AF_INET6)
  {
    if (setsockopt(lsnr, IPPROTO_IPV6, IPV6_V6ONLY, (char*)&v6only,
      sizeof(v6only)) != 0)
    {
      fprintf(stderr, "Error: setsockopt(IPV6_V6ONLY) failed, errno=%d, %s\n",
        ERRNO, ERRNOSTR);
      ret = (-6);
      break;
    }
  }

  /* Bind the server socket. */
  memset(&srvaddr4, 0, sizeof(srvaddr4));
  memset(&srvaddr6, 0, sizeof(srvaddr6));
  if (addrFam == AF_INET6)
  {
    srvaddr6.sin6_family = AF_INET6;
    srvaddr6.sin6_port   = htons(srvport);
    srvaddr6.sin6_addr   = in6addr_any;
  } else {
    srvaddr4.sin_family = AF_INET;
    srvaddr4.sin_port   = htons(srvport);
    srvaddr4.sin_addr.s_addr = INADDR_ANY;
  }

  if (addrFam == AF_INET6)
    ret = bind(lsnr, (struct sockaddr *)&srvaddr6, sizeof(srvaddr6));
  else
    ret = bind(lsnr, (struct sockaddr *)&srvaddr4, sizeof(srvaddr4));

  if (ret < 0)
  {
```

```
      fprintf(stderr, "bind() failed, errno=%d, %s\n", ERRNO, ERRNOSTR);
      ret = (-7);
      break;
    }

    /* Listen for client connection requests. Set queue length. */
    if (listen(lsnr, BACKLOG) < 0)
    {
      fprintf(stderr, "listen() failed, errno=%d, %s\n", ERRNO, ERRNOSTR);
      ret = (-8);
      break;
    }

    fprintf(stdout, "Ready for client to connect.\n");

    /* Accept the next client connection.
     * We could have let accept() return client's address by doing
     * accept(lsnr, (struct sockaddr *)&clntaddr, &addrlen).
     * To demonstrate how to get that separately, we use getpeername below.
     */
    if ((clntsk = accept(lsnr, NULL, NULL)) < 0)
    {
      fprintf(stderr, "accept() failed, errno=%d, %s\n", ERRNO, ERRNOSTR);
      ret = (-9);
      break;
    }
    else
    {
       /* Display the client address.  Note that if the client is an IPv4
        * client, the address will be shown as an IPv4 Mapped IPv6 address.
        */
       getpeername(clntsk, (struct sockaddr *)&clntaddr, &addrlen);
       ret = getnameinfo((struct sockaddr *)&clntaddr, addrlen,
             clntipaddr, NI_MAXHOST, NULL, 0,  niflags);
       if (ret == 0)
         fprintf(stdout, "Client address is %s.\n", clntipaddr);
    }

    /* Receive the data the client sends */
    ret = recv(clntsk, buf, sizeof(buf), 0);
    if (ret < 0)
    {
      fprintf(stderr, "recv() failed, errno=%d, %s\n", ERRNO, ERRNOSTR);
      ret = (-10);
      break;
    }

    fprintf(stdout, "%d bytes of data were received.\n", ret);
    if (ret == 0)
    {
       fprintf(stdout, "The client has closed the connection.\n");
```

```
        break;
      }
      buf[ret] = '\0';

      /* Send the client data back to the client */
      ret = send(clntsk, buf, ret, 0);
      if (ret < 0)
      {
        fprintf(stderr, "send() failed, errno=%d, %s\n", ERRNO, ERRNOSTR);
        ret = (-11);
        break;
      }
      fprintf(stdout, "Server echoed the message back to the client.\n");
      ret = 0;

#if WINDOWS
      /* On Windows, server closing its socket may fail client's recv() */
      Sleep(1);
#endif
      break;
    } while (0);

    fprintf(stdout, "Program terminated.\n");

    /* Free the memory allocated by getaddrinfo() */
    if (res)
      freeaddrinfo(res);

    /* Close the listener and client sockets */
    if (clntsk != -1)
      CLOSE1(clntsk);
    if (lsnr != -1)
      CLOSE1(lsnr);
#if WINDOWS
    WSACleanup();
#endif

    return(ret);
}

/* Print the type of a socket */
void  printSockType(int addrFam)
{
  switch (addrFam)
  {
    case AF_INET6: fprintf(stdout, "Server uses an IPv6 socket.\n"); break;
    case AF_INET:  fprintf(stdout, "Server uses an IPv4 socket.\n"); break;
    default:        fprintf(stdout, "Server uses an unknown socket.\n");
  }
}
```

圖 12-16b IP 無知的客戶程式（ip_ag_clnt_all.c）

```
/*
 * This is a cross-platform IP-agnostic TCP client program.
 * It uses getaddrinfo() to find out if the server is a IPv4 or IPv6.
 * If the user provides a server host name or IP address, that is used.
 * Otherwise, localhost is used. 2345 is the default port number.
 * This program allows users to easily test IPv4 and IPv6 combinations
 * using the same program without recompilation.
 * This program also prints the communication partner's IP address.
 * Support for multiple platforms including Linux, Windows, Solaris, AIX, HPUX
 * and Apple Darwin.
 * Usage: ip_ag_clnt_all [srvport [server_hostname_or_IP]]
 * Use -DWINDOWS compiler flag to build in Windows.
 * Authored by Jin-Jwei Chen.
 * Copyright (c) 2005-2018, 2020 Mr. Jin-Jwei Chen. All rights reserved.
 */

#include "mysocket.h"

/*
 * First command line argument is expected to be either the IP address
 * or host name of the server. Second argument is server's port number.
 */
int main(int argc, char *argv[])
{
  /* Variables and structures */
  int    sfd=-1;                         /* socket file descriptor */
  int    ret;                            /* function's return code */
  int    bytesRead=0;                    /* number of bytes received so far */
  char    buffer[BUFLEN1];        /* I/O data buffer */
  char   server[NETDB_MAX_HOST_NAME_LENGTH];  /* server's name or address */
  char   servport[12] = DEFSRVPORTSTR;         /* server's port number */
  struct in6_addr serveraddr;            /* server's socket address */
  struct addrinfo hints;                 /* hints to getaddrinfo() */
  struct addrinfo *res=NULL;             /* results from getaddrinfo() */
  char srvipaddr[INET6_ADDRSTRLEN];      /* server's IP address in string format */
  int niflags = (NI_NUMERICHOST|NI_NUMERICSERV);  /* flags for getnameinfo() */
#if WINDOWS
  short          addrFam;                    /* address/protocol family */
#else
  sa_family_t  addrFam;                      /* address/protocol family */
#endif
#if WINDOWS
  WSADATA wsaData;                           /* Winsock data */
  char* GetErrorMsg(int ErrorCode);          /* print error string in Windows */
#endif

  /* Get the server's hostname or IP address and port number from user */
  if (argc > 1)
    strcpy(servport, argv[1]);

  if (argc > 2)
```

```
    strcpy(server, argv[2]);
  else
    strcpy(server, SERVER_NAME);

#if WINDOWS
  /* Use at least Winsock version 2.2 */
  if ((ret = WSAStartup(MAKEWORD(2, 2), &wsaData)) != 0) {
    fprintf(stderr, "WSAStartup failed with error %d: %s\n",
            ret, GetErrorMsg(ret));
    return (-1);
  }
#endif

  do
  {
    memset(&hints, 0x00, sizeof(hints));
    /* AI_NUMERICSERV flag works on AIX but not on Solaris, nor on Windows.
    hints.ai_flags    = AI_NUMERICSERV;
    */
    hints.ai_family   = AF_UNSPEC;
    hints.ai_socktype = SOCK_STREAM;

    /* Look up the server's address information. The input parameter
       'server' can be a host name or IP address. */
    ret = getaddrinfo(server, servport, &hints, &res);
    if (ret != 0)
    {
      fprintf(stderr, "Error: getaddrinfo() failed, error %d, %s\n", ret,
        gai_strerror(ret));
#if !WINDOWS
      if (ret == EAI_SYSTEM)
        fprintf(stderr, "System error: errno=%d, %s\n", errno, strerror(errno));
#endif
      break;
    }

    /* Get and print the server's IP address. */
    if (res->ai_family == AF_INET)
    {
      fprintf(stdout, "Server %s is IPv4.\n", server);
      ret = getnameinfo(res->ai_addr, sizeof(struct sockaddr_in),
          srvipaddr, INET6_ADDRSTRLEN, NULL, 0,  niflags);
    }
    else if (res->ai_family == AF_INET6)
    {
      fprintf(stdout, "Server %s is IPv6.\n", server);
      ret = getnameinfo(res->ai_addr, sizeof(struct sockaddr_in6),
          srvipaddr, INET6_ADDRSTRLEN, NULL, 0,  niflags);
    }
    else
    {
      fprintf(stderr, "Unexpected address family %u\n", res->ai_family);
```

```
    break;
  }

  if (ret == 0)
    fprintf(stdout, "Server IP address is %s.\n", srvipaddr);
  else
    fprintf(stderr, "Error: getnameinfo() failed, error %d, %s\n", ret,
      gai_strerror(ret));

  addrFam = res->ai_family;

  /* Create the socket */
  sfd = socket(addrFam, res->ai_socktype, res->ai_protocol);
  if (sfd < 0)
  {
    fprintf(stderr, "First socket() failed with error %d: %s.\n",
            ERRNO, ERRNOSTR);

    /* First IP-type fails. Try another IP type. */
    if (addrFam == AF_INET) {
      addrFam = AF_INET6;
      fprintf(stdout, "Try to switch to IPv6 ...\n");
    } else if (addrFam == AF_INET6) {
      addrFam = AF_INET;
      fprintf(stdout, "Try to switch to IPv4 ...\n");
    } else
      break;

    sfd = socket(addrFam, res->ai_socktype, res->ai_protocol);
    if (sfd < 0)
    {
      fprintf(stderr, "Second socket() failed with error %d: %s\n",
              ERRNO, ERRNOSTR);
      break;
    }
  }
  fprintf(stdout, "Client is using an IPv%1d socket.\n",
    (addrFam == AF_INET6)?6:4);

  /* Connect to the server */
  ret = connect(sfd, res->ai_addr, res->ai_addrlen);
  if (ret < 0)
  {
    /* Note that the res returned by getaddrinfo() contains a linked list
     * of the server's addresses found. So one could potentially try the
     * next one in the list if the current one fails.
     */
     fprintf(stderr, "connect() failed with error %d: %s\n",
             ERRNO, ERRNOSTR);
     break;
  }
```

```
    /* Send a message to the server */
    memset(buffer, 'a', sizeof(buffer));
    ret = send(sfd, buffer, sizeof(buffer), 0);
    if (ret < 0)
    {
      fprintf(stderr, "send() failed with error %d: %s\n",
              ERRNO, ERRNOSTR);
      break;
    }
    fprintf(stdout, "A message of %lu bytes was sent to server.\n",
        sizeof(buffer));

    /* Receive the reply from the server */
    while (bytesRead < BUFLEN1)
    {
      ret = recv(sfd, & buffer[bytesRead], BUFLEN1 - bytesRead, 0);
      if (ret < 0)
      {
        fprintf(stderr, "recv() failed with error %d: %s\n",
             ERRNO, ERRNOSTR);
        break;
      }
      else if (ret == 0)
      {
        fprintf(stdout, "The server may have closed the connection.\n");
        break;
      }

      bytesRead += ret;
    }  /* while */

    buffer[bytesRead] = '\0';
    fprintf(stdout, "Server's reply message:\n%s\n", buffer);

  } while (FALSE);

  /* Close the socket */
  if (sfd != -1)
    CLOSE1(sfd);

  /* Free the results returned from getaddrinfo() */
  if (res != NULL)
    freeaddrinfo(res);

#if WINDOWS
  WSACleanup();
#endif
  return(0);
}
```

12-13 常見的插口函數錯誤與解決之道

這一節介紹在執行使用插口的程式時，一般常見的錯誤，其意義如何，以及解決之道。對初學者或甚至是有經驗的軟體工程師而言，這些插口錯誤有時很難知道它真正的問題是什麼。因此，這一節的討論應會有很大的助益。

插口的錯誤通常定義在 errno.h 內。讀者應使用這些錯誤的符號名（如 EADDRINUSE），而非錯誤號碼。因為，錯誤符號名一般在不同平台都是一樣的，但其錯誤號碼則是每一平台幾乎都不一樣的。以下例子所顯示的錯誤號碼是在 Linux 系統上用的，其他系統可能使用不同的數目。

1. Error: bind() failed, errno=98

```
#define EADDRINUSE      98      /* Address already in use */
```

錯誤 EADDRINUSE 或錯誤訊息" Address already in use"（位址已經有其他程式在用），代表程式想繫綁的端口號，已經有其他的程式在使用了。例如，

```
$ mytcpsrv
Error: bind() failed, errno=98
```

一個程式通常在兩種情況下會有這個錯誤。首先，這個錯誤很可能是這個端口號真正並沒有程序正在使用，但前面使用這個端口號的程序，它雖已結束了，但它所使用的插口卻還處於 TIME_WAIT 的狀態（這點我們在下一章，13-5 一節會討論）。因此，還不能馬上使用。這個問題的解決之道是，在你的程式中，打開（turn on）SO_REUSEADDR 插口選項，讓系統能重新使用還等在這狀態的端口號。注意，打開一插口的這個選項，必須在 bind() 函數叫用之前為之，否則，可能會無效。更詳細的細節請進一步參考 13-5 與 13-6。

另一種情況是，這同一個端口號是真正有另一個程序正在使用它。由於每一端口號，每一瞬間最多只能有一個程序在使用。因此，解決之道是看你的程式是否有保留這個端口號。若無，那你只能改用另一個沒人在用的端口號。若有，那你就得找出到底那個程式，誤用了你所保留的端口號，將之要回。偵查時可以使用像 lsof 與 netstat 等工具幫忙。

2. Error: bind() failed, errno=99

```
#define EADDRNOTAVAIL   99      /* Cannot assign requested address */
```

錯誤 EADDRNOTAVAIL 代表 bind() 函數叫用所使用的 IP 位址是錯的，它不是現在這部計算機的 IP 位址，例如：

```
$ mytcpsrv
Connection-oriented server program ...
Error: bind() failed, errno=99

$  ./multicast_snd
Error: setsockopt(IP_MULTICAST_IF) failed, errno=99

IP address specified is not the local host's IP address.
```

解決之道是檢查程式所使用之 IP 位址是否正確。並改使用正確的 IP 位址。

3. Error: bind() failed, errno=13

```
#define EACCES          13      /* Permission denied */
```

錯誤 EACCESS（沒有權限使用）（在 Linux 的值是 13），一般表示程式試圖使用小於 1024 的端口號。使用這些端口號是要有超級用戶的權限的。例如：

```
$ tcpsrv_async_io_all 1 5
Connection-oriented server program ...
Error: bind() failed, errno=13
```

解決之道：換成以超級用戶執行這程式或改成使用 1024 以上的端口號。

4. Client connect error: Error: connect() failed, errno=101

```
#define ENETUNREACH     101     /* Network is unreachable */
```

在客戶程式試圖與伺服程式連線時，獲得 ENETUNREACH（網路不可及）（在 Linux 的值是 101）的錯誤，一般代表客戶所使用的伺服器的 IP 位址是錯的。

```
$ tcpclnt 2345 ::2
Connection-oriented client, connect to ::2, port 2345
Error: connect() failed, errno=101
```

解決之道：檢查看看程式所使用的伺服位址是否正確。試著以 ping 命令檢查看看你所使用的 IP 位址是否有回應。

5. Client connect error: Error: connect() failed, errno=111

```
#define ECONNREFUSED     111      /* Connection refused */
```

在一客戶程式試圖與伺服器連線時，若得到 ECONNREFUSED（連線請求被拒）（在 Linux，這個錯誤號碼是 111），那通常代表伺服程式並未啟動。它也有可能是客戶程式使用了錯誤的伺服器 IP 位址或端口號。

```
$ tcpclnt 2345 ::1
Connection-oriented client, connect to ::1, port 2345
Error: connect() failed, errno=111
```

解決之道：確認程式想與之通信的伺服程式有正在執行。檢查客戶程式是否使用了正確的伺服 IP 位址與端口號。

6. Client connect error: Error: connect() failed, errno=113

```
#define EHOSTUNREACH     113      /* No route to host */
```

在一試圖與一伺服程式連線的客戶程式，獲得 EHOSTUNREACH（主機不可及）（Linux 的錯誤號碼是 113）的錯誤時，這通常代表伺服程式所在的計算機並不存在或關機了，或主機名或 IP 位址弄錯了。

```
$ ./tcpclnt_all 2345 xyz
Connection-oriented client program ...
Error: connect() failed, errno=113, No route to host
```

解決之道：確認伺服器所在的主機是否真的關機了。

7. Client recv() error: Error: recv() failed, errno=110

```
#define ETIMEDOUT        110      /* Connection timed out */
```

倘若一客戶程式等在 recv() 函數叫用，等著接收伺服程式所送來的信息時，有人把網路的電纜線拔掉了。這種情況下，等那最長等待時間過後，這函數叫用即會錯誤回返，送回 ETIMEOUT（時間到）（在 Linux 的錯誤號碼是 110）的錯誤。

```
$ ./tcpclnt_all 2345 mysrv
  Error: recv() failed, errno=110
```

解決之道：將電腦網路恢復正常。

12-14 同一計算機內的通信－Unix 領域插口

計算機網路通信，尤其是發生在網際網路上的，典型上都發生在以電腦網路相連的兩部不同計算機上。在這類型的通信上，兩個分別在兩部不同的計算機上執行的程式，彼此交換訊息。訊息由發送的計算機，由發送程式，經由作業系統內的所有網路層，經由其網路界面卡，經過電腦網路的電纜線，在中間有可能經過尋路器（router），然後抵達目的計算機。然後再行經目的計算機的資料連結層，網路層，傳輸層，最後送達接收程式。

這一章前面幾節討論的，幾乎都是這種利用網際網路插口所做的計算機與計算機之間的通信。當然，萬一這兩個互相通信的程式，正好都座落在同一部計算機上，也是一樣沒問題。

這一節，我們要介紹第三類型的插口。這種插口僅適用於在同一部計算機上的兩個程序之間的通信，那就是 **Unix 領域插口**（Unix domain sockets）。

你或許要問，為何需要使用 Unix 領域插口？

原因是，同一部計算機上的兩個程序通信，根本不需經過計算機網路。亦即，這些通信的信息，根本不需經過作業系統內之計算機網路的各個階層。只要利用記憶器或甚至檔案系統就可以。因為，這樣同一部計算機上的所有程序都能存取得到。Unix 領域插口，就是使用檔案系統的同一系統之程序間通信方式。（還記得第十章所介紹的共有記憶，就是使用記憶器的程序間通信方式嗎？）

對程式設計者而言，Unix 領域插口就是一種類似在傳輸層使用 TCP 協定的連播插口，或在傳輸層使用 UDP 協定的郵包插口。使用 Unix 領域插口的客戶與伺服程式，其架構與使用網際網路插口的程式幾乎完全一樣，唯一的差別如下：

1. 使用 Unix 領域插口的程式，必須包含下面的前頭檔案：

```
#include <sys/un.h>
```

2. 使用 Unix 領域插口時，插口的位址族系是 AF_UNIX。

3. 一 Unix 領域插口的位址是一檔案路徑名，而非 IP 位址加一端口號。

   亦即，不像在網際網路插口時，每一插口以一獨一無二的 IP 位址與端口號的組合加以辨認，每一 Unix 領域插口以一獨特的檔案系統路徑名加以辨別。這意謂伺服插口有其自己獨一無二的路徑名，而客戶插口也有自己獨特的檔案路徑名。

   注意到，用以辨認一 Unix 領域插口之檔案路徑名的最大長度，如下所示地，已定死在 <sys/un.h> 前頭檔案內的“struct sockaddr_un”資料結構裡。這個最大長度是 108 位元組。要是程式使用的檔案路徑名長度超過 108 個文字，程式即會出錯。而這個錯誤幾乎是最常見的 Unix 領域插口錯誤。

```
struct sockaddr_un
{
   __SOCKADDR_COMMON (sun_);
   char sun_path[108];          /* 路徑名  */
};
```

   作者見過有一家公司的軟體，大量地使用 Unix 領域插口作為同一系統上的客戶與伺服程式間的通信方式，這軟體又使用很長的檔案路徑名，因此，經常出現這路徑名太長（超過 108 個文字）的錯誤。所以，記得在使用 Unix 領域插口時，用以辨別這類插口的檔案路徑名一定要儘量短，總長度絕對不能超過 108 個文字或位元組。

4. 使用 Unix 領域插口時，客戶與伺服程式兩者都必須叫用 bind() 函數，將其插口繫綁在其自己獨有的檔案路徑名上。不像在使用網際網路插口的應用上，只有伺服程式必須叫用 bind()。

就像網際網路插口一樣，Unix 領域插口也是同時支援連線式與非連線式通信的。舉例而言，欲以 Unix 領域插口進行非連線式通信時，在 socket() 函數叫用上，第一引數（位址族系）的值是 AF_UNIX，而第二引數（插口類型）則是 SOCK_DGRAM。

就伺服程式而言，不必再擔心究竟應該使用那一個端口號的問題了。一切所需要的，即是選用一獨一無二的檔案路徑名，然後將伺服插口與之綁在一起就是了。此一獨特的檔案路徑名，其功用就與 IP 位址與端口號兩者的組合類似。不要忘了，客戶插口也必須與其自己獨特的檔案路徑名綁在一起。

圖 12-17 所示即為使用 Unix 領域插口相互通信的一對客戶與伺服程式。

圖 12-17a　以 Unix 領域插口通信的伺服程式（udssrv_all.c）

```
/*
 * A connection-oriented server program using Unix domain stream socket.
 * Support of multiple platforms including Linux, Solaris, AIX, HPUX, Windows
 * and Apple Darwin.
 * Usage: udssrv_all
 * Authored by Mr. Jin-Jwei Chen.
 * Copyright (c) 1993-2018, 2020 Mr. Jin-Jwei Chen. All rights reserved.
 */

#include "mysocket.h"

int main(int argc, char *argv[])
{
  int    ret;                          /* return code */
  int    sfd;                          /* file descriptor of the listener socket */
  int    newsock;                      /* file descriptor of client data socket */
  struct sockaddr_un    srvaddr;       /* server socket structure */
  int    srvaddrsz = sizeof(struct sockaddr_un);
  struct sockaddr_un    clntaddr;      /* client socket structure */
  socklen_t    clntaddrsz = sizeof(struct sockaddr_un);
  char   inbuf[BUFLEN];                /* input message buffer */
  char   outbuf[BUFLEN];               /* output message buffer */
  size_t msglen;                       /* length of reply message */
  unsigned int  msgcnt;                /* message count */

#if WINDOWS
  WSADATA wsaData;                         /* Winsock data */
  char* GetErrorMsg(int ErrorCode); /* print error string in Windows */
#endif

  fprintf(stdout, "Connection-oriented server program using Unix Domain "
    "socket...\n");

#if WINDOWS
  /* Initiate use of the Winsock DLL. Ask for Winsock version 2.2 at least. */
  if ((ret = WSAStartup(MAKEWORD(2, 2), &wsaData)) != 0)
  {
    fprintf(stderr, "WSAStartup() failed with error %d: %s\n",
      ret, GetErrorMsg(ret));
    return (-1);
  }
#endif

  /* Create the Stream server socket. */
  if ((sfd = socket(AF_UNIX, SOCK_STREAM, 0)) < 0)
  {
    fprintf(stderr, "Error: socket() failed, errno=%d, %s\n", ERRNO, ERRNOSTR);
```

```
#if WINDOWS
    WSACleanup();
#endif
    return(-2);
  }

  /* Fill in the server socket address. */
  memset((void *)&srvaddr, 0, (size_t)srvaddrsz); /* clear the address buffer */
  srvaddr.sun_family = AF_UNIX;
  strcpy(srvaddr.sun_path, SERVER_PATH);

  /* Bind the server socket to its address. */
  unlink(SERVER_PATH);
  if ((ret = bind(sfd, (struct sockaddr *)&srvaddr, srvaddrsz)) != 0)
  {
    fprintf(stderr, "Error: bind() failed, errno=%d, %s\n", ERRNO, ERRNOSTR);
    CLOSE(sfd);
    return(-3);
  }

  /* Set maximum connection request queue length that we can fall behind. */
  if (listen(sfd, BACKLOG) == -1) {
    fprintf(stderr, "Error: listen() failed, errno=%d, %s\n", ERRNO, ERRNOSTR);
    CLOSE(sfd);
    return(-4);
  }

  /* Wait for incoming connection requests from clients and service them. */
  while (1) {

    fprintf(stdout, "\nListening for client connect request ...\n");
    newsock = accept(sfd, (struct sockaddr *)&clntaddr, &clntaddrsz);
    if (newsock < 0)
    {
      fprintf(stderr, "Error: accept() failed, errno=%d, %s\n", ERRNO, ERRNOSTR);
      CLOSE(sfd);
      return(-5);
    }

    fprintf(stdout, "Client Connected. Client file path=%s\n",
      clntaddr.sun_path);

    msgcnt = 1;
    /* Receive and service requests from the current client. */
    while (1)
    {
      /* Receive a request from a client. */
      errno = 0;
      inbuf[0] = '\0';
      ret = recv(newsock, inbuf, BUFLEN, 0);
      if (ret > 0)
```

```
        {
          /* Process the request. We simply print the request message here. */
          inbuf[ret] = '\0';
          fprintf(stdout, "\nReceived the following request from client:\n%s\n",
            inbuf);

          /* Construct a reply */
          sprintf(outbuf, "This is reply #%3u from the server program.",
msgcnt++);
          msglen = strlen(outbuf);

          /* Send a reply. */
          errno = 0;
          ret = send(newsock, outbuf, msglen, 0);
          if (ret == -1)
            fprintf(stderr, "Error: send() failed, errno=%d, %s\n", ERRNO,
              ERRNOSTR);
          else
            fprintf(stdout, "%u of %lu bytes of the reply was sent.\n",
ret, msglen);
        }
        else if (ret < 0)
        {
          fprintf(stderr, "Error: recv() failed, errno=%d, %s\n", ERRNO,
            ERRNOSTR);
          break;
        }
        else
        {
          /* The client may have disconnected. */
          fprintf(stdout, "The client may have disconnected.\n");
          break;
        }
      }  /* while - inner */

      CLOSE1(newsock);
    }  /* while - outer */

    CLOSE(sfd);
    return(0);
  }
```

圖 12-17b　以Unix 領域插口通信的客戶程式（udsclnt_all.c）

```
  /*
   * A connection-oriented client program using Unix domain stream socket.
   * Support for Linux, Solaris, AIX, HPUX, Apple Darwin and Windows.
   * Usage: udsclnt_all
   * Authored by Mr. Jin-Jwei Chen.
   * Copyright (c) 1993-2018, 2020 Mr. Jin-Jwei Chen. All rights reserved.
   */
```

```
#include "mysocket.h"

int main(int argc, char *argv[])
{
  int    ret;
  int    sfd;                        /* socket file descriptor */
  struct sockaddr_un    server;      /* server socket structure */
  int    srvaddrsz = sizeof(struct sockaddr_un);
  struct sockaddr_un    client;      /* client socket structure */
  int    clntaddrsz = sizeof(struct sockaddr_un);
  struct sockaddr_un    fromaddr; /* socket structure */
  socklen_t    fromaddrsz = sizeof(struct sockaddr_un);
  char   inbuf[BUFLEN];              /* input message buffer */
  char   outbuf[BUFLEN];             /* output message buffer */
  size_t msglen;                     /* length of reply message */
  size_t msgnum=0;                   /* count of request message */
  size_t len;

#if WINDOWS
  WSADATA wsaData;                   /* Winsock data */
  char* GetErrorMsg(int ErrorCode);  /* print error string in Windows */
#endif

  fprintf(stdout, "Connection-oriented client program using Unix domain socket"
    " ...\n");

#if WINDOWS
  /* Initiate use of the Winsock DLL. Ask for Winsock version 2.2 at least. */
  if ((ret = WSAStartup(MAKEWORD(2, 2), &wsaData)) != 0)
  {
    fprintf(stderr, "Error: WSAStartup() failed with error %d: %s\n",
      ret, GetErrorMsg(ret));
    return (-1);
  }
#endif

  /* Create a socket. */
  sfd = socket(AF_UNIX, SOCK_STREAM, 0);
  if (sfd < 0)
  {
    fprintf(stderr,"Error: socket() failed, errno=%d, %s\n", ERRNO, ERRNOSTR);
#if WINDOWS
    WSACleanup();
#endif
    return (-2);
  }

  /* Set up the client's address. */
  client.sun_family = AF_UNIX;
  strcpy(client.sun_path, CLIENT_PATH);
```

```
/* Unlink the file and bind client socket to its address. */
unlink(CLIENT_PATH);
ret = bind(sfd, (struct sockaddr *) &client, clntaddrsz);
if (ret == -1)
{
  fprintf(stderr, "Error: connect() failed, errno=%d, %s\n", ERRNO,
    ERRNOSTR);
  CLOSE(sfd);
  return(-3);
}

/* Set up the server's address. */
server.sun_family = AF_UNIX;
strcpy(server.sun_path, SERVER_PATH);

/* Connect to the server. */
ret = connect(sfd, (struct sockaddr *) &server, srvaddrsz);
if (ret == -1)
{
  fprintf(stderr, "Error: connect() failed, errno=%d, %s\n", ERRNO, ERRNOSTR);
  CLOSE(sfd);
  return(-4);
}

/* Get server's address. */
ret = getpeername(sfd, (struct sockaddr *) &fromaddr, &fromaddrsz);
if (ret == -1)
  fprintf(stderr, "Error: getpeername() failed, errno=%d, %s\n", ERRNO,
    ERRNOSTR);
else
  fprintf(stdout, "Connected to server. Server socket filepath: %s\n",
    fromaddr.sun_path);

fprintf(stdout, "Send request messages to server\n");

/* Send request messages to the server and process the reply messages. */
while (msgnum < MAXMSGS)
{
  /* Send a request message to the server. */
  sprintf(outbuf, "%s%4lu%s", "This is request message ", ++msgnum,
    " from the client program.");
  msglen = strlen(outbuf);
  errno = 0;

  ret = send(sfd, outbuf, msglen, 0);
  if (ret >= 0)
  {
    /* Print a warning if not entire message was sent. */
    if (ret == msglen)
      fprintf(stdout, "\n%lu bytes of message were successfully sent.\n",
        msglen);
```

```
        else if (ret < msglen)
          fprintf(stderr, "Warning: only %u of %lu bytes were sent.\n",
            ret, msglen);

        if (ret > 0)
        {
          /* Receive a reply from the server. */
          errno = 0;
          inbuf[0] = '\0';
          ret = recv(sfd, inbuf, BUFLEN, 0);

          if (ret > 0)
          {
            /* Process the reply. */
            inbuf[ret] = '\0';
            fprintf(stdout, "Received the following reply from server:\n%s\n",
              inbuf);
          }
          else if (ret == 0)
            fprintf(stdout, "Warning: Zero bytes were received.\n");
          else
          {
            fprintf(stderr, "Error: recv() failed, errno=%d, %s\n", ERRNO,
              ERRNOSTR);
            break;
          }
        }
      }
      else
      {
        fprintf(stderr, "Error: send() failed, errno=%d, %s\n", ERRNO, ERRNOSTR);
        break;
      }

#if WINDOWS
    Sleep(1000); /* Unit is ms. For demo only. Remove this in real code. */
#else
    sleep(1);  /* For demo only. Remove this in real code. */
#endif
  }  /* while */

  CLOSE(sfd);
  return(0);
}
```

記得，Unix 領域插口的插口位址資料結構是“struct sockaddr_un”。而通信兩端的程式都必須叫用 bind() 函數。

繫綁檔案路徑名

在同一系統上，當一伺服程式與多個客戶程式通信時，為了區別這些不同的客戶程式，每一客戶程式所使用之插口所繫綁的檔案路徑名必須不同。因此，一種常見的作法是，將這同一個應用的所有伺服與客戶程式所使用的檔案路徑名，都集中放在同一檔案夾內。然後，在客戶程式所使用的基本路徑名上，再加上每一程序的程序號碼，兩者合起來作為客戶程式的檔案路徑名，以彼此區列。

在 bind() 函數實際執行時，作業系統會在檔案系統上，實際產生每一檔案路徑名所對應的檔案。若 bind() 函數執行時，檔案已經存在了，那 bind() 函數叫用即會出現以下的錯誤：

```
Error: bind() failed, errno=98, Address already in use
```

所以，一般的作法是程式在結束之前，把自己所繫綁的檔案剔除掉，或是在叫用 bind() 之前，先用 unlink() 函數，將上次用過的舊有檔案名先剔除掉，以便能再產生新的。

微軟視窗上的 Unix 領域插口

雖然 Unix 領域插口在 Unix 作業系統上已存在好幾十年了。它們在 Linux 作業系統上也都有。但微軟公司的視窗作業系統，一直到最近才正式有支援。即令在 2020 年，視窗還未一安裝就有支援。軟體開發者必須先加入視窗內部人士（Windows Insider）群組，下載視窗內部人士 SDK，安裝此一 SDK 後，才能使用 Unix 領域插口。同時，你還得必須使用 Windows 10 或以後的版本才行。

此外，為了要有辦法編譯你所寫的，使用 Unix 領域插口的程式，你必須在程式內包括下列的前頭檔案：

```
#include <afunix.h>  /*視窗系統上的 Unix 領域插口 */
```

以取得“struct sockaddr_un”的定義。

12-15 非同步的插口作業

12-15-1 非同步插口輸入/輸出

在插口程式設計上，經常一個程序需要與多個資料來源或目的地溝通。其中一種處理方式是產生一個不同的程線，以應付每一個不同的來源或目的地。可是，另一種也很常用的作法，就是使用單一程線，應付多個資料來源或目的地，但使用非同步插口輸入/輸出。這一節就討論這個。

一個插口既定的行為是同步式的（synchronous）。這意謂，從這樣的一個插口讀取資料時，叫用者通常都是被阻擋著，會一直等到有資料可讀取為止。倘若一直都沒有資料可讀取，那叫用程序或程線會一直等到有資料可讀取或有其他事件發生時為止。同樣地，在輸出時，寫入插口的動作，會一直等到資料被發送為止。這意謂每一程序或程線每一時刻最多僅能處理一個資料來源或目的地，且若有多個那就必須排隊一個一個來。

相對地，非同步輸入/輸出涉及將插口變成非阻擋式。程序或程線不再死等在某一個輸入或輸出插口上，而是退一步，看著等看看多個資料來源或目的地中，那一個最先準備好，可以馬上進行輸入或輸出作業。那一個插口最先準備好，有資料可讀或可以寫，程序或程線就先處理它。

與在無資料可讀寫時，就死等在某個插口上的同步式輸入/輸出相比，這種非同步的方式相形之下就比較反應快，有效，且多產一些。總之，使用非同步式輸入/輸出，程序或程線就不再一直等在其中一個插口上，而是放開手，後退一步，同時靜觀多個插口，看誰先有資料或準備好，就先處理誰。

12-15-1-1 使用 select() 函數

一個程序或程線，如何能知道多個插口中，那一個已準備好，有資料可以輸入或輸出呢？答案是，select() 函數。select() 函數這個系統叫用讓叫用程序或程線，能一次同時詢問（或抽測）多個插口，得知其中有多少以及那幾個插口，有資料可以讀取或已準備好可以進行輸出了。值得注意的是，select() 函數可用於任何種類的檔案描述上，並不只插口而已。

select() 函數，以及與其併用的幾個函數的規格如下：

```
#include <sys/select.h>
int select(int nfds, fd_set *restrict readfds,
      fd_set *restrict writefds, fd_set *restrict errorfds,
      struct timeval *restrict timeout);

void FD_CLR(int fd, fd_set *fdset);
int FD_ISSET(int fd, fd_set *fdset);
void FD_SET(int fd, fd_set *fdset);
void FD_ZERO(fd_set *fdset);
```

select() 函數能接受三組的檔案描述（三種位元圖，bit map）作為輸入。這些參數全都是既輸入又輸出。在輸入時，若參數的指標值不是空的（NULL），則每一檔案描述組就告訴作業系統核心，對那種作業，叫用者想要查詢或詢問狀態的是那幾個打開的檔案描述。而在輸出時，作業系統核心就透過這些參數值，告訴叫用程序或程線，那些打開的檔案上，已有資料可處理或已準備好了的是那幾個。

這三種不同作業即有資料可讀取（read），準備好可以輸出或寫入（ready for write），與有錯誤待處理（error pending）。以下我們就分別解釋這三個參數或引數。

1. readfds：讀取檔案描述組

   在函數叫用時，這個檔案描述組告訴作業系統核心，叫用者欲得知那些檔案描述中有資料可以讀取。每一欲查詢之檔案描述所應對的位元其值必須為 1（設定）。在回返時，這個檔案描述組告訴叫用者，那些檔案描述上已有資料可讀取。這些有資料可讀取之檔案描述所對應之位元的值，會被設定為 1。讀取檔案描述組永遠是 select() 函數的第二個引數。

2. writefds：寫入檔案描述組

   在函數叫用時，這個檔案描述組告訴作業系統核心，叫用者欲得知那些檔案描述已準備好可以進行資料寫入或輸出了。在叫用時，這些檔案描述所對應的位元值必須是 1。在函數回返時，這個檔案描述組告訴叫用者，那些檔案描述（即打開的檔案）已準備好可以進行寫入或輸出作業了。回返時，作業系統核心會將這些檔案描述所對應的位元值設定成 1。寫入檔案描述組永遠是 select() 函數的第三個引數。

3. errorfds：錯誤檔案描述組

在函數叫用時，這個檔案描述組顯示叫用者想知道那些檔案描述上有錯誤發生。叫用者會將這些打開檔案所對應的位元值設定為 1。

在函數回返時，這個檔案描述組告訴叫用者，那些打開的檔案上有出錯。這些檔案所對應的位元值會送回 1。

錯誤檔案描述組是 select() 函數的第四個參數。

我們說過，這三個檔案描述組其中的每一個，都是一個位元圖（bit map）。若你深入一層看，每一檔案描述組的資料型態是 fd_set，是一個連續 32 個四個位元組的整數（亦即，32×4=128位元組長）。換言之，每一檔案描述組可含 128×8=1024位元的資料。

在程式產生一插口時，socket() 函數所送回的插口檔案描述值是一個整數。譬如，是 8 或 10。假設該插口的檔案描述是存在變數 sfd 內，則下面所示即程式如何詢問該插口是否有資料可讀取：

```
fd_set  readfds;          /* 宣告代表讀取檔案描述組的變數 */
FD_ZERO(&readfds);        /* 將其初值清除成零 */
FD_SET(sfd, &readfds);    /*將檔案描述 sfd 所對應的位元值設定為 1, 要查詢*/
```

例如，倘若 sfd 的檔案描述值是 8，那以上這些述句即會將 readfds 檔案描述組的第 8 位元的值設定為 1。這等於告訴 select() 系統叫用以及作業系統核心，叫用者想知道檔案描述是 8 的這個插口，它有沒有資料可供讀取。若有，請在函數叫用回返時，將這 readfds 之第 8 位元的值設定為 1。

因此，因為每一檔案描述組參數有 1024 個位元。這代表一次 select() 函數叫用，程式最多在每一項作業上，可以抽測或查詢 1024 個不同的打開檔案或插口的狀態。

寫入與錯誤作業之檔案描述組的用法，與以上所述的讀取作業完全相同。唯一的是，它們必須使用不同的變數名稱。習慣上，程式通常會分別以 readfds，writefds，與 errorfds 三個變數，代表讀取，寫入與錯誤檔案描述組。

在做過如上所述的設定後，程式即可將各檔案描述組用在 select() 函數叫用上：

```
ret = select(maxsfd + 1, &readfds, NULL, NULL, &timeout);
```

在這個例子，因為程式不做寫出或錯誤查詢，是以，writefds 與 errorfds 兩個引數的值都是 NULL。

在 select() 函數回返之後，以下是程式如何檢查某一個插口是否有資料可以讀取：

```
if (FD_ISSET(sfd, &readfds))
  /* 是的，sfd 插口有資料可以讀取 */
else
  /* 沒有，sfd 插口沒有資料可以讀取 */
```

倘若你只想看看所有插口中是否有任何插口資料可以讀取，那 select() 函數叫用只須傳入讀取檔案描述組。不過，若你也想看看其中是否有任何插口已可以開始寫出資料，那你就必須像上述設定好讀取檔案組一樣地，宣告並設定寫入檔案描述組，並將其位址經由第三引數傳入。

POSIX 標準說，一插口檔案描述有資料可以讀取，意指插口真正有些資料可以讀，或檔案已至檔案終了（end_of_file）狀態，或有錯誤發生。插口檔案已經可以寫入資料，代表一阻擋式的寫入作業現在已不必等候，如此而已。並不代表保證一寫入作業一定能成功地將資料送出。

select() 函數的第一個引數值得進一步解釋。許多人都覺得它有點難理解。這個數目實際是代表一個範圍。它指出作業系統在執行該 select() 函數叫用時，所必須檢查或測試的最大檔案描述值（亦即，檔案描述上限）。因此，它的值永遠應該是，程式所使用之最大檔案描述值加一。亦即，倘若 select() 函數叫用之第一引數的值是 n，那作業系統就會檢查檔案描述值是 0 至 n-1 的所有打開檔案。

舉例而言，假若你的程式使用三個插口，其插口檔案描述值分別是 8、12 與17。那 select() 函數的第一引數的值即應為 17+1=18。這告訴作業系統，它只需檢查或測試 0 至 17（18-1）的檔案描述。

select() 函數的第五也是最後一個引數，讓叫用者指出一個時間到的時間值。這個時間值代表，萬一叫用者所選擇測試的所有打開的檔案裡，沒有任何一個是有資料可讀取，可以寫出資料或有錯誤時，叫用程式願意讓 select() 函數叫用等待的最長時間。這時間值的資料型態是“struct timeval”。而實際的時間值是以秒數以及微秒數（microseconds）表示。select() 函數執行時，它會一直等到至少有一個插口或打開檔案滿足函數叫用所欲測試的狀況，或這最長等候時間已到，或被信號所中斷為止。

回返時，select() 函數會送回所有檔案描述組當中，已有資料可以讀取或準備好可以寫入或有錯誤之全部所有檔案描述的個數。

在成功叫用時，select() 函數會改變三個檔案描述組的值，以分別顯示那些打開的檔案有資料可以讀取，已準備好可以寫出資料，或有出現錯誤。回返時，最後引數會顯示沒有用完的等候時間。

程式幾乎永遠是把 select() 函數叫用擺在一迴路裡，以便能一直追蹤所有插口或打開檔案的狀況。你可以決定在連續的 select() 函數叫用之間，是否要加上一小段停留，或一直連續不停地詢問。記得將函數叫用最後引數所指的等候時間也考慮在內。

圖 12-18 即為一使用單一程線，以非同步插口輸入，同時處理來自多個不同插口之資料輸入的程式例子。

圖 12-18 非同步插口輸入

（a）伺服程式（tcpsrv_async_io_all.c）

```
/*
 * A connection-oriented server program using Stream socket.
 * Single-threaded server.
 * This version is for testing async client doing async recv().
 * Support for multiple platforms including Linux, Windows, Solaris, AIX, HPUX
 * and Apple Darwin.
 * Usage: tcpsrv_async_io_all [port# [myid [#messages-to-send]]]
 * Authored by Mr. Jin-Jwei Chen.
 * Copyright (c) 2002, 2014, 2017-8, 2020 Mr. Jin-Jwei Chen. All rights reserved.
 */

#include "mysocket.h"

#undef   SLEEPMS
#define  SLEEPMS        5    /* number of milliseconds to sleep */

int main(int argc, char *argv[])
{
  int    ret;
  int    sfd;                        /* file descriptor of the listener socket */
  int    newsock;                    /* file descriptor of client data socket */
  struct sockaddr_in    srvaddr;    /* socket structure */
```

```
  int    srvaddrsz=sizeof(struct sockaddr_in);
  struct sockaddr_in    clntaddr;  /* socket structure */
  socklen_t    clntaddrsz=sizeof(struct sockaddr_in);
  in_port_t    portnum=DEFSRVPORT; /* port number */
  int    portnum_in = 0;           /* port number entered by user */
  char   outbuf[BUFLEN];           /* output message buffer */
  size_t msglen;                   /* length of reply message */
  int    myid = 1;                 /* my id number */
  int    messages = 2;             /* number of message to send */
  int    i, on=1;
#if !WINDOWS
  struct timespec  sleeptm;        /* sleep time - seconds and nanoseconds */
#endif

#if WINDOWS
  WSADATA wsaData;                     /* Winsock data */
  int winerror;                        /* error in Windows */
  char* GetErrorMsg(int ErrorCode); /* print error string in Windows */
#endif

  fprintf(stdout, "Connection-oriented server program ...\n");

  /* Get the server port number from user, if any. */
  if (argc > 1)
  {
    portnum_in = atoi(argv[1]);
    if (portnum_in <= 0)
    {
      fprintf(stderr, "Port number %d invalid, set to default value %u\n",
        portnum_in, DEFSRVPORT);
      portnum = DEFSRVPORT;
    }
    else
      portnum = (in_port_t)portnum_in;
  }

  /* Get my id number. */
  if (argc > 2)
    myid = atoi(argv[2]);
  if (argc > 3)
    messages = atoi(argv[3]);

#if WINDOWS
  /* Ask for Winsock version 2.2 at least. */
  if ((ret = WSAStartup(MAKEWORD(2, 2), &wsaData)) != 0)
  {
    fprintf(stderr, "WSAStartup() failed with error %d: %s\n",
      ret, GetErrorMsg(ret));
    return (-1);
```

```
  }
#endif

  /* Create the Stream server socket. */
  if ((sfd = socket(AF_INET, SOCK_STREAM, 0)) < 0)
  {
    fprintf(stderr, "Error: socket() failed, errno=%d, %s\n", ERRNO, ERRNOSTR);
#if WINDOWS
    WSACleanup();
#endif
    return(-2);
  }

  /* Turn on SO_REUSEADDR socket option so that the server can restart
     right away before the required wait time period expires. */
  if (setsockopt(sfd, SOL_SOCKET, SO_REUSEADDR, (char *)&on, sizeof(on)) < 0)
  {
    fprintf(stderr, "setsockopt(SO_REUSEADDR) failed, errno=%d, %s", ERRNO,
      ERRNOSTR);
  }

  /* Fill in the server socket address. */
  memset((void *)&srvaddr, 0, (size_t)srvaddrsz); /* clear the address buffer */

  srvaddr.sin_family = AF_INET;                    /* Internet socket */
  srvaddr.sin_addr.s_addr = htonl(INADDR_ANY);     /* server's IP address */
  srvaddr.sin_port = htons(portnum);               /* server's port number */

  /* Bind the server socket to its address. */
  if ((ret = bind(sfd, (struct sockaddr *)&srvaddr, srvaddrsz)) != 0)
  {
    fprintf(stderr, "Error: bind() failed, errno=%d, %s\n", ERRNO, ERRNOSTR);
    CLOSE(sfd);
    return(-3);
  }

  /* Set maximum connection request queue length that we can fall behind. */
  if (listen(sfd, BACKLOG) == -1) {
    fprintf(stderr, "Error: listen() failed, errno=%d, %s\n", ERRNO, ERRNOSTR);
    CLOSE(sfd);
    return(-4);
  }

  /* Set sleep time to be 5 ms. */
#if !WINDOWS
  sleeptm.tv_sec = 0;
  sleeptm.tv_nsec = (SLEEPMS*1000000);
#endif
```

```
    /* Wait for incoming connection requests from clients and service them. */
    while (1) {

      fprintf(stdout, "\nListening at port number %u ...\n", portnum);
      newsock = accept(sfd, (struct sockaddr *)&clntaddr, &clntaddrsz);
      if (newsock < 0)
      {
        fprintf(stderr, "Error: accept() failed, errno=%d, %s\n", ERRNO, ERRNOSTR);
        CLOSE(sfd);
        return(-5);
      }

      fprintf(stdout, "Client Connected.\n");

      /* Wait for a little bit so that all data sources can fire at same time.
         This is for demo only. */
  #if WINDOWS
      Sleep(SLEEPMS);  /* Unit is ms. */
  #else
      nanosleep(&sleeptm, (struct timespec *)NULL);
  #endif

      /* Send a number of messages to the client. */
      i = 1;
      while (messages--)
      {
        /* Construct the message to send. */
        sprintf(outbuf, "%s%2d%s%2d%s", "This is message ", i++, " from server ",
          myid, ".\n");
        msglen = strlen(outbuf);

        /* Send the message. */
        errno = 0;
        ret = send(newsock, outbuf, msglen, 0);
        if (ret == -1)
          fprintf(stderr, "Error: send() failed, errno=%d, %s\n", ERRNO, ERRNOSTR);
        else
          fprintf(stdout, "%u of %lu bytes of the message was sent.\n",
ret, msglen);
      }  /* while - inner */

      CLOSE1(newsock);

      /* The following statement is for test only */
      break;
    }  /* while - outer */

    CLOSE(sfd);
    return(0);
  }
```

（b）客戶程式（tcpclnt_async_io_all.c）

```
/*
 * A connection-oriented client program using Stream socket and
 * making asynchronous recv().
 * A single thread handling inputs from multiple data sources at the same time.
 * Run multiple servers and a single client to test.
 * This version works on Linux, Solaris, AIX, HPUX, Apple Darwin and Windows.
 * Usage: tcpclnt_async_io_all nsources hostname1/IP1 port1 hostname2/IP2 port2 ..
 * Authored by Mr. Jin-Jwei Chen.
 * Copyright (c) 2002, 2014, 2017-8, 2020 Mr. Jin-Jwei Chen. All rights reserved.
 */

#include "mysocket.h"

int main(int argc, char *argv[])
{
  int    ret;
  int    sfd[MAXSOURCES];             /* file descriptors of the sockets */
  struct sockaddr_in    server;       /* socket structure */
  int    srvaddrsz=sizeof(struct sockaddr_in);
  in_port_t    portnum=DEFSRVPORT;    /* port number */
  char   inbuf[BUFLEN];               /* input message buffer */
  size_t    len;
  unsigned int addr;
  char   server_name[NAMELEN+1];
  int    socket_type = SOCK_STREAM;
  struct hostent *hp;
  int   nsources;                     /* number of message sources */
  unsigned int  done_cnt = 0, i;
  int   maxsfd = 0;                   /* maximum socket file descriptor */
  int   status[MAXSOURCES];           /* remember if each input is done */
  int   dataRead = 0;                 /* Did we read any data from any input? */
#if !WINDOWS
  struct timespec  sleeptm;           /* time to sleep - seconds and nanoseconds */
#endif
#if WINDOWS
  WSADATA wsaData;                    /* Winsock data */
  char* GetErrorMsg(int ErrorCode); /* print error string in Windows */
  unsigned long opt = 1;
#endif

  fprintf(stdout, "Connection-oriented client program reading n data
sources...\n\n");

  /* Get the number of data sources. */
  if (argc > 1)
  {
    nsources = atoi(argv[1]);
```

```
    if ((nsources <= 0) || (nsources > MAXSOURCES))
    {
      fprintf(stderr, "Maximum number of sources %d out of range\n", nsources);
      return(-1);
    }
  }

  /* Make sure enough arguments are provided. */
  if (argc < (2+(nsources*2)))
  {
    fprintf(stderr, "Usage: %s nsources IP1 Port1 IP2 Port2 ...\n", argv[0]);
    return(-2);
  }

#if WINDOWS
  /* Ask for Winsock version 2.2 at least. */
  if ((ret = WSAStartup(MAKEWORD(2, 2), &wsaData)) != 0)
  {
    fprintf(stderr, "Error: WSAStartup() failed with error %d: %s\n",
      ret, GetErrorMsg(ret));
    return (-3);
  }
#endif

  /* Clear the file descriptor and status arrays. */
  for (i = 0; i < nsources; i++)
  {
    sfd[i] = 0;
    status[i] = 0;
  }

  /* Connect to all data sources, one at a time. */
  for (i = 0; i < nsources; i++)
  {
    /* Get the host names or IP addresses of next data source. */
    len = strlen(argv[2+(i*2)]);
    if (len > NAMELEN)
      len = NAMELEN;
    strncpy(server_name, argv[2+(i*2)], len);
    server_name[len] = '\0';

    /* Get the port number of next data source. */
    portnum = atoi(argv[3+(i*2)]);
    if (portnum <= 0)
    {
      fprintf(stderr,"Error: invalid port number %s\n", argv[3+(i*2)]);
      continue;
    }
```

```
    /* Translate the host name or IP address into server socket address. */
    if (isalpha(server_name[0]))
    {  /* A host name is given. */
      hp = gethostbyname(server_name);
    }
    else
    {  /* Convert the n.n.n.n IP address to a number. */
      addr = inet_addr(server_name);
      hp = gethostbyaddr((char *)&addr, sizeof(addr), AF_INET);
    }
    if (hp == NULL )
    {
      fprintf(stderr,"Error: cannot get address for [%s], errno=%d, %s\n",
        server_name, ERRNO, ERRNOSTR);
#if WINDOWS
      WSACleanup();
#endif
      return(-4);
    }

    /* Copy the resolved information into the sockaddr_in structure. */
    memset(&server, 0, sizeof(server));
    memcpy(&(server.sin_addr), hp->h_addr, hp->h_length);
    server.sin_family = hp->h_addrtype;
    server.sin_port = htons(portnum);

    /* Create a socket for the next data source. */
    sfd[i] = socket(AF_INET, socket_type, 0);
    if (sfd[i] < 0)
    {
      fprintf(stderr,"Error: socket() failed, errno=%d, %s\n", ERRNO,
        ERRNOSTR);
#if WINDOWS
      WSACleanup();
#endif
      return (-5);
    }

    /* Connect to the data source. */
    errno = 0;
    ret = connect(sfd[i], (struct sockaddr *)&server, srvaddrsz);

    /* Continue to next source if connect has failed. */
    if (ret != 0)
    {
      fprintf(stderr, "Error: connect() failed, errno=%d, %s\n", ERRNO,
        ERRNOSTR);
      CLOSE1(sfd[i]);
      sfd[i] = 0;
```

```
        continue;
      }
      if (sfd[i] > maxsfd)
        maxsfd = sfd[i];

      /* connect() has succeeded.
         Make the socket non-blocking after connect. O_NONBLOCK=0x0800 */
      fprintf(stdout, "To set socket non-blocking ...\n");
#if WINDOWS
      if (ioctlsocket(sfd[i], FIONBIO, &opt) != 0)
#else
      if (fcntl(sfd[i], F_SETFL, fcntl(sfd[i], F_GETFL, 0) | O_NONBLOCK) != 0)
#endif
      {
        fprintf(stderr, "Error: fcntl() failed to set socket nonblocking, "
          "errno=%d, %s\n", ERRNO, ERRNOSTR);
        fprintf(stderr, "Close the current socket, i=%d.\n", i);
        CLOSE1(sfd[i]);
        sfd[i] = 0;
      }

    }  /* for */

    /* Now we are connected to all data sources with all sockets asynchronous.
     * Start to receive data from multiple sockets using non-blocking I/O.
     */

    fprintf(stdout, "\nReceive messages from multiple sources ...\n");

    /* Set sleep time. */
#if !WINDOWS
    sleeptm.tv_sec = 0;
    sleeptm.tv_nsec = (SLEEPMS*1000000);  /* unit is nanoseconds */
#endif

    /* Use select() to poll all data sources and wait for next message to arrive. */
    while (done_cnt < nsources)
    {
      /* Check if any socket has messages ready to be read. */
      struct timeval tv = { 1, 0 };  /* one second to timeout */
      fd_set readfds;  /* This is 128 bytes long. 32 4-byte integers. */
      int    ret2;
      int optval = 0;
      socklen_t vallen;

      /* Check the socket for ready to read. */
      FD_ZERO(&readfds);
      for (i = 0; i < nsources; i++)
        if (status[i] == 0)
```

```
      FD_SET(sfd[i], &readfds);

    errno = 0;
    /* First argument is always highest fd plus 1. It specifies a range. */
    ret2 = select(maxsfd + 1, &readfds, NULL, NULL, &tv);
    fprintf(stdout, "select() returned %d, errno=%d, %s\n", ret2, ERRNO,
      ERRNOSTR);
    fflush(stdout);

    /* If select() returns positive integer, check which socket is ready. */
    if (ret2 > 0)
    {
      dataRead = 0;  /* Mark we've not read anything yet. */
      /* Loop through all socket file descriptor. */
      for (i = 0; i < nsources; i++)
      {
        if (status[i] == 1)  /* The file descriptor is done. Skip it. */
          continue;

        if (FD_ISSET(sfd[i], &readfds))
        {
          /* This sfd is ready for read. */
          fprintf(stdout, "Data source %2d is ready for read.\n", (i+1));
          fflush(stdout);

          /* Read all of the data that is available at current input. */
          while(1)
          {
            /* Receive next message. */
            ret = 0;
            errno = 0;
            inbuf[0] = '\0';
            ret = recv(sfd[i], inbuf, BUFLEN, 0);

            /* Break if error occurred during recv(). */
            if (ret < 0)
            {
              fprintf(stderr, "recv() returned %d, errno=%d, %s\n", ret, ERRNO,
                ERRNOSTR);
              fflush(stderr);
              break;
            }

            /* No error during recv(). */
            if (ret > 0)
            {
              dataRead = 1;  /* Remember we've read something. */
              /* Print the message received. */
              inbuf[ret] = '\0';
              fprintf(stdout, "Received the following message:\n%s\n",
                inbuf);
```

```
          fflush(stdout);
        }
        else if (ret == 0)
        {
          fprintf(stdout, "Warning: The other end may have closed.\n");
          fflush(stdout);
          /* Mark this data source as 'done'. */
          if (status[i] == 0)
          {
            status[i] = 1;
            done_cnt++;
          }
          break;
        }
      }  /* while (reading current data source) */
    }  /* if (FD_ISSET()) */
  }  /* for */

  /* If no data is read from any source, sleep for 10 ms before next poll.
     This sleep is very important for not wasting CPU time. */
  if (!dataRead)
  {
    fprintf(stdout, "To sleep for %2d ms and wait...\n", SLEEPMS);
    fflush(stdout);
#if WINDOWS
    Sleep(SLEEPMS);  /* Unit is ms. */
#else
    nanosleep(&sleeptm, (struct timespec *)NULL);
#endif
  }
 }
 else if (ret2 < 0)  /* select() returned error */
 {
   fprintf(stderr, "Error on select(): errno=%d, %s\n", ERRNO,
     ERRNOSTR);
   fflush(stderr);
 }

} /* while (done_cnt < nsources) */

/* We're done reading all data sources. Close all sockets and return. */
for (i = 0; i < nsources; i++)
  CLOSE1(sfd[i]);
#if WINDOWS
  WSACleanup();
#endif
  return(0);
}
```

你可看出，非同步輸入/輸出所能同時或共時處理的資料來源或目的地總數，受限於 fd_set 資料型態的大小，目前是 1024。一個程式是否能真正同時應付這麼多的資料來源或目標，並取得合理的速度，將視資料流通量而定。為了達成可擴增性（scalability），使用多程線或多程線與非同步輸入/輸出結合，或許值得一試。

12-15-1-2 pselect() 函數

POSIX 標準包括了一個 select() 函數的變種，並稱之為 pselect() 函數。

```
#include <sys/select.h>
int pselect(int nfds, fd_set *restrict readfds,
      fd_set *restrict writefds, fd_set *restrict errorfds,
      const struct timespec *restrict timeout,
      const sigset_t *restrict sigmask);
```

除了下面三點之外，pselect() 函數與 select() 函數幾乎一模一樣：

1. 在 pselect()，最長的等候時間是“struct timespec”資料型態，其時間值以秒數與納秒（nanoseconds）表示。

2. pselect() 多了一個參數，sigmask。若這個引數的值不是空的，則 pselect() 會將現有信號面罩換成這引數所指的值，然後執行 select() 函數，完後，在回返之前，再將原來的信號面罩復原。

3. 回返時，select() 改變 timeout 引數，換成所剩下的等候時間。pselect() 則不。

雖然現代最流行的作業系統幾乎都支援 select() 函數，但並非所有這些作業系統都支援 pselect()。

12-15-1-3 select() 函數的陷阱

使用 select() 函數時要小心。很多人在 select() 應用上常犯的一個錯誤，是造成應用程式的處理器使用時間（cpu utilization）很高。

這是因為 select() 通常都是被擺在一迴路內。因此，在都沒有任何資料可讀或寫時，程式會變成一直反覆不停地執行 select() 函數叫用，進而導致很高的處理器使用率。

一個 select() 函數叫用通常費時約 15 微秒（microseconds，一百萬分之一秒）左右。記得，即使都沒有任何資料可讀或寫，select() 函數叫用有可能在等候時間未到時就回返。

使用 select() 函數時有幾件事情必須注意。

首先，千萬記得永遠不要在第一引數 nfds上傳入一個零的值。前面說過，這個引數值一定要是你希望 select() 函數檢查或測試之所有檔案中，最大的檔案描述值加一。萬一你誤將此值傳入零，那 select() 函數就會不檢查或測試任何打開的檔案，而在等候時間過了就回返，這樣你的程式就不會正確動作，永遠只是在那兒做虛功而已。

其次，隨時注意你的應用程式的處理器使用時間。倘若萬一你沒弄對，即把 select() 放置在一緊緊的迴路裡，很可能會造成處理器時間的不必要浪費。一般而言，在連續兩 select() 函數叫用之間，通常需要稍稍暫歇一小片刻。

有兩個地方有潛在的可能可以加入這暫歇片刻。第一個是 select() 函數的最長等候時間引數。這引數有時會讓人有點搞混。它指的是 select() 函數叫用可以等候的最長時間。千萬勿將之作為程式想要睡覺休息的時間。理由有二。第一，每一位作業系統對這引數的實作都不同。第二，在正常狀況下，即使沒有資料可讀寫，select() 很少會真的等那麼久才回返的。至少在有些作業系統是這樣。所以，將之當成是每一 select() 函數叫用所費時間的上限，但切勿將之作為你欲在連續兩 select() 叫用之間稍歇片刻的方式。

第二個可以在連續兩 select() 叫用間稍歇片刻的地方，是在 select() 回返時，萬一都沒插口有資料可讀寫，可在那兒加上一 sleep() 函數叫用，小歇短短的片刻。

記得，在你選定函數叫用之最長等候時間或睡覺休息的時間時，一定要試圖取得一個最佳的平衡。時間太短，很可能會造成不必要地浪費處理器的執行時間，但若時間太長，則又可能導致程式的反應速度太慢。因此，需視各應用的不同資料流量而加以調整。

舉個很簡單的例子。有某個應用，當其在每一 select() 函數叫用之後睡覺休息1ms（millisecond）時，處理器的使用率是 12%。但若改成每次睡覺休息 10ms，則處理器的使用率就降至 1.3%。你可看出兩者之間的差別。這只是給讀者做個參考。實際的數目依應用與系統之不同而異。你必須親自實際做測量與調整。

12-15-2 非同步插口連線

就像一個程式能做非同步的插口讀取與寫入一樣，它也能做非同步的插口連線。

欲做非同步插口連線時，客戶程式必須首先產生一個插口，然後藉著在 Linux/Unix 上叫用 fcntl() 函數或在微軟視窗上叫用 ioctlsocket() 函數，將插口轉換成非阻擋式（non_blocking mode），之後，再叫用 connect() 函數，與伺服器連線。

倘若 connect()函數成功執行，它即會送回 0。假若連線無法立即完成，則connect() 函數叫用即會送回一個錯誤。該錯誤在 Linux/Unix 上會是 EINPROGRESS，而在視窗系統上會是 WSAEWOULDBLOCK。在這種情況下，客戶程式緊接即須叫用 select() 函數，探詢插口是否已準備好可以做輸入/輸出了。記得，這樣的連線請求還是有可能失敗。因此，很重要的是，程式最好能叫用 getsockopt() 函數，檢查一下插口是否有錯誤發生。假若插口檔案描述的值有設定，而且沒有錯誤，那就代表插口已經好了，可以使用了。

萬一非同步連線作業失敗，則最好的策略是把插口檔案描述關閉，然後從頭重新試圖連線一次（亦即，從重新產生插口開始）。這是因為當 connect() 函數叫用失敗時，在 Solaris，AIX 與 HPUX 等作業系統上，插口就會變成不確定狀態（undefined）。除非你將插口關閉，再產生一個新的插口，否則連線的動作永遠無法成功。但在其他的作業系統上（如 Linux 與視窗系統），程式則能以舊的現有插口，繼續試圖連線，並獲得連線成功。

圖 12-19 所示即為一客戶程式應用非同步連線，試圖與一伺服器達成連線的程式。程式產生一個插口，將該插口變成非阻擋式，然後叫用 connect() 試圖與伺服器完成連線。若連線成功，程式緊接即將插口轉換回阻擋式，繼續與伺服器交換資料。萬一連線失敗，客戶程式即先睡覺休息一秒鐘，然後再重複試圖連線，客戶程式連續試了五次，若還是不行，就放棄。

圖 12-19 非同步式的插口連線（tcpclnt_async_conn_all.c）

```
/*
 * A connection-oriented client program using Stream socket and
 * making asynchronous connect.
 * Closing and recreating the socket before re-trying to connect after it fails.
 * This is because when the connect() fails, the socket becomes undefined
 * in Solaris, AIX and HPUX.
 * This version works on Linux, Solaris, AIX, HPUX, Apple Darwin and Windows.
 * Note: The errno on different platforms is different when server is not up.
 * Usage: tcpclnt_async_conn_all [server_hostname or IP_address [server_port#]]
 * Authored by Mr. Jin-Jwei Chen.
 * Copyright (c) 2002, 2014, 2017, 2018, 2020 Mr. Jin-Jwei Chen. All
rights reserved.
 */

#include "mysocket.h"

int main(int argc, char *argv[])
{
  int    ret;
  int    sfd;                        /* file descriptor of the socket */
  struct sockaddr_in    server;      /* socket structure */
  int    srvaddrsz=sizeof(struct sockaddr_in);
  struct sockaddr_in    fromaddr;    /* socket structure */
  int    fromaddrsz=sizeof(struct sockaddr_in);
  in_port_t    portnum=DEFSRVPORT;   /* port number */
  int    portnum_in = 0;             /* port number entered by user */
  char   inbuf[BUFLEN];              /* input message buffer */
  char   outbuf[BUFLEN];             /* output message buffer */
  size_t    msglen;                  /* length of reply message */
  size_t    msgnum=0;                /* count of request message */
  size_t    len;
  unsigned int addr;
  char   server_name[NAMELEN+1] = "localhost";
  int    socket_type = SOCK_STREAM;
  struct hostent *hp;
  int    option;
  socklen_t  optlen;
  unsigned int  trycnt = MAXCONNTRYCNT;

#if WINDOWS
  WSADATA wsaData;                   /* Winsock data */
  int winerror;                      /* error in Windows */
  char* GetErrorMsg(int ErrorCode); /* print error string in Windows */
  unsigned long opt = 1;
#endif

  fprintf(stdout, "Connection-oriented client program ...\n\n");

  /* Get the host name or IP address of the server from command line. */
  if (argc > 1)
  {
    len = strlen(argv[1]);
```

```
    if (len > NAMELEN)
      len = NAMELEN;
    strncpy(server_name, argv[1], len);
    server_name[len] = '\0';
  }

  /* Get the port number of the server from command line. */
  if (argc > 2)
  {
    portnum_in = atoi(argv[2]);
    if (portnum_in <= 0)
    {
      fprintf(stderr, "Port number %d invalid, set to default value %u\n",
        portnum_in, DEFSRVPORT);
      portnum = DEFSRVPORT;
    }
    else
      portnum = (in_port_t)portnum_in;
  }

#if WINDOWS
  /* Ask for Winsock version 2.2 at least. */
  if ((ret = WSAStartup(MAKEWORD(2, 2), &wsaData)) != 0)
  {
    fprintf(stderr, "Error: WSAStartup() failed with error %d: %s\n",
      ret, GetErrorMsg(ret));
    return (-1);
  }
#endif

  /* Translate the host name or IP address into server socket address. */
  if (isalpha(server_name[0]))
  {  /* A host name is given. */
    hp = gethostbyname(server_name);
  }
  else
  {  /* Convert the n.n.n.n IP address to a number. */
    addr = inet_addr(server_name);
    hp = gethostbyaddr((char *)&addr, sizeof(addr), AF_INET);
  }
  if (hp == NULL )
  {
    fprintf(stderr,"Error: cannot get address for [%s], errno=%d, %s\n",
      server_name, ERRNO,  ERRNOSTR);
#if WINDOWS
    WSACleanup();
#endif
    return(-2);
  }

  /* Copy the resolved information into the sockaddr_in structure. */
  memset(&server, 0, sizeof(server));
  memcpy(&(server.sin_addr), hp->h_addr, hp->h_length);
  server.sin_family = hp->h_addrtype;
```

```
    server.sin_port = htons(portnum);

    /* Connect to the server asynchronously.
     * Close and re-create the socket each time after connect() fails.
     * We must close and re-create socket when connect() fails in
Solaris,
     * AIX, and HPUX.
     */
    while (trycnt-- > 0)
    {
      /* Open a socket. */
      sfd = socket(AF_INET, socket_type, 0);
      if (sfd < 0)
      {
        fprintf(stderr,"Error: socket() failed, errno=%d, %s\n", ERRNO,
ERRNOSTR);
  #if WINDOWS
        WSACleanup();
  #endif
        return (-3);
      }

      /* Make the socket non-blocking before connect. O_NONBLOCK=0x0800 */
      fprintf(stdout, "To set socket non-blocking ...\n");
  #if WINDOWS
      if (ioctlsocket(sfd, FIONBIO, &opt) != 0)
  #else
      if (fcntl(sfd, F_SETFL, fcntl(sfd, F_GETFL, 0) | O_NONBLOCK) != 0)
  #endif
      {
        fprintf(stderr, "Error: fcntl() failed to set socket nonblocking, "
          "errno=%d, %s\n", ERRNO, ERRNOSTR);
        CLOSE(sfd);
        return (-4);
      }

      /* Connect to the server asynchronously. */
      errno = 0;
      ret = connect(sfd, (struct sockaddr *)&server, srvaddrsz);
      fprintf(stdout, "connect() returned %d, errno=%d, %s\n", ret, ERRNO,
        ERRNOSTR);
      /* connect() succeeds */
      if (ret == 0)
        break;
  #if WINDOWS
      /* Windows does not return socket connect error (i.e. put error from
         connect() in errno). We have to call WSAGetLastError() to get it. */
      winerror = WSAGetLastError();
      fprintf(stdout, "In Windows, WSAGetLastError() returned %d\n", winerror);
  #endif

      /* It (connect()) is in progress. */
  #if WINDOWS
      if (winerror == WSAEWOULDBLOCK)
```

```
    #else
        if (errno == EINPROGRESS)
    #endif
        {
          struct timeval tv = { 2, 0 };  /* 2 seconds to timeout */
          fd_set writefds;  /* This is 128 bytes long. 32 4-byte integers. */
          int     ret2;
          int optval = 0;
          socklen_t vallen;

          fprintf(stdout, "connect() returned EINPROGRESS (Windows-
WSAEWOULDBLOCK)\n");

          /* Check the socket for ready to write. */
          /* Note: We must do both select() and getsockopt(), and in that order. */
          FD_ZERO(&writefds);
          FD_SET(sfd, &writefds);
          errno = 0;
          /* First argument is always highest fd plus 1. It specifies a range. */
          ret2 = select(sfd + 1, NULL, &writefds, NULL, &tv);
          fprintf(stdout, "select() returned %d, errno=%d, %s\n", ret2, ERRNO,
            ERRNOSTR);

          /* This is how we determine if connect() has failed. */
          if (ret2 > 0)
          {
            /* Check for error. Note: Doing this before select() doesn't work. */
            /* Note: We must do this after the select() call above. */
            /* This is necessary because connect() could encounter an error. */
            vallen = sizeof(int);
            getsockopt(sfd, SOL_SOCKET, SO_ERROR, (void*)(&optval), &vallen);
            if (optval)
            {
              fprintf(stderr, "Error in connect()/select() %d - %s\n",
                optval, strerror(optval));
              goto tryConnectAgain;
            }

            if (FD_ISSET(sfd, &writefds))
            {
              /* The sfd is ready for write. */
              fprintf(stdout, "select() returned and sfd is set. So it's ready!\n");
              ret = 0;
              break;
            }
          }
          else if (ret2 < 0)
          {
            fprintf(stderr, "Error on select(): errno=%d, %s\n", ERRNO, ERRNOSTR);
          }
        }  /* if INPROGRESS */

    tryConnectAgain:
        fprintf(stdout, "Closing the socket before trying to connect again.\n");
```

```
    CLOSE1(sfd);

    /* Sleep a second before try again. */
#if WINDOWS
    Sleep(1000); /* Unit is ms. */
#else
    sleep(1);
#endif
  }  /* while */

  /* Return from here if connect has failed */
  if (ret != 0)
  {
    CLOSE(sfd);
    return(-5);
  }

  /* connect() has succeeded. */
  /* Make socket blocking again after connect */
  fprintf(stdout, "To clear socket non-blocking ...\n");
#if WINDOWS
  opt = 0;
  if (ioctlsocket(sfd, FIONBIO, &opt) != 0)
#else
  if (fcntl(sfd, F_SETFL, fcntl(sfd, F_GETFL, 0) & ~O_NONBLOCK) != 0)
#endif
  {
    fprintf(stderr, "Error: fcntl() failed to set socket blocking, errno=%d,"
      " %s\n", ERRNO, ERRNOSTR);
    CLOSE(sfd);
    return(-6);
  }

  /* Exchange data with the server using blocking I/O. */

  fprintf(stdout, "\nSend request messages to server at port %d\n", portnum);

  /* Send request messages to the server and process the reply messages. */
  while (msgnum < MAXMSGS)
  {
    /* Send a request message to the server. */
    sprintf(outbuf, "%s%4lu%s", "This is request message ", ++msgnum,
      " from the client program.");
    msglen = strlen(outbuf);
    errno = 0;

    /* It could die at this send() in Solaris if socket is not re-created. */
    ret = send(sfd, outbuf, msglen, 0);
    if (ret >= 0)
    {
      /* Print a warning if not entire message was sent. */
```

```
        if (ret == msglen)
          fprintf(stdout, "\n%lu bytes of message were successfully sent.\n",
            msglen);
        else if (ret < msglen)
          fprintf(stderr, "Warning: only %u of %lu bytes were sent.\n",
            ret, msglen);

        if (ret > 0)
        {
          /* Receive a reply from the server. */
          errno = 0;
          inbuf[0] = '\0';
          ret = recv(sfd, inbuf, BUFLEN, 0);

          if (ret > 0)
          {
            /* Process the reply. */
            inbuf[ret] = '\0';
            fprintf(stdout, "Received the following reply from server:\n%s\n",
              inbuf);
          }
          else if (ret == 0)
            fprintf(stdout, "Warning: Zero bytes were received.\n");
          else
          {
            fprintf(stderr, "Error: recv() failed, errno=%d, %s\n", ERRNO,
              ERRNOSTR);
            CLOSE(sfd);
            return(-7);
          }
        }
      }
      else
      {
        fprintf(stderr, "Error: send() failed, errno=%d, %s\n", ERRNO, ERRNOSTR);
        CLOSE(sfd);
        return(-8);
      }

      /* Pause one second between messages. Remove this in real code. */
#if WINDOWS
      Sleep(1000); /* Unit is ms. For demo only. Remove this in real code. */
#else
      sleep(1);  /* For demo only. Remove this in real code. */
#endif
    }  /* while */

    CLOSE(sfd);
    return(0);
}
```

值得注意的是，雖然以 connect() 函數叫用試圖與伺服器連線是一極為平常的作業，但當此一函數叫用失敗時，結果在各種不同平台上都有些差異，主要在兩方面。

首先，由 errno 變數所送回的錯誤號碼，在各平台間有所不同。譬如，在客戶程式以非同步連線的方式試圖與伺服器連線，但伺服程式卻沒啟動時，在各平台上，connect() 函數所送回的錯誤如下：

Linux

非同步connect() 函數叫用首先送回 -1，且errno=EINPROGRESS(115)（作業正在進行中）。若由於伺服器尚未啟動以致 connect() 函數叫用失敗，則插口錯誤是 111（連線被拒）。以 select() 函數探詢插口是否可以開始寫出資料，回返值是 1。

Solaris

非同步 connect() 函數叫用首先送回 -1，且 errno=EINPROGRESS(150)（作業正在進行中）。若由於伺服器尚未啟動以致 connect() 函數叫用失敗，則插口錯誤是 146（連線被拒）。以 select() 函數探詢插口是否可以開始寫出資料，回返值是 1。

AIX

若伺服器尚未啟動，則非同步 connect() 函數叫用送回 -1，且 errno=ECONNREFUSED(79)（連線被拒）。以 select() 函數探詢插口是否可以送出資料，回返值是 1。

HPUX

若伺服程式尚未啟動，則非同步 connect() 函數叫用會送回 -1，且 errno=ECONNREFUSED(239)（連線被拒）。以 select() 函數探詢插口是否可以發送資料送回 1。

Apple Mac Darwin

若伺服器尚未啟動，則非同步 connect() 函數叫用會送回 -1，且 errno=EINPROGRESS(36)（作業正在進行中）。以 select() 函數探詢插口是否可以發送資料送回 1。

微軟視窗系統

若伺服程式尚未啟動，非同步的 connect() 函數叫用會送回 -1，且 errno=0。叫用 WSAGetLastError() 函數會送回錯誤 EINPROGRESS(10035)。以 select() 函數探詢插口是否已可以寫出資料送回 0。

欲得知以上各項錯誤的實際錯誤號碼，請參考各平台之 errno.h。

注意到，在微軟視窗上，connect() 函數叫用並不將錯誤號碼以全面變數 errno 送回。因此，程式必須另外叫用 WSAGetLastError() 以取得前一插口函數叫用的錯誤號碼。

其次，在 connect() 函數叫用失敗時，在 Linux 與視窗系統上，插口會保持完好。但在 Solaris，AIX 與 HPUX 等作業系統上，插口會變成未定狀態。因此，程式必須先將之關閉，再重新產生一個新的插口，才能再叫用 connect()，繼續試圖和伺服程式連線。換言之，在 Linux 與視窗系統上，在connect() 失敗後，程式可繼續使用同一插口，再度試圖連線。最後連線仍有可能成功。且同一插口可繼續發送與接收信息。但在 Solaris，AIX，與 HPUX 上就不行。一旦 connect() 叫用失敗。程式就必須重新產生另一新的插口，隨後的再試圖連線才可能成功。繼續使用連線已失敗過的插口，在 AIX 與 HP Itanium 上會得到無效引數的錯誤（錯誤號碼 EINVAL(22)）。在 Solaris 上，雖然隨後的 connect() 函數叫用可能成功，但稍後的 send() 或 recv() 叫用，即會讓程式死掉。

因此，若要寫一個非同步連線程式，在 Linux，AIX，Solaris，HPUX，Apple Darwin 與微軟視窗上全部都可以用，那就是一定要在連線請求一失敗後，就立即將插口關閉，並重新產生一個新的插口，才能再試圖連線。

如何檢查非同步連線已成功？

欲偵測一非同步插口是否已真正跟伺服器連線上並且可以開始使用，最好的方法是以叫用 select() 函數，探詢看看這插口是否已準備好可以開始寫入資料了。假若 select() 函數叫用送回一正的數目，則緊接程式即可檢查在寫入檔案描述組當中該插口所對應的位元值是否為 1（有設定）：

```
if (FD_ISSET(sfd, &writefds))
```

在這述句裡，sfd 代表該插口的檔案描述值。若這條件成立，則代表連線已建立，插口可以開始使用了。

不過，為了保險以及在所有平台上都沒問題，程式最好在 select() 函數叫用之後，加上一 getsockopt() 函數叫用，檢查看看插口是否有任何錯誤發生，以防萬一：

```
getsockopt(sfd, SOL_SOCKET, SO_ERROR, (void*)(&optval), &vallen);
```

假若以上這 getsockopt(,,SO_ERROR,) 函數叫用回返時，optval 引數的值不是 0，那就代表 connect()函數叫用時有出了某些錯誤。在這種情況下，程式就必須將插口關閉，重新產生一個新的插口，然後再試圖重新連線。換言之，最好的策略是，程式兩個步驟都做：

```
ret = select (…) ;
getsockopt(sfd, SOL_SOCKET, SO_ERROR,...)
```

而且順序是先 select()再 getsockopt()。

12-16 發覺對手死掉並自動重新連線

這一節討論如何撰寫更可靠，會自動偵測與修復問題的插口程式。

有時你會發現，當一個插口程式在與對手通信時，對方會中途死掉，或重新啟動。如此，原來的連線就會斷掉。在這種情況下，要是程式能自動偵測到這種狀況，並在對方重新又起來時，自動再主動連線，那該多好！

譬如，在有些應用上，客戶程式每次在啟動時，會自動向一伺服程式報到與註冊。而該伺服程式只將客戶資料存在記憶器裡，而非磁碟上。因此，倘若該伺服程式中途死掉或重新啟動，則其所擁有的客戶註冊資料即會完全遺失。這種情況下，要是所有客戶程式都能自動測知這種情況，並自動再連線且報到一次，那問題就解決了！這一節，我們就討論這個。

這裡，我們介紹一個叫 auto_reconnect()（自動再重新連線）的函數。

```
int auto_reconnect(char *server_name, in_port_t portnum);
```

auto_reconnect() 函數與其引數所指明的伺服器或對手連線。萬一該伺服器或對手中途死掉再重新啟動，則此一函數會自動測知這種狀況，並試圖重新與之連上線。函數的第一引數指出伺服器或對手的 IP 位址或主機名，第二引數指出其端口號。一個很好的應用即將此一函數作為一個程線的起始函數。

圖 12-20 與 12-21 所示，即兩對客戶與伺服程式。其中，客戶程式即叫用 auto_reconnect() 與伺服程式連線。萬一伺服程式曾經重新啟動，則該函數即會自動測知，並重新與之建立起新的連線。

這兩組程式之間有一點差異。圖 12-20 所示的 tcpclnt_auto_reconn_all.c 以較新的 getaddrinfo() 取得伺服器的插口位址，且 tcpsrv_auto_reconn_all.c 使用 IPv6 的伺服插口。相對的，圖 12-21 所示的 tcpclnt_auto_reconn2_all.c 則使用傳統的 gethostbyname() 與 gethostbyaddr() 函數，將伺服器的主機名或 IP 位址轉換成插口位址，而且 tcpsrv_auto_reconn2_all.c 則使用一 IPv4 的伺服插口。顯然，圖 12-21 所示的程式只適用於 IPv4 而已。它們無法用在 IPv6 的主機名或 IP 位址上。

```
tcpclnt_auto_reconn_all  : IPv4 客戶程式, getaddrinfo()
tcpsrv_auto_reconn_all   : IPv6 伺服器

tcpclnt_auto_reconn2_all : IPv4 客戶程式, gethostbyname(), gethostbyaddr()
tcpsrv_auto_reconn2_all  : IPv4 伺服器
```

這些程式所使用之測知對手已死掉並重新啟動的方式，可應用於任何的客戶伺服型態或對手與對手型態的通信，唯一的條件是通信的兩端都必須使用連播式插口。

圖 12-20 測知對手中途重新啟動並自動重新連線（IPv6 伺服插口）

（a）tcpsrv_auto_reconn_all.c

```
/*
 * A connection-oriented server program using Stream socket.
 * This version is for testing client detecting server's death.
 * Support for multiple platforms including Linux, Windows, Solaris, AIX, HPUX
 * and Apple Darwin.
 * Usage: tcpsrv_auto_reconn_all [port#]
 * Authored by Mr. Jin-Jwei Chen.
 * Copyright (c) 2002, 2014, 2017-8, 2020 Mr. Jin-Jwei Chen. All rights reserved.
 */

#include "mysocket.h"

int main(int argc, char *argv[])
{
  int    ret;
```

```
  int    sfd;                       /* file descriptor of the listener socket */
  int    newsock;                   /* file descriptor of client data socket */
  struct sockaddr_in6   srvaddr;    /* socket structure */
  int    srvaddrsz=sizeof(struct sockaddr_in6);
  struct sockaddr_in6   clntaddr;  /* socket structure */
  socklen_t    clntaddrsz=sizeof(struct sockaddr_in6);
  in_port_t    portnum=DEFSRVPORT; /* port number */
  int    portnum_in = 0;           /* port number user provides */
  char   outbuf[BUFLEN];           /* output message buffer */
  size_t msglen;                   /* length of reply message */
  int    myid;                     /* my id number */
  int    messages;                 /* number of message to send */
  int    v6only = 0;               /* IPV6_V6ONLY socket option off */
  int    i, on=1;
#if !WINDOWS
  struct timespec  sleeptm;        /* sleep time - seconds and nanoseconds */
#endif
#if WINDOWS
  WSADATA wsaData;                 /* Winsock data */
  int winerror;                    /* error in Windows */
  char* GetErrorMsg(int ErrorCode); /* print error string in Windows */
#endif

  fprintf(stdout, "Connection-oriented server program ...\n");

  /* Get the server port number from user, if any. */
  if (argc > 1)
  {
    portnum_in = atoi(argv[1]);
    if (portnum_in <= 0)
    {
      fprintf(stderr, "Port number %d invalid, set to default value %u\n",
        portnum_in, DEFSRVPORT);
      portnum = DEFSRVPORT;
    }
    else
      portnum = (in_port_t)portnum_in;
  }

#if WINDOWS
  /* Ask for Winsock version 2.2 at least. */
  if ((ret = WSAStartup(MAKEWORD(2, 2), &wsaData)) != 0)
  {
    fprintf(stderr, "WSAStartup() failed with error %d: %s\n",
      ret, GetErrorMsg(ret));
    return (-1);
  }
#endif

  /* Create a Stream server socket. */
  if ((sfd = socket(AF_INET6, SOCK_STREAM, 0)) < 0)
```

```
  {
    fprintf(stderr, "Error: socket() failed, errno=%d, %s\n", ERRNO, ERRNOSTR);
#if WINDOWS
    WSACleanup();
#endif
    return(-2);
  }

  /* Turn on SO_REUSEADDR socket option so that the server can restart
     right away before the required wait time period expires. */
  if (setsockopt(sfd, SOL_SOCKET, SO_REUSEADDR, (char *)&on, sizeof(on)) < 0)
  {
    fprintf(stderr, "setsockopt(SO_REUSEADDR) failed, errno=%d, %s\n",
      ERRNO, ERRNOSTR);
  }

  /* Turn off IPV6_V6ONLY socket option. Default is on in Windows. */
  if (setsockopt(sfd, IPPROTO_IPV6, IPV6_V6ONLY, (char*)&v6only,
    sizeof(v6only)) != 0)
  {
    fprintf(stderr, "Error: setsockopt(IPV6_V6ONLY) failed, errno=%d, %s\n",
      ERRNO, ERRNOSTR);
    CLOSE(sfd);
    return(-3);
  }

  /* Fill in the server socket address. */
  memset((void *)&srvaddr, 0, (size_t)srvaddrsz); /* clear the address buffer */
  srvaddr.sin6_family = AF_INET6;                 /* Internet socket */
  srvaddr.sin6_addr= in6addr_any;                 /* server's IP address */
  srvaddr.sin6_port = htons(portnum);             /* server's port number */

  /* Bind the server socket to its address. */
  if ((ret = bind(sfd, (struct sockaddr *)&srvaddr, srvaddrsz)) != 0)
  {
    fprintf(stderr, "Error: bind() failed, errno=%d, %s\n", ERRNO, ERRNOSTR);
    CLOSE(sfd);
    return(-4);
  }

  /* Set maximum connection request queue length that we can fall behind. */
  if (listen(sfd, BACKLOG) == -1) {
    fprintf(stderr, "Error: listen() failed, errno=%d, %s\n", ERRNO, ERRNOSTR);
    CLOSE(sfd);
    return(-5);
  }

  /* Set sleep time to be 5 ms. */
#if !WINDOWS
  sleeptm.tv_sec = SLEEPS;
  sleeptm.tv_nsec = (SLEEPMS*1000000);
```

```
#endif

    /* Wait for incoming connection requests from clients and service them. */
    while (1) {

      fprintf(stdout, "\nListening at port number %u ...\n", portnum);
      newsock = accept(sfd, (struct sockaddr *)&clntaddr, &clntaddrsz);
      if (newsock < 0)
      {
        fprintf(stderr, "Error: accept() failed, errno=%d, %s\n", ERRNO,
ERRNOSTR);
        CLOSE(sfd);
        return(-6);
      }

      fprintf(stdout, "Client Connected.\n");

      /* Exchange messages with the client here in real code. Do the real work. */
      /* For demo purposes, we wait a little bit and then exit here. */
#if WINDOWS
      Sleep(SLEEPMS);  /* Unit is ms. */
#else
      nanosleep(&sleeptm, (struct timespec *)NULL);
#endif

      /* For demo purposes, terminate the communication with the client. */
      CLOSE1(newsock);

      /* Simulate server down. For demo only. Remove these 2 lines in real code. */
      CLOSE1(sfd);
      break;
    }  /* while - outer */

#if WINDOWS
  WSACleanup();
#endif
  return(0);
}
```

(b) tcpclnt_auto_reconn_all.c

```
/*
 * A connection-oriented client program using Stream socket.
 * Detecting the death of a server and reconnecting with it automatically.
 * Using getaddrinfo().
 * This version works on Linux, Solaris, AIX, HPUX, Apple Darwin and Windows.
 * Usage: tcpclnt_auto_reconn_all [port [hostname/IPaddr]]
 * Authored by Mr. Jin-Jwei Chen.
 * Copyright (c) 2002, 2014, 2017-8, 2020 Mr. Jin-Jwei Chen. All rights
reserved.
 */
```

```
#include "mysocket.h"

#undef   SLEEPMS
#define  SLEEPMS      500    /* number of milliseconds to sleep & wait */

int auto_reconnect(char *server_name, in_port_t portnum);

int main(int argc, char *argv[])
{
  int        ret;
  size_t     len;
  in_port_t portnum=DEFSRVPORT;        /* port number */
  int        portnum_in = 0;           /* port number user provides */
  char       server_name[NAMELEN+1];   /* hostname or IP address */

  fprintf(stdout, "Connection-oriented client program detecting server
death...\n\n");

  /* Get the server's port number from user, if there is one. */
  if (argc > 1)
  {
    portnum_in = atoi(argv[1]);
    if (portnum_in <= 0)
    {
      fprintf(stderr,"Error: invalid port number %s. Use default port %d.\n",
        argv[1], DEFSRVPORT);
      portnum = DEFSRVPORT;
    }
    else
      portnum = (in_port_t)portnum_in;
  }

  /* Get the server's host name or IP address from user, if there is one. */
  if (argc > 2)
  {
    len = strlen(argv[2]);
    if (len > NAMELEN)
      len = NAMELEN;
    strncpy(server_name, argv[2], len);
    server_name[len] = '\0';
  } else
    strcpy(server_name, SERVER_NAME);

  ret = auto_reconnect(server_name, portnum);

  return(ret);
}

int auto_reconnect(char *server_name, in_port_t portnum)
{
  int     ret;
```

```
  int    sfd;                            /* file descriptor of the socket */
  struct addrinfo hints;                 /* address info hints */
  struct addrinfo *res=NULL;             /* address info result */
  char   portnumstr[16];             /* port number in string form */
  char   inbuf[BUFLEN];              /* input message buffer */
#if WINDOWS
  WSADATA wsaData;                   /* Winsock data */
  char* GetErrorMsg(int ErrorCode); /* print error string in Windows */
  unsigned long opt = 1;
#else
  struct timespec  sleeptm;          /* time to sleep - seconds and nanoseconds */
#endif

  if (server_name == NULL || portnum <= 0)
    return(EINVAL);

#if WINDOWS
  /* Ask for Winsock version 2.2 at least. */
  if ((ret = WSAStartup(MAKEWORD(2, 2), &wsaData)) != 0)
  {
    fprintf(stderr, "Error: WSAStartup() failed with error %d: %s\n",
      ret, GetErrorMsg(ret));
    return (-3);
  }
#endif

  /* Translate the server's host name or IP address into socket address.
   * Fill in the hints information.
   */
  sprintf(portnumstr, "%d", portnum);
  memset(&hints, 0x00, sizeof(hints));
    /* This works on AIX but not on Solaris, nor on Windows. */
    /* hints.ai_flags    = AI_NUMERICSERV; */
  hints.ai_family   = AF_UNSPEC;
  hints.ai_socktype = SOCK_STREAM;

  /* Get the address information of the server using getaddrinfo().  */
  ret = getaddrinfo(server_name, portnumstr, &hints, &res);
  if (ret != 0)
  {
    fprintf(stderr, "Error: getaddrinfo() failed, error %d, %s\n", ret,
      gai_strerror(ret));
#if !WINDOWS
    if (ret == EAI_SYSTEM)
      fprintf(stderr,"System error: errno=%d, %s\n", errno, strerror(errno));
#else
    WSACleanup();
#endif
    return(-4);
  }
```

```
      /* Set sleep time. */
    #if !WINDOWS
      sleeptm.tv_sec = 0;
      sleeptm.tv_nsec = (SLEEPMS*1000000);
    #endif

      /* Try to detect if the server has terminated. If yes, try to re-connect. */
      while (1)
      {
        fprintf(stderr,"Try to (re-)create a new socket and (re-)connect to "
          "the server ...\n");

        /* Create or re-create a socket for the client. */
        errno = 0;
        sfd = socket(res->ai_family, res->ai_socktype, res->ai_protocol);
        if (sfd < 0)
        {
          fprintf(stderr,"Error: socket() failed, errno=%d, %s\n", ERRNO, ERRNOSTR);
    #if WINDOWS
          WSACleanup();
    #endif
          return (-5);
        }

        /* Connect to the server. */
        errno = 0;
        ret = connect(sfd, res->ai_addr, res->ai_addrlen);

        /* Try it again a bit later if connect has failed. */
        if (ret != 0)
        {
          fprintf(stderr, "Error: connect() failed, errno=%d, %s\n", ERRNO, ERRNOSTR);
          goto tryAgain;;
        }

        /* Connect has succeeded. */
        fprintf(stdout, "\n*** Server is up. Connecting to server is successful.\n\n");

        /* The main loop that exchanges messages with the server. */
        while(1)
        {
          /* Receive next message. */
          ret = 0;
          errno = 0;
          inbuf[0] = '\0';
          ret = recv(sfd, inbuf, BUFLEN, 0);
```

```
        /* Break if error occurred during recv(). */
        if (ret < 0)
        {
          fprintf(stderr, "Error: recv() failed, errno=%d, %s\n", ERRNO,
ERRNOSTR);
          break;
        }
        /* No error during recv(). */
        else if (ret > 0)
        {
          /* Print the message received, if any. */
          inbuf[ret] = '\0';
          fprintf(stdout, "Received the following message:\n%s\n",
            inbuf);
        }
        else if (ret == 0)
        {
          fprintf(stdout, "\n*** The server may have terminated.\n\n");
          break;
        }
      }  /* inner while */

   tryAgain:
      /* Close the current socket */
      CLOSE1(sfd);
      sfd = 0;

      /* Wait a little bit for the server to restart and be ready. */
      fprintf(stdout, "Sleep for %2d ms and wait for server to be
ready...\n",
        SLEEPMS);
   #if WINDOWS
      Sleep(SLEEPMS);  /* Unit is ms. */
   #else
      nanosleep(&sleeptm, (struct timespec *)NULL);
   #endif
     }  /* outer while (1) */

   #if WINDOWS
     WSACleanup();
   #endif
     return(0);
   }
```

圖 12-21 測知對手中途重新啟動並自動再重新連線（IPv4 伺服插口）

(a) tcpsrv_auto_reconn2_all.c

```
   /*
    * A connection-oriented server program using Stream socket.
    * This version is for testing client detecting server's death.
```

```
 * Support for multiple platforms including Linux, Windows, Solaris, AIX, HPUX
 * and Apple Darwin.
 * Usage: tcpsrv_auto_reconn2_all [port#]
 * Authored by Mr. Jin-Jwei Chen.
 * Copyright (c) 2002, 2014, 2017, 2018 Mr. Jin-Jwei Chen. All rights reserved.
 */

#include "mysocket.h"

int main(int argc, char *argv[])
{
  int    ret;
  int    sfd;                        /* file descriptor of the listener socket */
  int    newsock;                    /* file descriptor of client data socket */
  struct sockaddr_in    srvaddr;     /* socket structure */
  int    srvaddrsz=sizeof(struct sockaddr_in);
  struct sockaddr_in    clntaddr;    /* socket structure */
  socklen_t    clntaddrsz=sizeof(struct sockaddr_in);
  in_port_t    portnum=DEFSRVPORT;   /* port number */
  int    portnum_in = 0;             /* port number entered by user */
  char   outbuf[BUFLEN];             /* output message buffer */
  size_t msglen;                     /* length of reply message */
  int    myid;                       /* my id number */
  int    messages;                   /* number of message to send */
  int    i, on=1;
#if !WINDOWS
  struct timespec  sleeptm;          /* sleep time - seconds and nanoseconds */
#endif
#if WINDOWS
  WSADATA wsaData;                      /* Winsock data */
  int winerror;                         /* error in Windows */
  char* GetErrorMsg(int ErrorCode); /* print error string in Windows */
#endif

  fprintf(stdout, "Connection-oriented server program ...\n");

  /* Get the server port number from user, if any. */
  if (argc > 1)
  {
    portnum_in = atoi(argv[1]);
    if (portnum_in <= 0)
    {
      fprintf(stderr, "Port number %d invalid, set to default value %u\n",
        portnum_in, DEFSRVPORT);
      portnum = DEFSRVPORT;
    }
    else
      portnum = (in_port_t)portnum_in;
  }

#if WINDOWS
```

```
  /* Ask for Winsock version 2.2 at least. */
  if ((ret = WSAStartup(MAKEWORD(2, 2), &wsaData)) != 0)
  {
    fprintf(stderr, "WSAStartup() failed with error %d: %s\n",
      ret, GetErrorMsg(ret));
    return (-1);
  }
#endif

  /* Create the Stream server socket. */
  if ((sfd = socket(AF_INET, SOCK_STREAM, 0)) < 0)
  {
    fprintf(stderr, "Error: socket() failed, errno=%d, %s\n", ERRNO, ERRNOSTR);
#if WINDOWS
    WSACleanup();
#endif
    return(-2);
  }

  /* Turn on SO_REUSEADDR socket option so that the server can restart
     right away before the required wait time period expires. */
  if (setsockopt(sfd, SOL_SOCKET, SO_REUSEADDR, (char *)&on, sizeof(on)) < 0)
  {
    fprintf(stderr, "setsockopt(SO_REUSEADDR) failed, errno=%d, %s\n", ERRNO,
      ERRNOSTR);
  }

  /* Fill in the server socket address. */
  memset((void *)&srvaddr, 0, (size_t)srvaddrsz); /* clear the address buffer */
  srvaddr.sin_family = AF_INET;                   /* Internet socket */
  srvaddr.sin_addr.s_addr = htonl(INADDR_ANY);    /* server's IP address */
  srvaddr.sin_port = htons(portnum);              /* server's port number */

  /* Bind the server socket to its address. */
  if ((ret = bind(sfd, (struct sockaddr *)&srvaddr, srvaddrsz)) != 0)
  {
    fprintf(stderr, "Error: bind() failed, errno=%d, %s\n", ERRNO, ERRNOSTR);
    CLOSE(sfd);
    return(-3);
  }

  /* Set maximum connection request queue length that we can fall behind. */
  if (listen(sfd, BACKLOG) == -1) {
    fprintf(stderr, "Error: listen() failed, errno=%d, %s\n", ERRNO, ERRNOSTR);
    CLOSE(sfd);
    return(-4);
  }

  /* Set sleep time to be 5 ms. */
#if !WINDOWS
  sleeptm.tv_sec = SLEEPS;
```

```
  sleeptm.tv_nsec = (SLEEPMS*1000000);
#endif

  /* Wait for incoming connection requests from clients and service them. */
  while (1) {

    fprintf(stdout, "\nListening at port number %u ...\n", portnum);
    newsock = accept(sfd, (struct sockaddr *)&clntaddr, &clntaddrsz);
    if (newsock < 0)
    {
      fprintf(stderr, "Error: accept() failed, errno=%d, %s\n", ERRNO, ERRNOSTR);
      CLOSE(sfd);
      return(-5);
    }

    fprintf(stdout, "Client Connected.\n");

    /* Exchange messages with the client here in real code. Do the real work. */
    /* For demo purposes, we wait a little bit and then exit here. */
#if WINDOWS
    Sleep(SLEEPMS);  /* Unit is ms. */
#else
    nanosleep(&sleeptm, (struct timespec *)NULL);
#endif

    /* For demo purposes, terminate the communication with the client. */
    CLOSE1(newsock);

    /* Simulate server down. For demo only. Remove these 2 lines in real code. */
    CLOSE1(sfd);
    break;
  }  /* while - outer */

#if WINDOWS
  WSACleanup();
#endif
  return(0);
}
```

（b）tcpclnt_auto_reconn2_all.c

```
/*
 * A connection-oriented client program using Stream socket.
 * Detecting death of the server and reconnecting with it automatically.
 * Using gethostbyname() and gethostbyaddr().
 * This version works on Linux, Solaris, AIX, HPUX, Apple Darwin and Windows.
 * Usage: tcpclnt_auto_reconn2_all [port [hostname/IPaddr]]
 * Authored by Mr. Jin-Jwei Chen.
 * Copyright (c) 2002, 2014, 2017-8, 2020 Mr. Jin-Jwei Chen. All rights reserved.
 */

#include "mysocket.h"
```

```
#undef   SLEEPMS
#define  SLEEPMS      500    /* number of milliseconds to sleep & wait */

int auto_reconnect(char *server_name, in_port_t portnum);

int main(int argc, char *argv[])
{
  int        ret;
  size_t     len;
  in_port_t portnum=DEFSRVPORT;       /* port number */
  int        portnum_in = 0;          /* port number provided by user */
  char       server_name[NAMELEN+1];  /* hostname or IP address */

  fprintf(stdout, "Connection-oriented client program detecting server
death...\n\n");

  /* Get the server's port number from user, if there is one. */
  if (argc > 1)
  {
    portnum_in = atoi(argv[1]);
    if (portnum_in <= 0)
    {
      fprintf(stderr,"Error: invalid port number %s. Use default port %d.\n",
        argv[1], DEFSRVPORT);
      portnum = DEFSRVPORT;
    }
    else
       portnum = (in_port_t)portnum_in;
  }

  /* Get the server's host name or IP address from user, if there is one. */
  if (argc > 2)
  {
    len = strlen(argv[2]);
    if (len > NAMELEN)
      len = NAMELEN;
    strncpy(server_name, argv[2], len);
    server_name[len] = '\0';
  } else
    strcpy(server_name, "localhost");

  ret = auto_reconnect(server_name, portnum);

  return(ret);
}

int auto_reconnect(char *server_name, in_port_t portnum)
{
  int     ret;
  int     socket_type = SOCK_STREAM;
```

```
  int    sfd;                          /* file descriptor of the socket */
  struct sockaddr_in    server;        /* socket structure */
  int    srvaddrsz=sizeof(struct sockaddr_in);
  unsigned int addr;
  struct hostent *hp;
  char   inbuf[BUFLEN];                /* input message buffer */
#if !WINDOWS
  struct timespec  sleeptm;            /* time to sleep - seconds and nanoseconds */
  int    winerror;                     /* socket error in Windows */
#endif
#if WINDOWS
  WSADATA wsaData;                     /* Winsock data */
  int winerror;                        /* error in Windows */
  char* GetErrorMsg(int ErrorCode); /* print error string in Windows */
  unsigned long opt = 1;
#endif

  if (server_name == NULL || portnum <= 0)
    return(EINVAL);

#if WINDOWS
  /* Ask for Winsock version 2.2 at least. */
  if ((ret = WSAStartup(MAKEWORD(2, 2), &wsaData)) != 0)
  {
    fprintf(stderr, "Error: WSAStartup() failed with error %d: %s\n",
      ret, GetErrorMsg(ret));
    return (-3);
  }
#endif

  /* Translate the host name or IP address into server socket address. */
  if (isalpha(server_name[0]))
  {  /* A host name is given. */
    hp = gethostbyname(server_name);
  }
  else
  {  /* Convert the n.n.n.n IP address to a number. */
    addr = inet_addr(server_name);
    hp = gethostbyaddr((char *)&addr, sizeof(addr), AF_INET);
  }

  if (hp == NULL )
  {
    fprintf(stderr,"Error: cannot get address for [%s], errno=%d, %s\n",
      server_name, ERRNO, ERRNOSTR);
#if WINDOWS
    WSACleanup();
#endif
    return(-4);
  }
```

```
    /* Copy the resolved information into the sockaddr_in structure. */
    memset(&server, 0, sizeof(server));
    memcpy(&(server.sin_addr), hp->h_addr, hp->h_length);
    server.sin_family = hp->h_addrtype;
    server.sin_port = htons(portnum);

    /* Set sleep time. */
  #if !WINDOWS
    sleeptm.tv_sec = 0;
    sleeptm.tv_nsec = (SLEEPMS*1000000);
  #endif

    /* Connect and communicate with the server. Try to detect if the server
       has terminated. If yes, try to re-connect automatically. */
    while (1)
    {
      fprintf(stderr,"Try to (re-)create a new socket and (re-)connect to "
        "the server ...\n");

      /* Create or re-create a socket for the client. */
      sfd = socket(AF_INET, socket_type, 0);
      if (sfd < 0)
      {
        fprintf(stderr,"Error: socket() failed, errno=%d, %s\n", ERRNO, ERRNOSTR);
  #if WINDOWS
        WSACleanup();
  #endif
        return (-5);
      }

      /* Connect to the server. */
      errno = 0;
      ret = connect(sfd, (struct sockaddr *)&server, srvaddrsz);

      /* Try it again a bit later if connect has failed. */
      if (ret != 0)
      {
        fprintf(stderr, "Error: connect() failed, errno=%d, %s\n", ERRNO,
          ERRNOSTR);
        goto tryAgain;;
      }

      /* Connect has succeeded. */
      fprintf(stdout, "\n*** Server is up. Connecting to server is
successful.\n\n");

      /* The main loop that exchanges messages with the server. */
      while (1)
      {
```

```
        /* Receive next message. */
        ret = 0;
        errno = 0;
        inbuf[0] = '\0';
        ret = recv(sfd, inbuf, BUFLEN, 0);

        /* Break if error occurred during recv(). */
        if (ret < 0)
        {
          fprintf(stderr, "recv() returned %d, errno=%d, %s\n", ret, ERRNO,
            ERRNOSTR);
          break;
        }

        /* No error during recv(). */
        if (ret > 0)
        {
          /* Print the message received, if any. */
          inbuf[ret] = '\0';
          fprintf(stdout, "Received the following message:\n%s\n",
            inbuf);
        }
        else if (ret == 0)
        {
          fprintf(stdout, "\n*** The server may have terminated.\n\n");
          break;
        }
      }  /* inner while */

tryAgain:
      /* Close the current socket */
      CLOSE1(sfd);
      sfd = 0;

      /* Wait a little bit for the server to restart and be ready. */
      fprintf(stdout, "Sleep for %2d ms and wait for server to restart...\n",
        SLEEPMS);
#if WINDOWS
      Sleep(SLEEPMS);  /* Unit is ms. */
#else
      nanosleep(&sleeptm, (struct timespec *)NULL);
#endif
    }  /* outer while (1) */

#if WINDOWS
    WSACleanup();
#endif
    return(0);
}
```

12-17 多播

截至目前為止，我們所討論的電腦網路通信，全都是單播式（unicast）的。每一信息送出時都只送給一個接收者。這是最常見也最典型的一對一通信。

有時，就像當下很流行的社群網路應用，有些應用會希望把同一個信息同時送給多個不同的接收者。有點像針對某一特定群組的廣播似的。不過，它並非是真正的廣播 — 送給同一網路上的所有人。這個特色叫**多播**（multicasting）。多播作業是一個信息的發送者，將同一個信息同時送給多部計算機上的接收者。這一節即介紹這個。

多播是一個對好幾個的通信方式。典型上，它都是使用資料郵包的插口（SOCK_DGRAM）達成，或是使用一原料（SOCK_RAW）插口，倘若是在一尋路（routing）背景程式上的話。若使用連播插口的話，發送者與每一個別接收者之間就得建立起一個別連線。因此，多播從來不用使用 TCP 協定的連播插口。

多播作業是一種軟體加硬體的特色。亦即，在硬體上，多播需要有能力進行多播作業，而且實際組構（configured）成多播作業的硬體才行，同時，軟體也要是能從事多播作業的。

12-17-1 形成多播群組

在同一個計算機網路上的一群計算機可以形成一個多播群組，並很有效率地彼此交換信息通信，因為，在這群組內，一信息發送者所送出的信息，會被送達至這群組的每一個會員手上。

每一多播群組以一多播群組位址加以辨別。IPv4 與 IPv6 都各自有保留某些位址區塊專作多播之用。在 IPv4，D 類的 IP 位址即專作多播之用，這些 IPv4 位址包括從 224.0.0.0 到 239.255.255.255。在 IPv6，多播位址都以 ff00::/8 開頭。譬如，一個廣為人知的 IPv6 多播位址即為 ff02::1。這是保留給每一本地網路節段作多播用的。

同一多播群組上的計算機，可以全部都位於同一子網或副網（subnet）上，或分佈在不同子網上。若位於不同子網上，則它們必須有能應付多播作業的尋路器（router）將它們連接在一起。

一部計算機可以隨時加入或離開一個多播群組。一個多播群組沒有位置或會員數的限制。

多播作業可以用在資料連結或網路（IP）層次上。這節所介紹的是 IP 層級的多播作業。

12-17-2 多播的程式設計

IPv4	IPv6
IP_MULTICAST_LOOP	IPV6_MULTICAST_LOOP
IP_MULTICAST_IF	IPV6_MULTICAST_IF
IP_MULTICAST_TTL	IPV6_MULTICAST_HOPS
IP_ADD_MEMBERSHIP	IPV6_ADD_MEMBERSHIP,IPV6_JOIN_GROUP
IP_DROP_MEMBERSHIP	IPV6_DROP_MEMBERSHIP,IPV6_LEAVE_GROUP

圖 12-22 多播的插口選項

欲從事多播作業時，程式必須產生一個平常的單播式資料郵包插口，然後叫用 setsockopt() 函數，賦與該插口各項與多播有關的屬性（attributes）。圖12-22 所示即這些多播插口選項。注意到，各屬性的名稱在 IPv4 與 IPv6 上是不一樣的。此外，程式可以經由叫用 getsockopt() 或 setsockopt() 函數，分別讀取或設定這些插口選項的值。

多播的插口選項

以下我們分別描述這每一個多播之插口選項的功能。

1. IP_ADD_MEMBERSHIP/IPV6_ADD_MEMBERSHIP/IPV6_JOIN_GROUP

   這個插口選項將插口加入本地網路界面上的指定多播群組上。本地網路界面以及多播群組的位址，分別由 setsockopt() 函數叫用指明。

這個插口選項的值是一 ip_mreq（IPv4）或 ipv6_mreq（IPv6）的資料結構，結構中含有多播作業所需之本地網路界面的 IP 位址，以及多播群組的 IP 位址。

注意到，只有多播信息的接收者，才需要以 IP_ADD_MEMBERSHIP 插口選項，特別加入一個多播群組。加入一個多播群組的作業是不必等的。這個函數叫用應立即回返，顯示成功或失敗。

2. IP_DROP_MEMBERSHIP / IPV6_DROP_MEMBERSHIP / IPV6_LEAVE_GROUP

   這個插口選項的功能正好與 IP_ADD_MEMBERSHIP 或 IPV6_JOIN_GROUP 相反。它讓叫用程式退出 ip_mreq 或 ipv6_mreq 資料結構所指明的多播群組。

   脫離一多播群組的函數叫用也是不必等的。該函數叫用應立即回返，並顯示成功或失敗。

3. IP_MULTICAST_IF / IPV6_MULTICAST_IF

   這插口選項讓程式能讀取或設定多播作業的網路界面（IF）。叫用 setsockopt() 函數設定這個插口選項讓程式能指明欲使用那一個網路界面發送多播信息。這個函數叫用所指明的 IP 位址，必須是要能從事多播作業的網路界面卡。

   注意到，這個是設定要發送出多播信息的網路界面卡。它跟接收多播信息要使用的界面是完全分開且不相干的。接收多播信息的界面是程式必須將插口與之繫綁在一起的界面。

   叫用 getsockopt() 讀取這個插口選項的值，會取得用以發送多播信息之網路界面的值（其 IP 位址）。

4. IP_MULTICAST_LOOP / IPV6_MULTICAST_LOOP

   這個選項控制程式本身所發送出的多播信息，是否也應該回送至這部計算機上，好讓這個送出信息的程式或這部計算機上的其他應用程式也能收得到。

在 Linux 作業系統上，這個選項是自動打開或設定的。亦即，假若有程式在收聽同一多播群組，那一個程式所送出的多播信息，都會自動回送到這部計算機上的。

5. IP_MULTICAST_TTL / IPV6_MULTICAST_HOPS

   這選項讀取或設定跟插口之多播信息有關的 TTL 數值（站數，跳躍數 hops）。

   典型上，這個值會自動設定為 1，以預防多播信息進一步被轉發（forwarded）至超出目前的本地網路。這個值也不能大於 255。

   若 TTL 的值是 0，則多播信息則不能在任何子網上傳輸。倘若第一子網接有多播尋路器而且 TTL 的值大於 1，則多播信息即可在一個以上的子網傳輸。

欲發送多播信息時，程式必須執行下列步驟：

1. 產生一網際網路的資料郵包插口。
2. 設定好多播群組的 IP 位址及端口號。
3. 以 IP_MULTICAST_IF 插口選項，設定用以發送多播信息的網路界面。
4. 叫用 sendto() 函數，發送多播信息至多播群組的 IP 位址及端口號上。

欲接收多播信息時，程式必須執行下列步驟：

1. 產生一網際網路的資料郵包插口。
2. 將該插口繫綁在 INADDR_ANY 之通配 IP 位址與多播的端口號上。這端口號必須與多播信息發送者在多播位址上所指明的端口號相同。
3. 指明一網路界面，以 IP_ADD_MEMBERSHIP 插口選項加入多播群組，想接收多播信息之每一網路界面，都必須分別用 setsockopt() 函數，設定 IP_ADD_MEMBERSHIP 插口選項。

   加入一多播群組時必須指明兩個位址：多播群組的位址以及欲接收多播信息之網路界面的 IP 位址。

這個 setsockopt()函數叫用，告訴作業系統核心，將所指明之多播群組的多播信息，送給你的程式。

4. 叫用 setsockopt()，打開 SO_REUSEADDR 或 SO_REUSEPORT 插口選項，以容許同一部計算機上有多個不同程式，或同一程式的多個不同實例（即程序），都能同時接收相同的多播信息。在 Linux，Solaris 與視窗系統上，函數叫用必須打開 SO_REUSEADDR 插口選項，但在 IBM AIX，HP HPUX 與 Apple Mac Darwin 上，該函數叫用則必須打開 SO_REUSEPORT 插口選項，而不是 SO_REUSEADDR。

5. 接收多播信息。

記得，多播信息的接收者，通常必須與多播信息的發送者，都位於同一子網上。

圖 12-23a 所列即為一多播信息的發送程式，multicast_snd_all.c。這個程式在 Linux，AIX，Solaris，HP-UX，Apple Darwin 與微軟視窗等平台上都沒問題。

圖 12-23b 所示則為一多播信息的接收程式，multicast_rcv_all.c。這個程式打開 SO_REUSEADDR插口選項，讓同一計算機上有多個程式能同時接收同樣的多播信息。這個版本可用在 Linux，Solaris 與視窗系統上。

圖 12-23c 所列則為另一個版本的多播信息接收程式，multicast_rcv2_all.c。這個程式打開 SO_REUSEPORT 插口選項，容許同一計算機上有多個程式，能同時接收同樣的多播信息。這程式可用在 AIX，HP-UX，Linux 與 Apple Darwin上。

程式所選用的多播群組定義在 MULTICASTGROUP 代號上。它可以是“224.1.1.1”，“224.0.0.251”，“225.1.1.1”，“226.1.1.1”等等。

圖 12-23a 多播信息的發送程式（所有平台都可）（multicast_snd_all.c）

```
/*
 * Multicast message sender
 * This program sends a message via multicasting.
 * Usage: multicast_snd ip_address_of_local_interface
 * Authored by Mr. Jin-Jwei Chen.
 * Copyright (c) 2017-8, Mr. Jin-Jwei Chen. All rights reserved.
 */
```

```
#include "mysocket.h"

int main (int argc, char *argv[ ])
{
  struct sockaddr_in mcastgrp;     /* address of the multicast group */
  struct in_addr localintf;        /* IP address of the local interface */
  int    sfd;                      /* socket file descriptor */
  char   databuf[BUFLEN];          /* IN/OUT data buffer */
  unsigned char  loopval;          /* value of socket option */
  unsigned int   ttlval;           /* value of socket option */
  socklen_t ttlvalsz = sizeof(ttlval);   /* size of option value */
  char   *localintfaddr = LOCALINTFIPADDR;  /* IP addr of local interface */

#if WINDOWS
  int  ret = 0;
  WSADATA wsaData;
  char* GetErrorMsg(int ErrorCode);    /* print error string in Windows */
#endif

  /* Get local interface IP address from user, if any */
  if (argc > 1)
    localintfaddr = argv[1];

#if WINDOWS
  /* Start up Windows socket. Use at least Winsock version 2.2 */
  if ((ret = WSAStartup(MAKEWORD(2, 2), &wsaData)) != 0)
  {
    fprintf(stderr, "WSAStartup failed with error %d: %s\n",
      ret, GetErrorMsg(ret));
    WSACleanup();
    return (-1);
  }
#endif

  /* Create a datagram socket */
  sfd = socket(AF_INET, SOCK_DGRAM, 0);
  if (sfd < 0)
  {
    fprintf(stderr, "Error: socket() failed, errno=%d, %s\n", ERRNO, ERRNOSTR);
#if WINDOWS
    WSACleanup();
#endif
    return(-2);
  }

  /* Fill in the multicast group's address */
  memset((char *) &mcastgrp, 0, sizeof(mcastgrp));
  mcastgrp.sin_family = AF_INET;
  mcastgrp.sin_addr.s_addr = inet_addr(MULTICASTGROUP);
  mcastgrp.sin_port = htons(MCASTPORT);
```

```
  /* Enable loopback so multicast messages we send get delivered to
   * to this local host as well. */
  /* On Linux, this is sort of redundant because, by default, this is on.
     That is, applications on this same host can receive multicast message. */
  loopval = 1;
  if (setsockopt(sfd, IPPROTO_IP, IP_MULTICAST_LOOP, (char *)&loopval,
    sizeof(loopval)) < 0)
  {
    fprintf(stderr, "Error: setsockopt(IP_MULTICAST_LOOP) failed, "
      "errno=%d, %s\n", ERRNO, ERRNOSTR);
    CLOSE(sfd);
    return(-3);
  }

  /* Set the local interface for outbound multicast messages. The local IP
     address specified must be a multicast capable interface. */
  localintf.s_addr = inet_addr(localintfaddr);
  if (setsockopt(sfd, IPPROTO_IP, IP_MULTICAST_IF, (char *)&localintf,
      sizeof(localintf)) < 0)
  {
    fprintf(stderr, "Error: setsockopt(IP_MULTICAST_IF) failed, "
      "errno=%d, %s\n", ERRNO, ERRNOSTR);
    CLOSE(sfd);
    return(-4);
  }

  /* Send a message to the multicast group */
  strcpy(databuf, "This is a multicast datagram message.");
  if (sendto(sfd, databuf, BUFLEN, 0, (struct sockaddr*)&mcastgrp,
      sizeof(mcastgrp)) < 0)
  {
    fprintf(stderr, "Error: sendto() failed, errno=%d, %s\n", ERRNO, ERRNOSTR);
    CLOSE(sfd);
    return(-5);
  }
  fprintf(stdout, "The multicast message was successfully sent.\n");

  CLOSE(sfd);
  return(0);
}
```

圖 12-23b 多播信息的接收程式（multicast_rcv_all.c）
（Linux，Solaris 與視窗系統）

```
/*
 * Multicast message receiver
 * This program receives a message through multicasting.
 * Multiple programs running on same host are enabled to receive in same
 * multicast group via turning on the SO_REUSEADDR socket option.
 * This works in Linux, Oracle/Sun Solaris, Apple Darwin and Windows.
```

```
 * Usage: multicast_rcv  ip_address_of_local_interface
 * Authored by Mr. Jin-Jwei Chen.
 * Copyright (c) 2017-8, Mr. Jin-Jwei Chen. All rights reserved.
 */

#include "mysocket.h"

int main(int argc, char *argv[])
{
  struct sockaddr_in  rcvraddr;  /* address of the receiving socket */
  struct ip_mreq      mcastgrp;  /* address of the multicast group */
  int    sfd;                    /* socket file descriptor */
  char   inbuf[BUFLEN];          /* input buffer */
  int    optval;                 /* value of socket option */
  char   *localintfaddr = LOCALINTFIPADDR;  /* IP addr of local interface */

#if WINDOWS
  int  ret = 0;
  WSADATA wsaData;
  char* GetErrorMsg(int ErrorCode);   /* print error string in Windows */
#endif

  /* Get local interface IP address from user, if any */
  if (argc > 1)
    localintfaddr = argv[1];

#if WINDOWS
  /* Start up Windows socket. Use at least Winsock version 2.2 */
  if ((ret = WSAStartup(MAKEWORD(2, 2), &wsaData)) != 0)
  {
    fprintf(stderr, "WSAStartup failed with error %d: %s\n",
      ret, GetErrorMsg(ret));
    WSACleanup();
    return (-1);
  }
#endif

  /* Create a datagram socket */
  sfd = socket(AF_INET, SOCK_DGRAM, 0);
  if (sfd < 0)
  {
    fprintf(stderr, "Error: socket() failed, errno=%d, %s\n", ERRNO, ERRNOSTR);
#if WINDOWS
    WSACleanup();
#endif
    return(-2);
  }

  /* Turn on SO_REUSEADDR socket option to allow multiple instances of this
     program to be able to receive copies of the multicast datagrams. */
  optval = 1;
```

```
  if (setsockopt(sfd, SOL_SOCKET, SO_REUSEADDR, (char *)&optval, sizeof(optval))
    < 0)
  {
    fprintf(stderr, "Error: setsockopt(SO_REUSEADDR) failed, errno=%d, %s\n",
      ERRNO, ERRNOSTR);
    CLOSE(sfd);
    return(-3);
  }
  fprintf(stdout, "The SO_REUSEADDR socket option is turned on.\n");

  /* Bind the datagram socket to an address */
  memset((char *) &rcvraddr, 0, sizeof(rcvraddr));
  rcvraddr.sin_family = AF_INET;
  rcvraddr.sin_port = htons(MCASTPORT);
  rcvraddr.sin_addr.s_addr = INADDR_ANY;
  if (bind(sfd, (struct sockaddr*)&rcvraddr, sizeof(rcvraddr)))
  {
    fprintf(stderr, "Error: bind() failed, errno=%d, %s\n", ERRNO, ERRNOSTR);
    CLOSE(sfd);
    return(-4);
  }

  /* Join the multicast group on the specified local host's interface.
   * A multicast datagram receiver must turn on the IP_ADD_MEMBERSHIP
   * socket option.
   */
  mcastgrp.imr_multiaddr.s_addr = inet_addr(MULTICASTGROUP);
  mcastgrp.imr_interface.s_addr = inet_addr(localintfaddr);
  if (setsockopt(sfd, IPPROTO_IP, IP_ADD_MEMBERSHIP, (char *)&mcastgrp,
    sizeof(mcastgrp)) < 0)
  {
    fprintf(stderr, "Error: setsockopt(IP_ADD_MEMBERSHIP) failed, "
      "errno=%d, %s\n", ERRNO, ERRNOSTR);
    CLOSE(sfd);
    return(-5);
  }

  /* Read the multicast message. Windows requires using recvfrom() here. */
  if (recvfrom(sfd, inbuf, BUFLEN, 0, (struct sockaddr *)NULL,
      (socklen_t *)NULL) < 0)
  {
    fprintf(stderr, "Error: recvfrom() failed, errno=%d, %s\n", ERRNO, ERRNOSTR);
    CLOSE(sfd);
    return(-6);
  }

  fprintf(stdout, "The following multicast message was successfully received:"
    "\n%s\n", inbuf);

  CLOSE(sfd);
  return(0);
}
```

圖 12-23c 多播信息的接收程式（multicast_rcv2_all.c）
（AIX，HP-UX，Linux，或 Apple Darwin）

```
/*
 * Multicast message receiver
 * This program receives a message through multicasting.
 * Multiple programs running on same host are enabled to receive in same
 * multicast group via turning on the SO_REUSEPORT socket option.
 * This works in Linux, IBM AIX, HP HPUX and Apple Darwin.
 * Usage: multicast_rcv2  ip_address_of_local_interface
 * Authored by Mr. Jin-Jwei Chen.
 * Copyright (c) 2017-8, Mr. Jin-Jwei Chen. All rights reserved.
 */

#include "mysocket.h"

int main(int argc, char *argv[])
{
  struct sockaddr_in  rcvraddr;  /* address of the receiving socket */
  struct ip_mreq      mcastgrp;  /* address of the multicast group */
  int    sfd;                    /* socket file descriptor */
  char   inbuf[BUFLEN];          /* input buffer */
  int    optval;                 /* value of socket option */
  char   *localintfaddr = LOCALINTFIPADDR;  /* IP addr of local interface */

#if WINDOWS
  int  ret = 0;
  WSADATA wsaData;
  char* GetErrorMsg(int ErrorCode);   /* print error string in Windows */
#endif

  /* Get local interface IP address from user, if any */
  if (argc > 1)
    localintfaddr = argv[1];

#if WINDOWS
  /* Start up Windows socket. Use at least Winsock version 2.2 */
  if ((ret = WSAStartup(MAKEWORD(2, 2), &wsaData)) != 0)
  {
    fprintf(stderr, "WSAStartup failed with error %d: %s\n",
      ret, GetErrorMsg(ret));
    WSACleanup();
    return (-1);
  }
#endif

  /* Create a datagram socket */
  sfd = socket(AF_INET, SOCK_DGRAM, 0);
  if (sfd < 0)
```

```
  {
    fprintf(stderr, "Error: socket() failed, errno=%d, %s\n", ERRNO, ERRNOSTR);
#if WINDOWS
    WSACleanup();
#endif
    return(-2);
  }

  /* Turn on SO_REUSEPORT socket option to allow multiple instances of this
     program to be able to receive copies of the multicast datagrams. */
  optval = 1;
  if (setsockopt(sfd, SOL_SOCKET, SO_REUSEPORT, (char *)&optval, sizeof(optval))
    < 0)
  {
    fprintf(stderr, "Error: setsockopt(SO_REUSEPORT) failed, errno=%d, %s\n",
      ERRNO, ERRNOSTR);
    CLOSE(sfd);
    return(-3);
  }
  fprintf(stdout, "The SO_REUSEPORT socket option is turned on.\n");

  /* Bind the datagram socket to an address */
  memset((char *) &rcvraddr, 0, sizeof(rcvraddr));
  rcvraddr.sin_family = AF_INET;
  rcvraddr.sin_port = htons(MCASTPORT);
  rcvraddr.sin_addr.s_addr = INADDR_ANY;
  if (bind(sfd, (struct sockaddr*)&rcvraddr, sizeof(rcvraddr)))
  {
    fprintf(stderr, "Error: bind() failed, errno=%d, %s\n", ERRNO, ERRNOSTR);
    CLOSE(sfd);
    return(-4);
  }

  /* Join the multicast group on the specified local host's interface.
   * A multicast datagram receiver must turn on the IP_ADD_MEMBERSHIP
   * socket option.
   */
  mcastgrp.imr_multiaddr.s_addr = inet_addr(MULTICASTGROUP);
  mcastgrp.imr_interface.s_addr = inet_addr(localintfaddr);
  if (setsockopt(sfd, IPPROTO_IP, IP_ADD_MEMBERSHIP, (char *)&mcastgrp,
    sizeof(mcastgrp)) < 0)
  {
    fprintf(stderr, "Error: setsockopt(IP_ADD_MEMBERSHIP) failed, "
      "errno=%d, %s\n", ERRNO, ERRNOSTR);
    CLOSE(sfd);
    return(-5);
  }

  /* Read the multicast message. Windows requires using recvfrom() here. */
```

```
  if (recvfrom(sfd, inbuf, BUFLEN, 0, (struct sockaddr *)NULL,
      (socklen_t *)NULL) < 0)
  {
    fprintf(stderr, "Error: recvfrom() failed, errno=%d, %s\n", ERRNO, ERRNOSTR);
    CLOSE(sfd);
    return(-6);
  }

  fprintf(stdout, "The following multicast message was successfully received:"
    "\n%s\n", inbuf);

  CLOSE(sfd);
  return(0);
}
```

以下所示即為多播例題程式的幾個執行結果。這些測試將兩個多播的接收程式分別放在兩個不同計算機上執行。首先，以下是在 Linux 或 Solaris 系統上的執行結果：

```
$ ./multicast_rcv_all  192.168.1.26
The SO_REUSEADDR socket option is turned on.
The following multicast message was successfully received:
This is a multicast datagram message.

$ ./multicast_rcv_all  192.168.1.31
The SO_REUSEADDR socket option is turned on.
The following multicast message was successfully received:
This is a multicast datagram message.

$ ./multicast_snd_all  192.168.1.31
The multicast message was successfully sent.
```

其次，以下是在 AIX 或 HP-UX 系統上的執行結果：

```
$ ./multicast_rcv2_all 192.168.1.61
The SO_REUSEPORT socket option is turned on.
The following multicast message was successfully received:
This is a multicast datagram message.

$ ./multicast_rcv2_all 192.168.1.60
The SO_REUSEPORT socket option is turned on.
The following multicast message was successfully received:
This is a multicast datagram message.

$ ./multicast_snd_all 192.168.1.61
The multicast message was successfully sent.
```

12-17-3 在同一計算機上跑多個多播接收程式

有時候會有需要，必須在同一計算機上執行多個不同的程式，或多個相同的程式，讓好幾個程序同時能接受來自同一 IP 位址與端口號的多播信息。前面提過，多播信息的接收者必須將其插口，繫綁在接收多播信息的 IP 位址與端口號上。不過，在同一計算機上，平常就只有一個程序能使用一個端口號。這個限制使得在同一計算機上，最多就只有一個程序能將其插口繫綁在多播信息的位址及端口號上。這個問題可經由 SO_REUSEADDR 插口選項解決。

以下是一個程式如何打開 SO_REUSEADDR 插口選項：

```
int reuse = 1;
if (setsockopt(sfd, SOL_SOCKET, SO_REUSEADDR, (char *)&reuse, sizeof(reuse)) < 0)
```

打開 SO_REUSEADDR 選項讓在同一部計算機上同時執行的多個程序，都能同時將其插口繫綁在同一 IP 位址與端口號上，這讓多個程序能同時接收被發送至此同一位址上的多播信息。若不打開這個插口選項，那就只有單一個程序能這樣做。因為，其他的程式在叫用 bind() 函數時，就會出現以下的錯誤：

```
Error: bind() failed, errno=98
```

或

```
bind() error: Address already in use
```

因此，除了上面所介紹過的，專屬多播用的五個插口選項外，SO_REUSEADDR 是另一個一般用的插口選項，但卻經常出現在多播應用程式上的插口選項。

可是，這個特色是依作業系統不同而異的。欲讓在同一部計算機上執行的多個程序，都能同時接收來自同一多播位址的信息，在 Linux，Solaris 與視窗等作業系統上，程式必須打開 SO_REUSEADDR 插口選項，但在 AIX，HP-UX，與 Apple Darwin 上，程式就得打開 SO_REUSEPORT 選項，而非 SO_REUSEADDR。

```
int reuse = 1;
if (setsockopt(sfd, SOL_SOCKET, SO_REUSEPORT, (char *)&reuse, sizeof(reuse)) < 0)
```

在 AIX，HP-UX 與 Apple Darwin 上，程式假如打開的是 SO_REUSEADDR 選項，則第二個想把其插口繫綁在同一多播位址與端口號上的程序，就會出錯，不被允許這樣做。

記得，在 Linux 上，不論程式打開 SO_REUSEADDR 或 SO_REUSEPORT，都可以。

在 Solaris 上，假若程式打開 SO_REUSEPORT 選項，系統會讓第二個程序將其插口也繫綁在同一位址上，但卻只有第一個插口能收到多播信息。另外注意，Solaris 11 有支援 SO_REUSEPORT 插口選項，但 Solaris 10.5 則無。

以下即為讓多個在同一計算機上所執行程序能同時收到相同的多播信息的摘要：

表格 12-2 如何讓同一計算機上多個程序同時接收相同多播信息

Linux：	打開 SO_REUSEADDR 或 SO_REUSEPORT 插口選項
Oracle/Sun Solaris：	打開 SO_REUSEADDR 插口選項
視窗系統：	打開 SO_REUSEADDR 插口選項
AIX：	打開 SO_REUSEPORT 插口選項
HPUX：	打開 SO_REUSEPORT 插口選項
Apple Darwin：	打開 SO_REUSEPORT 插口選項

12-17-4 視窗系統上的多播作業

在這本書於 2020 年出版時，微軟視窗系統並不支援 SO_REUSEPORT 插口選項。所以，為了讓同一計算機上能有多個程序同時接收同一多播信息，程式必須打開 SO_REUSEADDR 選項。

就多播信息的接收程式而言，微軟視窗與其他平台的主要差異是，在視窗上，程式一定要用 recvfrom() 函數接收或讀取多播的信息，但在 Linux，AIX，Solaris，HP-UX 與 Apple Darwin 上，使用 recvfrom() 或 read() 接收都沒問題。在視窗系統上，若程式以 read() 函數接收多播信息，則接收程式會死掉。

以下所示即為在視窗系統上執行多播例題程式，所得到的執行結果。

```
C:\myprog\multicast\windows>multicast_rcv_all.exe
The SO_REUSEADDR socket option is turned on.
The following multicast message was successfully received:
This is a multicast datagram message.

C:\myprog\multicast\windows>multicast_rcv_all.exe
The SO_REUSEADDR socket option is turned on.
The following multicast message was successfully received:
This is a multicast datagram message.

C:\myprog\multicast\windows>multicast_snd_all.exe
The multicast message was successfully sent.
```

12-18 多工的伺服器

12-18-1 單程線的伺服器

最簡單的連線式伺服程式，就是如圖 12-12a 所示的單程線的伺服程式了。

是的，你可以寫一個單程線的連線式伺服程式，一次接受一個客戶的連線請求，與之通信，服務客戶之所需。完後，再接受下一個客戶的連線請求，服務下一個客戶。不過，由於這樣的伺服程式，每一瞬間只能服務一個客戶，所有客戶必須串聯式地（serially）排隊等候，因此，在高客戶流量的情況下，速度會很慢，性能會很差。有些客戶可能需時很久，如此，在它後面的其他客戶也就必須等很久。在實際應用上，這樣的設計幾乎是無法接受的。伺服程式的速度會太慢，輸出量（throughput）也很低。而這不論是使用連線式或非連線式的通信方式，都是一樣。

12-18-2 共時或並行處理

因為這緣故，所以，一般的伺服程式幾乎都是**多工式的**（multitasking），能同時處理與應付多個客戶程式。為了達成這目標，伺服程式（主程線）本身應專注在僅接受客戶之連線請求，而把實際服務每一客戶的工作，交給另一個程線或程序去處理。如此，伺服程式本身或其主程線才不會被某一個別客戶所纏住或綁死，也才能迅速地回應其他客戶的連線請求。

換言之，伺服程式之主程線的唯一工作，就是聆聽與接受所有客戶的連線請求。一旦接受了一個連線請求，伺服程式產生了一個新的插口，緊接就將這新插口交給一個子程序或子程線，讓它去處理這個新客戶的需求。從這時起，好好服務每一客戶之所求即是這子程序或子程線的責任了。伺服程式或其主程線可立即回頭，聽取並接受下一個客戶的連線請求。所以，接受客戶的連線請求與實際服務客戶，這兩項工作是分開的，並分層負責。伺服程式或其主程線負責前者，子程線或子程序則負責後者。

亦即，在一個伺服程式上，一旦伺服程式收到了一個客戶的請求服務的信息，它就可以產生一新的子程線或子程序，然後將該客戶的位址以及請求，一起交給它，讓它去處理這請求。或甚至伺服程式也可幫忙處理一些簡易的請求，而把較複雜與需時較長的客戶請求，交給子程線或子程序去處理。

這就是一伺服程式實際應有的結構，是一多工式的伺服程式。現代的伺服程式，典型上都必須要能同時處理幾千個客戶的。就網際網路伺服器而言，就必須要有這種能力。

多工作業一般有兩種方式達成：使用多程線或多程序。早期，程線並不普遍，因此，很多都採用多程序。但自 1990 年代以後，程線已漸普及，因此，多程線的伺服程式也就變成是最流行的了。一般而言，使用多程線比多程序會輕快一些。但兩者並用也是常有的。尤其是在每一程序的容許最大程線數受到限制的情況下，兩者並用也是突破這項限制的好方法。亦即，伺服程式產生並使用多個程序，其中每一程序又使用多程線。

圖 12-24 所示即為使用多子程序之連線式的多工伺服程式。而圖 12-25 所示則為一使用多程線（POSIX 程線）的版本。

圖 12-24 多程序的連線式伺服程式（tcpsrvp.c）

```
/*
 * A connection-oriented server program using Stream socket.
 * Multi-threaded server using processes.
 * Usage: tcpsrvp [port#]
 * Authored by Mr. Jin-Jwei Chen.
 * Copyright (c) 1993-2017, 2020 Mr. Jin-Jwei Chen. All rights reserved.
 */

#include <stdio.h>
#include <errno.h>
#include <sys/types.h>
```

```
#include <sys/socket.h>
#include <netinet/in.h>     /* protocols such as IPPROTO_TCP, ... */
#include <string.h>         /* memset() */
#include <stdlib.h>         /* atoi() */
#include <signal.h>         /* sigaction() */
#include <unistd.h>         /* close(), fork() */

#define  BUFLEN      1024    /* size of message buffer */
#define  DEFSRVPORT  2345    /* default server port number */
#define  BACKLOG       50    /* length of listener queue */

int main(int argc, char *argv[])
{
  int    ret, portnum_in=0, i;
  int    sfd;                        /* file descriptor of the listener socket */
  int    newsock;                    /* file descriptor of client data socket */
  struct sockaddr_in    srvaddr;    /* socket structure */
  int    srvaddrsz=sizeof(struct sockaddr_in);
  struct sockaddr_in    clntaddr;   /* socket structure */
  socklen_t    clntaddrsz=sizeof(struct sockaddr_in);
  in_port_t    portnum=DEFSRVPORT; /* port number */
  int service_client(int sfd);
  struct sigaction  oldact, newact;

  fprintf(stdout, "Connection-oriented server program ...\n");

  /* Ignore the SIGCHLD signal so child processes won't become defunct. */
  sigfillset(&newact.sa_mask);
  newact.sa_flags = 0;
  newact.sa_handler = SIG_IGN;
  ret = sigaction(SIGCHLD, &newact, &oldact);
  if (ret != 0)
  {
    fprintf(stderr, "sigaction failed, errno=%d, %s\n", errno, strerror(errno));
    return(-1);
  }

  /* Get the port number from user, if any. */
  if (argc > 1)
    portnum_in = atoi(argv[1]);
  if (portnum_in <= 0)
  {
    fprintf(stderr, "Port number %d invalid, set to default value %u\n",
      portnum_in, DEFSRVPORT);
    portnum = DEFSRVPORT;
  }
  else
    portnum = portnum_in;

  /* Create the Stream server socket. */
  if ((sfd = socket(AF_INET, SOCK_STREAM, 0)) < 0)
```

```
    {
      fprintf(stderr, "Error: socket() failed, errno=%d, %s\n", errno,
        strerror(errno));
      return(-2);
    }

    /* Fill in the server socket address. */
    memset((void *)&srvaddr, 0, (size_t)srvaddrsz); /* clear the address buffer */
    srvaddr.sin_family = AF_INET;                   /* Internet socket */
    srvaddr.sin_addr.s_addr = htonl(INADDR_ANY);    /* server's IP address */
    srvaddr.sin_port = htons(portnum);              /* server's port number */

    /* Bind the server socket to its address. */
    if ((ret = bind(sfd, (struct sockaddr *)&srvaddr, srvaddrsz)) != 0)
    {
      fprintf(stderr, "Error: bind() failed, errno=%d, %s\n", errno,
        strerror(errno));
      return(-3);
    }

    /* Set maximum connection request queue length that we can fall behind. */
    if (listen(sfd, BACKLOG) == -1) {
      fprintf(stderr, "Error: listen() failed, errno=%d, %s\n", errno,
        strerror(errno));
      close(sfd);
      return(-4);
    }

    /* Wait for incoming connection requests from clients and service them. */
    while (1) {

      fprintf(stdout, "\nListening at port number %u ...\n", portnum);
      newsock = accept(sfd, (struct sockaddr *)&clntaddr, &clntaddrsz);
      if (newsock < 0)
      {
        fprintf(stderr, "Error: accept() failed, errno=%d, %s\n", errno,
          strerror(errno));
        close(sfd);
        return(-5);
      }

      fprintf(stdout, "Client Connected.\n");

      /* Service the client's requests. */
      ret = service_client(newsock);
      close(newsock);

    }  /* while - outer */
  }

/*
```

```
 * This function is called to service the needs of a client by the server
 * after it has accepted a network connection request from a client.
 */
int service_client(int newsock)
{
  int    ret;
  pid_t  pid;
  char   inbuf[BUFLEN];              /* input message buffer */
  char   outbuf[BUFLEN];             /* output message buffer */
  size_t msglen;                     /* length of reply message */

  /* Create a child process to service the client. */
  pid = fork();

  if (pid == -1)
  {
    fprintf(stderr, "fork() failed, errno=%d, %s\n", errno, strerror(errno));
    return(-7);
  }
  else if (pid == 0)
  {
    /* This is the child process. */
    /* Receive and service requests from the client. */
    while (1)
    {
      /* Receive a request from a client. */
      errno = 0;
      inbuf[0] = '\0';
      ret = recv(newsock, inbuf, BUFLEN, 0);
      if (ret > 0)
      {
        /* Process the request. We simply print the request message here. */
        inbuf[ret] = '\0';
        fprintf(stdout, "\nReceived the following request from client:\n%s\n",
          inbuf);

        /* Set the reply message */
        sprintf(outbuf, "%s", "This is a reply from the server program.");
        msglen = strlen(outbuf);

        /* Send a reply. */
        errno = 0;
        ret = send(newsock, outbuf, msglen, 0);
        if (ret == -1)
          fprintf(stderr, "Error: send() failed, errno=%d, %s\n", errno,
            strerror(errno));
        else
          fprintf(stdout, "%u of %lu bytes of the reply was sent.\n",
ret, msglen);
      }
      else if (ret < 0)
```

```
      {
        fprintf(stderr, "Error: recv() failed, errno=%d, %s\n", errno,
          strerror(errno));
        break;
      }
      else
      {
        /* It may come here when the client goes away. */
        fprintf(stdout, "The client may have disconnected.\n");
        break;
      }
    }  /* while */

    close(newsock);
    exit(0);
  }
  else
  {
    /* This is the parent process. */
    /* The parent has nothing to do here. */
    return(0);
  }
}
```

12-18-3 多程序伺服程式

值得一提的是，在多程序的伺服程式裡，程式一開始即安排好忽略 SIGCHLD 信號。這樣做的理由是，伺服程式會一直產生許多不同的子程序以服務不同客戶的請求，但我們也不希望伺服程式，必須花費很多時間在一一等候這些子程序的結束。由於若母程序並不等候子程序時，每一結束了的子程序都會變成亡魂程序，繼續存在系統中，浪費系統的資源，因此，我們安排好母程序忽略子程序結束時所送出的 SIGCHLD 信號，這樣，每一子程序在結束之後，不需被母程序等待，就會自動消失，不會殘留在系統並佔用資源。

在伺服程式中，每一次接受了一客戶的連線請求，伺服程式即叫用 service_client() 函數。此函數叫用 fork()，產生一子程序以服侍這客戶。這讓伺服程式能立即回頭，再去聆聽與接受下一個客戶的連線請求。

注意到，伺服程序在自 service_client() 函數回返後，就立即關閉了新產生之插口的檔案描述。這是因為 service_client() 函數叫用了 fork() 函數產生了一個新的子程序，而這新的子程序得到了母程序的遺傳，因此，自己也有一份這新插口的檔案描述，並以之和客戶通信。由於伺服程式本身不需用到這新插口，所以，它將之立即關閉了。

```
close(newsock);
```

這類伺服程式的可擴增性（scalability），將視每一個作業系統最多能同時支援多少的程序，插口，以及打開檔案數而定。速度則取決於處理器的功力，記憶器的多寡，以及系統硬體之輸入/輸出速度而定。

12-18-4 多程線的伺服程式

圖12-25 多程線的連線式伺服程式（tcpsrvt.c）

```
/*
 * A connection-oriented server program using Stream socket.
 * Multi-threaded server using pthread.
 * You must link this program with pthread library (-lpthread) on all platforms.
 * Usage: tcpsrvt [port#]
 * Authored by Mr. Jin-Jwei Chen.
 * Copyright (c) 1993-2017, 2019-2020 Mr. Jin-Jwei Chen. All rights reserved.
 */

#include <stdio.h>
#include <errno.h>
#include <sys/types.h>
#include <sys/socket.h>
#include <netinet/in.h>    /* protocols such as IPPROTO_TCP, ... */
#include <string.h>        /* memset() */
#include <stdlib.h>        /* atoi() */
#include <signal.h>        /* sigaction() */
#include <unistd.h>        /* close(), fork() */
#include <pthread.h>

#define  BUFLEN       1024    /* size of message buffer */
#define  DEFSRVPORT   2345    /* default server port number */
#define  BACKLOG        50    /* length of listener queue */
#define  STACKSIZE   16384    /* worker thread's stack size */

int main(int argc, char *argv[])
{
  int    ret, portnum_in=0, i;
  int    sfd;                      /* file descriptor of the listener socket */
  int    newsock;                  /* file descriptor of client data socket */
  struct sockaddr_in    srvaddr;    /* socket structure */
  int    srvaddrsz=sizeof(struct sockaddr_in);
  struct sockaddr_in    clntaddr;  /* socket structure */
  socklen_t    clntaddrsz=sizeof(struct sockaddr_in);
  in_port_t    portnum=DEFSRVPORT; /* port number */
```

```
int service_client(int sfd);

fprintf(stdout, "Connection-oriented server program ...\n");

/* Get the port number from user, if any. */
if (argc > 1)
  portnum_in = atoi(argv[1]);
if (portnum_in <= 0)
{
  fprintf(stderr, "Port number %d invalid, set to default value %u\n",
    portnum_in, DEFSRVPORT);
  portnum = DEFSRVPORT;
}
else
  portnum = portnum_in;

/* Create the Stream server socket. */
if ((sfd = socket(AF_INET, SOCK_STREAM, 0)) < 0)
{
  fprintf(stderr, "Error: socket() failed, errno=%d, %s\n", errno,
    strerror(errno));
  return(-2);
}

/* Fill in the server socket address. */
memset((void *)&srvaddr, 0, (size_t)srvaddrsz); /* clear the address buffer */
srvaddr.sin_family = AF_INET;                   /* Internet socket */
srvaddr.sin_addr.s_addr = htonl(INADDR_ANY);    /* server's IP address */
srvaddr.sin_port = htons(portnum);              /* server's port number */

/* Bind the server socket to its address. */
if ((ret = bind(sfd, (struct sockaddr *)&srvaddr, srvaddrsz)) != 0)
{
  fprintf(stderr, "Error: bind() failed, errno=%d, %s\n", errno,
    strerror(errno));
  return(-3);
}

/* Set maximum connection request queue length that we can fall behind. */
if (listen(sfd, BACKLOG) == -1) {
  fprintf(stderr, "Error: listen() failed, errno=%d, %s\n", errno,
    strerror(errno));
  close(sfd);
  return(-4);
}

/* Wait for incoming connection requests from clients and service them. */
while (1) {

  fprintf(stdout, "\nListening at port number %u ...\n", portnum);
  newsock = accept(sfd, (struct sockaddr *)&clntaddr, &clntaddrsz);
```

```
    if (newsock < 0)
    {
      fprintf(stderr, "Error: accept() failed, errno=%d, %s\n", errno,
        strerror(errno));
      close(sfd);
      return(-5);
    }

    fprintf(stdout, "Client Connected.\n");

    /* Service the client's requests. */
    ret = service_client(newsock);
    /* Note: We cannot close the socket here when using thread. */
    if (ret != 0 )
    {
      fprintf(stderr, "Error: service_client() failed, ret=%d\n", ret);
      close(newsock);
    }

  }  /* while - outer */
}

/*
 * This function is called to service the needs of a client by the server
 * after it has accepted a network connection request from a client.
 * This function dynamically allocates the memory for argument passing in
 * the heap. The child thread must free that memory after use.
 */
int service_client(int newsock)
{
  int    ret;

  pthread_t      thrd;
  unsigned int  *args;
  pthread_attr_t  attr;  /* thread attributes */
  int worker_thread(void *);

  /* Create a child thread to service the client. */

  /* Dynamically allocate buffer for argument passing. */
  args = (unsigned int *)malloc(sizeof(unsigned int));
  if (args == NULL)
  {
    fprintf(stderr, "Error: malloc() failed\n");
    close(newsock);
    return(-1);
  }

  /* Set the argument to pass on. */
  args[0] = (unsigned int)newsock;
```

```
    /* Initialize the pthread attributes. */
    ret = pthread_attr_init(&attr);
    if (ret != 0)
    {
      fprintf(stderr, "Error: failed to init thread attribute, ret=%d\n", ret);
      close(newsock);
      free(args);
      return(-2);
    }

    /* Set up to create detached threads. */
    ret = pthread_attr_setdetachstate(&attr, PTHREAD_CREATE_DETACHED);
    if (ret != 0)
    {
      fprintf(stderr, "Error: failed to set detach state, ret=%d\n", ret);
      close(newsock);
      free(args);
      ret = pthread_attr_destroy(&attr);
      return(-3);
    }

    /* Set thread's stack size. Error 22 is returned if value is wrong. */
    ret = pthread_attr_setstacksize(&attr, STACKSIZE);
    if (ret != 0)
    {
      fprintf(stderr, "Error: failed to set stack size, ret=%d\n", ret);
      close(newsock);
      free(args);
      ret = pthread_attr_destroy(&attr);
      return(-4);
    }

    /* Create a new thread to run the worker_thread() function. */
    ret = pthread_create(&thrd, (pthread_attr_t *)&attr,
            (void *(*)(void *))worker_thread, (void *)args);
    if (ret != 0)
    {
      fprintf(stderr, "Error: failed to create the worker thread\n");
      close(newsock);
      free(args);
      ret = pthread_attr_destroy(&attr);
      return(-5);
    }
    fprintf(stdout, "Thread with id=%ul is created to serve the client.\n", thrd);

    /* Destroy the pthread attributes. */
    ret = pthread_attr_destroy(&attr);
    if (ret != 0)
    {
      fprintf(stderr, "Error: failed to destroy thread attribute, ret=%d\n", ret);
    }
```

```
  return(0);
}

/*
 * The worker thread.
 * This worker thread gets an open file descriptor of a socket that is already
 * connected to a client and uses it to communicate with and service that
 * client.
 * This worker thread terminates when the client closes the connection.
 */
int worker_thread(void *args)
{
  unsigned int  *argp;
  int  newsock;
  int  ret;
  char   inbuf[BUFLEN];               /* input message buffer */
  char   outbuf[BUFLEN];              /* output message buffer */
  size_t msglen;                      /* length of reply message */

  /* Extract the argument. */
  argp = (unsigned int *)args;
  if (argp != NULL)
  {
    newsock = (int)argp[0];
    free(argp);    /* free the memory used to pass arguments */
  }
  else
    pthread_exit((void *)(-1));

  /* Receive and service requests from the client. */
  while (1)
  {
    /* Receive a request from a client. */
    errno = 0;
    inbuf[0] = '\0';
    ret = recv(newsock, inbuf, BUFLEN, 0);
    if (ret > 0)
    {
      /* Process the request. We simply print the request message here. */
      inbuf[ret] = '\0';
      fprintf(stdout, "\nReceived the following request from
client:\n%s\n",
        inbuf);

      /* Set the reply message. */
      sprintf(outbuf, "%s%ul%s", "This is a reply from thread ",
pthread_self(),
        " of the server program.");
      msglen = strlen(outbuf);
```

```
        /* Send a reply. */
        errno = 0;
        ret = send(newsock, outbuf, msglen, 0);
        if (ret == -1)
          fprintf(stderr, "Error: send() failed, errno=%d, %s\n", errno,
            strerror(errno));
        else
          fprintf(stdout, "%u of %lu bytes of the reply was sent.\n", ret, msglen);
      }
      else if (ret < 0)
      {
        fprintf(stderr, "Error: recv() failed, errno=%d, %s\n", errno,
          strerror(errno));
        break;
      }
      else
      {
        /* It comes here when the client goes away. */
        fprintf(stdout, "Warning: Zero bytes were received. Client may
have disconnected.\n");
        break;
      }
    }  /* while */

    close(newsock);
    pthread_exit((void *)0);
  }
```

在一多程線的伺服程式，每次一接受一客戶的連線請求後，伺服程式也是叫用 service_client() 函數。這個函數隨即產生一子程線，並將新產生之客戶通信用的插口交給它。緊接這子程線就服務該客戶的所有請求。在產生子程線後，主程線即立即回返，繼續聆聽並接受下一個客戶的連線請求。

這個版本的 service_client() 函數，動態地騰出欲傳送給每一個子程線之輸入引數所需的記憶空間。萬一在產生子程線時出了錯，該記憶空間會在回返前被釋回。若產生子程線的作業成功，則這記憶空間會由子程線在獲得所有這些輸入引數之後釋回。因此，程式不會有記憶流失的情形發生。

不像在多程序伺服器裡，母程序與子程序都各自擁有一份屬於自己的新插口的檔案描述，在多程線模式，總共就只有一份檔案描述。因此，在主程線自 service_client() 函數回返後，它就不能將新產生之插口的檔案描述關閉。因為，子程線還繼續在使用它，並以之與客戶在通信。若主程線將之關閉，那子程線就無法以之和客戶通信了。稍後在服侍完客戶時，子程線會將之關閉的。

為了能正確地建立這 tcpsrvt 程式，你必須記得在編譯命令上加上一 -lpthread。萬一你忘了，連結程式就會找不到該伺服程式所叫用的所有 pthread_xxx() 函數。而在 HP-UX 上，連結程式時還不會出錯，因為它會變成將你的程式和 libc 內的 pthreads 函數連結。所以程式可以順利建立。但稍後在執行時，所有 pthread_xxx() 的函數叫用，即會出現 251 號的錯誤，代表系統並不支援這些函數。因此，永遠記得要在編譯程式命令上加上一 -lpthread。tcpsrvt 伺服程式可以和 tcpclnt1或其他 TCP 客戶程式一起測試。

這種多程線的伺服程式，其可擴增性就視作業系統能同時支援多少程線（整個系統），多少插口，多少打開檔案，以及每一程序最多能有多少程線而定。其速度則視處理器的功力，記憶器的多寡，與系統硬體的輸入/輸出速度而定。一般而言，多程線的模式會比多程序輕快些。

在現在的時代，多程線伺服程式幾乎是到處都是，其通常主程線專注於聆聽並接受客戶的連線請求，並將服務每一客戶的工作交給其他子程線負責。這種模式除了在最極端的情況下之外，所有小、中、高負荷的伺服器應該都不成問題。舉例而言，倘若你的伺服程式必須每秒鐘能處理三萬或四萬個連線請求，那聆聽程線就有可能會變成瓶頸了。

在那種情況下，你就得另覓它途了。其中一種方式即使用多個聆聽程線，每一聆聽程線都使用各自的插口，但全都繫綁在同一位址上。這就必須有作業系統的支援才行。譬如，在 Linux 上，Linux3.9 以及以後的版本，就都有支援 SO_REUSEPORT 插口選項。該選項就能讓多個 AF_INET（IPv4）或 AF_INET6（IPv6）的插口，都繫綁在同一個插口位址上。這正是欲將接受連線請求的工作負荷，分散在幾個程線上所需要的。下一章會進一步介紹 SO_REUSEPORT 插口選項。

其他的辦法包括把接受連線請求的工作負荷，分散在多個伺服器上，而每一伺服器使用一個不同的端口號，或甚至是不同的 IP 位址。

為了進一步改善性能，你也可以考慮使用程線合盤（thread pooling），讓每一工作程線在服務完每一客戶後，不終止，在旁等著，以便可以很快地繼續服務下一個到來的客戶。這些程線也可以事先就產生好，或欲用時再產生。這種情況下，程式就得以另一資料結構，記得並管理這些服務客戶後不終止的工作程線。

12-18-5 插口資源的潛在問題

前面我們提過，在應用程式關閉一個插口後，該插口很可能被放進 TIME_WAIT 狀態。假若程式已關閉一插口，但連線的對方尚未，則該被關閉的插口即會被置於 TIME_WAIT 狀態。一旦進入此一狀態，該插口所佔用的資源至少必須等過了幾分鐘之後，才會被釋放。實際的等候時間因作業系統而異。

由於這緣故，只要有任何程式（包括剛剛才將插口關閉者），試圖使用這插口所剛佔用過的 IP 位址與端口號，則程式即會得到以下的錯誤：

```
bind() failed, error "Address already in use" (這位址已有人在用)
```

很多程式開發者很可能在停止一應用程式然後又馬上欲將之啟動時，都看過同樣的錯誤。程式獲得"這位址已有人在用"的錯誤，是因為同一位址有其他人在用。很可能真的有另一正在執行的其他程式正在使用同一位址與端口號。但也有可能是一已被關閉了但卻還處在 TIME_WAIT（等候期間）狀態的插口，剛剛用過此同一位址與端口號，其資源尚未被作業系統釋放。因此，還暫時不能再重新地使用。

有兩種方法可以避免獲得"位址已有人在用"的錯誤。

第一種方法是在程式內，於叫用 bind() 函數之前，打開 SO_REUSEADDR 的插口選項。此一插口選項讓程式得以使用一正處於 TIME_WAIT 狀態下之插口剛剛用過的同一位址與端口號。

值得注意的是，雖然這讓同一端口號可以再度重新使用，但程式卻不能以之建立起一與該端口號剛剛才結束之連線完全一樣的連線。

這是因為為了可靠性，系統永遠無法容許有任何兩個連線，彼此的下列五個值的組合都一模一樣：

（網路協定，來源 IP 位址，來源端口號，目的 IP 位址，目的端口號）

SO_REUSEADDR 插口選項，只允許重新使用本地位址部分，亦即，（網路協定，來源 IP 位址，來源端口號）這部分。

有些作業系統（如 Linux3.9 與之後的版本）還支援另一個叫作 SO_REUSEPORT 的插口選項，它的功用與 SO_REUSEADDR 類似。它讓多個插口能同時綁在同一插口位址與端口號。這我們在下一章會進一步深入討論。

雖然這第一個試圖避免獲得“位址已有人在用”錯誤的策略在程式設計上很容易做到，但它卻有點跟作業系統與協定有關。其不見得在所有作業系統與所有情況下都行。不過，在我們所測試過的六個不同作業系統上，全部都有支援 SO_REUSEADDR 或 SO_REUSEPORT。其中，有些作業系統（如 Linux）還兩種選項都有支援。

第二種避免獲得“位址已有人在用”之錯誤的方法，則是更積極地設法避免製造插口等在“等候時間”狀態的情況。由於永遠都是比另一端更早關閉連線之插口者，進入 TIME_WAIT 狀態等候，因此，為了避免進入此一狀態，以致在重新再啟動時還要等，在設計你的應用程式時，你就可以設法永遠讓對方或對手，先關閉插口。這樣你的程式在重新啟動，欲再繫綁在同一位址時，就不會有那種必須等在 TIME_WAIT 狀態的情形。換言之，在設計伺服程式時，最好的策略是將之設計成永遠讓客戶程式先關閉連線，而不是伺服程式本身先主動關閉連線。

在有些很忙碌的伺服器上，有時你會看到系統上有幾佰，甚至幾千個插口停留等候在 TIME_WAIT 狀態下。若你發現這種情況，那第一個要檢查的是，是否有伺服程式未讓客戶程式先關掉連線的情形發生。

12-19 端口號－保留或不保留呢

12-19-1 端口號簡介

至此你已知道，為了能以插口，與一伺服器，對手，或另一程式互相通信，彼此交換信息，程式必須知道對方所在的 IP 位址與端口號。這節，我們進一步介紹插口的端口號，並討論一般軟體工程師在選擇應用程式的端口號時，通常所碰到的問題。這裡所討論的問題，對連線式與非連線式通信都一樣。

在插口程式設計，每一插口都有一可以獨立辨別它的獨特位址。一個伺服程式通常都有一個眾所皆知的位址，以便來自世界各地的客戶程式，都能知道並與之連線通信。一個插口的位址，包括兩個主要成份：一個從整個世界中選出其中一部計算機的 IP 位址，以及一個從這部計算機上選擇其中一個程序的端口號。這兩項訊息確保客戶程式所送的資料，不會落至別處。

換言之，端口號幫忙辨別在一部計算機上，究竟是哪一個程序在使用那個插口。這就像你家的門牌號，幫忙辨別街上的那一戶是你家一樣。

幾十年前，在設計 IP 協定時，當時的端口號所使用的資料型能是 “unsigned short”，只有 16 位元。因此，一端口號的值是從 0 到 65535。這意謂不論在任何時刻，同一部計算機上最多只能有 65536 個不同端口號在使用。有人或許要問，為何不使用 int 資料型態呢？這是當時設計者的決定及選擇。不過，幾十年來證明，每一系統上有這麼多的端口號似乎也是夠用的。

在 Linux 與 Unix 系統上，系統特別定義了一個特別的資料型態，in_port_t，作為端口號的資料型態。但不見得每一作業系統都有。譬如，微軟視窗就沒。當然，in_port_t 事實上就是 “unsigned short”。

12-19-2 有特權的端口號

有關插口的端口號，必須知道的基本常識還包括，最前面 1023 個端口號（號碼是 1-1023），是專門保留給需要有超級用戶權限的程序使用的。倘若有程式必須將其插口繫綁在這其中一個端口號上，那該程序就必須有超級用戶的權限才行。不過，與之連線的客戶程式或對手，則不需要有超級用戶的權限。

當一個沒有超級用戶權限的程序，欲將其插口繫綁在介於 1 與 1023 之端口號時，bind() 函數叫用會獲得 EACCESS 的錯誤（沒有權限）（在 Linux，此一錯誤號碼是 13）。

值得一提的是，若你在網上搜尋，你會發現，許多網頁上的資訊都不是完全正確。有些網頁說 0 與 1024 都是有特權的端口號。那是不正確的。0 與 1024 都不是有特權的端口號。最大的有特權端口號是 1023，而非 1024。0也不是有特權的端口號。端口號 0 是留給通配位址 INADDR_ANY 用的。

12-19-3 動態地查取端口號—端口號註冊資料庫

當一作業系統啟動後，系統上通常有許多背景程式（daemon programs）在跑，以提供各種服務給用者與應用程式。例子包括提供檔案傳輸服務的 ftpd，提供網路檔案系統服務的 nfsd，提供領域名稱服務（將主機名轉換成 IP 位址）的 dnsd，電子郵件服務的 smtpd，以及網際網路瀏覽服務的 httpd，等等。其他還有許多。

所有這些作業系統的背景程式，幾乎每一個都有屬於自己的端口號。

這些端口號都是作業系統保留，並"公告"在系統的組構檔案（configuration file）上的。這個端口號的"資料庫"檔案，在 Linux 與 Unix 作業系統上就是 /etc/services，而在微軟視窗則是 C：\Windows\System32\drivers\etc\services。該檔案列出系統已經保留給作業系統各項服務與使用者應用程式的端口號，有特權或無特權者都有。

例如，一般的 Linux 系統幾乎都保留了 dbm 服務所使用的端口號：

```
$ grep -w dbm /etc/services
dbm             2345/tcp                        # dbm
dbm             2345/udp                        # dbm
```

這顯示這項服務或應用程式的名稱叫 dbm。它所使用的端口號是2345。它同時支援 TCP 與 UDP 協定。這服務名稱通常就是提供這項服務之應用程式的名字。

記得，端口號的保留或註冊是一種誠實的榮譽系統。作業系統並無特別防止"偷用"或借用這些保留端口號，或甚至是任何端口號的方法或措施。這個端口號保留/註冊檔案是同時為應用軟體廠商與應用程式而設的。它的使用方式與原則如下：

1. 對計算機軟體開發者或廠商而言，一個軟體產品欲保留的端口號，必須登記與列出在該檔案上，讓大家以及所有應用程式知道。一個軟體產品通常會在軟體安裝時，將產品所欲保留的端口號，依既有格式，加入在該系統組構檔案上。
2. 對應用程式而言，程式最好勿將一伺服器或某一應用軟體的端口號定死寫在程式內，而是在實際執行時，當場依應用或服務的名稱，由此一端口號資料庫查取它所使用的端口號。查取註冊之端口號的程式界面是getservbyname() 函數。

亦即，應用程式叫用 getservbyname() 函數，提供欲查詢之服務名稱，其所使用之傳輸層協定（TCP 或 UDP），以當場查取一伺服器所使用的端口號。

圖 12-26 所示，即為一以 getservbyname() 函數，查取伺服器之端口號，並以之與伺服器取得連線的客戶程式。它是由 tcpclnt_all.c 稍作改進得來的。這客戶程式應能毫無問題地與 tcpsrv_all 通信。測試時，先啟動伺服程式，並將服務的端口號作為啟動命令的第一引數。同時，執行該客戶程式時，也將服務名稱作為啟動命令的第一引數。

圖 12-26 當場查取伺服器保留之端口號的客戶程式
（tcpclnt_getsvc_all.c）

```
/*
 * A connection-oriented client program using Stream socket.
 * Connecting to a server program on any host using a hostname or IP address.
 * Support for IPv4 and IPv6 and multiple platforms including
 * Linux, Windows, Solaris, AIX, HPUX and Apple Darwin.
 * Usage: tcpclnt_getsvc_all [srvport# [server-hostname | server-ipaddress]]
 * Authored by Mr. Jin-Jwei Chen.
 * Copyright (c) 1993-2018, 2020 Mr. Jin-Jwei Chen. All rights reserved.
 */

#include "mysocket.h"

int main(int argc, char *argv[])
{
  int    ret;
  int    sfd;                        /* socket file descriptor */
  char   portnumstr[12];             /* port number in string format */
  char   *svcname = SVCNAME;         /* pointer to service name */
  struct servent *srvService;        /* server's service */

  char   inbuf[BUFLEN];              /* input message buffer */
  char   outbuf[BUFLEN];             /* output message buffer */
  size_t msglen;                     /* length of reply message */
  size_t msgnum=0;                   /* count of request message */
  size_t len;
  char   server_name[NAMELEN+1] = SERVER_NAME;
  struct addrinfo hints, *res=NULL;  /* address info */

#if WINDOWS
  WSADATA wsaData;                   /* Winsock data */
  char* GetErrorMsg(int ErrorCode);  /* print error string in Windows */
```

```
#endif

   fprintf(stdout, "Connection-oriented client program ...\n");

   /* Get the server's service name from command line. */
   if (argc > 1)
     svcname = argv[1];

   /* Get the server's host name or IP address from command line. */
   if (argc > 2)
   {
     len = strlen(argv[2]);
     if (len > NAMELEN)
       len = NAMELEN;
     strncpy(server_name, argv[2], len);
     server_name[len] = '\0';
   }

#if WINDOWS
   /* Initiate use of the Winsock DLL. Ask for Winsock version 2.2 at least. */
   if ((ret = WSAStartup(MAKEWORD(2, 2), &wsaData)) != 0)
   {
     fprintf(stderr, "Error: WSAStartup() failed with error %d: %s\n",
       ret, GetErrorMsg(ret));
     return (-1);
   }
#endif

   /* Look up server's port number from /etc/services file. */
   srvService = getservbyname(svcname, PROTOCOLNAME);
   if (srvService == NULL)
   {
#if WINDOWS
     ret = WSAGetLastError();
     fprintf(stderr, "Error: getservbyname() failed with error %d: %s\n",
       ret, GetErrorMsg(ret));
#else
     fprintf(stderr, "Error: getservbyname() failed.\n");
#endif
     return(-2);
   }

   if (argc <= 1)
     strcpy(portnumstr, DEFSRVPORTSTR);
   else
     sprintf(portnumstr, "%d", ntohs(srvService->s_port));

   /* Translate the server's host name or IP address into socket address.
    * Fill in the hints information.
    */
   memset(&hints, 0x00, sizeof(hints));
```

```
    /* This works on AIX but not on Solaris, nor on Windows. */
    /* hints.ai_flags    = AI_NUMERICSERV; */
  hints.ai_family   = AF_UNSPEC;
  hints.ai_socktype = SOCK_STREAM;
  hints.ai_protocol = IPPROTO_TCP;

  /* Get the address information of the server using getaddrinfo().
   * This function returns errors directly or 0 for success. On success,
   * argument res contains a linked list of addrinfo structures.
   */
  ret = getaddrinfo(server_name, portnumstr, &hints, &res);
  if (ret != 0)
  {
    fprintf(stderr, "Error: getaddrinfo() failed, error %d, %s\n", ret,
      gai_strerror(ret));
#if !WINDOWS
    if (ret == EAI_SYSTEM)
      fprintf(stderr,"System error: errno=%d, %s\n", errno, strerror(errno));
#else
    WSACleanup();
#endif
    return(-3);
  }

  /* Create a socket. */
  sfd = socket(res->ai_family, res->ai_socktype, res->ai_protocol);
  if (sfd < 0)
  {
    fprintf(stderr,"Error: socket() failed, errno=%d, %s\n", ERRNO, ERRNOSTR);
#if WINDOWS
    WSACleanup();
#endif
    return (-4);
  }

  /* Connect to the server. */
  ret = connect(sfd, res->ai_addr, res->ai_addrlen);
  if (ret == -1)
  {
    fprintf(stderr, "Error: connect() failed, errno=%d, %s\n", ERRNO, ERRNOSTR);
    CLOSE(sfd);
    return(-5);
  }

  fprintf(stdout, "Send request messages to server(%s) at port %s\n",
   server_name, portnumstr);

  /* Send request messages to the server and process the reply messages. */
  while (msgnum < MAXMSGS)
  {
    /* Send a request message to the server. */
```

```
    sprintf(outbuf, "%s%4lu%s", "This is request message ", ++msgnum,
      " from the client program.");
    msglen = strlen(outbuf);
    errno = 0;

    ret = send(sfd, outbuf, msglen, 0);
    if (ret >= 0)
    {
      /* Print a warning if not entire message was sent. */
      if (ret == msglen)
        fprintf(stdout, "\n%lu bytes of message were successfully sent.\n",
          msglen);
      else if (ret < msglen)
        fprintf(stderr, "Warning: only %u of %lu bytes were sent.\n",
          ret, msglen);

      if (ret > 0)
      {
        /* Receive a reply from the server. */
        errno = 0;
        inbuf[0] = '\0';
        ret = recv(sfd, inbuf, BUFLEN, 0);

        if (ret > 0)
        {
          /* Process the reply. */
          inbuf[ret] = '\0';
          fprintf(stdout, "Received the following reply from server:\n%s\n",
            inbuf);
        }
        else if (ret == 0)
          fprintf(stdout, "Warning: Zero bytes were received.\n");
        else
          fprintf(stderr, "Error: recv() failed, errno=%d, %s\n", ERRNO,
            ERRNOSTR);
      }
    }
    else
      fprintf(stderr, "Error: send() failed, errno=%d, %s\n", ERRNO, ERRNOSTR);

    /* Sleep a second. For demo only. Remove this in real code. */
#if WINDOWS
    Sleep(1000); /* Unit is ms. For demo only. Remove this in real code. */
#else
    sleep(1);  /* For demo only. Remove this in real code. */
#endif
  }  /* while */

  /* Free the memory allocated by getaddrinfo() */
  freeaddrinfo(res);
  CLOSE(sfd);
  return(0);
}
```

測試 tcpclnt_getsvc_all 程式時，你可借用一些沒有正在使用的服務的名稱及端口號（例如，dbm）。或者你也可以測試你自己新保留與註冊的新服務與端口號。倘若你有超級用戶的權限的話，你可更改前面所提的系統組構檔案，將你自己欲保留的服務名稱及端口號加入，再以之測試程式。

以下所示是借用系統所保留之 dbm 服務，測試該程式的情形：

```
$ ./tcpsrv_all 2345
Connection-oriented server program ...

Listening at port number 2345 ...
Client Connected.

Received the following request from client:
This is request message    1 from the client program.
43 of 43 bytes of the reply was sent.

Received the following request from client:
This is request message    2 from the client program.
43 of 43 bytes of the reply was sent.
Warning: Zero bytes were received.

$ ./tcpclnt_getsvc_all dbm
Connection-oriented client program ...
Send request messages to server(localhost) at port 2345

53 bytes of message were successfully sent.
Received the following reply from server:
This is reply #  1 from the server program.

53 bytes of message were successfully sent.
Received the following reply from server:
This is reply #  2 from the server program.
```

另舉一個例子。在視窗系統尚，你可在 C：\Windows\System32\drivers\etc\services 檔案上加入下面兩行：

```
jjcsvc          9898/tcp
jjcsvc          9898/udp
```

然後啟動 tcpsrv_all.exe 並以 9898 作為第一引數。最後再執行 "tcpclnt_getsvc_all.exe jjcsvc" ，測試客戶程式：

```
C:\myprog\fin3>tcpsrv_all.exe 9898
Connection-oriented server program ...

Listening at port number 9898 ...
Client Connected.
```

```
Received the following request from client:
This is request message    1 from the client program.
43 of 43 bytes of the reply was sent.

Received the following request from client:
This is request message    2 from the client program.
43 of 43 bytes of the reply was sent.
Warning: Zero bytes were received.

Listening at port number 9898 ...

C:\myprog\fin3>tcpclnt_getsvc_all.exe jjcsvc
Connection-oriented client program ...
Send request messages to server(localhost) at port 9898

53 bytes of message were successfully sent.
Received the following reply from server:
This is reply #  1 from the server program.

53 bytes of message were successfully sent.
Received the following reply from server:
This is reply #  2 from the server program.
```

12-19-4 固定或不固定端口號呢？

有經驗設計過網路式或分散式應用軟體的工程師就知道，經常會碰到兩個問題。

1. 程式究竟應使用固定的端口號或不固定呢？
2. 應不應該在作業系統上預留端口號呢？

實務上，只要那個端口號沒有其他程式正在使用，一個伺服程式，或背景程式，或任何程式，使用那一個端口號都是可以的。話雖如此，但程式若能使用固定的端口號，每次執行時都使用同一端口號，問題會少一點。理由是：

1. 程式不必在每次要啟動時，都要去尋找一個沒有其他程式正在使用的端口號，好讓自己用。
2. 若使用固定的端口號且在作業系統保留下來，那程式就基本上不必擔心沒有端口號可用而起不來。
3. 所有客戶程式可以很容易地找到你的程式。

所以，最可靠且最簡化一切的策略，就是選用一固定的端口號，並且在作業系統上註冊，保留你的程式所必須用到的端口號。這會讓整個軟體簡化許多，同時也省下很多維護上的麻煩。唯一的是，你必須先做點功課：

1. 你必須先研究一下，那些端口號已經被其他程式所保留了，剩下還有那些端口號可以讓你選用。

2. 選定了一個無人保留的端口號作為你的應用程式的端口號之後，必須在作業系統上登記，將之保留下來。這需有超級用戶權限，將有關資料，加入系統的組構檔案內，一般這都在軟體安裝時為之。

3. 有時，倘若有其他的程式”偷用”或誤用了你所保留的端口號時，那就得找出是那一個軟體程式，並設法與之溝通並將問題解決。

不過，只要你選擇的是一個沒人保留的端口號，而且將之保留了，那你就有權使用那端口號。不過，再次強調的，這個保留系統是誠實榮譽制的。系統無機制做強制的執行。但這也是系統使用的規則，大家都有義務共同遵守。

所有使用固定端口號的軟體，都應該在系統上註冊，把那端口號保留下來，也讓所有其他軟體與所有使用者知曉，而不會再使用那同一號碼。同時，所有客戶程式也不該將伺服程式或任何服務的端口號，定死在程式內，而應在執行時當場以叫用 getservbyname() 函數查取。

不過，你也可以選擇不固定端口號。不過，因為這樣同一伺服程式每次啟動時，它所繫綁的端口號有可能每次都不同，因此，就必須另外設置動態的端口號登記與查詢措施，好讓所有其他欲與之通信的程式能查知。這就變成軟體額外的負擔。

使用不固定的端口號時，基本上軟體就必須自己設置一動態的端口號登記與查詢的系統。這個從事這項任務的程式，就必須自己使用一個固定的端口號。每次一有伺服程式啟動，每一個伺服程式即將其所使用的端口號，向這程式登記。然後，欲與伺服程式通信的所有客戶程式，也向這註冊程式詢問伺服程式的真正端口號。

不固定端口號是有它的彈性，但卻增加了軟體很多額外的複雜度及負擔。速度上會慢些，問題也會比較多，不易維護。作者曾見過使用這種方法的分散式軟體，問題層出不窮，成本非常高，根本毫不值得。是錯誤的設計。所以，最好的辦法，還是使用固定的端口號，並在作業系統上保留下來。

複雜分散式系統中的端口號

在一個很複雜的分散式系統軟體，通常會有好幾個背景伺服程式（server daemons）同時在執行，彼此互相通信。為了能彼此經由插口相互通信，這些背景伺服程式必須知道彼此的端口號（或甚至位址，假若彼此是在不同系統上的話）。因此，如何正確設計這樣的系統，以簡化它們之間的通信，是非常重要的。而其中，端口號的設計佔了很重要的一部分。若能一開始就做對，事後會省事許多。

倘若設計能採用每一伺服程式都使用一固定的端口號，並且在作業系統中保留這些端口號，則最終的設計會異常簡化。軟體可以完全省略自己得另設端口號登記與查詢服務的部分。每一程式，不論是客戶或伺服程式，只要叫用 getservbyname() 函數，查取其所要通信之程式的端口號，就行了。既簡單又可靠。

反之，若設計採用不固定的端口號，則最常見的問題是，軟體中欲相互通信的程式，經常會找不到對方。有時，甚至找不到自己。光是管理這端口號的獲取、登記與查詢，就得佔用很大一部分的程式碼與耗掉很多的時間，且經常會問題不斷。

若採用固定的端口號，則每一不同的伺服或背景程式都有其自己固定的端口號，不需在每次要啟動時，都得先尋找或獵取一端口號，而對欲與這些程式通信的客戶程式或其他伺服或背景程式而言，取得對方的端口號就是一簡單的 getservbyname() 函數叫用，輕而易舉，既迅速又可靠。不須經過很複雜的程序或程式碼，既慢又經常出問題。

萬一這些伺服或背景程式所保留的端口號，不慎被其他程式所佔用了，那系統管理者即可立即要求那些軟體退出，因為，那端口號是保留而且登錄在系統的組構檔案上的。一般而言，這種大型的分散式系統都是系統一開機就最先啟動的。因此，這種情形幾乎從未發生過。

12-19-5 快速複習一下

總之，在唸完這節之後，讀者應有能力回答下列這些問題。

1. 在一計算機系統上，程式所保留的端口號是登錄在那裡？
2. 這一個系統上，有那些端口號已經有人保留了？
3. 每一典型系統服務項目與應用程式的端口號是什麼？
4. 有那些應用程式與服務已有保留端口號？
5. 若我想替我的軟體也保留端口號，我應該做些什麼？
6. 程式該如何避免硬將端口號寫死在程式裡？程式如何在執行時，當場查取欲通信之對方的端口號？

總之，讀者應有能力設計與開發更簡單，更可靠，且能在程式中正確地使用端口號的軟體。

12-20 摘要

程序間相互通信的方法有很多種。以網路插口作為程序間相互通信之工具，是最常見且威力最強大的。它讓位於世界兩端的兩個不同程式，可以彼此互換信息，互相溝通。不論兩者相距有多遠，只要彼此以電腦網路相連即可！

現在大家都很熟悉，也幾乎每天使用的網際網路，就是建構在插口網路通信上的。當你打開一個網際網路瀏覽器（web browser），打入一個 URL 位址，拜訪某一家公司之網站時，你所看到瀏覽器所顯示的網頁，很可能距離很近，或甚至就在你所使用的電腦上，也很可能距離很遠，遠在地球的另一端。但這一切成為可能，就是因為有使用 TCP/IP 網路協定組的網際網路，加上利用這網路彼此達成連線的兩個以插口通信相互溝通的客戶與伺服程式在。插口通信，或插口程式設計，就是帶給這麼多電腦網路使用者如此愉快經驗的核心無名英雄！這威力無窮之通信軟體的底層與核心，就是在傳輸層使用 TCP 協定的連線式插口通信或 UDP 的非連線插口通信！

網路插口通信基本上有兩種：在網路結構傳輸層使用 TCP 協定的連線式通信，以及在傳輸層使用 UDP 協定的非連線式插口通信。前者在通信雙方能互傳信息之前，必須先建立起一網路連線，這代表在連線所經過之所有計算機，尋路器，以及其他有關設備上，該連線通信所需的所有資源，在整個連線期間，都是事先騰出與保留下來的。這就是為何連線式通信能保證可靠性的原因之一。在此，可靠指的是軟體部分。亦即，只要延路這些所有硬體設備都能保持不當機，信息保證能傳到對方。除此之外，由於有錯誤偵測及檢查，所有送出的信息，保證能依原有順序，正確無誤地送達目的地。就像通信的兩造之間彼此以一鋼鐵管連起一般。

相對地，非連線式通信則不需建立連線。插口一旦產生，程式就能以之在任何時刻，送出一個信息給任何其他程式。比起連線式通信，它比較簡單，更富彈性，不預先保留系統資源，而且同一插口能用以傳送信息給多個不同目的地。每一信息送出都是另一不同的交易，可能成功，也可能失敗。倘若系統缺乏資源，則一個送出的信息就有可能被中途丟包，接收者永遠接收不到。

使用網路插口作為程序間之通信工具的第一個優點是，不論互相通信的雙方距離多近（譬如，在同一部計算機上），或有多遠（例如，位於世界的兩極端），程式碼完全一樣。第二，通信的雙方不需有任何關係。只要程式知道對方的 IP 位址與端口號即可。第三，程式能寄送任何東西，不論是人看得懂的文字或完全看不懂的二進資料，有結構的或無結構的，是長或是短，都可以。

插口通信位處幾乎所有網路式或分散式軟體的核心。這一章所討論的，就是教讀者如何自己設計與開發插口通信的軟體。緊接後面三章我們將進一步深入討論插口通信領域上的其他更高深的主題。

問題

1. 網路插口是什麼？它是一軟體或硬體元件呢？一個網路通信需要幾個插口？
2. 在 ISO 的七層網路結構裡，插口位於那一層？插口階層的緊接下一個階層是什麼？而插口階層的下下階層叫什麼？
3. 網際網路瀏覽器（browser）以那一種網路協定和網際網路上之伺服器互相溝通呢？那網路協定位於網路結構的那一階層？
4. 網路插口有多少種類？請簡短描述每一種類。
5. 插口位址可以以那些資料結構表示呢？
6. 一個程式如何產生一網路插口？
7. 就連線與否而言，網際網路上的軟體程式，有那兩種通信方式呢？就資源的騰出與可靠性而言，這兩種通信方式有何差別？
8. 欲從一個無連線的插口發送出一個信息，可以使用那些函數呢？若換成是一連線式的插口，在送出信息時，可以叫用那些函數呢？
9. 欲從一非連線式的插口接收信息，可以叫用那些函數呢？欲從一連線式插口接收信息，又可以叫用那些函數呢？
10. INADDR_ANY 是什麼？它的 IPv6 對應版本又叫什麼？
11. htonl() 與 ntohl() 是什麼？為何網路程式需要用這些？
12. 一個插口位址包含那些資訊？
13. getaddrinfo() 函數是做什麼用的？與它正好相反的函數叫什麼？
14. 什麼樣的伺服插口能同時接受 IPv4 與 IPv6 的客戶連線請求？
15. 那一類型的插口只能用在同一系統之程序間的通信？它以什麼分辨不同的插口？那又有何限制？
16. 程式使用什麼函數，支援非同步式的插口輸入/輸出作業？
17. 一程式如何將一同步式的插口轉換成一非同步式(即非阻擋式) 插口？
18. 什麼是多播？程式發送多播信息的步驟有那些？程式接收多播信息的步驟有那些？

19. 若欲讓同一計算機上有多個程序能同時接收同樣的多播信息，程式必須做什麼？

20. 多程序與多程線的伺服程式，各有何優、缺點？

21. 為何程式會獲得“位址已有人在使用”的錯誤？有那些方式可以避免獲得此一錯誤？

22. 什麼是有特權的端口號？它們的號碼有那些？

23. 預留的端口號放在那裡？程式如何在執行時，當場查詢一伺服程式所保留的端口號？

24. 伺服程式使用預留的固定端口號有何優點？

程式設計習題

1. 修改例題程式 udpclnt_conn_all.c，以致其叫用 connect() 函數兩次，分別送出信息給兩個不同的伺服程式。測試時，你可以分別使用不同的端口號，啟動 udpsrv_all 程式兩次。

2. 執行單程線的連線式伺服程式 tcpsrv，並同時執行兩個或更多個客戶程式，以證實它真的是單程線，每次只能處理一個客戶。

3. 修改 tcpsrvp.c，以致其預先產生幾個工作程序。每次有一客戶到來，即將之交給其中一個空閒著的工作程序去服務那個客戶。而在服務完後，就把工作程序再放回，勿讓它結束。

4. 修改 tcpsrvt.c，以致其預先產生好幾個工作程線。每次有一客戶程式來時，就叫用一個空閒著的工作程線去服務那個客戶。而服務完之後，工作程線就再放回，不要讓它結束。

5. 修改 tcpclnt1.c 與 tcpsrv1.c 例題程式，將 send() 改成 write()，且將 recv() 改成 read()。

6. 編譯且執行多播的例題程式，並測試兩種情況。第一種情況是兩個接收程式分別在不同計算機上執行。另一種情況則是兩個接收程式在同一計算機上執行。

7. 寫一個使用多個工作程線的多程線伺服程式。工作程線的數量由外部輸入，能讓用者指定。程式應事先產生這些工作程線，且重複使用它們。

8. 寫一個使用多個聆聽程線的多程線伺服程式，將接受客戶連線請求的工作，分佈至各個不同聆聽程線上。以同時產生上百個連線請求測試你的程式。

9. 寫一對能示範如何使用 SO_RCVLOWAT 插口選項的程式。在接收程式上打開 SO_RCVLOWAT 插口選項。信息發送程式則發送兩個信息，並在中間停留個幾秒鐘。發送程式所送出的第一個信息，其大小應該小於 SO_RCVLOWAT 所設定的值。

10. 寫一個程式，印出你所使用的系統上，一個連播插口之既定送出緩衝器與接收緩衝器的大小（以位元組數計）。緊接程式應分別將這兩個值各增加 4096，再查詢與印出新設定的值。

11. 寫一個程式，印出你所使用的系統上，一個資料郵包插口之既定發送緩衝器與接收緩衝器的大小。程式緊接應將這兩個值分別提高 4096。最後再讀取這兩個新設定的值，將之印出。

12. 寫兩個能做檔案傳輸與接收的程式。程式應使用連播（SOCK_STREAM）插口，能將一個檔案由一部計算機傳至另一部計算機。以不同大小的檔案（如 1MB，50MB，與 250MB）測試這對程式。記下每一不同檔案所需耗費的時間。藉著改變發送與接收緩衝器的大小，找出什麼樣的緩衝器大小，讓檔案傳輸的速度最快。

13. 重複上一習題的檔案傳輸程式，但改用資料郵包插口。

參考資料

1. Computer Networks, Andrew S. Tanenbaum, Prentice Hall, Inc.

2. The Open Group Base Specifications Issue 7, POSIX.1-2008 and IEEE Std 1003.1 -2008, 2016 Edition

3. http://pubs.opengroup.org/onlinepubs/9699919799/

4. https://en.wikipedia.org/wiki/IEEE_802

5. https://en.wikipedia.org/wiki/List_of_network_protocols_(OSI_model)

插口選項與性能調整

13

CHAPTER

這章討論一些較高深的主題，那就是如何使用插口選項（socket options）以及做插口程式的性能調整。主題涵蓋插口緩衝器的大小，插口還活著（keepalive），插口逗留（lingering），插口位址或端口號重新使用，與插口時間到（timeout）等選項。這些算是比較高深一點的主題，初學的讀者可以選擇暫時略過。

13-1 性能調整

在我們深入探討如何調整（tune）網路插口程式，以得到最佳性能之前，這裡先介紹一些**性能調整**（performance tuning）的基本概念。

一般而言，調整應用軟體程式的性能，涉及調整五個層次的可調變數（tunable parameters）。

1. **硬體**。增加更多的記憶器空間，使用更多、速度更快、或功能更強大的處理器，或使用速度更快的網路界面卡。
2. **作業系統**。調整作業系統核心層內有關的可調參數。
3. **資料庫系統**。假若應用程式有涉及使用資料庫系統，一般的資料庫系統也都有一些可調參數。
4. **網路系統**，若有的話。
5. **應用程式**本身。

性能調整成敗的關鍵，在於能找出性能瓶頸是什麼，在那兒。有時，性能瓶頸不只一個。一旦性能瓶頸找到了，緊接就是找出解決的辦法。

可調參數有些只存在作業系統的核心層內，有些則存在應用程式的層次，而有些則兩個層次都有。若是兩層次都有，則應用程式的設定應該取代或超越作業系統層次的設定，並只影響到應用軟體本身，而不會影響到其他的應用軟體。有時，應用軟體層次的設定會受限於作業系統核心層的設定，因此，有可能必須兩個層次同時調整。

作業系統核心層次的可調參數有靜態與動態兩種。靜態的可調參數在改變後，系統必須重新啟動（reboot）之後，才能生效。現在這種參數應該愈來愈少了。動態可調參數是改變了以後，系統不必重啟，就可以立即生效的。現在絕大部分的可調參數應該都是這一種的。它方便多了。好的軟體設計，是要讓使用者可以做性能調整，將可調參數設定成動態的，而且可以從應用程式內去調整。最好的軟體設計則是軟體會自動微調，不須用者參與。

倘若可調參數是可以從應用程式內調整的，則最好的策略是從應用程式內加以調整。這有兩個理由。第一，這樣子參數的調整只會影響到應用軟體或程式本身，不會影響到其他軟體或程式。第二，在作業系統層次，要找到一個適合所有應用軟體的參數值，並不容易。因此，典型上，作業系統都會設定一個對所有或絕大多數應用軟體都尚合理的既定值，然後，再讓不同應用軟體，根據其不同的需求，進一步微調。

調整作業系統核心層的參數，一般都需要有超級用戶（super user）的權限。而調整應用軟體層次的參數則不。

作業系統核心層次的可調參數是沒有工業界標準的。因此，每一作業系統都不盡相同。這包括能不能調，以及如何調。可調參數名稱通常會因作業系統不同而異，調整的方式也是。所以，調整作業系統核心層的參數，是因作業系統而異的。不僅如此，就同一參數而言，同一作業系統有時也會在新的版本時，更改其調整方式的。這並不是好現象。但是，它是事實。至少免費的 Linux 作業系統是這樣。

13-2 如何調整各作業系統之核心層參數

這一節介紹如何在目前最常用的作業系統上，做核心層參數的調整。記得，執行這些作業時，你必須有超級用戶的權限。

13-2-1 如何調整 Linux 的核心參數？

在 Linux 上，調整作業系統核心層的參數，有三種不同方式。值得注意的是，Linux 的開發者經常改來改去的。

1. 你可以直接更改組構檔案 /etc/sysctl.conf，將參數名稱與數值，直接加在上面。譬如，你可以在檔案上加入這一行：

```
net.ipv4.ip_forward = 0
```

然後，再執行以下這個命令，讓其生效：

```
# /sbin/sysctl -p /etc/sysctl.conf
```

這樣的調整是永久的（亦即，不會因系統重啟就消失了）。其不僅改變了記憶器中參數的值，也會在系統重啟之後還繼續有效（除非有人又改了它）。

2. 直接用 "/sbin/sysctl -w" 命令加以更改。但這種方式只更改這個參數現在在記憶器中的值。若系統重啟，這個改變或設定就消失了。

下面是一個例子：

```
# /sbin/sysctl -w net.ipv4.ip_forward=0
```

記得，這種調整方式是不持久的。亦即，它只改變參數在現有記憶器內的值。系統只要重啟，這改變就不見了。

欲查看某一核心層參數的現有值：

```
# /sbin/sysctl  net.ipv4.ip_forward
net.ipv4.ip_forward = 0
```

以下這命令，查看所有核心層參數的值：

```
# /sbin/sysctl -a
```

3. 每一核心層參數在 /proc 檔案系統，都有其所對應的檔案系統元素。

以 cat 命令列出該檔案元素的值，即可看出該參數的現有值。

以 echo 命令重新設定該檔案元素的新值，也就重新設定了該參數的現有值。譬如，以下命令將 net.ipv4.ip_forward 核心參數的值設定為 0：

```
# echo 0 > /proc/sys/net/ipv4/ip_forward
```

以下命令查詢一核心參數的現有值：

```
# cat /proc/sys/net/ipv4/ip_forward
0
```

以下命令則查詢 TCP 插口送出緩衝器的大小：

```
$ cat /proc/sys/net/ipv4/tcp_wmem
4096    16384   4194304
```

這三個值分別代表這個參數的最小，既定與最大值。

同樣地，以這種方式改變參數的值，在系統重啟之後，改變就會不見了。

總之，直接更改 /etc/sysctl.conf 檔案的內容讓你的調整/改變可以持續到系統重啟之後，但你必須執行以下的命令，更改才能立即生效：

```
/sbin/sysctl -p /etc/sysctl.conf
```

相對地，以 /sbin/sysctl -w 命令設定，或寫入參數所對應之 /proc 檔案系統元素的值，雖能使你的調整改變立即生效，但那卻是暫時性的，只更改參數在記憶器中的值。一旦系統重啟，你的調整就會消失不見了。

13-2-2 如何調整 AIX 的核心參數？

IBM AIX 以 no（no 代表 network options，網路選項）命令，調整 AIX 核心層內的網路插口參數。

以下命令暫時改變一核心參數的值，直至系統重啟為止：

```
# no -o 參數名稱=新的值
```

以下命令則立即改變一個參數的值並且讓其永遠有效（亦即，不會因系統重啟而消失）：

```
# no -p -o  參數名稱=新的參數值
```

以下命令則查詢一個核心參數的現有值：

```
# no -o  參數名稱
```

13-2-3 如何調整 Solaris 的核心參數？

Oracle/Sun Solaris 以 ndd 或 ipadm 命令調整核心層的網路參數值。公司推薦使用 ipadm 命令。

例如，以下命令改變 tcp_max_buf 核心層參數的值：

```
# ndd -set /dev/tcp tcp_max_buf 2097152
```

或

```
# ipadm set-prop -p max_buf=2097152  tcp
```

欲得知這參數之現有值時，所需之命令如下：

```
# ndd -get /dev/tcp tcp_max_buf
```

或

```
# ipadm show-prop -p max_buf tcp
```

13-2-4 如何調整 HPUX 的核心參數？

在 HPUX，你可以使用 ndd 命令，調整與插口有關之系統核心參數值。例如，以下 ndd 命令即調整 UDP 插口之接收緩衝器的既定大小：

```
# ndd -set /dev/sockets socket_udp_rcvbuf_default 65535
```

欲得知系統現有網路參數的設定時，你可執行：

```
# netstat -p tcp
# netstat -p udp
```

13-2-5 如何調整 Apple Darwin 與 FreeBSD 的核心參數？

Apple Darwin 與 FreeBSD 作業系統上的許多核心參數，也是利用 sysctl 命令調整的。你可執行 sysctl 命令調整一參數的值，或直接更改 /etc/sysctl.conf 檔案。

FreeBSD 作業系統在系統啟動時，在系統由單一用者模式轉換成多用者模式時，會讀取 sysctl.conf 檔案的內含，並設定有關系統參數的既定值。這個組構檔案是 FreeBSD 的主要微調方式。

欲得知一系統參數的值時，請執行下列命令：

```
$ sysctl     核心參數名稱
```

譬如，欲得知整個系統最多可以有多少個程序，你可執行：

```
$ sysctl kern.maxproc
```

記得，為了能支援這麼多個程序，作業系統核心層內有一些相關的資料結構與表格，所需的記憶空間是必須事先騰出的。那就是為何要有此一核心層參數的緣故。

欲改變一核心參數的值之命令的格式如下：

```
# sysctl    核心參數的名稱=新的參數值
```

例如，以下命令即設定或改變所容許之最高打開檔案數的值：

```
# sysctl kern.maxfiles=15000
```

或

```
$ sudo sysctl kern.maxfiles=15000
```

13-2-6 如何調整視窗系統的核心參數？

在微軟視窗系統上，你必須是系統管理者或有其權限，才能改變核心參數的值。

調整視窗系統的核心參數必須改變視窗系統的**註冊**（registry）。注意，做這時要很小心。要是你沒弄對，系統很可能就會因而起不來的。

改變視窗系統的註冊，可以使用圖形界面工具 regedit.exe。在這程式啟動後，找到你所欲更改的註冊索引（registry key），或副索引（subkey），然後改變它的值。和 TCP 協定有關的註冊索引通常在如下所示的位置：

```
HKEY_LOCAL_MACHINE\SYSTEM\CurrentControlSet\Services\Tcpip\Parameters\
```

有些 TCP 參數也可以經由 netsh 命令查詢或加以改變。譬如，網路 TCP 協定有關可調參數的現有值，即可以下述的的命令查出：

```
netsh interface tcp show global
```

或

```
netsh int tcp show global
```

欲改變參數的值，則可以如下的命令為之：

```
netsh interface tcp set global parameter=value
```

例如，以下的命令即將 autotuninglevel（自動微調層次）的值改成 normal（正常）：

```
netsh interface tcp set global autotuninglevel=normal
```

13-3 調整插口之緩衝器大小

有一些網路插口應用軟體的性能 / 速度問題，都是因為軟體所使用之插口的緩衝器大小不適當（太小）所造成的，這一節討論如何調整其大小。

13-3-1 插口發送與接收緩衝器

在插口的使用上，每一網路插口在作業系統核心內，都有一相關的發送緩衝器與一接收緩衝器。發送緩衝器是作業系統用來儲存應用軟體已送出，但尚未送達目的地之輸出資料用的。同樣地，接收緩衝器是作業系統用以儲存作業系統已收到，但尚未被應用軟體之接收函數叫用所取走的輸入資料。這些緩衝器存在作業系統核心層內，與應用軟體自己所使用的輸入 / 輸出緩衝器是分開的。

換言之，如圖 13-1 所示，為了支援每一插口的發送與接收作業，作業系統本身內部也分別騰出有發送與接收緩衝器的。

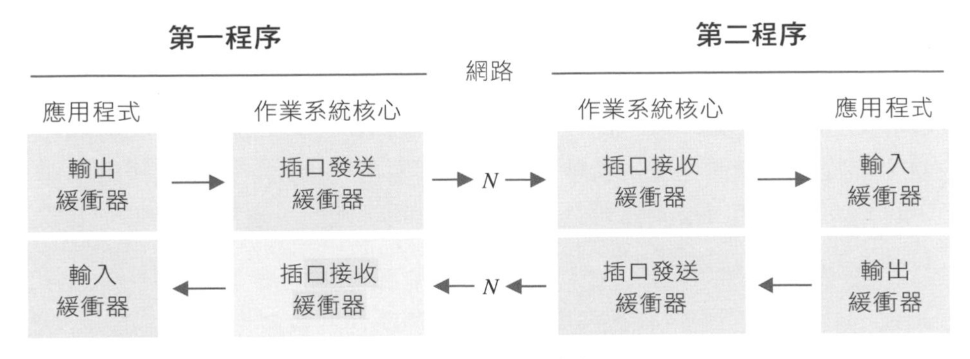

圖 13-1 插口的緩衝器

從圖中可看出，在資料從來源旅行至目的地時，它有可能停留在四個不同地方（緩衝器內）。

1. 在應用軟體的輸出緩衝器內，當應用程式還在等著中央處理器前來執行插口送出作業時。

2. 在送出系統之作業系統核心的發送緩衝器內，當處理器執行了插口送出作業，但資料尚未實際送達目的地時（途中可能會有塞車的情形發生）。

3. 若有的話，在介乎資料來源與目的地之間的某尋路器（router）上。

4. 在接收系統之作業系統核心層的插口接收緩衝器內，等著接收程式的讀取。

13-3-2 調整插口緩衝器之大小

在設計傳送或接收大量資料的插口應用程式時，考慮所謂“插口緩衝器大小”的可調參數是很重要的。這些參數即 SO_SNDBUF 與 SO_RCVBUF 插口選項。這兩個插口選項的值，可分別以叫用 getsockopt() 或 setsockopt() 函數，將之讀取或設定。在絕大多數作業系統上，這兩個函數都實作成作業系統核心的系統叫用。

SO_SNDBUF 與 SO_RCVBUF 插口選項的設計，旨在讓應用程式能調節資料發送端與接收端之間之管線，所能儲存的資料量。

不過，記得，插口緩衝器大小之參數的值與管線之資料量之間的關係是動態與複雜的，而非靜態與直接了當的。其中一個原因是網路連線很可能經過好幾站（hops）。資料必須流經好幾個尋路器，才能抵達目的地。

工程師們時會發現網路或分散式應用的性能 / 速度緩慢。有時，這速度緩慢的問題，會全部或一部分是因插口緩衝器的記憶空間大小所造成的。記得上面提過，資料延途可能會停留在多個地方，因此，速度遲緩的問題，並不見得永遠是插口緩衝器容量太小所造成的。因此，實際的偵測很重要。

在很多作業系統上，插口發送與接收緩衝器的既定大小，通常分別是 4096 或 8192 位元組。有很多應用軟體實際所送的資料塊都比這還大。因此，為了改善速度，插口之發送或接收緩衝器的容量，最好應大於或等於這資料塊的大小。通常需要稍微實驗與測量一下，才能知道能達到最佳性能的實際值。

平常，可調參數都是可以在兩個不同層次設定的：在作業系統核心以及在應用軟體層次。除非應用軟體蓋過（override）它，否則作業系統核心層的設定是適用於所有的應用軟體的。而從應用軟體的設定，應該只影響到應用軟體本身，其他應用軟體不受影響。不過，記得，應用軟體所能設定的最大值，可能會受限於作業系統對此一最大值的設定。

選擇在作業系統核心層調整這些參數，有一些優點也有一些缺點。優點是（1）只在一個地方調整一次。（2）對所有應用軟體都適用。（3）應用軟體本身就不必再調整了。缺點則是，（1）要調整作業系統的核心層參數，必須有超級用戶的權限，這一般用者都沒有。（2）很難找出一個對大家都恰當的值。某一個值對某些應用程式很好，但對其他應用不見得就如此。

不同的應用程式通常有不同的要求。一般而言，很難找到一個讓所有應用程式都滿意的設定。所以，實用上，策略是兩層的。

首先，是找到一個對大多數的應用都還算合理的設定，並以之作為作業系統核心層的既有設定。其次，那些發現這作業系統核心層的設定不是很理想的應用，應該在應用軟體內改變這些設定，以蓋過作業系統的設定，並只影響到應用軟體本身。

13-3-3 在應用軟體層次調整插口緩衝器大小

插口發送與接收緩衝器大小之可調參數，也是可以分別在作業系統核心與應用軟體程式內分別調整的。這一節討論如何從應用軟體內調整，下一節再介紹如何從作業系統核心層去調整。

由應用軟體層次調整是有標準化的。POSIX 標準有規定。因此，其作法在符合 POSIX 標準的所有作業系統上，都是完全一樣的。

為了能讓你所開發的應用軟體，能在許多不同作業系統間任意移植，你最好選擇從應用軟體層次去調整。相對地，在作業系統核心層調整這些參數，則無標準化。每一作業系統的作法略有不同。這我們將在下一節討論。

欲在應用軟體層次設定或改變插口緩衝器的大小時，應用程式可經由叫用 setsockopt() 函數達成任務。叫用此函數時，函數的第二引數的值應為

SOL_SOCKET，而第三引數的值則應為 SO_SNDBUF（送出）或 SO_RCVBUF（接收）。欲得知這些參數的現有值，則可透過叫用 getsockopt() 函數為之。

記得，當程式叫用setsockopt() 函數，設定或改變一插口選項的值時，它真正只影響到一個插口，即函數之第一引數所指的插口。

圖 13-2 改變 TCP 送出緩衝器之大小（tcp_bufsz.c）

```
/*
 * Get and set socket options related to socket buffer sizes.
 * With TCP socket buffer size options.
 * Authored by Mr. Jin-Jwei Chen.
 * Copyright (c) 1993-2016, 2018 Mr. Jin-Jwei Chen. All rights reserved.
 */

#include <stdio.h>
#include <errno.h>
#include <sys/types.h>
#include <sys/socket.h>
#include <netinet/in.h>     /* protocols such as IPPROTO_TCP, ... */
#include <unistd.h>         /* close() */
#include <netinet/tcp.h>

int main(int argc, char *argv[])
{
  int    ret;
  int    sfd;                     /* file descriptor of the socket */
  int        option;              /* option value */
  socklen_t optlen;               /* length of option value */

  /* Create a Stream socket. */
  if ((sfd = socket(AF_INET, SOCK_STREAM, 0)) < 0)
  {
    fprintf(stderr, "Error: socket() failed, errno=%d\n", errno);
    return(-1);
  }

  /* Get the original setting of the SO_SNDBUF socket option. */
  option = 0;
  optlen = sizeof(option);
  ret = getsockopt(sfd, SOL_SOCKET, SO_SNDBUF, &option, &optlen);
  if (ret < 0)
  {
   fprintf(stderr, "Error: getsockopt(SO_SNDBUF) failed, errno=%d\n", errno);
    close(sfd);
    return(-2);
  }
  fprintf(stdout, "TCP SO_SNDBUF's original setting is %u.\n", option);
```

```
  /* Set the SO_SNDBUF socket option. */
  option = option + 2048;
  ret = setsockopt(sfd, SOL_SOCKET, SO_SNDBUF, &option, optlen);
  if (ret < 0)
  {
    fprintf(stderr, "Error: setsockopt(SO_SNDBUF) failed, errno=%d\n", errno);
    close(sfd);
    return(-3);
  }
  fprintf(stdout, "TCP SO_SNDBUF is reset to %u.\n", option);

  /* Get the current setting of the SO_SNDBUF socket option. */
  option = 0;
  ret = getsockopt(sfd, SOL_SOCKET, SO_SNDBUF, &option, &optlen);
  if (ret < 0)
  {
    fprintf(stderr, "Error: getsockopt(SO_SNDBUF) failed, errno=%d\n", errno);
    close(sfd);
    return(-4);
  }
  fprintf(stdout, "TCP SO_SNDBUF's current setting is %u.\n", option);

  /* Set the SO_SNDBUF option to be above default maximum. This may fail. */
  /* By default, max. value allowed is 2 MB in AIX and 1 MB on Solaris. */
  option = 1024000;
  fprintf(stdout, "Trying to reset TCP SO_SNDBUF to %u.\n", option);
  ret = setsockopt(sfd, SOL_SOCKET, SO_SNDBUF, &option, optlen);
  if (ret < 0)
  {
    fprintf(stderr, "Error: setsockopt(SO_SNDBUF) failed, errno=%d\n", errno);
    close(sfd);
    return(-5);
  }

  /* Get the current setting of the SO_SNDBUF socket option. */
  option = 0;
  ret = getsockopt(sfd, SOL_SOCKET, SO_SNDBUF, &option, &optlen);
  if (ret < 0)
  {
    fprintf(stderr, "Error: getsockopt(SO_SNDBUF) failed, errno=%d\n", errno);
    close(sfd);
    return(-6);
  }
  fprintf(stdout, "TCP SO_SNDBUF's current setting is %u.\n", option);

  /* Make the connection after setting the socket buffer size(s) */

  close(sfd);
}
```

圖 13-2 所示，即為一示範如何從應用軟體程式內，調整 TCP 之送出緩衝器大小的程式。它也觸及了最大極限值。請注意，一個程式所能設定之 SO_SNDBUF 的最大值在每一作業系統上都不一樣。例如，在 Solaris 上可能是 1MB，在 AIX 上可能是 2MB，而在 Linux 上可能是近乎 4MB。

以下即為這例題程式的執行輸出樣本。首先，我們先檢查作業系統核心層之有關參數的現有設定（在 Linux 上）：

```
$ /sbin/sysctl -a |grep net|grep mem
net.core.wmem_max = 1048576
net.core.rmem_max = 4194304
net.core.wmem_default = 262144
net.core.rmem_default = 262144
net.core.optmem_max = 20480
net.ipv4.igmp_max_memberships = 20
net.ipv4.tcp_mem = 191808        255744  383616
net.ipv4.tcp_wmem = 4096         16384   4194304
net.ipv4.tcp_rmem = 4096         87380   4194304
net.ipv4.udp_mem = 191808        255744  383616
net.ipv4.udp_rmem_min = 4096
net.ipv4.udp_wmem_min = 4096
```

其次，執行這例題程式：

```
$ ./tcp_bufsz
TCP SO_SNDBUF's original setting is 16384.
TCP SO_SNDBUF is reset to 18432.
TCP SO_SNDBUF's current setting is 36864.
Trying to reset TCP SO_SNDBUF to 4196352.
TCP SO_SNDBUF's current setting is 2097152.
```

應用程式首先產生一個使用 TCP 協定的連播插口（SOCK_STREAM），然後叫用 getsockopt() 讀取 TCP 發送緩衝器大小的現有值，得到 16384。這是前面查詢命令 sysctl 輸出結果中，該參數 net.ipv4.tcp_wmem 之值中間的那一行。

緊接程式叫用setsockopt() 函數，將該參數的值增加 2048（增加這麼少主要目的是在示範而已）。隨後再叫用 getsockopt() 查詢，可以看出參數之值實際已提高至 36864。Linux 顯示的值通常都放大一倍。

(16384+2048)=18432　　18432×2=36864

最後，程式試圖將同一參數的值改成 4196352。隨後的 getsockopt() 叫用顯示現有值是 2097152。這是因為在 Linux 上，該參數的最大值是受限於

net.core.wmem_max。這個極限值是 1048576，乘以 2 得到的正是 2097152。記得這極限值在每一作業系統上都不盡相同。在一些其它平台（如 AIX 與 Solaris）上，此極限制說不定會小一些。

欲改變 TCP 接收緩衝器的大小時，步驟完全一樣，唯一的是，你將 SO_SNDBUF 改成 SO_RCVBUF.。

欲改變 UDP 協定的緩衝器大小時，程式則改成產生 UDP 郵包插口（SOCK_DGRAM），其他完全類似。

注意到，在 Linux 上，當程式叫用 setsockopt() 函數更改插口之緩衝器大小時，Linux 的核心層會將那數目加倍，以便能有些額外的空間用以作記帳用。這就是為何在更改或設定這些值之後，getsockopt() 所讀回的值是放大一倍的緣故。其他系統不會這樣。

圖 13-3 所示即為一對變更送出與接收緩衝器之大小的客戶伺服程式。

注意到，若一個程式只做發送，則它只需更改發送緩衝器（SO_SNDBUF）的大小。同樣地，若一個程式只做接收，則它也只需更改接收緩衝器（SO_RCVBUF）的大小。

圖 13-3 更改 TCP 發送/接收緩衝器大小的程式

（a）tcpsrv_bufsz.c

```
*
 * A connection-oriented server program using Stream socket.
 * Single-threaded server.
 * With socket buffer size options (SO_SNDBUF and SO_RCVBUF).
 * Authored by Mr. Jin-Jwei Chen.
 * Copyright (c) 1993-2016, 2018, 2020 Mr. Jin-Jwei Chen. All rights reserved.
 */

#include <stdio.h>
#include <errno.h>
#include <sys/types.h>
#include <sys/socket.h>
#include <netinet/in.h>    /* protocols such as IPPROTO_TCP, ... */
#include <string.h>        /* memset() */
#include <stdlib.h>        /* atoi() */
#include <unistd.h>        /* close() */

#define  BUFLEN      1024    /* size of message buffer */
#define  DEFSRVPORT  2344    /* default server port number */
```

```
#define  BACKLOG        5    /* length of listener queue */
#define  SOCKBUFSZ  1048576  /* socket buffer size */

int main(int argc, char *argv[])
{
  int    ret, portnum_in=0;
  int    sfd;                      /* file descriptor of the listener socket */
  int    newsock;                  /* file descriptor of client data socket */
  struct sockaddr_in    srvaddr;   /* socket structure */
  int    srvaddrsz=sizeof(struct sockaddr_in);
  struct sockaddr_in    clntaddr;  /* socket structure */
  socklen_t    clntaddrsz=sizeof(struct sockaddr_in);
  in_port_t    portnum=DEFSRVPORT; /* port number */
  char   inbuf[BUFLEN];            /* input message buffer */
  char   outbuf[BUFLEN];           /* output message buffer */
  size_t msglen;                   /* length of reply message */
  int    option;
  socklen_t  optlen;

  fprintf(stdout, "Connection-oriented server program ...\n\n");

  /* Get the port number from user, if any. */
  if (argc > 1)
    portnum_in = atoi(argv[1]);
  if (portnum_in <= 0)
  {
    fprintf(stderr, "Port number %d invalid, set to default value %u\n\n",
      portnum_in, DEFSRVPORT);
    portnum = DEFSRVPORT;
  }
  else
    portnum = portnum_in;

  /* Create the Stream server socket. */
  if ((sfd = socket(AF_INET, SOCK_STREAM, 0)) < 0)
  {
    fprintf(stderr, "Error: socket() failed, errno=%d\n", errno);
    return(-1);
  }

  /* Get socket input buffer size set by the OS. */
  option = 0;
  optlen = sizeof(option);
  ret = getsockopt(sfd, SOL_SOCKET, SO_RCVBUF, &option, &optlen);
  if (ret < 0)
    fprintf(stderr, "Error: getsockopt(SO_RCVBUF) failed, errno=%d\n", errno);
  else
    fprintf(stdout, "SO_RCVBUF was originally set to be %u\n", option);

  /* Set socket input buffer size. */
  option = SOCKBUFSZ;
```

```
ret = setsockopt(sfd, SOL_SOCKET, SO_RCVBUF, &option, sizeof(option));
if (ret < 0)
  fprintf(stderr, "Error: setsockopt(SO_RCVBUF) failed, errno=%d\n", errno);
else
  fprintf(stdout, "SO_RCVBUF is set to be %u\n", option);

/* Get socket input buffer size. */
option = 0;
optlen = sizeof(option);
ret = getsockopt(sfd, SOL_SOCKET, SO_RCVBUF, &option, &optlen);
if (ret < 0)
  fprintf(stderr, "Error: getsockopt(SO_RCVBUF) failed, errno=%d\n", errno);
else
  fprintf(stdout, "SO_RCVBUF now is %u\n", option);

/* Turn on SO_KEEPALIVE socket option. */
option = 1;
ret = setsockopt(sfd, SOL_SOCKET, SO_KEEPALIVE, &option, sizeof(option));
if (ret < 0)
{
  fprintf(stderr, "Error: setsockopt(SO_KEEPALIVE) failed, errno=%d\n", errno);
}
else
  fprintf(stdout, "SO_KEEPALIVE socket option is set.\n");

/* Fill in the server socket address. */
memset((void *)&srvaddr, 0, (size_t)srvaddrsz); /* clear the address buffer */
srvaddr.sin_family = AF_INET;                    /* Internet socket */
srvaddr.sin_addr.s_addr = htonl(INADDR_ANY);     /* server's IP address */
srvaddr.sin_port = htons(portnum);               /* server's port number */

/* Bind the server socket to its address. */
if ((ret = bind(sfd, (struct sockaddr *)&srvaddr, srvaddrsz)) != 0)
{
  fprintf(stderr, "Error: bind() failed, errno=%d\n", errno);
  return(-2);
}

/* Set maximum connection request queue length that we can fall behind. */
if (listen(sfd, BACKLOG) == -1) {
  fprintf(stderr, "Error: listen() failed, errno=%d\n", errno);
  close(sfd);
  return(-3);
}

/* Wait for incoming connection requests from clients and service them. */
while (1) {

  fprintf(stdout, "\nListening at port number %u ...\n", portnum);
  newsock = accept(sfd, (struct sockaddr *)&clntaddr, &clntaddrsz);
  if (newsock < 0)
```

```
        {
          fprintf(stderr, "Error: accept() failed, errno=%d\n", errno);
          close(sfd);
          return(-4);
        }

        fprintf(stdout, "Client Connected.\n");

        /* Set the reply message */
        sprintf(outbuf, "%s", "This is a reply from the server program.");
        msglen = strlen(outbuf);

        /* Receive and service requests from the current client. */
        while (1)
        {
          /* Receive a request from a client. */
          errno = 0;
          inbuf[0] = '\0';
          ret = recv(newsock, inbuf, BUFLEN, 0);
          if (ret > 0)
          {
            /* Process the request. We simply print the request message here. */
            inbuf[ret] = '\0';
            fprintf(stdout, "\nReceived the following request from client:\n%s\n",
              inbuf);

            /* Send a reply. */
            errno = 0;
            ret = send(newsock, outbuf, msglen, 0);
            if (ret == -1)
              fprintf(stderr, "Error: send() failed, errno=%d\n", errno);
            else
              fprintf(stdout, "%u of %lu bytes of the reply was sent.\n",
ret, msglen);
          }
          else if (ret < 0)
          {
            fprintf(stderr, "Error: recv() failed, errno=%d\n", errno);
            break;
          }
          else
          {
            /* The client may have disconnected. */
            fprintf(stdout, "The client may have disconnected.\n");
            break;
          }
        }  /* while - inner */
        close(newsock);
      }  /* while - outer */
    }
```

(b) tcpclnt_bufsz.c

```
/*
 * A connection-oriented client program using Stream socket.
 * With socket buffer size options (SO_SNDBUF and SO_RCVBUF).
 * Authored by Mr. Jin-Jwei Chen.
 * Copyright (c) 1993-2016, 2018, 2020 Mr. Jin-Jwei Chen. All rights reserved.
 */

#include <stdio.h>
#include <errno.h>
#include <sys/types.h>
#include <sys/socket.h>
#include <netinet/in.h>    /* protocols such as IPPROTO_TCP, ... */
#include <arpa/inet.h>     /* inet_addr(), inet_ntoa(), inet_ntop() */
#include <string.h>        /* memset() */
#include <stdlib.h>        /* atoi() */
#include <netdb.h>         /* gethostbyname() */
#include <ctype.h>         /* isalpha() */
#include <unistd.h>        /* close() */

#define  BUFLEN      1024    /* size of input message buffer */
#define  DEFSRVPORT  2344    /* default server port number */
#define  MAXMSGS        4    /* Maximum number of messages to send */
#define  NAMELEN       63
#define  SOCKBUFSZ  1048576  /* socket buffer size */

int main(int argc, char *argv[])
{
  int    ret;
  int    sfd;                        /* file descriptor of the socket */
  struct sockaddr_in    server;      /* socket structure */
  int    srvaddrsz=sizeof(struct sockaddr_in);
  struct sockaddr_in    fromaddr;    /* socket structure */
  socklen_t    fromaddrsz=sizeof(struct sockaddr_in);
  in_port_t    portnum=DEFSRVPORT;   /* port number */
  char   inbuf[BUFLEN];              /* input message buffer */
  char   outbuf[BUFLEN];             /* output message buffer */
  size_t    msglen;                  /* length of reply message */
  size_t    msgnum=0;                /* count of request message */
  size_t    len;
  unsigned int addr;
  char   server_name[NAMELEN+1] = "localhost";
  int    socket_type = SOCK_STREAM;
  struct hostent *hp;
  int    option;
  socklen_t  optlen;

  fprintf(stdout, "Connection-oriented client program ...\n\n");

  /* Get the host name or IP address from command line. */
```

```
if (argc > 1)
{
  len = strlen(argv[1]);
  if (len > NAMELEN)
    len = NAMELEN;
  strncpy(server_name, argv[1], len);
  server_name[len] = '\0';
}

/* Get the port number from command line. */
if (argc > 2)
  portnum = atoi(argv[2]);
if (portnum <= 0)
{
  fprintf(stderr, "Port number %d invalid, set to default value %u\n",
    portnum, DEFSRVPORT);
  portnum = DEFSRVPORT;
}

/* Translate the host name or IP address into server socket address. */
if (isalpha(server_name[0]))
{  /* A host name is given. */
  hp = gethostbyname(server_name);
}
else
{  /* Convert the n.n.n.n IP address to a number. */
  addr = inet_addr(server_name);
  hp = gethostbyaddr((char *)&addr, sizeof(addr), AF_INET);
}
if (hp == NULL )
{
  fprintf(stderr,"Error: cannot get address for [%s], errno=%d\n",
    server_name, errno);
  return(-1);
}

/* Copy the resolved information into the sockaddr_in structure. */
memset(&server, 0, sizeof(server));
memcpy(&(server.sin_addr), hp->h_addr, hp->h_length);
server.sin_family = hp->h_addrtype;
server.sin_port = htons(portnum);

/* Open a socket. */
sfd = socket(AF_INET, socket_type, 0);
if (sfd < 0)
{
  fprintf(stderr,"Error: socket() failed, errno=%d\n", errno);
  return (-2);
}

/* Get socket output buffer size set by the OS. */
```

```
option = 0;
optlen = sizeof(option);
ret = getsockopt(sfd, SOL_SOCKET, SO_SNDBUF, &option, &optlen);
if (ret < 0)
{
  fprintf(stderr, "Error: getsockopt(SO_SNDBUF) failed, errno=%d\n", errno);
}
else
  fprintf(stdout, "originally, SO_SNDBUF was set to be %u\n", option);

/* Set socket output buffer size. */
option = SOCKBUFSZ;
ret = setsockopt(sfd, SOL_SOCKET, SO_SNDBUF, &option, sizeof(option));
if (ret < 0)
{
  fprintf(stderr, "Error: setsockopt(SO_SNDBUF) failed, errno=%d\n", errno);
}
else
  fprintf(stdout, "SO_SNDBUF is set to be %u\n", option);

/* Get socket output buffer size. */
option = 0;
optlen = sizeof(option);
ret = getsockopt(sfd, SOL_SOCKET, SO_SNDBUF, &option, &optlen);
if (ret < 0)
{
  fprintf(stderr, "Error: getsockopt(SO_SNDBUF) failed, errno=%d\n", errno);
}
else
  fprintf(stdout, "SO_SNDBUF now is %u\n", option);

fprintf(stdout, "\nSend request messages to server at port %d\n", portnum);

/* Connect to the server. */
ret = connect(sfd, (struct sockaddr *)&server, srvaddrsz);
if (ret == -1)
{
  fprintf(stderr, "Error: connect() failed, errno=%d\n", errno);
  close(sfd);
  return(-3);
}

/* Send request messages to the server and process the reply messages. */
while (msgnum < MAXMSGS)
{
  /* Send a request message to the server. */
  sprintf(outbuf, "%s%4lu%s", "This is request message ", ++msgnum,
    " from the client program.");
  msglen = strlen(outbuf);
  errno = 0;
```

```
    ret = send(sfd, outbuf, msglen, 0);
    if (ret >= 0)
    {
      /* Print a warning if not entire message was sent. */
      if (ret == msglen)
        fprintf(stdout, "\n%lu bytes of message were successfully sent.\n",
          msglen);
      else if (ret < msglen)
        fprintf(stderr, "Warning: only %u of %lu bytes were sent.\n",
          ret, msglen);

      if (ret > 0)
      {
        /* Receive a reply from the server. */
        errno = 0;
        inbuf[0] = '\0';
        ret = recv(sfd, inbuf, BUFLEN, 0);

        if (ret > 0)
        {
          /* Process the reply. */
          inbuf[ret] = '\0';
          fprintf(stdout, "Received the following reply from server:\n%s\n",
            inbuf);
        }
        else if (ret == 0)
          fprintf(stdout, "Warning: Zero bytes were received.\n");
        else
          fprintf(stderr, "Error: recv() failed, errno=%d\n", errno);
      }
    }
    else
      fprintf(stderr, "Error: send() failed, errno=%d\n", errno);

  }  /* while */

  close(sfd);
}
```

注意到，提高插口緩衝器的大小，增加了程式所使用的記憶空間。但它卻可減少程式在發送或接收資料時所必須等待的時間。所以，是以空間換取時間。

調整或設定插口緩衝器大小的作業，必須在連線作業之前執行。

就一TCP（SOCK_STREAM）插口而言，插口之發送與接收緩衝器的大小，會對 TCP 之堵塞控制有影響。TCP 協定在談判決定 TCP 接收窗口（receive window）的值時，會用到這些選項的值。若值很大，則談判或許會要求一窗口擴展選項的值。通信對手之接收窗口的大小，與發送程式所設定之 SO_SNDBUF 的值，以及 TCP 堵塞控制之演算法，三者合起來會限制連線單方向上所能儲存之的總資料量。

摘要

在此，我們再度地強調並摘要一下。在調整插口的發送與接收緩衝器的大小上，軟體的開發者應設計符合 POSIX 標準的程式，在應用程式內，叫用 setsockopt() 函數，直接設定或改變 SO_SNDBUF 與 SO_RCVBUF 兩個插口選項的值，好讓程式達到最佳性能。

這樣的程式碼是跨平台的，在所有與 POSIX 標準相容的作業系統上，都是一樣的。唯一可能不同的，就是這些選項的最大極限值，可能因系統核心層內所設之最大極限值不同而異。這些核心層所設的最大極限值是系統的管理者可以改變的。

對系統管理者而言，作業系統核心層內對這些插口選項所設定的既定值，應該是能讓一般多數應用都能達到合理之速度的值。這個設定是會影響到系統上的所有應用的，除非應用本身也設定或改變這些選項之值。此外，核心層內對最大值的設定，也會影響到應用程式所能設定的最大選項值。我們將在下一節討論這個。

什麼樣的選項值能讓你的應用軟體得到最佳的性能，取決於幾個因素：插口緩衝器的大小，網路的速度（頻寬，bandwidth），網路的來回時間（latency）（RTT 值），核心層的網路協定實作，以及其他因素。這通常需要做點實驗與測量，才能得知。

13-3-4 在作業系統核心層調整插口緩衝器大小

這節介紹各作業系統之插口緩衝器大小的參數，以及如何調整它們。請記得，調整核心層內的這些參數，必須有超級用戶或系統管理者的權限。

插口發送與接收緩衝器大小的選項，其名稱因作業系統之不同而異。此外，如何調整在每一作業系統也不同。絕大多數系統都是 TCP 協定與 UDP 協定各有一組參數。這些參數的實際行為，也可能因實作不同而異。

13-3-4-1 Linux

與其他作業系統相比較，Linux 核心層內的插口緩衝器大小的參數，比其他作業系統多。

自動調整

在最新版的 Linux，作業系統核心層內的 TCP 插口之發送與接收緩衝器的大小，都是由核心層全自動調整的。從 Linux 2.4 版本開始，TCP 的發送緩衝器大小是自動調整的。從 Linux 2.6.7 開始，TCP 的接收緩衝器的大小，也是自動調整的。這意謂在這些版本以後的 Linux 版本，應用軟體已經不必要再調整 TCP 發送與接收緩衝器的大小了。

不過，應用軟體還是可以選擇叫用 setsockopt() 函數，自己調整這些參數。在這種情況下，自動調整就不再生效。

在自動調整生效時，一 TCP 連播插口之緩衝器的最小，既定，與最大值，分別由下列的核心層可調參數決定：

1. net.ipv4.tcp_wmem

   這個 Linux 核心層可調參數的值是一個含有三個整數值的陣列。三個值分別代表 TCP 插口之發送緩衝器的最小，既定（最初），與最大值。

   這個參數值是由 Linux 核心自動調整的。中間的值是既定值（亦即，一開始最初的值）。

   Linux 核心層會自動將這數值，在最左邊的最小值與最右邊的最大值之間，隨時調整。

2. net.ipv4.tcp_rmem

   這個 Linux 核心層可調參數的值是一個含有三個整數值的陣列。三個值分別代表 TCP 插口之接收緩衝器大小的最小，既定（最初），與最大值。

   這個參數是由 Linux 核心自動調整的。中間的值是一個 TCP 連播插口之接收緩衝器大小的既定值，Linux 會自動將之在最小值與最大值之間調整。

注意到，假若應用程式叫用 setsockopt() 函數調整 SO_SNDBUF 之值，則那就會自動取消系統對這插口之發送緩衝器大小的自動調整。這種情況下，

net.ipv4.tcp_wmem 參數的最大值就會被忽略。同樣地，倘若應用軟體叫用 setsockopt() 函數調整 SO_RCVBUF 的值，那就會取消系統對這插口之接收緩衝器大小的自動調整。在這種情況下，net.ipv4.tcp_rmem 參數的最大值，即會被忽略。

此外，自動微調之 TCP 插口的最大發送或接收緩衝器大小，並不會分別蓋過 net.core.wmem_ max 或 net.core.rmem_ max。例如，

```
$ sysctl -q net.ipv4.tcp_wmem net.ipv4.tcp_rmem
net.ipv4.tcp_wmem = 4096    16384   4194304
net.ipv4.tcp_rmem = 4096    87380   4194304
```

在這樣的設定時，假若應用程式不叫用 setsockopt() 改變插口的任何緩衝器大小，則一個連播插口（SOCK_STREAM）一開始時，其發送緩衝器即為 16384 位元組，且接收緩衝器為 87380 位元組。

注意到，還有另外一個參數叫 net.ipv4.tcp_mem。儘量避免動到這個參數，因為，系統已根據計算機所安裝之記憶器容量，自動調整這個參數的值了！此外，這參數的單位是記憶頁數，而不是位元組數。因此，很容易搞混。Linux 核心層以這個參數決定何時應設法降低對記憶空間的使用。當系統對記憶器的使用量超過這參數的既定值（中間一行）時，系統就會開始節約對記憶空間的使用。這參數之最大值代表整個系統所有 TCP 插口，全部所能使用的最高記憶頁數。

其他的協定

對其他沒有自己可調參數的網路協定而言，其既定的插口發送與接收緩衝器大小，則由下列兩個 net.core 層次的參數決定：

1. net.core.wmem_default

   這個 Linux 核心層參數定義了一個插口的既定發送緩衝器大小，沒有自己之可調參數的網路協定，即獲得這個值。

2. net.core.rmem_default

   這個 Linux 核心層參數定義一個插口之接收緩衝器的既定大小。沒有自己之可調參數的網路協定，即獲得這個值。

以下即為這兩個參數之既定值的例子：

```
net.core.wmem_default = 262144
net.core.rmem_default = 262144
```

注意到，UDP 協定並不像 TCP，有不同的參數分別代表發送與接收緩衝器的大小。它只有以下這些：

```
net.ipv4.udp_mem = 185955       247942  371910
net.ipv4.udp_rmem_min = 4096
net.ipv4.udp_wmem_min = 4096
```

因此，在應用程式產生一資料郵包（SOCK_DGRAM）插口時，其發送與接收緩衝器的既定大小，即由 net.core.wmem_default 與 net.core.rmem_default 參數分別決定：

```
net.core.rmem_default = 212992
net.core.rmem_max = 212992
net.core.wmem_default = 212992
net.core.wmem_max = 212992
```

net.core.rmem_max 參數，設定所有連線或通信時，作業系統之接收緩衝器大小的最大值。你可以“sysctl -w”命令加以改變。同樣地，net.core.wmem_max 則設定所有連線與通信時，作業系統之發送緩衝器的最大容量。

應用程式調整注意事項

前面說過，當應用程式叫用setsockopt() 函數，改變插口之發送與接收緩衝器的大小時，它等於自動取消了系統自動調整的功能。在這種情況下，tcp_wmem 或 tcp_rmem 參數的最大值即會被忽略，而程式所能設定之最大緩衝器大小，即變成受限於 net.core 層次。

對 TCP 與 UDP 協定而言，應用程式所能設定的插口發送緩衝器的最大值，即由 net.core.wmem_max 所定義。而插口之接收緩衝器的最大容量，則由 net.core.rmem_max 核心層參數決定。

換言之，應用程式經由叫用 setsockopt() 函數，所能設定的最大插口發送與接收緩衝器的大小，即分別由下列核心層參數所決定：

1. net.core.wmem_max

   定義一應用程式經由叫用 setsockopt（SO_SNDBUF）函數，所能設定之插口發送緩衝器的最大容量（以位元組數計）。

2. net.core.rmem_max

   這參數定義一應用程式經由叫用 setsockopt（SO_RCVBUF）函數，所能設定之插口接收緩衝器的最大容量（以位元組數計）。

這些最大容量限制，對 SOCK_STREAM 與 SOCK_DGRAM 插口，都有效。

如何調整？

以 "/sbin/sysctl -q" 命令獲知一可調參數之現有值。譬如，

```
# sysctl -q net.core.wmem_max net.core.rmem_max
net.core.wmem_max = 1048576
net.core.rmem_max = 4194304
```

欲改變一個參數的值（記得，這將影響到整個系統以及所有應用），則請執行 "/sbin/sysctl -w" 命令。例如，

```
# /sbin/sysctl -w net.core.wmem_max=2097152
```

摘要

曾如我們說過的，一個應用程式可以經由叫用 setsockopt() 函數，取消系統的自動微調，並自己設定一插口之發送與接收緩衝器的大小。這樣的改變只影響到應用程式本身。這種情況下，一個應用軟體所能設定之緩衝器的最大容量，即受限於 net.core 層次所定的最大值，而不再是 net.ipv4.tcp_wmem 或 net.ipv4.tcp_rmem 之最大值。亦即，緩衝器大小的上限，變成是 net.core.wmem_max（對SO_SNDBUF 而言），或 net.core.rmem_max（對 SO_RCVBUF 而言）。

倘若應用軟體不叫用 setsockopt() 函數更改插口之發送或接收緩衝器的大小，則這些參數即由 Linux 核心層自動設定與調整。每一應用軟體所得到的發送與接收緩衝器的既定大小，即分別由 Linux 核心層參數 net.ipv4.tcp.wmem 與 net.ipv4.tcp.rmem 所決定。

與插口之緩衝器大小有關的 Linux 核心層可調參數包括以下這些：

```
net.core.wmem_max = 1048576
net.core.wmem_default = 262144
net.core.rmem_max = 4194304
net.core.rmem_default = 262144

net.ipv4.tcp_wmem = 4096        16384   4194304
```

```
net.ipv4.tcp_rmem = 4096        87380   4194304
net.ipv4.tcp_mem = 191808       255744  383616

net.ipv4.udp_wmem_min = 4096
net.ipv4.udp_rmem_min = 4096
net.ipv4.udp_mem = 191808       255744  383616
```

欲得知目前的設定時，請使用“sysctl -a”命令，或諸如“cat /proc/sys/net/ipv4/tcp_wmem”的命令。

13-3-4-2 AIX

要調什麼？

IBM AIX 有下列核心層參數與插口的緩衝器大小有關：

- tcp_recvspace

  tcp_recvspace 可調參數指出一個接收資料的應用程式，其接收資料的插口，可以有多少位元組的資料可以暫時儲存在核心層內。這個參數的既定值通常是 16384。

- tcp_sendspace

  tcp_sendspace 可調參數指出，一個發送資料的應用程式，在被系統阻擋停下來之前，最多可以有多少位元組的資料，存放在核心層的發送緩衝器之內。這個參數的既定值通常是 16384。

- sb_max

  sb_max 參數設定一個插口，最多可以有多少緩衝器排隊在等候。這控制了一發送或接收插口的排隊上，所有緩衝器總共能佔用多少記憶空間。既定值通常是 1048576。

- udp_sendspace

  udp_sendspace 參數控制一 UDP 插口之輸出資料所能佔用的記憶空間。這個參數的值，最好設定成應用程式所發送之最大 UDP 資料郵包的大小，或更高。其既定值通常是 42080。

- udp_recvspace

  udp_recvspace 參數控制一 UDP 插口之輸入資料所能佔用的記憶空間。一旦輸入資料累積至超過此一極限，再進來的輸入資料即會被丟棄。這參數的既定值是 42080。

- use_sndbufpool="1"

  這參數指明插口是否應使用送出緩衝器匯集或共有池（pools）。參數值 1 代表是。值是 0 代表不用。

如何調整？

執行"no -o"命令以調整插口之緩衝器大小參數。譬如，欲在系統重啟之前暫時設定 tcp_sendspace 參數之值：

```
# no -o tcp_sendspace=16384
```

欲立即改變參數之值，同時讓這改變延續至將來系統重啟之後：

```
# no -p -o tcp_sendspace=16384
```

欲查詢參數之現有值：

```
# no -o tcp_sendspace
```

IBM建議使用者將 TCP 發送與接收緩衝器之大小，設定成至少是MTU 大小的十倍。就 10/100Mbps 之 Ethernet 而言，MTU 的大小是 1500。因此，tcp_sendspace 與 tcp_recvspace 應至少設定成 16384，且 sb_max 設定成 32768。Gigabit Ethernet 的 MTU 大小可以是 1500 或 9000。因此，tcp_sendspace 最好設定成 131072，tcp_recvspace 為 65536，且 sb_max 為 131072 至 262144 之間。

注意，當你以"no -o"命令更改 TCP/IP 連線之可調參數值時，它只能影響在你更改之後所新建立的連線，並不影響在更改之前所建立之連線。倘若以"no -o"命令所做的改變，會影響到 inetd 背景程式所聆聽之新連線的程序，則這個命令可能會重新啟動 inetd。

13-3-4-3 Solaris

調什麼呢？

值得注意的是，Solaris 作業系統的核心層參數，在第 11 版本時改了名稱。在舊的版本上，網路可調參數的名稱前面都附加有 tcp 或 udp 的協定名稱。例如，tcp_max_buf。Solaris 11 時將可調參數依網路協定分類，去掉了名稱前面的協定名，然後改用以 ipadm 命令，而不再是 ndd 命令調整。同時，也改稱它們為屬性（properties）。

譬如，原來的 TCP 參數 tcp_max_buf，現在則變成 TCP 屬性 max_buf。

Oracle/Sun Solaris 11 和插口緩衝器大小相關的核心層參數如下：

1. **TCP可調參數（屬性）**

- send_buf

  發送緩衝器的既定大小，單位為位元組。這個值所容許的範圍為4096 至 max_buf 的現有值。既定值是 49152。

- rcev_buf

  接收緩衝器的既定大小，單位為位元組。可容許的範圍為 2048 至 max_buf 的現有值。既定值為 128000。

- max_buf

  發送與接收緩衝器的最大容量，單位為位元組。這個參數為應用程式透過 setsockopt() 函數叫用，所能設定的發送與接收緩衝器的大小，設個最高極限。這參數之值的容許範圍為 128000 至 1,073,741,824。既定值為 1048576。

  若網路是高速網路，則你可將這個參數的值，提高至與網路的實際速度相同的值。

這三個新的可調參數，在 Solaris 11上稱為 TCP 屬性。它們分別對應於舊版之 Solaris 上的 tcp_xmit_hiwat，tcp_recv_hiwat 與 tcp_max_buf 等三個參數。

2. UDP 可調參數（屬性）

- send_buf

  UDP 插口的既定發送緩衝器大小。可容許的值範圍是1024 至 max_buf 的現有值。既定值是 57344 位元組。

- recv_buf

  UDP 插口之接收緩衝器的既定大小。可容許的數值之範圍為 128 至 max_buf 的現有值。既定值為 57344 位元組。

- max_buf

  UDP 插口之發送與接收緩衝器的最大值，單位是位元組數。

  這個參數為應用程式透過 setsockopt() 函數所能設定的發送與接收緩衝器大小，設定最高極限。其值的容許範圍是 65536 至 1,073,741,824。既定值是 2,097,152。

這三個 UDP 屬性，分別對應於舊版之 Solaris 上的 udp_xmit_hiwat，udp_recv_hiwat 與 udp_max_buf 等三個參數。

如何調整？

Solaris 以 ndd 或 ipadm 命令調整網路的核心層參數。公司建議最好採用 ipadm。例如：

```
# ndd -set /dev/tcp tcp_max_buf 2097152
# ipadm set-prop -p max_buf=2097152  tcp
```

欲查詢參數之現有值時：

```
# ndd -get /dev/tcp tcp_max_buf
# ipadm show-prop -p max_buf tcp
```

以下又是一個例子：

```
$ ipadm show-prop -p send_buf,recv_buf,max_buf tcp
PROTO PROPERTY   PERM  CURRENT   PERSISTENT  DEFAULT    POSSIBLE
tcp   send_buf   rw    49152     --          49152      4096-1048576
tcp   recv_buf   rw    128000    --          128000     2048-1048576
tcp   max_buf    rw    1048576   --          1048576    128000-1073741824
```

13-3-4-4 HP-UX

調整什麼？

在 HP-UX 上，和插口緩衝器大小相關的核心層參數如下：

（a）TCP（SOCK_STREAM）插口

(a1) 插口發送緩衝器參數

- tcp_xmit_hiwater_def：SO_SNDBUF 插口選項的既定值
- tcp_xmit_hiwater_max：應用程式對 SO_SNDBUF 所能設定的最大值

  把 TCP插口發送緩衝器的既定值設得足夠大，資料傳輸就愈能利用到對方的已宣佈的窗口（TCP advertised window）。

  除了以上兩個上限參數外，發送端也有下面的下限參數存在：

- tcp_xmit_lowater_def：舒解發送端流量控制的未送出資料量

(a2) 插口接收緩衝器參數：

- tcp_recv_hiwater_def：SO_RCVBUF 插口選項的既定值
- tcp_recv_hiwater_max：應用程式對 SO_RCVBUF 插口選項所能設定的最大值。

（b）UDP（SOCK_DGRAM）插口

- socket_udp_sndbuf_default 參數

  UDP 插口之送出緩衝器的既定大小。既定值是 65535 位元組。

- socket_udp_rcvbuf_default 參數

  UDP 插口之接收緩衝器的既定大小。既定值是 65535 位元組。

  這個可調參數的值不應超過 ndd 參數 udp_recv_hiwater_max的值。

  否則，欲產生 UDP 插口的 socket() 函數叫用，即會得到 EINVAL 的錯誤。

  附註：假若命令“netstat -p udp”顯示有插口滿溢現象，則提高此一參數的值可能會有幫助。不過，增加這參數的值只有在滿溢狀態是短暫的，而且資料量的爆衝是小於緩衝器的大小時，才會有幫助。

  假若滿溢現象一直持續，則提高緩衝器的大小並不會有幫助。

- udp_recv_hiwater_max 參數

  setsockopt() 叫用在 SO_RCVBUF 選項時，所能設定之 UDP 插口之接收緩衝器的最大值。倘若所使用的值大於所對應的核心層參數（xxx_recv_hiwater_max）的值，那 setsockopt() 函數叫用即會錯誤回返，且錯誤號碼為 EINVAL。

  假若 socket_udp_rcvbuf_default 參數的值超過 udp_recv_hiwater_max 的值，則試圖產生一 UDP 插口的 socket() 函數叫用，即會送回 EINVAL 的錯誤。

  這個參數的既定值是 2147483647（2^31）位元組。參數值的容許範圍是 1024 至 2147483647。

（c）UNIX 領域（AF_UNIX）插口

socket_buf_max：AF_UNIX 領域插口之緩衝器的最大容量。既定值是 262144 位元組。參數值的容許範圍是 1024 至 2147483647。

如何調整？

只要你有超級用戶的權限，你即可以 ndd 命令，調整與插口有關的系統核心層參數。譬如，下列 ndd 命令即設定 UDP 插口之接收緩衝器大小：

```
# ndd -set /dev/sockets socket_udp_rcvbuf_default 65535
```

若想知道系統的運作情形如何，你也可以執行下列命令：

```
# netstat -p tcp
# netstat -p udp
```

13-3-4-5 Apple Darwin

在蘋果的達爾文作業系統上，作業系統核心層與插口發送與接收緩衝器有關的可調參數如下所列：

```
net.inet.tcp.sendspace: 131072
net.inet.tcp.recvspace: 131072

net.inet.tcp.doautosndbuf: 1
net.inet.tcp.autosndbufinc: 8192
net.inet.tcp.autosndbufmax: 2097152

net.inet.tcp.doautorcvbuf: 1
net.inet.tcp.autorcvbufmax: 2097152
```

你可以"sudo sysctl -w 參數名稱=新的值"命令更改或設定這其中任一個參數的值，包括 net.inet.tcp.autosndbufmax 與 net.inet.tcp.autorcvbufmax。既定上，net.inet.tcp.doautosndbuf 的值是 1，代表 TCP 發送緩衝的大小是由系統自動調整的。將其值設定為 0 則代表不自動調整。net.inet.tcp.doautorcvbuf 也是完全一樣。

作者發現，將 net.inet.tcp.sendspace 與 net.inet.tcp.recvspace 提高至 5MB 以上似乎都沒問題，但 6MB 則不行。

13-3-4-6 FreeBSD Unix

調整什麼？

在 FreeBSD 上，與插口緩衝器有關的核心層參數包括下列：

net.inet.tcp.recvspace

插口接收緩衝器之既定大小，單位為位元組。

net.inet.tcp.sendspace

插口發送緩衝器之既定大小，以位元組數計

net.inet.tcp.recvbuf_max

插口接收緩衝器的最大容量，以位元組數計。作自動調整用的。

net.inet.tcp.sendbuf_max

插口發送緩衝器的最大容量，單位元為位元組。自動調整用的。

net.inet.tcp.recvbuf_auto

控制（打開或關閉）接收窗口自動調整

net.inet.tcp.sendbuf_auto

控制發送窗口自動調整（打開或關閉）

net.inet.tcp.recvbuf_inc

接收窗口自動調整時，每次微調所增加的數量

net.inet.tcp.sendbuf_inc

發送窗口自動調整時，每次微調所增加的數量

譬如，以下即為這些參數的一個設定例子：

```
# Socket buffer kernel parameters in FreeBSD
net.inet.tcp.recvspace=65536
net.inet.tcp.sendspace=32768
net.inet.tcp.sendbuf_max=16777216
net.inet.tcp.recvbuf_max=16777216
net.inet.tcp.sendbuf_auto=1
net.inet.tcp.recvbuf_auto=1
net.inet.tcp.sendbuf_inc=8192
net.inet.tcp.recvbuf_inc=16384
```

如何調整？

以 sysctl 查詢或設定以上這些參數的值，或直接更改/etc/sysctl.conf檔案。

13-3-4-7 微軟視窗系統

調整什麼？

微軟視窗系統的 TCP/IP 協定，是設計成在絕大部分情況下，都是自動調整的。

在微軟視窗系統，插口的發送與接收緩衝器的大小，稱作 **TCP 窗口大小**（TCP window size）。TCP 接收窗口的大小，是視窗系統核心層能為一個連線所暫時儲存的資料量（以位元組數計）。一個發送資料的計算機，只能送出那麼多資料，然後就必須等待接收計算機的回覆。

視窗的TCP 並不硬性固定某一個數量，而是自動調節成與最大節段大小（maximum segment size，MSS）之增加量相同的大小。這 MSS 的值是在連線建立時兩邊談妥的。

視窗的接收窗口的大小是以下述方式決定的：

1. 第一個連線請求聲明一個 16KB（16384位元組）的接收窗口大小。
2. 在連線建立時，接收窗口的大小往上提升至 MSS 的去零頭後的增加量。
3. 除非使用窗口展伸選項（RFC 1323），否則，窗口大小調整成 MSS 的四倍，但最高到 64KB。

如何調整？

微軟視窗系統的文書這樣說：

欲設定插口之接收窗口的值時，在你的視窗版本下面，增加 TcpWindowSize 這個註冊副索引（registry subkey），然後執行下列步驟：

1. 點閱 Start. 點閱 Run. 打入 Regedit。然後點閱 OK。
2. 視窗的 TCPIP 參數通常位處以下的註冊副索引上：

```
HKEY_LOCAL_MACHINE\SYSTEM\CurrentControlSet\Services\Tcpip\Parameters\
```

   找到這個副索引，並選擇你要更改的參數。
3. 右點閱參數名，並選擇“Modify”（變更）。
4. 在 New Value（新值）一欄上打入新的參數值。然後點閱 OK。

   請注意，有些參數是位在 Interfaces（界面卡）的副索引下面。

13-3-5 發送/接收緩衝器之插口選項摘要

插口發送與接收緩衝器的大小，可在應用程式或作業系統核心層上調整。

從應用程式層次更改插口之發送與接收緩衝器大小的方法，是透過叫用 setsockopt() 函數，並在 level 引數傳入 SOL_SOCKET 以及在 optname 引數傳入 SO_SNDBUF 或 SO_RCVBUF。這程式碼應是所有 POSIX 相容的系統上都是一樣的。

從作業系統層次改變插口之發送與接收緩衝器的大小，因作業系統不同而異。核心層參數的名稱因作業系統不同而有所不同。有些系統將 TCP 與 UDP 協定的參數分開，有些則不。調整所使用的命令也不同。

應用程式微調所須叫用的函數如下：

```
setsockopt(fd, SOL_SOCKET, SO_SNDBUF or SO_RCVBUF)
```

從作業系統核心層調整插口之發送/接收緩衝器的大小，其有關之核心層參數如下：

Linux:

共用的

```
net.core.wmem_max = 1048576
net.core.rmem_max = 4194304
net.core.wmem_default = 262144
net.core.rmem_default = 262144
```

TCP:

```
net.ipv4.tcp_mem = 191808       255744  383616
net.ipv4.tcp_wmem = 4096        16384   4194304
net.ipv4.tcp_rmem = 4096        87380   4194304
```

UDP:

```
net.ipv4.udp_mem = 191808       255744  383616
net.ipv4.udp_rmem_min = 4096
net.ipv4.udp_wmem_min = 4096
```

AIX:

```
tcp_sendspace  tcp_recvspace
udp_sendspace  udp_recvspace
```

Solaris:

```
TCP: send_buf  recv_buf  max_buf
UDP: send_buf  recv_buf  max_buf
```

HP-UX:

```
TCP: tcp_xmit_hiwater_def  tcp_xmit_hiwater_max
     tcp_recv_hiwater_def  tcp_recv_hiwater_max
     tcp_xmit_lowater_def
UDP: socket_udp_sndbuf_default  socket_udp_rcvbuf_default
Unix Domain socket: socket_buf_max
```

Apple Darwin:

```
net.inet.tcp.sendspace: 131072
net.inet.tcp.recvspace: 131072
net.inet.tcp.doautosndbuf: 1
net.inet.tcp.autosndbufinc: 8192
net.inet.tcp.autosndbufmax: 2097152
net.inet.tcp.doautorcvbuf: 1
net.inet.tcp.autorcvbufmax: 2097152
```

FreeBSD:

```
net.inet.tcp.recvspace=65536
net.inet.tcp.sendspace=32768
net.inet.tcp.sendbuf_max=16777216
net.inet.tcp.recvbuf_max=16777216
net.inet.tcp.sendbuf_auto=1
net.inet.tcp.recvbuf_auto=1
net.inet.tcp.sendbuf_inc=8192
net.inet.tcp.recvbuf_inc=16384
```

13-4 SO_KEEPALIVE 插口選項

SO_KEEPALIVE（還活著）插口選項，提供了一種方式，讓使用 TCP協定的應用程式，能在比作業系統所設定的時間之前，更早地測知對手已死掉或網路連線已斷掉了。

許多應用程式都使用連線式的 TCP 插口，和存在另一部計算機上的程式，透過網路進行通信。在通信兩端建立起連線之後，倘若沒有資料交換，而其中一部電腦當掉或網路電纜被拔，則這種狀況一般都要非常久之後才能得知。在這之前，兩個程式或其中還活著的那一個程式，會完全不知，而看起來像是吊死（hung）了一樣。

這其中部分原因是因為絕大多數的 TCP 應用程式都採取同步性輸入/輸出，意指，一旦程式叫用了 recv() 函數，以企圖接收對方送來的資料，這個叫用會一直等到真正有資料抵達為止。因此，倘若通信對手所在的計算機死掉了，或網路電纜線被拔或斷掉了，則除非狀況有改變，否則，接收資料的叫用會永遠等不到資料的。也因此，叫用的程式看起來就會像是吊死在那兒一樣，毫無反應。

這種狀況會持續好一陣子，一直到每一作業系統內部所設定的一個時間超過了為止。這個既定的時間通常是一個半至兩個小時，或甚至更久。

SO_KEEPALIVE 插口選項，讓應用程式能更早地偵測出這種對手已死掉或網路已斷了的情況。

你的應用軟體，究竟多快或多慢能測知這種對手已死掉或網路已斷了的情況，有三種可能：

1. 既定的行為，這通常是指 SO_KEEPALIVE 插口選項是關閉沒打開的情況。這個時間是由作業系統的 TCP 協定內部所設定的。它有可能是無限久。

2. 打開 SO_KEEPALIVE 插口選項，但完全不改變任何參數的值。這時，應用程式所得到的，是作業系統在 SO_KEEPALIVE 插口選項之核心層可調參數所設定之值的行為。這個值通常是 2 小時。亦即，對手死掉或網路斷掉的情況，會在二個小時到了之後得知。

3. 打開 SO_KEEPALIVE 插口選項，並且改變可調參數的值。

   這種情況下，應用程式會獲得應用程式自己所設定的行為。

對手已死或網路電纜線斷了的情況，會在應用程式本身所設定的時間到了時，自動測知。

這節我們討論 SO_KEEPALIVE 插口選項如何使用。

13-4-1 什麼是 SO_KEEPALIVE 插口選項？

SO_KEEPALIVE 插口選項讓作業系統會在空閒著（沒有資料交換）的電腦網路連線上，定期地傳送一些探測信息，以得知網路連線是否真正還活著。倘若在某一時間內，對手沒有對這探測信息有所回應，那系統就會認定連線已斷，並在內部記下錯誤。注意，對手沒有回應，有可能是對方電腦已當掉或電腦網路的電纜線斷接了。

SO_KEEPALIVE 插口選項，讓程式能更早地得知這種錯誤狀況，尤其是雙方很久了都沒有資料交換時。

例如，在一已建立連線的連線式插口上，假若 SO_KEEPALIVE 插口選項有打開，而通信對手一直未對探測信息有所回應，則系統即會測知這種狀況。這就會使一個一直等在那兒的send() 或 recv() 函數叫用錯誤回返，而不是像這插口選項關閉時一樣，函數叫用一直苦等在那兒，看來像是吊死一樣。

記得，SO_KEEPALIVE 選項必須在插口連線建立之前打開才有效。亦即，在一 TCP 伺服程式上，這插口選項必須在 accept() 函數叫用之前打開（在聆聽迴路之外，之前做），而在 TCP 客戶程式上，這插口選項必須在 connect() 函數叫用之前打開。

在 TCP 伺服程式端，程式用以與客戶程式互相通信的插口，是由 accept() 函數所產生的。這個插口的 SO_KEEPALIVE 選項的值，會由其母插口（亦即，伺服程式的連線請求聆聽插口），遺傳得來。因此，在伺服程式上，程式欲打開連線聆聽插口的 SO_KEEPALIVE 選項，好讓其所產生的所有子插口，都自動遺傳此一選項。

請注意，SO_KEEPALIVE 插口選項只是對連線式的插口有用，如 TCP SOCK_STREAM 插口。它對 UDP 資料郵包插口就沒用了。因為，它沒連線。

TCP 還活著（keep-alive）插口選項是規定在 RFC1122 內。

應用程式記得打開 SO_KEEPALIVE 插口選項是很重要的。否則，它就得等上幾個小時或甚至更久，才能得知一網路連線已經不再存在的情形。在絕大多數系統上，這個插口選項的既定值，都是關閉的。因此，要知道一連線事實上已中斷，至少必須等上 75 或 90 分鐘，或甚至更久。

在絕大多數應用上，能儘早得知連線已不復存在的事實是好的。例如，在一個群集（cluster）系統或高可得性（high availability）的系統或應用上，在偵測到這種狀況後，可以立即啟動把系統或應用倒向（failover）另一個“隨時待命”（standby）或活著的系統上，好讓作業不致中斷太久。這就是為何這些系統上，通常都備有互傳“還有心跳”（heart-beat）信息的功能，以便能儘早得知故障的情形。能愈早得知狀況，當機的時間就會愈短。

13-4-2 SO_KEEPALIVE 有關的參數

這一節討論 SO_KEEPALIVE 如何動作，其有關的參數，這些參數設定的兩個不同層次，以及其影響的範圍。

在絕大多數的作業系統上，當 SO_KEEPALIVE 插口選項打開時，其內部作業通常是受三個作業系統核心層參數聯合起來所控制的。這三個參數的名稱因作業系統而異，但它們主要的功能如下：

1. 當連線空著時，要等多久才開始發送探測信息。

   在 SO_KEEPALIVE 選項打開時，若連線已空閒（idle）了一陣子，則作業系統內的 TCP 協定層，即會開始探測這插口連線。何時開始呢？亦即，一個插口連線必須要空閒多久了，作業系統才會主動去探測呢？這個空閒時間，在絕大多數作業系統通常是兩小時，但它是可以調整的。

這個時間就是 SO_KEEPALIVE 選項打開時，一個網路連線必須已空閒了這麼久了，作業系統的網路協定層才會開始啟動探測程序的時間。倘若 SO_KEEPALIVE 選項未打開，作業系統是不會啟動這探測程序的。

這個核心層參數的名稱，在每一作業系統上都不同。各系統使用的不同名稱包括 keepalive_time，KeepAliveTime，keepalive_interval，keepidle，keep_idle 與 time_wait_interval。

2. 假若前一個探測信息對方沒反應，那要等多久才再送出下一個探測信息呢？

   這個時間是前後探測信息之間，所相隔的時間。

   不同作業系統所使用的不同名稱包括 tcp_keepalive_intvl，tcp_keepintvl，tcp_keepalive_interval，KeepAliveInterval 與 TCPTV_KEEPINTVL。

3. 重複探測信息的最高次數

   當 SO_KEEPALIVE 插口選項打開時，作業系統之 TCP 協定層會自動探測一空閒了一陣子的連線。倘若另一端沒有對探測信息做出任何回應，則在認定一連線已不復存在之前，TCP 層次通常會重複地探測個幾次，這個參數代表的就是這個次數。

   換言之，這參數指明在探測一個網路連線是否還活著時，總共要嚐試幾次。在試了這麼多次之後，倘若對方還是沒回應，那網路連線即會被宣告已死了。

不同作業系統所使用的參數名稱包括 tcp_keepalive_probes，tcp_keepcnt，tcp_keepalives_kill，TcpMaxDataRetransmission 與 TCPTV_KEEPCNT。

注意到，有些作業系統將第二與第三個參數結合成一個參數，且取名叫 tcp_keepalive_abort_interval 之類的。

所以，身為網路應用軟體的設計工程師，你的工作是從應用程式內，打開插口之 SO_KEEPALIVE 的選項。之後，為了調整或減短多久能測知一已斷了的連線，你可能必須再調整某些可調參數的值。

這些參數可以從兩個不同層次加以調整。首先，它們可由系統的管理者在作業系統層次調整。值得注意的是，這種調整會影響到系統上的所有軟體，而且調整者必須有超級用戶或系統管理者的權限。所以，倘若你做這個層次的調整，請務必要非常小心。

其次，這些參數亦可從每一應用軟體內去調整。這是比較好的方式，因為，它只影響到應用程式本身。身為程式設計者，你可以用程式改變這些參數的值，蓋過作業系統對這些參數值的設定。這以叫用 setsockopt() 函數達成。它每次只影響一個插口。

表格 13-1 所示，即為幾個最常用之作業系統上，這些可調參數的名稱。注意到，不同作業系統所使用的時間單位也有所不同，有秒，半秒，與毫秒(ms，千分之一秒)。Linux，Solaris 與 FreeBSD 是秒，AIX 是半秒，HP-UX，Apple Darwin 與視窗則使用毫秒。

表格 13-1 SO_KEEPALIVE 插口選項作業系統核心參數

作業系統	開始探測前之等候時間	探測信息相隔時間	探測信息重複次數	時間單位
Linux	tcp_keepalive_time	tcp_keepalive_intvl	tcp_keepalive_probes	秒
AIX	tcp_keepidle	tcp_keepintvl	tcp_keepcnt	0.5 秒
Solaris	tcp_keepalive_interval	tcp_keepalive_abort_interval	N/A	秒
HP-UX	tcp_keepalive_interval	tcp_ip_abort_interval	N/A	ms
Darwin	tcp.keepidle	tcp.keepintvl	tcp.keepcnt	ms
Windows	KeepAliveTime	KeepAliveInterval	TcpMaxDataRetransmission	ms

Note 1: ms: milliseconds(毫秒)

Note 2: 在 HP-UX 上，tcp_keepalives_kill 永遠設定為 1。

與 SO_KEEPALIVE 插口選項有關的可調參數，是屬於 TCP 網路協定層次，因此，與作業系統有關。你或許已發現，所有參數名上都有 TCP 的字眼。所以前面我們說，SO_KEEPALIVE 插口選項只用在連線式的插口上，這種插口在網路傳輸層所使用的，正是 TCP 協定。

這裡我們舉一個例子。在 Linux 上，SO_KEEPALIVE 插口選項有關的三個作業系統核心層參數，分別叫 tcp_keepalive_time，tcp_keepalive_intvl，與 tcp_keepalive_probes。tcp_keepalive_time 指出在作業系統 TCP 協定層開始啟動探測程序之前，一網路連線必須已空閒著的時間。這個時間的既定值，通常是 7200 秒（兩小時）。tcp_keepalive_intvl 則指出兩先後之探測信息之間，所間隔的時間。它的既定值是 75 秒。tcp_keepalive_probes 則指出送出探測信息所重複的次數。其既定值是 9。

求出一已死掉之 TCP 連線，在被作業系統發現並關掉之前，可能存在的時間公式如下：

```
net.ipv4.tcp_keepalive_time +
(net.ipv4.tcp_keepalive_intvl x net.ipv4.tcp_keepalive_probes)
```

譬如，假設有關三個參數之既定值設定如下：

```
net.ipv4.tcp_keepalive_time = 7200
net.ipv4.tcp_keepalive_intvl = 75
net.ipv4.tcp_keepalive_probes = 9
```

則網路協定層偵測出連線已斷線所需的時間是 7200+75×9=7875 秒（約兩小時又 11 分鐘）。這時間是挺長的。（注意到，這些時間的單位在 Linux 上是秒數。）這就是當網路電纜線被拔掉或對手所在之計算機死掉還沒重新啟動之前，應用程式會感覺像被吊死了的緣故。下一節我們會介紹在應用程式層次可以調整的對應參數。

所以，此時你已了解，若應用程式什麼調整都沒做，則一死掉之 TCP 連線，在被作業系統自動發現前所必須經過的時間，是三個作業系統核心層參數所一起決定的。而在大部分系統，這個既定時間是兩個小時或更久。這代表假若你所設計的應用軟體，不特別打開 SO_KEEPALIVE 插口選項的話，則萬一網路連線不見了，應用軟體要至少這麼久的時間以後，才能得知。由於對許多應用而言，這時間實在是太長了，因此，你千萬要記得在應用軟體內打開這 SO_KEEPALIVE 插口選項。不僅如此，假若你希望應用能更早一點得知這狀況的話，程式還必須調整有關參數的值。

SO_KEEPALIVE 插口選項的既定值一般是零。亦即，這選項是不打開的。這代表，假若作業系統核心層有設定一固定的時間，那在這時間過去之前，作業系統核心是不會自動去探測網路連線是否還活著的。

所以，一般而言，打開 SO_KEEPALIVE 插口選項是好的。不過，打開這選項也可能有一缺點。那就是，假若打開這選項，而且探測連線是否已斷了的行為太急促，很有可能原本只是暫時很緩慢的好的連線，會被誤判成已斷線。在這種情況下，原本不應該被終止的連線，就反而會被終止了。是以，在減短程式必須等候的時間時，你務必要非常小心，取得很好的平衡。在極少數的情況，為了避免發生這種誤判的情況，你很可能要讓這選項就關著。

在很多系統上，下述的命令

```
# netstat -p tcp
```

會顯示出很多資訊項目，包括已送出之還活著嗎探測的次數，還活著嗎探測所關閉的連線數目，或重送時間到的次數。從這些資料、你可看出 SO_KEEPALIVE 的參數值設定，是否會太急促。例如，下面即是一個執行這命令的輸出樣本。

```
#  netstat -p tcp
3  keepalive timeouts
0  keepalive probe sent
0  connections dropped by keepalive

46 connections dropped by rexmit timeout
```

13-4-3 變更“還活著嗎”的可調參數

曾如前面說過的，TCP 還活著嗎（keepalive）特色有關的可調參數，可以在作業系統核心層與應用程式兩個不同層次加以調整。這一節就介紹如何做。

13-4-3-1 在應用程式內改變還活著嗎的參數

在應用程式內改變 TCP 還活著嗎特色的有關參數，可以經由叫用 setsockopt() 函數，並將第二個引數 level 的值設定成 IPPROTO_TCP 達成。函數的第三個引數則指出欲改變之參數的名稱。這個參數名稱通常是大寫，因為，它們都是系統已定義好的符號名（macro）。相反地，在作業系統核心層的參數名，則通常是小寫。

13-4-3-1-1 Linux 與 AIX

Linux 與 AIX 在應用程式更改還活著嗎可調參數的方式完全一樣。setsockopt() 函數叫用時，引數 level 的值為 IPPROTO_TCP，且三個參數的名稱分別是 TCP_KEEPIDLE，TCP_KEEPINTVL，與 TCP_KEEPCNT。

level 引數	參數名稱	說明
IPPROTO_TCP	TCP_KEEPIDLE	探測程序開始前，連線必須空閒著的時間
IPPROTO_TCP	TCP_KEEPINTVL	前後兩探測信息間所間隔的時間
IPPROTO_TCP	TCP_KEEPCNT	送出探測信息的最高次數

以下所示即為 TCP 還活著嗎特色，在應用程式內可調整的三個參數，在 Linux 與 AIX 上，參數的名稱以及其既定值：

```
TCP_KEEPIDLE (7200 seconds)
TCP_KEEPINTVL (75 seconds)
TCP_KEEPCNT (9 in Linux, 8 in AIX)
```

圖 13-4 所列為一對在應用程式內調整 TCP 還活著嗎參數的客戶伺服程式例子。這一對程式在 Linux，AIX，HPUX 與 Apple Darwin 上，全都正常動作。唯一的是，參數 TCP_KEEPIDLE 在 Apple Darwin 上叫做 TCP_KEEPALIVE。在客戶程式中，於送出每一信息後，程式故意睡覺延遲了 5 秒鐘，以便你能將電腦網路的連線拔掉，進行測試。既定上，客戶程式僅送出四個信息。若你需要更久一點的時間，請直接更改程式，睡覺時間久一些，或多送幾個信息。

這兩個程式打開SO_KEEPALIVE插口選項，並從應用程式層次更改三個相關之可調參數的值。

圖 13-4 更改還活著嗎可調參數的值（Linux/AIX/HPUX/Darwin）

（a）tcpsrv_alive.c

```
/*
 * A connection-oriented server program using Stream socket.
 * Single-threaded server.
 * Tune parameters of SO_KEEPALIVE socket option in Linux, AIX, HP-UX, and
 * Apple Darwin.
```

```
 * Copyright (c) 2002, 2014, 2018-2020 Mr. Jin-Jwei Chen. All rights reserved.
 */

#include <stdio.h>
#include <errno.h>
#include <sys/types.h>
#include <sys/socket.h>
#include <netinet/in.h>    /* protocols such as IPPROTO_TCP, ... */
#include <string.h>        /* memset() */
#include <stdlib.h>        /* atoi() */
#include <unistd.h>        /* close() */
#include <netinet/tcp.h>   /* TCP_KEEPIDLE, TCP_KEEPCNT, TCP_KEEPINTVL */

#define  BUFLEN       1024    /* size of message buffer */
#define  DEFSRVPORT   2344    /* default server port number */
#define  BACKLOG         5    /* length of listener queue */

int main(int argc, char *argv[])
{
  int     ret, portnum_in=0;
  int     sfd;                        /* file descriptor of the listener socket */
  int     newsock;                    /* file descriptor of client data socket */
  struct sockaddr_in    srvaddr;   /* socket structure */
  int     srvaddrsz=sizeof(struct sockaddr_in);
  struct sockaddr_in    clntaddr;  /* socket structure */
  socklen_t    clntaddrsz=sizeof(struct sockaddr_in);
  in_port_t    portnum=DEFSRVPORT; /* port number */
  char    inbuf[BUFLEN];              /* input message buffer */
  char    outbuf[BUFLEN];             /* output message buffer */
  size_t msglen;                      /* length of reply message */
  int     option;

  fprintf(stdout, "Connection-oriented server program ...\n");

  /* Get the port number from user, if any. */
  if (argc > 1)
    portnum_in = atoi(argv[1]);
  if (portnum_in <= 0)
  {
    fprintf(stderr, "Port number %d invalid, set to default value %u\n",
      portnum_in, DEFSRVPORT);
    portnum = DEFSRVPORT;
  }
  else
    portnum = portnum_in;

  /* Create the Stream server socket. */
  if ((sfd = socket(AF_INET, SOCK_STREAM, 0)) < 0)
  {
    fprintf(stderr, "Error: socket() failed, errno=%d\n", errno);
    return(-1);
```

```
  }

  /* Turn on SO_KEEPALIVE socket option. */
  option = 1;
  ret = setsockopt(sfd, SOL_SOCKET, SO_KEEPALIVE, &option, sizeof(option));
  if (ret < 0)
  {
    fprintf(stderr, "Error: setsockopt(SO_KEEPALIVE) failed, errno=%d\n", errno);
    close(sfd);
    return(-2);
  }
  else
    fprintf(stdout, "SO_KEEPALIVE socket option is enabled.\n");

  /* Set the TCP_KEEPIDLE (called TCP_KEEPALIVE in Apple Darwin) socket option. */
  option = 300;  /* 5 minutes */
#ifdef __APPLE__
  ret = setsockopt(sfd, IPPROTO_TCP, TCP_KEEPALIVE, &option, sizeof(option));
#else
  ret = setsockopt(sfd, IPPROTO_TCP, TCP_KEEPIDLE, &option, sizeof(option));
#endif
  if (ret < 0)
  {
#ifdef __APPLE__
    fprintf(stderr, "Error: setsockopt(TCP_KEEPALIVE) failed, errno=%d\n", errno);
#else
    fprintf(stderr, "Error: setsockopt(TCP_KEEPIDLE) failed, errno=%d\n", errno);
#endif
    close(sfd);
    return(-3);
  }
#ifdef __APPLE__
  fprintf(stdout, "TCP_KEEPALIVE is reset to (%d)\n", option);
#else
  fprintf(stdout, "TCP_KEEPIDLE is reset to (%d)\n", option);
#endif

  /* Set the TCP_KEEPCNT socket option. */
  option = 2;
  ret = setsockopt(sfd, IPPROTO_TCP, TCP_KEEPCNT, &option, sizeof(option));
  if (ret < 0)
  {
    fprintf(stderr, "Error: setsockopt(TCP_KEEPCNT) failed, errno=%d\n", errno);
    close(sfd);
    return(-4);
  }
  fprintf(stdout, "TCP_KEEPCNT is reset to (%d)\n", option);

  /* Set the TCP_KEEPINTVL socket option. */
  option = 30;
  ret = setsockopt(sfd, IPPROTO_TCP, TCP_KEEPINTVL, &option, sizeof(option));
```

```
    if (ret < 0)
    {
      fprintf(stderr, "Error: setsockopt(TCP_KEEPINTVL) failed, errno=%d\n", errno);
      close(sfd);
      return(-5);
    }
    fprintf(stdout, "TCP_KEEPINTVL is reset to (%d)\n", option);

    /* Fill in the server socket address. */
    memset((void *)&srvaddr, 0, (size_t)srvaddrsz); /* clear the address buffer */
    srvaddr.sin_family = AF_INET;                   /* Internet socket */
    srvaddr.sin_addr.s_addr = htonl(INADDR_ANY);    /* server's IP address */
    srvaddr.sin_port = htons(portnum);              /* server's port number */

    /* Bind the server socket to its address. */
    if ((ret = bind(sfd, (struct sockaddr *)&srvaddr, srvaddrsz)) != 0)
    {
      fprintf(stderr, "Error: bind() failed, errno=%d\n", errno);
      close(sfd);
      return(-6);
    }

    /* Set maximum connection request queue length that we can fall behind. */
    if (listen(sfd, BACKLOG) == -1) {
      fprintf(stderr, "Error: listen() failed, errno=%d\n", errno);
      close(sfd);
      return(-7);
    }

    /* Wait for incoming connection requests from clients and service them. */
    while (1) {

      fprintf(stdout, "\nListening at port number %u ...\n", portnum);
      newsock = accept(sfd, (struct sockaddr *)&clntaddr, &clntaddrsz);
      if (newsock < 0)
      {
        fprintf(stderr, "Error: accept() failed, errno=%d\n", errno);
        close(sfd);
        return(-8);
      }

      fprintf(stdout, "Client Connected.\n");

      /* Set the reply message */
      sprintf(outbuf, "%s", "This is a reply from the server program.");
      msglen = strlen(outbuf);

      /* Receive and service requests from the current client. */
      while (1)
      {
        /* Receive a request from a client. */
```

```
        errno = 0;
        inbuf[0] = '\0';
        ret = recv(newsock, inbuf, BUFLEN, 0);
        if (ret > 0)
        {
          /* Process the request. We simply print the request message here. */
          inbuf[ret] = '\0';
          fprintf(stdout, "\nReceived the following request from client:\n%s\n",
            inbuf);

          /* Send a reply. */
          errno = 0;
          ret = send(newsock, outbuf, msglen, 0);
          if (ret == -1)
            fprintf(stderr, "Error: send() failed, errno=%d\n", errno);
          else
            fprintf(stdout, "%u of %lu bytes of the reply was sent.\n",
ret, msglen);
        }
        else if (ret < 0)
        {
          fprintf(stderr, "Error: recv() failed, errno=%d\n", errno);
          break;
        }
        else
        {
          /* The client may have disconnected. */
          fprintf(stdout, "The client may have disconnected.\n");
          break;
        }
      }  /* while - inner */
      close(newsock);

      /* The following two statements are for test only */
      close(sfd);
      break;

    }  /* while - outer */
  }
```

(b) tcpclnt_alive.c

```
  /*
   * A connection-oriented client program using Stream socket.
   * Tune parameters of SO_KEEPALIVE socket option in Linux, AIX, HP-UX and
   * Apple Darwin.
   * Copyright (c) 2002, 2014, 2018-2020 Mr. Jin-Jwei Chen. All rights reserved.
   */

  #include <stdio.h>
  #include <errno.h>
  #include <sys/types.h>
```

```
#include <sys/socket.h>
#include <netinet/in.h>    /* protocols such as IPPROTO_TCP, ... */
#include <string.h>        /* memset() */
#include <stdlib.h>        /* atoi() */
#include <netdb.h>         /* gethostbyname() */
#include <unistd.h>        /* close() */
#include <netinet/tcp.h>   /* TCP_KEEPIDLE, TCP_KEEPCNT, TCP_KEEPINTVL */
#include <arpa/inet.h>     /* inet_addr() */
#include <ctype.h>         /* isalpha() */

#define  BUFLEN      1024    /* size of input message buffer */
#define  DEFSRVPORT  2344    /* default server port number */
#define  MAXMSGS        4    /* Maximum number of messages to send */
#define  NAMELEN       63

int main(int argc, char *argv[])
{
  int    ret;
  int    sfd;                        /* file descriptor of the socket */
  struct sockaddr_in    server;      /* socket structure */
  int    srvaddrsz=sizeof(struct sockaddr_in);
  struct sockaddr_in    fromaddr;    /* socket structure */
  socklen_t    fromaddrsz=sizeof(struct sockaddr_in);
  in_port_t    portnum=DEFSRVPORT;  /* port number */
  char   inbuf[BUFLEN];             /* input message buffer */
  char   outbuf[BUFLEN];            /* output message buffer */
  size_t    msglen;                 /* length of reply message */
  size_t    msgnum=0;               /* count of request message */
  size_t    len;
  unsigned int addr;
  char   server_name[NAMELEN+1] = "localhost";
  int    socket_type = SOCK_STREAM;
  struct hostent *hp;
  int    option;
#ifdef HPUX
  int  optlen;
#else
  socklen_t  optlen;
#endif

  fprintf(stdout, "Connection-oriented client program ...\n\n");

  /* Get the host name or IP address from command line. */
  if (argc > 1)
  {
    len = strlen(argv[1]);
    if (len > NAMELEN)
      len = NAMELEN;
    strncpy(server_name, argv[1], len);
    server_name[len] = '\0';
  }
```

```
/* Get the port number from command line. */
if (argc > 2)
  portnum = atoi(argv[2]);
if (portnum <= 0)
{
  fprintf(stderr, "Port number %d invalid, set to default value %u\n",
    portnum, DEFSRVPORT);
  portnum = DEFSRVPORT;
}

/* Translate the host name or IP address into server socket address. */
if (isalpha(server_name[0]))
{  /* A host name is given. */
  hp = gethostbyname(server_name);
}
else
{  /* Convert the n.n.n.n IP address to a number. */
  addr = inet_addr(server_name);
  hp = gethostbyaddr((char *)&addr, sizeof(addr), AF_INET);
}
if (hp == NULL )
{
  fprintf(stderr,"Error: cannot get address for [%s], errno=%d\n",
    server_name, errno);
  return(-1);
}

/* Copy the resolved information into the sockaddr_in structure. */
memset(&server, 0, sizeof(server));
memcpy(&(server.sin_addr), hp->h_addr, hp->h_length);
server.sin_family = hp->h_addrtype;
server.sin_port = htons(portnum);

/* Open a socket. */
sfd = socket(AF_INET, socket_type, 0);
if (sfd < 0)
{
  fprintf(stderr,"Error: socket() failed, errno=%d\n", errno);
  return (-2);
}

/* Get the SO_KEEPALIVE socket option. */
option = 0;
optlen = sizeof(option);
ret = getsockopt(sfd, SOL_SOCKET, SO_KEEPALIVE, &option, &optlen);
if (ret < 0)
{
  fprintf(stderr, "Error: getsockopt(SO_KEEPALIVE) failed, errno=%d\n", errno);
  close(sfd);
  return(-3);
```

```
  }
  if (option == 0)
    fprintf(stdout, "SO_KEEPALIVE socket option was not set (%d) by default.\n",
      option);

  /* Set the SO_KEEPALIVE socket option. Do this before connect. */
  option = 1;
  ret = setsockopt(sfd, SOL_SOCKET, SO_KEEPALIVE, &option, sizeof(option));
  if (ret < 0)
  {
    fprintf(stderr, "Error: setsockopt(SO_KEEPALIVE) failed, errno=%d\n", errno);
    close(sfd);
    return(-4);
  }
  else
    fprintf(stdout, "SO_KEEPALIVE socket option is now enabled.\n");

  /* Set the TCP_KEEPIDLE (called TCP_KEEPALIVE in Apple Darwin) socket option. */
  option = 120;  /* 2 minutes */
#ifdef __APPLE__
  ret = setsockopt(sfd, IPPROTO_TCP, TCP_KEEPALIVE, &option, sizeof(option));
#else
  ret = setsockopt(sfd, IPPROTO_TCP, TCP_KEEPIDLE, &option, sizeof(option));
#endif
  if (ret < 0)
  {
#ifdef __APPLE__
    fprintf(stderr, "Error: setsockopt(TCP_KEEPALIVE) failed, errno=%d\n", errno);
#else
    fprintf(stderr, "Error: setsockopt(TCP_KEEPIDLE) failed, errno=%d\n", errno);
#endif
    close(sfd);
    return(-5);
  }
#ifdef __APPLE__
  fprintf(stdout, "TCP_KEEPALIVE is reset to (%d)\n", option);
#else
  fprintf(stdout, "TCP_KEEPIDLE is reset to (%d)\n", option);
#endif

  /* Set the TCP_KEEPCNT socket option. */
  option = 2;
  ret = setsockopt(sfd, IPPROTO_TCP, TCP_KEEPCNT, &option, sizeof(option));
  if (ret < 0)
  {
    fprintf(stderr, "Error: setsockopt(TCP_KEEPCNT) failed, errno=%d\n", errno);
    close(sfd);
    return(-6);
  }
  fprintf(stdout, "TCP_KEEPCNT is reset to (%d)\n", option);
```

```
/* Set the TCP_KEEPINTVL socket option. */
option = 30;
ret = setsockopt(sfd, IPPROTO_TCP, TCP_KEEPINTVL, &option, sizeof(option));
if (ret < 0)
{
  fprintf(stderr, "Error: setsockopt(TCP_KEEPINTVL) failed, errno=%d\n", errno);
  close(sfd);
  return(-7);
}
fprintf(stdout, "TCP_KEEPINTVL is reset to (%d)\n", option);

/* Connect to the server. */
ret = connect(sfd, (struct sockaddr *)&server, srvaddrsz);
if (ret == -1)
{
  fprintf(stderr, "Error: connect() failed, errno=%d\n", errno);
  close(sfd);
  return(-8);
}

fprintf(stdout, "\nSend request messages to server at port %d\n", portnum);

/* Send request messages to the server and process the reply messages. */
while (msgnum < MAXMSGS)
{
  /* Send a request message to the server. */
  sprintf(outbuf, "%s%4ld%s", "This is request message ", ++msgnum,
    " from the client program.");
  msglen = strlen(outbuf);
  errno = 0;

  ret = send(sfd, outbuf, msglen, 0);
  if (ret >= 0)
  {
    /* Print a warning if not entire message was sent. */
    if (ret == msglen)
      fprintf(stdout, "\n%lu bytes of message were successfully sent.\n",
        msglen);
    else if (ret < msglen)
      fprintf(stderr, "Warning: only %u of %lu bytes were sent.\n",
        ret, msglen);

    if (ret > 0)
    {
      /* Receive a reply from the server. */
      errno = 0;
      inbuf[0] = '\0';
      ret = recv(sfd, inbuf, BUFLEN, 0);
```

```
        if (ret > 0)
        {
          /* Process the reply. */
          inbuf[ret] = '\0';
          fprintf(stdout, "Received the following reply from server:\n%s\n",
            inbuf);
        }
        else if (ret == 0)
          fprintf(stdout, "Warning: Zero bytes were received.\n");
        else
          fprintf(stderr, "Error: recv() failed, errno=%d\n", errno);
      }
    }
    else
      fprintf(stderr, "Error: send() failed, errno=%d\n", errno);

    sleep(5);  /* Pause so we can pull the cable. For testing only. */
  }  /* while */

  close(sfd);
}
```

附註

在 AIX，只要程式打開 SO_KEEPALIVE 插口選項，並且設定三個參數值，則 TCP 客戶程式與 TCP 伺服程式兩者都會在程式所設定的時間到時，偵測知網路連線已斷的狀況。

在 Linux，在 TCP 伺服程式打開 SO_KEEPALIVE 插口選項，但不改變任何參數值時，程式偵測知連線已斷的時間，是作業系統核心三個參數所設定的時間值。不過，TCP 客戶程式的時間，似乎永遠是核心層參數所設定的時間值，再加四分鐘。

13-4-3-1-2 Solaris

Solaris 建議使用者勿改變 tcp_keepalive_interval 與 tcp_keepalive_abort_interval 兩個作業系統核心層參數。我們會在下一節討論這兩個參數。

應用程式最好是以叫用 setsockopt() 函數，調整 TCP_KEEPALIVE_THRESHOLD 與 TCP_KEEPALIVE_ABORT_THRESHOLD 兩個選項，以使其對還活著嗎參數的改變，只影響到應用程式本身。

層級	選項名稱	說明
IPPROTO_TCP	TCP_KEEPALIVE_THRESHOLD	開始探測程序前，連線必須空閒著的時間。這設定蓋過核心層的 tcp_keepalive_interval 設定。
IPPROTO_TCP	TCP_KEEPALIVE_ABORT_THRESHOLD	在探測失敗後，終止連線的時間

Solaris 上的 TCP_KEEPALIVE_THRESHOLD 選項類似於 Linux 與 AIX 上的 TCP_KEEPIDLE 選項。此外，Solaris 上的 TCP_KEEPALIVE_ABORT_THRESHOLD 選項，則相當於 Linux/AIX 上 TCP_KEEPINTVL 與 TCP_KEEPCNT 兩者的乘積。

假若一應用程式打開 SO_KEEPALIVE 插口選項，則緊接它便可透過調整 TCP_KEEPALIVE_THRESHOLD 插口選項，調整開始探測程序的時間，以及經由改變 TCP_KEEPALIVE_ABORT_THRESHOLD，調整終止連線的時間。

以下是 Solaris 上，可以在應用程式上，經由 setsockopt() 調整之還活著嗎參數的既定值：

TCP_KEEPALIVE_THRESHOLD（7200000 毫秒=2 小時）

TCP_KEEPALIVE_ABORT_THRESHOLD（480000 毫秒=8 分鐘）

圖 13-5 所示，即為顯示如何在 Solaris 的應用程式階層，調整還活著嗎可調參數的一對客戶伺服程式。這兩個程式打開 SO_KEEPALIVE 選項，並改變可調參數之值。

圖 13-5　在 Solaris 的應用程式，調整還活著嗎可調參數之值

（a）tcpsrv_alive_sun.c

```
/*
 * A connection-oriented server program using Stream socket.
 * Single-threaded server.
 * Tune parameters of SO_KEEPALIVE socket option in Oracle/Sun Solaris.
 * Copyright (c) 2002, 2014, 2018-2020 Mr. Jin-Jwei Chen. All rights reserved.
 */
```

```
#include <stdio.h>
#include <errno.h>
#include <sys/types.h>
#include <sys/socket.h>
#include <netinet/in.h>    /* protocols such as IPPROTO_TCP, ... */
#include <string.h>        /* memset() */
#include <stdlib.h>        /* atoi() */
#include <unistd.h>        /* close() */
#include <netinet/tcp.h>   /* TCP_KEEPIDLE, TCP_KEEPCNT, TCP_KEEPINTVL */

#define  BUFLEN      1024    /* size of message buffer */
#define  DEFSRVPORT  2344    /* default server port number */
#define  BACKLOG        5    /* length of listener queue */

int main(int argc, char *argv[])
{
  int    ret, portnum_in=0;
  int    sfd;                       /* file descriptor of the listener socket */
  int    newsock;                   /* file descriptor of client data socket */
  struct sockaddr_in    srvaddr;    /* socket structure */
  int    srvaddrsz=sizeof(struct sockaddr_in);
  struct sockaddr_in    clntaddr;  /* socket structure */
  socklen_t    clntaddrsz=sizeof(struct sockaddr_in);
  in_port_t    portnum=DEFSRVPORT; /* port number */
  char   inbuf[BUFLEN];             /* input message buffer */
  char   outbuf[BUFLEN];            /* output message buffer */
  size_t msglen;                    /* length of reply message */
  int    option;

  fprintf(stdout, "Connection-oriented server program ...\n");

  /* Get the port number from user, if any. */
  if (argc > 1)
    portnum_in = atoi(argv[1]);
  if (portnum_in <= 0)
  {
    fprintf(stderr, "Port number %d invalid, set to default value %u\n",
      portnum_in, DEFSRVPORT);
    portnum = DEFSRVPORT;
  }
  else
    portnum = portnum_in;

  /* Create the Stream server socket. */
  if ((sfd = socket(AF_INET, SOCK_STREAM, 0)) < 0)
  {
    fprintf(stderr, "Error: socket() failed, errno=%d\n", errno);
    return(-1);
  }
```

```
      /* Turn on SO_KEEPALIVE socket option. */
      option = 1;
      ret = setsockopt(sfd, SOL_SOCKET, SO_KEEPALIVE, &option, sizeof(option));
      if (ret < 0)
      {
        fprintf(stderr, "Error: setsockopt(SO_KEEPALIVE) failed, errno=%d\n", errno);
        close(sfd);
        return(-2);
      }
      else
        fprintf(stdout, "SO_KEEPALIVE socket option is enabled.\n");

      /* Set the TCP_KEEPALIVE_THRESHOLD socket option. This overrides the
       * tcp_keepalive_interval setting in Solaris kernel for the current socket.
       */
      option = 120000;  /* unit is ms */
      ret = setsockopt(sfd, IPPROTO_TCP, TCP_KEEPALIVE_THRESHOLD, &option,
sizeof(option));
      if (ret < 0)
      {
        fprintf(stderr, "Error: setsockopt(TCP_KEEPALIVE_THRESHOLD) failed,
errno=%d\n", errno);
        close(sfd);
        return(-4);
      }
      fprintf(stdout, "TCP_KEEPALIVE_THRESHOLD is reset to (%d)\n", option);

      /* Set the TCP_KEEPALIVE_ABORT_THRESHOLD socket option. */
      option = 60000;  /* unit is ms */
      ret = setsockopt(sfd, IPPROTO_TCP, TCP_KEEPALIVE_ABORT_THRESHOLD, &option,
            sizeof(option));
      if (ret < 0)
      {
        fprintf(stderr, "Error: setsockopt(TCP_KEEPALIVE_ABORT_THRESHOLD) failed,"
          " errno=%d\n", errno);
        close(sfd);
        return(-5);
      }
      fprintf(stdout, "TCP_KEEPALIVE_ABORT_THRESHOLD is reset to (%d)\n", option);

      /* Fill in the server socket address. */
      memset((void *)&srvaddr, 0, (size_t)srvaddrsz); /* clear the address buffer */
      srvaddr.sin_family = AF_INET;                   /* Internet socket */
      srvaddr.sin_addr.s_addr = htonl(INADDR_ANY);    /* server's IP address */
      srvaddr.sin_port = htons(portnum);              /* server's port number */

      /* Bind the server socket to its address. */
      if ((ret = bind(sfd, (struct sockaddr *)&srvaddr, srvaddrsz)) != 0)
      {
        fprintf(stderr, "Error: bind() failed, errno=%d\n", errno);
        close(sfd);
```

```
        return(-6);
      }

      /* Set maximum connection request queue length that we can fall behind. */
      if (listen(sfd, BACKLOG) == -1) {
        fprintf(stderr, "Error: listen() failed, errno=%d\n", errno);
        close(sfd);
        return(-7);
      }

      /* Wait for incoming connection requests from clients and service them. */
      while (1) {

        fprintf(stdout, "\nListening at port number %u ...\n", portnum);
        newsock = accept(sfd, (struct sockaddr *)&clntaddr, &clntaddrsz);
        if (newsock < 0)
        {
          fprintf(stderr, "Error: accept() failed, errno=%d\n", errno);
          close(sfd);
          return(-8);
        }

        fprintf(stdout, "Client Connected.\n");

        /* Set the reply message */
        sprintf(outbuf, "%s", "This is a reply from the server program.");
        msglen = strlen(outbuf);

        /* Receive and service requests from the current client. */
        while (1)
        {
          /* Receive a request from a client. */
          errno = 0;
          inbuf[0] = '\0';
          ret = recv(newsock, inbuf, BUFLEN, 0);
          if (ret > 0)
          {
            /* Process the request. We simply print the request message here. */
            inbuf[ret] = '\0';
            fprintf(stdout, "\nReceived the following request from client:\n%s\n",
              inbuf);

            /* Send a reply. */
            errno = 0;
            ret = send(newsock, outbuf, msglen, 0);
            if (ret == -1)
              fprintf(stderr, "Error: send() failed, errno=%d\n", errno);
            else
              fprintf(stdout, "%u of %u bytes of the reply was sent.\n",
ret, msglen);
          }
```

```
      else if (ret < 0)
      {
        fprintf(stderr, "Error: recv() failed, errno=%d\n", errno);
        break;
      }
      else
      {
        /* The client may have disconnected. */
        fprintf(stdout, "The client may have disconnected.\n");
        break;
      }
    }  /* while - inner */
    close(newsock);

    /* The following two statements are for test only */
    close(sfd);
    break;

  }  /* while - outer */
}
```

(b) tcpclnt_alive_sun.c

```
/*
 * A connection-oriented client program using Stream socket.
 * Tune parameters of SO_KEEPALIVE socket option in Oracle/Sun Solaris.
 * Copyright (c) 2002, 2014, 2018-2020 Mr. Jin-Jwei Chen. All rights reserved.
 */

#include <stdio.h>
#include <errno.h>
#include <sys/types.h>
#include <sys/socket.h>
#include <netinet/in.h>    /* protocols such as IPPROTO_TCP, ... */
#include <string.h>        /* memset() */
#include <stdlib.h>        /* atoi() */
#include <netdb.h>         /* gethostbyname() */
#include <unistd.h>        /* close() */
#include <netinet/tcp.h>   /* TCP_KEEPIDLE, TCP_KEEPCNT, TCP_KEEPINTVL */
#include <arpa/inet.h>
#include <ctype.h>

#define  BUFLEN      1024    /* size of input message buffer */
#define  DEFSRVPORT  2344    /* default server port number */
#define  MAXMSGS        4    /* Maximum number of messages to send */
#define  NAMELEN       63

int main(int argc, char *argv[])
{
  int    ret;
  int    sfd;                        /* file descriptor of the socket */
  struct sockaddr_in    server;      /* socket structure */
```

```
int     srvaddrsz=sizeof(struct sockaddr_in);
struct sockaddr_in    fromaddr;  /* socket structure */
socklen_t    fromaddrsz=sizeof(struct sockaddr_in);
in_port_t    portnum=DEFSRVPORT; /* port number */
char    inbuf[BUFLEN];            /* input message buffer */
char    outbuf[BUFLEN];           /* output message buffer */
size_t    msglen;                 /* length of reply message */
size_t    msgnum=0;               /* count of request message */
size_t    len;
unsigned int addr;
char    server_name[NAMELEN+1] = "localhost";
int     socket_type = SOCK_STREAM;
struct hostent *hp;
int     option;
socklen_t  optlen;

fprintf(stdout, "Connection-oriented client program ...\n\n");

/* Get the host name or IP address from command line. */
if (argc > 1)
{
  len = strlen(argv[1]);
  if (len > NAMELEN)
    len = NAMELEN;
  strncpy(server_name, argv[1], len);
  server_name[len] = '\0';
}

/* Get the port number from command line. */
if (argc > 2)
  portnum = atoi(argv[2]);
if (portnum <= 0)
{
  fprintf(stderr, "Port number %d invalid, set to default value %u\n",
    portnum, DEFSRVPORT);
  portnum = DEFSRVPORT;
}

/* Translate the host name or IP address into server socket address. */
if (isalpha(server_name[0]))
{  /* A host name is given. */
  hp = gethostbyname(server_name);
}
else
{  /* Convert the n.n.n.n IP address to a number. */
  addr = inet_addr(server_name);
  hp = gethostbyaddr((char *)&addr, sizeof(addr), AF_INET);
}
if (hp == NULL )
{
  fprintf(stderr,"Error: cannot get address for [%s], errno=%d\n",
```

```
        server_name, errno);
      return(-1);
    }

    /* Copy the resolved information into the sockaddr_in structure. */
    memset(&server, 0, sizeof(server));
    memcpy(&(server.sin_addr), hp->h_addr, hp->h_length);
    server.sin_family = hp->h_addrtype;
    server.sin_port = htons(portnum);

    /* Open a socket. */
    sfd = socket(AF_INET, socket_type, 0);
    if (sfd < 0)
    {
      fprintf(stderr,"Error: socket() failed, errno=%d\n", errno);
      return (-2);
    }

    /* Get the SO_KEEPALIVE socket option. */
    option = 0;
    optlen = sizeof(option);
    ret = getsockopt(sfd, SOL_SOCKET, SO_KEEPALIVE, &option, &optlen);
    if (ret < 0)
    {
      fprintf(stderr, "Error: getsockopt(SO_KEEPALIVE) failed, errno=%d\n", errno);
      close(sfd);
      return(-3);
    }
    if (option == 0)
      fprintf(stdout, "SO_KEEPALIVE socket option was not set (%d) by
default.\n",
        option);

    /* Set the SO_KEEPALIVE socket option. Do this before connect. */
    option = 1;
    ret = setsockopt(sfd, SOL_SOCKET, SO_KEEPALIVE, &option, sizeof(option));
    if (ret < 0)
    {
      fprintf(stderr, "Error: setsockopt(SO_KEEPALIVE) failed, errno=%d\n", errno);
      close(sfd);
      return(-4);
    }
    else
      fprintf(stdout, "SO_KEEPALIVE socket option is now enabled.\n");

    /* Get the TCP_KEEPALIVE_THRESHOLD socket option. */
    option = 0;
    optlen = sizeof(option);
    ret = getsockopt(sfd, IPPROTO_TCP, TCP_KEEPALIVE_THRESHOLD, &option,
&optlen);
    if (ret < 0)
```

```
    {
      fprintf(stderr, "Error: getsockopt(TCP_KEEPALIVE_THRESHOLD) failed,
errno=%d\n", errno);
      close(sfd);
      return(-5);
    }
    fprintf(stdout, "TCP_KEEPALIVE_THRESHOLD's original setting is (%d)\n", option);

    /* Set the TCP_KEEPALIVE_THRESHOLD socket option. This overrides the
     * tcp_keepalive_interval setting in Solaris kernel for the current socket.
     */
    option = 300000;  /* unit is ms */
    ret = setsockopt(sfd, IPPROTO_TCP, TCP_KEEPALIVE_THRESHOLD, &option, optlen);
    if (ret < 0)
    {
      fprintf(stderr, "Error: setsockopt(TCP_KEEPALIVE_THRESHOLD) failed,
errno=%d\n", errno);
      close(sfd);
      return(-6);
    }
    fprintf(stdout, "TCP_KEEPALIVE_THRESHOLD is reset to (%d)\n", option);

    /* Get the TCP_KEEPALIVE_THRESHOLD socket option. */
    option = 0;
    ret = getsockopt(sfd, IPPROTO_TCP, TCP_KEEPALIVE_THRESHOLD, &option, &optlen);
    if (ret < 0)
    {
      fprintf(stderr, "Error: getsockopt(TCP_KEEPALIVE_THRESHOLD) failed,
errno=%d\n", errno);
      close(sfd);
      return(-7);
    }
    fprintf(stdout, "TCP_KEEPALIVE_THRESHOLD's current setting is (%d)\n", option);

    /* Get the TCP_KEEPALIVE_ABORT_THRESHOLD socket option. */
    option = 0;
    ret = getsockopt(sfd, IPPROTO_TCP, TCP_KEEPALIVE_ABORT_THRESHOLD,
&option, &optlen);
    if (ret < 0)
    {
      fprintf(stderr, "Error: getsockopt(TCP_KEEPALIVE_ABORT_THRESHOLD)
failed, errno=%d\n", errno);
      close(sfd);
      return(-8);
    }
    fprintf(stdout, "TCP_KEEPALIVE_ABORT_THRESHOLD's original setting is
(%d)\n", option);

    /* Set the TCP_KEEPALIVE_ABORT_THRESHOLD socket option. */
    option = 60000;  /* unit is ms */
```

```
      ret = setsockopt(sfd, IPPROTO_TCP, TCP_KEEPALIVE_ABORT_THRESHOLD,
&option, optlen);
      if (ret < 0)
      {
        fprintf(stderr, "Error: setsockopt(TCP_KEEPALIVE_ABORT_THRESHOLD)
failed, errno=%d\n", errno);
        close(sfd);
        return(-9);
      }
      fprintf(stdout, "TCP_KEEPALIVE_ABORT_THRESHOLD is reset to (%d)\n", option);

      /* Get the TCP_KEEPALIVE_ABORT_THRESHOLD socket option. */
      option = 0;
      ret = getsockopt(sfd, IPPROTO_TCP, TCP_KEEPALIVE_ABORT_THRESHOLD,
&option, &optlen);
      if (ret < 0)
      {
        fprintf(stderr, "Error: getsockopt(TCP_KEEPALIVE_ABORT_THRESHOLD)
failed, errno=%d\n", errno);
        close(sfd);
        return(-10);
      }
      fprintf(stdout, "TCP_KEEPALIVE_ABORT_THRESHOLD's current setting is
(%d)\n", option);

      /* Connect to the server. */
      ret = connect(sfd, (struct sockaddr *)&server, srvaddrsz);
      if (ret == -1)
      {
        fprintf(stderr, "Error: connect() failed, errno=%d\n", errno);
        close(sfd);
        return(-11);
      }

      fprintf(stdout, "\nSend request messages to server at port %d\n", portnum);

      /* Send request messages to the server and process the reply messages. */
      while (msgnum < MAXMSGS)
      {
        /* Send a request message to the server. */
        sprintf(outbuf, "%s%4d%s", "This is request message ", ++msgnum,
          " from the client program.");
        msglen = strlen(outbuf);
        errno = 0;

        ret = send(sfd, outbuf, msglen, 0);
        if (ret >= 0)
        {
          /* Print a warning if not entire message was sent. */
          if (ret == msglen)
            fprintf(stdout, "\n%u bytes of message were successfully sent.\n",
```

```
        msglen);
    else if (ret < msglen)
      fprintf(stderr, "Warning: only %u of %u bytes were sent.\n",
        ret, msglen);

    if (ret > 0)
    {
      /* Receive a reply from the server. */
      errno = 0;
      inbuf[0] = '\0';
      ret = recv(sfd, inbuf, BUFLEN, 0);

      if (ret > 0)
      {
        /* Process the reply. */
        inbuf[ret] = '\0';
        fprintf(stdout, "Received the following reply from server:\n%s\n",
          inbuf);
      }
      else if (ret == 0)
        fprintf(stdout, "Warning: Zero bytes were received.\n");
      else
        fprintf(stderr, "Error: recv() failed, errno=%d\n", errno);
    }
  }
  else
    fprintf(stderr, "Error: send() failed, errno=%d\n", errno);

  sleep(5);  /* Pause so we can pull the cable. For testing only. */
} /* while */

close(sfd);
}
```

摘要

在 Oracle/Sun Solaris 上，只要應用程式，不論是 TCP 客戶程式或是 TCP 伺服程式，打開 SO_KEEPALIVE 選項，並設定有關可調參數之值，則軟體偵測出連線已斷掉的時間，就是程式本身所設定的時間。

13-4-3-1-3 HPUX

HP 的 HP-UX 11i 第 3 版有下列三個可以從應用程式層次調整的 SO_KEEPALIVE 參數。一個應用程式可以打開 SO_KEEPALIVE 插口選項，並改變這些參數，以控制一個插口連線斷掉被偵測出的時間。

層級	選項名稱	說明
IPPROTO_TCP	TCP_KEEPIDLE	探測程序開始前，連線必須空閒著的時間
IPPROTO_TCP	TCP_KEEPINTVL	探測信息之間的時間間隔
IPPROTO_TCP	TCP_KEEPCNT	探測信息的最高數目
IPPROTO_TCP	TCP_KEEPINIT	連線建立的最長容許時間，單位為秒數

TCP_KEEPIDLE

在 SO_KEEPALIVE 選項打開時，連線必須一直空間著這個參數所指定的時間，TCP 層才會啟動探測的程序。既定值為兩小時。

這選項的值是整數，容許值為 1 至 32767。時間單位為秒數。

TCP_KEEPINTVL

當 SO_KEEPALIVE 插口選項打開時，在連線連續空閒著 TCP_KEEPIDLE 所指的秒數後，TCP 會啟動探測的程序。若是對方沒有針對探測信息回覆，則在 TCP_KEEPINTVL 所指的時間後，TCP 層會再度送出下一個探測信息。這個選項的整數值，範圍是 1 至 32767。

TCP_KEEPCNT

假若對方一直沒有回覆，這個參數指明 TCP 總共必須嚐試送出探測信息的次數。參數的值可以是 1 至 32767。

所以，一旦 TCP 協定層啟動了探測程序，倘若對方一直沒有回覆，則在（TCP_KEEPINTVL x TCP_KEEPCNT）秒之後，連線即會被宣告中斷。

注意到，這三個參數的名稱，與 Linux 和 AIX 都一樣。因此，圖 13-4 的例題程式，在Linux，AIX 與 HPUX 上都適用。

值得一提的是，在應用程式層次，還活著嗎插口選項的可調參數名稱，在 Linux，AIX，與 HPUX都完全一樣。可是，誠如下一節所示的，HPUX

在作業系統核心層的可調參數，tcp_keepalive_interval 與 tcp_ip_abort_interval，就與 Linux 和 AIX 不同。

除了上述的三個參數以外，HP-UX 還有另一個調整連線建立可容許之最長等候時間的參數。

TCP_KEEPINIT

假若一個 TCP 連線在某個時間內無法建立，則 TCP 層會因時間到而取消連線的動作的。這個時間的既定值是 75 秒。程式可以經由改變 TCP_KEEPINIT 插口選項的值，調整這個時間。當然，這也是每次只影響一個插口而已。這時間值代表一連線建立所能等待的最長時間。參數值的範圍是 1 至 32767。

TCP_KEEPINIT 參數只有在 HP-UX 上才有，Linux，AIX 與 Solaris 則無。

13-4-3-1-4 Apple Darwin 和 FreeBSD Unix

Apple Mac Pro 上的 Darwin 作業系統也有支援 SO_KEEPALIVE 插口選項。其在應用程式層次的可調參數的名稱，也和 Linux，AIX 與 HPUX 一樣，唯一的就是 TCP_KEEPIDLE 參數在 Apple 達爾文上稱之為 TCP_KEEPALIVE。

請注意，在達爾文的作業系統核心層，這參數則叫 net.inet.tcp.keepidle。

Apple Darwin 之應用程式層次的三個可調參數的一般既定值如下：

TCP_KEEPALIVE：7200 秒（這在其他平台稱為TCP_KEEPIDLE）

TCP_KEEPINTVL：75 秒

TCP_KEEPCNT：8

以下是這三個參數的說明：

- TCP_KEEPALIVE

這個參數指明在系統啟動探測程序之前，一連線必須一直空閒著的時間，單位為秒數。假若聆聽插口上這個值有設定，則它經由 accept() 所產生的子插口，會自動繼承這個值。

作業系統核心層所對應的參數則叫 net.inet.tcp.keepidle。這參數所設定的值，即為沒有調整這個參數值之所有應用程式所使用的值。這個核心層參數的值的時間單位是毫秒（ms）。

- TCP_KEEPINTVL

  這參數指明前後兩探測信息之間所間隔的時間，單位為秒數。若一聆聽插口有設定這個值，則它所產生的子插口即會繼承這個值。這個參數所對應的核心層參數為 net.inet.tcp.keepintvl。該參數所設定的值，即為所有沒有調整這可調參數之應用程式所使用的值。

- TCP_KEEPCNT

  在探測程序送出這個參數所指的那麼多探測信息後，若對方都沒回應，則系統就會去除該連線。

  倘若一聆聽插口有設定這個值，則它所產生的子插口也會繼承這個值。這個參數所對應的作業系統核心層參數是 net.inet.tcp.keepcnt。它所設定的值，即為所有沒改變這參數之應用程式所得到的值。

核心層參數 net.inet.tcp.keepinit 在應用程式層次，似乎沒有相對應的參數。

圖 13-4 所示的例題程式也適用於 Apple Darwin。

13-4-3-1-5 視窗系統

微軟視窗系統，似乎並未支援還活著嗎特色在應用程式層次的可調參數。

13-4-3-2 改變作業系統核心層之還活著嗎參數

在調整作業系統核心層內，還活著嗎（SO_KEEPALIVE）插口選項的可調參數時，請務必非常小心，因為，這些調整會影響到系統上的所有軟體。除非應用軟體本身有在應用程式內自己設定，蓋過核心層所設定的值，否則，就會得到作業系統核心層所設定的值。

降低連線建立等候時間的值，在網路有暫時性的問題時，有可能造成不必要的網路資料流量，以及連線過早結束的問題。

13-4-3-2-1 Linux

調整什麼？

Linux 作業系統核心層有下列三個 SO_KEEPALIVE 的可調參數：

- net.ipv4.tcp_keepalive_time（既定值 7200 秒）

  這是一 TCP 插口在系統啟動探測程序之前必須空閒著的時間。

- net.ipv4.tcp_keepalive_probes（既定值為 9）

  這是系統會送出的"你還活著嗎？"探測信息的總個數。

- net.ipv4.tcp_keepalive_intvl（既定值是 75 秒）

  這是前後兩探測信息之間相間隔的時間。

這些參數目前在 Linux 作業系統核心層內所設定的值，可以如下得知：

```
$ cat /proc/sys/net/ipv4/tcp_keepalive_time
$ cat /proc/sys/net/ipv4/tcp_keepalive_probes
$ cat /proc/sys/net/ipv4/tcp_keepalive_intvl
```

怎麼調整？

欲讓你的改變變成是永久的（在系統重啟後繼續）時，請執行以下的步驟：

轉變成超級用戶，更改 /etc/sysctl.conf 檔案，並在檔案內設定有關參數的值，例如，

```
net.ipv4.tcp_keepalive_time = 600
net.ipv4.tcp_keepalive_probes = 4
net.ipv4.tcp_keepalive_intvl = 30
```

緊接執行以下的命令，讓你的改變立即生效。

```
# /sbin/sysctl -p /etc/sysctl.conf
```

假若你只想暫時更改，不讓你的更改持續至系統重啟之後，則執行類似以下的命令：

```
# /sbin/sysctl -w net.ipv4.tcp_keepalive_time=600
net.ipv4.tcp_keepalive_probes=4 net.ipv4.tcp_keepalive_intvl=30
```

或

```
# echo 600 > /proc/sys/net/ipv4/tcp_keepalive_time
# echo   4 > /proc/sys/net/ipv4/tcp_keepalive_probes
# echo  30 > /proc/sys/net/ipv4/tcp_keepalive_intvl
```

上述的命令將 TCP 你還活著嗎的偵測時間改成 12 分鐘（600+30×4=720 秒）。因此，在 TCP 連線斷了之後 12 分鐘，應用程式即可得知這種狀況。

請記得，以“sysctl -w”命令所做的改變是不持久的。它在系統重新啟動之後就不見了。

記得，倘若應用程式沒有特別打開 SO_KEEPALIVE 插口選項，或有打開這選項但沒有調整任何有關的可調參數之值，則程式得知連線斷掉的時間，即取決於作業系統核心層內有關參數所設定的時間。舉例而言，假若 Linux 核心層內的可調參數設定，正如上述三個命令所示，則即令程式沒有打開 SO_KEEPALIVE 選項，連線斷了的情況也會在約 12 分鐘左右得知。這只是舉例，千萬不要在核心層設這麼小的值。

截至目前為止，Linux 並未替 IPv6 另設一組可調參數。以上的可調參數也適用於 IPv6 協定。

13-4-3-2-2 AIX

調整什麼？

AIX 核心層有下列三個 SO_KEEPALIVE 可調參數。

- tcp_keepidle

  這參數指出在 TCP 協定層開始送出第一個探測信息之前，一個 TCP 連線必須空閒著的時間。時間單位是半秒鐘。

- tcp_keepintvl

  這參數指明在探測一 TCP 連線是否還活著時，前後兩探測信息之間所間隔的時間，單位為半秒鐘。

- tcp_keepcnt

  這參數指明 TCP 協定在探測一連線是否還活著時，所送出的最高探測信息數量（次數）。

倘若一個插口是子插口，譬如由 accept() 函數產生的，則這些參數的值，則由其母插口繼承得來。

以下即為這些還活著嗎可調參數，在 AIX 核心層內的既定值：

```
tcp_keepidle (14400 半秒 = 7200 秒)
tcp_keepcnt (8)
tcp_keepintvl (150 半秒 = 75 秒)
```

如何調整？

IBM AIX 使用 no 命令設定網路參數的值。以下命令暫時更改參數的值，但在系統重新啟動之後，這些改變即失效：

```
# no -o tcp_keepidle=1200
# no -o tcp_keepintvl=60
# no -o tcp_keepcnt=4
```

請記得，這些參數值的單位是半秒鐘。

以下命令則立即更改這些參數的值，同時，讓改變持續至系統重新啟動之後：

```
# no -p -o tcp_keepidle=1200
# no -p -o tcp_keepintvl=60
# no -p -o tcp_keepcnt=4
```

以下命令查詢參數的現有值：

```
# no -o tcp_keepidle
# no -a | grep tcp_keepidle
```

13-4-3-2-3 Solaris

調整什麼？

Solaris 作業系統的核心層，有下列兩個SO_KEEPALIVE 插口選項的可調參數。

- tcp_keepalive_interval

  TCP 還活著嗎的特色，是由一 TCP 插口的 SO_KEEPALIVE 選項所啟動的。

  tcp_keepalive_interval 參數指明在系統開始檢查一連線是否還活著之前，一 TCP 連線必須連續空閒著的時間。在八分鐘之後，倘若對方還是沒就探測信息有所回覆，則這 TCP 連線即會被終止。這個參數的既定值是 7200000 毫秒（2 小時）。參數值的容許範圍是 10 秒至 10 天。

Solaris 與 Linux 和 AIX 不同的是，重複送出探測信息的期間固定為八分鐘。也因此，Solaris 就沒有 tcp_keepintvl 與 tcp_keepcnt 兩個可調參數。

注意到，Solaris 建議使用者不要改變這個核心層的參數。比較好的作法是應用程式調整 TCP_KEEPALIVE_THRESHOLD 插口選項的值，以蓋過這核心層參數所設定的值。

- tcp_keepalive_abort_interval

  在你還活著嗎探測程序發現連線已不復存活著之後，這個 ndd 參數指出多久時間內應中止/去除該連線。這參數的值是一正整數，單位為毫秒（ms）。該值為零時表示在探測時，TCP 不應該有時間到並中止連線的情形。這參數的既定值是 480000ms（8 分鐘）。參數值的容許範圍是 0 至 8 分鐘。

  這參數的值也可以從應用程式階層調整，以 setsockopt() 函數改變 TCP_KEEPALIVE_ABORT_THRESHOLD 插口選項的值。

  Solaris 建議使用者不要改變這核心層參數的值，而最好從應用程式，叫用 setsockopt() 函數，改變 TCP_KEEPALIVE_ABORT_THRESHOLD 插口選項的值。這樣子，參數的調整只影響到一個軟體且一個插口。

  以下是這兩個 Solaris 核心層參數的既定值：

```
tcp_keepalive_interval (7200000 milliseconds = 2 小時)
tcp_keepalive_abort_interval (480000 milliseconds = 8 分鐘)
```

如何調整？

Oracle/Sun Solaris 以 ndd 命令的“-set”選項，調整網路參數的值。譬如，以下命令即調整 tcp_keepalive_interval 參數的值：

```
# ndd -set /dev/tcp tcp_keepalive_interval 600000
```

記得，這時間的單位是毫秒（ms）。

以下命令則查詢一參數的現有值：

```
# ndd -get /dev/tcp tcp_keepalive_interval
```

13-4-3-2-4 HP-UX

調整什麼？

HP 在 HP-UX 10 與 HP-UX 11 之間改變了發送 TCP 還活著嗎信息的演算法。

HP-UX 11 和 TCP 還活著嗎特色有關的作業系統核心參數包括下列：

- tcp_keepalive_interval：在還活著嗎探測程序開始前，連線必須空閒著的時間
- tcp_ip_abort_interval：假若對手沒有回覆探測信息，在宣告連線死亡之前所必須等待的時間。

tcp_keepalve_interval 參數指出 TCP 層在送出探測信息前，連線必須連續空閒著的時間。既定值是 7200000ms=2 小時。

tcp_ip_abort_interval 參數指明系統在宣告一連線已死亡之前，所必須持續發送探測信息的全部時間。既定值是 600000ms=10 分鐘。

倘若通信對方的 TCP 層一直未對探測信息有所回覆，則當傳輸/再傳輸的總時間超過 tcp_ip_abort_interval 時，連線即會被中止。這意謂，在 HP-UX 上，一個已斷線的連線，會在 2 小時 10 分鐘後測知。

以下是 HP-UX 這兩個核心層參數的設定值：

```
tcp_keepalive_interval (7200000 ms = 2 小時)
tcp_ip_abort_interval  (600000 ms = 10 分鐘)
```

注意，在一個應用軟體叫用 close() 函數，關閉一個插口時，系統會自動地替這連線打開“你還活著嗎”的探測程序，即令應用程式沒打開 SO_KEEPALIVE 插口選項亦然。在這種情況下，探測信息會在 tcp_keepalive_detached_interval 參數所指的那麼多毫秒（ms）之後送出。

注意到，tcp_ip_abort_interval 參數的值，不應低於 tcp_time_wait_interval 的值。這個值是連線在真正關閉前，必須處於 TIME_WAIT 狀態的時間。此外，這個參數的值也不應小於 4 分鐘（240000ms）。否則，端口號便有可能太早被重新使用了。

如何調整？

與 Solaris 類似的，HP-UX 使用 ndd 命令的“-set”選項調整 TCP 參數的值。

```
# ndd -set [網路][設備][參數名稱] [參數值]
```

例如，欲將 tcp_keepalive_interval 參數的值設成十分鐘的命令是：

```
# ndd -set /dev/tcp tcp_keepalive_interval 600000
```

時間的單位是毫秒（ms）。

以下命令則查詢這些參數的現有值：

```
# ndd -get /dev/tcp tcp_keepalive_interval
7200000
# ndd -get /dev/tcp tcp_ip_abort_interval
600000
```

13-4-3-2-5 Apple Darwin 與 FreeBSD UNIX

調整什麼？

在Apple達爾文作業系統與FreeBSD UNIX，作業系統核心有下列與還活著嗎特色有關，可以經由 sysctl 命令調整的參數。記得，改變這些參數的值影響到所有的應用軟體，除非應用軟體本身又有設定，蓋過作業系統層次的設定。

- net.inet.tcp.keepinit

  建立新的 TCP 連線的最長等候時間。既定值是 75000 ms（毫秒）。

- net.inet.tcp.keepidle

  在 SO_KEEPALIVE 插口選項打開時，在探測連線是否還活著之程序啟動前，連線必須空閒著的時間。既定值是 7200000 毫秒（2 小時）。

- net.inet.tcp.keepintvl

  在對手沒有回覆探測信息時，連續送出之兩探測信息之間所間隔的時間。既定值是 75000 毫秒。

- net.inet.tcp.keepcnt

  倘若對方一直未對探測信息有所回覆，則在系統去除連線之前，其總共會送出的探測信息總數。既定值是 8。

  在全部送出這麼多信息之後，若對手仍無回應，連線即會被宣告死亡並剔除。

- net.inet.tcp.always_keepalive

  這是一個整個系統打開或關閉"還活著嗎"特色的總開關。1 的值代表打開。值是 0 時代表關閉。既定值是 0。這個參數可以"sysctl -w"命令加以改變。

倘若這個大開關打開，則對所有 TCP 連線，作業系統都會自動週期性地送出探測信息至連線的對方，查證其是否還活著。

以下是作者所使用的 Apple Mac Pro 上，以上這些可調參數的既定值：

```
net.inet.tcp.keepinit: 75000
net.inet.tcp.keepidle: 7200000
net.inet.tcp.keepintvl: 75000
net.inet.tcp.keepcnt: 8
net.inet.tcp.always_keepalive: 0
```

與其他作業系統不同的是，Apple Darwin 與 BSD Unix有一個核心層可調參數 net.inet.tcp.always_keepalive，可以控制所有插口應用程式的"還活著嗎"（KEEPALIVE）特色，是全部打開或關閉。這個參數的既定值是 0，代表關閉。這代表作業系統平常不會自動探測一個 TCP 連線是否還活著。

此外，與 Linux 以秒數作單位不同的是，在 Apple Darwin 與 BSD UNIX 上，這些參數的時間單位都是毫秒（ms）。Apple Darwin 在應用程式層次之可調整參數所使用的時間單位是秒數，但在作業系統核心層之可調參數都使用毫秒為單位，很容易讓人搞混了。

如何調整？

所有上述所列的參數，都可以用 sysctl 命令加以改變。為了使你的改變成為永久性的（亦即，在系統重新啟動後還在），你最好將之放入 /etc/sysctl.conf 檔案內。順便一提的是，當作者試圖以 sudo 命令變換成超級用戶，然後改變 Apple Darwin 核心層的參數時，只有 net.inet.tcp.keepinit 可以。net.inet.tcp.keepidle 與 net.inet.tcp.keepintvl 似乎就不行。

```
jim@Jims-MacBook-Air mac % sysctl -q net.inet.tcp.keepidle
net.inet.tcp.keepidle: 7200000
jim@Jims-MacBook-Air mac % sudo sysctl -w net.inet.tcp.keepidle=7000000
net.inet.tcp.keepidle: 7200000 -> 7200000
jim@Jims-MacBook-Air mac % sysctl -q net.inet.tcp.keepidle
net.inet.tcp.keepidle: 7200000
==> It won't change!

jim@Jims-MacBook-Air mac % sysctl -q net.inet.tcp.keepintvl
net.inet.tcp.keepintvl: 75000
jim@Jims-MacBook-Air mac % sudo sysctl -w net.inet.tcp.keepintvl=300
net.inet.tcp.keepintvl: 75000 -> 75000
jim@Jims-MacBook-Air mac % sysctl -q net.inet.tcp.keepintvl
net.inet.tcp.keepintvl: 75000
==> This does not change either!

jim@Jims-MacBook-Air mac % sysctl -q net.inet.tcp.keepcnt
net.inet.tcp.keepcnt: 8
jim@Jims-MacBook-Air mac % sudo sysctl -w  net.inet.tcp.keepcnt=2
net.inet.tcp.keepcnt: 8 -> 2
jim@Jims-MacBook-Air mac % sysctl -q net.inet.tcp.keepcnt
net.inet.tcp.keepcnt: 2
==>This one changed!
```

查知參數目前所設定的值可以下列命令為之：

```
$ sysctl -a | grep net.inet.tcp
```

或

```
$ sysctl net.inet.tcp | grep -E "keepidle|keepintvl|keepcnt"
```

算出一已死掉連線，在被作業系統查知並將之剔除所需的時間公式為：

```
net.inet.tcp.keepidle + (net.inet.tcp.keepintvl x net.inet.tcp.keepcnt)
```

舉例而言，假若這些參數的值被設定如下：

```
net.inet.tcp.keepidle = 10000
net.inet.tcp.keepintvl = 5000
net.inet.tcp.keepcnt = 8
net.inet.tcp.always_keepalive = 1
```

則一個死掉之連線，在被作業系統發現並將之剔除前，可能存在的時間則為 50 秒（請千萬勿在核心層設這麼小的值）：

```
10000 + (5000 × 8) = 50000 msec (50 sec)
```

13-4-3-2-6 微軟視窗系統

微軟視窗系統使用註冊索引（registry key）做可調參數調整。

TCP/IP 的參數位處在以下的註冊位置上：

```
\HKEY_LOCAL_MACHINE\System\CurrentControlSet\Services\TCPIP\Parameters
```

倘若 KeepAliveTime 參數不存在，則你就必須先建立之。先開創這註冊索引，然後再設定其值。時間的單位是毫秒。

欲設定或查取參數值時，點閱 Start 按鈕，執行 regedit.exe 程式，找到該註冊索引的位置，再設定或讀取該參數的值。為了讓改變立即生效，你有可能必須重新啟動系統。

參數名稱	資料型態	說明	既定值(ms)
KeepAliveTime	REG_DWORD	探測前之等待時間	7200000 （2 小時）
KeepAliveInterval	REG_DWORD	兩探測信息之時間間隔	1000 （一秒）
TcpMaxDataRetransmissions	REG_DWORD	重送探測信息之次數	5

KeepAliveTime：開始探測前之等待時間（7200000ms=2 小時）

KeepAliveInterval：前後探測信息間的時間間隔（1000ms=1 秒）

TcpMaxDataRetransmissions：在剔除連線前，重送探測信息的次數（5）

13-4-3-3 SO_KEEPALIVE 插口選項之摘要

1. 從應用軟體程式內打開 SO_KEEPALIVE 插口選項，在一網路連線因網路電纜線被拔或對方主機當掉而失去時，讓軟體能更快地偵測出這種狀況。這是一個 SOL_SOCKET 層次的插口選項。

2. 使用這個特色時，應用軟體程式必須從程式內打開 SO_KEEPALIVE 插口選項。此外，在應用程式層次也有三個可調參數可以加以調整。另外，在作業系統核心層，也有對應的二至四個參數可以調整。

3. 打開 SO_KEEPALIVE 插口選項是經由在應用程式內叫用 setsockopt() 函數達成，叫用時 level 引數值為 SOL_SOCKET，且 optnam 引數值為 SO_KEEPALIVE。這樣做旨在當網路連線萬一丟了時，程式不會永遠或長久（幾小時或甚至幾天）像吊死在那裡，而會較快偵測出這種狀況，錯誤回返。

   打開 SO_KEEPALIVE 插口選項必須在插口實際建立連線之前為之。

   在應用程式內打開這選項，只會影響到應用程式本身，每次只影響一個插口。

   這應用程式的程式碼，應是在所有與 POSIX 相容的作業系統上都是一樣的。

4. 調整 SO_KEEPALIVE 選項有關之參數，在應用程式層次也是透過叫用 setsockopt() 函數達成的，但 level 引數是 IPPROTO_TCP。這讓程式能設定自己所要的偵測時間，而不是作業系統核心層所設定的時間。作業系統核心層所設定的時間，通常至少是兩個小時或以上。對有些應用而言，這可能是太久了。同樣地，從應用程式內調整這些參數的值，每次只影響到一個應用程式的一個插口。

   調整 SO_KEEPALIVE 參數的動作，必須在建立連線之前完成。這部分的程式碼在所有目前與 POSIX 標準相容的作業系統上，幾乎是完全一樣。曾如我們前面討論過的，這部分的程式碼在 Linux，AIX，與 HPUX 完全相同。在 Apple Darwin 幾乎也是完全一樣，唯一的是其中有一個參數的名稱稍微不一樣。差別稍微大一點的是在 Solaris上。

5. 應用程式層次的 SO_KEEPALIVE 可調參數如下。這些參數是 IPPROTO_TCP 層的插口選項。

```
Linux: TCP_KEEPIDLE   TCP_KEEPINTVL   TCP_KEEPCNT
AIX:  TCP_KEEPIDLE   TCP_KEEPINTVL   TCP_KEEPCNT
Solaris: TCP_KEEPALIVE_THRESHOLD TCP_KEEPALIVE_ABORT_THRESHOLD
HP-UX: TCP_KEEPIDLE   TCP_KEEPINTVL   TCP_KEEPCNT
Apple Darwin: TCP_KEEPALIVE   TCP_KEEPINTVL   TCP_KEEPCNT
```

   這些是可以從應用程式內，經由叫用 setsockopt() 函數，加以調整的參數。

6. 除非一個應用程式有自己的設定，蓋過作業系統核心層的設定，否則，作業系統核心層的參數設定，影響到整個系統上所執行的所有軟體程式。這些參數的名稱因作業系統不同而異。它們的意義有時也稍有變化。用以調整這些核心層參數的命令也不盡相同。必須調整這些參數的機會不多。也只有超級用戶或系統的管理者有權限做這些調整。

7. 作業系統核心層次的 SO_KEEPALIVE 可調參數如下：

```
    Linux: tcp_keepalive_time tcp_keepalive_intvl tcp_keepalive_probes
    AIX: tcp_keepidle tcp_keepintvl tcp_keepcnt
    Solaris: tcp_keepalive_interval tcp_keepalive_abort_interval
    HP-UX: tcp_keepalive_interval tcp_ip_abort_interval
    Apple Darwin: net.inet.tcp.keepidle net.inet.tcp.keepintvl
net.inet.tcp.keepcnt
    Windows: KeepAliveTime KeepAliveInterval TcpMaxDataRetransmission
```

8. SO_KEEPALIVE 插口選項只適用於連線式的插口。

9. 至於能在什麼時間得知網路連線實際已斷了，則有三種情形，視作業系統核心與應用程式的不同設定來決定：

   (a) 既定上，絕大多數作業系統幾乎都是關閉 SO_KEEPALIVE 插口選項的。在 SO_KEEPALIVE 插口選項關閉時，應用軟體所獲得的行為，是 TCP 網路協定規格上所規定的，而不是作業系統之可調參數所設定的。這代表倘若網路連線斷了，則插口應用程式可能會永遠吊死在那兒，或至少必須等上好幾天。尤其是 TCP 伺服程式特別是這樣（像等在 recv() 接收函數上）。AIX，Solaris，與 Linux，全都是這樣。

   (b) 假若應用軟體本身打開了 SO_KEEPALIVE 插口選項，但並未改變任何與該選項有關之可調參數值，則它所得到的行為，即為作業系統核心層對這選項之有關可調參數所設定的值。

   例如：在 Linux 上，核心層的有關參數既定值通常如下：

```
    net.ipv4.tcp_keepalive_time = 7200
    net.ipv4.tcp_keepalive_probes = 2
    net.ipv4.tcp_keepalive_intvl = 30
```

   這代表網路連線斷了的情況，會在 7200+2x30=7260 秒 =121 分鐘之後被發現（連線會被剔除）。對某些應用軟體而言，這可能太久了。

(c) 假若應用程式本身打開 SO_KEEPALIVE 選項，而且從程式內進一步調整與選項有關的可調參數值，則斷了線的連線即會在應用程式本身所設定的時間之後，被系統測知。

譬如，在一 TCP 伺服程式內，假若程式以 setsockopt() 函數叫用打開 SO_KEEPALIVE 選項，並且設定以下的參數值：

```
TCP_KEEPIDLE  = 300
TCP_KEEPCNT   = 2
TCP_KEEPINTVL = 30
```

則網路連線斷了的情況，即會在 300+2×30=360 秒 =6 分鐘之後被測知發現。

10. 一插口程式（不論是客戶或伺服）必須先打開 SO_KEEPALIVE 插口選項，然後再調整有關參數，才有效。光調整有關參數但卻忘了打開 SO_KEEPALIVE 選項則一點作用都沒。

11. 一客戶程式可以單獨為之，不管伺服程式如何（有無打開該插口選項）。在這種情況下，就只有客戶程式受益或受影響。

13-5 SO_LINGER 插口選項

SO_LINGER 插口選項控制當程式叫用 close() 函數關閉一個插口時，在插口發送緩衝器中尚未送出的資料，如何處理。兩種選擇，若非繼續發送，就是丟棄。這個選項的實際行為，依網路協定不同而異。

在一插口上打開 SO_LINGER 插口選項，讓叫用程序或程線能指明，在插口被 close() 函數關閉時，所剩下尚未送出的資料，應直接丟棄或繼續試著送出一段時間。若是後者，則在所指明時間過了時，假若還是有資料尚未送出，那就直接丟棄。

SO_LINGER 選項是以一含有兩個資料欄的結構 “struct linger” 加以控制的。這資料結構如下：

```
/* 控制 SO_LINGER插口選項的資料結構 */
struct linger
{
  int l_onoff;              /* 非零的值代表插口關閉時欲逗留 */
  int l_linger;             /* 逗留的時間 */
};
```

將 l_onoff 資料欄的值設定為 0 代表欲關閉 SO_LINGER 選項。將這值設定成一個不是零的值，即打開 SO_LINGER 選項。在選項打開時，l_linger 資料欄的值，即為萬一還有資料未送出時，close() 函數叫用在正式回返前所必須等待的時間秒數。

在以getsockopt() 或 setsockopt() 函數分別讀取或設定 SO_LINGER 插口選項時，函數的選項值（第 4 個）引數，必須是一個 "struct linger" 結構。讀取作業時，getsockopt() 函數送回兩個值。同樣地，設定作業時，setsockopt() 函數也必須提供兩個值。

根據 POSIX 標準的規定，既定上，SO_LINGER 插口選項是關閉的，這代表 struct linger 結構中，l_onoff 資料欄的值是 0。同時，l_linger 資料欄的值，應該也是 0。

圖 13-6 所示，即為讀取 SO_LINGER 選項的現有值，然後打開這選項，且將逗留/徘徊（lingering）時間設定為 15 秒的一對客戶/伺服程式。這一對例題程式只是作示範用的。它僅在顯現 close() 函數叫用可能造成的潛在問題以及如何加以避免。

圖 13-6 打開 SO_LINGER 插口選項

（a）tcpsrv_bufsz_linger.c

```
/*
 * A connection-oriented server program using Stream socket.
 * Single-threaded server.
 * With socket buffer size options (SO_SNDBUF and SO_RCVBUF).
 * Also turning on SO_KEEPALIVE and SO_LINGER socket options.
 * Usage: tcpsrv_bufsz_linger port_num bigbuf linger
 * Authored by Mr. Jin-Jwei Chen.
 * Copyright (c) 1993-2016, 2018, 2020 Mr. Jin-Jwei Chen. All rights reserved.
 */

#include <stdio.h>
#include <errno.h>
#include <sys/types.h>
#include <sys/socket.h>
#include <netinet/in.h>    /* protocols such as IPPROTO_TCP, ... */
#include <string.h>        /* memset() */
#include <stdlib.h>        /* atoi() */
```

```
#include <sys/time.h>       /* gettimeofday *//* TEST ONLY */
#include <unistd.h>         /* close() */

#define  BUFLEN      1024    /* size of message buffer */
#define  DEFSRVPORT  2344    /* default server port number */
#define  BACKLOG        5    /* length of listener queue */
#define  SOCKBUFSZ  1048576  /* socket buffer size */
#define  INBUFSZ    1048576  /* socket input buffer size */

int main(int argc, char *argv[])
{
  int    ret, portnum_in=0;
  int    sfd;                        /* file descriptor of the listener socket */
  int    newsock;                    /* file descriptor of client data socket */
  struct sockaddr_in    srvaddr;     /* socket structure */
  int    srvaddrsz=sizeof(struct sockaddr_in);
  struct sockaddr_in    clntaddr;    /* socket structure */
  socklen_t    clntaddrsz=sizeof(struct sockaddr_in);
  in_port_t    portnum=DEFSRVPORT;   /* port number */
  char   *inbufp = NULL;             /* pointer to input message buffer */
  char   outbuf[BUFLEN];             /* output message buffer */
  size_t msglen;                     /* length of reply message */
  int    option;
  socklen_t  optlen;
  int    bigbuf = 0;           /* increase socket buffer size (off by default) */
  int    lingeron = 0;         /* socket linger option (off by default) */
  struct linger   solinger;    /* for SO_LINGER option */
  int    totalBytes = 0;       /* total # of bytes received */

  fprintf(stdout, "Connection-oriented server program ...\n\n");

  /* Get the port number from user, if any. */
  if (argc > 1)
    portnum_in = atoi(argv[1]);
  if (portnum_in <= 0)
  {
    fprintf(stderr, "Port number %d invalid, set to default value %u\n\n",
      portnum_in, DEFSRVPORT);
    portnum = DEFSRVPORT;
  }
  else
    portnum = portnum_in;

  /* Get switch to increase socket receive buffer size. */
  if (argc > 2)
    bigbuf = atoi(argv[2]);
  if (bigbuf < 0)
  {
    fprintf(stderr, "%s is an invalid switch value, use 1 or 0.\n", argv[2]);
```

```
    bigbuf = 0;  /* By default, do not increase socket buffer size. */
  }

  /* Get switch to turn on/off linger option. */
  if (argc > 3)
    lingeron = atoi(argv[3]);
  if (lingeron < 0)
  {
    fprintf(stderr, "%s is an invalid switch value, use 1 or 0.\n", argv[3]);
    lingeron = 0;  /* By default, socket linger option off. */
  }

  /* Allocate input buffer */
  inbufp = (char *)malloc(INBUFSZ+1);
  if (inbufp == NULL)
  {
    fprintf(stdout, "malloc() failed to allocate input buffer memory.\n");
    return(ENOMEM);
  }

  /* Create the Stream server socket. */
  if ((sfd = socket(AF_INET, SOCK_STREAM, 0)) < 0)
  {
    fprintf(stderr, "Error: socket() failed, errno=%d\n", errno);
    return(-1);
  }

  /* Get socket input buffer size set by the OS. */
  option = 0;
  optlen = sizeof(option);
  ret = getsockopt(sfd, SOL_SOCKET, SO_RCVBUF, &option, &optlen);
  if (ret < 0)
    fprintf(stderr, "Error: getsockopt(SO_RCVBUF) failed, errno=%d\n", errno);
  else
    fprintf(stdout, "SO_RCVBUF was originally set to be %u\n", option);

  if (bigbuf)
  {
    /* Set socket input buffer size. */
    option = SOCKBUFSZ;
    ret = setsockopt(sfd, SOL_SOCKET, SO_RCVBUF, &option, sizeof(option));
    if (ret < 0)
      fprintf(stderr, "Error: setsockopt(SO_RCVBUF) failed, errno=%d\n", errno);
    else
      fprintf(stdout, "SO_RCVBUF is set to be %u\n", option);

    /* Get socket input buffer size. */
    option = 0;
    optlen = sizeof(option);
```

```
    ret = getsockopt(sfd, SOL_SOCKET, SO_RCVBUF, &option, &optlen);
    if (ret < 0)
      fprintf(stderr, "Error: getsockopt(SO_RCVBUF) failed, errno=%d\n", errno);
    else
      fprintf(stdout, "SO_RCVBUF now is %u\n", option);
  }

  /* Turn on SO_KEEPALIVE socket option. */
  option = 1;
  ret = setsockopt(sfd, SOL_SOCKET, SO_KEEPALIVE, &option, sizeof(option));
  if (ret < 0)
  {
    fprintf(stderr, "Error: setsockopt(SO_KEEPALIVE) failed, errno=%d\n", errno);
  }
  else
    fprintf(stdout, "SO_KEEPALIVE socket option is set.\n");

  /* Turn on SO_LINGER option. */
  if (lingeron)
  {
    solinger.l_onoff = 1;
    solinger.l_linger = 15;
    ret = setsockopt(sfd, SOL_SOCKET, SO_LINGER, &solinger, sizeof(solinger));
    if (ret < 0)
    {
      fprintf(stderr, "Error: setsockopt(SO_LINGER) failed, errno=%d\n", errno);
      close(sfd);
      return(-4);
    }
    else
      fprintf(stdout, "SO_LINGER socket option is successfully turned on.\n");
  }

  /* Fill in the server socket address. */
  memset((void *)&srvaddr, 0, (size_t)srvaddrsz); /* clear the address buffer */
  srvaddr.sin_family = AF_INET;                   /* Internet socket */
  srvaddr.sin_addr.s_addr = htonl(INADDR_ANY);    /* server's IP address */
  srvaddr.sin_port = htons(portnum);              /* server's port number */

  /* Bind the server socket to its address. */
  if ((ret = bind(sfd, (struct sockaddr *)&srvaddr, srvaddrsz)) != 0)
  {
    fprintf(stderr, "Error: bind() failed, errno=%d\n", errno);
    return(-2);
  }

  /* Set maximum connection request queue length that we can fall behind. */
  if (listen(sfd, BACKLOG) == -1) {
    fprintf(stderr, "Error: listen() failed, errno=%d\n", errno);
```

```
        close(sfd);
        return(-3);
      }

      /* Wait for incoming connection requests from clients and service them. */
      while (1) {

        fprintf(stdout, "\nListening at port number %u ...\n", portnum);
        newsock = accept(sfd, (struct sockaddr *)&clntaddr, &clntaddrsz);
        if (newsock < 0)
        {
          fprintf(stderr, "Error: accept() failed, errno=%d\n", errno);
          close(sfd);
          return(-4);
        }

        fprintf(stdout, "Client Connected.\n");

        /* Set the reply message */
        sprintf(outbuf, "%s", "This is a reply from the server program.");
        msglen = strlen(outbuf);
        totalBytes = 0;

        /* Receive and service requests from the current client. */
        while (1)
        {
          /* Receive a request from a client. */
          errno = 0;
          inbufp[0] = '\0';
          /* Note: recv() may return with buffer partially filled. */
          ret = recv(newsock, inbufp, INBUFSZ, 0);
          if (ret > 0)
          {
            /* Process the request. We simply print the request message here. */
            inbufp[ret] = '\0';
            fprintf(stdout, "\n%u bytes of data received at the server.\n", ret);
            totalBytes = totalBytes + ret;

            /* Send a reply. */
            errno = 0;
            ret = send(newsock, outbuf, msglen, 0);
            if (ret == -1)
              fprintf(stderr, "Error: send() failed, errno=%d\n", errno);
            else
              fprintf(stdout, "%u of %lu bytes of the reply was sent.\n",
ret, msglen);
          }
          else if (ret < 0)
          {
```

```
            fprintf(stderr, "Error: recv() failed, errno=%d\n", errno);
            break;
          }
          else
          {
            /* The client may have disconnected. */
            fprintf(stdout, "The client may have disconnected.\n");
            break;
          }
        }  /* while - inner */
        close(newsock);

        fprintf(stdout, "Total number of bytes received is %d.\n", totalBytes);

        break; /* TEST ONLY */

    }  /* while - outer */
}
```

(b) tcpclnt_bufsz_linger.c

```
/*
 * A connection-oriented client program using Stream socket.
 * With socket buffer size options (SO_SNDBUF and SO_RCVBUF).
 * Turn on SO_LINGER socket option.
 * Usage: tcpclnt_bufsz_linger srvname srvport linger
 * Authored by Mr. Jin-Jwei Chen.
 * Copyright (c) 1993-2016, 2018, 2020 Mr. Jin-Jwei Chen. All rights reserved.
 */

#include <stdio.h>
#include <errno.h>
#include <sys/types.h>
#include <sys/socket.h>
#include <netinet/in.h>    /* protocols such as IPPROTO_TCP, ... */
#include <arpa/inet.h>     /* inet_addr(), inet_ntoa(), inet_ntop() */
#include <string.h>        /* memset() */
#include <stdlib.h>        /* atoi() */
#include <netdb.h>         /* gethostbyname() */
#include <sys/time.h>      /* gettimeofday *//* TEST ONLY */
#include <ctype.h>         /* isalpha() */
#include <unistd.h>        /* close() */

#define  BUFLEN      1024    /* size of input message buffer */
#define  DEFSRVPORT  2344    /* default server port number */
#define  MAXMSGS        4    /* Maximum number of messages to send */
#define  NAMELEN       63
#define  SOCKBUFSZ  1048576  /* socket buffer size */
#define  OUTBUFSZ   1048576  /* socket output buffer size */
```

```
int main(int argc, char *argv[])
{
  int    ret, i;
  int    sfd;                         /* file descriptor of the socket */
  struct sockaddr_in    server;       /* socket structure */
  int    srvaddrsz=sizeof(struct sockaddr_in);
  struct sockaddr_in    fromaddr;     /* socket structure */
  socklen_t    fromaddrsz=sizeof(struct sockaddr_in);
  in_port_t    portnum=DEFSRVPORT;    /* port number */
  char   inbuf[BUFLEN];               /* input message buffer */
  char      *outbufp = NULL;          /* pointer to output message buffer */
  size_t    msglen;                   /* length of reply message */
  size_t    msgnum=0;                 /* count of request message */
  size_t    len;
  unsigned int addr;
  char   server_name[NAMELEN+1] = "localhost";
  int    socket_type = SOCK_STREAM;
  struct hostent *hp;
  int    option;
  socklen_t  optlen;
  int    bigbuf = 1;          /* increase socket buffer size (on by default) */
  struct linger   solinger;   /* for SO_LINGER option */
  int    lingeron = 0;        /* socket linger option (off by default) */
  int    totalBytes = 0;      /* total # of bytes received */

  fprintf(stdout, "Connection-oriented client program ...\n\n");

  /* Get the host name or IP address from command line. */
  if (argc > 1)
  {
    len = strlen(argv[1]);
    if (len > NAMELEN)
      len = NAMELEN;
    strncpy(server_name, argv[1], len);
    server_name[len] = '\0';
  }

  /* Get the port number from command line. */
  if (argc > 2)
    portnum = atoi(argv[2]);
  if (portnum <= 0)
  {
    fprintf(stderr, "Port number %d invalid, set to default value %u\n",
      portnum, DEFSRVPORT);
    portnum = DEFSRVPORT;
  }

  /* Get switch to turn on/off linger option. */
```

```
if (argc > 3)
  lingeron = atoi(argv[3]);
if (lingeron < 0)
{
  fprintf(stderr, "%s is an invalid switch value, use 1 or 0.\n", argv[3]);
  lingeron = 0;  /* By default, socket linger option off. */
}

/* Allocate output buffer */
outbufp = (char *)malloc(OUTBUFSZ);
if (outbufp == NULL)
{
  fprintf(stderr, "malloc() failed to allocate output buffer memory.\n");
  return(ENOMEM);
}

/* Translate the host name or IP address into server socket address. */
if (isalpha(server_name[0]))
{  /* A host name is given. */
  hp = gethostbyname(server_name);
}
else
{  /* Convert the n.n.n.n IP address to a number. */
  addr = inet_addr(server_name);
  hp = gethostbyaddr((char *)&addr, sizeof(addr), AF_INET);
}
if (hp == NULL )
{
  fprintf(stderr,"Error: cannot get address for [%s], errno=%d\n",
    server_name, errno);
  return(-1);
}

/* Copy the resolved information into the sockaddr_in structure. */
memset(&server, 0, sizeof(server));
memcpy(&(server.sin_addr), hp->h_addr, hp->h_length);
server.sin_family = hp->h_addrtype;
server.sin_port = htons(portnum);

/* Open a socket. */
sfd = socket(AF_INET, socket_type, 0);
if (sfd < 0)
{
  fprintf(stderr,"Error: socket() failed, errno=%d\n", errno);
  return (-2);
}

/* Get socket output buffer size set by the OS. */
option = 0;
```

```
optlen = sizeof(option);
ret = getsockopt(sfd, SOL_SOCKET, SO_SNDBUF, &option, &optlen);
if (ret < 0)
{
  fprintf(stderr, "Error: getsockopt(SO_SNDBUF) failed, errno=%d\n", errno);
}
else
  fprintf(stdout, "originally, SO_SNDBUF was set to be %u\n", option);

if (bigbuf)
{
  /* Set socket output buffer size. */
  option = SOCKBUFSZ;
  ret = setsockopt(sfd, SOL_SOCKET, SO_SNDBUF, &option, sizeof(option));
  if (ret < 0)
  {
    fprintf(stderr, "Error: setsockopt(SO_SNDBUF) failed, errno=%d\n", errno);
  }
  else
    fprintf(stdout, "SO_SNDBUF is set to be %u\n", option);

  /* Get socket output buffer size. */
  option = 0;
  optlen = sizeof(option);
  ret = getsockopt(sfd, SOL_SOCKET, SO_SNDBUF, &option, &optlen);
  if (ret < 0)
  {
    fprintf(stderr, "Error: getsockopt(SO_SNDBUF) failed, errno=%d\n", errno);
  }
  else
    fprintf(stdout, "SO_SNDBUF now is %u\n", option);
}

fprintf(stdout, "\nSend request messages to server at port %d\n", portnum);

/* Turn on SO_LINGER option if user says so. */
if (lingeron)
{
  solinger.l_onoff = 1;
  solinger.l_linger = 15;
  ret = setsockopt(sfd, SOL_SOCKET, SO_LINGER, &solinger, sizeof(solinger));
  if (ret < 0)
  {
    fprintf(stderr, "Error: setsockopt(SO_LINGER) failed, errno=%d\n", errno);
    close(sfd);
    return(-4);
  }
  else
    fprintf(stdout, "SO_LINGER socket option was successfully turned on.\n");
```

```
    }

    /* Connect to the server. */
    ret = connect(sfd, (struct sockaddr *)&server, srvaddrsz);
    if (ret == -1)
    {
      fprintf(stderr, "Error: connect() failed, errno=%d\n", errno);
      close(sfd);
      return(-3);
    }

    /* Fill up output message buffer */
    for (i = 0; i < OUTBUFSZ; i++)
      outbufp[i] = 'A';

    /* Send request messages to the server and process the reply messages. */
    while (msgnum < MAXMSGS)
    {
      /* Send a request message to the server. */
      msgnum++;
      msglen = OUTBUFSZ;
      errno = 0;

      ret = send(sfd, outbufp, msglen, 0);
      if (ret >= 0)
      {
        totalBytes = totalBytes + ret;
        /* Print a warning if not entire message was sent. */
        if (ret == msglen)
        {
          fprintf(stdout, "\n%lu bytes of message were successfully sent.\n",
            msglen);
          /* For testing linger option only */
          if (msgnum >= MAXMSGS)
          {
            close(sfd);
            fprintf(stdout, "Total number of bytes sent is %d.\n", totalBytes);
            return(0);
          }
        }
        else if (ret < msglen)
          fprintf(stderr, "Warning: only %u of %lu bytes were sent.\n",
            ret, msglen);

        if (ret > 0)
        {
          /* Receive a reply from the server. */
          errno = 0;
          inbuf[0] = '\0';
```

```
        ret = recv(sfd, inbuf, BUFLEN, 0);

        if (ret > 0)
        {
          /* Process the reply. */
          inbuf[ret] = '\0';
          fprintf(stdout, "Received the following reply from server:\n%s\n",
            inbuf);
        }
        else if (ret == 0)
          fprintf(stdout, "Warning: Zero bytes were received.\n");
        else
          fprintf(stderr, "Error: recv() failed, errno=%d\n", errno);
      }
    }
    else
      fprintf(stderr, "Error: send() failed, errno=%d\n", errno);

  }  /* while */

  close(sfd);
}
```

在這程式例題中，客戶程式送出四個大小為 1MB 的信息給伺服程式。為了示範潛在的問題，我們將伺服程式的緩衝器大小保持不變，但將客戶程式的緩衝器大小提高至 1MB，以讓兩邊緩衝器的大小不對稱。同時，客戶程式在一將信息全部送出後，即立即叫用 close() 函數，將插口關閉。在絕大多數作業系統上，當 SO_LINGER 選項關閉時，這通信會造成資料遺失的；亦即，伺服程式並未收到客戶程式所送出的所有資料。假若你打開兩個螢幕窗口，分別如下所示地執行這兩個程式，在絕大多數系統上，你應該會碰上資料遺失的情形發生：

```
$ ./tcpsrv_bufsz_linger
$ ./tcpclnt_bufsz_linger
```

有資料遺失的情形發生，主要是因為平常，客戶與伺服程式的 SO_LINGER 選項是關閉的。而因為客戶程式的緩衝器遠大於伺服程式的，且客戶程式又立即關閉插口，因此，會容易造成插口關閉時仍有剩餘資料尚未送出。那些資料就因此被丟棄而未送出。在這種情況下，伺服程式端所得到的錯誤，會因系統不同而異。譬如，

```
Error: recv() failed, errno=104 (Linux x86) (Connection reset by peer)

Error: send() failed, errno=104 (Linux x86) (Connection reset by peer)

Error: recv() failed, errno=131 (Oracle/Sun SPARC Solaris)

Error: recv() failed, errno=73  (IBM AIX)
```

在實際看到資料遺失後，倘若你再度以如下所示的方式執行同樣的程式，在兩端都打開 SO_LINGER 選項，則你就會發現，資料遺失的情形不見了：

```
$ ./tcpsrv_bufsz_linger 2344 1 1
$ ./tcpclnt_bufsz_linger jvmx 2344 1
```

其中，命令中之引數值 jvmx 是伺服程式所在的主機名稱。2344 是伺服程式的端口號。第三個引數值 1 代表打開 SO_LINGER 選項。

由此一例題程式，你可看出，藉著在通信兩端打開 SO_LINGER 選項，應用軟體可以避免因連線關閉而遺失資料。

對一 SOCK_STREAM 連播插口而言，在很多很簡單的應用情況下，打開 SO_LINGER 選項與否，並不見得可以看出其真正的影響。原因包括資料量可能很小，或通信兩端之緩衝器的大小還算均衡。

理想上，應用軟體的設計應想辦法讓程式在確實得知接收方已完全收到發送者所送出的所有資料之後，才將插口關閉。我們在前一章插口程式設計時曾提過。要不那樣做，打開 SO_LINGER 插口也是另一種辦法。

記得，SO_LINGER 插口選項的行為是有點視網路協定與作業系統之不同而定的。

舉個例子而言，在 IBM AIX 上，若插口是 AF_TELEPHONY（電話）位址族系的連線式插口，則既定情況是 SO_LINGER 選項是打開的，與 POSIX 標準的規定正好相反。其逗留時間為一秒鐘。這意謂在插口關閉時，倘若仍有未送出資料，則系統會多等一秒鐘，儘力送出所剩餘未送出的資料，然後才會實際將插口關閉。

舉另外一個例子，就我們的例題程式所顯示的資料遺失情形，在有些平台上，只要在伺服程式端打開 SO_LINGER 選項，資料遺失就會不見了。但是，最安全的作法還是通信兩端都同時打開。

在有些平台上，除非你在兩端都打開 SO_LINGER 選項，否則，資料遺失就一直發生。

此外，我們使用 15 秒的逗留時間，那算是有點長。那只是作示範時用的。

13-5-1 關閉 TCP 插口連線的詳情

這一節探討 TCP 協定的細節以及在關閉一 TCP 插口連線時，所發生的情形。了解這些低層次的詳情有助於了解，為何會有 SO_LINGER 選項。

一 TCP 連線所經歷的不同狀態，在 RFC793 中有詳細的描述。有興趣的讀者可以進一步參考。這裡，我們只專注在一已關閉之 TCP 連線所經歷的狀態。

窄看之下，停留或逗留一個是零的時間值一點都沒道理。可是，在很少數的情況下，就是要這樣做。

首先，先來一點 TCP 連線結束時的背景。

當一個程式叫用 close() 函數，關閉一插口上的連線式通信網路連線時，所發生的事正如以下所述。

網路 TCP 協定層使用一更改過的三方向握手程序，關閉一連線。TCP連線是完全雙向性的（full-duplex）。資訊可以雙方向自由流通。由於 TCP 協定提供可靠性的服務，因此，當一使用這種服務之插口被 close() 函數關閉時，TCP 層首先必須要確保的是，所剩下在緩衝器內仍尚未送出的資料，必須要送出，對方有收到，並且有回覆說收到了。

之後，TCP 協定層才開始真正從一個方向關閉該連線。它會開始送出一含有 FIN 位元設定為 1 之 TCP 節段（segment）。在收到時，接收的程式會送回一個回覆（ACK）。在收到這個 FIN 的回覆後，啟動關閉程序的插口即進入 FIN_WAIT2 的狀態。

記得，一 TCP 連線是完全雙向性的。此時，另一個方向可能尚未結束。所以，另一端可能還會繼續送來更多的資料。因此，先關閉的插口會一直處在 FIN_WAIT_2 狀態，直到另一端也叫用了 close() 函數為止。在收到另一端所送來的 FIN 信息時，這先關閉的插口即會送出 FIN 信息的回覆（ACK），然後進入 TIME_WAIT（等待時間）狀態。

圖 13-7 關閉 — TCP 連線

插口程式 P1		插口程式 P2
叫用 close()		
將所剩未送出資料全送出	→	收到剩餘的資料
	←	送出回覆
收到剩餘資料收到了的回覆		
送出 FIN 位元設定的 TCP 節段		
進入 FIN_WAIT_1 狀態	→	收到 FIN
	←	送出回覆
收到已收到了 FIN 的回覆		進入 CLOSE_WAIT 狀態
進入 FIN_WAIT_2 狀態		
	←	可能繼續送出更多資料
		叫用 close()函數
	←	送出 FIN+ACK
		進入 LAST_ACK 狀態
收到 FIN+ACK		
送出 ACK	→	
進入 TIME_WAIT 狀態		
		收到 ACK
		雙方向的 FIN 都已收到回覆了
		進入 CLOSED 狀態
在過了兩個節段的時間後		
進入 CLOSED 狀態		

在另一端，當它也收到先關閉插口所送來的 FIN 回覆時，該第二插口即會進入CLOSED（關閉）的狀態。

平常，只要一插口看到兩方向的 FIN 節段都已收到回覆時，它就可以進入 CLOSED 狀態。不過，為了解決不可靠性服務上所發生的一些問題，先關閉的插口會先進入TIME_WAIT 狀態，這個 TIME_WAIT 狀態是專門為了防止前一連線的 TCP 信息節段，進一步干擾到目前的連線而設計的。先關閉的插口，會停留在 TIME_WAIT 狀態，達兩個 TCP 節段的生命期那麼久，才會正式進入 CLOSED 狀態。這時，插口的所有資源才會被釋放。

TIME_WAIT 狀態一般會在插口關閉或甚至整個程序已終止後，繼續佔用插口的資源達數分鐘之久。這時間的長短隨作業系統的不同而異。在有些作業系統上，這時間甚至還是動態，有變化的。一般而言，這時間會在一至四分鐘之間。

你知道，一個系統最多只有 2^16-=65536 個端口號可以使用。因此，假若有太多插口都處於 TIME_WAIT 狀態，尤其在一個伺服系統上，這很可能就會造成端口不夠用，伺服程式無法再接收更多客戶程式之連線請求的問題。

由於這緣故，在設計插口應用程式時，最好的策略是永遠讓客戶程式先關閉連線，而不是伺服程式先關閉。這是因為如圖 13-7 所示的，必須進入 TIME_WAIT 等候狀態的，永遠都是先關閉插口連線的那一方。所以，只要讓客戶程式先關閉連線，伺服程式就可以不必進入那 TIME_WAIT 狀態。伺服系統也會因此少了許多雖然已結束了，但還是必須等在 TIME_WAIT 狀態，不能釋放其資源的插口。

當一插口程式打開 SO_LINGER 選項，且逗留時間值是零時，終止的程序就跟上面所說的不太一樣。它會造成 RST（重置）信息被送出，而非 FIN。這時，close() 作業即變成一可中途結束的關閉。另一端在回覆 RST 信息時，就可以立即終止整個連線。為了防止造成在伺服系統上有幾千個插口都處於 TIME_WAIT 或 CLOSE_WAIT 的狀態，致使插口不夠用且伺服程式無法再接受新的客戶程式的連線請求，伺服程式有時就可以考慮使用此一辦法，打開 SO_LINGER 插口選項，且將逗留時間設定為零！

記得，將逗留時間設定得太短暫，在網路大塞車的情況下，很可能會有不好的負作用。

13-5-2 TCP TIME_WAIT 狀態

誠如圖 13-7 所示的，先關閉一 TCP 連線的程序，必須得進入那 TCP 的 TIME_WAIT 狀態。這個 TIME_WAIT 狀態，就是為何即使一個程式都已經終止結束了，但其所使用過的端口號，還是不能立即被重新使用，必須要至少等上幾分鐘才行的原因。因為，那插口雖然已關閉，使用它的程序也已結束，但插口還處在 TIME_WAT 狀態，其資源還無法立即釋放！緊接下一節我們會介紹一種避開此一等候的方法。

設計這 TCP TIME_WAIT 狀態有兩個目的。第一，它防止一個連線之遲到的 TCP 節段，會意外地被另一隨後的連線所接受。第二，它也確保通信的另一端也同時關閉同一連線。

13-6 SO_REUSEADDR 與 SO_REUSEPORT 插口選項

13-6-1 SO_REUSEADDR 插口選項

SO_REUSEADDR 插口選項至少有兩個用途。

第一，誠如我們在多播一節所提的，打開 SO_REUSEADDR 插口選項，讓同一部計算機上的多個程序，能繫綁在同一插口位址上，以便能接收相同的多播信息。

第二，SO_REUSEADDR 選項的另一個更常見的用途，是讓一個插口程式，在啟動或重新啟動時，其 bind() 函數叫用，不會得到“位址已有人在用”（Address already in use）的錯誤，或至少降低得到此一錯誤的機會。

有時，你會發現，在終止一個伺服程式後，在將之重新啟動時，程式會有下列的錯誤：

```
Error: bind() failed, errno=98, Address already in use
```

實際的錯誤號碼因作業系統不同而異。在 Linux 是 98，AIX 是 67，Solaris 是 125，HP-UX 是 226，Apple Darwin 是 48，而在視窗上，錯誤號碼可以是 10013 或 10048。雖然錯誤號碼不同，但錯誤訊息（字串）卻都相同，且意思也都一樣，就是程式試圖將插口繫綁上的插口位址，已有人在使用。這通常代表同一端口號已有其他程式在使用。

有時，這錯誤真的是因為有另一其他程式，正在使用同一端口號。但很多時候，程式得到這錯誤，只是因為 TCP 協定的設計所引起。

正如前一節所說的，為了確保可靠性，TCP 協定的設計是，在某些情況下，當一插口被關閉時，插口所使用的資源無法立即釋回。插口必須先在 TIME_WAIT 狀態中等著，以防止使用同一位址及端口號的前一連線的信息會干擾到目前的連線，或目前連線的信息會干擾到下一個也使用同一位址與端口號的連線。

在一個插口已被關閉，但仍處於 TIME_WAIT 狀態時，若另一程式試圖使用這插口所使用的同一端口號，程式即會獲得此一“位址已有其他人在用”的錯誤。因為，此一插口的資源仍尚未被釋放。在這種情況下，打開 SO_REUSEADDR 插口選項，即可讓一已被關閉但仍處於 TIME_WAIT 狀態之插口所使用的端口號，可以立即被重新使用。

所以，當你在啟動一插口程式時，倘若程式得到了“位址已有他人在用”的錯誤，那以下即為你所必須採取的步驟。

首先，你必須檢查是否真正有其他的程式正在使用同一端口號。這通常可藉著執行某種命令或公用程式達成。譬如，在 Linux 和 Unix 上，lsof 命令即很好用。它會列出系統上所有程序所使用之打開檔案，包括插口。由其輸出，你可看出那些程式正在使用插口，以及每一插口所使用的端口號為何。因而找出是否有其他程式，以及若有的話，是誰，正在使用同一端口號。

其次，假若你發現目前沒有其他程式正在使用同一端口號，則錯誤可能就是一已關閉但仍處於 TIME_WAIT 狀態的插口所造成的。這種情況下，倘若你在你的程式內打開 SO_REUSEADDR 插口選項，錯誤應該就會不見的。這“Address already in use”的錯誤，通常是 bind() 函數的錯誤。所以，在你打開 SO_REUSEADDR 插口選項時，記得一定要在叫用 bind() 函數之前。

總之，打開 SO_REUSEADDR 插口選項，讓程式能將一插口繫綁在一正處於 TIME_WAIT 狀態之插口所使用的同一端口號上。這樣可以讓一剛剛結束之伺服程式，能立即又重新啟動，並且將其插口繫綁在同一端口號上。而不必等到 TIME_WAIT 的等候時間過去後才能重新使用同一端口號。不過，記得，雖然這樣，但還是最多只能有一個程序使用一個端口號。

值得一提的是，SO_REUSEADDR 插口選項的實際實作或行為，在不同作業系統之間，還是有一些小差異。明確地說，在絕大多數作業系統上，只要你在目前這插口打開 SO_REUSEADDR 選項，它就會如上所言的動作。不論目前正處於 TIME_WAIT 狀態的插口是否有打開此同一選項。可是，在有些作業系統（如 Linux），就必須正處於 TIME_WAIT 狀態的插口，原先也有打開該 SO_REUSEADDR 選項才行。

AIX 6.1，Solaris 11，HP-UX 11.31 與 Apple Darwin 19.3 都是不論前一插口是否有打開 SO_REUSEADDR 選項，只要想重新使用同一端口號的插口打開此一選項即可。Linux 4.1.12 則需要兩個插口都必須打開才行。

除此之外，打開 SO_REUSEADDR 插口選項的行為，在 TCP 與 UDP 協定之間也不同。

就使用 TCP 網路協定的連線式插口而言，即令 SO_REUSEADDR 插口選項打開，每一瞬間還是只有一個程序能繫綁在某一個端口號上。但是，對使用 UDP 網路協定的非連線式插口而言，打開 SO_REUSEADDR 選項，卻能讓一個以上的程序，同時繫綁在同一個端口號上。這是為何在前一章討論多播時，我們能讓同一計算機上的兩個或兩個以上的程序，都繫綁在同一端口號上，接收同樣的多播信息。因為，多播使用的是 UDP 協定。

圖 13-8 打開 SO_REUSEADDR插口選項（僅作示範用）

（a）tcpsrv_reuseaddr_all.c

```
/*
 * A connection-oriented server program using Stream socket.
 * Demonstrating use of SO_REUSEADDR socket option.
 * Support for multiple platforms including Linux, Windows, Solaris, AIX, HPUX.
 * Usage: tcpsrv_reuseaddr_all [port#] [reuseAddr]
 * Authored by Mr. Jin-Jwei Chen.
 * Copyright (c) 2002, 2014, 2017, 2018, 2020 Mr. Jin-Jwei Chen. All
rights reserved.
 */

#include "mysocket.h"

int main(int argc, char *argv[])
{
  int    ret;                        /* return code */
  int    sfd;                        /* file descriptor of the listener socket */
  int    newsock;                    /* file descriptor of client data socket */
  struct sockaddr_in6   srvaddr;     /* socket structure */
  int     srvaddrsz=sizeof(struct sockaddr_in6);
  struct sockaddr_in6   clntaddr;    /* socket structure */
  socklen_t clntaddrsz = sizeof(struct sockaddr_in6);
  in_port_t portnum = DEFSRVPORT;    /* port number */
  int    portnum_in;                 /* port number entered by user */
  char   inbuf[BUFLEN];              /* input message buffer */
  char   outbuf[BUFLEN];             /* output message buffer */
  size_t msglen;                     /* length of reply message */
  unsigned int  msgcnt = 1;          /* message count */
  int    reuseAddr = 0;              /* SO_REUSEADDR option off by default */
```

```
  int    sw;                          /* value of option */
  int    v6only = 0;                  /* IPV6_V6ONLY socket option off */
#if !WINDOWS
  struct timespec  sleeptm;         /* sleep time */
#endif
#if WINDOWS
  WSADATA wsaData;                     /* Winsock data */
  char* GetErrorMsg(int ErrorCode);    /* print error string in Windows */
#endif
  int         option;                 /* option value */
  socklen_t   optlen;                 /* length of option value */

  fprintf(stdout, "Connection-oriented server program ...\n");

  /* Get the server's port number from user, if any. */
  if (argc > 1)
  {
    portnum_in = atoi(argv[1]);
    if (portnum_in <= 0)
    {
      fprintf(stderr, "Port number %d invalid, set to default value %u\n",
        portnum_in, DEFSRVPORT);
      portnum = DEFSRVPORT;
    }
    else
      portnum = portnum_in;
  }

  /* Get switch on SO_REUSEADDR. */
  if (argc > 2)
    reuseAddr = atoi(argv[2]);

#if WINDOWS
  /* Initiate use of the Winsock DLL. Ask for Winsock version 2.2 at least. */
  if ((ret = WSAStartup(MAKEWORD(2, 2), &wsaData)) != 0)
  {
    fprintf(stderr, "WSAStartup() failed with error %d: %s\n",
      ret, GetErrorMsg(ret));
    return (-1);
  }
#endif

  /* Create the Stream server socket. */
  if ((sfd = socket(AF_INET6, SOCK_STREAM, 0)) < 0)
  {
    fprintf(stderr, "Error: socket() failed, errno=%d, %s\n", ERRNO, ERRNOSTR);
#if WINDOWS
    WSACleanup();
#endif
    return(-2);
  }
```

```
/* If instructed, turn on SO_REUSEADDR socket option so that the server can
   restart right away before the required TCP wait time period expires. */
if (reuseAddr)
  sw = 1;
else
  sw = 0;

errno = 0;
if (setsockopt(sfd, SOL_SOCKET, SO_REUSEADDR, (char *)&sw, sizeof(sw)) < 0)
{
  fprintf(stderr, "setsockopt(SO_REUSEADDR) failed, errno=%d, %s\n", ERRNO,
    ERRNOSTR);
}
else
{
  if (sw)
    fprintf(stdout, "SO_REUSEADDR socket option is turned on.\n");
  else
    fprintf(stdout, "SO_REUSEADDR socket option is turned off.\n");
}

/* Get the current setting of the SO_SNDBUF socket option. */
optlen = sizeof(option);
option = 0;
ret = getsockopt(sfd, SOL_SOCKET, SO_REUSEADDR, &option, &optlen);
if (ret < 0)
{
  fprintf(stderr, "Error: getsockopt(SO_REUSEADDR) failed, errno=%d\n", errno);
}
fprintf(stdout, "TCP SO_REUSEADDR's current setting is %u.\n", option);

/* Fill in the server socket address. */
memset((void *)&srvaddr, 0, (size_t)srvaddrsz); /* clear the address buffer */
srvaddr.sin6_family = AF_INET6;                 /* Internet socket */
srvaddr.sin6_addr= in6addr_any;                 /* server's IP address */
srvaddr.sin6_port = htons(portnum);             /* server's port number */

/* Turn off IPV6_V6ONLY socket option. Default is on in Windows. */
if (setsockopt(sfd, IPPROTO_IPV6, IPV6_V6ONLY, (char*)&v6only,
  sizeof(v6only)) != 0)
{
  fprintf(stderr, "Error: setsockopt(IPV6_V6ONLY) failed, errno=%d, %s\n",
    ERRNO, ERRNOSTR);
  CLOSE(sfd);
  return(-3);
}

/* Bind the server socket to its address. */
if ((ret = bind(sfd, (struct sockaddr *)&srvaddr, srvaddrsz)) != 0)
{
```

```
      fprintf(stderr, "Error: bind() failed, errno=%d, %s\n", ERRNO, ERRNOSTR);
      CLOSE(sfd);
      return(-4);
    }

    /* Set maximum connection request queue length that we can fall behind. */
    if (listen(sfd, BACKLOG) == -1) {
      fprintf(stderr, "Error: listen() failed, errno=%d, %s\n", ERRNO, ERRNOSTR);
      CLOSE(sfd);
      return(-5);
    }

    /* Wait for incoming connection requests from clients and service them. */
    while (1) {

      fprintf(stdout, "\nListening at port number %u ...\n", portnum);
      newsock = accept(sfd, (struct sockaddr *)&clntaddr, &clntaddrsz);
      if (newsock < 0)
      {
        fprintf(stderr, "Error: accept() failed, errno=%d, %s\n", ERRNO,
ERRNOSTR);
        CLOSE(sfd);
        return(-6);
      }

      fprintf(stdout, "Client Connected.\n");

      while (1)
      {
        /* Receive a request from a client. */
        errno = 0;
        inbuf[0] = '\0';
        ret = recv(newsock, inbuf, BUFLEN, 0);
        if (ret > 0)
        {
          /* The three lines below are FOR TEST ONLY */
          CLOSE1(newsock);
          CLOSE(sfd);
          return(-1);

          /* Process the request. We simply print the request message here. */
          inbuf[ret] = '\0';
          fprintf(stdout, "\nReceived the following request from client:\n%s\n",
            inbuf);

          /* Construct a reply */
          sprintf(outbuf, "This is reply #%3u from the server program.",
msgcnt++);
          msglen = strlen(outbuf);

          /* Send a reply. */
```

```
        errno = 0;
        ret = send(newsock, outbuf, msglen, 0);
        if (ret == -1)
          fprintf(stderr, "Error: send() failed, errno=%d, %s\n", ERRNO,
            ERRNOSTR);
        else
          fprintf(stdout, "%u of %lu bytes of the reply was sent.\n",
ret, msglen);
        /* Break here to create a situation where the server close first. */
        break;
      }
      else if (ret < 0)
      {
        fprintf(stderr, "Error: recv() failed, errno=%d, %s\n", ERRNO,
          ERRNOSTR);
        break;
      }
      else
      {
        /* The client may have disconnected. */
        fprintf(stdout, "The client may have disconnected.\n");
        break;
      }
    }  /* while - inner */

    CLOSE1(newsock);
  }  /* while - outer */

  CLOSE(sfd);
  return(0);
}
```

(b) tcpclnt_reuse_all.c

```
/*
 * A connection-oriented client program using Stream socket.
 * Demonstrating use of SO_REUSEADDR socket option.
 * This version works on Linux, Solaris, AIX, HPUX and Windows.
 * Usage: tcpclnt_reuse_all portnum server_hostname/IP
 * Authored by Mr. Jin-Jwei Chen.
 * Copyright (c) 2002, 2014, 2017, 2018, 2020 Mr. Jin-Jwei Chen. All
rights reserved.
 */

#include "mysocket.h"

int main(int argc, char *argv[])
{
  int    ret;
  int    sfd;                          /* socket file descriptor */
  in_port_t  portnum=DEFSRVPORT;    /* port number */
  char   *portnumstr  = DEFSRVPORTSTR; /* port number in string format */
```

```
  char   inbuf[BUFLEN];            /* input message buffer */
  char   outbuf[BUFLEN];           /* output message buffer */
  size_t msglen;                   /* length of reply message */
  size_t msgnum=0;                 /* count of request message */
  size_t len;
  char    server_name[NAMELEN+1] = "localhost";
  struct addrinfo hints, *res=NULL;    /* address info */

#if WINDOWS
  WSADATA wsaData;                     /* Winsock data */
  int winerror;                        /* error in Windows */
  char* GetErrorMsg(int ErrorCode);    /* print error string in Windows */
#endif

  fprintf(stdout, "Connection-oriented client program ...\n");

  /* Get the server's port number from command line. */
  if (argc > 1)
  {
    portnum = atoi(argv[1]);
    portnumstr = argv[1];
  }
  if (portnum <= 0)
  {
    fprintf(stderr, "Port number %d invalid, set to default value %u\n",
      portnum, DEFSRVPORT);
    portnum = DEFSRVPORT;
    portnumstr = DEFSRVPORTSTR;
  }

  /* Get the server's host name or IP address from command line. */
  if (argc > 2)
  {
    len = strlen(argv[2]);
    if (len > NAMELEN)
      len = NAMELEN;
    strncpy(server_name, argv[2], len);
    server_name[len] = '\0';
  }

#if WINDOWS
  /* Ask for Winsock version 2.2 at least. */
  if ((ret = WSAStartup(MAKEWORD(2, 2), &wsaData)) != 0)
  {
    fprintf(stderr, "Error: WSAStartup() failed with error %d: %s\n",
      ret, GetErrorMsg(ret));
    return (-1);
  }
#endif

  /* Translate the server's host name or IP address into socket address.
```

```
   * Fill in the hint information.
   */
  memset(&hints, 0x00, sizeof(hints));
    /* This works on AIX but not on Solaris, nor on Windows. */
    /* hints.ai_flags     = AI_NUMERICSERV; */
  hints.ai_family   = AF_UNSPEC;
  hints.ai_socktype = SOCK_STREAM;

  /* Get the address information of the server using getaddrinfo().  */
  ret = getaddrinfo(server_name, portnumstr, &hints, &res);
  if (ret != 0)
  {
    fprintf(stderr, "Error: getaddrinfo() failed, error %d, %s\n", ret,
      gai_strerror(ret));
#if !WINDOWS
    if (ret == EAI_SYSTEM)
      fprintf(stderr,"System error: errno=%d, %s\n", errno, strerror(errno));
#else
    WSACleanup();
#endif
    return(-2);
  }

  /* Create a socket. */
  sfd = socket(res->ai_family, res->ai_socktype, res->ai_protocol);
  if (sfd < 0)
  {
    fprintf(stderr,"Error: socket() failed, errno=%d, %s\n", ERRNO,
ERRNOSTR);
#if WINDOWS
    WSACleanup();
#endif
    return (-3);
  }

  /* Connect to the server. */
  ret = connect(sfd, res->ai_addr, res->ai_addrlen);
  if (ret == -1)
  {
    fprintf(stderr, "Error: connect() failed, errno=%d, %s\n", ERRNO,
ERRNOSTR);
    CLOSE(sfd);
    return(-4);
  }

  fprintf(stdout, "Send request messages to server(%s) at port %d\n",
   server_name, portnum);

  /* Send request messages to the server and process the reply messages. */
  while (msgnum < MAXMSGS)
  {
```

```
      /* Send a request message to the server. */
      sprintf(outbuf, "%s%4lu%s", "This is request message ", ++msgnum,
        " from the client program.");
      msglen = strlen(outbuf);
      errno = 0;

      ret = send(sfd, outbuf, msglen, 0);
      if (ret >= 0)
      {
        /* Print a warning if not entire message was sent. */
        if (ret == msglen)
          fprintf(stdout, "\n%lu bytes of message were successfully sent.\n",
            msglen);
        else if (ret < msglen)
          fprintf(stderr, "Warning: only %u of %lu bytes were sent.\n",
            ret, msglen);

        if (ret > 0)
        {
          /* Receive a reply from the server. */
          errno = 0;
          inbuf[0] = '\0';
          ret = recv(sfd, inbuf, BUFLEN, 0);

          if (ret > 0)
          {
            /* Process the reply. */
            inbuf[ret] = '\0';
            fprintf(stdout, "Received the following reply from server:\n%s\n",
              inbuf);
          }
          else if (ret == 0)
          {
            fprintf(stdout, "Warning: Zero bytes were received.\n");
            /* FOR TEST ONLY */
            if (msgnum == 1)
            {
#if WINDOWS
              Sleep(15000);
#else
              sleep(15);
#endif
              exit(0);
            }
          }
          else
            fprintf(stderr, "Error: recv() failed, errno=%d, %s\n", ERRNO,
              ERRNOSTR);
        }
      }
      else
```

```
        fprintf(stderr, "Error: send() failed, errno=%d, %s\n", ERRNO,
ERRNOSTR);

      /* Client waits a bit to ensure server closes its socket first. */
   #if WINDOWS
      Sleep(1000); /* Unit is ms. For demo only. Remove this in real code. */
   #else
      sleep(1);  /* For demo only. Remove this in real code. */
   #endif
     }  /* while */

     /* Free the memory allocated by getaddrinfo() and close the socket. */
     freeaddrinfo(res);
     CLOSE(sfd);
     return(0);
   }
```

圖 13-8 所示，即為展示“位址已有人在使用”的錯誤，並且如何將之化解的一對客戶伺服程式。這程式只作示範用。

注意到，這對程式只是作示範用的。為了創造能彰顯問題的情況，我們更改了伺服程式，讓其在一收到客戶程式所送來的第一個信息後，就關閉插口，跳離開迴路。好讓伺服程式能進入 TIME_WAIT 狀態。此外，我們也改了客戶程式，讓其睡覺等候一點時間，好讓伺服程式能先關閉其插口。

為了能更容易展示錯誤以及不同作業系統之間的實作差異，在圖13-8 的例題程式中，我們讓伺服程式輸入另一額外的引數，藉以能在伺服程式啟動時，打開或關閉 SO_REUSEADDR 選項。

假若在伺服程式收到客戶程式所送的第一個信息後，自己跳脫迴路並終止後，你能連續重新啟動它兩次，第一次關閉 SO_REUSEADDR 選項（引數值為 0），緊接第二次打開 SO_REUSEADDR 選項（引數值為 1），則你就會看出你所使用的作業系統是屬於那一陣營的。

倘若兩次重新啟動都成功，那這作業系統就是屬於第一陣營，比較寬鬆，只要目前欲使用同一端口號的插口，打開該選項就可以的。否則，它就是像 Linux 一樣，屬於比較嚴格的第二陣營，要求必須兩個有關（或相衝突）之插口，都同時打開 SO_REUSEADDR 選項才行。

由於有這個實作上的差異，為了讓你的程式不論在那個作業系統都能永遠順利正常動作，記得要永遠事先打開 SO_REUSEADDR 插口選項！

13-6-2 測試 SO_REUSEADDR 選項

(A) 看到“Address already in use”的錯誤

為了測試例題程式，首先啟動伺服程式，然後啟動客戶程式。

在客戶程式送出第一個信息後，伺服程式停止後，試著再啟動伺服程式。

首先，先測試既定的狀況，亦即關閉 SO_REUSEADDR 選項。在重新啟動伺服程式時，應該會看到錯誤。

```
$ ./tcpsrv_reuseaddr_all
Connection-oriented server program ...
SO_REUSEADDR socket option is turned off.
TCP SO_REUSEADDR's current setting is 0.

Listening at port number 2345 ...
Client Connected.

$ ./tcpclnt_reuse_all
Connection-oriented client program ...
Send request messages to server(localhost) at port 2345

53 bytes of message were successfully sent.
Warning: Zero bytes were received.

$ ./tcpsrv_reuseaddr_all
Connection-oriented server program ...
SO_REUSEADDR socket option is turned off.
TCP SO_REUSEADDR's current setting is 0.
Error: bind() failed, errno=98, Address already in use
```

伺服程式重新啟動獲得了“Address already in use”的錯誤！

在諸如 Linux 之比較嚴格的平台上，即便重新啟動時，你如下地打開 SO_REUSEADDR 選項，伺服程式重新啟動還是得到相同的錯誤：

```
$ ./tcpsrv_reuseaddr_all 2345 1
```

(B) 看打開 SO_REUSEADDR 選項讓錯誤消失

重複以上相同的測試，但這次一開始就打開 SO_REUSEADDR 選項。你應該看到伺服程式重新啟動成功了！

（客戶與伺服程式都在同一計算機上執行）

```
$ ./tcpsrv_reuseaddr_all 2345 1
Connection-oriented server program ...
```

```
SO_REUSEADDR socket option is turned on.
TCP SO_REUSEADDR's current setting is 1.

Listening at port number 2345 ...
Client Connected.
```

引數 2345 是伺服程式的端口號。引數值 1 代表打開 SO_REUSEADDR 選項。

倘若你將此第一步驟換成

```
$ ./tcpsrv_reuseaddr_all 2345
```

那你就能得知你所使用的這作業系統，是屬於那一陣營的。

```
$ ./tcpclnt_reuse_all
Connection-oriented client program ...
Send request messages to server(localhost) at port 2345

53 bytes of message were successfully sent.
Warning: Zero bytes were received.
```

倘若你在這加入以下的額外步驟，

```
$ ./tcpsrv_reuseaddr_all
```

你就可驗證不打開 SO_REUSEADDR 選項，就會得到錯誤。

```
$ ./tcpsrv_reuseaddr_all 2345 1
Connection-oriented server program ...
SO_REUSEADDR socket option is turned on.
TCP SO_REUSEADDR's current setting is 1.

Listening at port number 2345 ...
```

這次伺服程式的重新啟動，就沒得到那“位址已有人在用”的錯誤了！

注意到，為了示範會有錯誤的情形發生，我們在這程式例題內一開始是將 SO_REUSEADDR 選項關閉的。在實際開發軟體時，你要的是一開始就把這選項打開，以便在重新啟動時，不致獲得“Address already in use”的錯誤。

此外，在安全方面，為了防止插口劫持（hijacking），在有多個程序欲同時繫綁在同一插口位址時，有些平台（如 Linux）會檢查使用者號碼，看是否都與第一個繫綁在同一插口位址上的程序完全相同。

還有，雖然打開 SO_REUSEADDR 選項讓一插口程式能逕行使用一尚處於 TIME_WAIT 狀態的端口號。但是，程式還是不能以這端口號，重新建立一個連到它之前原先同一位置上的相同連線的。

換言之，在 TIME_WAIT 時間正式結束前，程式若欲以同一端口號，重新建立起一個同樣連至與前一插口所連線的相同目的位址上，還是不准的。亦即，新的目的位址不能與前一插口的最後連線，在下面幾項資料上都完全一樣：

《來源 IP 位址，來源端口號，目的 IP 位址，目的端口號，協定》

這旨在預防前面所說過的，前後兩連線之間的網路信息互相干擾的情形發生。

13-6-3 視窗系統上的 SO_REUSEADDR 與 SO_EXCLUSIVEADDRUSE 插口選項

微軟視窗系統上，SO_REUSEADDR 插口選項的實作，有時似乎有點危險。倘若兩個程序都打開SO_REUSEADDR 插口選項，則視窗系統讓兩個在同一計算機執行的程序（譬如，兩個伺服程式），都能將其 TCP 插口繫綁在同一 IP 位址與端口號上。至少 Windows7 是如此。

雖然這有助於將負載量分散在多個不同伺服程序上，但是，它也可能是一安全隱憂。譬如，在某一正常伺服程式，將其插口繫綁在某一端口號上正常運作時，另一駭客程式或應用也可啟動，繫綁在同一位址與端口號上，靜悄悄地攔接一些用戶的連線請求。

這種作法（讓多個 TCP 插口都能繫綁在同一端口號上），在 Linux 或 Unix 上是不允許的，尤其是使用通配位址時。

以下的螢幕輸出顯示此一視窗系統的特色：

```
C:\sock> tcpsrv_reuseaddr_all.exe 2345 1
Connection-oriented server program ...
SO_REUSEADDR socket option is turned on.
TCP SO_REUSEADDR's current setting is 1.

Listening at port number 2345 ...

C:\sock> tcpsrv_reuseaddr_all.exe 2345 1
Connection-oriented server program ...
SO_REUSEADDR socket option is turned on.
TCP SO_REUSEADDR's current setting is 1.

Listening at port number 2345 ...
```

不過，若不是所有的程序都打開 SO_REUSEADDR 插口選項，則後到的程序就無法將其插口繫綁在同一位址與端口號上。這時，第二個或以後的程序便會得到 10048 或 10013 的錯誤：

```
C:\sock> tcpsrv_reuseaddr_all.exe 2345 1
Connection-oriented server program ...
SO_REUSEADDR socket option is turned on.
TCP SO_REUSEADDR's current setting is 1.

Listening at port number 2345 ...

C:\sock> tcpsrv_reuseaddr_all.exe
Connection-oriented server program ...
SO_REUSEADDR socket option is turned off.
TCP SO_REUSEADDR's current setting is 0.
Error: bind() failed, errno=10048, Only one usage of each socket address
  (protocol/network address/port) is normally permitted.
```

或

```
C:\sock> tcpsrv_reuseaddr_all
Connection-oriented server program ...
SO_REUSEADDR socket option is turned off.
TCP SO_REUSEADDR's current setting is 0.

Listening at port number 2345 ...

C:\sock> tcpsrv_reuseaddr_all 2345 1
Connection-oriented server program ...
SO_REUSEADDR socket option is turned on.
TCP SO_REUSEADDR's current setting is 1.
Error: bind() failed, errno=10013, An attempt was made to access a socket
  in a way forbidden by its access permissions.
```

記得，若兩程序都想將其插口繫綁在同一 IP 位址與端口號上，則兩者都必須打開 SO_REUSEADDR 選項。

不過，請注意到，視窗系統的文書上說，當多個插口都打開 SO_REUSEADDR 成功地繫綁在同一位址與端口號上時，其結果是不可知的。既然如此，系統就應該產生錯誤，讓使用者不要這樣使用。

視窗系統上的 SO_EXCLUSIVEADDRUSE 選項

在知道這可能是個問題後，微軟視窗系統於是支援了另一個稱為 SO_EXCLUSIVEADDRUSE（獨自使用）的插口選項。這個選項在 Linux 或 Unix 上都沒有。倘若一個插口打開 SO_EXCLUSIVEADDRUSE 選項，然後將自已繫綁在某一位址與端口號上，則其他任何插口就不能再繫綁在同一位址與端口號上，即令其打開 SO_REUSEADDR 選項亦然。這確保在一個程序使用了一個端口號之後，另一個後來的程序就無法竊取同一個端口號。

因此，除非你是想做負載分散，否則，在視窗系統上，程式應打開的是 SO_EXCLUSIVEADDRUSE 選項，以防上同一插口被偷了。

顯然，視窗系統在這方面的設計是有點不同。

圖 13-9 在視窗系統上打開 SO_EXCLUSIVEADDRUSE 插口選項（tcpsrv_exclu_bind_all.c）（視窗系統與 Solaris 共用）

```
/*
 * A connection-oriented server program using Stream socket.
 * Demonstrating use of Exclusive Bind socket option (Windows, Solaris).
 * Support for multiple platforms including Windows, Solaris.
 * Usage: tcpsrv_exclu_bind_all [port#] [excluBind]
 * How to build:
 *   Solaris: gcc -DSOLARIS -o tcpsrv_exclu_bind_all.sun tcpsrv_exclu_bind_all.c
-lnsl -lsocket
 *   Windows: cl -DWINDOWS tcpsrv_exclu_bind_all.c ws2_32.lib kernel32.lib
 * Authored by Mr. Jin-Jwei Chen.
 * Copyright (c) 2002, 2014, 2017-9 Mr. Jin-Jwei Chen. All rights reserved.
 */

#include "mysocket.h"

/* Exclusive Bind socket option -- not all platforms support this. */
#if WINDOWS
#define SOCKET_OPTION SO_EXCLUSIVEADDRUSE
#elif SOLARIS
#define SOCKET_OPTION SO_EXCLBIND
#else
#define SOCKET_OPTION SO_NOTSUPPORTED
#endif

int main(int argc, char *argv[])
{
  int    ret;                      /* return code */
  int    sfd;                      /* file descriptor of the listener socket */
  int    newsock;                  /* file descriptor of client data socket */
  struct sockaddr_in6   srvaddr;   /* socket structure */
  int     srvaddrsz=sizeof(struct sockaddr_in6);
  struct sockaddr_in6   clntaddr;  /* socket structure */
  socklen_t clntaddrsz = sizeof(struct sockaddr_in6);
  in_port_t portnum = DEFSRVPORT;   /* port number */
  int     portnum_in;                /* port number entered by user */
  char    inbuf[BUFLEN];             /* input message buffer */
```

```
  char   outbuf[BUFLEN];              /* output message buffer */
  size_t msglen;                      /* length of reply message */
  unsigned int  msgcnt = 1;           /* message count */
  int    excluBind = 0;               /* socket option off by default */
  int    sw;                          /* value of option */
  int    v6only = 0;                  /* IPV6_V6ONLY socket option off */
#if !WINDOWS
  struct timespec  sleeptm;           /* sleep time */
#endif
#if WINDOWS
  WSADATA wsaData;                       /* Winsock data */
  char* GetErrorMsg(int ErrorCode);      /* print error string in Windows */
#endif
  int        option;                  /* option value */
  socklen_t  optlen;                  /* length of option value */

  fprintf(stdout, "Connection-oriented server program ...\n");

  /* Get the server's port number from user, if any. */
  if (argc > 1)
  {
    portnum_in = atoi(argv[1]);
    if (portnum_in <= 0)
    {
      fprintf(stderr, "Port number %d invalid, set to default value %u\n",
        portnum_in, DEFSRVPORT);
      portnum = DEFSRVPORT;
    }
    else
      portnum = portnum_in;
  }

  /* Get switch on the socket option. */
  if (argc > 2)
    excluBind = atoi(argv[2]);

#if WINDOWS
  /* Initiate use of the Winsock DLL. Ask for Winsock version 2.2 at least. */
  if ((ret = WSAStartup(MAKEWORD(2, 2), &wsaData)) != 0)
  {
    fprintf(stderr, "WSAStartup() failed with error %d: %s\n",
      ret, GetErrorMsg(ret));
    return (-1);
  }
#endif

  /* Create the Stream server socket. */
  if ((sfd = socket(AF_INET6, SOCK_STREAM, 0)) < 0)
  {
    fprintf(stderr, "Error: socket() failed, errno=%d, %s\n", ERRNO, ERRNOSTR);
#if WINDOWS
```

```
    WSACleanup();
#endif
    return(-2);
  }

  /* Get the current setting of the exclusive bind socket option. */
  optlen = sizeof(option);
  option = 0;
  ret = getsockopt(sfd, SOL_SOCKET, SOCKET_OPTION, &option, &optlen);
  if (ret < 0)
  {
    fprintf(stderr, "Error: getsockopt(Exclusive Bind) failed, errno=%d, %s\n",
      ERRNO, ERRNOSTR);
  }
  fprintf(stdout, "TCP Exclusive Bind's original setting is %u.\n", option);

  /* If requested, enable exclusive bind socket option on the server socket */
  if (excluBind)
    sw = 1;
  else
    sw = 0;

  errno = 0;
  if (setsockopt(sfd, SOL_SOCKET, SOCKET_OPTION, (char *)&sw, sizeof(sw)) < 0)
  {
    fprintf(stderr, "setsockopt(Exclusive Bind) failed, errno=%d, %s\n", ERRNO,
      ERRNOSTR);
  }
  else
  {
    if (sw)
      fprintf(stdout, "Exclusive Bind socket option is turned on.\n");
    else
      fprintf(stdout, "Exclusive Bind socket option is turned off.\n");
  }

  /* Fill in the server socket address. */
  memset((void *)&srvaddr, 0, (size_t)srvaddrsz); /* clear the address buffer */

  srvaddr.sin6_family = AF_INET6;                /* Internet socket */
  srvaddr.sin6_addr= in6addr_any;                /* server's IP address */
  srvaddr.sin6_port = htons(portnum);            /* server's port number */

  /* Turn off IPV6_V6ONLY socket option. Default is on in Windows. */
  if (setsockopt(sfd, IPPROTO_IPV6, IPV6_V6ONLY, (char*)&v6only,
    sizeof(v6only)) != 0)
  {
    fprintf(stderr, "Error: setsockopt(IPV6_V6ONLY) failed, errno=%d, %s\n",
      ERRNO, ERRNOSTR);
    CLOSE(sfd);
    return(-3);
```

```
    }

    /* Bind the server socket to its address. */
    if ((ret = bind(sfd, (struct sockaddr *)&srvaddr, srvaddrsz)) != 0)
    {
      fprintf(stderr, "Error: bind() failed, errno=%d, %s\n", ERRNO, ERRNOSTR);
      CLOSE(sfd);
      return(-4);
    }

    /* Set maximum connection request queue length that we can fall behind. */
    if (listen(sfd, BACKLOG) == -1) {
      fprintf(stderr, "Error: listen() failed, errno=%d, %s\n", ERRNO, ERRNOSTR);
      CLOSE(sfd);
      return(-5);
    }

    /* Wait for incoming connection requests from clients and service them. */
    while (1) {

      fprintf(stdout, "\nListening at port number %u ...\n", portnum);
      newsock = accept(sfd, (struct sockaddr *)&clntaddr, &clntaddrsz);
      if (newsock < 0)
      {
        fprintf(stderr, "Error: accept() failed, errno=%d, %s\n", ERRNO,
ERRNOSTR);
        CLOSE(sfd);
        return(-6);
      }

      fprintf(stdout, "Client Connected.\n");

      while (1)
      {
        /* Receive a request from a client. */
        errno = 0;
        inbuf[0] = '\0';
        ret = recv(newsock, inbuf, BUFLEN, 0);
        if (ret > 0)
        {
          /* Process the request. We simply print the request message here. */
          inbuf[ret] = '\0';
          fprintf(stdout, "\nReceived the following request from client:\n%s\n",
            inbuf);

          /* Construct a reply */
          sprintf(outbuf, "This is reply #%3u from the server program.",
msgcnt++);
          msglen = strlen(outbuf);

          /* Send a reply. */
```

```
            errno = 0;
            ret = send(newsock, outbuf, msglen, 0);
            if (ret == -1)
              fprintf(stderr, "Error: send() failed, errno=%d, %s\n", ERRNO,
                ERRNOSTR);
            else
              fprintf(stdout, "%u of %u bytes of the reply was sent.\n",
ret, msglen);
          }
          else if (ret < 0)
          {
            fprintf(stderr, "Error: recv() failed, errno=%d, %s\n", ERRNO,
              ERRNOSTR);
            break;
          }
          else
          {
            /* The client may have disconnected. */
            fprintf(stdout, "The client may have disconnected.\n");
            break;
          }
        }  /* while - inner */

        CLOSE1(newsock);
      }  /* while - outer */

      CLOSE(sfd);
      return(0);
    }
```

圖 13-9 所示即為一示範如何在微軟視窗系統上，打開 SO_EXCLUSIVEADDRUSE 插口選項的程式，在你編譯這程式時，記得在編譯命令加上 -DWINDOWS，因為，這程式是寫成與 Solaris 共用的形式。

誠如以下執行結果所示的，在視窗系統上，SO_EXCLUSIVEADDRUSE 選項，防止兩個程序同時將其插口繫綁在同一 IP 位址與端口號上：

```
C:\myprog>tcpsrv_exclu_bind_all.exe 2345 1
Connection-oriented server program ...
TCP Exclusive Bind's current setting is 0.
Exclusive Bind socket option is turned on.

Listening at port number 2345 ...

C:\myprog>tcpsrv_exclu_bind_all.exe 2345 0
Connection-oriented server program ...
TCP Exclusive Bind's current setting is 0.
Exclusive Bind socket option is turned off.
```

```
    Error: bind() failed, errno=10048, Only one usage of each socket
address
      (protocol/network address/port) is normally permitted.
```

就能立即重新使用一仍處於 TIME_WAIT 狀態下的端口號而言，以下的測試輸出顯示，視窗系統上的 SO_EXCLUSIVEADDRUSE 插口選項，與 Linux/Unix 上的 SO_REUSEADDR 插口選項是類似的：

```
C:\myprog>tcpsrv_exclu_bind_all.exe 2345 1
Connection-oriented server program ...
TCP Exclusive Bind's current setting is 0.
Exclusive Bind socket option is turned on.

Listening at port number 2345 ...
Client Connected.

Received the following request from client:
This is request message    1 from the client program.
43 of 43 bytes of the reply was sent.
The client may have disconnected.

Listening at port number 2345 ...
```

按 Ctrl-C 鍵，終止伺服程式，然後再立即重新啟動：

```
C:\myprog>tcpsrv_exclu_bind_all.exe 2345 1
Connection-oriented server program ...
TCP Exclusive Bind's current setting is 0.
Exclusive Bind socket option is turned on.

Listening at port number 2345 ...
```

13-6-4 Solaris 上的 SO_EXCLBIND 插口選項

Solaris也支援唯一繫綁(exclusive bind)選項，但名稱為 SO_EXCLBIND。

在 Solaris上，SO_EXCLBIND 選項容許或禁止插口的唯一繫綁。它蓋過容許同一位址重複使用的 SO_REUSEADDR 選項。假若一個程式打開 SO_EXCLBIND 選項，則在它將一插口繫綁在某一 IP 位址與端口號上之後，同一計算機上就不能有其他任何程序/程線，也同時將其插口繫綁在同一位址與端口號上。

換言之，倘若一個程式不希望另一個插口透過 SO_REUSEADDR 或 SO_REUSEPORT 插口選項，也繫綁在它的插口所繫綁的同一端口號上，則在叫用 bind() 函數之前，它便可以叫用 setsockopt() 函數，打開這 SO_EXCLBIND 選項，達成目的。亦即，SO_EXCLBIND 選項蓋過（強過）SO_REUSEADDR 或 SO_REUSEPORT 選項。

SO_EXCLBIND 選項的實際意涵，視底下的協定（TCP 或 UDP）而定。

圖 13-9 所示的程式，除了可在微軟視窗上編譯執行之外，也可以在 Oracle/Sun Solaris 上編譯與執行。記得在 Solaris 上編譯該程式時，命令必須加上 -DSOLARIS 的選項。

此時，Apple Darwin 並不支援 SO_EXCLBIND 或 SO_EXCLUSIVEADDRUSE 選項。

13-6-5 SO_REUSEPORT 插口選項

最近幾年來，絕大多數的作業系統都相繼增加了 SO_REUSEPORT 插口選項。這個選項的功能與 SO_REUSEADDR 有重疊。

SO_REUSEPORT 插口選項讓多個（兩個或兩個以上）插口，尤其是 TCP 插口，能同時繫綁在同一 IP 位址與端口號上。在幾乎所有支援此一選項的平台上，這選項都要求所有有關的插口，在繫綁之前都要打開這選項。

SO_REUSEPORT 插口選項的實際行為，視作業系統而定。尤其是，誠如稍後我們會提到的，Solaris 在這選項上有一個很特殊的限制，是在其他平台上都沒有的。同時，Linux 在這選項上也有一個特色，也是在其他作業系統上都沒有的。但有一個共同點就是，所有有支援的平台，似乎都要求所有相關的插口，必須都打開此一選項，才有效。亦即，所有已繫綁著和正要繫綁的所有插口，都得打開 SO_REUSEPORT 選項，它才會有效。

在 AIX 上，SO_REUSEPORT 選項和 SO_REUSEADDR 有一點不同。那就是，只要欲繫綁插口打開 SO_REUSEADDR 選項，它就可以了，在這之前已繫綁著的插口，有沒有打開這選項都無所謂。但是，SO_REUSEPORT 選項則一定要先前已繫綁在同一位址和端口號上的插口，也有打開同一選項才行。

在 HP-UX 上，SO_REUSEPORT 也是和 SO_REUSEADDR 不同。SO_REUSEPORT 也是先前已繫綁在同一位址與端口號上的插口，也必須打開同一選項，才會動作。

Oracle/Sun Solaris 的 SO_REUSEPORT 選項則和其他作業系統稍有不同。假若兩個有關的插口都打開 SO_REUSEPORT 選項，而且兩個程序的用戶號碼也一樣，則系統會允許兩個插口都繫綁在同一位址與端口號上。但是只有其中一個（第一個）插口能成為聆聽插口，這與其他平台不同。在第一個插口已成為聆聽插口之後，若第二個插口也試圖在同一端口號上聆聽，其 listen() 函數叫用即會錯誤回返，且錯誤號碼 errno 的值為 122。

在 Apple Darwin 上，只要目前的程式打開了 SO_REUSEPORT 或 SO_REUSEADDR 選項，則它就動作了，不論正處於 TIME_WAIT 狀態的有關插口，是否也有打開該選項。

在這本書出版時，微軟視窗系統則尚未支援 SO_REUSEPORT 插口選項。

在 Linux 上，SO_REUSEPORT 插口選項只有在 Linux 3.9 版本開始才有支援。它讓多個 IPv4（AF_INET）或 IPv6（AF_INET6）插口，能同時繫綁在同一插口位址與端口號上。TCP 與 UDP 兩種協定也都有支援。SO_REUSEPORT 選項也要求所有有關的插口，都必須打開此一選項才行。

在 Linux 上，SO_REUSEPORT 插口選項讓一個伺服器能將聆聽與接受客戶連線請求的工作，分散在幾個程序或程線上。這些程序或程線每一個都有自己不同的伺服插口，但卻都繫綁在同一插口位址與端口號上。這讓一伺服器所能處理的客戶連線個數往上提升，達到最高每秒鐘幾萬個。

圖 13-10 所示即為一示範如何使用 SO_REUSEPORT 插口選項的伺服程式 tcpsrv_reuseport_all.c。這程式只作示範用。它可以與圖 13-8b 的 tcpclnt_reuse_all.c 一起使用。

圖 13-10 打開SO_REUSEPORT 插口選項的伺服程式（tcpsrv_reuseport_all.c）（僅作示範用）

```
/*
 * A connection-oriented server program using Stream socket.
 * Demonstrating use of SO_REUSEPORT socket option.
 * Test this in Linux 3.9 or later.
 * Support for multiple platforms including Linux, Windows, Solaris, AIX, HPUX.
```

```
 * Usage: tcpsrv_reuseport_all [port#] [reusePort]
 * Authored by Mr. Jin-Jwei Chen.
 * Copyright (c) 2002, 2014, 2017, 2018, 2020 Mr. Jin-Jwei Chen. All
rights reserved.
 */

#include "mysocket.h"

int main(int argc, char *argv[])
{
  int    ret;                        /* return code */
  int    sfd;                        /* file descriptor of the listener socket */
  int    newsock;                    /* file descriptor of client data socket */
  struct sockaddr_in6   srvaddr;     /* socket structure */
  int    srvaddrsz=sizeof(struct sockaddr_in6);
  struct sockaddr_in6   clntaddr;    /* socket structure */
  socklen_t clntaddrsz = sizeof(struct sockaddr_in6);
  in_port_t portnum = DEFSRVPORT;    /* port number */
  int    portnum_in;                 /* port number entered by user */
  char   inbuf[BUFLEN];              /* input message buffer */
  char   outbuf[BUFLEN];             /* output message buffer */
  size_t msglen;                     /* length of reply message */
  unsigned int  msgcnt = 1;          /* message count */
  int    reusePort = 0;              /* SO_REUSEPORT option off by default */
  int    sw;                         /* value of option */
  int    v6only = 0;                 /* IPV6_V6ONLY socket option off */
#if !WINDOWS
  struct timespec  sleeptm;          /* sleep time */
#endif
#if WINDOWS
  WSADATA wsaData;                      /* Winsock data */
  char* GetErrorMsg(int ErrorCode);     /* print error string in Windows */
#endif
  int         option;                   /* option value */
  socklen_t  optlen;                    /* length of option value */

  fprintf(stdout, "Connection-oriented server program ...\n");

  /* Get the server's port number from user, if any. */
  if (argc > 1)
  {
    portnum_in = atoi(argv[1]);
    if (portnum_in <= 0)
    {
      fprintf(stderr, "Port number %d invalid, set to default value %u\n",
        portnum_in, DEFSRVPORT);
      portnum = DEFSRVPORT;
    }
    else
      portnum = portnum_in;
  }
```

```
  /* Get switch on SO_REUSEPORT. */
  if (argc > 2)
    reusePort = atoi(argv[2]);

#if WINDOWS
  /* Initiate use of the Winsock DLL. Ask for Winsock version 2.2 at least. */
  if ((ret = WSAStartup(MAKEWORD(2, 2), &wsaData)) != 0)
  {
    fprintf(stderr, "WSAStartup() failed with error %d: %s\n",
      ret, GetErrorMsg(ret));
    return (-1);
  }
#endif

  /* Create the Stream server socket. */
  if ((sfd = socket(AF_INET6, SOCK_STREAM, 0)) < 0)
  {
    fprintf(stderr, "Error: socket() failed, errno=%d, %s\n", ERRNO, ERRNOSTR);
#if WINDOWS
    WSACleanup();
#endif
    return(-2);
  }

  /* If instructed, turn on SO_REUSEPORT socket option so that the server can
     restart right away before the required TCP wait time period expires. */
  if (reusePort)
    sw = 1;
  else
    sw = 0;

  errno = 0;
  if (setsockopt(sfd, SOL_SOCKET, SO_REUSEPORT, (char *)&sw, sizeof(sw)) < 0)
  {
    fprintf(stderr, "setsockopt(SO_REUSEPORT) failed, errno=%d, %s\n", ERRNO,
      ERRNOSTR);
  }
  else
  {
    if (sw)
      fprintf(stdout, "SO_REUSEPORT socket option is turned on.\n");
    else
      fprintf(stdout, "SO_REUSEPORT socket option is turned off.\n");
  }

  /* Get the current setting of the SO_SNDBUF socket option. */
  optlen = sizeof(option);
  option = 0;
  ret = getsockopt(sfd, SOL_SOCKET, SO_REUSEPORT, &option, &optlen);
  if (ret < 0)
```

```
    {
      fprintf(stderr, "Error: getsockopt(SO_REUSEPORT) failed, errno=%d\n", errno);
    }
    fprintf(stdout, "TCP SO_REUSEPORT's current setting is %u.\n", option);

    /* Fill in the server socket address. */
    memset((void *)&srvaddr, 0, (size_t)srvaddrsz); /* clear the address buffer */
    srvaddr.sin6_family = AF_INET6;                 /* Internet socket */
    srvaddr.sin6_addr= in6addr_any;                 /* server's IP address */
    srvaddr.sin6_port = htons(portnum);             /* server's port number */

    /* Turn off IPV6_V6ONLY socket option. Default is on in Windows. */
    if (setsockopt(sfd, IPPROTO_IPV6, IPV6_V6ONLY, (char*)&v6only,
      sizeof(v6only)) != 0)
    {
      fprintf(stderr, "Error: setsockopt(IPV6_V6ONLY) failed, errno=%d, %s\n",
        ERRNO, ERRNOSTR);
      CLOSE(sfd);
      return(-3);
    }

    /* Bind the server socket to its address. */
    if ((ret = bind(sfd, (struct sockaddr *)&srvaddr, srvaddrsz)) != 0)
    {
      fprintf(stderr, "Error: bind() failed, errno=%d, %s\n", ERRNO, ERRNOSTR);
      CLOSE(sfd);
      return(-4);
    }

    /* Set maximum connection request queue length that we can fall behind. */
    if (listen(sfd, BACKLOG) == -1) {
      fprintf(stderr, "Error: listen() failed, errno=%d, %s\n", ERRNO,
ERRNOSTR);
      CLOSE(sfd);
      return(-5);
    }

    /* Wait for incoming connection requests from clients and service them. */
    while (1) {

      fprintf(stdout, "\nListening at port number %u ...\n", portnum);
      newsock = accept(sfd, (struct sockaddr *)&clntaddr, &clntaddrsz);
      if (newsock < 0)
      {
        fprintf(stderr, "Error: accept() failed, errno=%d, %s\n", ERRNO,
ERRNOSTR);
        CLOSE(sfd);
        return(-6);
      }

      fprintf(stdout, "Client Connected.\n");
```

```
      while (1)
      {
        /* Receive a request from a client. */
        errno = 0;
        inbuf[0] = '\0';
        ret = recv(newsock, inbuf, BUFLEN, 0);
        if (ret > 0)
        {
          /* The 3 lines below are FOR TEST ONLY */
          CLOSE1(newsock);
          CLOSE(sfd);
          return(-1);

          /* Process the request. We simply print the request message here. */
          inbuf[ret] = '\0';
          fprintf(stdout, "\nReceived the following request from client:\n%s\n",
            inbuf);

          /* Construct a reply */
          sprintf(outbuf, "This is reply #%3u from the server program.",
msgcnt++);
          msglen = strlen(outbuf);

          /* Send a reply. */
          errno = 0;
          ret = send(newsock, outbuf, msglen, 0);
          if (ret == -1)
            fprintf(stderr, "Error: send() failed, errno=%d, %s\n", ERRNO,
              ERRNOSTR);
          else
            fprintf(stdout, "%u of %lu bytes of the reply was sent.\n",
ret, msglen);
          /* To create a situation where the server close first. */
          break;
        }
        else if (ret < 0)
        {
          fprintf(stderr, "Error: recv() failed, errno=%d, %s\n", ERRNO,
            ERRNOSTR);
          break;
        }
        else
        {
          /* The client may have disconnected. */
          fprintf(stdout, "The client may have disconnected.\n");
          break;
        }
      }  /* while - inner */

      CLOSE1(newsock);
```

```
    }  /* while - outer */

    CLOSE(sfd);
    return(0);
  }
```

SO_REUSEPORT 插口選項的一個潛在用途，即讓多個伺服程序都能將其伺服插口，同時繫綁在同一插口位址與端口號上，以分擔接受客戶程式之連線請求的工作量。但這需要作業系統的輔助，能將到來的客戶連線請求，平均分配在這多個伺服程序上。

為了安全，以防止端口號劫持情形發生，Linux 要求後來的（從第一個繫綁以後的），藉著打開 SO_REUSEPORT 選項，企圖繫綁在同一端口號上的所有程序或程線，都必須與第一個繫綁者有相同的用戶號碼。即令第一繫綁者不是超級用戶，而後來的繫綁者是超級用戶，也是一樣不行。AIX 6.1 與 HPUX 11.31 則沒有這用者一定要相同的規定。

摘要

1. 從應用程式中打開 SO_REUSEPORT 插口選項，讓在同一計算機上執行的多個程序，能同時將其插口繫綁在同一插口位址與端口號上，甚至聆聽連線請求。

2. SO_REUSEPORT 選項要求所有有關的插口，都必須打開此一選項才行。假若第一個繫綁在此同一位址與端口號的插口沒有打開 SO_REUSEPORT 選項，則其他任何插口就不能繫綁在同一位址與端口號上。

   不過，這個通則有個例外。在 Oracle/Sun Solaris 11 上，使用 TCP 協定時，即令所有插口都打開 SO_REUSEPORT 選項，而且所有插口都能繫綁在同一插口位址與端口號上，但只有第一個插口能聆聽連線請求。在此同一平台上，若使用 UDP 協定，則就沒有所有插口都必須打開 SO_REUSEPORT 選項的要求。亦即，即使第一個插口沒有打開 SO_REUSEPORT 選項，只要第二個插口有打開此一選項，它便可以繫綁在同一位址與端口號上，而且聆聽客戶之連線請求。

3. 有些平台（如 Linux）會檢查，確定所有欲將插口都繫綁在同一位址與端口號上的程序，都來自同一用者，以防端口號劫持。但其他平台（如 AIX 與 HPUX）則不。

4. 在 Apple Darwin 上，欲重新使用一個處於 TIME_WAIT 狀態的端口號時，一個伺服程式必須打開 SO_REUSEPORT 或 SO_REUSEADDR 插口選項。只要試圖繫綁的插口有這樣做，就可以了。即使前一個也繫綁在同一位址和端口號上的插口並未打開這選項，也無所謂。在 Apple Darwin 上，SO_REUSEADDR 選項與 SO_REUSEPORT 有一點不同。藉著打開 SO_REUSEPORT 選項，在同一系統上執行的兩個 TCP 伺服程式能將其插口同時繫綁在同一插口位址與端口號上，肩並肩地作業，但打開 SO_REUSEADDR 選項則不行。

相對地，在 Linux 上，為了能重新使用一正處於 TIME_WAIT 狀態下的端口號，一個伺服程式必須打開 SO_REUSEADDR 或 SO_REUSEPORT 插口選項。這與 Apple Darwin 相同。但 Linux 則要求在 TIME_WAIT 狀態的插口，當初也一定要有打開同一插口選項才行，否則，就行不通，不會動作。與 Apple Darwin 一樣的，在 Linux上 ，打開 SO_REUSEPORT 選項，讓在同一系統上執行的兩個 TCP 伺服程式，能同時各自將其插口繫綁在同一位址與端口號上，肩並肩地作業，但打開 SO_REUSEADDR 選項則不行。

13-6-6 調整 SO_REUSEADDR 插口選項

調整作業系統核心層

你已知道，以上所說的解決辦法，只影響到 setsockopt (...,SO_REUSEADDR,...) 函數叫用時，所指的那個插口。有些作業系統讓你能設定某些核心層參數的值，進而替所有應用軟體設定一個 SO_REUSEADDR 插口選項的既定值。Linux 即是一個例子。記得，調整這些核心層內與 SO_REUSEADDR 有關的參數值，影響到所有的插口應用程式，而叫用 setsockopt() 函數打開或關閉 SO_REUSEADDR 插口選項，只影響到一個應用程式中的一個插口。

在 Linux 上，與 SO_REUSEADDR 有關的核心層參數如下：

- net.ipv4.tcp_fin_timeout

  這參數指出在強迫性地關閉一個插口之前，系統必須等候最後的 FIN 信息到來的時間，單位是秒數，既定值一般是 60 秒。

```
$  /sbin/sysctl -a | grep net.ipv4.tcp_fin_timeout
net.ipv4.tcp_fin_timeout = 60
```

- net.ipv4.tcp_tw_reuse

  設定這個值讓系統在從網路協定的觀點而言是安全的時候，能重新將一處在 TIME_WAIT 狀態下的插口，用在新連線上。既定值是 0（亦即，禁止）。參數名稱中的 tw 代表 TIME_WAIT。

  同時將 net.ipv4.tcp_tw_reuse 與 net.ipv4.tcp_tw_recycle 之值設定為 1，可以減少處於 TIME_WAIT 狀態下之插口的數目。

```
$  /sbin/sysctl -a | grep net.ipv4.tcp_tw_reuse
net.ipv4.tcp_tw_reuse = 0
```

- net.ipv4.tcp_tw_recycle

```
$ /sbin/sysctl -q -a |grep recycle
net.ipv4.tcp_tw_recycle = 0
```

  這個參數的既定值是 0（關閉）。

  設定這個參數的值讓處於 TIME_WAIT 狀態的插口，能迅速地重新使用。

  不過，由於打開這選項會在使用網路位址翻譯（Network Address Translation，NAT）設備的公開伺服器上造成問題，因此，一般的建議是不要這樣做。如 TCP（7）文書上所提及的，這會造成無法處理來自同一 NAT 設備後面之兩部不同計算機的連線。

在 Linux 上，若欲從作業系統核心層內，打開所有應用軟體的 SO_REUSEADDR 選項，你必須打開下面兩個核心層參數。既定上，這兩個參數的值都是關閉的（值是 0）。

```
# sysctl -a |grep tcp_tw_
net.ipv4.tcp_tw_recycle = 0
net.ipv4.tcp_tw_reuse = 0

# sysctl -w net.ipv4.tcp_tw_recycle=1 net.ipv4.tcp_tw_reuse=1
net.ipv4.tcp_tw_recycle = 1
net.ipv4.tcp_tw_reuse = 1
```

在 Linux4.1.12 上，這樣做就足夠了。但在舊一點的 Linux 上，如 2.6.32 版本，你還必須再改變且提高 net.ipv4_.tcp_fin_timeout 參數的值。這參數一般的既定值是 60。譬如：

```
# sysctl -q net.ipv4.tcp_fin_timeout
net.ipv4.tcp_fin_timeout = 60

# sysctl -w net.ipv4.tcp_fin_timeout=90
net.ipv4.tcp_fin_timeout = 90
```

請注意，這個特色在 Linux 核心層的實作一直有一些改變。例如，net.ipv4.tcp_tw_recycle 參數還在 Linux4.1.12，但在 Linux4.12 就不見了。

記得，更改這些核心層參數必須異常小心。因為，它影響到所有的應用軟體。此外，有些軟體或網路設備，在同一連線（亦即，來源 IP 位址，來源端口號，目的 IP 位址與目的端口號組合都一樣）太快又重新使用時，可能會拒絕 SYN 信息。在這些情況下，改變這些核心層參數可能會造成有些功能就不再動作。

所以，最安全的策略是，永遠只從應用軟體內，透過叫用 setsockopt() 函數，打開選項或改變參數的值，這樣它就只會影響到一個插口與一項應用軟體，而不致影響到同系統的其他軟體。

測試輸出

(a) 不從作業系統核心層打開 SO_REUSEADDR 選項

以下是不調整 SO_REUSEADDR 之核心層參數時，一測試的輸出樣本：

```
    # /sbin/sysctl -a |grep net.ipv4.tcp_fin_timeout
    net.ipv4.tcp_fin_timeout = 60
    # /sbin/sysctl -a |grep tcp_tw_
    net.ipv4.tcp_tw_recycle = 0
    net.ipv4.tcp_tw_reuse = 0

    $ uname -a
    Linux jvmy 4.1.12-124.19.2.el7.x86_64 #2 SMP Fri Sep 14 08:59:15
PDT 2018 x86_64 x86_64 x86_64 GNU/Linux
    $ date ; ./tcpsrv_reuse_all.lin4
    Sun Jan 27 09:06:43 PST 2019
    Connection-oriented server program ...
    SO_REUSEADDR socket option is turned off.
    TCP SO_REUSEADDR's current setting is 0.
```

```
    Listening at port number 2345 ...
    Client Connected.

    $ date ; ./tcpsrv_reuse_all.lin4
    Sun Jan 27 09:07:03 PST 2019
    Connection-oriented server program ...
    SO_REUSEADDR socket option is turned off.
    TCP SO_REUSEADDR's current setting is 0.
    Error: bind() failed, errno=98, Address already in use
    $ date ; ./tcpsrv_reuse_all.lin4
    Sun Jan 27 09:07:19 PST 2019
    Connection-oriented server program ...
    SO_REUSEADDR socket option is turned off.
    TCP SO_REUSEADDR's current setting is 0.
    Error: bind() failed, errno=98, Address already in use
    $ date ; ./tcpsrv_reuse_all.lin4
    Sun Jan 27 09:07:54 PST 2019
    Connection-oriented server program ...
    SO_REUSEADDR socket option is turned off.
    TCP SO_REUSEADDR's current setting is 0.
    Error: bind() failed, errno=98, Address already in use
    $ date ; ./tcpsrv_reuse_all.lin4
    Sun Jan 27 09:08:03 PST 2019
    Connection-oriented server program ...
    SO_REUSEADDR socket option is turned off.
    TCP SO_REUSEADDR's current setting is 0.

    Listening at port number 2345 ...
```

在客戶程式終止 60 秒後，伺服程式成功地重新啟動了。

```
    $ uname -a
    Linux jvmy 4.1.12-124.19.2.el7.x86_64 #2 SMP Fri Sep 14 08:59:15
PDT 2018 x86_64 x86_64 x86_64 GNU/Linux
    $ date ; ./tcpclnt_reuse_all.lin4 ; date
      Sun Jan 27 09:06:47 PST 2019
    Connection-oriented client program ...
    Send request messages to server(localhost) at port 2345

    53 bytes of message were successfully sent.
    Warning: Zero bytes were received.
    Sun Jan 27 09:07:02 PST 2019
    $
```

(b) 從作業系統核心層內打開 SO_REUSEADDR 選項

以下是調整 SO_REUSEADDR 選項之核心層參數的輸出樣本：

```
    # /sbin/sysctl -w net.ipv4.tcp_tw_recycle=1
net.ipv4.tcp_tw_reuse=1
    net.ipv4.tcp_tw_recycle = 1
    net.ipv4.tcp_tw_reuse = 1
```

```
# /sbin/sysctl -a |grep net.ipv4.tcp_fin_timeout
net.ipv4.tcp_fin_timeout = 60
# /sbin/sysctl -a |grep tcp_tw_
net.ipv4.tcp_tw_recycle = 1
net.ipv4.tcp_tw_reuse = 1

$ uname -a
Linux jvmy 4.1.12-124.19.2.el7.x86_64 #2 SMP Fri Sep 14 08:59:15
PDT 2018 x86_64 x86_64 x86_64 GNU/Linux
$ date ; ./tcpsrv_reuse_all.lin4
Sun Jan 27 09:16:03 PST 2019
Connection-oriented server program ...
SO_REUSEADDR socket option is turned off.
TCP SO_REUSEADDR's current setting is 0.

Listening at port number 2345 ...
Client Connected.

$ date ; ./tcpsrv_reuse_all.lin4
Sun Jan 27 09:16:13 PST 2019
Connection-oriented server program ...
SO_REUSEADDR socket option is turned off.
TCP SO_REUSEADDR's current setting is 0.
Error: bind() failed, errno=98, Address already in use
$ date ; ./tcpsrv_reuse_all.lin4
Sun Jan 27 09:16:22 PST 2019
Connection-oriented server program ...
SO_REUSEADDR socket option is turned off.
TCP SO_REUSEADDR's current setting is 0.

Listening at port number 2345 ...
```

只要客戶程式一終止，伺服程式就能立即成功地重新啟動。

```
$ uname -a
Linux jvmy 4.1.12-124.19.2.el7.x86_64 #2 SMP Fri Sep 14 08:59:15
PDT 2018 x86_64 x86_64 x86_64 GNU/Linux
$ date ; ./tcpclnt_reuse_all.lin4 ; date
Sun Jan 27 09:16:05 PST 2019
Connection-oriented client program ...
Send request messages to server(localhost) at port 2345

53 bytes of message were successfully sent.
Warning: Zero bytes were received.
Sun Jan 27 09:16:20 PST 2019
$
```

13-6-7 摘要

一個插口應用程式有幾種不同方式，可以避免 TCP TIME_WAIT 狀態所帶來的麻煩與不致得到“bind()：address already in use”的錯誤。

1. 與作業系統獨立的方式

   從網路插口程式界面層次，一個程式可以透過叫用 setsockopt() 函數，打開 SO_REUSEADDR 插口選項，或在某些狀態下打開 SO_REUSEPORT 選項。這等於告訴作業系統，重新使用一仍處於 TCP TIME_WAIT 狀態下的端口號，或甚至是另一程序正在使用的端口號，沒關係。

2. 與作業系統有關的方式

   在某些作業系統上，作業系統核心層內有一些網路協定有關的參數，可以加以調整，以改變其行為。這隨作業系統不同而異，且參數值的改變與調整，會影響到系統上的其他軟體。

例如，在 Linux 上就有兩個核心層參數可以加以調整。譬如，以下的設定即為所有的軟體，打開 SO_REUSEADDR 插口選項：

```
net.ipv4.tcp_tw_recycle = 1
net.ipv4.tcp_tw_reuse = 1
```

這些參數同樣適用於 IPv6。

13-7 SO_RCVTIMEO 與 SO_SNDTIMEO 插口選項

網路插口輸入 / 輸出通常有兩種型態：同步式與非同步式。

同步式輸入 / 輸出是阻擋／等待式的。亦即，一個接收動作會一直等到有資料抵達或通信的另一端終止為止。因此，倘若一直沒有資料抵達，則程式可能會等上好一陣子。相對地，非同步式輸入 / 輸出的接收函數叫用則會立即回返，叫用者必須回頭檢查作業是否真正已經完成。有時，有些應用會發現它無法一直等下去或等太久。因此，必須在等待輸入上，限定一個時間。

SO_RCVTIMEO 插口選項，即是用以在插口的輸入作業上，設下一個最高的等候時間用的。這選項接受一個時間值作為輸入，叫用者可以指出它最長可以等候的秒數與微秒數。在這指明的時間過去後，倘若資料仍未抵達，輸入作業的函數叫用即會回返。在那時，倘若仍未收到任何資料，則錯誤號碼即會被設定成 EAGAIN 或 EWOULDBLOCK。倘若有收到部分資料，則函數就會送回所收到的部分資料。

一樣的，資料送出的作業也有一 SO_SNDTIMEO 插口選項，提供類似的功能。這選項也是接受一插口送出作業最久可以等候的時間作為輸入。

既定上，SO_RCVTIMEO 或 SO_SNDTIMEO 選項的等候時間既定值都是零，代表永遠無止境地等下去。這就是同步式輸入／輸出的行為，永遠一直等下去。

舉例而言，假若你從程式打開 SO_RCVTIMEO 或 SO_SNDTIMEO 選項，且將等候時間值設成 15 秒。則在 15 秒過後，假若仍未送出或收到任何資料，則送出或接收的函數叫用即會因時間到而錯誤回返。此時，錯誤號碼即為 EAGAIN（在 Linux 是 11）。

在這書出版時，我們所測試的所有作業系統都有支援這兩個插口選項，唯獨 HPUX 沒有。

圖 13-11 所列即為一對打開並使用 SO_RCVTIMEO 插口選項的程式。客戶程式送出一個信息給伺服程式。伺服程式收到信息後故意拖延，等了 15 秒鐘之後才送出回覆。由於客戶程式先前在打開 SO_RCVTIMEO 選項時，已將最長等候時間定為 10 秒鐘。因此，其 recv() 函數叫用錯誤回返，錯誤號碼為 EAGAIN，因為，recv() 的等候時間已到。倘若客戶程式沒有打開 SO_RCVTIMEO 選項，則它便會耐心地一直等到伺服程式的回覆抵達為止。那 recv() 也就不會出現錯誤了。

請注意，這對例題程式只是作示範用的。伺服程式增加了時間延遲，且在客戶程式時間到時選擇終止執行。這種行為並不適合真正應用。

圖13-11 使用 SO_RCVTIMEO 插口選項的程式

（a）tcpsrv_timeo_all.c

```
/*
 * A connection-oriented server program using Stream socket.
 * Demonstration of SO_RCVTIMEO socket option.
 * Support for IPv4 and IPv6. Default to IPV6. Compile with -DIPV4 to get IPV4.
 * Support for multiple platforms including Linux, Windows, Solaris, AIX, HPUX.
 * Usage: tcpsrv_timeo_all [port#]
```

```
 * Authored by Mr. Jin-Jwei Chen.
 * Copyright (c) 1993-2020, Mr. Jin-Jwei Chen. All rights reserved.
 */

#include "mysocket.h"
#define  DELAYTIME     15    /* inserted delay in seconds before a reply */

int main(int argc, char *argv[])
{
  int    ret;                          /* return code */
  int    sfd;                          /* file descriptor of the listener socket */
  int    newsock;                      /* file descriptor of client data socket */
#if IPV4
  struct sockaddr_in     srvaddr;   /* socket structure */
  int     srvaddrsz=sizeof(struct sockaddr_in);
  struct sockaddr_in     clntaddr;  /* socket structure */
  socklen_t    clntaddrsz=sizeof(struct sockaddr_in);
#else
  struct sockaddr_in6    srvaddr;   /* socket structure */
  int     srvaddrsz=sizeof(struct sockaddr_in6);
  struct sockaddr_in6    clntaddr;  /* socket structure */
  socklen_t    clntaddrsz=sizeof(struct sockaddr_in6);
  int     v6only = 0;                  /* IPV6_V6ONLY socket option off */
#endif
  in_port_t    portnum=DEFSRVPORT; /* port number */
  int     portnum_in = 0;              /* port number entered by user */
  char    inbuf[BUFLEN];               /* input message buffer */
  char    outbuf[BUFLEN];              /* output message buffer */
  size_t msglen;                       /* length of reply message */
  unsigned int  msgcnt;                /* message count */
  int     option;
  socklen_t optlen;

#if WINDOWS
  WSADATA wsaData;                     /* Winsock data */
  char* GetErrorMsg(int ErrorCode); /* print error string in Windows */
#endif

  fprintf(stdout, "Connection-oriented server program ...\n");

  /* Get the port number from user, if any. */
  if (argc > 1)
  {
    portnum_in = atoi(argv[1]);
    if (portnum_in <= 0)
    {
      fprintf(stderr, "Port number %d invalid, set to default value %u\n",
        portnum_in, DEFSRVPORT);
      portnum = DEFSRVPORT;
    }
    else
```

```
      portnum = (in_port_t)portnum_in;
  }

#if WINDOWS
  /* Initiate use of the Winsock DLL. Ask for Winsock version 2.2 at least. */
  if ((ret = WSAStartup(MAKEWORD(2, 2), &wsaData)) != 0)
  {
    fprintf(stderr, "WSAStartup() failed with error %d: %s\n",
      ret, GetErrorMsg(ret));
    return (-1);
  }
#endif

  /* Create the Stream server socket. */
  if ((sfd = socket(ADDR_FAMILY, SOCK_STREAM, 0)) < 0)
  {
    fprintf(stderr, "Error: socket() failed, errno=%d, %s\n", ERRNO, ERRNOSTR);
#if WINDOWS
    WSACleanup();
#endif
    return(-2);
  }

  /* Fill in the server socket address. */
  memset((void *)&srvaddr, 0, (size_t)srvaddrsz); /* clear the address buffer */
#if IPV4
  srvaddr.sin_family = ADDR_FAMILY;                  /* Internet socket */
  srvaddr.sin_addr.s_addr = htonl(INADDR_ANY);       /* server's IP address */
  srvaddr.sin_port = htons(portnum);                 /* server's port number */
#else
  srvaddr.sin6_family = ADDR_FAMILY;                 /* Internet socket */
  srvaddr.sin6_addr = in6addr_any;                   /* server's IP address */
  srvaddr.sin6_port = htons(portnum);                /* server's port number */
#endif

  /* If IPv6, turn off IPV6_V6ONLY socket option. Default is on in Windows. */
#if !IPv4
  if (setsockopt(sfd, IPPROTO_IPV6, IPV6_V6ONLY, (char*)&v6only,
    sizeof(v6only)) != 0)
  {
    fprintf(stderr, "Error: setsockopt(IPV6_V6ONLY) failed, errno=%d, %s\n",
      ERRNO, ERRNOSTR);
    CLOSE(sfd);
    return(-3);
  }
#endif

  /* Bind the server socket to its address. */
  if ((ret = bind(sfd, (struct sockaddr *)&srvaddr, srvaddrsz)) != 0)
  {
    fprintf(stderr, "Error: bind() failed, errno=%d, %s\n", ERRNO, ERRNOSTR);
```

```
        CLOSE(sfd);
        return(-4);
      }

      /* Set maximum connection request queue length that we can fall behind. */
      if (listen(sfd, BACKLOG) == -1) {
        fprintf(stderr, "Error: listen() failed, errno=%d, %s\n", ERRNO, ERRNOSTR);
        CLOSE(sfd);
        return(-5);
      }

      /* Wait for incoming connection requests from clients and service them. */
      while (1) {

        fprintf(stdout, "\nListening at port number %u ...\n", portnum);
        newsock = accept(sfd, (struct sockaddr *)&clntaddr, &clntaddrsz);
        if (newsock < 0)
        {
          fprintf(stderr, "Error: accept() failed, errno=%d, %s\n", ERRNO,
ERRNOSTR);
          CLOSE(sfd);
          return(-6);
        }

        fprintf(stdout, "Client Connected.\n");

        msgcnt = 1;
        /* Receive and service requests from the current client. */
        while (1)
        {
          /* Receive a request from a client. */
          errno = 0;
          inbuf[0] = '\0';
          ret = recv(newsock, inbuf, BUFLEN, 0);
          if (ret > 0)
          {
            /* Process the request. We simply print the request message here. */
            inbuf[ret] = '\0';
            fprintf(stdout, "\nReceived the following request from client:\n%s\n",
              inbuf);

            /* Construct a reply */
            sprintf(outbuf, "This is reply #%3u from the server program.",
msgcnt++);
            msglen = strlen(outbuf);

            /* TEST ONLY. Add this delay to test SO_RCVTIMEO on the client side. */
    #if WINDOWS
            Sleep(1000*DELAYTIME); /* Unit ms. For demo only. Remove if real code. */
    #else
            sleep(DELAYTIME);  /* For demo only. Remove this in real code. */
```

```
#endif

        /* Send a reply. */
        errno = 0;
        ret = send(newsock, outbuf, msglen, 0);
        if (ret == -1)
          fprintf(stderr, "Error: send() failed, errno=%d, %s\n", ERRNO,
            ERRNOSTR);
        else
          fprintf(stdout, "%u of %lu bytes of the reply was sent.\n",
ret, msglen);
      }
      else if (ret < 0)
      {
        fprintf(stderr, "Error: recv() failed, errno=%d, %s\n", ERRNO,
          ERRNOSTR);
        break;
      }
      else
      {
        /* The client may have disconnected. */
        fprintf(stdout, "The client may have disconnected.\n");
        break;
      }
    }  /* while - inner */
    CLOSE1(newsock);
    break;  /* TEST ONLY */
  }  /* while - outer */

  CLOSE(sfd);
  return(0);
}
```

(b) tcpclnt_timeo_all.c

```
/*
 * A connection-oriented client program using Stream socket.
 * Demonstration of SO_RCVTIMEO socket option.
 * Connecting to a server program on any host using a hostname or IP address.
 * Support for IPv4 and IPv6 and multiple platforms including
 * Linux, Windows, Solaris, AIX and HPUX.
 * Usage: tcpclnt_timeo_all [srvport# [server-hostname | server-ipaddress]]
 * Authored by Mr. Jin-Jwei Chen.
 * Copyright (c) 1993-2019, 2020 Mr. Jin-Jwei Chen. All rights reserved.
 */

#include "mysocket.h"
#define TOSECONDS  10

int main(int argc, char *argv[])
{
  int    ret;
```

```
  int    sfd;                        /* socket file descriptor */
  in_port_t  portnum=DEFSRVPORT;     /* port number */
  int    portnum_in = 0;             /* port number user provides */
  char   *portnumstr  = DEFSRVPORTSTR; /* port number in string format */
  char   inbuf[BUFLEN];              /* input message buffer */
  char   outbuf[BUFLEN];             /* output message buffer */
  size_t msglen;                     /* length of reply message */
  size_t msgnum=0;                   /* count of request message */
  size_t len;
  char   server_name[NAMELEN+1] = SERVER_NAME;
  struct addrinfo hints, *res=NULL;  /* address info */
  int    option;
  socklen_t  optlen;
  struct timeval tmout;               /* timeout value */

#if WINDOWS
  WSADATA wsaData;                        /* Winsock data */
  char* GetErrorMsg(int ErrorCode);   /* print error string in Windows */
#endif

  fprintf(stdout, "Connection-oriented client program ...\n");

  /* Get the server's port number from command line. */
  if (argc > 1)
  {
    portnum_in = atoi(argv[1]);
    if (portnum_in <= 0)
    {
      fprintf(stderr, "Port number %d invalid, set to default value %u\n",
        portnum_in, DEFSRVPORT);
      portnum = DEFSRVPORT;
      portnumstr = DEFSRVPORTSTR;
    }
    else
    {
      portnum = (in_port_t)portnum_in;
      portnumstr = argv[1];
    }
  }

  /* Get the server's host name or IP address from command line. */
  if (argc > 2)
  {
    len = strlen(argv[2]);
    if (len > NAMELEN)
      len = NAMELEN;
    strncpy(server_name, argv[2], len);
    server_name[len] = '\0';
  }

#if WINDOWS
```

```
  /* Initiate use of the Winsock DLL. Ask for Winsock version 2.2 at least. */
  if ((ret = WSAStartup(MAKEWORD(2, 2), &wsaData)) != 0)
  {
    fprintf(stderr, "Error: WSAStartup() failed with error %d: %s\n",
      ret, GetErrorMsg(ret));
    return (-1);
  }
#endif

  /* Translate the server's host name or IP address into socket address.
   * Fill in the hint information.
   */
  memset(&hints, 0x00, sizeof(hints));
    /* This works on AIX but not on Solaris, nor on Windows. */
    /* hints.ai_flags    = AI_NUMERICSERV; */
  hints.ai_family   = AF_UNSPEC;
  hints.ai_socktype = SOCK_STREAM;
  hints.ai_protocol = IPPROTO_TCP;

  /* Get the address information of the server using getaddrinfo().
   * This function returns errors directly or 0 for success. On success,
   * argument res contains a linked list of addrinfo structures.
   */
  ret = getaddrinfo(server_name, portnumstr, &hints, &res);
  if (ret != 0)
  {
    fprintf(stderr, "Error: getaddrinfo() failed, error %d, %s\n", ret,
      gai_strerror(ret));
#if !WINDOWS
    if (ret == EAI_SYSTEM)
      fprintf(stderr,"System error: errno=%d, %s\n", errno, strerror(errno));
#else
    WSACleanup();
#endif
    return(-2);
  }

  /* Create a socket. */
  sfd = socket(res->ai_family, res->ai_socktype, res->ai_protocol);
  if (sfd < 0)
  {
    fprintf(stderr,"Error: socket() failed, errno=%d, %s\n", ERRNO, ERRNOSTR);
#if WINDOWS
    WSACleanup();
#endif
    return (-3);
  }

  /* Connect to the server. */
  ret = connect(sfd, res->ai_addr, res->ai_addrlen);
  if (ret == -1)
```

```
    {
      fprintf(stderr, "Error: connect() failed, errno=%d, %s\n", ERRNO, 
ERRNOSTR);
      CLOSE(sfd);
      return(-4);
    }

    /* Get the socket receive timeout value set by the OS. */
    optlen = sizeof(tmout);
    memset((void *)&tmout, 0, optlen);
    ret = getsockopt(sfd, SOL_SOCKET, SO_RCVTIMEO, &tmout, &optlen);
    if (ret < 0)
    {
      fprintf(stderr, "Error: getsockopt(SO_RCVTIMEO) failed, errno=%d, %s\n",
        ERRNO, ERRNOSTR);
    }
    else
      fprintf(stdout, "SO_RCVTIMEO was originally set to be %lu:%u\n",
        tmout.tv_sec, tmout.tv_usec);

    /* Set the socket receive timeout value. */
  #if WINDOWS
    tmout.tv_sec = TOSECONDS*1000;  /* Unit is milliseconds in Windows */
  #else
    tmout.tv_sec = TOSECONDS;  /* Unit is seconds in Linux and Unix */
  #endif
    tmout.tv_usec = 0;
    ret = setsockopt(sfd, SOL_SOCKET, SO_RCVTIMEO, &tmout, optlen);
    if (ret < 0)
    {
      fprintf(stderr, "Error: setsockopt(SO_RCVTIMEO) failed, errno=%d, %s\n",
        ERRNO, ERRNOSTR);
    }
    else
      fprintf(stdout, "SO_RCVTIMEO is set to be %lu:%u\n",
        tmout.tv_sec, tmout.tv_usec);

    /* Get the socket receive timeout value. */
    memset((void *)&tmout, 0, optlen);
    ret = getsockopt(sfd, SOL_SOCKET, SO_RCVTIMEO, &tmout, &optlen);
    if (ret < 0)
    {
      fprintf(stderr, "Error: getsockopt(SO_RCVTIMEO) failed, errno=%d, %s\n",
        ERRNO, ERRNOSTR);
    }
    else
      fprintf(stdout, "SO_RCVTIMEO now is %lu:%u\n",
        tmout.tv_sec, tmout.tv_usec);

    fprintf(stdout, "Send request messages to server(%s) at port %d\n",
     server_name, portnum);
```

```
  /* Send request messages to the server and process the reply messages. */
  while (msgnum < MAXMSGS)
  {
    /* Send a request message to the server. */
    sprintf(outbuf, "%s%4lu%s", "This is request message ", ++msgnum,
      " from the client program.");
    msglen = strlen(outbuf);
    errno = 0;

    ret = send(sfd, outbuf, msglen, 0);
    if (ret >= 0)
    {
      /* Print a warning if not entire message was sent. */
      if (ret == msglen)
        fprintf(stdout, "\n%lu bytes of message were successfully sent.\n",
          msglen);
      else if (ret < msglen)
        fprintf(stderr, "Warning: only %u of %lu bytes were sent.\n",
          ret, msglen);

      if (ret > 0)
      {
        /* Receive a reply from the server. */
        errno = 0;
        inbuf[0] = '\0';
        ret = recv(sfd, inbuf, BUFLEN, 0);

        if (ret > 0)
        {
          /* Process the reply. */
          inbuf[ret] = '\0';
          fprintf(stdout, "Received the following reply from server:\n%s\n",
            inbuf);
        }
        else if (ret == 0)
          fprintf(stdout, "Warning: Zero bytes were received.\n");
        else
        {
          fprintf(stderr, "Error: recv() failed, errno=%d, %s\n", ERRNO,
            ERRNOSTR);
          break;  /* For demo only. Remove this in real code. */
        }
      }
    }
    else
      fprintf(stderr, "Error: send() failed, errno=%d, %s\n", ERRNO, ERRNOSTR);

    /* Sleep a second. For demo only. Remove this in real code. */
#if WINDOWS
    Sleep(1000); /* Unit is ms. For demo only. Remove this in real code. */
```

```
#else
    sleep(1);  /* For demo only. Remove this in real code. */
#endif
  }  /* while */

  /* Free the memory allocated by getaddrinfo() */
  freeaddrinfo(res);
  CLOSE(sfd);
  return(0);
}
```

從程式的執行結果可看出，在 SO_RCVTIMEO 所指定的時間到時，客戶程式的 recv() 函數叫用即錯誤回返，沒有收到伺服程式的回覆。在實際的應用上，這種情形可能會是由於網路擁塞或連線有故障所造成。

以下即為此一例題程式的執行輸出樣本：

```
$ ./tcpsrv_timeo_all
Connection-oriented server program ...

Listening at port number 2345 ...
Client Connected.

Received the following request from client:
This is request message     1 from the client program.
43 of 43 bytes of the reply was sent.
The client may have disconnected.

$ ./tcpclnt_timeo_all 2345 jvmx
Connection-oriented client program ...
SO_RCVTIMEO was originally set to be 0:0
SO_RCVTIMEO is set to be 10:0
SO_RCVTIMEO now is 10:0
Send request messages to server(jvmx) at port 2345

53 bytes of message were successfully sent.
Error: recv() failed, errno=11, Resource temporarily unavailable
```

HP-UX

在這本書出版時，HP-UX 11 仍舊尚未支援 SO_RCVTIMEO 與 SO_SNDTIMEO 插口選項，至少 HP-UX 11.31 沒有。程式可以編譯成功，但執行時卻不動作。

另外地，倘若你改成將程式與 X/Open 庫存（-lxnet）連結，則打開 SO_RCVTIMEO 選項的 setsockopt() 函數叫用，則會得到 ENOPROTOOPT（220）的錯誤，代表它沒有支援。

13-8 SO_RCVLOWAT 與 SO_SNDLOWAT 插口選項

SO_RCVLOWAT 選項在插口輸入作業時，設定一個必須接收到的最少位元組數。一般而言，一個接收資料的函數叫用，會等到有收到任何資料（非零位元組）時，才回返，然後送回函數叫用所要求的那麼多資料或更少的資料。SO_RCVLOWAT 的既定值是 1，而且並不影響到一般的狀況。假若程式將SO_RCVLOWAT 選項設定成一個比較大的值，則一接收資料的函數叫用，會等到在收到叫用所要求的資料量，或這低水標之值時（看那一個比較小），就回返。不過，萬一有錯誤發生，或程序收到信號，或接收排隊中緊接的下一項資料的型態與送回者不同（如脫隊資料，out-of-band data），則接收資料的函數叫用，還是有可能送回比這低標值還少的資料。SO_RCVLOWAT 選項能否設定和作業系統有關。

做 SO_RCVLOWAT 就留作程式設計習題，讓你自己熟悉一下這插口選項怎麼用。

問題

1. 在你所使用的系統上，與插口發送和接收緩衝器大小有關的作業系統核心層參數是什麼？它們是 TCP 與 UDP 協定共用？還是分開的？
2. 有那些插口選項，可以用來增進速度？
3. 在你所使用的系統上，要如何查詢插口之發送與接收緩衝器的既定大小以及最大容許值呢？要如何才能改變呢？
4. SO_KEEPALIVE 插口選項是作何用的？在你所使用的系統上，這選項的既定值為何？
5. 你如何從程式內打開 SO_KEEPALIVE 插口選項？
6. 在你所使用的系統上，應用程式層次的 SO_KEEPALLVE（還活著嗎）相關的可調參數是什麼？它們的既定值是什麼？
7. 在你所使用的系統上，你如何更改應用程式層次與還活著嗎（KEEPALIVE）特色有關的可調參數？
8. 在你所使用的系統上，還活著嗎特色在作業系統核心層的可調參數有那些？它們的既定值為何？
9. 在你所使用的系統上，作業系統核心層與還活著嗎（KEEPALIVE）特色有關的參數要如何改變？
10. 一個程式要是沒有打開 SO_KEEPALIVE 插口選項，結果會如何？
11. 一個程式要是打開 SO_KEEPALIVE 插口選項，但不更改任何可調參數值，結果會如何？
12. 一個程式要是打開 SO_KEEPALIVE 插口選項，同時又調整某些或全部和該特色有關的可調參數值，結果會如何？
13. SO_LINGER 插口選項是作何用的？
14. 製造一個情境，讓執行 tcpsrv_reuse_all 程式時能得到以下的錯誤：

```
$ ./tcpsrv_reuse_all 2345
Connection-oriented server program ...
SO_REUSEADDR socket option is turned off.
Error: bind() failed, errno=98, Address already in use
```

然後測量看你必須要等多久，同一伺服程式才能再成功地重新啟動。

15. SO_REUSEADDR 插口選項有何功用？
16. SO_REUSEPORT 插口選項在你所使用的系統有支援嗎？它與 SO_REUSEADDR 選項有何不同？有何相似之處？
17. SO_RCVTIMEO 插口選項是什麼？
18. SO_RCVLOWAT 插口選項是什麼？

程式設計習題

1. 寫一對客戶伺服程式，打開 SO_KEEPALIVE 插口選項，並改變應用程式層次與還活著嗎有關之可調參數的值。執行這對程式，然後將網路連線拔掉或中斷，觀察程式的執行結果，並記下其行為。然後重複同樣的測試，分別在兩部計算機上執行客戶與伺服程式，並將其中一部計算機的電源關掉，結果又如何？
2. 更改前一章之例題程式tcpsrv1.c 與 tcpclnt1.c，以便你能測試 SO_LINGER 插口選項。打開 SO_LINGER 選項。製造下列的情境及事件：

tcpclnt	tcpsrv
送出第一個信息	
	收到客戶程式所送的第一個信息 送出第一個回覆
收到伺服程式的第一個回覆 暫停幾秒鐘 將客戶程式端之網路電纜線拔掉 等一段時間 將網路電纜線接回去 再等一段時間	
	伺服程式端有任何動靜嗎？

(a) 記下你在伺服程式端看到什麼。

(b) 在客戶程式終止後，以及後來網路又恢復後，伺服程式有收到客戶程式所送的第二個信息嗎？為什麼？

打開 SO_LINGER 選項時，測試一次。關閉這選項時，也做一次。

(c) 兩種情況下，程式的行為一樣還是不一樣？試圖解釋你所觀察到的結果。

(d) 假若在將網路復原之前，你再等的更久一點。結果會不一樣嗎？為什麼？

(e) 重複上述的測試一次，可是，這次換成拔掉伺服器上的網路電纜線。程式的行為有改變嗎？為什麼？

3. 重複上一習題的實驗。不過，這次打開 SO_KEEPALIVE 插口選項，並改變你還活著嗎的有關參數的值，減短斷線的偵測時間。調整斷線的偵測時間及你所等待的時間。程式的行為有改變嗎？你能解釋所得到的結果嗎？

4. 更改 tcpsrv_bufsz.c 與 tcpclnt_bufsz.c，讓客戶程式送出一個很大的檔案或幾個大小不同的檔案。試著變更送出與接收緩衝器的大小，並測量與記錄檔案傳輸所需的時間。試著找出速度最快的插口緩衝器大小。

   比較兩個程式在同一計算機上與分別在兩部不同計算機上執行的情況。解釋你所得到的測試結果。

5. 看看你所使用的系統，是否有支援 SO_EXCLUSIVEADDRUSE 或 SO_EXCLBIND 插口選項。若有，則試著編譯與執行圖 13-9 所示的程式（tcpsrv_exclu_bind_all.c）。

6. 找出你所使用的系統是否同時支援 SO_REUSEADDR 與 SO_REUSEPORT 兩個插口選項。詳細說明兩者的相似之處與差別。

7. 設計三個分別打開 SO_REUSEADDR，SO_REUSEPORT，與唯一繫綁三個不同插口選項的 TCP 伺服程式，然後同時執行這些程式，試圖將插口繫綁在同一位址與端口號上，看結果如何，試著解釋你所得到的結果。試著以不同順序啟動這些程式。

8. 設計一對示範 SO_SNDLOWAT 與 SO_RCVLOWAT 插口選項的客戶伺服程式。

9. 倘若你所使用的作業系統不是 Linux，則試著找出看系統上有無可以調整 SO_REUSEADDR 與 SO_REUSEPORT 插口選項之行為的核心層參數。說明每一參數的功用。那些使用 Linux 的讀者，請看看這些選項的行為是否又有了改變？

參考資料

1. Linux man pages
2. RedHat Linux Documentations
3. http://lartc.org/howto/lartc.kernel.obscure.html
4. https://www.suse.com/documentation/sles11/book_sle_tuning/data/sec_tuning_network_buffers.html
5. http://stackoverflow.com/questions/5907527/application-control-of-tcp-retransmission-on-linux
6. http://www.linuxweblog.com/tuning-tcp-sysctlconf
7. http://pubs.opengroup.org/onlinepubs/9699919799/
8. http://www.cs.unc.edu/~jeffay/dirt/FAQ/sobuf.html
9. http://www.cyberciti.biz/faq/linux-tcp-tuning/
10. http://www.tldp.org/HOWTO/TCP-Keepalive-HOWTO/usingkeepalive.html
11. Solaris Tunable Parameters Reference Manual (Solaris 11)
12. Oracle Solaris 11.1 Tunable Parameters Reference Manual
13. http://docs.oracle.com/cd/B10191_01/calendar.903/b10093/kernels.htm
14. Oracle Solaris Administration: Network Interfaces and Network Virtualization

15. http://www.symantec.com/docs/HOWTO64304
16. http://docs.oracle.com/cd/E26502_01/html/E29022/appendixa-2.html
17. http://www.onlamp.com/pub/a/onlamp/2005/11/17/tcp_tuning.html
18. IBM AIX man pages
19. IBM AIX 6.1 Documentations
20. IBM AIX 7.1 Documentations
21. IBM AIX 7.1 Reference Communications
22. IBM AIX Network Communication Management Guide
23. Tuning AIX Network Performance
24. IBM AIX 6.1 Networks and communication Management
25. IBM Tivoli Directory Server Documentation
26. IBM Security Directory Server Documentation
27. Microsoft MSDN
28. http://www.ibmsystemsmag.com/aix/administrator/networks/network_tuning/
29. http://publib.boulder.ibm.com/iseries/v5r2/ic2928/index.htm?info/apis/ssocko.htm
30. http://www-01.ibm.com/support/knowledgecenter/SSTVLU_7.0.0/com.ibm.websphere.extremescale.admin.doc/rxsopchecklist.html
31. https://publib.boulder.ibm.com/infocenter/tsminfo/v6/index.jsp?topic=%2Fcom.ibm.itsm.perf.doc%2Fc_network_aix_srv_clnt.html
32. HP-UX 11i man pages
33. HP-UX 11i TCP/IP Performance White Paper
34. HP-UX Documentations
35. http://docs.hp.com

36. http://h30499.www3.hp.com/t5/Networking/How-to-enable-TCP-Keepalive-on-a-system/td-p/3671660#.VIRshGex18E

37. http://h30499.www3.hp.com/t5/System-Administration/Configuring-TCP-KeepAlive-Parameters/td-p/4751119#.VIRqsGex18E

38. FreeBSD Tuning and Optimization

39. https://wiki.freebsd.org/SystemTuning

40. https://www.freebsd.org/doc/handbook/configtuning-kernel-limits.html

41. https://www.freebsd.org/doc/handbook/config-tuning.html

42. https://calomel.org/freebsd_network_tuning.html

43. http://rerepi.wordpress.com/2008/04/19/tuning-freebsd-sysoev-rit/

44. http://www.starquest.com/Supportdocs/techStarLicense/SL002_TCPKeepAlive.shtml

45. StarQuest Technical Documents

46. http://knowledgebase.progress.com/articles/Article/20017

47. Microsoft Windows Server TCP/IP Implementation Details

48. Winsock Programmer's FAQ

49. http://tangentsoft.net/wskfaq/articles/lame-list.html

50. http://technet.microsoft.com/en-us/library/cc957549.aspx

51. http://smallvoid.com/article/winnt-winsock-buffer.html

52. http://msdn.microsoft.com/en-us/library/windows/desktop/ms740476%28v=vs.85%29.aspx

53. http://www-01.ibm.com/support/docview.wss?uid=swg21190501

54. http://www.analyticalsystems.com.au/confluence/display/PUB04/Configure+Windows+Keep+Alive+network+setting

55. http://www.gnugk.org/keepalive.html

56. https://hea-www.harvard.edu/~fine/Tech/addrinuse.html (Bind: Address Already in Use)

57. RFC 1122

58. RFC 2525

59. https://tools.ietf.org/html/rfc793 (RFC 793) (TIME-WAIT state)

60. http://wwwx.cs.unc.edu/~sparkst/howto/network_tuning.php

61. http://stackoverflow.com/questions/3757289/tcp-option-so-linger-zero-when-its-required

62. http://support.esri.com/ja/knowledgebase/techarticles/detail/25129

63. http://www.ccplusplus.com/2011/09/solinger-example.html

64. http://blog.netherlabs.nl/articles/2009/01/18/the-ultimate-so_linger-page-or-why-is-my-tcp-not-reliable

65. http://en.wikipedia.org/wiki/Keepalive

66. http://www.tldp.org/HOWTO/TCP-Keepalive-HOWTO/usingkeepalive.html

67. http://www.tldp.org/HOWTO/TCP-Keepalive-HOWTO/overview.html

68. http://ltxfaq.custhelp.com/app/answers/detail/a_id/1512/~/tcp-keepalives-explained

69. https://www.freebsd.org/cgi/man.cgi?query=tcp

70. https://www.kernel.org/doc/Documentation/networking/ip-sysctl.txt

71. https://docstore.mik.ua/manuals/hp-ux/en/B2355-60130/TCP.7P.html

72. http://www.serverframework.com/asynchronousevents/2011/01/time-wait-and-its-design-implications-for-protocols-and-scalable-servers.html (TIME_WAIT)

TIME_WAIT 狀態與 “Address already in use” 錯誤的參考資料

1. https://hea-www.harvard.edu/~fine/Tech/addrinuse.html
2. https://stackoverflow.com/questions/14388706/socket-options-so-reuseaddr-and-so-reuseport-how-do-they-differ-do-they-mean-t
3. http://man7.org/linux/man-pages/man7/socket.7.html
4. https://lwn.net/Articles/542629/
5. http://man7.org/linux/man-pages/man7/socket.7.html
6. http://alas.matf.bg.ac.rs/manuals/lspe/snode=104.html
7. https://medium.com/uckey/the-behaviour-of-so-reuseport-addr-1-2-f8a440a35af6
8. https://qiita.com/SHUAI/items/07573e8a2be37bf3e8d1
9. https://docs.microsoft.com/en-us/windows/desktop/winsock/using-so-reuseaddr-and-so-exclusiveaddruse
10. https://my.oschina.net/miffa/blog/390932

筆記

分散式軟體的設計

14 CHAPTER

這一章討論實際分散式應用軟體的設計以及其設計通常所碰到的幾個問題。

在設計一個實際的分散式應用軟體時，人們通常會碰到以下這些問題：

1. 印地（endian）
2. 對位（alignment）
3. 32 位元與 64 位元混合在一起
4. 版本不同
5. 向後與向前相容性（backward and forward compatibility）
6. 可相互運作性（interoperability）
7. 安全，諸如認證與癱瘓攻擊。

14-1 印地

14-1-1 何謂印地？

(a) 小印地

記憶位址	記憶內含
10000	4
10001	3
10002	2
10003	1

(b) 大印地

記憶位址	記憶內含
10000	1
10001	2
10002	3
10003	4

圖 14-1 小印地與大印地格式（儲存 0X01020304）

印地（endianness）是一計算機中央處理器結構的主要屬性（attribute）之一。它代表一部計算機的中央處理器，在將一多位元組的二進制整數，儲存在記憶器或媒體上時，所使用的**位元組順序**（byte order）。所以，印地指的就是位元組順序。

不同計算機處理器在設計時採用不同的位元組順序。雖然有可能會有其他的變種，但目前最流行的中央處理器，其位元組順序不外乎下列兩種：

1. 小印地（little-endian）

2. 大印地（big-endian）

小印地中央處理器結構將一多位元組整數的最低次位元組，儲存在記憶位址最小的記憶位元組位置，而大印地中央處理器則將一多位組整數的最高次（most significant）位元組，儲存在最小記憶位址的記憶位元組位置。

圖 14-1 所示，即一值為十六進數 0x01020304 儲存在記憶器內的情形。從圖中讀者可看出，小印地與大印地的位元組順序正好相反。

當代最流行的中央處理器中，採用小印地格式的有 Intel x86 中央處理器，與 HP/DEC Alpha 處理器。在早期，在 1980 至 1990 年代，有許多大學都很廣泛採用，最流行的迷你計算機結構，DEC 公司所生產的 VAX 計算機，也是小印地結構。

採用大印地結構的中央處理器包括 IBM POWER/Power PC，Oracle/Sun 的 SPARC，HP 的 PARISC。此外，SGI 與 Fujitsu 的處理器也是。

14-1-2 為何要管印地格式？

為什麼印地格式重要？印地格式的確很重要，因為，就二進制的整數資料而言，它就像是一種寫碼方式。不同的是印地格式就像是一種不同的寫碼方式。倘若你不知道或搞錯資料的印地格式，那你很可能就會對資料做出錯誤的解讀！

例如，倘若你把表示成小印地格式的整數 0x01020304 給我，而我不知，致把它解釋成大印地格式的話，則我所得到的值即會是 0x04030201，結果完全錯了。

換言之，這是一個資料正確性的問題！因此，在解釋或使用一個二進制整數資料之前，你絕對必須要知道它是表示成那一種印地格式。

14-1-3 印地格式何時重要？

印地格式在你或程式必須解釋或使用一項存成二進制格式的多位元組的整數資料，或將之傳輸至另一部計算機使用時，就有關係。

記得，只有整數資料才有關係。字串資料就沒關係。不僅如此，只有你將這整數資料存成二進制形式，而且資料佔用一個位元組以上時，才有關係。表示成字串形式的整數，或只有一個位元組長的二進制整數，也都沒關係。

例如，倘若你有一些整數資料，但它們全部都是只有一個位元組大(長)，那你就不用擔心。這是因為這些資料都只有一個位元組大，因此，根本就沒有位元組順序的問題。或者，假若你有一些整數資料，但它們卻全都表示成ASCII，存成字串格式，那你也不用擔心。因為，ASCII 寫碼形式是將每一位數字，分別個別寫碼成一個位元組（ASCII 碼）的。所以，也沒有位元組順序的問題。換言之，ASCII 資料是單位元組的二進整數資料，因此，它不管是在哪一印地格式的計算機上，都是一樣，也都是完全可移植的。世界通用碼（Unicode）資料也算是字串資料，因為，雖然每一個文字可能寫碼成多個位元組，但這幾個相關的位元組並不會被當成是一個整數解釋的。就以上所舉這些資料型態而言，它們都沒有所謂的印地格式的問題，也因此，你根本不需擔心，也不必做印地格式的轉換。

假若你的程式計算並且產生二進制整數資料，但這些資料從未送出並在另一部計算機使用，則你也不需擔心印地的問題。單一部計算機，自己產生二進制整數資料，自己用，因印地格式相同，所以沒有印地的問題。

可是，萬一計算機所產生之二進制整數資料，必須在另一部計算機上使用時，那就可能會有印地格式的問題。因為，產生資料的計算機，其印地格式可能會與使用資料的計算機不同。因此必須做轉換。這至少包括下面兩種情況。

首先，一個很常見的應用是，一個程式（如資料庫系統）產生一些二進制的整數資料，並將資料寫入一檔案內。這檔案稍後由另一計算機讀取與使用。倘若這使用資料的第二部計算機的印地格式與寫入資料之計算機的印地格式不同，則那就有印地的問題了。

其次，網路應用程式經常會把二進制的整數資料，經由計算機網路，傳送給另一部計算機。

在以上這兩種情況下，產生資料之計算機與實際使用與解釋這二進整數資料的計算機，兩者的印地格式可能完全不同。因此，就會有印地格式的問題存在。印地格式的問題出現在當一計算機欲使用的二進制整數資料，是由另一不同印地格式之計算機所產生的時候：例如，資料是在諸如 IBM POWER AIX 或 Oracle/SUN SPARC SOLARIS 等大印地系統上產生的，但卻拿來在使用小印地格式的 Intel x86 處理器的微軟視窗作業系統上使用時。

總之，印地格式不同的問題會出現在試圖解釋或使用二進整數資料的計算機，且其印地格式與資料的印地格式不相同時。倘若使用資料之計算機的印地格式與資料的印地格式相同，那是沒問題的。或是假設你只把儲存二進整數資料的檔案，拷貝存放在另一不同印地格式的計算機上，而不去實際解釋與使用那資料，那也是沒問題。只要你不實際去解釋或使用那二進制整數資料，只有移動，拷貝，或傳輸它，那只要你確定過程並未更動任何資料，那也是不必擔心印地格式的問題的，只有原封不動的搬動，拷貝或儲存是沒問題的。

舉例而言，你有一個存成小印地格式的檔案，裡面含有二進整數資料。你可以將該檔案以計算機網路傳輸至另一大印地的電腦上，再從那兒，再傳輸至另一小印地格式的電腦上使用，毫無問題。只要檔案的傳輸或搬運過程未曾更動檔案的內容，就沒問題。換言之，只是原封不動的移動或傳輸，而不是實際去解釋或使用那二進整數資料，就不致造成問題。

印地格式的問題出現在你將二進整數資料，由一印地格式的計算機，傳輸至另一印地格式不同的計算機上，並在那兒使用時，或是兩互相交換資料的計算機，彼此印地格式不同時。

摘要

總之，只有存成二進形式的整數資料，才會有印地格式的問題，存成 ASCII 或世通碼的字串形式的整數資料，沒印地的問題。同時，只有多位元組的二進整數資料，才會有印地格式的問題。單位元組的二進整數資料，也不用擔心印地的問題。文字或字串資都與印地格式無關。

此外，印地格式不同的問題，只發生在正式解釋或使用資料時。假若你只是單純的儲存或傳輸，並不實際去解釋並使用那些資料，印地格式不同的問題是不會爆發的。

14-1-4 如何得知一計算機之印地格式？

由於假設你沒處理好印地格式，你的程式可能就會出現錯誤的結果。因此，身為軟體工程師，知道如何取得現有計算機之印地格式，便是你的責任。圖 14-2 所示即為一很簡單，可以得知一部計算機之印地格式的程式。

程式叫用一稱為 endian() 的函數，得知目前正執行該程式之中央處理器的印地格式。該函數將一十六進制整數0x01020304 存入一個四個位元組長的整數變數內，然後再檢查其最低位址之位元組的值，來決定並得知目前之中央處理器的印地格式。

圖 14-2 求取目前中央處理器之印地格式（get_my_endian.c）

```
/*
 * Get the endian format of this local computer.
 * Authored by Jin-Jwei Chen
 * Copyright (c) 2010-2019 Mr. Jin-Jwei Chen. All rights reserved.
 */

#include <stdio.h>
#include "mydistsys.h"

/* Find the endian type of this local CPU */
int endian()
{
  unsigned int           x = 0x01020304;
  unsigned char          *px = (unsigned char *)&x;

  if (px[0] == 0x01)
    return(BIG_ENDIAN);
  else if (px[0] == 0x04)
    return(LITTLE_ENDIAN);
  else
    return(UNKNOWN_ENDIAN);
}

int main(int argc, char *argv[])
{
  int   myendian;

  myendian = endian();
  if (myendian == LITTLE_ENDIAN)
    printf("This is a little endian processor.\n");
  else if (myendian == BIG_ENDIAN)
    printf("This is a big endian processor.\n");
  else
    printf("This is not a little or big endian processor.\n");
}
```

14-1-5 解決跨印地問題的不同方法

假設現在我們有一些多位元組之二進整數資料，而且必須在不同印地格式的幾部計算機之間傳輸這些資料。要如何解決這個問題呢？換言之，如何確保在傳輸之後，這些資料永遠被正確地解讀呢？

有幾種不同方式可以解決這誇印地的問題。

第一種方式是，將所有傳輸中的二進整數資料，永遠存成某種單一的格式。就選一個，不論大印地或小印地都無所謂。格式選定了之後，在發送出前，資料的發送方永遠先將二進整數資料，轉換成那種格式，然後才送出。必要時做所需的印地格式轉換。在接收方，由於資料接收者知道資料永遠是存成那種印地格式，因此，必要時，資料接收方會將所收到的資料，先轉換成自己的印地格式，然後再將資料存起或使用。如此，資料接收方就永遠不需知道資料發送方的印地格式。因為，不論如何，經過網路送來的資料，永遠都只有一種印地格式。

有了圖 14-2 所示的工具之後，程式就永遠可以得知自己所在之計算機的印地格式。若與所規定的網路傳輸印地格式不同，就做印地格式轉換，很簡單。

以上所描述的辦法，正是網際網路所採用的方法。在將二進整數資料放在網上傳出時，網際網路永遠將資料置於所謂的“網路位元組順序”，然後才送出。如此，資料的接收方永遠知道所收到之資料的印地格式。網際網路的實作即採用大印地格式，作為網路的位元組順序。換言之，所有在網際網路上傳輸的二進整數資料，全都表示成大印地格式的。

第二，另一種方式則是在應用程式的協定上解決這個問題。通信的雙方在正式連上線之後，可以互相交換各自印地格式的訊息。然後，資料的發送方永遠不作轉換，就將資料以其自己的印地格式直接送出。資料的接收方知道資料發送者的印地格式。只有在自己的印地格式與發送者的印地格式不同時，資料接收方才在收到資料之後，將二進整數資料，由發送者的印地格式，轉換成自己的印地格式。

第三種方式則將資料的印地格式記錄在資料上或在一起，讓資料能達到自我辨認。下一節我們會舉一個這樣的例子。

14-1-6 讀取／寫入可在不同的印地格式之間移植的二進檔案

這一節介紹一個產生可移植（portable）資料檔案的技巧。

在計算機應用上，一部計算機將資料或計算結果以二進制格式寫在一個檔案上，然後在另一計算機上讀取並使用這個檔案上的資料的情形到處都是。而且經常這兩部計算機的印地格式會是不一樣的。

假定現在你必須寫一個程式，產生並送出一個含有多位元組之二進整數資料的二進制檔案，而這個檔案的資料必須在任何印地格式的計算機上都能使用。你怎麼做？

為了確保一個二進制檔案能在不同印地格式的計算機上自由移植，你必須將這檔案寫成自我描述的方式。這通常表示檔案的最前頭要有一個**檔案前頭資料錄**（file header record）。這資料錄儲存這檔案的各項屬性，包括檔案的名稱，每一資料錄的大小，以及檔案資料的印地格式。

由於檔案資料的印地格式存在檔案內，在前頭資料錄上。欲使用檔案資料的程式，可先讀取這前頭資料錄，查看印地格式，以得知其在使用這些資料之前，是否必須先做印地格式的轉換。這樣子，產生檔案的程式就不須在寫入檔案時做任何轉換，它只須將其印地格式正確地寫在檔案的前項資料錄上即可。而檔案資料的使用者，也只有在必要時（亦即，在自己的印地格式與檔案資料的印地格式不同時），才有必要做印地格式的轉換。

注意，最重要的是，用以代表檔案資料之印地格式的資料欄，必須一定要是單位元組才行。否則，一切就破功，行不通了。唯有使用單一位元組的資料欄，這資料欄的資料值才會跟印地格式完全無關，也才能不論在那一部計算機上，都還能正確地顯示其印地格式的正確值。

圖 14-3 所示即為一個檔案格式的例子。

印地格式（單位元組）：小印地 資料錄的個數：n1 資料錄的大小：n2 檔案名稱：xyz …	前頭資料錄
第一資料錄 第二資料錄 …	實際的檔案資料

圖 14-3　可移植式資料檔案的格式

圖 14-4 所示即為一個能產生一可移植之資料檔案的程式。該程式所建立產生的檔案，應該在任何印地格式的計算機上都能正確地使用。在建立檔案時，程式將計算機的印地格式，寫入檔案前頭資料錄的一開始，以便這檔案的使用者，能讀取並得知檔案資料的印地格式。

圖 14-5 所示則為該程式所用到的三個前頭檔案。

圖 14-4　產生可移植的資料檔案（exchange_rec.c）

```
/*
 * Writing or reading portable data records.
 * Writing portable binary output file that can be correctly read on any
 * machines with different endian or reading it.
 * Authored by Mr. Jin-Jwei Chen.
 * Copyright (c) 2008-2019, 2020 Mr. Jin-Jwei Chen. All rights reserved.
 */

#ifdef WINDOWS
#include <fcntl.h>
#include <sys/types.h>
#include <sys/stat.h>
#include <io.h>
#include <stdio.h>
typedef int  ssize_t;
typedef unsigned int  mode_t;
#endif

#include "mystdhdr.h"
#include "myerrors.h"
#include "mydistsys.h"

#define  READF      1           /* read file */
#define  WRITEF     2           /* write file */
#define  READ       "read"
#define  Write      "write"
#define  FNAME_LEN  32          /* Max. length of file name */
```

```
#define  NRECORDS   2           /* number of records */
#define  DEF_FILE_NAME  "portable_recs"  /* default file name */

/* Write actual data records */
int write_data_rec(int fd)
{
  data_rec_t  datarec;          /* data record */
  ssize_t     recsz;            /* record size in byes */
  ssize_t     bytes;            /* number of bytes written */

  /* Write first data record */
  strcpy(datarec.name, "Jennifer Johnson");
  datarec.birthyear = 1980;
  datarec.salary = 224000;
  datarec.bonus = 1234500;
  recsz = sizeof(datarec);
  bytes = write(fd, (void *)&datarec, recsz);
  if (bytes == -1)
  {
    fprintf(stderr, "Error: write_data_rec() failed to write data record "
      "to file, errno=%d\n", errno);
    close(fd);
    return(PROD_ERR_WRITE);
  }

  if (bytes != recsz)
  {
    fprintf(stderr, "Error: write_data_rec() failed to write data record "
      "to file, only %ld of %ld bytes written.\n", bytes, recsz);
    close(fd);
    return(PROD_ERR_WRITE);
  }

  /* Write second data record */
  strcpy(datarec.name, "Allan Smith");
  datarec.birthyear = 1970;
  datarec.salary = 448000;
  datarec.bonus = 2469000;
  recsz = sizeof(datarec);
  bytes = write(fd, (void *)&datarec, recsz);
  if (bytes == -1)
  {
    fprintf(stderr, "Error: write_data_rec() failed to write data record "
      "to file, errno=%d\n", errno);
    close(fd);
    return(PROD_ERR_WRITE);
  }

  if (bytes != recsz)
  {
    fprintf(stderr, "Error: write_data_rec() failed to write data record "
```

```
        "to file, only %ld of %ld bytes written.\n", bytes, recsz);
      close(fd);
      return(PROD_ERR_WRITE);
    }
    return(SUCCESS);
  }

  /* Write data records to a file */
  int write_rec_file(char *filename)
  {
    int       ret;                  /* return code */
    int       fd;                   /* file descriptor */
    ssize_t   recsz;                /* record size in byes */
    ssize_t   bytes;                /* number of bytes written */
    int       myendian;             /* this CPU's endian type */
    mode_t    mode = 0644;          /* file permissions */
    portable_data_hdr_t  hdr;   /* header of data file */

    if (filename == (char *)NULL)
      return(EINVAL);

    /* Open the output file */
    fd = open(filename, O_CREAT|O_WRONLY|O_TRUNC, mode);
    if (fd == (-1))
    {
      fprintf(stderr, "Error: write_rec_file() failed to open file %s, "
        "errno=%d\n", filename, errno);
      return(PROD_ERR_OPEN);
    }

    /* Write the file header record */
    hdr.endian = endian();
    hdr.version = 1;
    hdr.magic = DATA_MAGIC;
    hdr.nrecs = NRECORDS;
    recsz = sizeof(hdr);
    bytes = write(fd, (void *)&hdr, recsz);
    if (bytes == -1)
    {
      fprintf(stderr, "Error: write_rec_file() failed to write file header "
        "to file %s, errno=%d\n", filename, errno);
      close(fd);
      return(PROD_ERR_WRITE);
    }

    if (bytes != recsz)
    {
      fprintf(stderr, "Error: write_rec_file() failed to write file header "
        "to file %s, only %ld of %ld bytes written.\n", filename, bytes, recsz);
      close(fd);
      return(PROD_ERR_WRITE);
```

```
    }

    /* Write actual data records */
    ret = write_data_rec(fd);
    if (ret == SUCCESS)
      fprintf(stdout, "The data file was successfully created.\n");
    else
      fprintf(stderr, "Creating the data file was unsuccessful.\n");

    close(fd);
    return(ret);
}

/* Print the contents of the file header */
void print_hdr(portable_data_hdr_t *hdr)
{
    if (hdr == (portable_data_hdr_t *)NULL)
      return;
    fprintf(stdout,"\nContents of the file header:\n");
    fprintf(stdout, "  hdr->endian = %d\n", hdr->endian);
    if (endian() == hdr->endian)
    {
      fprintf(stdout, "  hdr->version = %d\n", hdr->version);
      fprintf(stdout, "  hdr->magic = %d\n", hdr->magic);
      fprintf(stdout, "  hdr->nrecs = %llu\n", hdr->nrecs);
    }
    else
    {
      fprintf(stdout, "  hdr->version = %d\n", myByteSwap4(hdr->version));
      fprintf(stdout, "  hdr->magic = %d\n", myByteSwap4(hdr->magic));
      fprintf(stdout, "  hdr->nrecs = %llu\n", myByteSwap8(hdr->nrecs));
    }
    return;
}

/* Print the contents of a data record */
void print_data_rec(data_rec_t *datarec, portable_data_hdr_t *hdr)
{
    if (datarec == (data_rec_t *)NULL || hdr == (portable_data_hdr_t *)NULL)
      return;

    fprintf(stdout, "\n  name = %s\n", datarec->name);

    /* For the binary integer data items, if the endian type is the same,
     * print what is read.  Otherwise, byte swap the value before printing it.
     */
    if (endian() == hdr->endian)
    {
      fprintf(stdout, "  birthyear = %u\n", datarec->birthyear);
      fprintf(stdout, "  salary = %u\n", datarec->salary);
      fprintf(stdout, "  bonus = %u\n", datarec->bonus);
```

```
  }
  else
  {
    fprintf(stdout, "  birthyear = %u\n", myByteSwap4(datarec->birthyear));
    fprintf(stdout, "  salary = %u\n", myByteSwap4(datarec->salary));
    fprintf(stdout, "  bonus = %u\n", myByteSwap4(datarec->bonus));
  }
  return;
}

/* Read records from a binary data file */
int read_rec_file(char *filename)
{
  int       ret;                  /* return code */
  int       fd;                   /* file descriptor */
  ssize_t  recsz;                 /* record size in byes */
  ssize_t  bytes;                 /* number of bytes read */
  int       myendian;             /* this CPU's endian type */
  portable_data_hdr_t  hdr;       /* header of data file */
  int       i;                    /* loop index */
  data_rec_t  datarec;            /* data record */
  unsigned int hdrmagic;          /* magic number in the file header */

  if (filename == (char *)NULL)
    return(EINVAL);

  /* Open the data file */
  fd = open(filename, O_RDONLY);
  if (fd == (-1))
  {
    fprintf(stderr, "Error: read_rec_file() failed to open file %s, "
      "errno=%d\n", filename, errno);
    return(PROD_ERR_OPEN);
  }

  /* Read the file header record */
  recsz = sizeof(hdr);
  bytes = read(fd, (void *)&hdr, recsz);
  if (bytes == -1)
  {
    fprintf(stderr, "Error: read_rec_file() failed to read file header "
      "from file %s, errno=%d\n", filename, errno);
    close(fd);
    return(PROD_ERR_READ);
  }

  if (bytes != recsz)
  {
    fprintf(stderr, "Error: read_rec_file() failed to read file header "
      "from file %s, only %ld of %ld bytes read.\n", filename, bytes, recsz);
    close(fd);
```

```
      return(PROD_ERR_READ);
    }

    /* Get the magic number from the file header and do a sanity check */
    if (endian() == hdr.endian)
      hdrmagic = hdr.magic;
    else
      hdrmagic = myByteSwap4(hdr.magic);
    if (hdrmagic != DATA_MAGIC)
    {
      fprintf(stderr, "Error: read_rec_file() found magic number mismatch.\n");
      close(fd);
      return(PROD_ERR_WRONGMAGIC);
    }

    print_hdr(&hdr);

    /* Read and print actual data records */
    fprintf(stdout, "\nContents of the data records follow:\n");
    for (i = 0; i < NRECORDS; i++)
    {
      recsz = sizeof(datarec);
      bytes = read(fd, (void *)&datarec, recsz);
      if (bytes == -1)
      {
        fprintf(stderr, "Error: read_rec_file() failed to read data record "
          "from file %s, errno=%d\n", filename, errno);
        close(fd);
        return(PROD_ERR_READ);
      }
      if (bytes != recsz)
      {
        fprintf(stderr, "Error: read_rec_file() failed to read data record "
          "from file %s, only %ld of %ld bytes read.\n", filename, bytes, recsz);
        close(fd);
        return(PROD_ERR_READ);
      }

      print_data_rec(&datarec, &hdr);
    }

  close(fd);
  return(SUCCESS);
}

int main(int argc, char *argv[])
{
  int     action = READF;
  char    action_str[8] = READ;
```

```
  char     filename[FNAME_LEN+1] = DEF_FILE_NAME;
  int      len = 0;

  if (argc > 1)
  {
    if (argv[1][0] == 'r' || argv[1][0] == 'R')
    {
      action = READF;
      strcpy(action_str, "read");
    }
    else if (argv[1][0] == 'w' || argv[1][0] == 'W')
    {
      action = WRITEF;
      strcpy(action_str, "write");
    }
    else
    {
      fprintf(stderr, "Usage: %s [r|w|R|W] filename\n", argv[0]);
      return(PROD_ERR_BAD_SYNTAX);
    }
  }

  if (argc > 2)
  {
    len = strlen(argv[2]);
    if (len > FNAME_LEN)
    {
      fprintf(stderr, "Error, file name %s is too long.\n", argv[2]);
      return(PROD_ERR_NAME_TOOLONG);
    }
    else
    {
      strncpy(filename, argv[2], len);
      filename[len] = '\0';
    }
  }

  fprintf(stdout, "To %s portable binary file %s ...\n", action_str, filename);

  if (action == READF)
    return(read_rec_file(filename));
  else if (action == WRITEF)
    return(write_rec_file(filename));

  return(SUCCESS);
}
```

圖 14-5 前頭檔案（mystdhdr.h，myerrors.h，mydistsys.h）

（a）mystdhdr.h

```
/*
 * My cross-platform standard include file.
 * Copyright (c) 2002, 2014-2019 Mr. Jin-Jwei Chen. All rights reserved.
 */

#include <stdio.h>
#include <errno.h>
#include <string.h>          /* memset(), strerror() */
#include <stdlib.h>          /* atoi() */

#ifdef WINDOWS

#define WIN32_LEAN_AND_MEAN
#include <Winsock2.h>
#include <ws2tcpip.h>
#include <mstcpip.h>
#include <Windows.h>         /* Sleep() - link Kernel32.lib */

/* Needed for the Windows 2000 IPv6 Tech Preview. */
#if (_WIN32_WINNT == 0x0500)
#include <tpipv6.h>
#endif

#define STRICMP _stricmp
typedef unsigned short in_port_t;
typedef unsigned int in_addr_t;

#else  /* ! WINDOWS */

/* Unix and Linux */
#include <sys/types.h>
#include <sys/socket.h>
#include <netinet/in.h>      /* protocols such as IPPROTO_TCP, ... */
#include <arpa/inet.h>       /* inet_pton(), inet_ntoa() */
#include <netdb.h>           /* struct hostent, gethostbyaddr() */
#include <time.h>            /* nanosleep() */
/* The next few are for async I/O and file I/O. */
#include <unistd.h>
#include <fcntl.h>
#include <sys/time.h>
#include <sys/select.h>
#include <sys/stat.h>
/* Below is for Unix Domain socket */
#include <sys/un.h>

#endif
```

(b) myerrors.h

```
/*
 * All error codes defined by the application.
 * Supported operating systems: Linux, Unix (AIX, Solaris, HP-UX),
 * Apple Darwin and Windows.
 * Copyright (c) 1995, 2014, 2019-2020 Mr. Jin-Jwei Chen. All rights reserved.
 */

#include <errno.h>       /* system-defined errors */

/*
 * Error codes defined by applications
 */

/* Success */
#define SUCCESS 0

/* Base value of all error codes defined. */
#define BASE_ERROR_NUM 5000

/* All error codes from component 1. */
#define PROD_ERR_WINSOCK_INIT       (BASE_ERROR_NUM+1)
#define PROD_ERR_GETADDRINFO        (BASE_ERROR_NUM+2)
#define PROD_ERR_SOCKET_CREATE      (BASE_ERROR_NUM+3)
#define PROD_ERR_BIND               (BASE_ERROR_NUM+4)
#define PROD_ERR_LISTEN             (BASE_ERROR_NUM+5)
#define PROD_ERR_ACCEPT             (BASE_ERROR_NUM+6)
#define PROD_ERR_CONNECT            (BASE_ERROR_NUM+7)
#define PROD_ERR_SOCKET_SEND        (BASE_ERROR_NUM+8)
#define PROD_ERR_SOCKET_RECV        (BASE_ERROR_NUM+9)
#define PROD_ERR_SETSOCKETOPT       (BASE_ERROR_NUM+10)
#define PROD_ERR_GETSOCKETOPT       (BASE_ERROR_NUM+11)
#define PROD_ERR_WRONGMAGIC         (BASE_ERROR_NUM+12)
#define PROD_ERR_READ               (BASE_ERROR_NUM+13)
#define PROD_ERR_WRITE              (BASE_ERROR_NUM+14)
#define PROD_ERR_OPEN               (BASE_ERROR_NUM+15)

/* The base value and all error codes from component 2. */
#define BASE_ERROR_NUM2 (BASE_ERROR_NUM+1000)
#define PROD_ERR_BAD_OPCODE         (BASE_ERROR_NUM2+1)
#define PROD_ERR_NO_MEMORY          (BASE_ERROR_NUM2+2)
#define PROD_ERR_BAD_SYNTAX         (BASE_ERROR_NUM2+3)
#define PROD_ERR_NAME_TOOLONG       (BASE_ERROR_NUM2+4)
```

(c) mydistsys.h

```
/*
 * Include file for distributed system applications
 * Supported operating systems: Linux, Unix (AIX, Solaris, HP-UX),
 * Apple Darwin and Windows.
```

```
 * Copyright (c) 1996, 2002, 2014, 2019-2020 Mr. Jin-Jwei Chen. All
rights reserved.
 */

/*
 * Defines for Endianness.
 */
#undef  LITTLE_ENDIAN
#undef  BIG_ENDIAN
#define LITTLE_ENDIAN     1
#define BIG_ENDIAN        2
#define UNKNOWN_ENDIAN    3

/*
 * Endian utility functions.
 */
int endian();
unsigned long long myhtonll(unsigned long long num64bit);
unsigned long long myntohll(unsigned long long num64bit);
unsigned short myByteSwap2(unsigned short num16bit);
unsigned int myByteSwap4(unsigned int num32bit);
unsigned long long myByteSwap8(unsigned long long num64bit);

/* Alternative names for the bytes swap functions */
#define swap2bytes myByteSwap2
#define swap4bytes myByteSwap4
#define swap8bytes myByteSwap8

/*
 * Use our own version on platforms not supporting htonll()/ntohll().
 * Remove the O.S. from this list once it has native support.
 */
#if (WINDOWS || LINUX || HPUX)
#define htonll  myhtonll
#define ntohll  myntohll
#endif

/*
 * Application protocol version numbers
 */
#define VERSION1  1
#define CURRENT_VER VERSION1  /* always keep this line last */

/* Magic number */
#define PROTO_MAGIC  3923850741
#define REQ_MAGIC    3749500826
#define REPLY_MAGIC  2814594375
#define DATA_MAGIC   1943724308

/* Client request operations */
#define REQ_OPCODE1  1     /* do multiplication */
```

```
/*
 * Initial connection packet.
 */
#define AUTH_ID_LEN    32
#define INIT_PKT_LEN  256
typedef struct {
    unsigned int      version;    /* app. protocol version number */
    unsigned int      magic;      /* app. protocol magic number */
    unsigned int      flags;
    char              auth[AUTH_ID_LEN];    /* auth data */
    char              reserved[INIT_PKT_LEN-AUTH_ID_LEN];
} init_pkt_t;

/*
 * Request/Reply header packet.
 */
typedef struct {
    unsigned int        version;    /* App. data version number */
    unsigned int        magic;      /* app. data packet magic number */
    int                 operation;  /* operation to be performed */
    int                 status;     /* status of the operation */
    unsigned long long  datasz;     /* size of data */
    char                reserved[64];
} req_pkt_t;

/*
 * Portable data file header.
 */
typedef struct {
    char                endian;      /* endian format of the data */
    char                padding[3];  /* pad it for alignment */
    unsigned int        version;     /* version number */
    unsigned int        magic;       /* magic number of data record header */
    unsigned int        padding2;    /* pad it to 8-byte boundary */
    unsigned long long  nrecs;       /* number of records */
    char                  reserved[24];
} portable_data_hdr_t;

/*
 * Data record.
 */
#define  NAME_LEN  32
typedef struct {
    char                name[NAME_LEN];
    unsigned int        birthyear;
    unsigned int        salary;
    unsigned int        bonus;
} data_rec_t;
```

為了簡單起見，這例題程式就只寫入兩個實際的員工資料錄。同時，也將員工的資料直接定死了在裡面。

同一個程式可用以產生一資料檔案，也可用以消耗（讀取）別的程式所建立的資料檔案，命令引數 w 代表欲建立，r 則代表欲讀取。你可試著以之讀取一個在不同印地格式的計算機上所建立的資料檔案，看它是否能正確地解讀檔案所含的資料。

該程式曾經在 IBM PowerPC AIX，Oracle/Sun SPARC Solaris，HP IA64 HPUX，Intel x86 Linux，與 Apple Mac Pro（x86 處理器）等多個平台的 32 位元與 64 位元不同組合情況下測試過。定全都没問題。

圖 14-6 所示即為一些輸出的樣本，正如你可看出的，在 Intel x86 Linux 系統上執行該程式，可以讀取在 IBM PowerPC AIX 與 Oracle/Sun SPARC Solaris上所建立的資料檔案，完全沒問題。資料檔案是在大印地的計算機上所建立的，且在小印地的 Intel x86 系統上仍能正確讀取使用。程式的輸入檔案 portable_recs. sun64 與 portable_recs. aix32，是分別在 64 位元的 Oracle/Sun SPARC 與 32 位元的 IBM PowerPC 上執行“exchange_rec w...”命令所獲得的。

圖 14-6 exchange_rec 程式之執行輸出結果的樣本

```
$ ./exchange_rec w portable_recs.lin64
To write portable binary file portable_recs.lin64 ...
sizeof(hdr) = 48
sizeof(datarec) = 44
The data file was successfully created.

$ ./exchange_rec r portable_recs.lin64
To read portable binary file portable_recs.lin64 ...

Contents of the file header:
  hdr->endian = 1
  hdr->version = 1
  hdr->magic = 1943724308
  hdr->nrecs = 2

Contents of the data records follow:

  name = Jennifer Johnson
  birthyear = 1980
  salary = 224000
  bonus = 1234500
```

```
  name = Allan Smith
  birthyear = 1970
  salary = 448000
  bonus = 2469000

$ ./exchange_rec r portable_recs.sun64
To read portable binary file portable_recs.sun64 ...

Contents of the file header:
  hdr->endian = 2
  hdr->version = 1
  hdr->magic = 1943724308
  hdr->nrecs = 2

Contents of the data records follow:

  name = Jennifer Johnson
  birthyear = 1980
  salary = 224000
  bonus = 1234500

  name = Allan Smith
  birthyear = 1970
  salary = 448000
  bonus = 2469000

$ ./exchange_rec r portable_recs.aix32
To read portable binary file portable_recs.aix32 ...

Contents of the file header:
  hdr->endian = 2
  hdr->version = 1
  hdr->magic = 1943724308
  hdr->nrecs = 2

Contents of the data records follow:

  name = Jennifer Johnson
  birthyear = 1980
  salary = 224000
  bonus = 1234500

  name = Allan Smith
  birthyear = 1970
  salary = 448000
  bonus = 2469000
```

14-1-7 如何做印地轉換—公用的函數？

在計算機網路通信上，經常應用程式都是將整個資料結構在網路上傳送的。即使是在用檔案作資料交換的例子，檔案中的資料錄通常也都是以 C 資料結構代表的。一般每個資料結構中只有少數幾個資料欄會是二進制整數，也唯有這二進整數的資料欄必須做印地格式轉換。所以，你必須知道每一資料結構的定義，以及有那些資料欄必須做印地格式轉換。視你所選定的解決辦法而定，你有可能在將資料寫出與讀取時，都需要轉換（如網際網路的傳送），或只有在讀取時才轉換（如我們前面所提的檔案資料交換例子）。

如何將資料從某一印地格式轉換成另一印地格式呢？

答案是，使用印地轉換函數。POSIX 標準定義了幾個網路通信可以叫用的印地轉換函數。可惜，並不完全。所以，本書也多定義了幾個，以補不足。這節就介紹這些函數。

POSIX 標準所定義的印地格式轉換函數有四個。它們用以轉換 16 與 32 位元的二進整數。這些函數非常方便好用，我們在插口程式設計一章也用過。它們是：

htons()：將一 16 位元整數由主機位元組順序轉換成網路位元組順序

htonl()：將一 32 位元整數由主機位元組順序轉換成網路位元組順序

ntohs()：將一 16 位元整數由網路位元組順序轉換成主機位元組順序

ntohl()：將一 32 位元整數由網路位元組順序轉換成主機位元組順序

很不幸地，原來的 POSIX 標準並未包括 64 位元整數的印地轉換函數。因此，有些平台有自己定義了這些函數，諸如 htonll() 與 ntohll()，但有些則無。譬如，IBM AIX 與 Oracle/Sun Solaris 有，但Linux，HPUX 與 Windows 則尚未。Windows 是視窗 8.1 版本開始才有。

為填補這空隙，我們定義了以下幾個函數，第一組函數是 myhtonll() 與 myntohll()，作為 htonl() 與 ntohl() 的 64 位元版本。如果你所使用的平台上還沒有定義這些函數時，那你即可使用這些。

```
/* 做 64 位元二進整數的印地轉換 */
unsigned long long myhtonll(unsigned long long num64bit)
unsigned long long myntohll(unsigned long long num64bit)
```

我們所定義的第二組函數則可用在諸如二進制檔案的資料交換或其他應用上。這些函數就是假設總共就兩種格式，因此，它們就是直接將整數的所有位元組都反倒過來就是了。

我們取了兩種名稱，看你喜歡，就用其中一種。第一組名稱叫 myByteSwap2()，myByteSwap4()，與 myByteSwap8()，分別將一 2，4，或 8 個位元組的二進整數的所有位元組順序顛倒。另一組的名稱則叫 swap2bytes()，swap4bytes()，與swap8bytes()。使用這些名稱，主要在避免同名稱的困擾。

這些補充函數定義如下所示，也在 mydistsys.h 前頭檔案上，函數的原始碼則在圖 14-7 所示的 mydistlib.c 上。

```
/* 將16, 32, 64 位元二進整數的位元組順序顛倒 */
unsigned short myByteSwap2(unsigned short num16bit)
unsigned int myByteSwap4(unsigned int num32bit)
unsigned long long myByteSwap8(unsigned long long num64bit)

#define swap2bytes myByteSwap2
#define swap4bytes myByteSwap4
#define swap8bytes myByteSwap8
```

圖 14-7　印地格式轉換函數（mydistlib.c）

```
/*
 * Some library functions for distributed applications.
 * Authored by Mr. Jin-Jwei Chen.
 * Copyright (c) 2010-2019, Mr. Jin-Jwei Chen. All rights reserved.
 */

#include "mydistsys.h"

/* Find the endian type of this local CPU */
int endian()
{
  unsigned int          x = 0x01020304;
  unsigned char         *px = (unsigned char *)&x;

  if (px[0] == 0x01)
    return(BIG_ENDIAN);
  else if (px[0] == 0x04)
    return(LITTLE_ENDIAN);
  else
    return(UNKNOWN_ENDIAN);
}

/* Convert an integer of "unsigned long long" type from local host byte order
 * to network byte order.
```

```
 * Industry implementations use big endian as the network byte order.
 */
unsigned long long myhtonll(unsigned long long num64bit)
{
  int  i;
  unsigned long long  result;
  unsigned char       n = sizeof(unsigned long long);
  unsigned char       *pin = (unsigned char *)&num64bit;
  unsigned char       *pout = (unsigned char *)&result;

  if (endian() == LITTLE_ENDIAN)
  {
    for (i = 0; i < n; i++)
      pout[n-1-i] = pin[i];
    return(result);
  }
  else
    return(num64bit);
}

/* Convert an integer of "unsigned long long" type from network byte order
 * to local host byte order.
 * Industry implementations use big endian as the network byte order.
 */
unsigned long long myntohll(unsigned long long num64bit)
{
  int  i;
  unsigned long long  result;
  unsigned char       n = sizeof(unsigned long long);
  unsigned char       *pin = (unsigned char *)&num64bit;
  unsigned char       *pout = (unsigned char *)&result;

  if (endian() == LITTLE_ENDIAN)
  {
    for (i = 0; i < n; i++)
      pout[n-1-i] = pin[i];
    return(result);
  }
  else
    return(num64bit);
}

/*
 * Byte swap a short integer.
 */
unsigned short myByteSwap2(unsigned short num16bit)
{
  int  i;
  unsigned short      result;
  unsigned char       n = sizeof(unsigned short);
  unsigned char       *pin = (unsigned char *)&num16bit;
```

```
  unsigned char       *pout = (unsigned char *)&result;

  for (i = 0; i < n; i++)
    pout[n-1-i] = pin[i];
  return(result);
}

/*
 * Byte swap an integer.
 */
unsigned int myByteSwap4(unsigned int num32bit)
{
  int  i;
  unsigned int        result;
  unsigned char       n = sizeof(unsigned int);
  unsigned char       *pin = (unsigned char *)&num32bit;
  unsigned char       *pout = (unsigned char *)&result;

  for (i = 0; i < n; i++)
    pout[n-1-i] = pin[i];
  return(result);
}

/*
 * Byte swap a "long long" integer.
 */
unsigned long long myByteSwap8(unsigned long long num64bit)
{
  int  i;
  unsigned long long  result;
  unsigned char       n = sizeof(unsigned long long);
  unsigned char       *pin = (unsigned char *)&num64bit;
  unsigned char       *pout = (unsigned char *)&result;

  for (i = 0; i < n; i++)
    pout[n-1-i] = pin[i];
  return(result);
}
```

14-1-8 摘要

- 印地是有關將一多位元組長的二進整數儲存在記憶器或媒體上時，它的位元組的順序。它是每一中央處理器的屬性之一。現代的處理器不是小印地就是大印地格式。
- 一個中央處理器的印地格式可在程式執行時以軟體得知，因此，不須在程式編譯時決定。這節所提供的 endian() 函數，即作此用。

- 印地格式不同的問題，是在欲真正解釋或使用資料時，才會顯現。
- 在將二進整數資料存入檔案時，為了能讓這檔案在任何印地格式的計算機上都能使用，最好的方法是將檔案寫成自我描述的格式。亦即，在檔案的最前頭加個檔案前頭資料錄。並將檔案資料的印地格式，寫在一個單一位元組的資料欄上。這樣，任何印地格式的計算機，就能經由讀取那資料，得知檔案資料的印地格式。也讓該檔案能移植至任何電腦上。
- 在將二進整數資料放在網路上傳輸時，記得也應解決發送與接收資料之計算機的印地格式可能不同的問題。我們舉了三種不同的解決方法，有些只需在一邊作轉換，有些則可能雙方都要作轉換。可以採用一種固定的印地格式作資料交換，也可以在連線建立後互換印地格式的資訊，或將印地格式放在資料內（如擺在最前頭）。
- 我們定義了幾個印地轉換函數，填補 POSIX 標準的空隙。

14-2 分散式軟體的設計

這一節舉一個很簡單之分散式軟體的例子，說明分散式軟體設計時，一般會遭遇到什麼樣的問題，以及如何解決。

這個例題程式是一客戶伺服程式，客戶程式提供一個數目給伺服程式，伺服程式將之乘以某個數目，再將乘積送回給客戶程式。

14-2-1 通信協定的設計

分散式應用軟體的設計通常包括互換之信息的設計。一般而言，為了便利資料的交換，一個經由網路傳輸的信息通常包括兩部分：**信息前頭**（header）與**實際資料**。前頭擺在最前面，用以描述隨後的真正資料。

此外，許多分散式軟體都會採用連線式的通信。為安全計，只要連線一建立，幾乎所有軟體都會要求客戶程式先送一個簡短的**初始包裹**（initial packet），送來用者確認或安全查核資料。

這節所舉的例子，就包括信息前頭與初始包裹。

14-2-1-1 連線初始包裹

在雙方連線一建立後，伺服程式要求客戶程式一定要先送一個初始包裹的作法是非常好且非常重要的。它有幾個好處，其中一個最大的好處是，伺服程式可藉之保護自己，預防癱瘓（Denial of Service，DoS）攻擊。

初始包裹的資料欄通常包括版本號碼，**魔術號碼**（magic number），旗號，以及諸如用者認證所需的安全資訊等。記得，為了將來永遠都不必變更這初始包裹的大小，你務必要預留一些空間，以便將來成長，增加新的資料項目時，不必更動初始包裹的大小。

我們所舉之程式例子所使用的初始包裹的定義如下所示：

```
#define AUTH_ID_LEN      32
#define INIT_PKT_LEN     256
typedef struct {
  unsigned int      version;     /* app. protocol version number */
  unsigned int      magic;       /* app. protocol magic number */
  unsigned int      flags;
  char              auth[AUTH_ID_LEN];     /* auth data */
  char              reserved[INIT_PKT_LEN-AUTH_ID_LEN];
} init_pkt_t;
```

14-2-1-2 防止癱瘓攻擊

網際網路是一公用的網路。網際網路上的伺服程式是暴露在整個世界裡。因此，駭客們不難找出伺服器的 IP 位址並寫個程式對之展開癱瘓攻擊。由於這緣故，每一伺服程式的設計都必須加入一些措施，以停止或避開這類的攻擊。至少有兩件事伺服程式可以做。

第一，就是採用並每次檢查一魔術或特殊號碼。記得你所設計的伺服程式，一定在一開始時（連線一建立後），首先要求每一客戶程式先發送一初始包裹，並在裡面藏一個魔術號碼。萬一這初始包裹的大小，或魔術號碼不對，就可以假設這客戶程式是駭客的，可以立即關閉連線。（當然，這裡我們討論的是客戶與伺服程戶都是你所設計或有控制的情況。）

在我們所舉的例子裡，程式共使用了兩個魔術號碼，一個是放在客戶請求上，另一個則是在伺服器所送出的回覆上。若服務請求信息上的魔術號碼不對，伺服程式就應將之丟棄，甚至立即關閉連線。

若客戶程式發現伺服回覆信息上的魔術碼不對，也應丟棄那信息。

魔術號碼的比較應在一開始時核對，愈早愈好，以使可能造成的傷害降至最低。魔術號碼也要選擇不易於猜測到的。

其次，除了檢查魔術號碼外，伺服程式也可以要求客戶程式送來其他諸如用者確認之類的安全信息，或甚至是登入所需之訊息。萬一確認不過關，伺服程式也應該立即關閉連線。這應可至少擋掉一些簡單的癱瘓攻擊。

伺服程式甚至在發現某同一位址一直密集連線，類似駭客行為時，也可考慮將之列入拒絕往來的客戶。

14-2-1-3 資料前頭

視實際應用以及欲傳輸的信息而定，你有可能需要為客戶的請求信息以及伺服器的回覆信息，分別各定義一個資料結構。或在一個比較簡單的應用上，讓請求信息與回覆信息共用同一個資料結構。我們所舉的例子就是這樣，甚至也可含另一魔術號碼。

在程式送出資料時，同時也送出一個前頭是很常見的事。每一前頭就是一個 C 語言的資料結構。這前頭含有隨後之資料的屬性，譬如，其大小（位元組數），版本，印地格式等等。

雖然資料前頭一般都定義成一 C 的結構，但隨後的實際資料本身則不一定。視實際應用的不同而定。在最簡單的情況下，若欲送的實際資料很小，且大小預知，則資料甚至可附加在前頭裡面。在這種情況下，前頭和資料就一起定義在同一結構內：

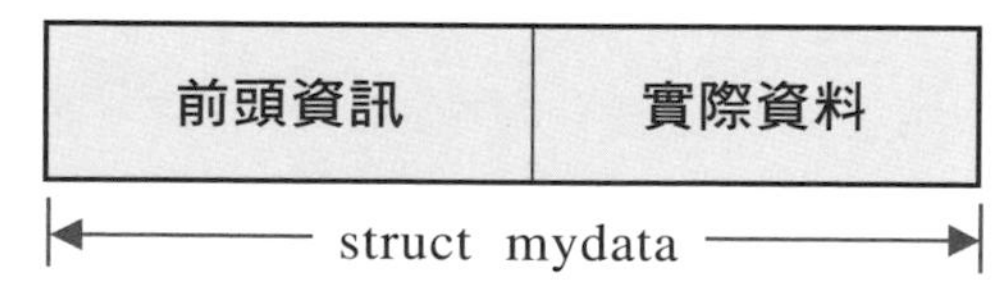


```
struct mydata
{
   第一前頭資料欄
   第二前頭資料欄
       :
   實際資料
};
```

比較常見的情況是，資料有些長度，且長度不定。這種情況下，應用軟體通常會定義一個前頭結構描述實際的資料，與實際資料分開。

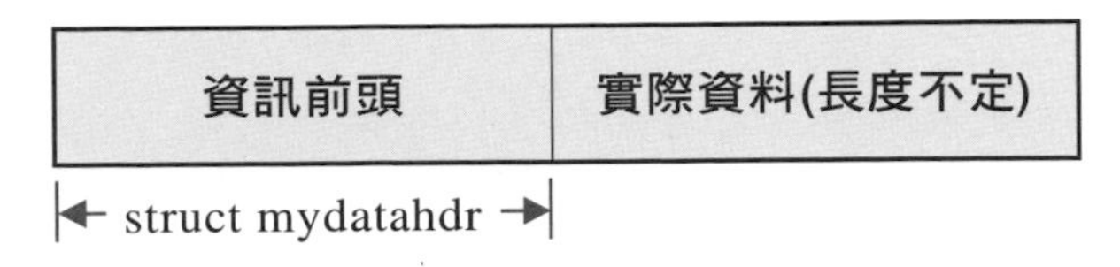


```
struct mydatahdr
{
  第一前頭資料欄
  第二前頭資料欄
      :
};
```

在某些情況下，程式可能還甚至會以下三項資料一起送出：

協定前頭	資訊前頭	實際資料(長度不定)
myprotohdr	mydatahdr	

```
struct myprotohdr
{
  第一協定前頭資料欄
  第二協定前頭資料欄
      :
};

struct mydatahdr
{
  第一前頭資料欄
  第二前頭資料欄
      :
};
```

值得一提的是，為了將資料前頭與資料本身兩者同時一起送出，程式通常必須騰出一連續的緩衝器，可以同時容納得下兩者。這是因為，資料發送的程式界面，每次只能接受一連續的緩衝器。所以，程式必須自己先把資料前頭放進緩衝器內，然後再把真正的資料本身緊接放在後面。

在有些情況下，真正的資料可能會很長。此時，程式可以選擇先將資料前頭送出，再送資料本身。光資料本身很可能都需要分成好幾次發送。接收端相同地也可先接收資料前頭，看看隨後的資料究竟有多長，然後再接收實際的資料。有可能也要分好幾次接收。

此外，兩方向流通的信息，格式可能會類似，亦可能不。若是，則兩方向則可考慮共用同一資料結構。若不，則可能需要兩個不同的資料結構。

我們的例子

為了簡單起見，我們所舉的例子只採用一個資料前頭結構，兩方向（亦即，請求與回覆信息）共用。

此外，如圖 14-8 所示，資料隨在前頭之後。不過，程式的前兩個版本是這樣沒錯，但到了第三版，我們會在前頭結構中增加一個新的資料項目，用以示範如何在不同版本間，更改前頭結構的內含，而不會弄壞任何東西。

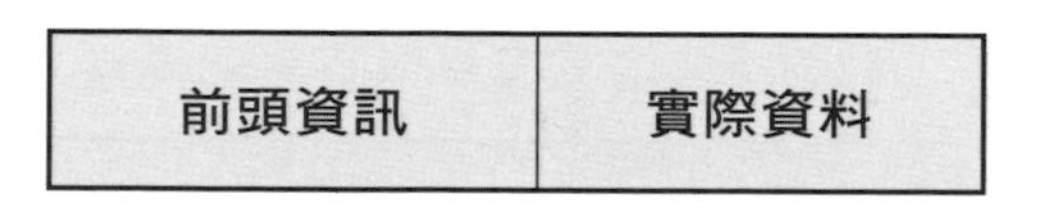

圖 14-8 例題程式之信息緩衝器的內含

我們所舉之分散式應用軟體之資料前頭的格式如下：

```
/*
 * Request/Reply header packet.
 */
typedef struct {
  unsigned int         version;    /* 版本號碼 App. data version number */
  unsigned int         magic;      /* 魔術號碼  app. data packet magic number */
  int                 operation;   /* 運算碼 operation to be performed */
  int                 status;      /* 狀態欄 status of the operation */
  unsigned long long  datasz;          /* 資料大小 size of data */
  char                 reserved[64];    /* 保留之記憶空間*/
} req_pkt_t;
```

你可看出，資料前頭結構包含一版本號碼，顯示該結構的版本，一魔術號碼，一運算碼資料欄，一狀態欄（這是給伺服器回覆信息用的），一個實際資料大小欄，以及最後保留作將來成長擴充用的空間。

版本號碼欄讓雙方能得知對方所使用的版本。魔術號碼兩方向都可以用以做最基本的安全檢查。運算碼欄讓伺服程式端知道客戶程式所欲執行的演算或作業。資料大小欄則告訴接收方，隨後而來的資料總共是多長。

最後，但這並非最不重要的，是預留成長的空間。這非常重要。就如同這章隨後我們所示範的，理想的軟體設計，是能讓任何版本與任何不論新或舊的版本都可以無礙溝通的。可是，實際情況是，不同版本間通常都會更改。如何能做更改而又不影響不同版本間的**可相互作業性**（interoperability），是一很大的挑戰。這就從資料前頭結構的大小永不變動做起。這就是為何我們要在前頭結構的最後預留將來成長的空間的緣故。你所設計的所有資料結構，都應該有這樣相同的考量與作法！這讓你能在將來新的版本增加東西，而又不會因此與舊版本就不能相互通信了。前頭結構的大小維持不變，並且只在最後面加上新東西是維持與舊版本能繼續相容的重要關鍵與技巧！

14-2-1-4 避免對位的暗樁

在定義資料前頭結構或任何結構時，有一個看不見的暗樁，經常會在事後造成料想不到的麻煩以及影響到可相互作業性的，尤其是在 32 位元與 64 位元混合的情況下更是。除非你事先知道且非常小心地預防，否則，經常會受害。那就是**對位**（alignment）。

何謂對位？

每一部計算機或中央處理器，都有其所謂的字組大小（word size）。所謂的字組大小，就是典型上，一個中央處理器每一次所能處理的最大資料量。在 32 位元的中央處理器，這就是 32 位元。同樣地，在 64 位元的中央處理器，其字組大小，一般就是 64 位元。

注意到，這個字組大小，一般也是中央處理器每一次自記憶器讀取或寫入記憶器的典型資料量。

在計算機硬體設計上，為了效率，典型上，一個中央處理器在存取記憶器時，它每次所搬動的資料量，通常是字組大小的整數倍。不僅如此，其每次所搬動的資料，也是落在字組界限內。換言之，假若實際所需的資料只是一個字組中的某一個位元組，中央處理器很可能會是讀取包含那位元組的整個字組的。此外，假若所需的資料只有一個字組大小，但卻不對位，或越界橫跨在兩個字組記憶位置上，則中央處理器會分兩次讀取或寫入這資料，而不是只有一次。這樣，在存取不對位的資料時，計算機的作業速度很可能就無形慢了一倍。亦即，不對位的資料減緩了計算機的速度。

因此，為了增進速度，一資料結構中的資料項目，最好是每一資料項目都是正好由字組的邊界開始，而且其大小也正好是中央處理器之字組大小的整數倍數。若不正好是這樣，則最好自己加上填充資料欄，讓它變成是這樣。當一個多位元組長的資料欄，並未從字組邊界開始時，它就是**不對位**（unaligned）。不對位會影響（減緩）計算的速度。

編譯程式自動填墊

由於存取不對位資料減緩了計算機的速度，因此，在編譯你所寫的程式時，假若發現你所定義之資料結構當中，有某些資料欄不對位，則編譯程式通常都會自動在你的結構中，私自加上一些填充（padding）的資料欄，以使其對位（aligned）。這叫**編譯程式自動填墊**。

首先，幾乎所有的編譯程式都會將一 C 語言結構的資料，從一字組邊界開始存起。這代表編譯程式在編譯你的程式時，一個結構的資料一般並不會從一奇數位址開始存起。它的起始位址通常會是零，四或八的整數倍數。

其次，在一結構內的整數資料欄（資料型態是 int，long 或 long long者），也都會由整個字組的邊界開始。這意謂，假若你沒有很小心地讓你的結構內的所有整數資料欄都正好對位的話，編譯程式通常會在幕後幫你做。在資料欄之間自動加上填充欄，讓它們對位。

當編譯程式自動在結構的資料欄之間加上填充，讓其對位時，**結構的實際大小就變了**（變大了）。當程式把結構的資料從一個計算機送到另一個計算機時，這自動填充可能就會造成問題。

這是很多人都不知道的。在設計與開發一網路式或分散式軟體時，你千萬要避免發生這種情形。因為，它讓你的結構資料的大小，可能會隨不同系統或不同環境（如 32 位元或 64 位元）而隨之變動。

請記住，**欲讓你所設計開發的程式，能在不同平台與環境下都能正常動作而且結果正確無誤，第一件最重要的事是，你所使用之資料結構的實際大小，必須永遠保持一致，維持不變**。否則，通信就會出問題。

因此，在設計欲經由網路傳送之資料的結構時，請務必永遠做到下列幾項：

1. 確認你所定義與使用之資料結構的大小，不論到那一個系統或平台，其大小都一樣，永遠維持不變。將你所開發的程式，在你所欲支援的所有平台及模式下，都加以編譯，並確認其大小都是一樣的。若不，那就要自己加上填充，或調整到是這樣為止。

2. 確認你的資料結構的大小，永遠是八的倍數。有時，光是四的整數倍數還是不夠的。

3. 不要讓編譯程式幫你自動加上填充，一定要自己做。只要是編譯程式幫你加了填充，通信可能就會出問題。

這些對所有必須經過計算機網路傳輸之資料的結構，都適用。就我們所舉的例題程式而言，這包括資料前頭的結構，以及初始包裹的結構。

14-2-1-5　前頭結構之定義的指引

這裡，我們對你在設計分散式軟體時，為了使該軟體不論在任何平台與任何時刻，都能正確動作，產生正確無誤的結果，所必須注意的事項以及使用的技巧，做個摘要。

總之，在設計資料的前頭結構，與初始包裹時，你要

1. 確保結構的大小，不論何時何地，永遠保持固定不變。

2. 切記勿使用在不同平台或不同環境時，資料的大小會不一樣的資料型態。譬如，避免使用"long int"的資料型態，因為，它在 32 位元的計算機上是四個位元組（32 位元），而在 64 位元的計算機上，則是八個位元組（64 位元）。因此，在 32 位元與 64 位元混合的環境下，通信可能就會錯誤。你可看出，就整數的資料型態而言，我們的例子只使用"int"、與"long long"兩種資料型態。因為，不論在 32 位元或 64 位元的計算機上，"int"資料型態永遠都是 32 位元，而"long long"資料型態，永遠都是 64 位元。

3. 永遠在每一結構最後，預留一些將來成長的空間。以便將來新版需要增加資料欄時，增加之後，結構的大小仍可維持不變。

4. 確定結構內之每一資料欄，都有對位。尤其是那些數目的資料欄。若不對位，就自己調整或加上填充欄。

5. 絕對避免讓編譯程式替你自動加上填充。因為，這樣結構的大小就會改變。

6. 在結構內設立版本及魔術碼兩個資料欄，以分別作為往前與往後相容，以及基本安全檢查之用。記得選一個最難猜的魔術碼。

14-2-2 版本術與能相互作業

幾乎每一分散式軟體，總是會碰上至少四方面的問題：印地格式不同，不對位，資料大小不同，以及不同版本間不相容或不能相互作業的問題。

記得，在分散式應用上，兩個相互通信的程式，不論它們是客戶伺服或是對手與對手，通常是位在經常是相距很遠的兩部不同計算機上。不僅是有一部計算機可能是小印地格式，而另一部計算機是大印地格式，或一部是 32 位元電腦，而另一部是 64 位元電腦，甚至其中一部可能是使用舊版的軟體，而另一部則使用較新版的軟體。就像這章之例題程式所顯示的，要讓這些所有可能組合情況都正常動作，完美無缺，當然是絕對可能的。但卻是一大挑戰。那也是這一章的真正目的。臻至軟體設計的最高境界！

在以上探討過誇印地格式與對位之後，這一節討論**版本術**（versioning）— 如何讓同一軟體的不同版本，彼此都能通信暢通無阻，永遠達到既**往後相容**（backward compatible），也**往前相容**（forward compatible）！

計算機軟體都有很長的壽命。隨著光陰的流逝，每一計算機軟體，也都成長與改變。新的版本會增加新的特色。當新的版本問世時，許多客戶仍然在使用舊的版本。即令是同一個用戶，同時使用同一軟體之新與舊版本的情形到處都是。因此，同一軟體之新與舊版本之間能彼此相互作業（interoperable）是必要條件。欲達到此要求，軟體開發必須有版本的概念，而且設計時設計者必須隨時有那永遠維持往後相容或甚至是往前相容的信念，使命與決心。坦言之，這一點是現有的許多軟體產品都沒有做好的。

照理說，同一軟體之不同版本間，不僅應該都可以永遠共同存在，而且還要是可以互相作業的。欲達這種境界，軟體的設計與開發者一開始就要做對，把版本化設計在產品內，而且有那永遠維持往後相容與往前相容的眼光和決心，一直堅持下去。

版本術指的是每一產品的不同版本都要有一自己不同的版本數。同時，其作業必須隨時有與不同版本交換資料或通信的心理準備。並在與不同版本相互作業時，會作適當和正確的不同處置。更明確地說，具有版本術的軟體，其本身就知道每一特定版本有何不同，而且知道如何去與那些不同版本交換資料，通信或相互作業。這代表每次軟體有做重要的改變，會影響到不同版本間之相互作業的情形時，產品的版本數就必須往前進一。

同時，這也意謂，在做新的改變或增加新的特色時，新的版本不能就把舊版本的程式碼給刪了或丟了。反而是，所有舊版本的程式碼與處理作業都要保留，以備和那些舊版本通信或相互作業時用。而新的版本的處置作業要另立一途，準備和同一新版本的軟體相互作業時用。換言之，你從不會把舊版本的作法與程式碼丟掉或變更，而是永遠保留。每次一有變更，就加上新的作法，使用新的版本數，並讓這些新的作法，只有在與同一新版本的對手或伙伴相互作業時才使用。注意，這兒所言的版本數，不見得就是整個產品對客戶銷售時所稱的版本數。它主要指的是產品內部，實際與外界通信或相互作業時，所使用之產品應用協定的版本數。

總之，在設計一軟體產品的通信協定時，最重要的是，客戶與伺服兩個程式（尤其是伺服程式），都必須設計成，能同時和所有已出版的舊版本相互作業，以及知道如何與未來更新版本之產品相互作業與通信的樣子。

為了能達此目標，每一作業請求與結果回覆的信息內，可能都要隨時附有版本數，或至少在雙方會期一開始時，相互交換過這項資訊。

這一節即教讀者如何使用版本術。為此，我們舉例說明如何設計與開發這軟體的前三個版本。如何做改變，以及如何透過版本的使用，讓所有版本永遠相容！

14-2-2-1 版本數

在最極端的情況下，為了能有最大的彈性，程式可能使用了三個不同的版本數。

1. 協定版本

   這主要是讓未來萬一必須更改初始連線包裹結構設計時用的。但用到這的機會相當小。也不見得要有自己的版本。

2. 客戶程式的版本

   這主要是讓未來客戶程式可以自己改變，而不須重新建立並重新更新伺服程式。

3. 伺服程式的版本

這主要讓伺服程式可以自己更改，而在不影響到客戶程式的情況下，不必重建或重新更新客戶程式。

在平常的應用上，這三個版本數或許能合併簡化成兩個或甚至一個。例如，假若你永遠客戶與伺服程式一起同時更新的話，那兩者的版本數就可合成一個。在最簡單的應用上，全部三個版本合併成一個，應是很合理的。這裡，我們就舉一個使用單一個版本數的例子。

14-2-2-2 不同版本間的改變

這個例題應用是一客戶伺服程式，客戶程式送出一個數目（一個四個位元組的整數）給伺服程式，伺服程式將之乘以某個倍數，然後將乘積送回給客戶程式。

在產品的第一個版本，伺服程式將客戶程式所送來的數目，乘以 100，並將結果送回：

第一版本：結果＝輸入數目×100

在第二版本時，其他一切完全一樣，唯一不同的是，乘法作業的作業碼 REQ_OPCODE 1 的意涵改變了。亦即，在第二版本時，伺服程式將客戶程式所送來的數目，乘以 1000，而非 100：

第二版本：結果＝輸入數目×1000

第三版本時，程式稍微做了更大的改變。req_pkt_t 結構的內含改變了，增加了一個新的資料欄。此外，乘法作業 REQ_OPCODE 1 的意涵又再度變了。這次，伺服程式將客戶程式所送的數目乘以 1000，並且再加上客戶程式所送來的第二個數目，然後才將結果送回：

第三版本：結果＝（輸入數目×1000）+ 第二輸入數目。

14-2-2-3 實際程式碼的更改

（1）V1→V2

每一次實際製作改變時，版本數都應該加一。將定義這新版本的符號加在前頭檔案上，並將之定為最新的版本，從第一版到第二版所需做的前頭檔案改變如下所示。你可看出，我們加了 VERSION2，同時，也將 CURRENT_VER換成它。

```
$ diff mydistsys.h.v1 mydistsys.h.v2
39c39,40
< #define  CURRENT_VER  VERSION1  /* always keep this line last */
---
> #define  VERSION2  2
> #define  CURRENT_VER  VERSION2  /* always keep this line last */
```

伺服程式端所需做的程式碼變更如下。

在第二版伺服程式上，它現在必須有第一版和第二版兩組程式碼，知道如何應付與服務第一版的客戶程式，也知道如何服務第二版的客戶程式。就如前面我們說過的，在加入新版本的程式碼之時，你必須把舊的版本的程式碼原封不動地留著，以便能在萬一客戶程式是那舊的版本時執行。

因此，現在伺服程式端每次在收到一客戶請求時，它都必須先檢查看看它是否是來自最新的第二版本的客戶程式。若是，則以第二版本的伺服程式碼加以處理。若不，則再看看其是否為第一版本的客戶程式，若是，則便執行舊有第一版的程式碼加以處理。如此，每一不同版本的客戶程式請求，都會得到那一版本應有的處理，獲得正確的結果。該注意的是，在檢查版本數時，程式應從最新的版本，往下依序比較。不能倒過來。倒過來就錯了。

以下即為伺服程式端，檢查客戶請求的版本數的架構。

```
if (clntVersion >= CURRENT_VER)  /* 客戶是最新版本 */
{
  :  (新的第二版的程式碼)
}
else if (clntVersion >= VERSION1)  /* 是前一版本 */
{
  :  (前面第一版的程式碼)
}
```

（2）V2→V3

從第二版到第三版時，前頭檔案所做的改變如下。

這裡，我們再度將最新版本數加一，變成了 3，並將之定為最新的版本。此外，我們也在 req_pkt_t 結構中，增加了一個叫做 addend 的新的資料欄。這新資料欄所需的記憶空間由保留空間取用，因此，整個結構的大小保持不變。記得，在加了新的資料欄之後，結構最後面的預留空間也跟著變小了，不要忘了更新了。我們將其現在大小減掉 4，亦即，sizeof（int）。

```
$ diff mydistsys.h.v2 mydistsys.h.v3
40c40,41
< #define  CURRENT_VER  VERSION2  /* always keep this line last */
---
> #define  VERSION3  3
> #define  CURRENT_VER  VERSION3  /* always keep this line last */
73c74,75
<     char                reserved[64];
---
>     int                 addend;      /* number to be addded to MUL product */
>     char                reserved[60];
```

客戶程式端的改變如下：

```
$ diff tcpclnt_dist_all_v2.c tcpclnt_dist_all_v3.c
34a35
>   int           addend = 50;       /* the number to be added to the product */
75a77,79
>   /* Get the addend to be added to the product */
>   if (argc > 4)
>     addend = atoi(argv[4]);
165a170
>   reqmsg->addend = htonl(addend);
```

伺服程式端所需做的改變如下：

```
if (clntVersion >= CURRENT_VER)  /* 最新的第三版 */
{
  :  (最新第三版的程式碼)
}
else if (clntVersion >= VERSION2)  /* 是第二版 */
{
  :  (第二版的程式碼)
}
else if (clntVersion >= VERSION1)  /* 是第一版 */
{
  :  (第一版的處理方式)
}
```

圖 14-9，14-10，與 14-11 所示，即為例題分散式應用程式的程式碼。這個例題證明，所有不同版本的軟體，是可以同時並存並且毫無問題地互相通信，相互運作的。執行這些程式，你會發現，任何版本的客戶程式都能與任何版本的伺服程式，相互運作，並獲得正確結果。

圖 14-9　例題分散式程式（第一版）

（a）mydistsys.h.v1

```
/*
 * Include file for distributed system applications
 * Supported operating systems: Linux, Unix (AIX, Solaris, HP-UX), Windows.
 * Copyright (c) 1996, 2002, 2014, 2019-21 Mr. Jin-Jwei Chen. All
rights reserved.
 */

/*
 * Defines for Endianness.
 */
#undef  LITTLE_ENDIAN
#undef  BIG_ENDIAN
#define LITTLE_ENDIAN     1
#define BIG_ENDIAN        2
#define UNKNOWN_ENDIAN    3

/*
 * Endian utility functions.
 */
int endian();
unsigned long long myhtonll(unsigned long long num64bit);
unsigned long long myntohll(unsigned long long num64bit);
unsigned short myByteSwap2(unsigned short num16bit);
unsigned int myByteSwap4(unsigned int num32bit);
unsigned long long myByteSwap8(unsigned long long num64bit);

/*
 * Use our own version on platforms not supporting htonll()/ntohll().
 * Remove the O.S. from this list once it has native support.
 */
#if (WINDOWS || LINUX || HPUX)
#define htonll  myhtonll
#define ntohll  myntohll
#endif

/*
 * Application protocol version numbers
 */
#define  VERSION1  1
#define  CURRENT_VER  VERSION1  /* always keep this line last */
```

```
/* Magic number */
#define PROTO_MAGIC  3923850741
#define REQ_MAGIC    3749500826
#define REPLY_MAGIC  2814594375
#define DATA_MAGIC   1943724308

/* Client request operations */
#define REQ_OPCODE1  1     /* do multiplication */

/*
 * Initial connection packet.
 */
#define AUTH_ID_LEN    32
#define INIT_PKT_LEN  256
typedef struct {
    unsigned int      version;    /* app. protocol version number */
    unsigned int      magic;      /* app. protocol magic number */
    unsigned int      flags;
    char              auth[AUTH_ID_LEN];    /* auth data */
    char              reserved[INIT_PKT_LEN-AUTH_ID_LEN];
} init_pkt_t;

/*
 * Request/Reply header packet.
 */
typedef struct {
    unsigned int        version;    /* App. data version number */
    unsigned int        magic;      /* app. data packet magic number */
    int                 operation;  /* operation to be performed */
    int                 status;     /* status of the operation */
    unsigned long long  datasz;     /* size of data */
    char                reserved[64];
} req_pkt_t;

/*
 * Portable data file header.
 */
typedef struct {
    char               endian;      /* endian format of the data */
    char               padding[3];  /* pad it for alignment */
    unsigned int       version;     /* version number */
    unsigned int       magic;       /* magic number of data record header */
    unsigned int       padding2;    /* pad it to 8-byte boundary */
    unsigned long long nrecs;       /* number of records */
    char                reserved[24];
} portable_data_hdr_t;

/*
 * Data record.
 */
```

```
#define  NAME_LEN  32
typedef struct {
    char                    name[NAME_LEN];
    unsigned int            birthyear;
    unsigned int            salary;
    unsigned int            bonus;
} data_rec_t;
```

(b) tcpclnt_dist_all.c

```
/*
 * A connection-oriented client program using Stream socket.
 * Connecting to a server program on any host using a hostname or IP address.
 * Demonstrating design of distributed applications.
 * Support for IPv4 and IPv6 and multiple platforms including
 * Linux, Windows, Solaris, AIX and HPUX.
 * Usage: tcpclnt_dist_all [srvport# [server-hostname | server-ipaddress]]
 * Authored by Mr. Jin-Jwei Chen.
 * Copyright (c) 1993-2020, Mr. Jin-Jwei Chen. All rights reserved.
 */

#include "mysocket.h"
#include "mydistsys.h"
#include "myerrors.h"

int send_init_pkt(int sfd);

int main(int argc, char *argv[])
{
  int    ret = 0;
  int    sfd;                        /* socket file descriptor */
  in_port_t  portnum=DEFSRVPORT;    /* port number */
  int    portnum_in = 0;            /* port number user provides */
  char   *portnumstr  = DEFSRVPORTSTR; /* port number in string format */
  char   *inbuf = NULL;             /* pointer to input message buffer */
  char   *outbuf = NULL;            /* pointer to output message buffer */
  size_t msglen;                    /* length of reply message */
  size_t len;
  char   server_name[NAMELEN+1] = SERVER_NAME;
  struct addrinfo hints;            /* address info hints*/
  struct addrinfo *res=NULL;        /* pointer to address info */
  req_pkt_t     *reqmsg = NULL;     /* pointer to client request message */
  int           anumber = 15;       /* the number to be multiplied at server */
  int            *dataptr = NULL;   /* pointer to input data */
  unsigned long long *result_ptr = NULL;   /* pointer to multiplication result */
  req_pkt_t     *reply = NULL;      /* pointer to server reply message */

#if WINDOWS
  WSADATA wsaData;                        /* Winsock data */
  char* GetErrorMsg(int ErrorCode);    /* print error string in Windows */
```

```
#endif

  fprintf(stdout, "Connection-oriented client program, version %u ...\n",
    CURRENT_VER);

  /* Get the server's port number from command line. */
  if (argc > 1)
  {
    portnum_in = atoi(argv[1]);
    if (portnum_in <= 0)
    {
      fprintf(stderr, "Port number %d invalid, set to default value %u\n",
        portnum_in, DEFSRVPORT);
      portnum = DEFSRVPORT;
      portnumstr = DEFSRVPORTSTR;
    }
    else
    {
      portnum = (in_port_t)portnum_in;
      portnumstr = argv[1];
    }
  }

  /* Get the server's host name or IP address from command line. */
  if (argc > 2)
  {
    len = strlen(argv[2]);
    if (len > NAMELEN)
      len = NAMELEN;
    strncpy(server_name, argv[2], len);
    server_name[len] = '\0';
  }

  /* Get the number to be multiplied from the user*/
  if (argc > 3)
    anumber = atoi(argv[3]);


#if WINDOWS
  /* Initiate use of the Winsock DLL. Ask for Winsock version 2.2 at least. */
  if ((ret = WSAStartup(MAKEWORD(2, 2), &wsaData)) != 0)
  {
    fprintf(stderr, "Error: WSAStartup() failed with error %d: %s\n",
      ret, GetErrorMsg(ret));
    return (PROD_ERR_WINSOCK_INIT);
  }
#endif

  /* Translate the server's host name or IP address into socket address.
   * Fill in the hint information.
   */
```

```
  memset(&hints, 0x00, sizeof(hints));
    /* This works on AIX but not on Solaris, nor on Windows. */
    /* hints.ai_flags    = AI_NUMERICSERV; */
  hints.ai_family   = AF_UNSPEC;
  hints.ai_socktype = SOCK_STREAM;
  hints.ai_protocol = IPPROTO_TCP;

  /* Get the address information of the server using getaddrinfo().
   * This function returns errors directly or 0 for success. On success,
   * argument res contains a linked list of addrinfo structures.
   */
  ret = getaddrinfo(server_name, portnumstr, &hints, &res);
  if (ret != 0)
  {
    fprintf(stderr, "Error: getaddrinfo() failed, error %d, %s\n", ret,
      gai_strerror(ret));
#if !WINDOWS
    if (ret == EAI_SYSTEM)
      fprintf(stderr,"System error: errno=%d, %s\n", errno, strerror(errno));
#else
    WSACleanup();
#endif
    return(PROD_ERR_GETADDRINFO);
  }

  /* Create a socket. */
  sfd = socket(res->ai_family, res->ai_socktype, res->ai_protocol);
  if (sfd < 0)
  {
    fprintf(stderr,"Error: socket() failed, errno=%d, %s\n", ERRNO, ERRNOSTR);
#if WINDOWS
    WSACleanup();
#endif
    ret = PROD_ERR_SOCKET_CREATE;
    goto return1;
  }

  /* Connect to the server. */
  ret = connect(sfd, res->ai_addr, res->ai_addrlen);
  if (ret == -1)
  {
    fprintf(stderr, "Error: connect() failed, errno=%d, %s\n", ERRNO, ERRNOSTR);
    ret = PROD_ERR_CONNECT;
    goto return1;
  }

  /* Send initial packet */
  ret = send_init_pkt(sfd);
  if (ret != SUCCESS)
  {
    fprintf(stderr, "Error: send_init_pkt() failed, ret=%d\n", ret);
```

```
    goto return1;
  }

  fprintf(stdout, "Send request messages to server(%s) at port %d\n",
    server_name, portnum);

  /*
   * Send a request message to the server
   */
  /* Allocate output buffer */
  msglen = (sizeof(req_pkt_t) + sizeof(int));
  outbuf = (char *)malloc(msglen);
  if (outbuf == NULL)
  {
    fprintf(stderr, "malloc() failed.\n");
    ret = PROD_ERR_NO_MEMORY;
    goto return1;
  }

  /* Fill in request */
  memset(outbuf, 0, msglen);
  reqmsg = (req_pkt_t *)outbuf;
  reqmsg->version = htonl(CURRENT_VER);
  reqmsg->magic = htonl(REQ_MAGIC);
  reqmsg->operation = htonl(REQ_OPCODE1);
  reqmsg->datasz = htonll(sizeof(int));
  dataptr = (int *)(outbuf + sizeof(req_pkt_t));
  *dataptr = htonl(anumber);

  /* Send the request */
  errno = 0;
  ret = send(sfd, outbuf, msglen, 0);
  if (ret < 0)
  {
    fprintf(stderr, "Error: send() failed, errno=%d, %s\n", ERRNO, ERRNOSTR);
    ret = PROD_ERR_SOCKET_SEND;
    goto return1;
  }
  else if (ret != msglen)
  {
    fprintf(stderr, "Error: send() failed. Only %d out of %lu bytes were sent.\n"
      , ret, msglen);
    ret = PROD_ERR_SOCKET_SEND;
    goto return1;
  }

  /* Receive a reply from the server. */
  /* Allocate input buffer */
  msglen = (sizeof(req_pkt_t) + sizeof(unsigned long long));
  inbuf = (char *)malloc(msglen);
  if (inbuf == NULL)
```

```
  {
    fprintf(stderr, "malloc() failed.\n");
    ret = PROD_ERR_NO_MEMORY;
    goto return1;
  }
  memset(inbuf, 0, msglen);

  /* Receive the reply from the server */
  errno = 0;
  ret = recv(sfd, inbuf, msglen, 0);
  if (ret < 0)
  {
    fprintf(stderr, "Error: recv() failed, errno=%d, %s\n", ERRNO, ERRNOSTR);
    ret = PROD_ERR_SOCKET_RECV;
    goto return1;
  }
  else if (ret != msglen)
  {
    fprintf(stderr, "Error: recv() failed. Only %d out of %lu bytes were "
      "received.\n", ret, msglen);
    ret = PROD_ERR_SOCKET_RECV;
    goto return1;
  }
  reply = (req_pkt_t *)inbuf;
  fprintf(stdout, "The client received %d bytes of reply from a server"
    " of version %u.\n", ret, ntohl(reply->version));

  if (ntohl(reply->status == SUCCESS))
  {
    result_ptr = (unsigned long long *)(inbuf + sizeof(req_pkt_t));
    fprintf(stdout, "The multiplied result of %d is %llu.\n", anumber,
      ntohll(*result_ptr));
  }
  else
  {
    fprintf(stderr, "Requested operation %u failed, status=%d\n",
      ntohl(reply->operation), ntohl(reply->status));
  }

return1:
  /* Free the memory allocated by getaddrinfo() and others */
  if (res != NULL) freeaddrinfo(res);
  if (inbuf != NULL) free(inbuf);
  if (outbuf != NULL) free(outbuf);
  CLOSE(sfd);
  return(ret);
}

/* Send initial packet */
int send_init_pkt(int sfd)
{
```

```
  init_pkt_t  initmsg;
  int         ret;

  memset((void *)&initmsg, 0, sizeof(init_pkt_t));
  initmsg.version = htonl(CURRENT_VER);
  initmsg.magic = htonl(PROTO_MAGIC);
  initmsg.flags = htonl(0);

  errno = 0;
  ret = send(sfd, (void *)&initmsg, sizeof(init_pkt_t), 0);
  if (ret < 0)
  {
    fprintf(stderr, "Error: send_init_pkt(), send() failed, errno=%d, %s\n",
      ERRNO, ERRNOSTR);
    return(PROD_ERR_SOCKET_SEND);
  }
  else if (ret != sizeof(init_pkt_t))
  {
    fprintf(stderr, "Error: send_init_pkt(), send() failed. Only %d out of"
      " %lu bytes of data sent.\n", ret, sizeof(init_pkt_t));
    return(PROD_ERR_SOCKET_SEND);
  }

  return(SUCCESS);
}
```

（c）tcpsrv_dist_all.c

```
/*
 * A connection-oriented server program using Stream socket.
 * Demonstrating design of distributed applications.
 * Support for multiple platforms including Linux, Windows, Solaris, AIX, HPUX.
 * Usage: tcpsrv_dist_all [port#]
 * Authored by Mr. Jin-Jwei Chen.
 * Copyright (c) 2002, 2014, 2017-2020 Mr. Jin-Jwei Chen. All rights reserved.
 */

#include "mysocket.h"
#include "mydistsys.h"
#include "myerrors.h"

int receive_init_pkt(int sfd);
int service_client(int newsock);

int main(int argc, char *argv[])
{
  int    ret;                        /* return code */
  int    sfd;                        /* file descriptor of the listener socket */
  int    newsock;                    /* file descriptor of client data socket */
  struct sockaddr_in6  srvaddr;      /* socket structure */
  int    srvaddrsz=sizeof(struct sockaddr_in6);
  struct sockaddr_in6   clntaddr;  /* socket structure */
```

```
  socklen_t clntaddrsz = sizeof(struct sockaddr_in6);
  in_port_t portnum = DEFSRVPORT;  /* port number */
  int    portnum_in;               /* port number entered by user */
  int    sw;                       /* value of option */
  int    v6only = 0;               /* IPV6_V6ONLY socket option off */
#if !WINDOWS
  struct timespec  sleeptm;        /* sleep time */
#endif
#if WINDOWS
  WSADATA wsaData;                    /* Winsock data */
  char* GetErrorMsg(int ErrorCode);   /* print error string in Windows */
#endif

  fprintf(stdout, "Connection-oriented server program, version %u ...\n",
    CURRENT_VER);

  /* Get the server's port number from user, if any. */
  if (argc > 1)
  {
    portnum_in = atoi(argv[1]);
    if (portnum_in <= 0)
    {
      fprintf(stderr, "Port number %d invalid, set to default value %u\n",
        portnum_in, DEFSRVPORT);
      portnum = DEFSRVPORT;
    }
    else
      portnum = portnum_in;
  }

#if WINDOWS
  /* Initiate use of the Winsock DLL. Ask for Winsock version 2.2 at least. */
  if ((ret = WSAStartup(MAKEWORD(2, 2), &wsaData)) != 0)
  {
    fprintf(stderr, "WSAStartup() failed with error %d: %s\n",
      ret, GetErrorMsg(ret));
    return (PROD_ERR_WINSOCK_INIT);
  }
#endif

  /* Create the Stream server socket. */
  if ((sfd = socket(AF_INET6, SOCK_STREAM, 0)) < 0)
  {
    fprintf(stderr, "Error: socket() failed, errno=%d, %s\n", ERRNO, ERRNOSTR);
#if WINDOWS
    WSACleanup();
#endif
    return(PROD_ERR_SOCKET_CREATE);
  }

  /* Always turn on SO_REUSEADDR socket option on the server. */
```

```
  sw = 1;
  errno = 0;
  if (setsockopt(sfd, SOL_SOCKET, SO_REUSEADDR, (char *)&sw, sizeof(sw)) < 0)
  {
    fprintf(stderr, "setsockopt(SO_REUSEADDR) failed, errno=%d, %s\n", ERRNO,
      ERRNOSTR);
  }
  else
    fprintf(stdout, "SO_REUSEADDR socket option is turned on.\n");

  /* Fill in the server socket address. */
  memset((void *)&srvaddr, 0, (size_t)srvaddrsz); /* clear the address buffer */
  srvaddr.sin6_family = AF_INET6;                  /* Internet socket */
  srvaddr.sin6_addr= in6addr_any;                  /* server's IP address */
  srvaddr.sin6_port = htons(portnum);              /* server's port number */

  /* Turn off IPV6_V6ONLY socket option. Default is on in Windows. */
  if (setsockopt(sfd, IPPROTO_IPV6, IPV6_V6ONLY, (char*)&v6only,
    sizeof(v6only)) != 0)
  {
    fprintf(stderr, "Error: setsockopt(IPV6_V6ONLY) failed, errno=%d, %s\n",
      ERRNO, ERRNOSTR);
    CLOSE(sfd);
    return(PROD_ERR_SETSOCKETOPT);
  }

  /* Bind the server socket to its address. */
  if ((ret = bind(sfd, (struct sockaddr *)&srvaddr, srvaddrsz)) != 0)
  {
    fprintf(stderr, "Error: bind() failed, errno=%d, %s\n", ERRNO, ERRNOSTR);
    CLOSE(sfd);
    return(PROD_ERR_BIND);
  }

  /* Set maximum connection request queue length that we can fall behind. */
  if (listen(sfd, BACKLOG) == -1) {
    fprintf(stderr, "Error: listen() failed, errno=%d, %s\n", ERRNO, ERRNOSTR);
    CLOSE(sfd);
    return(PROD_ERR_LISTEN);
  }

  /* Wait for incoming connection requests from clients and service them. */
  while (1) {

    fprintf(stdout, "\nListening at port number %u ...\n", portnum);
    newsock = accept(sfd, (struct sockaddr *)&clntaddr, &clntaddrsz);
    if (newsock < 0)
    {
      fprintf(stderr, "Error: accept() failed, errno=%d, %s\n", ERRNO, ERRNOSTR);
      CLOSE(sfd);
      return(PROD_ERR_ACCEPT);
```

```
    }

    fprintf(stdout, "Client Connected.\n");

    ret = service_client(newsock);
    CLOSE1(newsock);
  }  /* while - outer */

  CLOSE(sfd);
  return(SUCCESS);
}

/* Receive initial packet from a newly connected client.
 * Perform some security checks or authentication.
 */
int receive_init_pkt(int sfd)
{
  init_pkt_t  initmsg;
  int         ret;

  memset((void *)&initmsg, 0, sizeof(init_pkt_t));
  errno = 0;
  ret = recv(sfd, (void *)&initmsg, sizeof(init_pkt_t), 0);
  if (ret < 0)
  {
    fprintf(stderr, "Error: receive_init_pkt(), recv() failed, errno=%d, %s\n",
      ERRNO, ERRNOSTR);
    return(PROD_ERR_SOCKET_RECV);
  }
  else if (ret != sizeof(init_pkt_t))
  {
    fprintf(stderr, "Error: receive_init_pkt(), recv() failed. Only %d out of"
      " %lu bytes of data received.\n", ret, sizeof(init_pkt_t));
    return(PROD_ERR_SOCKET_RECV);
  }

  /* Make sure the magic number always matches. */
  if (ntohl(initmsg.magic) != PROTO_MAGIC)
  {
    fprintf(stderr, "Error: receive_init_pkt(), wrong magic number.\n");
    return(PROD_ERR_WRONGMAGIC);
  }

  /* Perform protocol version-specific operations here if it applies. */
  if (ntohl(initmsg.version >= CURRENT_VER))
  {
    /* Perform some authentication here ... */

    return(SUCCESS);
  }
  return(0);
```

```
}

/*
 * This function is called by the server to service the needs of a client
 * after it has accepted a network connection request from a client.
 */
int service_client(int newsock)
{
  int    ret;
  char   *inbuf = NULL;                /* pointer to input data buffer */
  char   *outbuf = NULL;               /* pointer to output message buffer */
  int    *indata_ptr = NULL;           /* pointer to input data from client */
  int    indata = 0;                   /* input data from client */
  size_t              msglen;          /* length of client request message */
  unsigned long long  buflen = 0L;     /* length of input data buffer */
  unsigned long long  result = 0L;     /* output result of multiplication */
  unsigned long long  *result_ptr;     /* pointer to result */
  req_pkt_t request;                   /* client's request */
  req_pkt_t *reqmsg=NULL;              /* pointer to client's request msg */
  req_pkt_t *rplymsg = NULL;           /* pointer to reply to client */
  int                 bytes;           /* number of bytes read */
  unsigned long long  total_bytes;     /* total number of bytes read */
  int                 opcode;          /* operation requested by client */
  int                 status;          /* status of operation */

  /* Receive initial packet. Close the connection if it fails.
   * Make sure we always terminate the connection right away in case of magic
   * number mismatch or others to prevent denial-of-service (DOS) attacks.
   */
  ret = receive_init_pkt(newsock);
  if (ret != SUCCESS)
  {
    fprintf(stderr, "Error: service_client(), receive_init_pkt() failed, "
      "ret=%d\n", ret);
    CLOSE1(newsock);
    return(ret);
  }

  /* Service the connected client until it is done.
   * Receive a request and service the request in each iteration.
   */
  while (1)
  {
    /* Receive the request header from the connected client. */
    msglen = sizeof(request);
    reqmsg = &request;
    memset(reqmsg, 0, msglen);
    errno = 0;
    ret = recv(newsock, reqmsg, msglen, 0);
    if (ret < 0)
    {
```

```
        fprintf(stderr, "Error: recv() failed, errno=%d, %s\n", ERRNO, ERRNOSTR);
        ret = (PROD_ERR_SOCKET_RECV);
        goto return1;
      }
      else if (ret == 0)
      {
        fprintf(stderr, "The client has closed.\n");
        ret = (PROD_ERR_SOCKET_RECV);
        goto return1;
      }
      else if (ret != msglen)
      {
        fprintf(stderr, "Error: recv() failed. Only %d out of %lu bytes were "
          "received.\n", ret, msglen);
        ret = (PROD_ERR_SOCKET_RECV);
        goto return1;
      }

      fprintf(stdout, "Client version=%d\n", ntohl(reqmsg->version));

      /* Perform some sanity check */
      if (ntohl(reqmsg->magic) != REQ_MAGIC)
      {
        fprintf(stderr, "Error: service_client(), wrong magic number.\n");
        ret = (PROD_ERR_WRONGMAGIC);
        goto return1;
      }

      /* Receive the request data if any */
      buflen = ntohll(reqmsg->datasz);
      if (buflen > 0)
      {
        /* Allocate buffer for the input data */
        inbuf = (char *)malloc(buflen);
        if (inbuf == NULL)
        {
          fprintf(stderr, "malloc() failed.\n");
          ret = (PROD_ERR_NO_MEMORY);
          goto return1;
        }

        /* Read all input data */
        errno = 0;
        total_bytes = 0L;
        do {
          bytes = read(newsock, inbuf+total_bytes, (buflen-total_bytes));
          if (bytes < 0)
          {
            fprintf(stderr, "Error: read() failed, errno=%d, %s\n",
ERRNO, ERRNOSTR);
            ret = (PROD_ERR_SOCKET_RECV);
```

```
        goto return1;
      }
      else if (bytes == 0)
      {
        fprintf(stderr, "The client has closed.\n");
        ret = (PROD_ERR_SOCKET_RECV);
        goto return1;
      }
      total_bytes = total_bytes + (unsigned long long)bytes;
    } while (total_bytes < buflen);
  }

  /* Extract the input data and perform the requested operation
     which is version specific. Hence versioning is done here. */
  opcode = ntohl(reqmsg->operation);
  if (ntohl(reqmsg->version >= CURRENT_VER))
  {
    switch(opcode)
    {
      case REQ_OPCODE1:
        indata_ptr = (int *)(inbuf);
        indata =  ntohl(*indata_ptr);
        fprintf(stdout, "Client input data is %d\n", indata);
        result = ((unsigned long long)indata * 100);
        status = SUCCESS;
        fprintf(stdout, "Multiplication result is %llu\n", result);
      break;
      default:
        status = PROD_ERR_BAD_OPCODE;
        result = 0L;
        fprintf(stdout, "Operation code %d is not supported.\n", opcode);
      break;
    }
  }

  /* Send a reply */
  msglen = (sizeof(req_pkt_t) + sizeof(unsigned long long));
  if (outbuf == NULL)
  {
    outbuf = (char *)malloc(msglen);
    if (outbuf == NULL)
    {
      fprintf(stderr, "malloc() failed.\n");
      ret = (PROD_ERR_NO_MEMORY);
      goto return1;
    }
  }
  memset(outbuf, 0, msglen);

  /* Fill in the reply message */
  rplymsg = (req_pkt_t *)outbuf;
```

```
        rplymsg->version = htonl(CURRENT_VER);
        rplymsg->magic = htonl(REPLY_MAGIC);
        rplymsg->operation = reqmsg->operation;
        rplymsg->status = htonl(status);
        rplymsg->datasz = htonll(sizeof(unsigned long long));
        result_ptr = (unsigned long long *)(outbuf + sizeof(req_pkt_t));
        *result_ptr = htonll(result);

        /* Send the reply message */
        errno = 0;
        ret = send(newsock, outbuf, msglen, 0);
        if (ret < 0)
        {
          fprintf(stderr, "Error: send() failed, errno=%d, %s\n", ERRNO,
ERRNOSTR);
          ret = (PROD_ERR_SOCKET_SEND);
          goto return1;
        }
        else if (ret != msglen)
        {
          fprintf(stderr, "Error: send() failed. Only %d out of %lu bytes
were sent.\n"
            , ret, msglen);
          ret = (PROD_ERR_SOCKET_SEND);
          goto return1;
        }

        fprintf(stdout, "Result %llu was successfully sent back to the client.\n",
          result);
      }

    return1:
      if (inbuf != NULL)
        free(inbuf);
      if (outbuf != NULL)
        free(outbuf);
      CLOSE1(newsock);
      return(ret);
    }
```

圖 14-10　例題分散式程式（第二版）

（a）mydistsys.h.v2

```
    /*
     * Include file for distributed system applications
     * Supported operating systems: Linux, Unix (AIX, Solaris, HP-UX), Windows.
     * Copyright (c) 1996, 2002, 2014, 2019 Mr. Jin-Jwei Chen. All rights reserved.
     */

    /*
```

```
 * Defines for Endianness.
 */
#undef  LITTLE_ENDIAN
#undef  BIG_ENDIAN
#define LITTLE_ENDIAN      1
#define BIG_ENDIAN         2
#define UNKNOWN_ENDIAN     3

/*
 * Endian utility functions.
 */
int endian();
unsigned long long myhtonll(unsigned long long num64bit);
unsigned long long myntohll(unsigned long long num64bit);
unsigned short myByteSwap2(unsigned short num16bit);
unsigned int myByteSwap4(unsigned int num32bit);
unsigned long long myByteSwap8(unsigned long long num64bit);

/*
 * Use our own version on platforms not supporting htonll()/ntohll().
 * Remove the O.S. from this list once it has native support.
 */
#if (WINDOWS || LINUX || HPUX)
#define htonll  myhtonll
#define ntohll  myntohll
#endif

/*
 * Application protocol version numbers
 */
#define  VERSION1  1
#define  VERSION2  2
#define  CURRENT_VER  VERSION2  /* always keep this line last */

/* Magic number */
#define PROTO_MAGIC  3923850741
#define REQ_MAGIC    3749500826
#define REPLY_MAGIC  2814594375

#define DATA_MAGIC   1943724308

/* Client request operations */
#define REQ_OPCODE1  1      /* do multiplication */

/*
 * Initial connection packet.
 */
#define AUTH_ID_LEN    32
#define INIT_PKT_LEN  256
typedef struct {
    unsigned int      version;    /* app. protocol version number */
```

```
    unsigned int      magic;       /* app. protocol magic number */
    unsigned int      flags;
    char              auth[AUTH_ID_LEN];     /* auth data */
    char              reserved[INIT_PKT_LEN-AUTH_ID_LEN];
} init_pkt_t;

/*
 * Request/Reply header packet.
 */
typedef struct {
    unsigned int        version;    /* App. data version number */
    unsigned int        magic;      /* app. data packet magic number */
    int                 operation;  /* operation to be performed */
    int                 status;     /* status of the operation */
    unsigned long long  datasz;     /* size of data */
    char                reserved[64];
} req_pkt_t;

/*
 * Portable data file header.
 */
typedef struct {
    char               endian;       /* endian format of the data */
    char               padding[3];   /* pad it for alignment */
    unsigned int       version;      /* version number */
    unsigned int       magic;        /* magic number of data record header */
    unsigned int       padding2;     /* pad it to 8-byte boundary */
    unsigned long long nrecs;        /* number of records */
    char                reserved[24];
} portable_data_hdr_t;

/*
 * Data record.
 */
#define  NAME_LEN  32

typedef struct {
    char                name[NAME_LEN];
    unsigned int        birthyear;
    unsigned int        salary;
    unsigned int        bonus;
} data_rec_t;
```

(b) tcpclnt_dist_all_v2.c

```
/*
 * A connection-oriented client program using Stream socket.
 * Connecting to a server program on any host using a hostname or IP address.
 * Demonstrating design of distributed applications.
 * Support for IPv4 and IPv6 and multiple platforms including
 * Linux, Windows, Solaris, AIX and HPUX.
 * Usage: tcpclnt_dist_all_v2 [srvport# [server-hostname | server-ipaddress]]
```

```
 * Authored by Mr. Jin-Jwei Chen.
 * Copyright (c) 1993-2020, Mr. Jin-Jwei Chen. All rights reserved.
 */

#include "mysocket.h"
#include "mydistsys.h"
#include "myerrors.h"

int send_init_pkt(int sfd);

int main(int argc, char *argv[])
{
  int     ret = 0;
  int     sfd;                      /* socket file descriptor */
  in_port_t  portnum=DEFSRVPORT;    /* port number */
  int     portnum_in = 0;           /* port number user provides */
  char    *portnumstr  = DEFSRVPORTSTR; /* port number in string format */
  char    *inbuf = NULL;            /* pointer to input message buffer */
  char    *outbuf = NULL;           /* pointer to output message buffer */
  size_t msglen;                    /* length of reply message */
  size_t len;
  char    server_name[NAMELEN+1] = SERVER_NAME;
  struct addrinfo hints;            /* address info hints*/
  struct addrinfo *res=NULL;        /* pointer to address info */
  req_pkt_t     *reqmsg = NULL;     /* pointer to client request message */
  int           anumber = 15;       /* the number to be multiplied at server */

  int           *dataptr = NULL;    /* pointer to input data */
  unsigned long long *result_ptr = NULL;   /* pointer to multiplication result */
  req_pkt_t     *reply = NULL;      /* pointer to server reply message */

#if WINDOWS
  WSADATA wsaData;                         /* Winsock data */
  char* GetErrorMsg(int ErrorCode);        /* print error string in Windows */
#endif

  fprintf(stdout, "Connection-oriented client program, version %u ...\n",
    CURRENT_VER);

  /* Get the server's port number from command line. */
  if (argc > 1)
  {
    portnum_in = atoi(argv[1]);
    if (portnum_in <= 0)
    {
      fprintf(stderr, "Port number %d invalid, set to default value %u\n",
        portnum_in, DEFSRVPORT);
      portnum = DEFSRVPORT;
      portnumstr = DEFSRVPORTSTR;
    }
    else
```

```
    {
      portnum = (in_port_t)portnum_in;
      portnumstr = argv[1];
    }
  }

  /* Get the server's host name or IP address from command line. */
  if (argc > 2)
  {
    len = strlen(argv[2]);
    if (len > NAMELEN)
      len = NAMELEN;
    strncpy(server_name, argv[2], len);
    server_name[len] = '\0';
  }

  /* Get the number to be multiplied from the user*/
  if (argc > 3)
    anumber = atoi(argv[3]);


#if WINDOWS
  /* Initiate use of the Winsock DLL. Ask for Winsock version 2.2 at least. */
  if ((ret = WSAStartup(MAKEWORD(2, 2), &wsaData)) != 0)
  {
    fprintf(stderr, "Error: WSAStartup() failed with error %d: %s\n",
      ret, GetErrorMsg(ret));
    return (PROD_ERR_WINSOCK_INIT);
  }
#endif

  /* Translate the server's host name or IP address into socket address.
   * Fill in the hint information.
   */
  memset(&hints, 0x00, sizeof(hints));
    /* This works on AIX but not on Solaris, nor on Windows. */
    /* hints.ai_flags    = AI_NUMERICSERV; */
  hints.ai_family   = AF_UNSPEC;
  hints.ai_socktype = SOCK_STREAM;
  hints.ai_protocol = IPPROTO_TCP;

  /* Get the address information of the server using getaddrinfo().
   * This function returns errors directly or 0 for success. On success,
   * argument res contains a linked list of addrinfo structures.
   */
  ret = getaddrinfo(server_name, portnumstr, &hints, &res);
  if (ret != 0)
  {
    fprintf(stderr, "Error: getaddrinfo() failed, error %d, %s\n", ret,
      gai_strerror(ret));
```

```
#if !WINDOWS
    if (ret == EAI_SYSTEM)
      fprintf(stderr,"System error: errno=%d, %s\n", errno, strerror(errno));
#else
    WSACleanup();
#endif
    return(PROD_ERR_GETADDRINFO);
  }

  /* Create a socket. */
  sfd = socket(res->ai_family, res->ai_socktype, res->ai_protocol);
  if (sfd < 0)
  {

    fprintf(stderr,"Error: socket() failed, errno=%d, %s\n", ERRNO, ERRNOSTR);
#if WINDOWS
    WSACleanup();
#endif
    ret = PROD_ERR_SOCKET_CREATE;
    goto return1;
  }

  /* Connect to the server. */
  ret = connect(sfd, res->ai_addr, res->ai_addrlen);
  if (ret == -1)
  {
    fprintf(stderr, "Error: connect() failed, errno=%d, %s\n", ERRNO,
ERRNOSTR);
    ret = PROD_ERR_CONNECT;
    goto return1;
  }

  /* Send initial packet */
  ret = send_init_pkt(sfd);
  if (ret != SUCCESS)
  {
    fprintf(stderr, "Error: send_init_pkt() failed, ret=%d\n", ret);
    goto return1;
  }

  fprintf(stdout, "Send request messages to server(%s) at port %d\n",
    server_name, portnum);

  /*
   * Send a request message to the server
   */
  /* Allocate output buffer */
  msglen = (sizeof(req_pkt_t) + sizeof(int));
  outbuf = (char *)malloc(msglen);
  if (outbuf == NULL)
  {
```

```
        fprintf(stderr, "malloc() failed.\n");
        ret = PROD_ERR_NO_MEMORY;
        goto return1;
      }

      /* Fill in request */
      memset(outbuf, 0, msglen);
      reqmsg = (req_pkt_t *)outbuf;
      reqmsg->version = htonl(CURRENT_VER);
      reqmsg->magic = htonl(REQ_MAGIC);

      reqmsg->operation = htonl(REQ_OPCODE1);
      reqmsg->datasz = htonll(sizeof(int));
      dataptr = (int *)(outbuf + sizeof(req_pkt_t));
      *dataptr = htonl(anumber);

      /* Send the request */
      errno = 0;
      ret = send(sfd, outbuf, msglen, 0);
      if (ret < 0)
      {
        fprintf(stderr, "Error: send() failed, errno=%d, %s\n", ERRNO,
ERRNOSTR);
        ret = PROD_ERR_SOCKET_SEND;
        goto return1;
      }
      else if (ret != msglen)
      {
        fprintf(stderr, "Error: send() failed. Only %d out of %lu bytes
were sent.\n"
          , ret, msglen);
        ret = PROD_ERR_SOCKET_SEND;
        goto return1;
      }

      /* Receive a reply from the server. */
      /* Allocate input buffer */
      msglen = (sizeof(req_pkt_t) + sizeof(unsigned long long));
      inbuf = (char *)malloc(msglen);
      if (inbuf == NULL)
      {
        fprintf(stderr, "malloc() failed.\n");
        ret = PROD_ERR_NO_MEMORY;
        goto return1;
      }
      memset(inbuf, 0, msglen);

      /* Receive the reply from the server */
      errno = 0;
      ret = recv(sfd, inbuf, msglen, 0);
      if (ret < 0)
```

```
    {
      fprintf(stderr, "Error: recv() failed, errno=%d, %s\n", ERRNO,
ERRNOSTR);
      ret = PROD_ERR_SOCKET_RECV;
      goto return1;
    }
    else if (ret != msglen)
    {

      fprintf(stderr, "Error: recv() failed. Only %d out of %lu bytes were "
        "received.\n", ret, msglen);
      ret = PROD_ERR_SOCKET_RECV;
      goto return1;
    }
    reply = (req_pkt_t *)inbuf;
    fprintf(stdout, "The client received %d bytes of reply from a server"
      " of version %u.\n", ret, ntohl(reply->version));

    if (ntohl(reply->status == SUCCESS))
    {
      result_ptr = (unsigned long long *)(inbuf + sizeof(req_pkt_t));
      fprintf(stdout, "The multiplied result of %d is %llu.\n", anumber,
        ntohll(*result_ptr));
    }
    else
    {
      fprintf(stderr, "Requested operation %u failed, status=%d\n",
        ntohl(reply->operation), ntohl(reply->status));
    }

  return1:
    /* Free the memory allocated by getaddrinfo() and others */
    if (res != NULL) freeaddrinfo(res);
    if (inbuf != NULL) free(inbuf);
    if (outbuf != NULL) free(outbuf);
    CLOSE(sfd);
    return(ret);
  }

  /* Send initial packet */
  int send_init_pkt(int sfd)
  {
    init_pkt_t  initmsg;
    int         ret;

    memset((void *)&initmsg, 0, sizeof(init_pkt_t));
    initmsg.version = htonl(CURRENT_VER);
    initmsg.magic = htonl(PROTO_MAGIC);
    initmsg.flags = htonl(0);

    errno = 0;
```

```
    ret = send(sfd, (void *)&initmsg, sizeof(init_pkt_t), 0);
    if (ret < 0)
    {
      fprintf(stderr, "Error: send_init_pkt(), send() failed, errno=%d, %s\n",

        ERRNO, ERRNOSTR);
      return(PROD_ERR_SOCKET_SEND);
    }
    else if (ret != sizeof(init_pkt_t))
    {
      fprintf(stderr, "Error: send_init_pkt(), send() failed. Only %d out of"
        " %lu bytes of data sent.\n", ret, sizeof(init_pkt_t));
      return(PROD_ERR_SOCKET_SEND);
    }

    return(SUCCESS);
  }
```

(c) tcpsrv_dist_all_v2.c

```
  /*
   * A connection-oriented server program using Stream socket.
   * Demonstrating design of distributed applications.
   * Support for multiple platforms including Linux, Windows, Solaris, AIX, HPUX.
   * Usage: tcpsrv_dist_all_v2 [port#]
   * Authored by Mr. Jin-Jwei Chen.
   * Copyright (c) 2002, 2014, 2017-2020 Mr. Jin-Jwei Chen. All rights
reserved.
   */

  #include "mysocket.h"
  #include "mydistsys.h"
  #include "myerrors.h"

  int receive_init_pkt(int sfd);
  int service_client(int newsock);

  int main(int argc, char *argv[])
  {
    int    ret;                        /* return code */
    int    sfd;                        /* file descriptor of the listener socket */
    int    newsock;                    /* file descriptor of client data socket */
    struct sockaddr_in6   srvaddr;     /* socket structure */
    int    srvaddrsz=sizeof(struct sockaddr_in6);
    struct sockaddr_in6   clntaddr;    /* socket structure */
    socklen_t clntaddrsz = sizeof(struct sockaddr_in6);
    in_port_t portnum = DEFSRVPORT;    /* port number */
    int    portnum_in;                 /* port number entered by user */

    int    sw;                         /* value of option */
    int    v6only = 0;                 /* IPV6_V6ONLY socket option off */
  #if !WINDOWS
```

```
    struct timespec  sleeptm;          /* sleep time */
  #endif
  #if WINDOWS
    WSADATA wsaData;                    /* Winsock data */
    char* GetErrorMsg(int ErrorCode);   /* print error string in Windows */
  #endif

    fprintf(stdout, "Connection-oriented server program, version %u ...\n",
      CURRENT_VER);

    /* Get the server's port number from user, if any. */
    if (argc > 1)
    {
      portnum_in = atoi(argv[1]);
      if (portnum_in <= 0)
      {
        fprintf(stderr, "Port number %d invalid, set to default value %u\n",
          portnum_in, DEFSRVPORT);
        portnum = DEFSRVPORT;
      }
      else
        portnum = portnum_in;
    }

  #if WINDOWS
    /* Initiate use of the Winsock DLL. Ask for Winsock version 2.2 at least. */
    if ((ret = WSAStartup(MAKEWORD(2, 2), &wsaData)) != 0)
    {
      fprintf(stderr, "WSAStartup() failed with error %d: %s\n",
        ret, GetErrorMsg(ret));
      return (PROD_ERR_WINSOCK_INIT);
    }
  #endif

    /* Create the Stream server socket. */
    if ((sfd = socket(AF_INET6, SOCK_STREAM, 0)) < 0)
    {
      fprintf(stderr, "Error: socket() failed, errno=%d, %s\n", ERRNO,
ERRNOSTR);
  #if WINDOWS
      WSACleanup();

  #endif
      return(PROD_ERR_SOCKET_CREATE);
    }

    /* Always turn on SO_REUSEADDR socket option on the server. */
    sw = 1;
    errno = 0;
    if (setsockopt(sfd, SOL_SOCKET, SO_REUSEADDR, (char *)&sw, sizeof(sw)) < 0)
    {
```

```
        fprintf(stderr, "setsockopt(SO_REUSEADDR) failed, errno=%d, %s\n", ERRNO,
          ERRNOSTR);
      }
      else
        fprintf(stdout, "SO_REUSEADDR socket option is turned on.\n");

      /* Fill in the server socket address. */
      memset((void *)&srvaddr, 0, (size_t)srvaddrsz); /* clear the address buffer */
      srvaddr.sin6_family = AF_INET6;                  /* Internet socket */
      srvaddr.sin6_addr= in6addr_any;                  /* server's IP address */
      srvaddr.sin6_port = htons(portnum);              /* server's port number */

      /* Turn off IPV6_V6ONLY socket option. Default is on in Windows. */
      if (setsockopt(sfd, IPPROTO_IPV6, IPV6_V6ONLY, (char*)&v6only,
        sizeof(v6only)) != 0)
      {
        fprintf(stderr, "Error: setsockopt(IPV6_V6ONLY) failed, errno=%d, %s\n",
          ERRNO, ERRNOSTR);
        CLOSE(sfd);
        return(PROD_ERR_SETSOCKETOPT);
      }

      /* Bind the server socket to its address. */
      if ((ret = bind(sfd, (struct sockaddr *)&srvaddr, srvaddrsz)) != 0)
      {
        fprintf(stderr, "Error: bind() failed, errno=%d, %s\n", ERRNO, ERRNOSTR);
        CLOSE(sfd);
        return(PROD_ERR_BIND);
      }

      /* Set maximum connection request queue length that we can fall behind. */

      if (listen(sfd, BACKLOG) == -1) {
        fprintf(stderr, "Error: listen() failed, errno=%d, %s\n", ERRNO, ERRNOSTR);
        CLOSE(sfd);
        return(PROD_ERR_LISTEN);
      }

      /* Wait for incoming connection requests from clients and service them. */
      while (1) {

        fprintf(stdout, "\nListening at port number %u ...\n", portnum);
        newsock = accept(sfd, (struct sockaddr *)&clntaddr, &clntaddrsz);
        if (newsock < 0)
        {
          fprintf(stderr, "Error: accept() failed, errno=%d, %s\n", ERRNO,
ERRNOSTR);
          CLOSE(sfd);
          return(PROD_ERR_ACCEPT);
        }
```

```
    fprintf(stdout, "Client Connected.\n");

    ret = service_client(newsock);
    CLOSE1(newsock);
  }  /* while - outer */

  CLOSE(sfd);
  return(SUCCESS);
}

/* Receive initial packet from a newly connected client.
 * Perform some security checks or authentication.
 */
int receive_init_pkt(int sfd)
{
  init_pkt_t  initmsg;
  int         ret;

  memset((void *)&initmsg, 0, sizeof(init_pkt_t));
  errno = 0;
  ret = recv(sfd, (void *)&initmsg, sizeof(init_pkt_t), 0);
  if (ret < 0)
  {
    fprintf(stderr, "Error: receive_init_pkt(), recv() failed, errno=%d, %s\n",
      ERRNO, ERRNOSTR);
    return(PROD_ERR_SOCKET_RECV);

  }
  else if (ret != sizeof(init_pkt_t))
  {
    fprintf(stderr, "Error: receive_init_pkt(), recv() failed. Only %d out of"
      " %lu bytes of data received.\n", ret, sizeof(init_pkt_t));
    return(PROD_ERR_SOCKET_RECV);
  }

  /* Make sure the magic number always matches. */
  if (ntohl(initmsg.magic) != PROTO_MAGIC)
  {
    fprintf(stderr, "Error: receive_init_pkt(), wrong magic number.\n");
    return(PROD_ERR_WRONGMAGIC);
  }

  /* Perform protocol version-specific operations here if it applies. */
  if (ntohl(initmsg.version >= CURRENT_VER))
  {
    /* Perform some authentication here ... */

    return(SUCCESS);
  }
  return(0);
}
```

```
/*
 * This function is called by the server to service the needs of a client
 * after it has accepted a network connection request from a client.
 */
int service_client(int newsock)
{
  int    ret;
  char   *inbuf = NULL;                  /* pointer to input data buffer */
  char   *outbuf = NULL;                 /* pointer to output message buffer */
  int    *indata_ptr = NULL;             /* pointer to input data from client */
  int    indata = 0;                     /* input data from client */
  size_t              msglen;            /* length of client request message */
  unsigned long long  buflen = 0L;       /* length of input data buffer */

  unsigned long long  result = 0L;       /* output result of multiplication */
  unsigned long long  *result_ptr;       /* pointer to result */
  req_pkt_t request;                     /* client's request */
  req_pkt_t *reqmsg=NULL;                /* pointer to client's request msg */
  req_pkt_t *rplymsg = NULL;             /* pointer to reply to client */
  int                bytes;              /* number of bytes read */
  unsigned long long total_bytes;        /* total number of bytes read */
  int                opcode;             /* operation requested by client */
  int                status;             /* status of operation */
  int                clntVersion;        /* client's version */

  /* Receive initial packet. Close the connection if it fails.
   * Make sure we always terminate the connection right away in case of magic
   * number mismatch or others to prevent denial-of-service (DOS) attacks.
   */
  ret = receive_init_pkt(newsock);
  if (ret != SUCCESS)
  {
    fprintf(stderr, "Error: service_client(), receive_init_pkt() failed, "
      "ret=%d\n", ret);
    CLOSE1(newsock);
    return(ret);
  }

  /* Service the connected client until it is done.
   * Receive a request and service the request in each iteration.
   */
  while (1)
  {
    /* Receive the request header from the connected client. */
    msglen = sizeof(request);
    reqmsg = &request;
    memset(reqmsg, 0, msglen);
    errno = 0;
    ret = recv(newsock, reqmsg, msglen, 0);
    if (ret < 0)
```

```
      {
        fprintf(stderr, "Error: recv() failed, errno=%d, %s\n", ERRNO,
ERRNOSTR);
        ret = (PROD_ERR_SOCKET_RECV);
        goto return1;
      }

      else if (ret == 0)
      {
        fprintf(stderr, "The client has closed.\n");
        ret = (PROD_ERR_SOCKET_RECV);
        goto return1;
      }
      else if (ret != msglen)
      {
        fprintf(stderr, "Error: recv() failed. Only %d out of %lu bytes were "
          "received.\n", ret, msglen);
        ret = (PROD_ERR_SOCKET_RECV);
        goto return1;
      }

      clntVersion = ntohl(reqmsg->version);
      fprintf(stdout, "Client version=%d\n", clntVersion);

      /* Perform some sanity check */
      if (ntohl(reqmsg->magic) != REQ_MAGIC)
      {
        fprintf(stderr, "Error: service_client(), wrong magic number.\n");
        ret = (PROD_ERR_WRONGMAGIC);
        goto return1;
      }

      /* Receive the request data if any */
      buflen = ntohll(reqmsg->datasz);
      if (buflen > 0)
      {
        /* Allocate buffer for the input data */
        inbuf = (char *)malloc(buflen);
        if (inbuf == NULL)
        {
          fprintf(stderr, "malloc() failed.\n");
          ret = (PROD_ERR_NO_MEMORY);
          goto return1;
        }

        /* Read all input data */
        errno = 0;
        total_bytes = 0L;
        do {
          bytes = read(newsock, inbuf+total_bytes, (buflen-total_bytes));
          if (bytes < 0)
```

```
          {
            fprintf(stderr, "Error: read() failed, errno=%d, %s\n",
ERRNO, ERRNOSTR);
            ret = (PROD_ERR_SOCKET_RECV);
            goto return1;
          }
          else if (bytes == 0)
          {
            fprintf(stderr, "The client has closed.\n");
            ret = (PROD_ERR_SOCKET_RECV);
            goto return1;
          }
          total_bytes = total_bytes + (unsigned long long)bytes;
        } while (total_bytes < buflen);
      }

      /* Extract the input data and perform the requested operation
         which is version specific. Hence versioning is done here. */
      opcode = ntohl(reqmsg->operation);
      if (clntVersion >= CURRENT_VER) /* latest version */
      {
        switch(opcode)
        {
          case REQ_OPCODE1:
            indata_ptr = (int *)(inbuf);
            indata =  ntohl(*indata_ptr);
            fprintf(stdout, "Client input data is %d\n", indata);
            result = ((unsigned long long)indata * 1000);
            status = SUCCESS;
            fprintf(stdout, "Multiplication result is %llu\n", result);
          break;
          default:
            status = PROD_ERR_BAD_OPCODE;
            result = 0L;
            fprintf(stdout, "Operation code %d is not supported.\n", opcode);
          break;
        }
      }
      else if (clntVersion >= VERSION1) /* my previous version */
      {
        switch(opcode)
        {
          case REQ_OPCODE1:
            indata_ptr = (int *)(inbuf);
            indata =  ntohl(*indata_ptr);
            fprintf(stdout, "Client input data is %d\n", indata);
            result = ((unsigned long long)indata * 100);
            status = SUCCESS;

            fprintf(stdout, "Multiplication result is %llu\n", result);
```

```
          break;
          default:
            status = PROD_ERR_BAD_OPCODE;
            result = 0L;
            fprintf(stdout, "Operation code %d is not supported.\n", opcode);
          break;
        }
      }

      /* Send a reply */
      msglen = (sizeof(req_pkt_t) + sizeof(unsigned long long));
      if (outbuf == NULL)
      {
        outbuf = (char *)malloc(msglen);
        if (outbuf == NULL)
        {
          fprintf(stderr, "malloc() failed.\n");
          ret = (PROD_ERR_NO_MEMORY);
          goto return1;
        }
      }
      memset(outbuf, 0, msglen);

      /* Fill in the reply message */
      rplymsg = (req_pkt_t *)outbuf;
      rplymsg->version = htonl(CURRENT_VER);
      rplymsg->magic = htonl(REPLY_MAGIC);
      rplymsg->operation = reqmsg->operation;
      rplymsg->status = htonl(status);
      rplymsg->datasz = htonll(sizeof(unsigned long long));
      result_ptr = (unsigned long long *)(outbuf + sizeof(req_pkt_t));
      *result_ptr = htonll(result);

      /* Send the reply message */
      errno = 0;
      ret = send(newsock, outbuf, msglen, 0);
      if (ret < 0)
      {
        fprintf(stderr, "Error: send() failed, errno=%d, %s\n", ERRNO,
ERRNOSTR);
        ret = (PROD_ERR_SOCKET_SEND);
        goto return1;
      }
      else if (ret != msglen)
      {
        fprintf(stderr, "Error: send() failed. Only %d out of %lu bytes
were sent.\n"

          , ret, msglen);
        ret = (PROD_ERR_SOCKET_SEND);
        goto return1;
```

```
    }

    fprintf(stdout, "Result %llu was successfully sent back to the client.\n",
      result);
  }

return1:
  if (inbuf != NULL)
    free(inbuf);
  if (outbuf != NULL)
    free(outbuf);
  CLOSE1(newsock);
  return(ret);
}
```

圖 14-11　例題分散式程式（第三版）

（a）mydistsys.h.v3

```
/*
 * Include file for distributed system applications
 * Supported operating systems: Linux, Unix (AIX, Solaris, HP-UX), Windows.
 * Copyright (c) 1996, 2002, 2014, 2019 Mr. Jin-Jwei Chen. All rights reserved.
 */

/*
 * Defines for Endianness.
 */
#undef  LITTLE_ENDIAN
#undef  BIG_ENDIAN
#define LITTLE_ENDIAN     1
#define BIG_ENDIAN        2
#define UNKNOWN_ENDIAN    3

/*
 * Endian utility functions.
 */
int endian();
unsigned long long myhtonll(unsigned long long num64bit);
unsigned long long myntohll(unsigned long long num64bit);
unsigned short myByteSwap2(unsigned short num16bit);
unsigned int myByteSwap4(unsigned int num32bit);
unsigned long long myByteSwap8(unsigned long long num64bit);

/*
 * Use our own version on platforms not supporting htonll()/ntohll().
 * Remove the O.S. from this list once it has native support.
 */
#if (WINDOWS || LINUX || HPUX)
#define htonll  myhtonll
#define ntohll  myntohll
```

```
#endif

/*
 * Application protocol version numbers
 */
#define  VERSION1  1
#define  VERSION2  2
#define  VERSION3  3
#define  CURRENT_VER  VERSION3  /* always keep this line last */

/* Magic number */
#define PROTO_MAGIC  3923850741
#define REQ_MAGIC    3749500826
#define REPLY_MAGIC  2814594375
#define DATA_MAGIC   1943724308

/* Client request operations */
#define REQ_OPCODE1  1     /* do multiplication */

/*
 * Initial connection packet.
 */
#define AUTH_ID_LEN    32
#define INIT_PKT_LEN  256
typedef struct {
    unsigned int      version;    /* app. protocol version number */
    unsigned int      magic;      /* app. protocol magic number */
    unsigned int      flags;
    char              auth[AUTH_ID_LEN];    /* auth data */
    char              reserved[INIT_PKT_LEN-AUTH_ID_LEN];
} init_pkt_t;

/*
 * Request/Reply header packet.
 */
typedef struct {
    unsigned int       version;    /* App. data version number */
    unsigned int       magic;      /* app. data packet magic number */
    int                operation;  /* operation to be performed */
    int                status;     /* status of the operation */
    unsigned long long datasz;     /* size of data */
    int                addend;     /* number to be addded to MUL product */
    char                 reserved[60];
} req_pkt_t;

/*
 * Portable data file header.
 */
typedef struct {
    char               endian;      /* endian format of the data */
    char               padding[3];  /* pad it for alignment */
```

```
    unsigned int        version;      /* version number */
    unsigned int        magic;        /* magic number of data record header */
    unsigned int        padding2;     /* pad it to 8-byte boundary */
    unsigned long long  nrecs;        /* number of records */
    char                  reserved[24];
} portable_data_hdr_t;

/*
 * Data record.
 */
#define  NAME_LEN  32
typedef struct {
    char                  name[NAME_LEN];
    unsigned int          birthyear;
    unsigned int          salary;
    unsigned int          bonus;
} data_rec_t;
```

(b) tcpclnt_dist_all_v3.c

```
/*
 * A connection-oriented client program using Stream socket.
 * Connecting to a server program on any host using a hostname or IP address.
 * Demonstrating design of distributed applications.
 * Support for IPv4 and IPv6 and multiple platforms including
 * Linux, Windows, Solaris, AIX and HPUX.
 * Usage: tcpclnt_dist_all_v3 [srvport# [server-hostname | server-ipaddress]]
 * Authored by Mr. Jin-Jwei Chen.
 * Copyright (c) 1993-2020, Mr. Jin-Jwei Chen. All rights reserved.
 */

#include "mysocket.h"
#include "mydistsys.h"
#include "myerrors.h"

int send_init_pkt(int sfd);

int main(int argc, char *argv[])
{
  int    ret = 0;
  int    sfd;                         /* socket file descriptor */
  in_port_t  portnum=DEFSRVPORT;      /* port number */
  int    portnum_in = 0;              /* port number user provides */
  char   *portnumstr  = DEFSRVPORTSTR; /* port number in string format */
  char   *inbuf = NULL;               /* pointer to input message buffer */
  char   *outbuf = NULL;              /* pointer to output message buffer */
  size_t msglen;                      /* length of reply message */
  size_t len;
  char   server_name[NAMELEN+1] = SERVER_NAME;
  struct addrinfo hints;            /* address info hints*/
  struct addrinfo *res=NULL;        /* pointer to address info */
  req_pkt_t    *reqmsg = NULL;      /* pointer to client request message */
```

```
  int           anumber = 15;       /* the number to be multiplied at server */
  int           *dataptr = NULL;    /* pointer to input data */
  unsigned long long *result_ptr = NULL;    /* pointer to multiplication result */
  req_pkt_t     *reply = NULL;      /* pointer to server reply message */
  int           addend = 50;        /* the number to be added to the product */

#if WINDOWS
  WSADATA wsaData;                          /* Winsock data */
  char* GetErrorMsg(int ErrorCode);         /* print error string in Windows */
#endif

  fprintf(stdout, "Connection-oriented client program, version %u ...\n",
    CURRENT_VER);

  /* Get the server's port number from command line. */
  if (argc > 1)
  {
    portnum_in = atoi(argv[1]);
    if (portnum_in <= 0)
    {
      fprintf(stderr, "Port number %d invalid, set to default value %u\n",
        portnum_in, DEFSRVPORT);
      portnum = DEFSRVPORT;
      portnumstr = DEFSRVPORTSTR;
    }
    else
    {
      portnum = (in_port_t)portnum_in;
      portnumstr = argv[1];
    }
  }

  /* Get the server's host name or IP address from command line. */
  if (argc > 2)
  {
    len = strlen(argv[2]);
    if (len > NAMELEN)
      len = NAMELEN;
    strncpy(server_name, argv[2], len);
    server_name[len] = '\0';
  }

  /* Get the number to be multiplied from the user*/
  if (argc > 3)
    anumber = atoi(argv[3]);

  /* Get the addend to be added to the product */
  if (argc > 4)
    addend = atoi(argv[4]);

#if WINDOWS
```

```
    /* Initiate use of the Winsock DLL. Ask for Winsock version 2.2 at least. */
    if ((ret = WSAStartup(MAKEWORD(2, 2), &wsaData)) != 0)
    {
      fprintf(stderr, "Error: WSAStartup() failed with error %d: %s\n",
        ret, GetErrorMsg(ret));
      return (PROD_ERR_WINSOCK_INIT);
    }
  #endif

    /* Translate the server's host name or IP address into socket address.
     * Fill in the hint information.
     */
    memset(&hints, 0x00, sizeof(hints));
      /* This works on AIX but not on Solaris, nor on Windows. */
      /* hints.ai_flags    = AI_NUMERICSERV; */
    hints.ai_family   = AF_UNSPEC;
    hints.ai_socktype = SOCK_STREAM;
    hints.ai_protocol = IPPROTO_TCP;

    /* Get the address information of the server using getaddrinfo().
     * This function returns errors directly or 0 for success. On success,
     * argument res contains a linked list of addrinfo structures.
     */
    ret = getaddrinfo(server_name, portnumstr, &hints, &res);
    if (ret != 0)
    {
      fprintf(stderr, "Error: getaddrinfo() failed, error %d, %s\n", ret,
        gai_strerror(ret));
  #if !WINDOWS
      if (ret == EAI_SYSTEM)
        fprintf(stderr,"System error: errno=%d, %s\n", errno, strerror(errno));
  #else
      WSACleanup();
  #endif
      return(PROD_ERR_GETADDRINFO);
    }

    /* Create a socket. */
    sfd = socket(res->ai_family, res->ai_socktype, res->ai_protocol);
    if (sfd < 0)
    {
      fprintf(stderr,"Error: socket() failed, errno=%d, %s\n", ERRNO,
ERRNOSTR);
  #if WINDOWS
      WSACleanup();
  #endif
      ret = PROD_ERR_SOCKET_CREATE;
      goto return1;
    }

    /* Connect to the server. */
```

```
    ret = connect(sfd, res->ai_addr, res->ai_addrlen);
    if (ret == -1)
    {
      fprintf(stderr, "Error: connect() failed, errno=%d, %s\n", ERRNO,
ERRNOSTR);
      ret = PROD_ERR_CONNECT;
      goto return1;
    }

    /* Send initial packet */
    ret = send_init_pkt(sfd);
    if (ret != SUCCESS)
    {
      fprintf(stderr, "Error: send_init_pkt() failed, ret=%d\n", ret);
      goto return1;
    }

    fprintf(stdout, "Send request messages to server(%s) at port %d\n",
      server_name, portnum);

    /*
     * Send a request message to the server
     */
    /* Allocate output buffer */
    msglen = (sizeof(req_pkt_t) + sizeof(int));
    outbuf = (char *)malloc(msglen);
    if (outbuf == NULL)
    {
      fprintf(stderr, "malloc() failed.\n");
      ret = PROD_ERR_NO_MEMORY;
      goto return1;
    }

    /* Fill in request */
    memset(outbuf, 0, msglen);
    reqmsg = (req_pkt_t *)outbuf;
    reqmsg->version = htonl(CURRENT_VER);
    reqmsg->magic = htonl(REQ_MAGIC);
    reqmsg->operation = htonl(REQ_OPCODE1);
    reqmsg->addend = htonl(addend);
    reqmsg->datasz = htonll(sizeof(int));
    dataptr = (int *)(outbuf + sizeof(req_pkt_t));
    *dataptr = htonl(anumber);

    /* Send the request */
    errno = 0;
    ret = send(sfd, outbuf, msglen, 0);
    if (ret < 0)
    {
      fprintf(stderr, "Error: send() failed, errno=%d, %s\n", ERRNO,
ERRNOSTR);
```

```
        ret = PROD_ERR_SOCKET_SEND;
        goto return1;
      }
      else if (ret != msglen)
      {
        fprintf(stderr, "Error: send() failed. Only %d out of %lu bytes
were sent.\n"
          , ret, msglen);
        ret = PROD_ERR_SOCKET_SEND;
        goto return1;
      }

      /* Receive a reply from the server. */
      /* Allocate input buffer */
      msglen = (sizeof(req_pkt_t) + sizeof(unsigned long long));
      inbuf = (char *)malloc(msglen);
      if (inbuf == NULL)
      {
        fprintf(stderr, "malloc() failed.\n");
        ret = PROD_ERR_NO_MEMORY;
        goto return1;
      }
      memset(inbuf, 0, msglen);

      /* Receive the reply from the server */
      errno = 0;
      ret = recv(sfd, inbuf, msglen, 0);
      if (ret < 0)
      {
        fprintf(stderr, "Error: recv() failed, errno=%d, %s\n", ERRNO,
ERRNOSTR);
        ret = PROD_ERR_SOCKET_RECV;
        goto return1;
      }
      else if (ret != msglen)
      {
        fprintf(stderr, "Error: recv() failed. Only %d out of %lu bytes were "
          "received.\n", ret, msglen);
        ret = PROD_ERR_SOCKET_RECV;
        goto return1;
      }
      reply = (req_pkt_t *)inbuf;
      fprintf(stdout, "The client received %d bytes of reply from a server"
        " of version %u.\n", ret, ntohl(reply->version));

      if (ntohl(reply->status == SUCCESS))
      {
        result_ptr = (unsigned long long *)(inbuf + sizeof(req_pkt_t));
        fprintf(stdout, "The multiplied result of %d is %llu.\n", anumber,
          ntohll(*result_ptr));
      }
```

```
    else
    {
      fprintf(stderr, "Requested operation %u failed, status=%d\n",
        ntohl(reply->operation), ntohl(reply->status));
    }

return1:
  /* Free the memory allocated by getaddrinfo() and others */
  if (res != NULL) freeaddrinfo(res);
  if (inbuf != NULL) free(inbuf);
  if (outbuf != NULL) free(outbuf);
  CLOSE(sfd);
  return(ret);
}

/* Send initial packet */
int send_init_pkt(int sfd)
{
  init_pkt_t  initmsg;
  int         ret;

  memset((void *)&initmsg, 0, sizeof(init_pkt_t));
  initmsg.version = htonl(CURRENT_VER);
  initmsg.magic = htonl(PROTO_MAGIC);
  initmsg.flags = htonl(0);

  errno = 0;
  ret = send(sfd, (void *)&initmsg, sizeof(init_pkt_t), 0);
  if (ret < 0)
  {
    fprintf(stderr, "Error: send_init_pkt(), send() failed, errno=%d, %s\n",
      ERRNO, ERRNOSTR);
    return(PROD_ERR_SOCKET_SEND);
  }
  else if (ret != sizeof(init_pkt_t))
  {
    fprintf(stderr, "Error: send_init_pkt(), send() failed. Only %d out of"
      " %lu bytes of data sent.\n", ret, sizeof(init_pkt_t));
    return(PROD_ERR_SOCKET_SEND);
  }

  return(SUCCESS);
}
```

(c) tcpsrv_dist_all_v3.c

```
/*
 * A connection-oriented server program using Stream socket.
 * Demonstrating design of distributed applications.
 * Support for multiple platforms including Linux, Windows, Solaris, AIX, HPUX.
 * Usage: tcpsrv_dist_all_v3 [port#]
 * Authored by Mr. Jin-Jwei Chen.
```

```
 * Copyright (c) 2002, 2014, 2017-2020 Mr. Jin-Jwei Chen. All rights reserved.
 */

#include "mysocket.h"
#include "mydistsys.h"
#include "myerrors.h"

int service_client(int newsock);

int main(int argc, char *argv[])
{
  int    ret;                       /* return code */
  int    sfd;                       /* file descriptor of the listener socket */
  int    newsock;                   /* file descriptor of client data socket */
  struct sockaddr_in6   srvaddr;    /* socket structure */
  int     srvaddrsz=sizeof(struct sockaddr_in6);
  struct sockaddr_in6   clntaddr;  /* socket structure */
  socklen_t clntaddrsz = sizeof(struct sockaddr_in6);
  in_port_t portnum = DEFSRVPORT;  /* port number */
  int     portnum_in;               /* port number entered by user */
  int     sw;                       /* value of option */
  int     v6only = 0;               /* IPV6_V6ONLY socket option off */
#if !WINDOWS
  struct timespec  sleeptm;         /* sleep time */
#endif
#if WINDOWS
  WSADATA wsaData;                     /* Winsock data */
  char* GetErrorMsg(int ErrorCode);    /* print error string in Windows */
#endif

  fprintf(stdout, "Connection-oriented server program, version %u ...\n",
    CURRENT_VER);

  /* Get the server's port number from user, if any. */
  if (argc > 1)
  {
    portnum_in = atoi(argv[1]);
    if (portnum_in <= 0)
    {
      fprintf(stderr, "Port number %d invalid, set to default value %u\n",
        portnum_in, DEFSRVPORT);
      portnum = DEFSRVPORT;
    }
    else
      portnum = portnum_in;
  }

#if WINDOWS
  /* Initiate use of the Winsock DLL. Ask for Winsock version 2.2 at least. */
  if ((ret = WSAStartup(MAKEWORD(2, 2), &wsaData)) != 0)
  {
```

```
      fprintf(stderr, "WSAStartup() failed with error %d: %s\n",
        ret, GetErrorMsg(ret));
      return (PROD_ERR_WINSOCK_INIT);
    }
  #endif

    /* Create the Stream server socket. */
    if ((sfd = socket(AF_INET6, SOCK_STREAM, 0)) < 0)
    {
      fprintf(stderr, "Error: socket() failed, errno=%d, %s\n", ERRNO,
ERRNOSTR);
  #if WINDOWS
      WSACleanup();
  #endif
      return(PROD_ERR_SOCKET_CREATE);
    }

    /* Always turn on SO_REUSEADDR socket option on the server. */
    sw = 1;
    errno = 0;
    if (setsockopt(sfd, SOL_SOCKET, SO_REUSEADDR, (char *)&sw, sizeof(sw)) < 0)
    {
      fprintf(stderr, "setsockopt(SO_REUSEADDR) failed, errno=%d, %s\n", ERRNO,
        ERRNOSTR);
    }
    else
      fprintf(stdout, "SO_REUSEADDR socket option is turned on.\n");

    /* Fill in the server socket address. */
    memset((void *)&srvaddr, 0, (size_t)srvaddrsz); /* clear the address buffer */
    srvaddr.sin6_family = AF_INET6;                 /* Internet socket */
    srvaddr.sin6_addr= in6addr_any;                 /* server's IP address */
    srvaddr.sin6_port = htons(portnum);             /* server's port number */

    /* Turn off IPV6_V6ONLY socket option. Default is on in Windows. */
    if (setsockopt(sfd, IPPROTO_IPV6, IPV6_V6ONLY, (char*)&v6only,
      sizeof(v6only)) != 0)
    {
      fprintf(stderr, "Error: setsockopt(IPV6_V6ONLY) failed, errno=%d, %s\n",
        ERRNO, ERRNOSTR);
      CLOSE(sfd);
      return(PROD_ERR_SETSOCKETOPT);
    }

    /* Bind the server socket to its address. */
    if ((ret = bind(sfd, (struct sockaddr *)&srvaddr, srvaddrsz)) != 0)
    {
      fprintf(stderr, "Error: bind() failed, errno=%d, %s\n", ERRNO,
ERRNOSTR);
      CLOSE(sfd);
      return(PROD_ERR_BIND);
```

```
    }

    /* Set maximum connection request queue length that we can fall behind. */
    if (listen(sfd, BACKLOG) == -1) {
      fprintf(stderr, "Error: listen() failed, errno=%d, %s\n", ERRNO,
ERRNOSTR);
      CLOSE(sfd);
      return(PROD_ERR_LISTEN);
    }

    /* Wait for incoming connection requests from clients and service them. */
    while (1) {

      fprintf(stdout, "\nListening at port number %u ...\n", portnum);
      newsock = accept(sfd, (struct sockaddr *)&clntaddr, &clntaddrsz);
      if (newsock < 0)
      {
        fprintf(stderr, "Error: accept() failed, errno=%d, %s\n", ERRNO,
ERRNOSTR);
        CLOSE(sfd);
        return(PROD_ERR_ACCEPT);
      }

      fprintf(stdout, "Client Connected.\n");

      ret = service_client(newsock);
      CLOSE1(newsock);
    }  /* while - outer */

    CLOSE(sfd);
    return(SUCCESS);
  }

  /* Receive initial packet from a newly connected client.
   * Perform some security checks or authentication.
   */
  int receive_init_pkt(int sfd)
  {
    init_pkt_t  initmsg;
    int         ret;

    memset((void *)&initmsg, 0, sizeof(init_pkt_t));
    errno = 0;
    ret = recv(sfd, (void *)&initmsg, sizeof(init_pkt_t), 0);
    if (ret < 0)
    {
      fprintf(stderr, "Error: receive_init_pkt(), recv() failed, errno=%d, %s\n",
        ERRNO, ERRNOSTR);
      return(PROD_ERR_SOCKET_RECV);
    }
    else if (ret != sizeof(init_pkt_t))
```

```
  {
    fprintf(stderr, "Error: receive_init_pkt(), recv() failed. Only %d out of"
      " %lu bytes of data received.\n", ret, sizeof(init_pkt_t));
    return(PROD_ERR_SOCKET_RECV);
  }

  /* Make sure the magic number always matches. */
  if (ntohl(initmsg.magic) != PROTO_MAGIC)
  {
    fprintf(stderr, "Error: receive_init_pkt(), wrong magic number.\n");
    return(PROD_ERR_WRONGMAGIC);
  }

  /* Perform protocol version-specific operations here if it applies. */
  if (ntohl(initmsg.version >= CURRENT_VER))
  {
    /* Perform some authentication here ... */

    return(SUCCESS);
  }
  return(0);
}

/*
 * This function is called by the server to service the needs of a client
 * after it has accepted a network connection request from a client.
 */
int service_client(int newsock)
{
  int    ret;
  char   *inbuf = NULL;                /* pointer to input data buffer */
  char   *outbuf = NULL;               /* pointer to output message buffer */
  int    *indata_ptr = NULL;           /* pointer to input data from client */
  int    indata = 0;                   /* input data from client */
  size_t              msglen;          /* length of client request message */
  unsigned long long  buflen = 0L;     /* length of input data buffer */
  unsigned long long  result = 0L;     /* output result of multiplication */
  unsigned long long  *result_ptr;     /* pointer to result */
  req_pkt_t request;                   /* client's request */
  req_pkt_t *reqmsg=NULL;              /* pointer to client's request msg */
  req_pkt_t *rplymsg = NULL;           /* pointer to reply to client */
  int                bytes;            /* number of bytes read */
  unsigned long long total_bytes;      /* total number of bytes read */
  int                opcode;           /* operation requested by client */
  int                status;           /* status of operation */
  int                clntVersion;      /* client's version */

  /* Receive initial packet. Close the connection if it fails.
   * Make sure we always terminate the connection right away in case of magic
   * number mismatch or others to prevent denial-of-service (DOS) attacks.
   */
```

```
    ret = receive_init_pkt(newsock);
    if (ret != SUCCESS)
    {
    fprintf(stderr, "Error: service_client(), receive_init_pkt() failed, "
        "ret=%d\n", ret);
      CLOSE1(newsock);
      return(ret);
    }

    /* Service the connected client until it is done.
     * Receive a request and service the request in each iteration.
     */
    while (1)
    {
      /* Receive the request header from the connected client. */
      msglen = sizeof(request);
      reqmsg = &request;
      memset(reqmsg, 0, msglen);
      errno = 0;
      ret = recv(newsock, reqmsg, msglen, 0);
      if (ret < 0)
      {
        fprintf(stderr, "Error: recv() failed, errno=%d, %s\n", ERRNO,
ERRNOSTR);
        ret = (PROD_ERR_SOCKET_RECV);
        goto return1;
      }
      else if (ret == 0)
      {
        fprintf(stderr, "The client has closed.\n");
        ret = (PROD_ERR_SOCKET_RECV);
        goto return1;
      }
      else if (ret != msglen)
      {
        fprintf(stderr, "Error: recv() failed. Only %d out of %lu bytes were "
          "received.\n", ret, msglen);
        ret = (PROD_ERR_SOCKET_RECV);
        goto return1;
      }

      clntVersion = ntohl(reqmsg->version);
      fprintf(stdout, "Client version=%d\n", clntVersion);

      /* Perform some sanity check */
      if (ntohl(reqmsg->magic) != REQ_MAGIC)
      {
        fprintf(stderr, "Error: service_client(), wrong magic number.\n");
        ret = (PROD_ERR_WRONGMAGIC);
        goto return1;
      }
```

```
      /* Receive the request data if any */
      buflen = ntohll(reqmsg->datasz);
      if (buflen > 0)
      {
        /* Allocate buffer for the input data */
        inbuf = (char *)malloc(buflen);
        if (inbuf == NULL)
        {
          fprintf(stderr, "malloc() failed.\n");
          ret = (PROD_ERR_NO_MEMORY);
          goto return1;
        }

        /* Read all input data */
        errno = 0;
        total_bytes = 0L;
        do {
          bytes = read(newsock, inbuf+total_bytes, (buflen-total_bytes));
          if (bytes < 0)
          {
            fprintf(stderr, "Error: read() failed, errno=%d, %s\n",
ERRNO, ERRNOSTR);
            ret = (PROD_ERR_SOCKET_RECV);
            goto return1;
          }
          else if (bytes == 0)
          {
            fprintf(stderr, "The client has closed.\n");
            ret = (PROD_ERR_SOCKET_RECV);
            goto return1;
          }
          total_bytes = total_bytes + (unsigned long long)bytes;
        } while (total_bytes < buflen);
      }

      /* Extract the input data and perform the requested operation
         which is version specific. Hence versioning is done here. */
      opcode = ntohl(reqmsg->operation);
      if (clntVersion >= CURRENT_VER) /* latest version */
      {
        switch(opcode)
        {
          case REQ_OPCODE1:
            indata_ptr = (int *)(inbuf);
            indata =  ntohl(*indata_ptr);
            fprintf(stdout, "Client input data is %d\n", indata);
            result = ((unsigned long long)indata * 1000);
            result = result + ntohl(reqmsg->addend);
            status = SUCCESS;
            fprintf(stdout, "Multiplication result is %llu\n", result);
```

```
      break;
      default:
        status = PROD_ERR_BAD_OPCODE;
        result = 0L;
        fprintf(stdout, "Operation code %d is not supported.\n", opcode);
      break;
    }
  }
  else if (clntVersion >= VERSION2) /* previous version */
  {
    switch(opcode)
    {
      case REQ_OPCODE1:
        indata_ptr = (int *)(inbuf);
        indata =  ntohl(*indata_ptr);
        fprintf(stdout, "Client input data is %d\n", indata);
        result = ((unsigned long long)indata * 1000);
        status = SUCCESS;
        fprintf(stdout, "Multiplication result is %llu\n", result);
      break;
      default:
        status = PROD_ERR_BAD_OPCODE;
        result = 0L;
        fprintf(stdout, "Operation code %d is not supported.\n", opcode);
      break;
    }
  }
  else if (clntVersion >= VERSION1) /* first version */
  {
    switch(opcode)
    {
      case REQ_OPCODE1:
        indata_ptr = (int *)(inbuf);
        indata =  ntohl(*indata_ptr);
        fprintf(stdout, "Client input data is %d\n", indata);
        result = ((unsigned long long)indata * 100);
        status = SUCCESS;
        fprintf(stdout, "Multiplication result is %llu\n", result);
      break;
      default:
        status = PROD_ERR_BAD_OPCODE;
        result = 0L;
        fprintf(stdout, "Operation code %d is not supported.\n", opcode);
      break;
    }
  }

  /* Send a reply */
  msglen = (sizeof(req_pkt_t) + sizeof(unsigned long long));
  if (outbuf == NULL)
  {
```

```
          outbuf = (char *)malloc(msglen);
          if (outbuf == NULL)
          {
            fprintf(stderr, "malloc() failed.\n");
            ret = (PROD_ERR_NO_MEMORY);
            goto return1;
          }
        }
        memset(outbuf, 0, msglen);

        /* Fill in the reply message */
        rplymsg = (req_pkt_t *)outbuf;
        rplymsg->version = htonl(CURRENT_VER);
        rplymsg->magic = htonl(REPLY_MAGIC);
        rplymsg->operation = reqmsg->operation;
        rplymsg->status = htonl(status);
        rplymsg->datasz = htonll(sizeof(unsigned long long));
        result_ptr = (unsigned long long *)(outbuf + sizeof(req_pkt_t));
        *result_ptr = htonll(result);

        /* Send the reply message */
        errno = 0;
        ret = send(newsock, outbuf, msglen, 0);
        if (ret < 0)
        {
          fprintf(stderr, "Error: send() failed, errno=%d, %s\n", ERRNO,
ERRNOSTR);
          ret = (PROD_ERR_SOCKET_SEND);
          goto return1;
        }
        else if (ret != msglen)
        {
          fprintf(stderr, "Error: send() failed. Only %d out of %lu bytes
were sent.\n"
            , ret, msglen);
          ret = (PROD_ERR_SOCKET_SEND);
          goto return1;
        }

        fprintf(stdout, "Result %llu was successfully sent back to the client.\n",
          result);
      }

    return1:
      if (inbuf != NULL)
        free(inbuf);
      if (outbuf != NULL)
        free(outbuf);
      CLOSE1(newsock);
     return(ret);
    }
```

14-2-2-4 讓伺服程式更堅固

這裡，我們必須指出，在開發一極為堅固之伺服程式上，所必須注意的一、兩件小事。

使用讀取迴路

為了寫成最通用的情況，以便在所有情況下都能動作，尤其是必須傳輸的資料很長時，在伺服程式端，我們將讀取客戶程式之服務請求資料的 recv() 函數叫用，改成一叫用 read() 系統叫用的迴路。

這個讀取迴路會一直讀到客戶請求之前頭（datasz 資料欄）所指的那麼多位元組或碰到錯誤為止。

在資料很長的情況下，就僅以一個 recv() 或 read() 函數叫用，就想讀得整個資料，並不見得會永遠成功。通常都需要分批讀個幾次。因此，以一個迴路為之，一直讀到完為止，算是最安全可靠的方式。

永遠讓客戶程式關閉連線

在伺服程式上，切記勿在送出最後一個答覆信息之後，就跟著立即把連線給關了。因為，這樣客戶程式有些資料可能會收不到的。所以，最好的伺服程式，就是永遠讓客戶程式關閉連線，不要自己關。這還有另一個避免伺服系統會出現一大堆亡而不散之幽靈插口的好處！

14-2-2-5 輸出樣本

如同我們分散式軟體設計例題所顯示的，透過小心地設計前頭結構，一開始就將版本數設計在內，以及正確的處理邏輯，一個分散式軟體，是可以保持往後相容與往前相容，讓所有不同版本都能共存，並且相互正常作業與運作的！

圖 14-12 所示，即為在不同平台上（有些小印地，有些大印地），不同環境（有些 32 位元模式，有些 64 位元模式），以及不同版本的混合情況下，執行這分散式應用例題程式的輸出樣本。你可看出，所有不同的組合，程式都正確動作無誤。

圖14-12 分散式應用例題程式的輸出樣本

```
Case 1:
  Server: V1 64-bit Server on Oracle/Sun SPARC Solaris
  Client: V1 32-bit client on IBM Power AIX
          V2 32-bit client on HP IA64 HPUX
          V3 32-bit client on x86 Linux

  bash-4.1$ ./ver1/tcpsrv_dist_all.sun64
  Connection-oriented server program, version 1 ...
  SO_REUSEADDR socket option is turned on.

  Listening at port number 2345 ...
  Client Connected.
  Client version=1
  Client input data is 398765421
  Multiplication result is 39876542100
  Result 39876542100 was successfully sent back to the client.
  The client has closed.

  Listening at port number 2345 ...
  Client Connected.
  Client version=2
  Client input data is 398765421
  Multiplication result is 39876542100
  Result 39876542100 was successfully sent back to the client.
  The client has closed.

  Listening at port number 2345 ...
  Client Connected.
  Client version=3
  Client input data is 398765421
  Multiplication result is 39876542100
  Result 39876542100 was successfully sent back to the client.
  The client has closed.

  bash-4.2$ ./ver1/tcpclnt_dist_all.aix32 2345 jvmtku 398765421
  Connection-oriented client program, version 1 ...
  Send request messages to server(jvmtku) at port 2345
  The client received 96 bytes of reply from a server of version 1.
  The multiplied result of 398765421 is 39876542100.

  bash-4.3$ ./ver2/tcpclnt_dist_all_v2.hpux32 2345 jvmtku 398765421
  Connection-oriented client program, version 2 ...
  Send request messages to server(jvmtku) at port 2345
  The client received 96 bytes of reply from a server of version 1.
  The multiplied result of 398765421 is 39876542100.

  $ ./ver3/tcpclnt_dist_all_v3.lin32 2345 jvmtku 398765421 22
```

```
  Connection-oriented client program, version 3 ...
  Send request messages to server(jvmtku) at port 2345
  The client received 96 bytes of reply from a server of version 1.
  The multiplied result of 398765421 is 39876542100.

Case 2:
  Server: V2 64-bit server on x86 Linux
  Client: V1 32-bit client on HP IA64 HPUX
        V2 32-bit client on IBM Power AIX
        V3 32-bit client on Oracle/Sun SPARC Solaris

  $ ./ver2/tcpsrv_dist_all_v2.lin64
  Connection-oriented server program, version 2 ...
  SO_REUSEADDR socket option is turned on.

  Listening at port number 2345 ...
  Client Connected.
  Client version=1
  Client input data is 398765421
  Multiplication result is 39876542100
  Result 39876542100 was successfully sent back to the client.
  The client has closed.

  Listening at port number 2345 ...
  Client Connected.
  Client version=2
  Client input data is 398765421
  Multiplication result is 398765421000
  Result 398765421000 was successfully sent back to the client.
  The client has closed.

  Listening at port number 2345 ...
  Client Connected.
  Client version=3
  Client input data is 398765421
  Multiplication result is 398765421000
  Result 398765421000 was successfully sent back to the client.
  The client has closed.

  bash-4.3$ ./ver1/tcpclnt_dist_all.hpux32 2345 jvmx 398765421
  Connection-oriented client program, version 1 ...
  Send request messages to server(jvmx) at port 2345
  The client received 96 bytes of reply from a server of version 2.
  The multiplied result of 398765421 is 39876542100.

  bash-4.2$ ./ver2/tcpclnt_dist_all_v2.aix32 2345 jvmx 398765421
  Connection-oriented client program, version 2 ...
  Send request messages to server(jvmx) at port 2345
  The client received 96 bytes of reply from a server of version 2.
```

```
    The multiplied result of 398765421 is 398765421000.

    bash-4.1$  ./ver3/tcpclnt_dist_all_v3.sun32 2345 jvmx 398765421 22
    Connection-oriented client program, version 3 ...
    Send request messages to server(jvmx) at port 2345
    The client received 96 bytes of reply from a server of version 2.
    The multiplied result of 398765421 is 398765421000.

  Case 3:
    Server: V3 32-bit server on IBM Power AIX
    Client: V1 64-bit client on HP IA64 HPUX
          V2 64-bit client on Oracle/Sun SPARC Solaris
          V3 64-bit client on x86 Linux

    bash-4.2$ uname -a
    AIX jvmdv 1 6 00F634684C00
    bash-4.2$ ./ver3/tcpsrv_dist_all_v3.aix32
    Connection-oriented server program, version 3 ...
    SO_REUSEADDR socket option is turned on.

    Listening at port number 2345 ...
    Client Connected.
    Client version=1
    Client input data is 398765421
    Multiplication result is 39876542100
    Result 39876542100 was successfully sent back to the client.
      The client has closed.

    Listening at port number 2345 ...
    Client Connected.
    Client version=2
    Client input data is 398765421
    Multiplication result is 398765421000
    Result 398765421000 was successfully sent back to the client.
    The client has closed.

    Listening at port number 2345 ...
    Client Connected.
    Client version=3
    Client input data is 398765421
    Multiplication result is 398765421050
    Result 398765421050 was successfully sent back to the client.
    The client has closed.

    bash-4.3$ ./ver1/tcpclnt_dist_all.hpux64 2345 jvmdv 398765421
    Connection-oriented client program, version 1 ...
    Send request messages to server(jvmdv) at port 2345
    The client received 96 bytes of reply from a server of version 3.
    The multiplied result of 398765421 is 39876542100.
```

```
bash-4.1$  ./ver2/tcpclnt_dist_all_v2.sun64 2345 jvmdv 398765421
Connection-oriented client program, version 2 ...
Send request messages to server(jvmdv) at port 2345
The client received 96 bytes of reply from a server of version 3.
The multiplied result of 398765421 is 398765421000.

$ ./ver3/tcpclnt_dist_all_v3.lin64 2345 jvmdv 398765421
Connection-oriented client program, version 3 ...
Send request messages to server(jvmdv) at port 2345
The client received 96 bytes of reply from a server of version 3.
The multiplied result of 398765421 is 398765421050.
```

問題

1. 設計與開發分散式軟體時，通常會碰到那些問題？
2. 何謂小印地？那些中央處理器是小印地格式？
3. 何謂大印地？那些中央處理器是大印地格式？
4. 印地格式影響那些資料型態？它在何時造成實際影響？
5. 何謂資料對位？不對位的代價是什麼？
6. 舉出一個會讓編譯程式自動幫你加上填充的資料結構例子。
7. 在不同平台上執行分散式軟體時，那些問題最容易讓通信協定不動作？
8. 為何必須避免讓編譯程式自動幫你填充你的資料結構？

✎ 程式設計習題

1. 在你所使用的電腦上，編譯與執行例題程式 exchange_rec.c，以之產生員工資料的檔案。然後再以讀取模式，試圖讀取這些資料檔案。最好能找到多個不同平台，並在每一平台上都測試一遍。

2. 定義一個在不同平台或環境下，會導致不同大小的結構，並寫一個小程式，印出該結構的大小。在不同平台或環境下，測試該程式，讓其輸出不同的大小。

3. 測試圖 14-9 至 14-11 之例題程式，讓第一版的客戶程式分別與所有不同版本的伺服程式相互運作。結果都正確嗎? 對每一版本的客戶程式都做相同的測試。

4. 改變伺服程式 tcpsrv_dist_all.c，把它多程線化。以一不同程線執行每一 service_client() 函數叫用。

5. 在多個不同硬體平台上，分別將 tcpclnt_dist_all*c 與 tcpsrv_dist_all*c 建立成 32 位元與 64 位元模式，並混合執行這些程式。一切都正常動作嗎？

6. 進一步修改分散式例題程式的第三版，開發第四版。在此第四版，讓客戶程式再提供乘數給伺服程式。伺服程式送回下列結果給客戶程式：

   結果=（輸入數目×乘數）+加數

   所有三個數目都來自客戶程式。

   （a）更改 req_pkt_t 結構，將新的乘數放在上面。

   （b）不要更改 req_pkt_t 結構，把新的乘數放在信息中送給伺服程式。

7. 寫一對客戶伺服程式，示範印地格式不同的問題。讓客戶程式送出一個多位元的二進整數給伺服程式，並讓伺服程式將之印出。分別在不同印地格式的兩部計算機上執行這兩個程式。

8. 寫一對程式。定義一個含有不對位資料欄的結構。在不同硬體平台或環境下編譯與執行這兩個程式，彰顯出結構的實際大小變了。

計算機網路安全

15

CHAPTER

由於網際網路到處都是，分散式系統也是空前的普遍。因此，電腦安全與網路安全也日益重要且富挑戰性。就只就能瞭解人們日常的對話，瞭解現有的產品是如何動作，與如何建立更安全的系統而言，在網路安全以及其所使用的技術上，有很多需要知道的。

這一章就是要介紹這些。本章旨在對計算機網路安全，做一個概括的初步介紹，讓讀者懂得一般計算機網路通信安全的基本核心概念，有那些用以達成各種安全的技術，以及如何撰寫各種安全的網路與分散式程式。

這一章討論的主題包括計算機網路安全的基本概念。網路通信的安全包括那些方面。文中討論的主題包括確認（authentication），加密（encryption），解密（decryption），資料正確/完整性（data integrity），使無法動作或癱瘓（denial of service，簡稱 DOS）的攻擊，公開暗碼環境結構（Public Key Infrastructure，簡稱 PKI），憑證（certificate），SSL 與 TLS。讀完這章後，讀者會很清楚計算機網路安全包括那些方面，現有那些技術，以及如何將這最新技術應用在你所寫的網路程式裡，讓你的程式符合安全標準。

計算機網路安全的主題，從理論到實際，或許可以寫好幾本書。幾十年來，已有無數的研究與論文的發表。這一章旨在讓讀者了解重要的基本理論及概念，但重點擺在實際的應用與實作。文中討論現有的最新技術，以及如何在網路程式中使用這些技術。

在讀完此章後，讀者應該熟悉計算機網路安全涵蓋那些方面與問題，熟悉基本觀念，現有技術，與計算機安全的基本建構方塊。讀者應完全具備瞭解與評估各項計算機網路安全的產品與技術的能力。至於瞭解計算機安全的日常對話，那就更不用說了。每人都會覺得，很有自信應付與解決各種計算機安全的問題，並設計出最理想的結構，開發安全的計算機軟體。

15-1 OpenSSL

在實際實作時，本章所舉的程式例題，都是以開放的 OpenSSL 為主的。OpenSSL 是截至目前為止，開放性免費的計算機網路安全最普遍的公用軟體，已存在幾十年。在測試這章所舉的程式例題時，你必須使用這套公用軟體。萬一你所使用的系統上目前沒有這個軟體，這一節即教你如何下載，建立與安裝。萬一你已經有，則可以選擇跳過這一節。

15-1-1 什麼是 OpenSSL？

OpenSSL 是一開放性的原始碼軟體產品。它是免費的，可以自由下載。OpenSSL 含有一通用的密碼技術庫存，它提供了讓 C 語言程式可以從事加密，解密，信息紋摘（message digest），數位簽字，以及以 SSL 與 TLS 網路協定交換信息等作業所需的技術, 庫存函數與公用程式。OpenSSL 是以 C 程式語言寫成的。

你可以自己下載 OpenSSL 的原始程式碼，並在你自己的計算機上建立這項軟體。它支援非常多種不同的作業系統平台。以下我們就教你如何自己這樣做。不然的話，要是你所使用的是一般常見的 Linux 或視窗系統的話，你也可以選擇下載已建立好的這項軟體。

在你安裝好 OpenSSL 軟體後，你會得到至少一個公用程式以及兩個主要的庫存。這兩個庫存讓你能不必費太多力氣，就能撰寫你自己的安全程式，以進行前面提過的各項安全作業。而公用程式（命令的名稱即叫 openssl）則讓你能不必自己寫程式，就能進行各項安全作業。稍後，在測試您自己所寫的安全程式時，你會需要用到它，幫忙做些諸如產生公開暗碼及私有暗碼（private key）或將一憑證由某一格式轉換成另一格式等工作。

OpenSSL 的兩個主要庫存的名稱如下：

(1) libcrypto.so 與 libcrypto.a

(2) libssl.so 與 libssl.a

其中，秘密或**秘碼庫存** libcrypto.so 或 libcrypto.a 含有 OpenSSL 的所有密碼程式界面。這包括諸如 ASN1_xxx()，BIO_xxx()，BN_xxx()，CRYPTO_xxx()，d2i_xxx()，與 i2d_xxx() 等低層次的界面，像 ENGINE_xxx() 與 OPENSSL_xxx() 等之通用函數，像 DES_xxx() 等之加密函數，分別使用 MD2，MD4，MD5 與 SHA 等演算法的信息紋摘函數，HMAC_xxx()，DH_xxx()，DSA_xxx() 等函數，諸如 X509_xxx()，PEM_xxx() 與 PKCSx_xxx() 等憑證函數，ERR_xxx() 等錯誤處理函數，以及高階通用的密碼外包（wrapper）函數 EVP_xxx() 等。很多這些函數在我們的例題程式中都有用到。

SSL庫存 libssl.so 或libssl.a 則包括SSL_xxx()與 TLS_xxx()等庫存函數，這些是 OpenSSL 對 SSL 與 TLS等網路協定的實作。假若你開發使用 SSL 或 TLS網路協定的程式，你就會用到此一庫存。倘若你的程式採用靜態連結，那程式就需與 libssl.a 連結。倘若其採用動態連結，則在你的程式執行時，系統就必須有 libssl.so 存在。

OpenSSL 所提供的最主要的公用程式就是 openssl 命令。這程式非常好用。它可以讓你執行包括產生公開與私有暗碼，以不同的演算法將信息加密與解密，產生數位憑證，在數位憑證上簽名，認證一個數位憑證，做 SSL/TLS 的測試，還有其他許多的作業。這一章你會看到使用這個公用程式的實際例子。

這一章所舉的例題程式都在 OpenSSL 3.0.0 與 1.1.1g 版本上測試過。這些 OpenSSL 版本的文書在 https://www.openssl.org/docs/manpages.html 位址上。在你所使用的機器上，若 OpenSSL 有安裝，則在安裝 OpenSSL 軟體的根部檔案裡，在 ./share/doc/openssl/html/ 子檔案夾應該也可以找得到。譬如，在有些電腦上，你可以在以下或類似的檔案夾找到：

/opt/openssl/share/doc/openssl/html/man3/OPENSSL_init_ssl.html

15-1-2 下載與建立 OpenSSL 軟體

為了編譯與執行這一章的例題程式，你所使用的電腦上必須安裝 OpenSSL 開放軟體。要是有的話，你可選擇下載已經建立好的版本。這一節告訴你如何下載其原始程式碼，自己建立，並自己安裝。

熟悉或不需要這樣做的讀者，可以選擇跳過這一節。

下載與建立OpenSSL

注意到，建立 OpenSSL 軟體必須用到某一特定版本的 Perl。倘若你所使用的系統沒有所需 Perl 的正確版本，請參閱下一段，有關如何下載與建立 Perl 的步驟。

自己下載與建立 OpenSSL 軟體其實很容易。請遵循下列這些步驟：

1. 從 https：//www.openssl.org/source 下載 OpenSSL 的原始程式碼。啟動網際網路瀏覽器，打入此一下載網址 URL，點擊你所想要的版本，並下載之。譬如，openssl-3.0.0.tar.gz。
2. 解除濃縮（unzip），並將程式碼檔案散開（untar）。

```
$ gunzip openssl-3.0.0.tar.gz
$ tar xvf openssl-3.0.0.tar
```

3. 執行下列步驟，建立軟體。

在 Linux或Unix 上：

```
$ cd openssl-3.0.0
$ ./config
```

這將在稍後將 OpenSSL 軟體安裝在 /usr/local/ 檔案夾上。假若你希望稍後安裝至不同的檔案夾上，那你可在 config 命令上指明你所想要安裝的檔案夾名稱：

```
$ ./config --prefix=/opt/openssl --openssldir=/usr/local/ssl
```

或

```
$ ./Configure --prefix=/opt/openssl --openssldir=/usr/local/ssl --
api=1.1.0 no-deprecated
```

這個例子指出，你稍後欲將 OpenSSL 的庫存，可執行檔案，以及文書檔案，安裝在 /opt/openssl 檔案夾上，同時，將各種其他有關檔案安裝在 /usr/local/ssl 檔案夾上。

```
$ make
```

這個步驟實際建立整個 OpenSSL 軟體。在 Linux 上，這個過程約 10 分鐘。建立過程一路到底，毫無問題。

```
$ make test
```

這個步驟執行跟著原始碼一起來的一些測試，以確認建立的軟體基本上沒問題。

倘若一切沒問題，則在測試後，你即可開始安裝。為了安裝，你必須事先產生軟體欲安裝的根部檔案夾，並賦予適當的權限。例如：

```
$ su root
# mkdir /opt/openssl ; chown jim:oinstall /opt/openssl
```

或

```
# mkdir /usr/local/ssl ; chown jim:oinstall /usr/local/ssl
# exit
$ make install
```

在 Apple Mac Pro (Darwin) 上：

```
$ ./Configure darwin64-x86_64-cc shared enable-ec_nistp_64_gcc_128 no-
ssl2 no-ssl3 no-comp --openssldir=/usr/local/ssl --api=1.1.0 no-deprecated
$ make depend
$ make
$ sudo make install
```

請記得，在實際執行這一章的例題程式之前，為了讓這些程式能找到 OpenSSL 的庫存，你必須在 LD_LIBRARY_PATH 或相當的環境變數上，加上 OpenSSL 庫存實際安裝或存在的路徑名（即檔案夾名稱）。譬如，若你使用的是bash 或 Bourne 命令母殼，而且假定 OpenSSL 是安裝在 /opt/openssl 檔案夾上，則你就必須執行以下的命令：

```
$ export LD_LIBRARY_PATH=/opt/openssl/lib64:$LD_LIBRARY_PATH
```

倘若你所使用的是 C 母殼，那這命令就是：

```
$ setenv LD_LIBRARY_PATH /opt/openssl/lib64:$LD_LIBRARY_PATH
```

請注意，在有些版本上，OpenSSL 將庫存安裝在 /opt/openssl/lib 檔案夾上，而非 lib64。

下載與建立 Perl

建立 OpenSSL 需要用到 Perl。因此，你很有可能也需要下載與建立 Perl。在很多常用的作業系統上，你通常可以在直接下載已建好的 Perl。欲下載 Perl 的原始程式碼並自己建立，請遵循以下步驟：

1. 自 https：//www.perl.org 下載 Perl 的原始程式碼。
2. 還原壓縮且散開備存檔案。
3. 執行下列步驟，建立與安裝 Perl。

在 Linux 與 Unix 上，假設你欲將 Perl 安裝在 /usr/local/perl532 檔案夾上：

```
$ mkdir /usr/local/perl532
$ ./Configure -des -Dprefix=/usr/local/perl532
$ make
$ make test
$ make install
```

如何使用你自己建的 Perl？

欲使用 Perl，你必須設定 PATH 與 PERL5LIB 兩個環境變數。

1. PATH

   在 bash 或 Korn 母殼上：

   ```
   $ PATH="/usr/local/perl532/bin":$PATH ; export PATH
   ```

   在 C 母殼上：

   ```
   % setenv PATH '/usr/local/perl532/bin:/bin:/usr/bin'
   ```

2. PERL5LIB

   這個環境變數是包含一系列由冒號（:）分開的檔案夾名稱。作業系統在尋找 Perl 的庫存，會先搜尋這一系列的檔案夾，再搜尋一般標準庫存所在的檔案夾以及現有檔案夾。

   倘若 PERL5LIB 在你的環境沒有定義，則系統緊接會看舊版本所用的 PERLLIB。但假若兩個環境變數都有定義，則系統會優先使用 PERL5LIB。

   在 bash 或 Korn 母殼上：

   ```
   $ PERL5LIB="/usr/local/perl532/lib"; export PERL5LIB
   ```

   在 C 母殼上：

   ```
   % setenv PERL5LIB "/usr/local/perl532/lib"
   ```

15-1-3 建立與執行使用 OpenSSL 的 SSL/TLS 應用程式

以 OpenSSL 建立密碼或 SSL/TLS 應用程式

假設 OpenSSL 已建立好並安裝在你所使用的系統的 /opt/openssl 檔案夾上，則以下命令即建立一使用 OpenSSL 的應用程式：

```
$ cc -o myprog myprog.c -I/opt/openssl/include -L/opt/openssl/lib64 -
lssl -lcrypto -ldl
```

其中“-I/opt/openssl/include”告訴編譯程式，SSL/TLS 的前頭檔案位在那裡。“-L/opt/openssl/lib64”告訴編譯程式，在那裡可以找到 SSL/TLS 有關的庫存。“-lssl -lcrypto -ldl”則告訴編譯或連結程式，該應用程式所用的庫存函數，可以在 libssl.so 或 libssl.a，libcrypto.so 或 libcrypto.a，以及 libdl.so 或 libdl.a 中找到。連結程式將可在既定的標準庫存檔案夾 /usr/lib 中找到 libdl.*，並在 /opt/openssl/lib64 檔案夾中找到 libssl.* 與 libcrypto.*。（記得，有些版本是在/opt/openssl/lib 檔案夾上。）

以 OpenSSL 執行密碼或 SSL/TLS 應用程式

欲執行你自己所建的應用程式之前，請事先設定 LD_LIBRARY_PATH 或相對應的環境變數：

```
$ export LD_LIBRARY_PATH=$LD_LIBRARY_PATH:/opt/openssl/lib64
```

這環境變數的名稱因作業系統不同而異。欲知道它在你所使用之作業系統上叫什麼，請參閱第三章。

既定上，你的程式建立時都會自動採用動態連結，程式叫到的外部庫存函數，都不會被實際拷貝一份，存入你的程式的可執行檔案內。因此，在開始執行程式時，作業系統必須知道這些函數的庫存存在那裡，以便能將這些函數取入記憶器內。

環境變數 LD_LIBRARY_PATH 或其所對應的，就是告訴作業系統，可以到那些檔案夾上去尋找這些有關的庫存檔案。

萬一你忘了將這些庫存檔案所在的檔案夾的名稱，加入至此一環境變數的值，那執行應用程式時，可能就會出現以下，找不到相關之動態庫存的錯誤：

```
$ ./digest_sha256
./digest_sha256: error while loading shared libraries: libssl.so.3:
cannot open shared object file: No such file or directory
```

在正確地設定這環境變數的值之後，再執行同樣的應用程式就沒問題了：

```
$ export LD_LIBRARY_PATH=$LD_LIBRARY_PATH:/opt/openssl/lib64
$ ./digest_sha256
Enter a message: This is a test message.
digest=0x86e1de74820a9b252ba33b2eed445b0cd02c445b5f4b8007205aff1762d7301a
```

15-2 計算機網路安全的方面

計算機網路通信的安全有好幾個不同的目標。由計算機網路所連接之兩造之間的通信安全有下列幾個特性：

1. 信息發送者必須是合法的，而且值得信賴的。假若這一點不成立，那一切可能都是白費力氣。
2. 信息本身必須沒有錯誤，而且在傳輸過程中，必須沒有被動過手腳。
3. 若信息內含具敏感性，則信息就必須是秘密的，不能被人看出。
4. 信息必須由真正的接收者收到。
5. 通信管道必須是暢通的，且正常運作。

根據這些目標，計算機網路通信的安全至少包括五方面：

1. **確認**（authentication）

   確認又包括發送者確認，接收者確認，與信息確認三方面。

   發送者確認與信息確認旨在達成來源的完整性（origin integrity）或確實性（authenticity）。

2. **信息的真實或完整**。
3. **保密**（confidentiality or secrecy）
4. **無法否認**（non-repudiation）
5. **癱瘓攻擊**（denial-of-service attack）

首先是**確認**，確認在於確保你是在與你真正想通信的人在通信。對方是可信賴的，真是其人，而不是假冒的。當你送出你的信息時，你希望收到的人是你真正想寄發的人，而不是別人，或是駭客（hacker）。這是**接收者確認**。當你處於接收端時，你希望你所收到的信息是來自真正的發送者，而不是駭客或其他人。這是**發送者確認**。同時，你也希望你所收到的信息，是出自原發送者，而且絲毫沒有被動過手腳的。這是**信息確認**。

確認的目標，在於防患不是隨便任何人都可以發送信息的，而是只有那些合法且值得信賴者才可。不過，若系統真的讓駭客闖入了，譬如，用者帳戶與密碼被偷，那就很難辨別信息的發送者是真或是假了。除非你能確定你真的是在與你真正想通信的人在通信，否則，你根本無法真正相信你所收到的東西，或是確定你所送出的信息，真正到達了該收到此信息的人手上了。因此，**確認實在無比重要**。它或許是所有安全方面，最重要的一項，因為萬一確認失敗了，那一切可能都是徒勞無功或甚至釀成大錯。

第二，當你送出信息時，你希望接收者所收到的，是百分之百你所寄出的，而不是被更改過或被動過手腳的。亦即，傳送過程中，信息絕對不能讓人動過手腳。倘若駭客能闖入並更改你所發的信息，那就毫無安全可言了。此外，信息在傳輸過程中，也絕對不能因任何理由（不論是電力雜音，干擾，或設備不良）而出錯。若萬一信息有所改變，也必須要能偵測出。這就是信息完整性，有關信息的正確性。在整個傳輸過程中，信息保持完整與正確，非常重要。它絕對不能被更改，取代，或出現任何錯誤。若有，必須要能偵測出。最理想當然是能預防被動手腳。但至少要能偵測出。

計算機通信牽涉到有兩種完整或真實性：**資料完整**（確保信息完全正確，在傳輸過程中未被更改過或發生錯誤），與**來源的完整**（這涉及信息發送者的真實性與可信賴度）。

第三，在你送出信息時，你希望信息是保密的，傳輸過程中沒有人偷窺。亦即，真正的信息內含，應該只有真正的接收者能知道。為此，信息在送出前必須加密（encrypt）。而只有真正的接收者能將其解密（decrypt）。這就是信息的加密與解密。

假若你送出信息時不將之加密，以白文（plain text）送出，則駭客或任何人，只要偷窺通信管道所傳輸的東西，就能知道你所發送之信息的真正內容，毫無秘密或保密可言。因此，將信息**加密**為信息提供了保密或秘密性。

最後，在軟體開發上，許多軟體都包括了伺服器，在一已知端口號上聆聽客戶的連線請求。使用 HTTP 或 HTTPS 網路協定的網際網路伺服器就是一最好的例子。很重要的是，任何伺服器都應有防犯癱瘓攻擊的能力。任何會寫插口程式的人都能做出這種攻擊。你當然不希望任何人都能癱瘓你的伺服器。

癱瘓攻擊能癱瘓一個伺服器，讓其無法或幾乎無法服務真正的客戶，因此，也算計算機網路安全的一部分。

癱瘓攻擊是一種可用性或可得性（availability）的攻擊。它是駭客或惡意程式一直連續不斷地發出無限數量的請求給一伺服器，讓它無法或無暇服務真正的客戶。理論上，幾乎是完全無法避免這種攻擊的。每一伺服器就是聆聽在某一 IP 位址與端口號上，根本無法禁止有人寫程式把連線請求一直送到此該組合位址上。因此，唯一的方法就是面對它。想辦法測知那些客戶程式一直反複重複地試圖連線，可能企圖不良，並加以處置，拒絕其連線請求。

就像有壞人一直敲門，你拒絕開門一樣。若這是你自己設計開發的伺服器，那我們在第 12 章有提過如何在你的伺服器程式設計中，加上這一道防護牆。

一種計算機服務通常是由一在某一部計算機上執行的某一個伺服程式所提供。在癱瘓攻擊的主題上，伺服器，伺服程式，服務，或甚至是伺服計算機，基本上意義都是一樣的。

總之，這一章針對計算機網路通信安全的涵蓋方面，基本概念，理論，不同技術，技巧，演算法，與網路協定等做個介紹，也舉例說明如何利用 OpenSSL 所提供的程式界面，開發解決各項安全問題，包括以 SSL 與 TLS 協定彼此通信的客戶伺服程式。

15-3 信息完整性

15-3-1 檢驗和

計算機工程師們很早就體會了資料完整或正確性的重要。計算機能儲存與處理極大量的資料，真是好極了，但倘若資料不正確，那它不見得有用。

在早期，用以確保資料正確完整的技巧，就是計算**檢驗和**（checksum）。檢驗和是計算機界用以達成資料正確完整，最早且最簡單的方法。值得注意的是，它到今天還繼續存在且被應用在許多地方。

由於電力雜音以及其他緣故，資料在記錄，寫入磁碟，或傳輸時，有時會意外地變更。為了偵測這種錯誤，計算機界在傳輸或記錄資料時，通常會將原有資料的每個位元組，全部累加起來，求出一個檢驗和，然後再將資料本身的檢驗和一起記錄或傳輸。事後，在資料讀回或接收到時，再將所讀取或收到的資料，以同樣的方法計算出另一新的檢驗和，並將之和舊的檢驗和相比。倘若兩者不同，即知道資料的正確性出現了問題。

計算與比較檢驗和，在測知資料可能已出現錯誤上貢獻無比。許多應用都行之多年，即使今日，還是有許多資料傳輸在用。

就某些應用而言，包括資料在同一系統上，由一個程序或地方，送到另一個程序或地方，或在一電力雜訊是主要錯誤來源的封閉環境下，檢驗和仍是一簡單，既便宜又有效的信息完整確保方式。

就某種意義而言，計算檢驗和是一種極簡單的資料壓縮，它將大量的資料，壓縮成一容量很小，通常只有 32 或 64 位元的“代表性”指紋。

檢驗和的最大優點是簡單。可是，弱點是安全性不是很強。駭客要找出另一個完全不相同的信息，但卻導致相同的檢驗和，並將原有信息替換成另一個檢驗和相同的不同信息，進行攻擊，並非很難。所以，檢查檢驗和的技巧，對諸如將資料寫入磁碟，在同一系統之內傳遞，或在一封閉系統內傳輸等簡單應用而言，仍然適用。

但檢驗和對故意損壞資料的攻擊而言，卻幾乎無力阻擋。尤其是在信息經常必須傳輸經過很多不同系統，戶外電纜線，或甚至繞過半個地球的網際網路而言，檢驗和顯然太弱了。在這種複雜的環境下，駭客想惡意地替換信息或同時換掉信息與檢驗和，一點都不難。而資料的接收者卻無法靠檢查檢驗和來測知這種安全攻擊。

因此，在像網際網路等較複雜的環境裡，就需要一種功力更強的方法，以抵抗各種不同的攻擊。使用信息紋摘或信息摘要（message digest），或所謂的雜數演算法（hash algorithms），就是現代計算機網路通信所常採用的技巧，下一節就介紹這些演算法。

15-3-2 信息紋摘演算法

信息紋摘演算法（message digest algorithm）又叫**密碼雜數函數**（cryptographic hash function）或**紋摘函數**。我們將之稱為信息紋摘，是因為這些演算法，基本上是針對已知的輸入信息，以極為複雜的方法，計算出一具有非常高獨特代表性，能真正代表輸入信息之指紋的一個極小量資料值。就像是一個**指紋摘要**，簡稱紋摘。

而信息紋摘演算法又稱雜數（hash）函數，主要是每一演算法基本上是輸入一信息，然後輸出代表該輸入信息的極小雜亂數目（稱雜數或亂數）。

因此，在名詞上，信息紋摘演算法，紋摘函數，信息雜數函數，或雜數函數指的都是相同的東西。它就是一個很複雜的演算法，能計算出代表一已知信息之獨特簡短指紋的函數。這個計算出的代表輸入信息的指紋摘要，即稱為**紋摘**（digest）或**雜數**（hash）。

稱之為雜數，是因為它並無軌跡可循，無法從它導回原來的信息。但它又是由原始信息得來，能獨特地代表原始信息。由於人類幾乎無法從雜數函數計算所得出的雜數，獲得其所代表的原有信息，因此這種函數也稱**單向函數**（one-way function），是無法逆回的。

就某層意義而言，紋摘或雜數就像是一檢驗和。不過，產生一紋摘的演算法，遠比求出檢驗和的方法複雜太多了。也因此，紋摘的安全程度，也比檢驗和強出太多太多了。很難相比擬。

總之，指紋摘要或雜數捕捉了一個信息的特性。信息紋摘演算法的目的，即在產生並輸出能獨特地（至少這是目標）辨認輸入信息的指紋。

值得注意的是，有少數人將檢驗和與紋摘混在一起，交替地使用。因為，它們都是做信息完整性的保護用的。不過，兩者是有很大差別的。檢驗和計算只用到簡單加法算術。但紋摘的計算則涉及很複雜的高深密碼函數。在計算機網路安全上，一般程式都使用紋摘，而不是檢驗和。

紋摘的使用方法是，在信息發送者送出一個信息之前，它會叫用一信息紋摘演算法，輸入欲發送的信息，以求出該信息的紋摘。緊接，發送者會把信息與紋摘一起寄給接收者。接收者在收到兩者之後，它也會叫用相同的信息紋摘演算法，輸入它所收到的信息，求出一個新的信息紋摘，並將這紋摘與發送者所送來的信息紋摘相比。倘若兩者相同，接收者即知道它所收到的信息在傳輸的過程中保持完好無缺，未被動過手腳。否則，若兩紋摘不同，那信息或紋摘在傳遞過程中肯定有被更改過或發生錯誤。換言之，收到信息的完整性，可藉由重新計算其紋摘，並與發送者所求得並送來的紋摘相比較而得知。

誠如我們提過的，密碼學雜數函數是單向的函數，它是無法逆回的。亦即，欲從這種函數所輸出的小量紋摘，逆向導回求出其原始輸入信息，是不可能的，至少是非常非常難的。

信息紋摘演算法是非常複雜的演算法，其安全強度端賴從兩個不同信息能產生出同一紋摘的難度而定。能以同一雜數函數，由兩個不同信息產生相同的紋摘的情況，即稱為**碰撞**（collision）。假若有人能以一雜數函數產生碰撞的情形，則那雜數函數即不再百分之百的安全了。這是因為，駭客可以將發送者所送出的原有信息，代換成另一也產生同樣紋摘的不同信息，而接收者並無法得知它所收到的信息事實上是被駭客替換過（調包）的。

檢驗和與紋摘兩者都是保護信息完整性用的。差別是，檢驗和只以簡單的算術求出檢驗和，而紋摘則是以很複雜高深的雜數函數求出的指紋摘要，無法或幾乎無法逆回。此外，一檢驗和通常只是 32 或 64 位元長。但指紋摘要一般都比這還長許多，因此，相對上，紋摘的安全強度高出檢驗和許多。

有三個原因讓紋摘比檢驗和的安全強度高出許多。

(1) 紋摘的長度一般比檢驗和長。

(2) 紋摘是以更複雜、高深許多的雜數函數求出的，無法或幾乎無法逆回。

(3) 基於雜數或紋摘函數的複雜度及強度，欲產生碰撞的情形，是非常高難度的。

注意到，駭客的攻擊也有可能是同時替換信息與信息紋摘的，假若他知道信息和信息紋摘的分界在那兒，以及紋摘演算法是那一個的話。不過，為了防堵這種可能，你只要把紋摘又加密的話，那就讓駭客幾乎不可能破解了！

信息紋摘演算法的安全強度主要在於其不可逆性，以及產生碰撞情形的難度。抗碰撞的強度與其所輸出之紋摘的長度有關。一般而言，紋摘長度愈長，其強度就愈高。就不可逆性而言，一個輸出 160 位元長之紋摘演算法，從紋摘找出原始信息的機率是 1/(2^160)。就抗碰撞性而言，找出兩信息產生同一紋摘的機率是 1/(2^80)。

除了用於信息完整性的保護之外，信息紋摘也用於**信息確認碼**（Message Authentication Code，MAC）以及**數位簽字**上，這兩個在本章稍後我們都會分別介紹。

傳統上，信息紋摘演算法基本上有兩大族系：**MD**（Message Digest，信息紋摘）與**SHA**（Secure Hash Algorithm，安全雜數演算法）。緊接我們即分別介紹這兩個族系。

15-3-2-1 MD 族系的紋摘演算法

MD 族系的信息紋摘演算法，是由美國麻省理工學院的教授 Ronald Rivest 博士發明的。這族系的紋摘演算法包括 MD2（1989），MD4（1990），MD5（1992）與 MD6（2008）。有些 MD 演算法（如 MD2 與 MD5）在早期有廣泛的應用。

所有的 MD 信息紋摘演算法，都產生且輸出 128 位元（16 個位元組）長的紋摘。

有些 MD 演算法已經被破解了。例如：MD4 在 1995 年已被破解。有人在1996 年也以 MD5 產生了碰撞的情形。2009 年，有人也證明 MD2 也有可能遭到碰撞的攻擊。

有幾個研究專家與計算機科學家也證明了 MD4 與 MD5 演算法的弱點。有時，使用 MD 演算法，碰撞的情形會在幾小時，或甚至幾分鐘之內發生，即令複雜度是（2^24），有一個碰撞攻擊甚至可在幾秒鐘之內，製造碰撞的情形。

由於這些緣故，有些密碼學家因此建議使用其他諸如 SHA 或 RIPEMD-160 的演算法。

注意到，TLS 網路協定使用了 MD5。有某些應用也以 MD5 演算法產生用戶密碼的 MD5 雜數，並儲存之。

MD5 [14]

這裡，我們簡短地描述 MD5 信息紋摘演算法，如何計算一信息的紋摘。Rivest 博士在 1991 年設計出 MD5 演算法，以取代 MD4。MD5 曾經在許多應用上被廣泛地使用了好一陣子。

MD5 自一長度不一的信息，計算出一固定長度為 128 位元的紋摘。必要時，這個演算法會在信息最後面，填墊（pad）信息的長度以及其它位元，以便整個信息的長度，正好是 512 的倍數。

填墊的過程是這樣的。首先，信息的最後面會加墊一個 1 的位元。然後，緊接加墊 0 的位元，直至信息的長度正好是比 512 的倍數還少 64 位元。最後，原有信息的長度，再以一 64 位元值加墊在最後面。

MD5 演算法每次運算一個 128 位元的狀態，這狀態分成四個 32 位元的字組，分別以 A，B，C 與 D 代表。這四個字組都初值設定成某些常數。在計算紋摘時，整個信息會區分成 512 位元的區塊。演算法會以 512 位元的信息區塊來改變狀態。每一信息區段的處理包括 4 個輪迴或階段。每一階段包括以一個非線性函數 F，做 16 次繞回加法（modular addition，和每到達某一數目即由零從新開始）與左旋轉的作業，每一階段都使用一個不同的 F 函數。

```
F1(B,C,D) = (B&C)v(~B&D)
F2(B,C,D) = (B&D)v(C&~D)
F3(B,C,D) = B+C+D
F4(B,C,D) = C+(B v ~D)
```

其中，符號^，v，~與+分代表 AND，OR，NOT 與 XOR 邏輯運算。

值得注意的是，與 SHA 演算法不同的是，MD5 演算法並不限制輸入信息的長度。

15-3-2-2 SHA 族系的信息紋摘演算法

安全雜數演算法（SHA）

SHA 代表安全雜數演算法（Secure Hash Algorithm）。它是一個密碼學雜數函數（亦即，信息紋摘演算法）的族系，由美國國家標準與技術局（NIST）所設計與發表，成為美國聯邦資訊處理標準（Federal Information Processing Standard，簡稱 FIPS）。

（附記：有些密碼技術演算法，如 SHA-2，是由美國國家安全署（NSA）或其他人或單位所設計，但經由 NIST 所發表。）

SHA 族系的信息紋摘演算法包括 SHA-0，SHA-1，SHA-2 群組，與 SHA-3 群組。SHA-0 是一個紋摘為 160 位元的信息紋摘演算法，由 NIST 在 1993 年所發表。由於有碰撞的情形發現，它已被增修的 SHA-1 版本所取代。

附註：就每種 SHA 演算法而言，有時會有交替的計算方法存在。例如，SHA-1 演算法通常都使用八十個 32 位元的字組的信息排表（schedule），但在記憶空間很緊時，它也會使用十六個 32 位元的字組。

SHA-1 [11]

SHA-1 雜數演算法可以用以計算一個最長為 2^64 位元長之信息的紋摘。它使用八十個 32 位元之字組以及五個 32 位元工作變數的排表。SHA-1 輸出一個160 位元（20 個位元組）長的信息紋摘。

SHA-1 是基於與 MD4 及 MD5 演算法所使用原理相似的原理而設計的。其計算使用 160 位元的狀態，與 512 位元的區塊大小。它以 AND，OR，繞回加法，與無進位旋轉，進行 80 輪迴的計算。

在早期，SHA-1 曾被廣泛應用在很多不同網路協定上，包括 SSL，TLS，SSH，PGP（Pretty Good Privacy），S/MIME，IPsec 與其他。不過，由於已

有研究發現它只需少於 2^69 個運算，有些甚至只要 2^60，即可產生碰撞攻擊，因此 SHA-1 最好不要再使用。應用程式此後應改採用 SHA-2 或 SHA-3。

SHA-2 [12]

SHA-2 是一組由美國國家安全署（NSA）所設計並於 2001 年所公佈的信息紋摘演算法。

SHA-2 族系包括 SHA-224，SHA-256，SHA-384，SHA-512/224，SHA-512/256 與 SHA-512。這些演算法所輸出的指紋摘要分別是 224，256，384，224，256 與 512 位元。亦即，演算法名稱上的最後一個數目，即是演算法所輸出之紋摘的長度（以位元數計）。

1. SHA-256 與其變種

   SHA-256 產生 256 位元長的信息紋摘。它能接受最長到（2^64）位元的輸入信息。它使用六十四個 32 位元字組與八個 32 位元工作變數的信息排表。SHA-256 以一個 256 位元的狀態與 512 位元的信息區塊，做 64 輪迴的運算。這些運算包括 AND，OR，XOR，邏輯右移，繞回加法（在 2^32 時繞回），以及無進位旋轉。

   SHA-224 與 SHA-256 相同，唯一的不同是它使用不同的雜數初值，以及最後的紋摘只取 224 位元。

2. SHA-512 及其變種

   SHA-512 產生 512 位元的信息指紋摘要。其所能接收的信息，最長可達（2^128）位元。它使用八十個 64 位元的字組與八個 64 位元的工作變數作計算。SHA-512 以 512 位元的狀態與 1024 位元的信息區塊做 80 輪迴的計算。運算包括邏輯函數 AND，OR 與 XOR，邏輯右移，繞回加法（達 2^64 時繞回），與無進位旋轉。

   SHA-512 有下面幾種變種：

   SHA-512/224：最後的紋摘值只取最左邊 224 個位元。

   SHA-512/256：最後的紋摘值只取最左邊 256 個位元。

   SHA-384：最後的紋摘值只取最左邊 384 個位元。

SHA-3 [13]

SHA-3 標準是由美國 NIST 在 2015 年八月所公佈的。

這個標準包括了下列這些信息紋摘演算法：SHA3-224，SHA3-256，SHA3-384，SHA3-512，SHAKE 128 與 SHAKE 256。這些是由 Guido Bertoni，Joan Daemen，Michael Peeters，與 Gilles Van Assche 所設計。

SHA3-224，SHA3-256，SHA3-384 與 SHA-512 分別輸出一個 224，256，384，與 512 位元的指紋摘要。它們使用的信息區塊分別是 1152，1088，832 與 576 位元。

SHAKE 128 與 SHAKE 256 則產生一任意長度的紋摘輸出。它們分別使用 1344 與 1088 位元的信息區塊。

SHA-3 演算法並不限制輸入信息的長度，它們都使用 1600 位元的狀態，並執行 24 輪迴的計算。SHA-3 的計算包括 AND，NOT，XOR 與無進位旋轉。

SHA-3 的動機

由於針對MD5 與 SHA-0 的攻擊成功，以及對 SHA-1 的理論攻擊，NIST 覺得或許有需要開發不同的密碼學雜數函數。因此，它就舉辦了一個 NIST 的雜數函數設計競賽，以產生新的雜數標準 SHA-3。由於截至目前為止 SHA-2 還尚未有重要的攻擊，因此，SHA-3 也只是提供 SHA-2 之外的另一個選項而不是要取代 SHA-2。

信息的長度

SHA-0，SHA-1，與 SHA-2 中的SHA-224，與SHA-256 都有限制輸入信息的最大長度為（2^64）位元。SHA-2 版本的 SHA-512/224，SHA-512/256，SHA-384，與 SHA-512 限制輸入信息最長為（2^128）位元。SHA3-224，SHA3-256，SHA3-384 與 SHA3-512 則不限制輸入信息的長度。

圖 15-1 所示即為各種紋摘演算法所輸出之信息指紋摘要的長度，以及其所能接受之輸入信息的最大長度。[13]

圖 15-1　信息紋摘演算法之紋摘及信息長度 [13]

演算法	輸出紋摘 (位元)	信息最大長度 (位元)
MD5	128	沒限制
SHA-1	160	2^64-1
SHA-2 SHA-224 SHA-256	 224 256	 2^64-1
SHA-512/224 SHA-512/256 SHA-384 SHA-512	224 256 384 512	2^128-1
SHA3 SHA3-224 SHA3-256 SHA3-384 SHA3-512	 224 256 384 512	 沒限制

OpenSSL 的實作

紋摘演算法	輸出紋摘位元數
MD4	128 (16)
MD5	128 (16)
SHA1	160 (20)
RMD160	160 (20)
SHA256	256 (32)
SHA512	512 (64)

15-3-2-3 RIPEMD-160

RIPEMD（RACE Integrity Primitives Evaluation Message Digest，完整原始評估信息紋摘）是由比利時之 Hans Dobbertin，Antoon Bosselaers，與 Bart Preneel 所開發，在 1996 年所發表的一個密碼雜數函數的族系。

RIPEMD 有許多不同版本：RIPEMD-128，RIPEMD-160，與 RIPEMD-256，與 RIPEMD-320。不幸的是，RIPEMD-128，RIPEMD-256 與 RIPEMD-320 都似乎已經發現一些弱點。唯獨 RIPEMD-160 尚未。

RIPEMD-160 是 RIPEMD 的一個強化版本，它輸出 160 位元的紋摘。其目的在於取代諸如 MD4，MD5 與 RIPEMD-128 等 128 位元的雜數函數。

15-3-2-4 程式例題

圖 15-2 所示即為兩個分別以 MD5 與 SHA-512 演算法計算一信息之指紋摘要的程式。

圖 15-2 計算信息紋摘的程式

（a）以 MD5 演算法計算信息紋摘（digest_md5.c）

```
/*
 * This program computes the digest of a message using MD5 algorithm.
 * Authored by Mr. Jin-Jwei Chen.
 * Copyright (c) 2014-2016, 2020 Mr. Jin-Jwei Chen. All rights reserved.
 */
#include <stdio.h>
#include <errno.h>
#include <stdlib.h>
#include <string.h>
#include <ctype.h>
#include <openssl/md5.h>

/*
 * Compute the digest of the input message stored in 'buf' using MD5.
 */
int get_digest_md5(char *buf, unsigned int len, unsigned char *digest)
{
  MD5_CTX    ctx;
  int           ret;

  if (buf == NULL || digest == NULL)
    return(EINVAL);

  ret = MD5_Init(&ctx);
```

```
  if (ret == 0)
  {
    fprintf(stderr, "Error: MD5_Init() failed, ret=%d\n", ret);
    return(ret);
  }

  ret = MD5_Update(&ctx, (u_int8_t *)buf, len);
  if (ret == 0)
  {
    fprintf(stderr, "Error: MD5_Update() failed, ret=%d\n", ret);
    return(ret);
  }

  ret = MD5_Final(digest, &ctx);
  if (ret == 0)
  {
    fprintf(stderr, "Error: MD5_Final() failed, ret=%d\n", ret);
    return(ret);
  }

  return(0);
}

/* Print the digest stored in buf. Note that data is unsigned. */
void print_digest(unsigned char *buf, unsigned int buflen)
{
  int   i;

  if (buf == NULL) return;
  fprintf(stdout, "digest=0x");
  for (i = 0; i < buflen; i++)
    fprintf(stdout, "%02x", buf[i]);
  printf("\n");
}

#define  BUFSZ  256  /* for our test, maximum message is 255 characters */
/*
 * Compute the digest of an input message using MD5.
 */
int main(int argc, char *argv[])
{
  unsigned char  digest[MD5_DIGEST_LENGTH];
  int         ret;
  char        msg[BUFSZ];

  /* Get the message from the user */
  fprintf(stdout, "Enter a message: ");
  ret = fscanf(stdin, "%s", msg);
  if (ret == EOF || ret <= 0)
  {
    fprintf(stderr, "fscanf() failed to read input message, ret=%d\n", ret);
```

```
    return(ret);
  }

  if (strlen(msg) >= BUFSZ)
    msg[BUFSZ-1] = '\0';

  /* Compute the digest of the message */
  ret = get_digest_md5(msg, strlen(msg), digest);
  if (ret != 0)
    fprintf(stderr, "Error: get_digest_md5() failed, ret=%d\n", ret);
  else
    print_digest(digest, MD5_DIGEST_LENGTH);

  return(ret);
}
```

（b）以SHA-512 演算法計算信息紋摘（digest_sha512.c）

```
/*
 * This program computes the digest of a message using SHA512 algorithm.
 * Authored by Mr. Jin-Jwei Chen.
 * Copyright (c) 2014-2016, 2020 Mr. Jin-Jwei Chen. All rights reserved.
 */
#include <stdio.h>
#include <errno.h>
#include <stdlib.h>
#include <string.h>
#include <ctype.h>
#include <openssl/sha.h>

/*
 * Compute the digest of the input message stored in 'buf' using SHA512.
 */
int get_digest_sha512(char *buf, unsigned int len, unsigned char *digest)
{
  SHA512_CTX     ctx;
  int            ret;

  if (buf == NULL || digest == NULL)
    return(EINVAL);

  /* Initialize the context */
  ret = SHA512_Init(&ctx);
  if (ret == 0)
  {
    fprintf(stderr, "Error: SHA512_Init() failed, ret=%d\n", ret);
    return(ret);
  }

  /* This can be called multiple times for additional data. */
  ret = SHA512_Update(&ctx, (u_int8_t *)buf, len);
  if (ret == 0)
```

```
  {
    fprintf(stderr, "Error: SHA512_Update() failed, ret=%d\n", ret);
    return(ret);
  }

  /* Retrieve the digest from the context */
  ret = SHA512_Final(digest, &ctx);
  if (ret == 0)
  {
    fprintf(stderr, "Error: SHA512_Final() failed, ret=%d\n", ret);
    return(ret);
  }

  return(0);
}

/* Print the digest stored in buf. Note that data is unsigned. */
void print_digest(unsigned char *buf, unsigned int buflen)
{
  int   i;

  if (buf == NULL) return;
  fprintf(stdout, "digest=0x");
  for (i = 0; i < buflen; i++)
    fprintf(stdout, "%02x", buf[i]);
  printf("\n");
}

#define  BUFSZ  256  /* for our test, maximum message is 255 characters */
/*
 * Compute the digest of an input message
 */
int main(int argc, char *argv[])
{
  unsigned char  digest[SHA512_DIGEST_LENGTH];
  int            ret;
  char           msg[BUFSZ];

  /* Get the message from the user */
  fprintf(stdout, "Enter a message: ");
  ret = fscanf(stdin, "%s", msg);
  if (ret == EOF || ret <= 0)
  {
    fprintf(stderr, "fscanf() failed to read input message, ret=%d\n", ret);
    return(ret);
  }

  if (strlen(msg) >= BUFSZ)
    msg[BUFSZ-1] = '\0';

  /* Calculate the digest of the message using SHA512 */
```

```
    ret = get_digest_sha512(msg, strlen(msg), digest);
    if (ret != 0)
      fprintf(stderr, "Error: get_digest_sha512() failed, ret=%d\n", ret);
    else
      print_digest(digest, SHA512_DIGEST_LENGTH);

    return(ret);
  }
```

記得，在建立使用 OpenSSL 的應用程式時，編譯連結程式的命令上必須指明密碼技術的庫存位於何處。譬如，假設你將 OpenSSL 庫存安裝在 /opt/openssl/lib64 檔案夾上，則在建立程式的 Makefile 上，你就得必須有以下兩行，以告知編譯及連結程式，必須連結上那些庫存，以及在那裡可以找到這些庫存：

```
LDFLAGS = -L/opt/openssl/lib64
LDLIBS = -lssl -lcrypto -ldl
```

還有，在執行應用程式之前，你也必須設定 LD_LIBRARY_PATH，或它在你所使用之作業系統上所對應的環境變數，好讓系統的載入程式（loader）在程式執行時能找到這些庫存，並將之取入記憶器內。

```
export LD_LIBRARY_PATH=$ LD_LIBRARY_PATH :/opt/openssl/lib64
```

在這程式例題，我們舉了一個使用 MD5 演算法的例子。唯一的目的在於完整性與作示範。MD5 已經不應該再使用了。同樣地，應用程式也應該改使用 SHA-2 或 SHA-3，而不應再使用 SHA-1 了。

OpenSSL 簡化了用者使用它的手續。由這程式例題你可看出，計算一個信息的紋摘，平常就是以下這三步驟：

```
XXX_Init()
XXX_Update(): 程式可以多次叫用這個函數，每一信息區段都得叫用一次
XXX_Final()
```

其中，XXX 即為你想使用之演算法的名稱。XXX_Init() 函數準備好一個上下文（context）資料結構，好讓 XXX_Update() 與 XXX_Final() 函數使用。

XXX_Update() 步驟算出信息之下一區塊（內容存在 buf 引數裡，且其長度存在 len 引數裡）的紋摘。若信息有一個以上的區塊，那每一區塊就得叫用此一函數一次。

最後，XXX_Final() 步驟則結束整個紋摘計算過程，並將所得之信息紋摘，存在函數的第一引數裡送回給叫用程式。

圖 15-3 所示則為計算信息紋摘的另一個程式例子。這個程式不定死雜數演算法，而由使用者輸入該演算法。程式叫用了一個名叫 message_digest() 的通用信息紋摘函數。這函數輸入實際的信息，信息的長度，以及一雜數演算法，以那演算法求出輸入信息的紋摘，然後送回紋摘及紋摘的長度。

這個例題程式叫用了 OpenSSL 所提供的 EVP_xxx() 函數，而非像前一個例題程式一樣地直接叫用每一個個別演算法的函數。因此，它可以使用任何你所指定的演算法，更具通用性。

以下即為這個程式執行時的兩次輸出結果：

```
$ ./digest_evp sha256 aaaaaaaaaaa
digest=0x28cb017dfc99073aa1b47c1b30f413e3ce774c4991eb4158de50f9dbb36d8043

$ digest_evp sha512 abcdefghijklmnopqrstuvwxyz0123456789
digest=0xa59b49216a0e3a20443b72c64bdae51d41b33ad08a86a4fb936378dd2f9cd3899
809ec31e5259b3b4549388d026561362be71548d4393be76da7eeb01839470c
```

圖 15-3 以用者所指定的演算法計算信息紋摘（digest_evp.c）

```
/*
 * This program computes the digest of a message using a cryptographic hash
 * algorithm specified by the user. A generic digest function is provided.
 * Use EVP_xxxx() functions, not the cipher-specific functions.
 * Most EVP_xxxx() functions are available in Openssl v1.0.2 but EVP_MD_CTX_new
 * and EVP_MD_CTX_free are available only in Openssl 1.1 and later releases.
 * Authored by Mr. Jin-Jwei Chen.
 * Copyright (c) 2014-2016, 2020 Mr. Jin-Jwei Chen. All rights reserved.
 */
#include <stdio.h>
#include <errno.h>
#include <stdlib.h>
#include <string.h>
#include <ctype.h>
#include <openssl/md5.h>
#include <openssl/sha.h>
#include <openssl/evp.h>
#include <openssl/err.h>
#include "myopenssl.h"

/* Print the digest stored in buf. Note that data is unsigned. */
void print_digest(unsigned char *buf, unsigned int buflen)
{
  int   i;

  if (buf == NULL) return;
```

```
  printf("digest=0x");
  for (i = 0; i < buflen; i++)
    printf("%02x", buf[i]);
  printf("\n");
}

#define DEFAULTMSG  "123xyz456"  /* default message */

/*
 * Compute the digest of a message using a cryptographic hash function
 * specified by the user.
 */
int main(int argc, char *argv[])
{
  char  *msg;          /* message to compute digest from */
  unsigned char  digest[EVP_MAX_MD_SIZE];  /* digest of the message */
  unsigned int   dgstlen;      /* length of the digest */
  int            ret;

  /* Require user to enter at least the name of a message digest algorithm */
  if (argc < 2)
  {
    fprintf(stderr, "Usage: %s hashfunc [message] \n", argv[0]);
    return(-1);
  }

  /* Get the input message entered by user or set it to default */
  if (argc >= 3)
    msg = argv[2];
  else
    msg = DEFAULTMSG;

  /* Calculate the digest of the message */
  ret = message_digest(argv[1], msg, strlen(msg), digest, &dgstlen);
  if (ret != SUCCESS)
  {
    fprintf(stderr, "message_digest() failed, ret=%d\n", ret);
    return(ret);
  }

  print_digest(digest, dgstlen);

  return(0);
}
```

注意，一個使用 EVP_MD_CTX_new() 函數的程式，在結束時，必須記得釋回上下文資料結構所佔用的記憶空間，以免造成記憶空間流失。但程式則不必釋回 EVP_get_digestbyname() 函數所送回之 EVP_MD 指標所指的記憶空間。

此例題程式 digest_evp.c 叫用 message_digest() 函數，以計算出信息的紋摘。該函數存在 mycryptolib.c 檔案上。此一檔案則列在本章最後面的圖 15-39（b）裡，這一章之例題程式所使用到的許多我們自己寫的安全函數，也都在這個檔案上。

15-4 信息保密－加密與解密

15-4-1 何謂加密？

加密（encryption）的目標在於確保信息於傳輸或儲存期間，是一直保密的。加密是一種將信息轉換成秘密，讓它一直是保密的，一直到真正的接收者收到為止的過程。**解密**（decryption）則是相反的過程，它將一加密過的信息，轉換還原成原來的信息。加密的目的在於提供保密性（保持秘密）。

加密在英文上有時又稱譯成密碼（enciphering），而解密有時又稱解讀密碼（deciphering）。

當一個信息尚未加密時，我們稱之為**平文**或**白文**（plaintext），或**明文**（cleartext）。而在加密後，白文或明文即變成**密文**或**暗文**（ciphertext，codetext，cipher 或 cryptogram）。

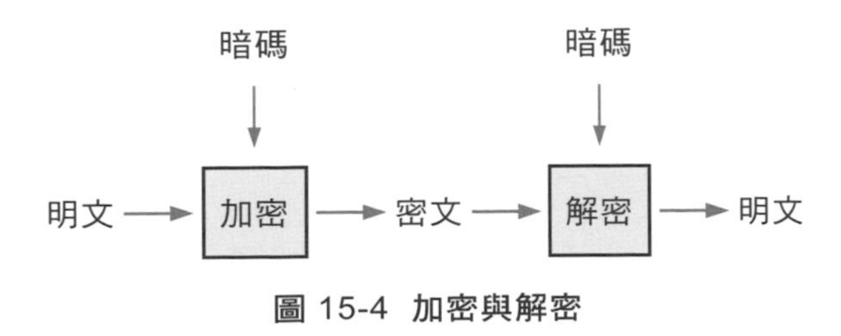

圖 15-4　加密與解密

加密以某一加密演算法，以及一**加密暗碼**（encryption key）達成。暗碼是信息之外的另一項輸入資料，加密或解密都需要此一暗碼。加密暗碼讓加密過程更具隨機性，提高安全強度，同時也讓使用者對整個加密過程有某種程度的控制。每一暗碼通常只是一個隨機的字串，長度為十幾個位元組。它讓加密更難破解，因此非常重要。這暗碼必須保密的。當信息接收者在解密時，他就必須要知道信息加密是使用那一演算法，並輸入相同的暗碼，才能成功的將信息解密。所以，為了安全計，在加密時，你必須選一個很難猜中的字串，作為你加密過程的暗碼。

15-4-2 對稱與不對稱密碼技術

15-4-2-1 對稱與不對稱密碼術的原理

就暗碼而言，有兩種不同的密碼技術：**秘密暗碼密碼術**（secret key cryptography）與**公開暗碼密碼數**（public key cryptography）。

秘密暗碼密碼術只使用一個暗碼（key），並在加密與解密時使用同一個暗碼。這個暗碼必須是保密的，只有信息的發送者與接收者能知道，其他人一概不能知道。信息的發送者以這秘密的暗碼將信息加密，然後再送出。信息的接收者則以同一暗碼，將信息解密還原。

換言之，秘密暗碼密碼術只使用一個保密的暗碼，並在加密與解密時使用此同一暗碼。該暗碼只有信息發送者與接收者知道，兩人共用。由於加密與解密使用相同的暗碼，因此，秘密暗碼密碼術又稱**對稱密碼術**（symmetric cryptography）。

秘密暗碼加密與解密用在信息的發送者與接收者有辨法共用同一保密的暗碼時。例如，兩者都在同一機構或軟體內。

相對地，公開暗碼密碼術則使用一對暗碼。這兩個暗碼永遠同時一起產生，它們是配對的，一個用在加密，另一個用在解密。一個信息若以其中一個暗碼加密，則只能以另一個暗碼解密。

公開暗碼密碼術所使用的兩個暗碼，是以數學產生。彼此相關且相連，永遠是以其中一個加密，然後以另一個解密。兩個暗碼當中，一個是公開的，另一個則是私有的。私有的暗碼必須永遠保密，只有它的擁有者知道，其他任何人都不能知道。由於加密與解密分別使用不同的暗碼，因此公開暗碼密碼術又稱作**不對稱密碼術**（asymmetric cryptography）。由於永遠有其中一個暗碼是公開的，這就是為何它稱之為公開暗碼密碼術。

因此，對稱或傳統的密碼術是只使用單一暗碼，信息發送者與接收者都知，且加密與解密都使用同一暗碼。不對稱密碼術是使用一對暗碼，一個加密時用，另一個解密時用。一個暗碼公開，但另一個暗碼則永遠保密，只能所有者知道。

以下是公開暗碼密碼術如何動作。

通信前，兩方都各自產生自己的私有暗碼與公開暗碼。每方都將私有暗碼保密，並將公開暗碼公開，讓對方或大眾知道。

在應用**公開暗碼加密**（public key encryption，PKE）發送信息時，信息的發送者以接收者的公開暗碼，將信息加密。然後，將加密過的信息傳送出給接收者。接收者在收到信息後，以其私有暗碼將之解密。倘若該信息在傳輸過程沒被動過手腳，則應該只有原本的接收者一人，能以其私有暗碼，成功地將之解密，並得知信息的原有真正內含。

值得注意的是，就像秘密暗碼密碼術一樣，公開密碼術是雙向的，亦即，假若不像上一段所說的那樣做，還有另一種方式是利用正好相反的**私有暗碼加密**（private key encryption，PKE）技術。亦即，信息發送者約翰可以選擇以他的私有暗碼，將信息加密後再送出給瑪莉。瑪莉在收到信息後，則以約翰的公開暗碼，將之解密。不過，這樣做時，因為可能所有人都知道約翰的公開暗碼，所以，也表示任何人都可看出他送的信息的真正內含是什麼。這不就失去加密的原有目的了嗎？是的，不過只要約翰的公開暗碼控制得好，不要給其他的人知道的話，那也是行得通的。重要的是，這種私有暗碼加密是用在另一種用途，旨在作為**發送者確認**（sender authentication），而非信息保密，這在稍後我們會進一步說明。

所以，當把非對稱密碼術用在加密／解密時，典型上它都是使用公開暗碼加密，而非私有暗碼加密。亦即，在欲將信息保密時，一般的作法都是以信息接收者的公開暗碼，將信息加密，以致只有該接收者能成功地，以其私有暗碼將之解密，以致只有他才能真正瞭解此一信息的真正內含是什麼（假設接收者的私有暗碼未曾洩漏給任何人或被偷走的話）。

相對的，私有暗碼加密則用在發送者確認上。在這種用法時，信息的發送者用他自己的私有暗碼將信息加密，讓接收者知道，只有這個擁有私有暗碼的發送者，才有可能發送信息，讓他**無法否認**（non-repudiation），稍後我們會進一步更詳細討論這個。

換言之，視應用與你的目的不同而定，在加密與解密時，有兩種不同方式可以使用公開暗碼密碼術。若在需要用到數位簽字的通信上，你就可以用發送者的私有暗碼將信息加密，並以其公開暗碼將信息解密。而在其他應用上，假若你只需要做到信息保密，或確保只有接收者能看到你送出的信息，那程式即可以接收者的公開暗碼，將信息加密。

妙的是，有些應用則兩者都需要。在這些應用上，既需以接收者之公開暗碼將信息加密，以達保密作用，也需以信息發送者之私有暗碼，將信息紋摘加密簽字，以達發送者確認。兩全其美，美極了，不是嗎？

當然，為了一切能正常動作。我們假設通信的雙方都很負責任，每一個人都非常妥善地保管好自己的私有暗碼，從未洩露給它人或被偷，也沒有假冒他人的情形發生。

所以，你可發現，公開暗碼密碼術不僅能用於保密，也能用於確認。它可以幫忙分別辨認信息的接收者與發送者。

15-4-2-2 加密演算法的強度

攻擊對稱式密碼技術的方式是，嚐試使用所有可能的不同暗碼的值，一直找到一個對的為止。因此，對稱式密碼技術的安全強度依暗碼的長度而定。不過，這並非唯一的因素。同時，以更長暗碼所產生的密文，也不見得永遠就比使用較短暗碼所產生的密文，安全強度來得高。

就暗碼長度本身所顯示的強度而言，一個長度是 48 位元的暗碼，代表駭客可能必須嚐試過全部（2^48）的不同暗碼，才能找到那一個是真正的暗碼。因此，欲破解最多可能也需要進行這麼多次的密碼計算。就一長度為 56 位元的暗碼而言，所需的運算就變成是（2^56）。比起 48 位元的暗碼，所需的時間即變成（2^8）= 256 倍。你可發現，複雜度是跟著暗碼的長度，指數性而非線性地增加的。

有研究發現，低於 64 位元的暗碼都是容易被攻陷的。至少 80 位元或以上的暗碼較合適。由於電腦的計算速度愈來愈快，因此，這個數目可能必須隨著時間，逐漸往上調。資料的生命期愈長，暗碼的長度就要愈高。

非對稱式密碼技術的安全強度就有點不同，因為，比起對稱式，非對稱式本身就已經需要使用更長的暗碼了。就非對稱式密碼技術而言，暗碼的長度至少要 1024 位元或以上。一個 1024 位元非對稱式暗碼，安全強度等於相當一個 80 位元的對稱式暗碼。相信你獲得大致的概念。

就安全強度而言，今天看來很強，在過幾年之後看起來可能會顯得一點都不強。其他的不說，光是計算機速度愈來愈快，就能使土法煉鋼式的攻擊手法，會因時間而日益簡易了。

公開暗碼密碼術的安全性，另外也賴於無法從其公開暗碼求出私有暗碼的事實。要不然，這一切就崩盤了！

15-4-2-3 加密演算法的速度與應用

一般而言，對稱式密碼技術的作業速度都比非對稱式來得快。兩種演算法之間的時間差別，隨著資料量成線性的成長。因此，在實用上，對稱式的加密演算法通常用以將信息本身加密。因為，信息本身較長，也較費時，所以必須使用效率更高的對稱式演算法。而非對稱式演算法則用以將較短的資料加密，例如，數位簽字中的信息紋摘，以及其他應用。因為，它們使用很長的暗碼，速度較慢。

15-4-3 對稱式加密（秘密暗碼密碼術）的演算法

15-4-3-1 暗碼，區塊，IV 與填墊

密碼術演算法有一些通用的基本概念，在進一步介紹這些演算法之前，這裡我們先介紹這些概念。

暗碼

每一加密／解密作業都需要一暗碼，暗碼是加密或解密過程中，除了信息本身之外的另一項輸入資料，它使加密作業增加隨機性且更不易猜測。

密碼技術所提供的安全強度（亦即，秘密性），與暗碼的選擇息息相關。假若駭客能猜得中你所選用的暗碼，那他就能以之將密文解密，讀得所有信息，或甚至偽裝成他人。在那種情況下，將一個信息加密，就不再提供任何保密的功用了。因此，選擇適當的加密暗碼，極為重要。因為，它直接影響安全的程度。

一個暗碼事實上就是一個固定長度的隨機數值。它提供了密碼作業的隨機（不定）性。它是諸如加密，解密或雜數計算等作業的輸入資料。

不同的密碼演算法使用不同長度的暗碼。由於它代表土法煉鋼式攻擊所必須嚐試的最高作業次數，一個暗碼的長度也是一密碼演算法之安全強度的指標。假若其他所有因素維持不變，則一個密碼演算法的安全度，會隨著時間的流逝，日益減弱，因為電腦的速度日益增快，以土法煉鋼方式破解同一長度的暗碼會日益增快。

用在加密／解密作業的暗碼長度，一般影響到加密的安全強度。一般而言，暗碼愈長，駭客用以猜中某一暗碼值的時間就相對增長，因此也較安全。

區塊

絕大多數的加密／解密演算法，都是將整個信息分段處理的。每一瞬間都只加密或解密一個小小的信息片段而已。這每一片段，即稱之為**區段**或**區塊**（block）。不同的演算法使用不同的區塊大小。每一信息區塊都是以相同的暗碼加密或解密的。

一般而言，信息區塊的大小都介於 1 至 16 位元組之間。絕大多數是 8 或 16。

初值向量（IV）

除了信息與暗碼之外，絕大多數的加密／解密演算法，也需要第三項輸入資料，那就是初值向量（initialization vector，簡稱 IV）。

初值向量是一小量的輸入資料，旨在將同樣的明文，以相同的暗碼，加密多次時，能將輸出有所變化，不要每次都產生一樣的輸出結果。因此，初值向量就像一個加密過程所使用的起頭變數，它必須是不重複的，而且在某些模式下，是隨機的。初值向量的目的在於使加密更隨機化，更難猜出與破解。旨在提高安全性。

初值向量必須是不重複的（non-repeating），為安全計，一初值向量不應與同一暗碼，重複一起使用。

在許多演算法裡，由於初值向量都被拿來與信息的第一區塊彼此 XOR 在一起，因此，它的大小（即長度）通常與一區塊的大小相同。

填墊

前面曾提過，絕大多數的加密／解密演算法，作業時都是一次加密或解密一個固定長度的信息或資料區塊的。由於每一信息或資料的長度不一，最後一個區塊可能會無法佔滿，因此，絕大多數演算法都會使用**填墊**（padding），將信息的最後一個區塊補滿。

填墊的方式有許多種。最簡單的就是短缺的部分，全部填零。不過，這種作法的缺點是，信息的長度會很容易被駭客得知。最初的 DES 演算法使用了一個由 NIST 所推薦的填墊方式。那就是，先加上一個是 1 的位元，之後再全部填 0。這意謂，假若最後少了一個位元組，那就補上一個 0x80 的位元組。若是短缺三個位元組，那就補上 0x80 0x00 0x00。在解密端，將信息解密後，信息接收者必須從解密信息的最尾端，將所有是 0x00 的位元組（若有的話）全部剔除，直到看到第一個 0x80 位元組，並將之剔除。所剩才是原來的信息。

例如，假設區塊的大小是八個位元組，而且信息的最後一個區塊是

0x11 0x22 0x33 0x44 0x55 0x66 0x80

則在填墊之後，這個區塊即會變成

0x11 0x22 0x33 0x44 0x55 0x66 0x80 0x80

這種填墊方式，即使在另一種極端的情況下，信息正好以 0x80 0x00 結束而且正好落在區塊界限時，也是沒問題。譬如，假設信息的最後一個區塊是

0x11 0x22 0x33 0x44 0x55 0x66 0x80 0x00

則這時填墊即會增加一個如下的區塊：

0x80 0x00 0x00 0x00 0x00 0x00 0x00 0x00

而在解密後，這整個填墊的區塊就會全部被剔除。

誠如以下我們會介紹的，有些區塊密碼模式，包括 Cipher FeedBack（CFB），Output FeedBack（OFB），與 Counter（CTR）等，都不需用到填墊，因為它們永遠將明文與區塊密碼作業的輸出，互相 XOR 在一起。

15-4-3-2 連串密碼術與區塊密碼術 [16][2][1][18]

對稱式密碼術主要有兩種型態：連串密碼術（stream cipher）與區塊密碼術（block cipher）。這節介紹這兩個。

1. **連串密碼術**

連串密碼術將一輸入信息當成一位元組串處理。它每一次就加密信息的其中一個位元組。連串密碼演算法同時接受二個位元組串作為輸入：信息位元組串，以及另一稱為暗碼串（keystream）的半隨機密碼數字串。換言之，信息與暗碼兩者都被變成位元組串。它將信息的第 n 個位元組與暗碼串的第 n 個位元組結合在一起，以產生密文的第 n 個位元組。用以將兩個位元組結合的函數或作業通常都很簡單。譬如，在很多情況下，它就是 XOR 函數。

注意，由於其所使用的函數非常簡單。因此，若駭客知道信息或暗碼字串，要攻擊對稱式連串密碼術就很簡單。

RC4

連串密碼術總共約有幾打。當中，最常用的即是 RC4 了。RC4 代表 Rivest Cipher4。它是美國的 RSA Security 公司的 Ron Rivest 於 1987 年所設計的。

RC4 一開始時是一個貿易機密。但很不幸地在 1994 年被洩漏了，有匿名人士將之放在網上，因此，散播至很多網際網路的網站上。

RC4 支援不固定長度的暗碼。一個暗碼可以從二個位元組，一直到 2048 位元。

RC4 的優點是簡單而且速度快。它曾經被用在包括 WEP，SSL 與 TLS 協定上。不過，目前為止，研究已經現 RC4 有幾個易於被攻陷的弱點。因此，它已被視為不安全。

由於 RC4 的名稱已被註冊成商標，因此，為了迴避商標侵權的問題，RC4 也稱做 ARCFOUR 或 ARC4。

2. 區塊密碼術

截至目前為止，區塊密碼演算法是最流行的對稱式加密演算法。區塊密碼演算法每一次將一整個區塊（通常是 8 或 16 個位元組）的信息或資料，一次一起加密或解密，而不是像連串密碼術地，一次僅一個位元組。因為這樣，在速度上，區塊密碼術也比連串密碼術快。

在絕大多數的區塊密碼術，由於每一區塊的信息或資料，以同樣的暗碼獨立加密，一般而言（那些使用連鎖 chaining 的除外），在一個區塊發生的錯誤，不會影響到其他的資料區塊。此外，若兩個明文的信息區塊完全一樣，那它們輸出的密文區塊也會完全一樣。

有許多不同的區塊密碼演算法。不同的演算法基於不同的概念而設計。譬如，有一些現代的區塊密碼演算法，即根據反複式（iterated）計算求得密碼的觀念而設計。這些演算法都以多個輪迴，每次使用一由原始暗碼所導來的不同子暗碼，完成加密的作業。當然，也有使用其他不同作法的演算法存在。這節，我們簡短地介紹幾個比較流行的區塊密碼技術。

DES

DES 代表資料加密標準（Data Encryption Standard）。DES 密碼術是 IBM 於 1970 年代所設計。並於後來 1977 年由美國 NIST 所公佈。NIST 的前身是美國國家標準局（NBS）。

DES 使用 56 位元的暗碼以及 64 位元的區塊。所以，每一次是加密輸入信息的八個位元組。事實上，DES 的暗碼是 64 位元。不過由於每一位元組的最低次的位元是用作偵測錯誤的同等位元（parity bit），因此，實際上是 56 位元。.

加密-解密-加密（Encrypt-Decrypt-Encrypt，EDE）模式的 DES 在財經界很流行。稍後我們會進一步介紹這個。

3DES

3DES 意指三倍 DES。它代表三重資料加密演算法（Triple DES），有時又稱 TDEA 或 Triple DEA。注意到，DES，3DES，Triple DEA 或 TDEA，基本上都是一樣的。

3DES 是一對稱性的區塊密碼術。它在每一輸入的資料區塊上，重複做了三次的 DES。3DES 的動機是，由於計算機愈來愈快，因此，針對 DES 密碼術做土法煉鋼的攻擊也愈變可能。因此，重複 DES 三次等於不用重新設計該演算法，而把暗碼的長度增長，以提高其安全強度。

3DES 採用包含三個 DES 暗碼的暗碼束（key bundle）。由於每一個 DES 暗碼是 56 位元，三個在一起本應為 56x3=168。但是，NIST 所認定的 3DES 暗碼長度只有 80 位元。這是因為它有可能受到像在中間碰頭（meet-in-the-middle）或一些已知之明文攻擊之類的攻擊。

有許多產品採用了 3DES，像是一些美國微軟公司的產品以及一些電子付款系統。曾有一時，3DES 或許是計算機工業界最廣泛應用的對稱式加密演算法，而且是所推薦的標準，但目前已稍漸褪色。

AES

AES 代表先進加密標準（Advanced Encryption Standard）。

AES 在 2001 年十一月由 NIST 與美國政府所採用與公佈，它現在是美國聯邦標準（FIPS 197），取代了 DES。這個採用是一個歷經五年的標準化以及競技過程的結果。在這競技中，AES 的原有設計者提出了他們的設計並且贏得勝利。

AES 是基於比利時的密碼專家 Joan Daemen 與 Vincent Rijmen 所共同設計的 Rijndael 密碼術。

Rijndael 是一個使用多種不同暗碼與區塊大小的密碼族系。NIST 選了三個這個族系的成員，作為 AES 標準。它們都使用128 位元的區塊，但暗碼長度分別是 128，192 與 256 位元。192 與 256 位元的暗碼可以用在極為繁重的加密作業上。

AES 密碼演算法的設計是基於 “替換排列網路”（substitution-permutation network)，這種設計將替代與排列併用。

AES 的速度非常快，尤其是在使用 128 位元的暗碼時。AES 的使用正在成長中。

RC2

RC2 區塊密碼術是由 Ronald Rivest 所設計，它使用 64 位元區塊。RC2 的暗碼長度是不固定的。SSL 曾使用 RC2。很不幸的，就像 RC4 一樣，一開始時，RC2 是貿易秘密，但後來被無名氏所洩露了。

RC5

RC5 區塊密碼術也是由 Ronald Rivest 於 1994 年所設計。由於其使用不固定長度的區塊，暗碼與輪迴數，因此，很富彈性。RC5 的區塊大小可為 32，64 或 128 位元。其暗碼大小可由 0 至 2040 位元，而其演算可以做 0 到 255 個輪迴。

RC5 的特色之一是它使用了視資料而定的旋轉。RC5 使用的演算法，類似於 Feistel 網路，是一反覆式成品密碼術。

Blowfish

Blowfish 是另一也是設計來取代 DES 的演算法。它是由計算機安全專家 Bruce Schneier 於 1993 年所設計。在加密時，Blowfish 使用 64 位元的區塊，以及一長度可以從 32 至 448 位元的暗碼。

Twofish

Twofish 與 Blowfish 相關。它是先進加密標準（AES）競技中的前五名。

Twofish 採用 128 位元的區塊，以及最高可以到256 位元的暗碼。就像 Blowfish 一樣，Twofish 也是完全免費的。由於它是不用付費，因此諸如 PhotoEncrypt，GPG，與 TrueCrypt 等加密應用程式都採用它。

Twofish 是幾個最快速的對稱式區塊密碼術之一。它很適合用在硬體與軟體的環境裡。

IDEA

IDEA（International Data Encryption Algorithm，國際資料加密演算法），原先稱為改良的加密標準（Improved Proposed Encryption Standard，IPES），是一由蘇黎克（Zurich）ETH 的 James Massey 與Xuejia Lai 於

1991 年所設計的對稱暗碼區塊密碼術。PGP（Pretty Good Privacy）2.0 版本即使用了IDEA。

IDEA 使用 8 位元組的區塊以及 16 位元組的暗碼。其加密與解密做了 8.5 輪迴的轉換。每一輪迴運算兩個位元組的資料，交替三種不同的運算：XOR，（2^16）就繞回的加法，以及（2^16）+1 就繞回的乘法。

很不幸的，IDEA 在 2011 至 2012 年間就被破解。

CAST

CAST 是一個密碼演算法的族系。

CAST-128（也叫 CAST-5）是由 Carlisle Adams 與 Stafford Tavares 於 1996 年所設計。CAST-256 是由 CAST-128 得來。

CAST-128 使用 8 位元組的區塊。其暗碼可為 5 至 16 位元組長。其加密轉換可以是 12 或 16 個輪迴。若暗碼比 10 個位元組還長，那運算就採 16 個輪迴。所作運算包括 XOR，繞回加法與減法以及旋轉。

CAST-128 被 GPG（GNU Privacy Guard）與 PGP 所採用。

就像一直都在發生的，隨著時間的逝去，有些密碼演算法會被破解，並逐漸褪色。新的演算法也會不斷產生。但隨著計算機技術的精進，暗碼長度愈來愈長，是可預期的。

15-4-3-3 區塊密碼作業的模式 [17]

這節將簡短地討論對稱暗碼密碼術中之區塊密碼術的作業模式。若想進一步獲得更詳細的細節，讀者可以參閱以下的網頁。

[17] https://en.wikipedia.org/wiki/Block_cipher_mode_of_operation

這一節所顯示的幾個圖形，就與該網頁類似。

區塊密碼術可以有多種不同的作業模式，以下即是其中的一些模式：

ECB（Electronic Code Book，電子密碼書）

CBC（Cipher Block Chaining，密文區塊連鎖）

PCBC（Propagating Cipher Block Chaining，繁殖密文區塊連鎖）

CFB（Cipher FeedBack，密文回饋）

OFB（Output FeedBack，輸出回饋）

EDE（Encrypt-Decrypt-Encrypt，加密-解密-加密）

GCM（Galois/Counter Mode，蓋落氏計數器模式）

CTR（Counter，計數器）

以下我們簡短介紹幾種最常用的。

1. ECB

ECB模式是最簡單的加密模式。在此模式，輸入信息被分成許多區塊，而每一區塊分別各自加密與解密。

ECB 模式最主要的缺點是若兩明文區塊完全一樣，則加密之後，兩輸出的密文區塊也一模一樣。換言之，它並無法遮蓋輸入資料類型或樣式。因此，一般並不建議使用這種模式。

2. CBC

在加密時，CBC 採用一種連鎖的模式，將一明文資料區塊首先與前一個輸出的密文區塊互相做 XOR 運算，然後再以暗碼將之加密。

由於一開始並無輸出的密文區塊可用，因此，輸入信息的第一個明文資料區塊，是與初值向量相互 XOR。這意謂，目前的密文區塊不只與目前輸入的明文區塊有關，同時也與前一個密文區塊有關。這就是名稱中“連鎖”的由來。

圖 15-5a 所示即為 CBC 模式的加密作業情形。[17]

在解密時，目前密文區塊先以暗碼解密，然後結果再與前一密文區塊做 XOR 運算，以產生目前的明文區塊。產生第一個明文區塊時，目前區塊是與初值向量，而非前一密文區塊做 XOR 運算。

圖 15-5b 所示即為 CBC 模式的解密情形。[17]

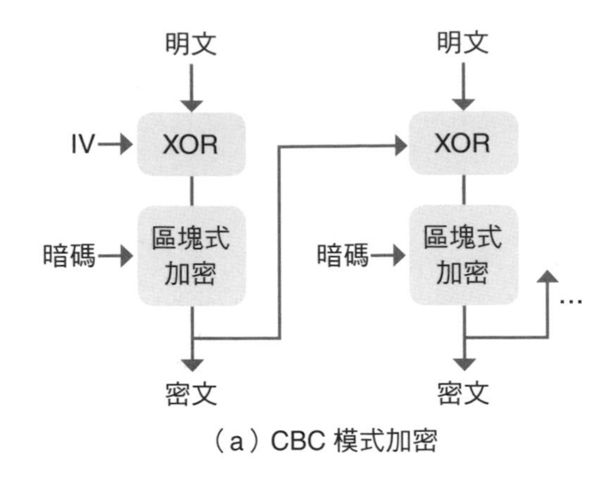

（a）CBC 模式加密

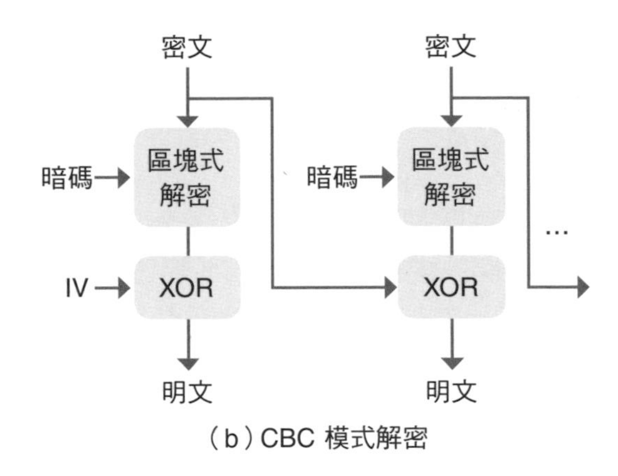

（b）CBC 模式解密

圖 15-5 CBC（密文區塊連鎖）作業模式的動作情形 [17]

3. CFB

CFB 模式與 CBC類似。CFB解密的作業，幾乎與 CBC 加密倒過來做一樣。

在 CFB 模式，加密時，前一密文區塊先以加密暗碼加密。這個動作的輸出結果再與輸入明文的現有區塊互作 XOR，以取得目前區塊的密文。在將輸入資料的第一個區塊加密時，由於當時沒有一個密文區塊可用，因此，該演算法會將初值向量加密，再將所得結果與輸入資料第一明文區塊，做 XOR 運算。XOR 運算幫忙隱匿了明文的資料類型或樣式。

在將目前密文區塊解密時，前一密文區塊先解密。然後這結果再與目前的密文區塊做 XOR 運算，以取得目前的明文區塊。在解密第一區塊時，由於沒有前一密文區塊可用，因此，就以將初值向量加密的結果代替。

CFB 的目標是欲讓一區塊密碼術，變成一自我同步的連串密碼術。萬一密文有一部分不見了，則在處理過某一數量的輸入資料之後，信息的接收者就應能夠繼續解密信息的其餘部分，而不致整個信息都不見了。

CFB 模式的特點就是，它是一個區塊密碼術但卻具有一些連串密碼術的特性。

4. OFB

OFB 模式與 CFB 非常類似。OFB 模式將一區塊密碼術變成一同步的連串密碼術。它產生暗碼連串區塊，以之與明文區塊做 XOR 運算，進而產生密文區塊。

OFB 模式並未將密文連鎖在一起，在將第一明文區塊加密時，初值向量首先以暗碼做區塊式地加密。此一結果再與明文的第一區塊 XOR 在一起，以產生第一個密文區塊。在將資料的第二區塊加密時，前一區塊加密過的初值向量被用作為 IV 輸入，並以暗碼再加密一次，然後結果再與明文的第二區塊 XOR 在一起，以產生第二區塊密文。所有其他的區塊，就以與第二區塊相同的方式加密。

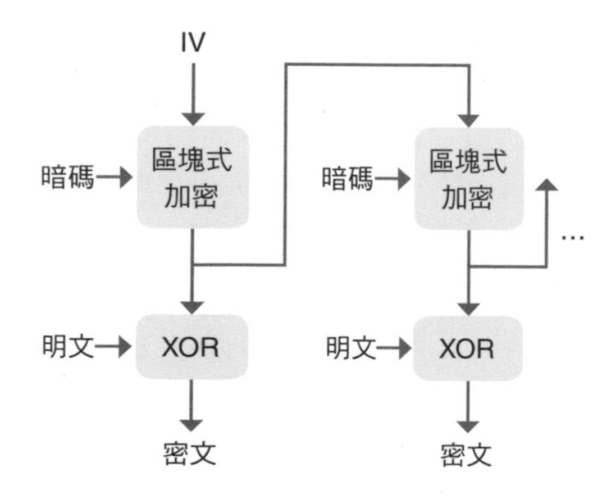

圖15-6 OFB 模式的加密作業 [17]

圖 15-6 所示，即為 OFB 模式的加密情形。

注意到，區塊加密函數的輸出並非是直接作為密文，而是被用作回饋。每一明文區塊的 XOR 值，獨立產生，與前一個明文或密文都沒關係。由於沒有連鎖所造成的依賴或相關性，在無法容忍錯誤擴散或繁殖情況下，此一模式就是你所要的。

就像 CFB 模式，OFB 也使用初值向量。在同一明文區塊變更初值向量的值，就會產生不同的密文。

5. **EDE**

EDE 模式用在 DES 演算法。將 DES 演算法用在 EDE 模式有很多人用，因為，假若三個運算都使用同一個暗碼，它就等於是一正規的 56 位元 DES。這意指一個 56 位元的 DES 演算法就能將信息解密。這讓這個版本的 3DES，與 DES 往後相容（backward compatible）。

將 3DES 用在 EDE 模式提供了一個優點，因為，假若你將同一暗碼重複使用三次，那它就與正規的 DES 完全往後相容。當你在全部三個作業都使用同一暗碼時，前面兩個作業（加密-解密）就正好相互抵消。因此，那就等於將同一暗碼用在 DES 完全一樣。就這樣達成了往後相容。

要是你三次作業都分別使用不同的暗碼時，那就是 3DES了！

EDE 模式的 DES 定義在 ISO 8732 與 ANSI X9.17 標準上。它在財經界很流行。在使用對稱式暗碼管理時，它可以用於 DEK 與 MIC加密。

6. **GCM**

由於其效率與速度，GCM 是一愈來愈普遍的作業模式。GCM 採用 128 位元（16 位元組）的區塊。

在 GCM 模式下，加密時，所有信息或資料區塊都編號。區塊的號碼先以區塊密碼術加密，所得結果再與明文區塊 XOR 在一起，以取得密文區塊。就像其他的計數器模式一樣，這實質是相當於一個連串密碼術。因此，很重要的是，記得不同的輸入資料串一定要使用不同的初值向量。

作業緊接將密文與一確認碼結合在一起，以產生一確認標籤，以作為完整性檢查用。由於這個，GCM 事實上提供了 HMAC 所提供的。加密過程的輸出包括密文，確認標籤，以及初值向量。

7. **CTR**

正如 OFB 一樣，計數器（CTR）模式將區塊密碼術，變成了一連串密碼術。它藉著將一連串連續的數目加密而產生暗碼串的下一個區塊。計數器只要是一能產生不重複（或至少好一段時間內不重複）之數目系列的函數都可以。

就某一方面來說，CTR 模式與 OFB 很類似。但一個不同點是，初值向量輸入現被一計數器值所取代，而且計數器值加密之後的輸出並不進入下一個資料區塊。每一區塊有其自己不同的計數器值，輸入至區塊密碼術的加密函數內。

選擇那一模式呢？

研究發現，在 CBC 與 CFB 模式上，重新使用同一初值向量（IV）會導致洩漏信息明文的第一個區塊。對 OFB 與 CTR 模式而言，重複使用同一初值向量則完全將安全毀了。在 CBC 模式，在加密時，初值向量必須是無法預測的。否則，就有可能導致所謂的 TLS CBC 初值向量攻擊。

假若你得必須親自挑選一個區塊密碼術的模式，那選擇 CBC，EDE 或 GCM 應該都可以。但不要選 ECB。

15-4-3-4 加密／解密演算法之區塊與暗碼的大小

不同密碼術採用不同大小的區塊與暗碼。圖 15-7 所列即為各種不同加密／解密演算法，所使用之區塊與暗碼的大小，以及其計算的輪迴數。切記你用對了暗碼與初值向量的大小。記得，初值向量的長度一般與區塊的大小是一致的。

圖 15-7 密碼術演算法之暗碼與區塊的大小

演算法	區塊的大小	暗碼的大小	輪迴數
AES	16 位元組 (128 位元)	128, 192 或 256 位元	10,12,14
DES	8 位元組 (64 位元)	56 位元 (+8 parity 位元)	16
Triple DES	8 位元組 (64 位元)	168, 112 或 56 位元	48
Blowfish	8 位元組 (64 位元)	32 至 448 位元	16
Twofish	16 位元組 (128 位元)	128, 192 或 256 位元	16
CAST-128	8 位元組 (64 位元)	40 至 128 位元	12,16
IDEA	8 位元組 (64 位元)	128 位元	8.5
RC2	8 位元組 (64 位元)	8-1024 位元, 進 8,(既定 64)	16,2
RC5	4, 8 或 16 位元組 (8)	0 至 2040 位元 (建議 128)	1-255
RC4	1 - 連串密碼術	40 至 2048 位元	1
SEED	16 位元組 (128 位元)	16 位元組 (128 位元)	16
Camellia	16 位元組 (128 位元)	128, 192 或 256 位元	18,24

15-4-4 不對稱加密（公開暗碼密碼術）的演算法 [3][2][1]

當今，兩個最廣為人知的不對稱密碼演算法，就是 RSA 與 Diffie-Hellman。這一節介紹這兩個。

15-4-4-1 迪菲-赫爾曼（Diffie-Hellman）

迪菲-赫爾曼（Diffie-Hellman，簡稱 DH）密碼演算法是第一個為人所知的公開暗碼密碼演算法，於 1976 年由 Whitfield Diffie 與 Martin Hellman 兩人所公佈。1977 年 9 月 6 日，這兩人與 Ralph C. Merkle 三人一起申請了美國專利。這專利已在 1997 年過了時效。

很有趣的是，人們後來才知道，早在 1975 年，英國的信號情報總署的 James H. Ellis，Clifford Cocks 與 Malcolm J. Williamson 三人，就已先證明公開暗碼密碼術可以達成了。很不幸的是，他們的發明一直保密到 1997 年。

迪菲-赫爾曼密碼演算法是基於離散對數問題的模數（modulo）算術而設計的。這裡我們簡要說明如下：

在迪菲-赫爾曼密碼術，兩方選擇且共用同一個模數 p，以及另一個數目 g。p 是一質數（prime number）。g 的值不可以是 0，1，或 P-1。g 是一基本的根數值再模數 p。

雙方一開始時，彼此同意的是基數值 g 與模數 p。緊接，迪菲-赫爾曼演算法的動作情形如下：

首先，每一方各選一個私有暗碼，並且求出其公開暗碼：

甲方	乙方
選擇私有暗碼 a 算出公開暗碼 X=(g^a) mod p	選擇私有暗碼 b 算出公開暗碼 Y=(g^b) mod p

其次，第二步，雙方交換各自的公開暗碼。

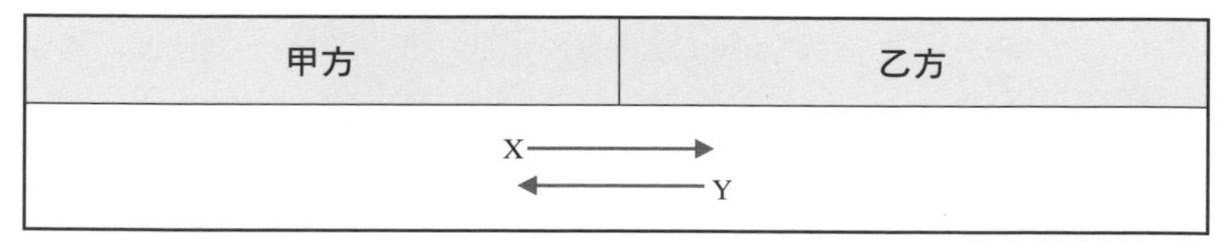

第三步，每一方以自己所選定的私有暗碼與對方送來的公開暗碼，計算出兩人共用的秘密暗碼。

甲方	乙方
計算共有的秘密暗碼，暗碼=(Y^a) mod p	計算共有的秘密暗碼，暗碼=(X^b) mod p

事實上，兩方共享的秘密暗碼，也可以經由將對方的公開暗碼，以自己的私有暗碼將之加密得來。

上述的過程，讓雙方都獲得完全相同的共用秘密暗碼，因為，

```
(g^(ab)) mod p = (g^(ba)) mod p = (Y^a) mod p = (X^b) mod p
```

在此，a 是甲方所選的私有暗碼，b 是乙方所選的私有暗碼。ab 代表 a 乘 b。(a^b) 代表取 a 的 b 次方。“mod p”代表將之除以 p 並取餘數，相當於只要大於 p 就只取餘數。

第四步驟，只要有人想向對方發送信息，那他就可以用兩人共用的秘密暗碼，將信息加密。由於對方也有此一秘密暗碼，因此，對方一定可以將信息解密。

看來並不難，不是嗎？不過，記得，實際上要安全，a，b，與 p 的值都要很大才行。

注意到，只有 a，b，與 ((g^(ab)) mod p=(g^(ba)) mod p) 是保持秘密的，所有其他的值，包括 p，g，(g^a mod p)，與 (g^b mod p)，則全都以明文傳送。

這個演算法最妙的是，最後雙方都獲得完全相同的秘密暗碼值！每一方都只擁有半個圓。但每一方也都知道對方的另一個半圓。因此，各自都有辦法拼出整個圓！駭客無法湊出整個圓。因為，他無法得知兩方一開始時各自選擇的私有暗碼是什麼。這個私有暗碼從未傳送給對方。

針對竊聽而言，只要 p 與 g 選擇適當，則迪菲-赫爾曼演算法或溝通協定是絕對安全的。

迪菲-赫爾曼演算法的安全性是根基於離散對數問題的數學難度。為了安全，這演算法的暗碼必須非常長，從 1024 到 2048 位元。

廣為採用的 Oracle/Sun 的網路檔案系統（NFS），即採用192 位元暗碼的迪菲-赫爾曼演算法。

雖然迪菲-赫爾曼演算法可用作公開暗碼秘碼術，但傳統上，公開暗碼秘碼術一直被 RSA 主控著。緊接，我們就介紹 RSA。

15-4-4-2 RSA

RSA 是一個公開暗碼的加密技術。RSA 公開暗碼密碼術是在1978 年，由美國麻省理工學院的 Rivest，Shamir，與 Adleman 所發明的。不過，由於

其在成為專利之前就發表了，因此，它在美國之外無法成為專利。這演算法的設計者在 1982 年自 MIT 取得執照將之用在商業產品上。從那時起，RSA 演算法即非常廣泛地應用在無數的產品上。

RSA 密碼術是一指數密碼術。它是根基於求出兩個非常大之質數的因子。這密碼術所根基的數學簡介如下：[1]

RSA 公開暗碼密碼術牽涉四個數目：

- 公開的指數 e
- 模數 n
- 兩個很大的質數 p 與 q

這裡，n=pq。p 與 q 兩個數目必須保密。

我們定義正質數數 t(n) 為小於 n 並與 n 無共同因子的數目個數。選擇一整數 e<n，以致 e 是 t(n) 的質數。求出第二個整數 d，滿足以下算術：

e.d mod t(n) = 1

這裡 d 就是私有暗碼，而 (e,n) 則為公開暗碼。

令 m 代表信息，則以下就是信息 m 加密後的密文：

c = (m^e) mod n

而原有的信息就是

m = (c^d) mod n

換句話說，取 m 的 e 次方，然後將結果除以 n，並取其餘數，就是將信息 m 加密。而欲將信息解密，就取加密信息的 d 次方，然後將之除以 n，摘取餘數。

兩個大的質數 p 與 q 通常都以瑞賓-米勒（Rabin-Miller）演算法產生。然後 p 乘以 q 的乘積作為模數 n。這模數就用在私有暗碼與公開暗碼上，且提供兩者之間的關連。當我們提及 RSA 暗碼的長度時，我們指的就是這個模數 n 的長度。

公開暗碼包含公開的指數 e 以及模數 n。指數 e 通常會設定成 65537 或是一小的質數。由於公開暗碼都是公開讓大家知道的，所以，指數 e 並不需要保密。

私有暗碼就是指數 d。這以擴充的歐幾里得（Euclidean）演算法求得，找出 n 之質數數的乘法倒數。

RSA附註

RSA 不對稱密碼術的安全，主要在將 n 分解成兩個很大的質數 p 與 q 的計算難度。使用 RSA 演算法的加密的強度跟暗碼的長度相關。RSA 常用的暗碼長度包括 1024，2048 或 4096 位元。由於計算機速度愈來愈快，因此，使用 1024 位元暗碼的 RSA 加密，未來或許有一天會被破解。因此，選擇 2048 位元或更長的暗碼長度，會更安心。

你可能知道，RSA 是一非常豐富，多才多藝的密碼術。它不僅可以用在不對稱式的加密／解密，也可用在對稱式的加密／解密，暗碼交換，與數位簽字上。這些本章稍後我們都會加以討論。亦即，RSA 演算法能在保密，來源確認以及暗碼交換三方面，都做出貢獻。

加密演算法摘要

這裡做個很簡短的摘要。在這一節，我們對以下這些加密／解密演算法，做了一簡單的介紹。

- 對稱式加密／解密：DES 3DES AES RC2 RC5 Blowfish Twofish IDEA CAST-5
- 不對稱式加密／解密：DH RSA

15-4-5 程式設計例題

15-4-5-1 使用 OpenSSL 加密與解密

由於 OpenSSL 提供了 EVP_xxx() 程式界面，以 OpenSSL 從事加密與解密的工作，簡化了一些。OpenSSL 的 EVP_xxx() 函數主要在簡化加密與解密作業用的。不論你選用那一種演算法，加密與解密的步驟都是一樣或類似的。

在 OpenSSL 上，基本上有兩種方式從事加密與解密。第一種方式加密與解密分別使用不同的程式界面。第二種方式則是加密與解密都一樣使用相同的函數。以下我們分別介紹這兩種方式。

15-4-5-1-1 加密與解密使用不同的程式界面

當程式分別用不同的函數進行加密與解密時，所用的程式界面如下：

1. 加密

```
int EVP_EncryptInit_ex(EVP_CIPHER_CTX *ctx, const EVP_CIPHER *type,
     ENGINE *impl, unsigned char *key, unsigned char *iv);
int EVP_EncryptUpdate(EVP_CIPHER_CTX *ctx, unsigned char *out,
     int *outl, unsigned char *in, int inl);
int EVP_EncryptFinal_ex(EVP_CIPHER_CTX *ctx, unsigned char *out,
     int *outl);
```

2. 解密

```
int EVP_DecryptInit_ex(EVP_CIPHER_CTX *ctx, const EVP_CIPHER *type,
     ENGINE *impl, unsigned char *key, unsigned char *iv);
int EVP_DecryptUpdate(EVP_CIPHER_CTX *ctx, unsigned char *out,
     int *outl, unsigned char *in, int inl);
int EVP_DecryptFinal_ex(EVP_CIPHER_CTX *ctx, unsigned char *outm,
     int *outl);
```

注意到，如下所示的，EVP_XXXInit_ex() 與 EVP_XXXFinal_ex() 兩個函數都有一個舊版本。這些都已過時了。因此，程式不該再使用它們。它們還繼續存在，只是在讓舊的程式可以不用改而可繼續動作而已。這些過時的函數如下：

1. 加密

```
int EVP_EncryptInit(EVP_CIPHER_CTX *ctx, const EVP_CIPHER *type,
     unsigned char *key, unsigned char *iv);
int EVP_EncryptFinal(EVP_CIPHER_CTX *ctx, unsigned char *out,
     int *outl);
```

2. 解密

```
int EVP_DecryptInit(EVP_CIPHER_CTX *ctx, const EVP_CIPHER *type,
     unsigned char *key, unsigned char *iv);
int EVP_DecryptFinal(EVP_CIPHER_CTX *ctx, unsigned char *outm,
     int *outl);
```

A. 加密的步驟

緊接我們討論如何以 OpenSSL 的第一組程式界面做加密的工作。步驟如下：

1. 產生秘密上下文

```
ctx = EVP_CIPHER_CTX_new()
```

使用密碼時需要一個上下文（context）的資料結構，這由叫用 EVP_CIPHER_CTX_new() 函數產生。

2. 設定上下文中的密碼演算法

EVP_EncryptInit_ex(ctx, algrm, impl, key, iv)

EVP_EncryptInit_ex() 函數設定密碼上下文 ctx 的初值。該函數同時設定四個參數的初值。第二引數 algrm 指出演算法，第四個引數指出暗碼，第五個引數指明初值向量。而第三引數則指出一個實作（implementation）。若實作引數 impl 的值為 NULL，則加密將採用既定的實作。

在 OpenSSL 的文書裡，演算法有時叫**類型**（type）。這個演算法引數值一般就是一個演算法函數的名稱，如 EVP_aes_256_cbc()。暗碼與初值向量的長度則隨演算法之不同而異。

成功時，EVP_EncryptInit_ex() 函數送回 1。失敗時，它送回 0。

最常見的作法是所有參數一次同時設定。但也可以在第一次叫用時只設定演算法，而其餘引數都傳入 NULL。然後在隨後的函數叫用，再提供其餘的引數。這個函數的舊有版本 EVP_EncryptInit（ctx，algrm，key，iv）已經過時了，不應再使用。注意到它少了一個引數。

EVP_EncryptInit()，EVP_DecryptInit()，與 EVP_CipherInit() 永遠使用既定的密碼實作。

程式應該使用新的 EVP_EncryptInit_ex()，因為，它會重新使用現有的上下文，不會像舊版本一樣地，每次叫用時都釋放它並重新騰出一個新的。

3. 將輸入資料的下一個區塊加密

```
EVP_EncryptUpdate(ctx, outbuf, &outlen, inbuf, inlen)
```

EVP_EncryptUpdate() 函數，將輸入緩衝器 inbuf 所函的資料（長度存在 inlen 引數上）加密。將加密的輸出結果寫在由 outbuf 引數所指明的輸出緩衝器上，且將輸出密文的長度，存放入 outlen 引數中送回。

程式應針對每一輸入資料的片段，叫用該函數一次，直至輸入資料結束為止。換言之，在輸入資料很長時，程式可將之分成幾段，依序每一片段叫用 EVP_EncryptUpdate() 函數一次。

成功時，EVP_EncryptUpdate() 函數送回 1，失敗時，送回 0。

4. 加密最後一部分並結束整個加密過程

```
EVP_EncryptFinal_ex(ctx, outbuf, &outlen)
```

EVP_EncryptFinal_ex() 函數叫用結束整個加密的作業。假若填墊有打開（這是既定的情況），則這個函數會將輸入資料的最後一個區塊（有可能是部分區塊）加密。在一種最極端的情況下，最後一個區塊很可能會是全部都是填墊的資料。EVP_EncryptFinal_ex() 函數會將最後這個區塊的加密結果，寫入輸出緩衝器內，同時將其長度（以位元組數計）經由 outlen 引數送回。這個函數叫用執行過後，整個加密過程才算完成。在這步驟之後，程式就不能再叫用 EVP_EncryptUpdate() 了。

成功時，EVP_EncryptFinal_ex() 會送回 1，失敗時會送回 0。

這個函數的舊版本叫 EVP_EncryptFinal() 已經過時，不能再用了。它繼續存在只是在讓舊有的程式，不須修改還可以繼續執行罷了。新舊版本的引數個數相同。

程式應該使用新版 EVP_EncryptFinal_ex()，因為它重新使用既有的上下文資料結構，而不是每次叫用時都每次釋回再重新騰出。

5. 釋回密碼上下文資料

這個步驟釋回或釋放第一步所產生的上下文資料。OpenSSL 的文書說，

```
EVP_CIPHER_CTX_free(ctx)
```

函數清除密碼上下文內的所有資訊，將其所佔用的記憶空間釋回，包括 ctx 本身。在所有使用密碼的運算都完成之後，程式應該叫用此一函數一次，以確保有關的敏感資訊，全部自記憶器中被清除。

萬一密碼上下文必須重新再用，則程式可改用 EVP_CIPHER_CTX_reset() 函數。OpenSSL 的文書這樣說：

EVP_CIPHER_CTX_reset() 函數清除密碼上下文中的所有資訊，而且釋放其所佔用的所有騰出的記憶空間，但 ctx 本身除外。每一次 ctx 要重新用在另一個 EVP_XXXInit_ex() / EVP_XXXUpdate() / EVP_XXXFinal_ex() 系列的函數叫用時，程式都應該叫用 EVP_CIPHER_CTX_reset() 函數一次。

注意到兩者的差別。EVP_CIPHER_CTX_free() 釋放所有的記憶空間，包括密碼上下文本身。EVP_CIPHER_CTX_reset() 則釋放除了密碼上下文以外的所有有關的記憶空間。

B. 解密的步驟

解密過程的步驟與上述的加密過程完全相同，唯一的是，上述所有步驟所叫用的函數，其名稱中的 Encrypt（加密）都要改成 Decrypt（解密），就這樣而已！

值得一提的是，於 OpenSSL 1.1.1g，EVP_DecryptFinal_ex() 函數成功時，在幾乎所有的演算法時都送回 1，不過，在所有使用 GCM 模式的演算法時，包括 aes-128-gcm，aes-192-gcm，與 aes-256-gcm，在成功時反而都送回 0，而不是 1。不一致。看起來像是一個 OpenSSL 的錯蟲（bug）。由於這緣故，有兩個例題程式在其他所有演算法幾乎都沒問題，但在 aes-nnn-gcm 演算法時，即出錯。但若在使用 aes-nnn-gcm 演算法時，把回返值調過來，就沒問題。

圖 15-8 所示，即為一對稱式密碼術，aes-256-cbc 演算法進行加密與解密作業的例題程式。

圖 15-8 基本的加密與解密（enc_aes_256_cbc.c）

```
/*
 * A simple encryption and decryption program -- basic sequence of steps.
 * Authored by Mr. Jin-Jwei Chen.
```

```
 * Copyright (c) 2014-2016, 2020 Mr. Jin-Jwei Chen. All rights reserved.
 */

#include <stdio.h>
#include <errno.h>
#include <string.h>       /* memset(), strlen() */
#include <openssl/evp.h>
#include <openssl/err.h>
#include <openssl/blowfish.h>

#define  OPENSSL_SUCCESS    1    /* Openssl functions return 1 as success */

/* Note: KEYLEN and IVLEN vary from one algorithm to another */
#define IVLEN   16       /* length of IV (number of bytes) */
#define KEYLEN  16       /* key length (number of bytes) */

/* sizes of chunks this program works on */
#define INSIZE 1024
#define OUTSIZE (INSIZE+IVLEN)

/* These are shared by the encryption and decryption. */
unsigned char iv[IVLEN+1] = "0000000000000001";
unsigned char key[KEYLEN+1] = "Axy3pzLk%8q#0)yH";

/* Print the ciphertext stored in 'buf'. Note that data is unsigned. */
void print_ciphertext(unsigned char *buf, unsigned int buflen)
{
  int   i;

  if (buf == NULL) return;
  fprintf(stdout, "ciphertext=0x");
  for (i = 0; i < buflen; i++)
    fprintf(stdout, "%02x", buf[i]);
  printf("\n");
}

/* Encrypt the message in 'inbuf' and put the results in 'outbuf'.
 * The length of output cipher text is returned in 'outlen'.
 * Make sure the 'outbuf' is large enough to hold the results.
 */
int encrypt(unsigned char *inbuf, int inlen, unsigned char *outbuf, int
*outlen)
{
  EVP_CIPHER_CTX *ctx = NULL;          /* cipher context */
  int      outlen1, outlen2;           /* length of output cipher text */
  int      totallen = 0;               /* total length of output cipher text */
  int      ret;

  if (inbuf == NULL || outbuf == NULL || outlen == NULL)
    return(EINVAL);
  *outlen = 0;
```

```
  /* Create a cipher context */
  ctx = EVP_CIPHER_CTX_new();
  if (ctx == NULL)
  {
    fprintf(stderr, "Error: encrypt(), EVP_CIPHER_CTX_new() failed\n");
    return(-1);
  }

  /* Set up the cipher context with a specific cipher algorithm */
  ret = EVP_EncryptInit_ex(ctx, EVP_aes_256_cbc(), NULL, key, iv);
  if (!ret)
  {
    fprintf(stderr, "Error: encrypt(), EVP_EncryptInit_ex() failed\n");
    EVP_CIPHER_CTX_free(ctx);
    return(-2);
  }

  /* Encrypt the input message */
  /* If the inlen is wrong, it may result in no error but outlen1 is 0. */
  outlen1 = 0;
  if (EVP_EncryptUpdate(ctx, outbuf, &outlen1, inbuf, inlen) != OPENSSL_SUCCESS)
  {
    fprintf(stderr, "Error: encrypt(), EVP_EncryptUpdate() failed\n");
    EVP_CIPHER_CTX_free(ctx);
    return(-3);
  }
  totallen = totallen + outlen1;
  *outlen = totallen;

  /* Wrap up the encryption by handling the last remaining part */
  outlen2 = 0;
  if (EVP_EncryptFinal_ex(ctx, outbuf+totallen, &outlen2) != OPENSSL_SUCCESS)
  {
    fprintf(stderr, "Error: encrypt(), EVP_EncryptFinal_ex() failed\n");
    EVP_CIPHER_CTX_free(ctx);
    return(-4);
  }
  totallen = totallen + outlen2;
  *outlen = totallen;

  EVP_CIPHER_CTX_free(ctx);

  return(0);
}

/* Decrypt the message in 'inbuf' and put the results in 'outbuf'.
 * The length of output is returned in 'outlen'.
 * Make sure the 'outbuf' is large enough to hold the results.
 */
int decrypt(unsigned char *inbuf, int inlen, unsigned char *outbuf, int *outlen)
```

```
{
  EVP_CIPHER_CTX *ctx = NULL;          /* cipher context */
  int      outlen1, outlen2;           /* length of output plain text */
  int      totallen = 0;               /* total length of output plain text */
  int       ret;

  if (inbuf == NULL || outbuf == NULL || outlen == NULL)
    return(EINVAL);
  *outlen = 0;

  /* Create a cipher context */
  ctx = EVP_CIPHER_CTX_new();
  if (ctx == NULL)
  {
    fprintf(stderr, "Error: decrypt(), EVP_CIPHER_CTX_new() failed\n");
    return(-1);
  }

  /* Set up the cipher context with a specific cipher algorithm */
  ret = EVP_DecryptInit_ex(ctx, EVP_aes_256_cbc(), NULL, key, iv);
  if (!ret)
  {
    fprintf(stderr, "Error: decrypt(), EVP_DecryptInit_ex() failed\n");
    EVP_CIPHER_CTX_free(ctx);
    return(-2);
  }

  /* Decrypt the input message */
  outlen1 = 0;
  if (EVP_DecryptUpdate(ctx, outbuf, &outlen1, inbuf, inlen) != OPENSSL_SUCCESS)
  {
    fprintf(stderr, "Error: decrypt(), EVP_DecryptUpdate() failed\n");
    EVP_CIPHER_CTX_free(ctx);
    return(-3);
  }
  totallen = totallen + outlen1;
  *outlen = totallen;

  /* Wrap up the decryption by handling the last remaining part */
  outlen2 = 0;
  if (EVP_DecryptFinal_ex(ctx, outbuf+totallen, &outlen2) != OPENSSL_SUCCESS)
  {
    fprintf(stderr, "Error: decrypt(), EVP_DecryptFinal_ex() failed\n");
    EVP_CIPHER_CTX_free(ctx);
    return(-4);
  }
  totallen = totallen + outlen2;
  *outlen = totallen;

  EVP_CIPHER_CTX_free(ctx);
```

```
  return(0);
}

/* A simple encryption and decryption program */
int main(int argc, char *argv[])
{
  int       outlen = 0;           /* length of output cipher text */
  int       ret;

  /* Buffer of the original plain text to be encrypted */
  unsigned char  inbuf[INSIZE]="This is the original message.";
  /* Buffer of the output of encryption */
  unsigned char  outbuf[OUTSIZE];
  /* Buffer of the output of decryption */
  unsigned char  outbuf2[OUTSIZE];
  int       outlen2 = 0;          /* length of output cipher text */

  fprintf(stdout, "plaintext=%s\n", inbuf);

  /* Encrypt the message */
  ret = encrypt(inbuf, strlen((char *)inbuf), outbuf, &outlen);
  if (ret != 0)
  {
    fprintf(stderr, "Error: main(), encrypt() failed, ret=%d\n", ret);
    return(ret);
  }
  print_ciphertext(outbuf, outlen);

  /* Decrypt the message */
  ret = decrypt(outbuf, outlen, outbuf2, &outlen2);
  if (ret != 0)
  {
    fprintf(stderr, "Error: main(), decrypt() failed, ret=%d\n", ret);
    return(ret);
  }
  outbuf2[outlen2] = '\0';
  fprintf(stdout, "decrypted output=%s\n", outbuf2);

  return(0);
}
```

這程式舉例說明了將一信息加密與解密的基本步驟。這例子採用了 aes-256-cbc 演算法。不過，它可以輕易地改成使用其他的演算法。只要將 EVP_EncryptInit_ex() 與 EVP_DecryptInit_ex() 函數叫用的第二個引數，由 EVP_aes_256_cbc() 改成你希望使用的演算法即可，譬如 EVP_bf_cbc()。

使用其他的演算法時，基本的步驟都是一樣。唯一必須記得的是，暗碼與初值向量（IV）的長度因演算法而異。因此，當你使用不同的演算法時，記得調整暗碼與初值向量的長度與實際值。AES 演算法採用 128 位元（16 位元組）的初值向量，但暗碼則可為 128，192 或 256 位元。若你將演算法改成，譬如說，bf_cbc，則該演算法所使用的初值向量是 8 位元組，且暗碼是 16 位元組。

此外，這例題程式假設輸入信息最長為 1024 位元組。若實際的輸入信息比這還長（亦即，比輸入緩衝器的長度還長），那程式就必須將輸入資料分成幾段，並依序將每一段都各自叫用 EVP_EncryptUpdate() 或 EVP_DecryptUpdate() 一次。之後，才能叫用 EVP_EncryptFinal_ex() 或 EVP_DecryptFinal_ex()。

圖 15-9 是一更通用的加密／解密程式。其示範了以一由使用者所選用的演算法，將一也是由使用者所提供之任意信息，加密與解密的作業。以下即為該程式的輸出樣本：

```
$ ./enc_evp1 aes-256-cbc "Have a wonderful summer."
Plain text=Have a wonderful summer.
Cipher
text=0xcad0a47c1aae42d011e8198a0eac08cd00d50bfb330f605b09a51150a6a39daf
Decrypted message=Have a wonderful summer.
The encryption and decryption have succeeded.
```

enc_evp1 程式以及其他一些例題程式所用到的 myencrypt1() 與 mydecrypt1() 兩個庫存函數，定義在本章最後圖 15-39（b）所示的 mycryptolib.c 上。myencrypt1() 叫用 EVP_EncryptXXX() 等程式界面做加密，而 mydecrypt1() 則叫用 EVP_DecryptXXX() 等函數做解密。

圖 15-9　以任意演算法做加密／解密（enc_evp1.c）

```
/*
 * This program encrypts a message given by the user using a cipher algorithm
 * chosen by the user and then decrypts the encrypted message.
 * This single program can encrypt and decrypt using different cipher
algorithms.
 * The cipher algorithm used is specified by the user on the command line
 * by providing a name like bf-cbc, aes-256-cbc or des-ede3-ofb.
 * Run the 'openssl ?' command to get the list of cipher algorithms available.
 * Authored by Mr. Jin-Jwei Chen.
 * Copyright (c) 2014-2016, 2019-2020 Mr. Jin-Jwei Chen. All rights reserved.
 */

#include <stdio.h>
#include <errno.h>
#include <sys/types.h>      /* open() */
#include <sys/stat.h>
```

```
#include <fcntl.h>
#include <unistd.h>          /* read(), write() */
#include <string.h>          /* memset(), strlen() */
#include <strings.h>         /* bzero() */
#include <openssl/evp.h>
#include <openssl/err.h>
#include <openssl/blowfish.h>
#include "myopenssl.h"

/* sizes of chunks this program works on */
#define MAXMSGSZ  1024
#define MAXOUTSZ  (MAXMSGSZ+IVLEN)

/* A simple encryption and decryption program */
int main(int argc, char *argv[])
{
  size_t      inlen;                  /* length of input plain text */
  size_t      outlen = 0;             /* length of output cipher text */
  size_t      textlen;                /* length of decrypted text */
  int          ret;
  struct cipher     cipher;           /* cipher to be used */

  char  *inmsg;                       /* pointer to original input message */
  unsigned char  outbuf[MAXOUTSZ];    /* buffer for encrypted message */
  char  plaintext[MAXMSGSZ+1];        /* buffer for decrypted message */

  /* User must enter the name of an algorithm and a message to be encrypted */
  if (argc < 3)
  {
    fprintf(stdout, "Usage: %s algorithm message \n", argv[0]);
    return(-1);
  }

  /* Check to make sure the input message is not too large */
  inmsg = argv[2];
  inlen = strlen(inmsg);
  if (inlen > MAXMSGSZ)
  {
    fprintf(stderr, "Error: input message is too long, max size=%u\n",
      MAXMSGSZ);
    return(-2);
  }
  fprintf(stdout, "Plain text=%s\n", inmsg);

  /* Fill in the name, key and IV for the cipher to be used */
  strcpy(cipher.name, argv[1]);
  strcpy((char *)cipher.key, DEFAULT_KEY);
  strcpy((char *)cipher.iv, DEFAULT_IV);

  /* Encrypt the message */
  bzero(outbuf, MAXOUTSZ);
```

```
  ret = myencrypt1(inmsg, inlen, outbuf, &outlen, &cipher);
  if (ret != 0)
  {
    fprintf(stderr, "Error: main(), myencrypt1() failed, ret=%d\n", ret);
    return(ret);
  }
  print_cipher_text(outbuf, outlen);

  /* Decrypt the message */
  ret = mydecrypt1(outbuf, outlen, plaintext, &textlen, &cipher);
  if (ret != 0)
  {
    fprintf(stderr, "Error: main(), mydecrypt1() failed, ret=%d\n", ret);
    return(ret);
  }
  plaintext[textlen] = '\0';
  fprintf(stdout, "Decrypted message=%s\n", plaintext);

  /* Compare the decrypted output with the original input message */
  if (!strcmp(inmsg, plaintext))
    fprintf(stdout, "The encryption and decryption have succeeded.\n");
  else
    fprintf(stdout, "The encryption and decryption have failed.\n");

  return(0);
}
```

圖 15-10 所示即為另一個將一很大的信息，如一整個檔案的內含，進行加密與解密的程式例子。它能處理任何大小的檔案。

在此例子，程式即以一迴路叫用 EVP_EncryptUpdate() 與 EVP_DecryptUpdate() 函數，直至整個檔案的內容全部加密或解密完畢為止。完了之後，程式才叫用 EVP_EncryptFinal_ex() 或 EVP_DecryptFinal_ex() 一次，結束整個加密或解密的過程。這個叫用將輸入資料的最後一部分完成了加密或解密。

程式所使用的演算法是 des_ede3_cbc。含輸入資料的檔案叫 encindata。你可自己建立這輸入資料檔案，就隨便打一些可讀資料進去就是了。以下是如何測試這個程式：

```
$  ./enc_des_ede3_cbc encindata encoutdata1 encoutdata2
$ diff encindata encoutdata2
```

假若程式正常動作，則原來的明文資料輸入檔案 encindata，與解密後的輸出檔案 encoutdata2 應該是一模一樣的。

這程式讀取輸入檔案encindata的內含，將之加密，並將加密結果寫成第一個輸出檔案 encoutdata1。緊接，程式讀取 encoutdata1 檔案的內含，將之解密，並將解密結果寫成 encoutdata2 檔案。誠如你可看出，這最後輸出檔案與原來的輸入資料檔案，一模一樣。換言之，該程式將輸入資料檔案的內容先加密，然後再將之解密還原。

圖15-10 將整個檔案加密再解密（enc_des_ede3_cbc.c）

```
/*
 * This program encrypts the contents of a file and writes the encrypted
 * output to another file. It then reads the output file of the encryption,
 * decrypts it and writes the decrypted plain text to a third file.
 * If the third file is identical to the first, then the encryption and
 * decryption have succeeded.
 * The algorithm used here is des-ede3-cbc.
 * Authored by Mr. Jin-Jwei Chen.
 * Copyright (c) 2014-2016, 2019-2021 Mr. Jin-Jwei Chen. All rights reserved.
 */

#include <stdio.h>
#include <errno.h>
#include <sys/types.h>       /* open() */
#include <sys/stat.h>
#include <fcntl.h>
#include <unistd.h>          /* read(), write() */
#include <string.h>          /* memset(), strlen() */
#include <strings.h>         /* bzero() */
#include <openssl/evp.h>
#include <openssl/err.h>
#include <openssl/blowfish.h>

/* Note: KEYLEN and IVLEN vary from one algorithm to another */
#define IVLEN    8        /* length of IV (number of bytes) */
#define KEYLEN  16        /* key length (number of bytes) */

/* sizes of chunks this program works on */
#define INSIZE 1024
#define OUTSIZE (INSIZE+IVLEN)

/* These are shared by the encryption and decryption. */
unsigned char iv[IVLEN+1] = "00000001";
unsigned char key[KEYLEN+1] = "Axy3pzLk%8q#0)yH";

#define MYALGRM  "des-ede3-cbc"

/* clean up before return in case of error */
#define ERROR_RTN(n) \
  if (ctx != NULL) EVP_CIPHER_CTX_free(ctx); \
```

```
    if (infd) close(infd); \
    if (outfd) close(outfd); \
    return(n);

  /*
   * Encrypt the contents of the input file specified by 'infname' and
   * write the encrypted output (i.e. the cipher text) to the output file
   * specified by the 'outfname' parameter.
   */
  int myencryptf(char *infname, char *outfname)
  {
    EVP_CIPHER_CTX *ctx = NULL;          /* cipher context */
    ssize_t  inlen, outbytes;            /* bytes read or written */
    int      outlen;                     /* length of output cipher text */
    int      infd=0, outfd=0;            /* file descriptors */
    int      ret;
    unsigned char  inbuf[INSIZE];
    unsigned char  outbuf[OUTSIZE];
    const EVP_CIPHER *cipher = NULL;

    if (infname == NULL || outfname == NULL || infname == outfname)
      return(EINVAL);

    /* Open the input file */
    infd = open(infname, O_RDONLY);
    if (infd == -1)
    {
      fprintf(stderr, "Error: myencryptf() failed to open input file %s,
errno=%d\n",
        infname, errno);
      return(-1);
    }

    /* Open the output file */
    outfd = open(outfname, O_WRONLY|O_CREAT|O_TRUNC, 0640);
    if (outfd == -1)
    {
      fprintf(stderr, "Error: myencryptf() failed to open output file %s,
errno=%d\n"
        , outfname, errno);
      close(infd);
      return(-2);
    }

    /* Create a cipher context */
    ctx = EVP_CIPHER_CTX_new();
    if (ctx == NULL)
    {
      fprintf(stderr, "Error: myencryptf(), EVP_CIPHER_CTX_new() failed\n");
        ERROR_RTN(-3);
    }
```

```
/* Get the algorithm */
cipher = EVP_get_cipherbyname(MYALGRM);
if (cipher == NULL)
{
  fprintf(stderr, "Error: myencryptf(), EVP_get_cipherbyname() failed\n");
    ERROR_RTN(-4);
}

/* Set up the cipher context with a specific cipher algorithm */
ret = EVP_EncryptInit_ex(ctx, cipher, NULL, key, iv);
if (!ret)
{
  fprintf(stderr, "Error: myencryptf(), EVP_EncryptInit_ex() failed\n");
    ERROR_RTN(-5);
}

/* Read contents of the entire file and encrypt it chunk by chunk */
do
{
  bzero (inbuf, INSIZE);
  /* Read next chunk from the input file */
  inlen = read(infd, inbuf, INSIZE);
  if (inlen <= 0)
  {
    if (inlen < 0)
    {
      fprintf(stderr, "Error: myencryptf() failed to read input file %s, "
        "errno=%d\n", infname, errno);
      ERROR_RTN(-6);
    }
    else
      break;
  }

  /* Encrypt this current chunk */
  bzero (outbuf, OUTSIZE);
  outlen = 0;
  if (EVP_EncryptUpdate(ctx, outbuf, &outlen, inbuf, inlen) != 1)
  {
    fprintf(stderr, "Error: myencryptf(), EVP_EncryptUpdate() failed\n");
      ERROR_RTN(-7);
  }

  /* Write encrypted chunk to the output file */
  if (outlen > 0)
  {
    outbytes = write(outfd, outbuf, outlen);
    if (outbytes < outlen)
    {
      if (outbytes < 0)
```

```
          fprintf(stderr, "Error: myencryptf() failed to write output file %s, "
            "errno=%d\n", outfname, errno);
        else
          fprintf(stderr, "Error: myencryptf() failed to write output file %s, "
            "only %ld out of %d were written\n", outfname, outbytes, outlen);
        ERROR_RTN(-8);
      }
    }

  } while (1);

  /* Wrap up the encryption by handling the last remaining part */
  bzero (outbuf, OUTSIZE);
  outlen = 0;
  if (EVP_EncryptFinal_ex(ctx, outbuf, &outlen) != 1)
  {
    fprintf(stderr, "Error: myencryptf(), EVP_EncryptFinal_ex() failed\n");
    ERROR_RTN(-9);
  }

  /* Write the last encrypted chunk to the output file */
  if (outlen > 0)
  {
    outbytes = write(outfd, outbuf, outlen);
    if (outbytes < outlen)
    {
      if (outbytes < 0)
        fprintf(stderr, "Error: myencryptf() failed to write output file %s, "
          "errno=%d\n", outfname, errno);
      else
        fprintf(stderr, "Error: myencryptf() failed to write output file %s, "
          "only %ld out of %d were written\n", outfname, outbytes, outlen);
      ERROR_RTN(-10);
    }
  }

  EVP_CIPHER_CTX_free(ctx);

  return(0);
}

/*
 * Decrypt the contents of the input file specified by 'infname' and
 * write the decrypted output (i.e. the plain text) to the output file
 * specified by 'outfname' parameter.
 */
int decrypt(char *infname, char *outfname)
{
  EVP_CIPHER_CTX *ctx = NULL;          /* cipher context */
  ssize_t  inlen, outbytes;            /* bytes read or written */
  int      outlen;                     /* length of output cipher text */
```

```
    int       infd=0, outfd=0;           /* file descriptors */
    int       ret;
    unsigned char  inbuf[INSIZE];
    unsigned char  outbuf[OUTSIZE];
    EVP_CIPHER *cipher = NULL;

    if (infname == NULL || outfname == NULL || infname == outfname)
      return(EINVAL);

    /* Open the input file */
    infd = open(infname, O_RDONLY);
    if (infd == -1)
    {
      fprintf(stderr, "Error: decrypt() failed to open input file %s,
errno=%d\n",
        infname, errno);
      return(-1);
    }

    /* Open the output file */
    outfd = open(outfname, O_WRONLY|O_CREAT|O_TRUNC, 0640);
    if (outfd == -1)
    {
      fprintf(stderr, "Error: decrypt() failed to open output file %s,
errno=%d\n"
        , outfname, errno);
      close(infd);
      return(-2);
    }

    /* Create a cipher context */
    ctx = EVP_CIPHER_CTX_new();
    if (ctx == NULL)
    {
      fprintf(stderr, "Error: decrypt(), EVP_CIPHER_CTX_new() failed\n");
        ERROR_RTN(-3);
    }

    /* Fetch the algorithm */
    cipher = EVP_CIPHER_fetch(NULL, MYALGRM, NULL);
    if (cipher == NULL)
    {
      fprintf(stderr, "Error: decrypt(), EVP_CIPHER_fetch() failed\n");
        ERROR_RTN(-4);
    }

    /* Set up the cipher context with a specific cipher algorithm */
    ret = EVP_DecryptInit_ex(ctx, cipher, NULL, key, iv);
    if (!ret)
    {
      fprintf(stderr, "Error: decrypt(), EVP_DecryptInit_ex() failed\n");
```

```
    ERROR_RTN(-5);
  }

  /* Read contents of the entire file and decrypt it chunk by chunk */
  do
  {
    bzero (inbuf, INSIZE);
    /* Read next chunk from the input file */
    inlen = read(infd, inbuf, INSIZE);
    if (inlen <= 0)
    {
      if (inlen < 0)
      {
        fprintf(stderr, "Error: decrypt() failed to read input file %s, "
          "errno=%d\n", infname, errno);
        ERROR_RTN(-6);
      }
      else
        break;
    }

    /* Decrypt this current chunk */
    bzero (outbuf, OUTSIZE);
    outlen = 0;
    if (EVP_DecryptUpdate(ctx, outbuf, &outlen, inbuf, inlen) != 1)
    {
      fprintf(stderr, "Error: decrypt(), EVP_DecryptUpdate() failed\n");
        ERROR_RTN(-7);
    }

    /* Write decrypted chunk to the output file */
    if (outlen > 0)
    {
      outbytes = write(outfd, outbuf, outlen);
      if (outbytes < outlen)
      {
        if (outbytes < 0)
          fprintf(stderr, "Error: decrypt() failed to write output file %s, "
            "errno=%d\n", outfname, errno);
        else
          fprintf(stderr, "Error: decrypt() failed to write output file %s, "
            "only %ld out of %d were written\n", outfname, outbytes, outlen);
        ERROR_RTN(-8);
      }
    }

  } while (1);

  /* Wrap up the decryption by handling the last remaining part */
  bzero (outbuf, OUTSIZE);
  outlen = 0;
```

```
  if (EVP_DecryptFinal_ex(ctx, outbuf, &outlen) != 1)
  {
    fprintf(stderr, "Error: decrypt(), EVP_DecryptFinal_ex() failed\n");
    ERROR_RTN(-8);
  }

  /* Write the last decrypted chunk to the output file */
  if (outlen > 0)
  {
    outbytes = write(outfd, outbuf, outlen);
    if (outbytes < outlen)
    {
      if (outbytes < 0)
        fprintf(stderr, "Error: decrypt() failed to write output file %s, "
          "errno=%d\n", outfname, errno);
      else
        fprintf(stderr, "Error: decrypt() failed to write output file %s, "
          "only %ld out of %d were written\n", outfname, outbytes, outlen);
      ERROR_RTN(-9);
    }
  }

  EVP_CIPHER_CTX_free(ctx);

  return(0);
}


/* A simple encryption and decryption program */
int main(int argc, char *argv[])
{
  int      outlen = 0;            /* length of output cipher text */
  int      ret;

  char    *infname = "encindata";
  char    *outfname1 = "encoutdata1";
  char    *outfname2 = "encoutdata2";

  /* Get the names of input and output files from user, if any */
  if (argc > 1 && argc < 4)
  {
    fprintf(stderr, "Usage: %s [infile outfile1 outfile2]\n", argv[0]);
    return(-1);
  }
  if (argc > 1) infname = argv[1];
  if (argc > 2) outfname1 = argv[2];
  if (argc > 3) outfname2 = argv[3];

  /* Encrypt the message */
  ret = myencryptf(infname, outfname1);
  if (ret != 0)
```

```
    {
      fprintf(stderr, "Error: main(), myencryptf() failed, ret=%d\n", ret);
      return(ret);
    }

    /* Decrypt the message */
    ret = decrypt(outfname1, outfname2);
    if (ret != 0)
    {
      fprintf(stderr, "Error: main(), decrypt() failed, ret=%d\n", ret);
      return(ret);
    }

    return(0);
  }
```

15-4-5-1-2 加密與解密使用相同的程式界面

另一種以 OpenSSL 做加密／解密的方法，是不管加密或解密，都使用同一組相同的程式界面。以下所示即為這一組函數：

```
int EVP_CipherInit_ex(EVP_CIPHER_CTX *ctx, const EVP_CIPHER *type,
     ENGINE *impl, unsigned char *key, unsigned char *iv, int enc);
int EVP_CipherUpdate(EVP_CIPHER_CTX *ctx, unsigned char *out,
     int *outl, unsigned char *in, int inl);
int EVP_CipherFinal_ex(EVP_CIPHER_CTX *ctx, unsigned char *outm,
     int *outl);
```

由於加密與解密都叫用同一組函數，因此，為了區分這兩種不同的作業，在程式叫用 EVP_CipherInit_ex() 函數之時，其 enc 引數（最後一個）就傳入不同的值，這個 enc 引數的值若是 1，就代表加密，若是 0，則代表解密。若這個引數的值是 -1，則代表這個引數的值不變，和上一次這個函數被叫用時一樣。

你或許已發現，這幾個程式界面與第一種方式時所使用的函數，幾乎都一樣。沒錯，差別在於先前所使用之程式界面中的 Encrypt 或 Decrypt 字眼，在這兒都變成了 Cipher。同時，EVP_CipherInit_ex() 函數，在最後面多了一個引數 enc。

圖 15-11 所示，即是以這第二種方式做加密與解密的例題程式。這程式叫用了 EVP_CipherInit_ex()，EVP_CipherUpdate()，與 EVP_CipherFinal_ex() 等函數。

再度地，這個 enc_evp2 程式所使用的myencrypt2() 與 mydecrypt2() 兩個函數，同樣定義在本章最後圖 15-39（b）所顯示的 mycryptolib.c 檔案裡，這兩個函數叫用了 EVP_CipherXXX() 程式界面，以履行加密與解密的作業。

以下即為這 enc_evp2 程式的樣本輸出：

```
$ ./enc_evp2 aes-256-cbc "Have a wonderful summer."
Plain text=Have a wonderful summer.
Cipher text=0x06c2bb740fa2f64ff6a83ceb34d228195f887c524bed5b7ce89170980
c06d73f
Decrypted message=Have a wonderful summer.
The encryption and decryption have succeeded.
```

圖 15-11 以同樣的程式界面進行加密與解密（enc_evp2.c）

```
/*
 * This program encrypts a message given by the user using a cipher algorithm
 * chosen by the user and then decrypts the envrypted message.
 * This single program can encrypt and decrypt using different cipher
algorithms.
 * The cipher algorithm used is specified by the user on the command line
 * by providing a name like bf-cbc, aes-256-cbc or des-ede3-ofb.
 * Run the 'openssl ?' command to get the list of cipher algorithms
available.
 * This example uses the same set of APIs for both encryption and
decryption:
 *   EVP_CipherInit_ex(), EVP_CipherUpdate() and EVP_CipherFinal_ex().
 * Authored by Mr. Jin-Jwei Chen.
 * Copyright (c) 2016-2017, 2019-2020 Mr. Jin-Jwei Chen. All rights
reserved.
 */

#include <stdio.h>
#include <errno.h>
#include <sys/types.h>     /* open() */
#include <sys/stat.h>
#include <fcntl.h>
#include <unistd.h>        /* read(), write() */
#include <string.h>        /* memset(), strlen() */
#include <strings.h>       /* bzero() */
#include <openssl/evp.h>
#include <openssl/err.h>
#include <openssl/blowfish.h>
#include "myopenssl.h"

#define  OPENSSL_SUCCESS    1    /* Openssl functions return 1 as success */

/* sizes of chunks this program works on */
#define MAXMSGSZ  1024
```

```
#define MAXOUTSZ   (MAXMSGSZ+IVLEN)

/* A simple encryption and decryption program */
int main(int argc, char *argv[])
{
  size_t      inlen;                  /* length of input plain text */
  size_t      outlen = 0;             /* length of output cipher text */
  size_t      textlen;                /* length of decrypted text */
  int         ret;

  struct cipher  cipher;            /* cipher algorithm */
  char           *cipher_name;      /* string name of the cipher algorithm */

  char  *inmsg;                     /* pointer to original input message */
  unsigned char  outbuf[MAXOUTSZ];       /* buffer for encrypted message */
  char           plaintext[MAXMSGSZ+1];  /* buffer for decrypted message */

  /* User must enter the name of an algorithm and a message to be encrypted */
  if (argc < 3)
  {
    fprintf(stdout, "Usage: %s algorithm message \n", argv[0]);
    return(-1);
  }

  /* Check to make sure the input message is not too large */
  cipher_name = argv[1];
  inmsg = argv[2];
  inlen = strlen(inmsg);
  if (inlen > MAXMSGSZ)
  {
    fprintf(stderr, "Error: input message is too long, max size=%u\n",
      MAXMSGSZ);
    return(-2);
  }
  fprintf(stdout, "Plain text=%s\n", inmsg);

  strcpy(cipher.name, cipher_name);
  strcpy((char *)cipher.key, DEFAULT_KEY2);
  strcpy((char *)cipher.iv, DEFAULT_IV2);

  /* Encrypt the message */
  bzero(outbuf, MAXOUTSZ);
  ret = myencrypt2(inmsg, inlen, outbuf, &outlen, &cipher);
  if (ret != 0)
  {
    fprintf(stderr, "Error: main(), encrypt() failed, ret=%d\n", ret);
    return(ret);
  }
  print_cipher_text(outbuf, outlen);

  /* Decrypt the message */
```

```
    ret = mydecrypt2(outbuf, outlen, plaintext, &textlen, &cipher);
    if (ret != 0)
    {
      fprintf(stderr, "Error: main(), mydecrypt2() failed, ret=%d\n", ret);
      return(ret);
    }
    plaintext[textlen] = '\0';
    fprintf(stdout, "Decrypted message=%s\n", plaintext);

    /* Compare the decrypted output with the original input message */
    if (!strcmp(inmsg, plaintext))
      fprintf(stdout, "The encryption and decryption have succeeded.\n");
    else
      fprintf(stdout, "The encryption and decryption have failed.\n");

    return(0);
  }
```

15-4-5-1-3 摘要

OpenSSL作加密與解密用的主要通用函數

總之，以下是使用 OpenSSL 做加密與解密時，一個 C 語言程式所必須用到的程式界面：

初值設定：

EVP_CIPHER_CTX_new()

加密：

過時的：EVP_EncryptInit(), EVP_EncryptUpdate(), EVP_EncryptFinal()

新的：EVP_EncryptInit_ex(), EVP_EncryptUpdate(), EVP_EncryptFinal_ex()

加密/解密共用：EVP_CipherInit_ex(), EVP_CipherUpdate(), EVP_CipherFinal_ex()

解密：

過時的：EVP_DecryptInit(), EVP_DecryptUpdate(), EVP_DecryptFinal()

新的：EVP_DecryptInit_ex(), EVP_DecryptUpdate(), EVP_DecryptFinal_ex()

加密/解密共用：EVP_CipherInit_ex(), EVP_CipherUpdate(), EVP_CipherFinal_ex()

結束時：

EVP_CIPHER_CTX_free(ctx)

或 EVP_CIPHER_CTX_reset() — 假若重複使用的話

附註：

根據 OpenSSL 的文書，EVP_EncryptInit()，EVP_EncryptFinal()，EVP_DecryptInit()，EVP_DecryptFinal()，EVP_CipherInit()，與 EVP_CipherFinal() 等函數已經過時淘汰。其存在只是為了往後相容性。新的程式應用使用 EVP_EncryptInit_ex()，EVP_EncryptFinal_ex()，EVP_DecryptInit_ex()，Evp_DecryptFinal_ex()，EVP_CipherInit_ex()，EVP_CipherFinal_ex() 等函數，因為這些重複使用現有的上下文資料，而並非每次叫用都重新騰用與釋回。

此外，注意到 EVP_EncryptInit_ex()，EVP_EncryptUpdate()，與 EVP_EncryptFinal_ex()，在成功時都送回 1，且在失敗時都送回 0。這種回返值的習慣與傳統的 Unix 是正好相反的。傳統的 Unix 在成功時，一般都送回 0。

15-4-5-2 將客戶伺服通信加密

圖 15-12 所示即為一對在交換信息時，將信息加密的客戶伺服程式（tcpsrvenc1.c 與 tcpclntenc1.c）。這個例子叫用了我們自己的庫存函數 myencrypt1() 做加密以及 mydecrypt1() 函數做解密。這兩個函數則分別進一步叫用 OpenSSL 的 EVP_EncryptXXX() 與 EVP_DecryptXXX() 函數履行加密與解密。

客戶程式在將信息送出時，事先將之加密。伺服程式在收到信息後，也先將之解密。程式所使用的密碼演算法存在 cipher 資料結構內。欲使用不同的密碼套組（cipher suite）時，你只要更改 cipher.name 資料欄的值即可。倘若欲使用不同的暗碼與初值向量，則你亦可分別改變 cipher.key 與 cipher.iv 兩資料欄的值。在真正應用時，為了強化安全度，程式最好每一信息都使用不同的初值向量值。

請注意到，這一章的許多例題程式都有用到我們自己寫的庫存函數，如 connect_to_server()，這些網路庫存函數則定義在圖 15-38（b）所示的 netlib.c 裡。

圖 15-12 將客戶伺服程式的通信加密

（a）tcpsrvenc1.c

```
/*
 * Demonstrating secrecy in network communications (myencrypt1 and mydecrypt1).
 * This is a TCP server program which gets a request message from a client
 * and sends back a reply. Both request messages and replies are all encrypted.
 * Incoming request messages and outgoing reply messages are all encrypted.
 * Copyright (c) 2015, 2016, 2020 Mr. Jin-Jwei Chen. All rights reserved.
 */

#include <stdio.h>
#include <errno.h>
#include <sys/types.h>
#include <sys/socket.h>
#include <netinet/in.h>    /* protocols such as IPPROTO_TCP, ... */
#include <string.h>        /* memset(), strlen() */
#include <stdlib.h>        /* atoi() */
#include <openssl/evp.h>
#include <openssl/err.h>
#include "myopenssl.h"
#include "netlib.h"

int main(int argc, char *argv[])
{
  int        sfd;                    /* file descriptor of the listener socket */
  in_port_t  portnum = SRVPORT;      /* port number this server listens on */
  int        portnum_in = 0;         /* port number specified by user */
  struct sockaddr_in    srvaddr;     /* IPv4 socket address structure */
  struct sockaddr_in6   srvaddr6;    /* IPv6 socket address structure */
  struct sockaddr_in6   clntaddr6;   /* client socket address */
  socklen_t             clntaddr6sz = sizeof(clntaddr6);
  int       newsock;                 /* file descriptor of client data socket */
  int        ipv6 = 0;
  int        ret;
  char       reqmsg[MAXREQSZ];       /* request message buffer */
  char       reply[MAXRPLYSZ];       /* buffer for server reply message */
  size_t     reqmsgsz;               /* size of client request message */
  size_t     replysz;                /* size of server reply message */
  size_t     insize;                 /* size of encrypted request message */
  size_t     outsz;                  /* size of encrypted reply message */
  int        done;                   /* done with current client */
  int        msgcnt;                 /* count of messages from a client */
  unsigned char  inbuf[MAXREQSZ];        /* input buffer */
  unsigned char  outbuf[MAXRPLYSZ];      /* output buffer */
  struct cipher  cipher;                 /* cipher algorithm */

  /* Get the server port number from user, if any */
  if (argc > 1)
  {
```

```
        if (argv[1][0] == '?')
        {
          fprintf(stderr, "Usage: %s [server_port] [1 (use
IPv6)][cipher]\n", argv[0]);
          return(0);
        }

        portnum_in = atoi(argv[1]);
        if (portnum_in <= 0)
        {
          fprintf(stderr, "Error: port number %s invalid\n", argv[1]);
          fprintf(stderr, "Usage: %s [server_port] [1 (use
IPv6)][cipher]\n", argv[0]);
          return(-1);
        }
        else
          portnum = portnum_in;
      }

      /* Get the IPv6 switch from user, if any */
      if (argc > 2)
      {
        if (argv[2][0] == '1')
          ipv6 = 1;
        else if (argv[2][0] != '0')
        {
          fprintf(stderr, "Usage: %s [server_port] [1 (use
IPv6)][cipher]\n", argv[0]);
          return(-2);
        }
      }

      /* Get the cipher name from user, if any */
      if (argc > 3)
        strcpy(cipher.name, argv[3]);
      else
        strcpy(cipher.name, DEFAULT_CIPHER);

      strcpy((char *)cipher.key, DEFAULT_KEY);
      strcpy((char *)cipher.iv, DEFAULT_IV);

      fprintf(stdout, "TCP server listening at portnum=%u ipv6=%u cipher=%s\n",
        portnum, ipv6, cipher.name);

      /* Create the server listener socket */
      if (ipv6)
        ret = new_bound_srv_endpt(&sfd, (struct sockaddr *)&srvaddr6, AF_INET6,
          portnum);
      else
        ret = new_bound_srv_endpt(&sfd, (struct sockaddr *)&srvaddr, AF_INET,
          portnum);
```

```
    if (ret != 0)
    {
      fprintf(stderr, "Error: new_bound_srv_endpt() failed, ret=%d\n", ret);
      return(-4);
    }

    /* Listen for incoming requests and send replies */
    do
    {
      /* Listen for next client's connect request */
      newsock = accept(sfd, (struct sockaddr *)&clntaddr6, &clntaddr6sz);
      if (newsock < 0)
      {
        fprintf(stderr, "Error: accept() failed, errno=%d\n", errno);
        continue;
      }

      fprintf(stdout, "\nServer got a client connection\n");

      /* Service this current client until done */
      done = 0;
      msgcnt = 1;
      do
      {
        /* Read the request message */
        insize = recv(newsock, inbuf, MAXREQSZ, 0);
        if (insize <= 0)
        {
          fprintf(stderr, "Error: recv() failed, insize=%lu\n", insize);
          break;
        }

        /* Decrypt the requested message */
        reqmsgsz = 0;
        ret = mydecrypt1(inbuf, insize, reqmsg, &reqmsgsz, &cipher);
        if (ret != 0)
        {
          fprintf(stderr, "Error: mydecrypt1() failed, ret=%d\n", ret);
          break;
        }

        reqmsg[reqmsgsz]='\0';
        fprintf(stdout, "Server received: %s\n", reqmsg);

        /* Set reply message */
        if ( !strcmp(reqmsg, BYE_MSG) )
        {
          done = 1;
          strcpy(reply, reqmsg);
        }
```

```
        else
          sprintf(reply, SRVREPLY2, msgcnt++);

        replysz = strlen(reply);

        /* Encrypt the reply message */
        outsz = 0;
        ret = myencrypt1(reply, replysz, outbuf, &outsz, &cipher);
        if (ret != 0)
        {
          fprintf(stderr, "Error: myencrypt1() failed, ret=%d\n", ret);
          break;
        }

        /* Send back an encrypted reply */
        ret = send(newsock, outbuf, outsz, 0);
        if (ret < 0)
          fprintf(stderr, "Error: send() failed to send a reply, errno=%d\n",
            errno);

      } while (!done);

      /* We can close the socket now. */
      close(newsock);

    } while (1);
  }
```

(b) tcpclntenc1.c

```
/*
 * Demonstrating secrecy in network communications (myencrypt1 and mydecrypt1).
 * This is a simple TCP client program which exchanges messages with
 * a TCP server with the messages encrypted.
 * Copyright (c) 2015, 2016, 2020 Mr. Jin-Jwei Chen. All rights reserved.
 */

#include <stdio.h>
#include <errno.h>
#include <sys/types.h>
#include <sys/socket.h>
#include <netinet/in.h>    /* protocols such as IPPROTO_TCP, ... */
#include <string.h>        /* memset(), strlen() */
#include <stdlib.h>        /* atoi(), malloc() */
#include <openssl/evp.h>
#include <openssl/err.h>
#include <openssl/blowfish.h>
#include "myopenssl.h"
#include "netlib.h"

#define FREEALL     \
    close(sfd);     \
```

```
    free(reqmsg);

int main(int argc, char *argv[])
{
  int            ret;                       /* return value */
  int            sfd=0;                     /* socket file descriptor */
  unsigned char  outbuf[MAXREQSZ];          /* output buffer */
  unsigned char  inbuf[MAXRPLYSZ];          /* input buffer */
  char           replymsg[MAXRPLYSZ];       /* reply message from server */
  size_t         reqbufsz = MAXREQSZ;       /* size of client request buffer */
  char           *reqmsg=NULL;              /* pointer to request message buffer */
  size_t         reqmsgsz;                  /* size of client request message */
  size_t         replysz;                   /* size of server reply message */
  size_t         outsz;                     /* size of encrypted request message */
  size_t         insize;                    /* size of encrypted reply message */

  in_port_t      srvport = SRVPORT;         /* port number the server listens on */
  int            srvport_in = 0;            /* port number specified by user */
  char           *srvhost = "localhost"; /* name of server host */
  int            done = 0;                  /* to end client */

  struct cipher  cipher;                    /* cipher algorithm */

  /* Get the server port number from user, if any */
  if (argc > 1)
  {
    if (argv[1][0] == '?')
    {
      fprintf(stderr, "Usage: %s [server_port_number][server_host][cipher]\n",
        argv[0]);
      return(0);
    }

    srvport_in = atoi(argv[1]);
    if (srvport_in <= 0)
    {
      fprintf(stderr, "Error: port number %s invalid\n", argv[1]);
      fprintf(stderr, "Usage: %s [server_port_number][server_host][cipher]\n",
        argv[0]);
      return(-1);
    }
    else
      srvport = srvport_in;
  }

  /* Get the name of the server host from user, if specified */
  if (argc > 2)
    srvhost = argv[2];

  /* Get the algorithm name from command line, if there is one */
  if (argc > 3)
```

```
    strcpy(cipher.name, argv[3]);
  else
    strcpy(cipher.name, DEFAULT_CIPHER);

  strcpy((char *)cipher.key, DEFAULT_KEY);
  strcpy((char *)cipher.iv, DEFAULT_IV);

  /* Allocate input buffer */
  reqmsg = malloc(MAXREQSZ);
  if (reqmsg == NULL)
  {
    fprintf(stderr, "Error: malloc() failed\n");
    return(-3);
  }

  /* Connect to the server */
  ret = connect_to_server(&sfd, srvhost, srvport);
  if (ret != 0)
  {
    fprintf(stderr, "Error: connect_to_server() failed, ret=%d\n", ret);
    if (sfd) close(sfd);
    free(reqmsg);
    return(-4);
  }

  /* Send a few messages to the server */
  do
  {
    fprintf(stdout, "Enter a message to send ('bye' to end): ");
    reqmsgsz = getline(&reqmsg, &reqbufsz, stdin);
    if (reqmsgsz == -1)
    {
      fprintf(stderr, "Error: getline() failed, ret=%lu\n", reqmsgsz);
      FREEALL
      return(-5);
    }

    /* Remove the newline character at end of input */
    reqmsg[--reqmsgsz] = '\0';

    /* Encrypt the message to be sent */
    ret = myencrypt1(reqmsg, reqmsgsz, outbuf, &outsz, &cipher);
    if (ret != 0)
    {
      fprintf(stderr, "Error: myencrypt1() failed, ret=%d\n", ret);
      FREEALL
      return(-6);
    }
```

```
    fprintf(stdout, "Send request:\n");
    print_cipher_text(outbuf, outsz);

    /* Send the encrypted message */
    ret = send_msg(sfd, (unsigned char *)outbuf, outsz, 0);
    if (ret != 0)
    {
      fprintf(stderr, "Error: send_msg() failed, ret=%d\n", ret);
      FREEALL
      return(-7);
    }

    /* Wait for server reply */
    memset((void *)inbuf, 0, MAXRPLYSZ);
    insize = 0;
    insize = recv(sfd, inbuf, MAXRPLYSZ, 0);
    if (insize <= 0)
    {
      fprintf(stderr, "Error: recv() failed to receive a reply from "
        "server, insize=%lu\n", insize);
      FREEALL
      return(-8);
    }

    /* Decrypt the server reply message */
    memset((void *)replymsg, 0, MAXRPLYSZ);
    replysz = 0;
    ret = mydecrypt1(inbuf, insize, replymsg, &replysz, &cipher);
    if (ret != 0)
    {
      fprintf(stderr, "Error: mydecrypt1() failed, ret=%d\n", ret);
      FREEALL
      return(-9);
    }

    replymsg[replysz]='\0';
    fprintf(stdout, "Got this reply: %s\n", replymsg);

    if (!strcmp(replymsg, reqmsg))
      done = 1;

  } while (!done);

  close(sfd);
  free(reqmsg);
  return(0);
}
```

圖 15-13 所示則為一類似的程式，這程式分別叫用 myencrypt2() 與 mydecrypt2() 函數進行加密與解密，這兩個函數則緊接叫用 EVP_CipherXXX() 等程式界面，進行加密與解密。這一組程式界面在加密與解密時，都叫用了完全一樣的函數。

圖15-13　以同一組程式界面將客戶伺服通信加密與解密

(a) tcpsrvenc2.c

```
/*
 * Demonstrating secrecy in network communications (myencrypt2 and mydecrypt2).
 * This is a TCP server program which gets a request message from a client
 * and sends back a reply. Both request messages and replies are all encrypted.
 * Incoming request messages and outgoing reply messages are all encrypted.
 * Copyright (c) 2015, 2016, 2020 Mr. Jin-Jwei Chen. All rights reserved.
 */

#include <stdio.h>
#include <errno.h>
#include <sys/types.h>
#include <sys/socket.h>
#include <netinet/in.h>     /* protocols such as IPPROTO_TCP, ... */
#include <string.h>         /* memset(), strlen() */
#include <stdlib.h>         /* atoi() */
#include <openssl/evp.h>
#include <openssl/err.h>
#include "myopenssl.h"
#include "netlib.h"

int main(int argc, char *argv[])
{
  int        sfd;                  /* file descriptor of the listener socket */
  in_port_t  portnum = SRVPORT;    /* port number this server listens on */
  int        portnum_in = 0;       /* port number specified by user */
  struct sockaddr_in    srvaddr;   /* IPv4 socket address structure */
  struct sockaddr_in6   srvaddr6;  /* IPv6 socket address structure */
  struct sockaddr_in6   clntaddr6; /* client socket address */
  socklen_t              clntaddr6sz = sizeof(clntaddr6);
  int       newsock;               /* file descriptor of client data socket */
  int       ipv6 = 0;
  int       ret;
  char      reqmsg[MAXREQSZ];    /* request message buffer */
  char      reply[MAXRPLYSZ];    /* buffer for server reply message */
  size_t    reqmsgsz;            /* size of client request message */
  size_t    replysz;             /* size of server reply message */
  size_t    insize;              /* size of encrypted request message */
  size_t    outsz;               /* size of encrypted reply message */
  int       done;                /* done with current client */
  int       msgcnt;              /* count of messages from a client */
```

```
    unsigned char  inbuf[MAXREQSZ];      /* input buffer */
    unsigned char  outbuf[MAXRPLYSZ];    /* output buffer */
    struct cipher  cipher;               /* cipher algorithm */

    /* Get the server port number from user, if any */
    if (argc > 1)
    {
      if (argv[1][0] == '?')
      {
        fprintf(stderr, "Usage: %s [server_port] [1 (use
IPv6)][cipher]\n", argv[0]);
        return(0);
      }

      portnum_in = atoi(argv[1]);
      if (portnum_in <= 0)
      {
        fprintf(stderr, "Error: port number %s invalid\n", argv[1]);
        fprintf(stderr, "Usage: %s [server_port] [1 (use
IPv6)][cipher]\n", argv[0]);
        return(-1);
      }
      else
        portnum = portnum_in;
    }

    /* Get the IPv6 switch from user, if any */
    if (argc > 2)
    {
      if (argv[2][0] == '1')
        ipv6 = 1;
      else if (argv[2][0] != '0')
      {
        fprintf(stderr, "Usage: %s [server_port] [1 (use
IPv6)][cipher]\n", argv[0]);
        return(-2);
      }
    }

    /* Get the cipher name from user, if any */
    if (argc > 3)
      strcpy(cipher.name, argv[3]);
    else
      strcpy(cipher.name, DEFAULT_CIPHER);

    strcpy((char *)cipher.key, DEFAULT_KEY2);
    strcpy((char *)cipher.iv, DEFAULT_IV2);

    fprintf(stdout, "TCP server listening at portnum=%u ipv6=%u cipher=%s\n",
      portnum, ipv6, cipher.name);
```

```
/* Create the server listener socket */
if (ipv6)
  ret = new_bound_srv_endpt(&sfd, (struct sockaddr *)&srvaddr6, AF_INET6,
    portnum);
else
  ret = new_bound_srv_endpt(&sfd, (struct sockaddr *)&srvaddr, AF_INET,
    portnum);

if (ret != 0)
{
  fprintf(stderr, "Error: new_bound_srv_endpt() failed, ret=%d\n", ret);
  return(-4);
}

/* Listen for incoming requests and send replies */
do
{
  /* Listen for next client's connect request */
  newsock = accept(sfd, (struct sockaddr *)&clntaddr6, &clntaddr6sz);
  if (newsock < 0)
  {
    fprintf(stderr, "Error: accept() failed, errno=%d\n", errno);
    continue;
  }

  fprintf(stdout, "\nServer got a client connection\n");

  /* Service this current client until done */
  done = 0;
  msgcnt = 1;
  do
  {
    /* Read the request message */
    insize = recv(newsock, inbuf, MAXREQSZ, 0);
    if (insize <= 0)
    {
      fprintf(stderr, "Error: recv() failed, insize=%lu\n", insize);
      break;
    }

    /* Decrypt the requested message */
    reqmsgsz = 0;
    ret = mydecrypt2(inbuf, insize, reqmsg, &reqmsgsz, &cipher);
    if (ret != 0)
    {
      fprintf(stderr, "Error: mydecrypt2() failed, ret=%d\n", ret);
      break;
    }

    reqmsg[reqmsgsz]='\0';
    fprintf(stdout, "Server received: %s\n", reqmsg);
```

```
      /* Set reply message */
      if ( !strcmp(reqmsg, BYE_MSG) )
      {
        done = 1;
        strcpy(reply, reqmsg);
      }
      else
        sprintf(reply, SRVREPLY2, msgcnt++);

      replysz = strlen(reply);

      /* Encrypt the reply message */
      outsz = 0;
      ret = myencrypt2(reply, replysz, outbuf, &outsz, &cipher);
      if (ret != 0)
      {
        fprintf(stderr, "Error: myencrypt2() failed, ret=%d\n", ret);
        break;
      }

      /* Send back an encrypted reply */
      ret = send(newsock, outbuf, outsz, 0);
      if (ret < 0)
        fprintf(stderr, "Error: send() failed to send a reply, errno=%d\n",
          errno);

    } while (!done);

    /* We can close the socket now. */
    close(newsock);

  } while (1);
}
```

（b）tcpclntenc2.c

```
/*
 * Demonstrating secrecy in network communications (myencrypt2 and mydecrypt2).
 * This is a simple TCP client program which exchanges messages with
 * a TCP server with the messages encrypted.
 * Copyright (c) 2015, 2016, 2020 Mr. Jin-Jwei Chen. All rights reserved.
 */

#include <stdio.h>
#include <errno.h>
#include <sys/types.h>
#include <sys/socket.h>
#include <netinet/in.h>    /* protocols such as IPPROTO_TCP, ... */
#include <string.h>        /* memset(), strlen() */
#include <stdlib.h>        /* atoi(), malloc() */
#include <openssl/evp.h>
```

```
#include <openssl/err.h>
#include <openssl/blowfish.h>
#include "myopenssl.h"
#include "netlib.h"

#define FREEALL      \
    close(sfd);      \
    free(reqmsg);

int main(int argc, char *argv[])
{
  int             ret;                   /* return value */
  int             sfd=0;                 /* socket file descriptor */
  unsigned char   outbuf[MAXREQSZ];      /* output buffer */
  unsigned char   inbuf[MAXRPLYSZ];      /* input buffer */
  char            replymsg[MAXRPLYSZ];   /* reply message from server */
  size_t          reqbufsz = MAXREQSZ;   /* size of client request buffer */
  char            *reqmsg=NULL;          /* pointer to request message buffer */
  size_t          reqmsgsz;              /* size of client request message */
  size_t          replysz;               /* size of server reply message */
  size_t          outsz;                 /* size of encrypted request message */
  size_t          insize;                /* size of encrypted reply message */

  in_port_t       srvport = SRVPORT;     /* port number the server listens on */
  int             srvport_in = 0;        /* port number specified by user */
  char            *srvhost = "localhost"; /* name of server host */
  int             done = 0;              /* to end client */

  struct cipher   cipher;                /* cipher algorithm */

  /* Get the server port number from user, if any */
  if (argc > 1)
  {
    if (argv[1][0] == '?')
    {
      fprintf(stderr, "Usage: %s [server_port_number][server_host][cipher]\n",
        argv[0]);
      return(0);
    }

    srvport_in = atoi(argv[1]);
    if (srvport_in <= 0)
    {
      fprintf(stderr, "Error: port number %s invalid\n", argv[1]);
      fprintf(stderr, "Usage: %s [server_port_number][server_host][cipher]\n",
        argv[0]);
      return(-1);
    }
    else
      srvport = srvport_in;
  }
```

```
/* Get the name of the server host from user, if specified */
if (argc > 2)
  srvhost = argv[2];

/* Get the algorithm name from command line, if there is one */
if (argc > 3)
  strcpy(cipher.name, argv[3]);
else
  strcpy(cipher.name, DEFAULT_CIPHER);

strcpy((char *)cipher.key, DEFAULT_KEY2);
strcpy((char *)cipher.iv, DEFAULT_IV2);

/* Allocate input buffer */
reqmsg = malloc(MAXREQSZ);
if (reqmsg == NULL)
{
  fprintf(stderr, "Error: malloc() failed\n");
  return(-3);
}

/* Connect to the server */
ret = connect_to_server(&sfd, srvhost, srvport);
if (ret != 0)
{
  fprintf(stderr, "Error: connect_to_server() failed, ret=%d\n", ret);
  if (sfd) close(sfd);
  free(reqmsg);
  return(-4);
}

/* Send a few messages to the server */
do
{
  fprintf(stdout, "Enter a message to send ('bye' to end): ");
  reqmsgsz = getline(&reqmsg, &reqbufsz, stdin);
  if (reqmsgsz == -1)
  {
    fprintf(stderr, "Error: getline() failed, ret=%lu\n", reqmsgsz);
    FREEALL
    return(-5);
  }

  /* Remove the newline character at end of input */
  reqmsg[--reqmsgsz] = '\0';

  /* Encrypt the message to be sent */
  ret = myencrypt2(reqmsg, reqmsgsz, outbuf, &outsz, &cipher);
  if (ret != 0)
  {
```

```
      fprintf(stderr, "Error: myencrypt2() failed, ret=%d\n", ret);
      FREEALL
      return(-6);
    }

    fprintf(stdout, "Send request:\n");
    print_cipher_text(outbuf, outsz);

    /* Send the encrypted message */
    ret = send_msg(sfd, (unsigned char *)outbuf, outsz, 0);
    if (ret != 0)
    {
      fprintf(stderr, "Error: send_msg() failed, ret=%d\n", ret);
      FREEALL
      return(-7);
    }

    /* Wait for server reply */
    memset((void *)inbuf, 0, MAXRPLYSZ);
    insize = 0;
    insize = recv(sfd, inbuf, MAXRPLYSZ, 0);
    if (insize <= 0)
    {
      fprintf(stderr, "Error: recv() failed to receive a reply from "
        "server, insize=%lu\n", insize);
      FREEALL
      return(-8);
    }

    /* Decrypt the server reply message */
    memset((void *)replymsg, 0, MAXRPLYSZ);
    replysz = 0;
    ret = mydecrypt2(inbuf, insize, replymsg, &replysz, &cipher);
    if (ret != 0)
    {
      fprintf(stderr, "Error: mydecrypt2() failed, ret=%d\n", ret);
      FREEALL
      return(-9);
    }

    replymsg[replysz]='\0';
    fprintf(stdout, "Got this reply: %s\n", replymsg);

    if (!strcmp(replymsg, reqmsg))
      done = 1;

  } while (!done);

  close(sfd);
  free(reqmsg);
  return(0);
}
```

15-5 信息確認

在電腦的使用上，很多地方都有不同形式的確認（authentication）。

當以某一使用者登入(login)一部計算機時，你必須打入密碼(password)，那就是確認。藉著打入用戶的密碼，你向系統證明你就是這個用戶，因為你知道他的密碼。

當你執行某一應用程式，至資料庫伺服器存取某些資料時，確認也是必要的。通常應用程式必須以某一用戶登入，並輸入該用戶的密碼。

這些都是用戶確認，用戶確認證明一個使用者是真正他/她自己。每一使用者必須提供一用戶名稱及其密碼，才能進入一計算機或使用一資料庫的資料。

剛剛提到的應用程式都是事先知曉，也事先安排好的。與這不同的是，網際網路上的很多應用，例如，至某一公司之網站買東西的電子商務，絕大多數都是無法事先知曉或事先安排好的。在這些應用上，在使用者與伺服器之間事先設立一個帳戶與密碼，基本上是不可能的。所以，就必須用到其他的確認方式。

計算機網路通信，諸在網際網路上資料流通，涉及通信的雙方互換信息。在這些情況下，通信的雙方是互不相識，也無法事先安排好讓他們共用同一暗碼的。一個這類通信最典型的例子，就是一個客戶，他可能來自世界任何角落，欲與一很多人都知道的伺服器(譬如，某大公司的網站)通信，譬如，買東西。為了安全起見，光保密兩者相互傳遞的訊息是不夠的，有關安全問題包括“我怎麼知道我與之通信的人真正是誰？”、“怎知道這信息是真正他所送的，而非來自駭客？”等等。此外，還有信息確認的問題。事實上，信息確認是很重要的，尤其是在像在網際網路上這樣的一個完全開放的環境。

這一節就我們就討論這個。

15-5-1 信息確認碼（MAC）

在 15-3 節時我們討論過以信息紋摘確保信息的完整性。以信息紋摘確保信息的完整性，在網際網路上有一個潛在的問題是，駭客有可能攔截整個通信，把信息本身與信息的紋摘，兩者都替換了。這樣，信息的接受者並無法得知。因為，屆時，從收到之信息所計算出的新信息紋摘，還是與所收到的紋摘相符。

為了解決這問題，信息完整性的保護必須更進一步地，往上進一階，從事所謂的**信息確認碼**（message authentication code，**MAC**）。為了確保信息是真正來自原來的發送者，而非來自駭客，有必要做發送者的確認。信息確認碼就是做發送者確認用的，其有時也叫**信息完整性檢查**（message integrity check，MIC）。

信息確認碼是利用信息雜數函數，從輸入信息所求得的一小片信息指紋資訊。因此，MAC 有時也稱做**加暗碼的雜數**（a keyed hash）。

MAC 的產生與查核與信息的紋摘或雜數相似。唯一的主要區別是，產生與核對 MAC 的過程中**加了暗碼**。

注意到，信息紋摘與信息確認碼的主要差別在於，信息確認碼的計算加入了暗碼。這個暗碼是秘密的，而且只有信息的發送者與接收者知道。由於在計算信息雜數或紋摘時有加入一秘密的暗碼，因此，駭客通常應無法知道此一暗碼。以致，前面所說的同時替換信息與紋摘的攻擊，應無法得逞。駭客毫無問題可以將信息替換成另一不同的信息，但是由於他不知道信息紋摘計算時所使用的暗碼，因此，在信息接收端，接收者屆時從由駭客所替換過之信息所求出的雜數或紋摘，將與駭客自己所求出的不同。屆時接收者就知道信息已被動過手腳。

所以信息確認碼是作信息完整與保護用的。但不止於此。它事實上是更高一級，是信息確認。它也確認了信息的來源。

只要用以求出信息確認碼的暗碼沒有洩漏出，只有信息的發送者與接收者知道，則在查核過信息確認碼符合之後，信息的接收者可以確定的是，這信息一定是來自也知道共用暗碼的發送者。

藉著在計算信息之紋摘或雜數時使用一秘密的暗碼，信息確認碼確認了信息的來源或發送者，它防止任何不知這秘密暗碼的人，偽造信息。

只要信息發送者與接收者所共知共同的秘密暗碼沒被洩漏，則在檢查他自己所計算出之信息確認碼與他所收到的完全一樣時，信息的接收者就能確定二件事情：

1. 收到的信息在傳輸的過程，未被動過手腳（因為兩個 MAC 相同）。

2. 這信息一定是來自真的發送者。秘密暗碼幫忙確定了這一點。

簡言之，信息確認碼（MAC）幫忙證明了所收信息的完整性，以及發出者的真實性。因此，它同時提供了**確認發送者**以及**信息完整**兩項安全特性。

記得，信息確認碼涉及在計算一信息的指紋摘要時，使用一信息交換雙方所共知的秘密暗碼。

15-5-2 暗碼雜數信息確認碼（HMAC）

最廣泛應用的信息確認碼，就是暗碼雜數的信息確認碼（keyed-hash MAC，簡稱 **HMAC**）。HMAC 是經由使用一密碼雜數函數（這是名稱中之 H 的來源），以及一秘密密碼術的暗碼（key）所求得的。MAC 與 HMAC 兩者的主要區別是，HMAC 在計算信息確認碼時永遠使用一密碼雜數函數。換句話說，HMAC 使用一沒有暗碼的雜數函數，加上一密碼術暗碼，以產生一加暗碼的雜數函數效用。

就像任何 MAC 一樣，HMAC 提供了信息完整以及信息的來源正宗兩項保護。

HMAC 的計算可以使用任何的密碼雜數函數。最常用的兩個密碼雜數函數，就是 MD 與 SHA 族系了。例如，一個以 SHA-1 密碼雜數函數所算出的 HMAC，就稱為 HMAC-SHA1。而一個以 MD-5 雜數函數所求出的 HMAC，就叫 HMAC-MD5。

HMAC 的強度視所使用之雜數函數的強度，以及秘密暗碼的長度而定，尤其是秘密暗碼的長度。絕大多數針對 HMAC 的攻擊，都是試圖以土法煉鋼（逐一嘗試不同的可能值）的方式，猜測秘密暗碼的值。

HMAC 用在 TLS 協定裡。SSLv3 也用了 HMAC 的其中一個變種。SSL 規定，每一資料錄在加密前，都必須先算出其 HMAC。

有人或許會好奇，HMAC 計算中所用到的秘密暗碼，究竟是如何取得的？

答案是，在簡單的兩個程式之間的通信，這秘密暗碼可以事先設定，讓兩方都知道。

譬如，在網際網路應用上，當你使用網際網路瀏覽器，以 HTTPS 協定拜訪某一個網站時，HTTPS 協定就是使用 SSL 或 TLS 協定的。在 SSL/TLS 協定，通信的雙方是經由一相互握手（handshake）的階段，達成究竟是要用什麼作為這秘密暗碼的共識的。

值得注意的是，MAC/HMAC 是使用一通信兩方都共同知道的秘密暗碼。因此，它是一對稱性的密碼術。它並不使用公開暗碼，因此不是不對稱式密碼術。

在 OpenSSL 裡，HMAC 函數定義在 libssl.so 裡，但 libcrypto.so 中的函數叫用到它們。

HMAC紋摘是如何計算的？

在計算某一個信息的紋摘時，HMAC 演算法會在信息的前端附加上一個資料區塊。這個區塊含秘密暗碼與 64 位元組的 0x36 互相 XOR 的結果。緊接演算法會求出這擴增過之信息的雜數（或紋摘）。這紋摘結果緊接被附在另一資料區塊之後，該資料區段的內含則是秘密暗碼與另一每一位元組都是 0x5c 之區塊互相 XOR 的結果。然後，演算法會再度計算這結果的紋摘一次，獲得最後的紋摘。

HMAC如何驗證或查對？

在發送一個信息時，信息的發送者先求出信息的 HMAC。之後，他將信息與 HMAC 同時送給接收者。在收到信息後，接收者以相同的秘密暗碼以及相同的演算法，求出其所收到信息的 HMAC。接收者緊接將其自己所求得的 HMAC 與他所收到的 HMAC 相比，若兩者一樣，他就知道這信息在傳遞的過程中沒被改過，同時，它一定來自也一樣知道同一秘密暗碼的發送者。

注意到，信息發送者與接收者，兩人都以相同的密碼雜數函數以及相同的秘密暗碼，獨立分別各自求出信息的 HMAC。

一個駭客可以想辦法攔截兩方的通信，並將信息與 HMAC 同時掉包換掉。不過，只要秘密的暗碼沒有洩漏，則由於駭客不知道計算 HMAC 過程中所使用的暗碼，其所求出的 HMAC 值與信息接收者自己所求出的 HMAC 值，兩者就會不一樣。信息被更動過馬上就會被偵測出。

15-5-3 程式例題

圖 15-14 所示即為一以 OpenSSL，求出一很長之信息（一整個檔案的內容）的 HMAC 值的例題程式。你可看出，程式的主要步驟如下：

```
hashfunc = EVP_get_digestbyname(hashfunc_name)
hmac_ctx = HMAC_CTX_new();
ret = HMAC_Init_ex(hmac_ctx, key, strlen(key), hashfunc, (ENGINE *)NULL);

HMAC_Update(hmac_ctx, inbuf, inlen)

HMAC_Final(hmac_ctx, hash, hashlen)
HMAC_CTX_free(hmac_ctx);
```

以下所示即為此一 hmac_file 程式執行時的輸出樣本。程式假設輸入信息是存在名稱為“hmacdatain”的檔案裡。

```
$ ./hmac_file sha256
HMAC value of the file hmacdatain is:
0x3b070240363266b0e2b18a2be387a6c5bfaf8c7fb3c87f520ce65eb536b7e20f00000
00000000000000000000000000000000000000000000000000000000000
$ ./hmac_file sha512
HMAC value of the file hmacdatain is:
0x11a6c758626b22593a431bbc242d75699fb1c2a9b8adb2446276817e6d93e76ed4314
3f017df50ac7dc5bb3944cccb86d096f206d9121d4b44fd7ca45f1bb9f8
```

這個例題程式叫用了print_binary_buf() 函數。這函數定義在本章最後之圖15-38（b）所示的 netlib.c 裡。這一章有許多例題程式所使用的公共庫存函數，都一起定義在 netlib.c 內。

圖 15-14 HMAC 的例題程式（hmac_file.c）

```
/*
 * This program computes the HMAC value of a big message stored in a file.
 * The entire contents of a file are regarded as a message.
 * This program computes a HMAC value from the entire contents of a file.
 * Authored by Mr. Jin-Jwei Chen.
 * Copyright (c) 2014-2016, 2020 Mr. Jin-Jwei Chen. All rights reserved.
 */

#include <stdio.h>
#include <errno.h>
#include <sys/types.h>     /* open() */
#include <sys/stat.h>
#include <fcntl.h>
#include <unistd.h>        /* read(), write() */
#include <string.h>        /* memset(), strlen() */
#include <strings.h>       /* bzero() */
#include <openssl/evp.h>
```

```
#include <openssl/hmac.h>
#include <openssl/err.h>
#include "myopenssl.h"
#include "netlib.h"

/*
 * Compute the HMAC value of the contents of a file using the cryptographic
 * hash function specified by the 'hashfunc_name' parameter.
 * The input file is specified by the 'infname' parameter.
 * The key used in computing the HMAC is given by the 'key' parameter.
 * The resulting HMAC value is returned in the 'hash' parameter.
 * This output buffer must be at least EVP_MAX_MD_SIZE bytes long.
 * The length of the hash value is returned in the 'hashlen' parameter.
 */
int get_HMAC(char *infname, char *hashfunc_name, unsigned char *key,
    unsigned char *hash, unsigned int *hashlen)
{
  int             infd=0;          /* input file descriptors */
  ssize_t         inlen;           /* bytes read */
  int             ret;
  unsigned char   inbuf[INSIZE];   /* input buffer */
  HMAC_CTX        *hmac_ctx;       /* HMAC context */
  const EVP_MD    *hashfunc;       /* hash function to use */

  if (infname == NULL || hashfunc_name == NULL || key == NULL
      || hash == NULL || hashlen == NULL)
    return(EINVAL);

  /* Get the hash function by name */
  hashfunc = EVP_get_digestbyname(hashfunc_name);
  if(hashfunc == NULL)
  {
    fprintf(stderr, "Error: get_HMAC(), unknown hash function %s\n",
      hashfunc_name);
    return(-1);
  }

  /* Creates a HMAC context */
  hmac_ctx = HMAC_CTX_new();
  if (hmac_ctx == NULL)
  {
    fprintf(stderr, "Error: get_HMAC(), HMAC_CTX_new() failed\n");
    return(-2);
  }

  /* Set up the HMAC context with the hash function and key */
  ret = HMAC_Init_ex(hmac_ctx, key, strlen((char *)key), hashfunc, (ENGINE *)NULL);
  if (ret != 1)
  {
    fprintf(stderr, "Error: get_HMAC(), HMAC_Init_ex() failed\n");
    HMAC_CTX_free(hmac_ctx);
```

```
    return(-3);
  }

  /* Open the input file */
  infd = open(infname, O_RDONLY);
  if (infd == -1)
  {
    fprintf(stderr, "Error: get_HMAC() failed to open input file %s, errno=%d\n",
      infname, errno);
    HMAC_CTX_free(hmac_ctx);
    return(-4);
  }

  /* Read contents of the entire file and calculate its HMAC */
  do
  {
    bzero (inbuf, INSIZE);
    /* Read next chunk from the input file */
    inlen = read(infd, inbuf, INSIZE);
    if (inlen <= 0)
    {
      if (inlen < 0)
      {
        fprintf(stderr, "Error: get_HMAC() failed to read input file %s, "
          "errno=%d\n", infname, errno);
        HMAC_CTX_free(hmac_ctx);
        return(-5);
      }
      else
        break;
    }

    /* Compute message authentication code of current input chunk */
    if (HMAC_Update(hmac_ctx, inbuf, inlen) != 1)
    {
      fprintf(stderr, "Error: get_HMAC(), HMAC_Update() failed\n");
      HMAC_CTX_free(hmac_ctx);
      return(-6);
    }

  } while (1);

  /* Wrap up the calculation by handling the last remaining part */
  memset(hash, 0, EVP_MAX_MD_SIZE);
  if (HMAC_Final(hmac_ctx, hash, hashlen) != 1)
  {
    fprintf(stderr, "Error: get_HMAC(), HMAC_Final() failed\n");
    HMAC_CTX_free(hmac_ctx);
    return(-7);
  }
```

```
  HMAC_CTX_free(hmac_ctx);
  return(0);
}

/* Compute the HMAC of the contents of a file */
int main(int argc, char *argv[])
{
  char           *infname = "hmacdatain";        /* file containing the message */
  char           *hashfunc_name=HASHFUNC_NAME; /* name of hash function */
  unsigned char  hash[EVP_MAX_MD_SIZE];        /* HMAC hash value */
  unsigned int   hashlen=0;                    /* length of hash value */
  unsigned char  *key = (unsigned char *)HMACKEY;    /* key for HMAC */
  int            ret;

  /* Get the names of input file and hash function from user, if any */
  if (argc > 1)
    hashfunc_name = argv[1];

  if (argc > 2)
    infname = argv[2];

  /* Calculate the HMAC value of the contents of the input file */
  memset(hash, 0, EVP_MAX_MD_SIZE);
  ret = get_HMAC(infname, hashfunc_name, key, hash, &hashlen);
  if (ret != 0)
  {
    fprintf(stderr, "Error: main(), get_HMAC() failed, ret=%d\n", ret);
    return(ret);
  }

  fprintf(stdout, "HMAC value of the file %s is:\n", infname);
  print_binary_buf(hash, EVP_MAX_MD_SIZE);

  return(0);
}
```

15-5-3-1 同時使用信息完整，信息確認與加密的過程

圖 15-15 所示，即為同時使用信息完整，信息確認，以及以加密達成信息保密的客戶伺服程式。

以下所示即為此一對客戶伺服程式的輸出結果：

```
$ ./tcpsrvhmac
TCP server listening at portnum=7878 ipv6=0

Server got a client connection
Server received: Hi, there! This is a test message.
HMAC of the request message was successfully verified.
Server received: bye
```

```
HMAC of the request message was successfully verified.

$ ./tcpclnthmac
Enter a message to send ('bye' to end): Hi, there! This is a test message.
Send request:
Cipher text=0xd2b6ae1300a17f1830c11949882bc2de95c40ab25e9c3fb4c21fc1080
859ec99e166a9b0aefdc54ffaad2541f928df9679efcf3964f1ee33524fec2e4070c6a856e
100a31f6b3d6dc140ed094de6ff945f0aaeb581d91f0a5c3ce7ee59090597ed524102ce1a7
9bb
Got this reply: This is reply message # 1 from the server.
Enter a message to send ('bye' to end): bye
Send request:
Cipher text=0x39778cc2f0b7c7f6fe95546fa61ad118fa4a1078700f1e0cde57de80f
29ae2db90d198c32d683097e2f76997208722de6475825cb4a65e80e8041be9cd920bf4ffb
0c0b202f607fe
Got this reply: bye
```

圖 15-15 三重保護的客戶伺服通信（tcpsrvhmac.c 與 tcpclnthmac.c）

（a）tcpsrvhmac.c

```
/*
 * Demonstrating secrecy, message integrity and origin authentication
 * in network communications.
 * This is a TCP server program which gets a request message from a client
 * and sends back a reply. Both request messages and replies are all encrypted.
 * HMAC is also verified for message integrity and message authentication.
 * Copyright (c) 2015, 2016, 2020 Mr. Jin-Jwei Chen. All rights reserved.
 */

#include <stdio.h>
#include <errno.h>
#include <sys/types.h>
#include <sys/socket.h>
#include <netinet/in.h>    /* protocols such as IPPROTO_TCP, ... */
#include <string.h>        /* memset(), strlen(), memcmp() */
#include <stdlib.h>        /* atoi() */
#include <openssl/evp.h>
#include <openssl/hmac.h>
#include <openssl/err.h>
#include "myopenssl.h"
#include "netlib.h"

int main(int argc, char *argv[])
{
  int    sfd;                          /* file descriptor of the listener socket */
  struct sockaddr_in    srvaddr;       /* IPv4 socket address structure */
  struct sockaddr_in6   srvaddr6;      /* IPv6 socket address structure */
  in_port_t  portnum = SRVPORT;        /* port number this server listens on */
  int        portnum_in = 0;           /* port number specified by user */
  struct sockaddr_in6   clntaddr6;     /* client socket address */
```

```
socklen_t              clntaddr6sz = sizeof(clntaddr6);
int    newsock;                    /* file descriptor of client data socket */
int     ipv6 = 0;
int     ret;
unsigned char  inbuf[MAXREQSZ+EVP_MAX_MD_SIZE];    /* input buffer */
unsigned char  reqmsg[MAXREQSZ];   /* request message buffer */
char           reply[MAXRPLYSZ];   /* buffer for server reply message */
unsigned char  outbuf[MAXRPLYSZ];  /* output buffer */
size_t         reqmsgsz;           /* size of client request message */
size_t         replysz;            /* size of server reply message */
size_t         insize;             /* size of encrypted request message */
size_t         outsz;              /* size of encrypted reply message */
int            done;               /* done with current client */
int            msgcnt;             /* count of messages from a client */

struct cipher  cipher;                 /* cipher to be used */
unsigned char  newiv[EVP_MAX_IV_LENGTH];  /* new IV */

const EVP_MD   *hashfunc;              /* hash function */
unsigned int   hashlen = 0;            /* length of hash */
unsigned char  *hashptr;               /* pointer to output hash */
unsigned char  hash[EVP_MAX_MD_SIZE];  /* hash of the request message */

/* Get the server port number from user, if any */
if (argc > 1)
{
  portnum_in = atoi(argv[1]);
  if (portnum_in <= 0)
  {
    fprintf(stderr, "Error: port number %s invalid\n", argv[1]);
    fprintf(stderr, "Usage: %s [server_port] [1 (use IPv6)]\n", argv[0]);
    return(-1);
  }
  else
    portnum = portnum_in;
}

/* Get the IPv6 switch from user, if any */
if (argc > 2)
{
  if (argv[2][0] == '1')
    ipv6 = 1;
  else if (argv[2][0] != '0')
  {
    fprintf(stderr, "Usage: %s [server_port] [1 (use IPv6)]\n", argv[0]);
    return(-2);
  }
}

fprintf(stdout, "TCP server listening at portnum=%u ipv6=%u\n", portnum, ipv6);
```

```
    /* Get the structure describing the message hash algorithm by name */
    hashfunc = EVP_get_digestbyname(HASHFUNC_NAME);
    if(hashfunc == NULL)
    {
      fprintf(stderr, "Error: unknown hash function %s\n", HASHFUNC_NAME);
      return(-3);
    }

    /* Create the server listener socket */
    if (ipv6)
      ret = new_bound_srv_endpt(&sfd, (struct sockaddr *)&srvaddr6, AF_INET6,
        portnum);
    else
      ret = new_bound_srv_endpt(&sfd, (struct sockaddr *)&srvaddr, AF_INET,
        portnum);

    if (ret != 0)
    {
      fprintf(stderr, "Error: new_bound_srv_endpt() failed, ret=%d\n", ret);
      return(-4);
    }

    /* Listen for incoming requests and send replies */
    do
    {
      /* Listen for next client's connect request */
      newsock = accept(sfd, (struct sockaddr *)&clntaddr6, &clntaddr6sz);
      if (newsock < 0)
      {
        fprintf(stderr, "Error: accept() failed, errno=%d\n", errno);
        continue;
      }

      fprintf(stdout, "\nServer got a client connection\n");

      /* Initialize the cipher */
      strcpy(cipher.name, DEFAULT_CIPHER);
      strcpy((char *)cipher.key, DEFAULT_KEY);
      strcpy((char *)cipher.iv, DEFAULT_IV);

      /* Service this current client until done */
      done = 0;
      msgcnt = 1;
      do
      {
        /* Read the request message */
        insize = recv(newsock, inbuf, MAXREQSZ, 0);
        if (insize <= 0)
        {
          fprintf(stderr, "Error: recv() failed, insize=%lu\n", insize);
          break;
```

```
        }

        /* Decrypt the requested message */
        reqmsgsz = 0;
        ret = mydecrypt2(inbuf+EVP_MAX_MD_SIZE, insize-EVP_MAX_MD_SIZE,
            (char *)reqmsg, &reqmsgsz, &cipher);
        if (ret != 0)
        {
          fprintf(stderr, "Error: mydecrypt2() failed, ret=%d\n", ret);
          break;
        }

        reqmsg[reqmsgsz]='\0';
        fprintf(stdout, "Server received: %s\n", reqmsg);

        /* Verify HMAC */
        hashlen = 0;
        hashptr = HMAC(hashfunc, HMACKEY, strlen(HMACKEY),
            reqmsg, reqmsgsz, hash, &hashlen);
        if (hashptr == NULL)
        {
          fprintf(stderr, "Error: HMAC() failed\n");
          break;
        }

        if (memcmp(inbuf, hash, hashlen))
        {
          fprintf(stderr, "Error: verifying HMAC failed\n");
          break;
        }
        fprintf(stdout, "HMAC of the request message was successfully
verified.\n");

        /* Set reply message */
        if ( !strcmp((char *)reqmsg, BYE_MSG) )
        {
          done = 1;
          strcpy(reply, (char *)reqmsg);
        }
        else
          sprintf(reply, SRVREPLY2, msgcnt++);

        replysz = strlen(reply);

        /* Encrypt the reply message */
        outsz = 0;
        ret = myencrypt2(reply, replysz, outbuf, &outsz, &cipher);
        if (ret != 0)
        {
          fprintf(stderr, "Error: myencrypt2() failed, ret=%d\n", ret);
          break;
```

```
        }

        /* Send back an encrypted reply */
        ret = send(newsock, outbuf, outsz, 0);
        if (ret < 0)
          fprintf(stderr, "Error: send() failed to send a reply,
errno=%d\n",
            errno);

        /* Change the IV */
        ret = increment_iv(cipher.iv, newiv);
        if (ret == 0)
          strcpy((char *)cipher.iv, (char *)newiv);
        else
        {
          fprintf(stderr, "Error: increment_iv() failed, ret=%d\n", ret);
          break;
        }

      } while (!done);

      /* We can close the socket now. */
      close(newsock);

    } while (1);
  }
```

（b）tcpclnthmac.c

```
/*
 * Demonstrating secrecy, message integrity and origin authentication
 * in network communications.
 * This is a TCP client program which exchanges messages with
 * a TCP server using encryption/decryption for secrecy and HMAC for
 * message integrity and message authentication.
 * Copyright (c) 2015, 2016, 2020 Mr. Jin-Jwei Chen. All rights reserved.
 */

#include <stdio.h>
#include <errno.h>
#include <sys/types.h>
#include <sys/socket.h>
#include <netinet/in.h>    /* protocols such as IPPROTO_TCP, ... */
#include <string.h>        /* memset(), strlen() */
#include <stdlib.h>        /* atoi(), malloc() */
#include <openssl/evp.h>
#include <openssl/hmac.h>
#include <openssl/err.h>
#include "myopenssl.h"
#include "netlib.h"

#define FREEALL     \
```

```
    close(sfd);      \
    free(reqmsg);

int main(int argc, char *argv[])
{
  int      ret;                    /* return value */
  int      sfd=0;                  /* socket file descriptor */
  char     replymsg[MAXRPLYSZ];    /* reply message from server */
  size_t   reqbufsz = MAXREQSZ;    /* size of client request buffer */
  char     *reqmsg=NULL;           /* pointer to request message buffer */
  size_t   reqmsgsz;               /* size of client request message */
  size_t   replysz;                /* size of server reply message */
  size_t   outsz;                  /* size of encrypted request message */
  size_t   insize;                 /* size of encrypted reply message */
  unsigned char  outbuf[MAXREQSZ+EVP_MAX_MD_SIZE];    /* output buffer */
  unsigned char  inbuf[MAXRPLYSZ];                    /* input buffer */

  in_port_t  srvport = SRVPORT;      /* port number the server listens on */
  int        srvport_in = 0;         /* port number specified by user */
  char       *srvhost = "localhost"; /* name of server host */
  int        done = 0;               /* to end client */

  struct cipher  cipher;                      /* cipher to be used */
  unsigned char  newiv[EVP_MAX_IV_LENGTH];    /* new IV */

  const EVP_MD   *hashfunc;                   /* hash function */
  unsigned int   hashlen = 0;                 /* length of hash */
  unsigned char  *hashptr;                    /* pointer to output hash */

  /* Get the server port number from user, if any */
  if (argc > 1)
  {
    srvport_in = atoi(argv[1]);
    if (srvport_in <= 0)
    {
      fprintf(stderr, "Error: port number %s invalid\n", argv[1]);
      return(-1);
    }
    else
      srvport = srvport_in;
  }

  /* Get the name of the server host from user, if specified */
  if (argc > 2)
    srvhost = argv[2];

  /* Set the cipher */
  strcpy(cipher.name, DEFAULT_CIPHER);
  strcpy((char *)cipher.key, DEFAULT_KEY);
  strcpy((char *)cipher.iv, DEFAULT_IV);
```

```
/* Get the structure describing the message hash algorithm by name */
hashfunc = EVP_get_digestbyname(HASHFUNC_NAME);
if(hashfunc == NULL)
{
  fprintf(stderr, "Error: unknown hash function %s\n", HASHFUNC_NAME);
  return(-2);
}

/* Connect to the server */
ret = connect_to_server(&sfd, srvhost, srvport);
if (ret != 0)
{
  fprintf(stderr, "Error: connect_to_server() failed, ret=%d\n", ret);
  if (sfd) close(sfd);
  return(-3);
}

/* Allocate input buffer */
reqmsg = malloc(MAXREQSZ);
if (reqmsg == NULL)
{
  fprintf(stderr, "Error: malloc() failed\n");
  close(sfd);
  return(-4);
}

/* Send a few messages to the server */
do
{
  fprintf(stdout, "Enter a message to send ('bye' to end): ");
  reqmsgsz = getline(&reqmsg, &reqbufsz, stdin);
  if (reqmsgsz == -1)
  {
    fprintf(stderr, "Error: getline() failed, ret=%lu\n", reqmsgsz);
    FREEALL
    return(-5);
  }

  /* Remove the newline character at end of input */
  reqmsg[--reqmsgsz] = '\0';

  /* Calculate the HMAC hash of the message */
  hashlen = 0;
  hashptr = HMAC(hashfunc, HMACKEY, strlen(HMACKEY),
      (unsigned char *)reqmsg, reqmsgsz, outbuf, &hashlen);
  if (hashptr == NULL)
  {
    fprintf(stderr, "Error: HMAC() failed\n");
    FREEALL
    return(-6);
  }

  /* Encrypt the message to be sent and place it after the hash in buffer */
```

```
        ret = myencrypt2(reqmsg, reqmsgsz, outbuf+EVP_MAX_MD_SIZE, &outsz,
&cipher);
        if (ret != 0)
        {
          fprintf(stderr, "Error: myencrypt2() failed, ret=%d\n", ret);
          FREEALL
          return(-7);
        }

        fprintf(stdout, "Send request:\n");
        print_cipher_text(outbuf, outsz+EVP_MAX_MD_SIZE);

        /* Send the encrypted message, together with HMAC */
        ret = send_msg(sfd, (unsigned char *)outbuf, outsz+EVP_MAX_MD_SIZE, 0);
        if (ret != 0)
        {
          fprintf(stderr, "Error: send_msg() failed, ret=%d\n", ret);
          FREEALL
          return(-8);
        }

        /* Wait for server reply */
        memset((void *)inbuf, 0, MAXRPLYSZ);
        insize = 0;
        insize = recv(sfd, inbuf, MAXRPLYSZ, 0);
        if (insize <= 0)
        {
          fprintf(stderr, "Error: recv() failed to receive a reply from "
            "server, insize=%lu\n", insize);
          FREEALL
          return(-9);
        }

        /* Decrypt the server reply message */
        memset((void *)replymsg, 0, MAXRPLYSZ);
        replysz = 0;
        ret = mydecrypt2(inbuf, insize, replymsg, &replysz, &cipher);
        if (ret != 0)
        {
          fprintf(stderr, "Error: mydecrypt2() failed, ret=%d\n", ret);
          FREEALL
          return(-10);
        }

        replymsg[replysz]='\0';
        fprintf(stdout, "Got this reply: %s\n", replymsg);

        if (!strcmp(replymsg, reqmsg))
          done = 1;
```

```
      /* Change the IV */
      ret = increment_iv(cipher.iv, newiv);
      if (ret == 0)
        strcpy((char *)cipher.iv, (char *)newiv);
      else
      {
        fprintf(stderr, "Error: increment_iv() failed, ret=%d\n", ret);
        FREEALL
        return(-11);
      }

    } while (!done);

    close(sfd);
    free(reqmsg);
    return(0);
  }
```

15-6 發送者確認—數位簽字

在信息完整與信息確認方面上，整個安全階梯還可以再更上一層樓。

很好的是，MAC/HMAC 除了確保信息的完整性之外，還提供了信息發送者的確認。不過，要是有法律訴訟，信息的發送者還是可以否認，說信息不是他（她）送的。而辯說，信息接收者本身也知道秘密暗碼，因此可能是他/她自己送的。為了解決這問題，某些應用就需要做到讓發送者**無法否認**（nonrepudiation），這就是往上的更高一層。

數位簽字（digital signature）就是一個提供信息完整，信息確認，與無法否認於一身的密碼技術。它經由增加一個新的成份，達成無可否認。這個新成份必須用到公開暗碼密碼術。圖 15-16 所示即信息安全階梯。

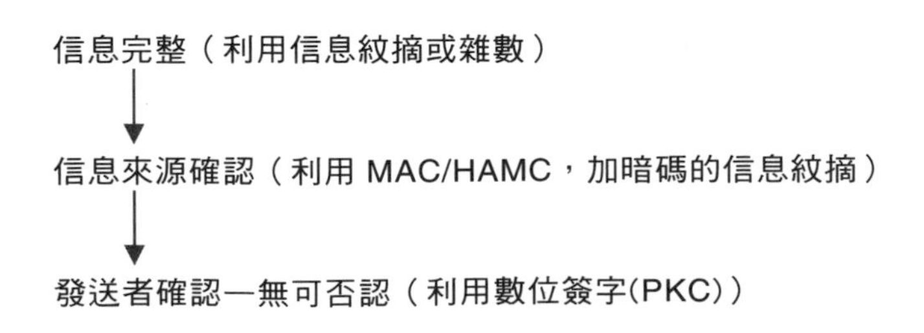

圖 15-16 信息完整與來源確認的階梯

15-6-1 數位簽字如何動作

數位簽字必須使用公開暗碼密碼術。

記得之前我們討論以公開暗碼密碼術達成保密嗎？事實上，不對稱公開暗碼密碼術在發送者確認上也是很管用的。

當不對稱密碼術用在提供信息的保密時，它是一種以公開暗碼加密的作業或技術。換言之，它是以信息接收者的公開暗碼（public key），將信息加密，以達到信息的保密性。這確實是達成保密任務了。因為，送出的信息是以接收者的公開暗碼加密的。因此，也只有擁有這公開暗碼所對應之私有密碼的接收者，才有辦法將之解密，獲得信息的明文。（假設私有暗碼沒被洩漏的話。）

相對地，在以不對稱密碼術作發送者確認時，它所用的是**私有暗碼加密**（private key encryption，PKE），亦即，這技術是以"發送者的私有暗碼"，將被送出之信息的紋摘加密，獲得數位簽字，來達成發送者確認或無可否認的！是那私有暗碼導致無法否認的。

前面說過，公開暗碼密碼術使用一對以數學方式產生的相關暗碼。其中，私有暗碼是秘密的，只有其擁有者知道。公開暗碼則公布給信息接收者或所有人知道。使用數位簽字時，信息之發送者必須產生一對公開暗碼與私有暗碼。

以下所述即是數位簽字的動作情形。

首先，一般而言，在以數位簽字的方式發送一個電子文件或信息時，發送者真正所簽字的，是文件或信息的指紋摘要，而非文件或信息本身。因為，文件或信息本身太大了，將之簽字要浪費很多時間。

所以，使用數位簽字時，信息發送者在發送信息之前，必須先將信息（事實上是信息的紋摘）簽字。在將信息簽字時，信息的發送者首先求出信息的紋摘，緊接以他自己的私有暗碼，將紋摘加密簽字。最後，再將簽字結果（亦即，加了密的紋摘），與信息一起寄出。

在接收端，為了驗證這數位簽字，信息的接收者首先將它所收到之數位簽字，以發送者的公開暗碼，將之解密。另外也從他所收到的信息，獨立算出一個新的信息的紋摘。再將兩紋摘相比。若兩個紋摘完全一樣，那就代表這數位簽字是有效的。一般而言，若選定某些簽字演算法（如 RSA），這就是數位簽字的動作情形。不過，在其他的簽字演算法（如DSA/DSS）時，在一些小細節上（如簽字的產生與驗證）會稍有不同。

由於接收者能以發送者的公開暗碼，將數位簽字（亦即，加了密的信息文摘）解密，這證明它一定就是發送者用他自己的私有暗碼所簽（加密）的，假若發送者的私有暗碼未曾洩漏的話。所以，來源確認與無可否認，就這樣達成了！

此外，由於解密出的信息紋摘（發送者所求出且送來的那一份），與接收者在收到信息後所自己另外求出的紋摘，兩者完全相同，這也證明了信息在傳遞的過程中，並未被更改過。這證明了信息完整。

因此，數位簽字同時確認了信息的來源/發送者，以及其內含的完整。它是截至目前為止最先進與最複推的信息確認方式。

無可否認經由**公開暗碼密碼術**（public key cryptography，PKC）技術達成了。

誠如你可以看出的，在一個信息上簽字涉及好幾個方面：信息紋摘演算法，信息的指紋摘要，發送者的私有暗碼，以及一加密演算法。

在實際應用上，除了以數位簽字達成信息完整與發送者確認外，經常也需要做信息的保密。在那種情況下，在發送者寄出信息之前，整個信息本身也必須另外加密。這個加密，為了效率，一般就採用對稱式密碼術。所以，在最後，對稱式與不對稱式密碼技術兩者都用到了！由於一般較費時，因此，不對稱式密碼術用在達成不可否認的數位簽字上，將比較短小的信息紋摘加密。而對稱式密碼術由於速度較快，就用以將比較長的信息本身加密，以達信息保密的功效。

最後，我們將數位簽字的產生與驗證摘要如下：

簡言之，數位簽字就是一個個體在一文件或信息上，做電子式的簽字。

以下是數位簽字如何產生：

1. 選擇一個密碼學雜數演算法（或函數）。
2. 以上一步所選定的雜數演算法，從整個文件或信息，求出一個指紋摘要。
3. 選擇一個加密演算法。

4. 以這加密演算法，以及發送者的私有暗碼，將第 2 步所求得的紋摘加密。這個加密過的信息紋摘，就是數位簽字。

以下則是數位簽字的驗證方法：

1. 驗證者以簽字者所選用的相同密碼學雜數函數，從文件/信息計算出一紋摘。
2. 驗證者以簽字者所選擇的加密演算法，以及簽字者的公開暗碼作輸入，將簽字者的簽名解密。這所得結果即為簽字者自文件/信息所求得的紋摘。
3. 驗證者將自己所求得的紋摘與簽字者所送來的紋摘相比，若兩者相同，那就代表簽字是有效的。

15-6-2 不同的數位簽字演算法

目前有兩種主要的數位簽字演算法在使用中。這節即介紹這個。

15-6-2-1 RSA

RSA 演算法可以用作暗碼建立（key establishment）與數位簽字。

在這兩種不同的應用上，RSA 私有暗碼與公開暗碼的角色正好相反。使用 RSA 作數位簽字的方式，與以其作暗碼交換的方式類似，唯一不同的是，私有暗碼與公開暗碼的角色正好對調。

RSA 數位簽字演算法與 RSA 加密演算法基本上也是相同，唯一不同的是兩個暗碼的角色顛倒了，同時，填墊位元組的資料也不同。

欲在一個信息或文件上簽字時，你首先算出這信息或文件的紋摘，然後，以你自己的私有暗碼，將之加密。欲驗證這簽字時，接收者自它所收到的信息也算出一個紋摘，以發送者的公開暗碼將所收到的數位簽字解密，得出發送者所求得的紋摘，再將兩紋摘相比。若兩紋摘相同，簽字即有效。這證明信息的確是來自發送者，且信息在傳輸的過程中也未被更改過。

RSA 數位簽字基本上跟 RSA 加密是一樣的，不同的是信息的填墊不同。同時，簽字用的是發送者的私有暗碼，而加密用的是接收者的公開暗碼。

注意到，萬一信息發送者是先將信息加密然後再簽字的話，則 RSA 數位簽字演算法所根據的指數與模數數學是有可能受到攻擊的。因此，**為了安全起見，一信息的發送者應該永遠先將信息簽字，然後再加密**。如此，駭客就無法獲得重新打造一個新的公開暗碼，並以之偽造通信所需的資訊。

除此之外，為了避免另一種攻擊，信息發送者要記得永遠不要隨便在一個隨機的信息上簽字。同時，在信息上簽字時，記得要永遠在信息的紋摘上簽字，而千萬勿直接將整個信息簽字。

15-6-2-2 DSA/DSS

DSA（Digital Signature Algorithm，數位簽字演算法）是由美國安全署（NSA）的 David W. Kravitz 於 1991 年所發明，並在美國申請專利的。

DSA 被美國國家標準與技術機構（NIST）採用，成為聯邦資訊處理標準（FIPS）186，並稱之為 DSS（Digital Signature Standard，DSS，數位簽字標準）。NIST 是美國商務部之下的一個單位，也是一個測量標準的實驗室。

截至目前為止，FIPS-186 標準已經至少增修過四次了。1996 年的 FIPS 186-1，2000 年 FIPS 186-2，2009 年的 FIPS 186-3，以及 2013 年的 FIPS 186-4。

NIST 已經將 DSA 的專利開放，讓全世界免費使用這技術。

DSA如何動作？

DSA 是根據質數的模數指數設計的。一個 DSA 簽字包含兩個元素，稱為 r 與 s，這兩者都是很大的整數。

DSA 簽字只支援 SHA 紋摘。它可以使用 SHA-1（產生 160 位元的紋摘），或 SHA-256（這產生一個 256 位元的紋摘）。

使用 DSA/DSS 牽涉三個步驟：產生暗碼，信息簽字，與簽字驗證。

暗碼的產生有兩個階段。第一階段涉及選擇演算法所需的參數，這些是通信的雙方可以共用/共享的。第二階段涉及每一方各自產生一對公開與私有的暗碼。

以下我們從高層次介紹 DSA 簽字的產生與驗證。

DSA 簽字的產生 [3]

DSA 產生簽字的演算法，接受信息本身以及四個參數作為輸入，並將簽字以 r 與 s 兩個成分輸出。四個輸入參數為 g，p，q，與 x，其中 x 是發送者的私有暗碼，而 g，p 與 q 則是其公開暗碼的一部分。

從一個高層次，演算法的說明如下：

h = 信息的紋摘，擷取至 q 的長度

j = func1(r,q)，其中 r 是一個長度為 q 的隨機數目

s1 = func2(g,p,q,j)

s2 = func3(q,x,h,j,s1)

首先，演算法求出信息的紋摘 h，若其長度超過 q 的長度，則就只取到 q 的長度。緊接演算法以一隨機數（random number）r 以及輸入參數 q 求出 j。第三步，演算法以 g，p，q 與 j，求出簽字的第一部分 s1。最後，再以 q，x，h，j，與 s1 計算出簽字的第二部分 s2。

DSA 簽字的驗證 [3]

在接收端，信息的接收者擁有信息本身，還有 DSA 的參數 g，p 與 q，發送者的公開暗碼 y，以及簽字的元素 s1 與 s2。

在驗證 DSA 簽字時，信息的接收者做下列的計算：

h = 信息的紋摘，擷取至 q 的長度

d = func4(q,s2)

u1 = (hd)%q

u2 = (s1d)%q

v = func5(g,p,q,y,u1,u2)

在此，% 是模數（求餘數）的意思。

若 v 等於 s1，則簽字即有效。否則，簽字就是錯的。

注意到，DSA 簽字的產生與驗證，並不像 RSA 演算法一樣的，實際做加密與解密的運算。

若讀者想進一步知道以上我們所列函數（func1， func2，func3…等），請參考本章最後所列的第三個參考文獻，亦即，Joshua Davies 所寫的書。

當 DSA 演算法的 p 與 y 參數是 2048 位元時（在 DSA 的例題程式中，我們以 bits 變數代表），DSA 簽字的最大長度是，DSA_size（dsa）=72。

15-6-2-3 RSA 與 DSA 簽字的差別

RSA 與 DSA 簽字有一些不同。

首先，RSA 簽字可與任何信息紋摘（如 MD5，SHA）一起使用，但 DSA 簽字則僅能使用 SHA 紋摘（如 SHA-1 與 SHA-256）。

第二，簽字的驗證方式也有不同。在 RSA 簽字時，信息的接收者由其所收到的信息計算出一紋摘，並將之與由發送者之簽字解密所獲得的另一紋摘相比。相對地，DSA 簽字的驗證則以發送者所送來的數位簽字，與接收者根據所收到信息自己所求出的紋摘兩者作為輸入，而求出一是或非的答案。它並不讓接收者取回發送者所求得的信息紋摘。有人或許要說，這讓 DSA 簽字更難破解一些。

第三，比起 DSA/DSS，RSA 簽名演算法相對是簡單多了。就 RSA 而言，除了參數與填墊有所不同之外，其加密，解密，簽字與簽字驗證等作業，基本上是一樣的。但 DSA/DSS 的簽字與驗證作業，則非常不同且相當複雜。

第四，就作業速度而言，RSA 在簽字驗證上，速度是比 DSA/DSS 快多了。兩者在簽字作業的速度上，相去並不遠。

DSA 只是一種確認技術而已，就是作數位簽字。相對地，RSA 除了作確認，也可以作加密。也因此，RSA 是有出口輸出限制的，但 DSA/DSS 卻沒有。

15-6-2-4 數位簽字的陷阱

使用公開暗碼數位簽字時有兩個要領。第一，研究已經發現，信息在加密又簽字時，應該先簽字，然後再加密，而不是倒過來。因為，若將信息先加密，再簽字可能讓一個有不良企圖的接收者，獲得必要的資訊，以致他能產生一個不同的信息，重新計算求出以及重新公佈他的新的公開暗碼，讓它看起來像這個新的信息是由原發送者所送出的。

第二，在紋摘上簽字，比在信息本身簽字來得安全。事實上，為了保護你自己，切記永遠不要在整個文件或信息上簽字。數學上已證明，假若有人騙你，讓你在由第三個信息（真的信息）所計算得來的兩個信息上簽名，則有辦法算出你對第三個信息的簽字，因而能偽造你對第三個信息的簽字。

倘若你對這些可能發生之攻擊的數學理論基礎有興趣，請進一步參閱其他書籍與論文，以及本章最後所列之參考文獻的前兩個。

15-6-2-5 數位簽字的應用

數位簽字提供了無可否認。在大多數的計算機網路通信上，兩個程式只是在彼此交換信息，為了安全，事實上不必用到數位簽字。在這些應用上，使用 MAC 或 HMAC 應該就可以了。終究，在兩個互送信息的兩程式間，無可否認究竟有多少用處呢？要是你發現安全被破解了，你又要如何呢？不可否認的特色，在以網路傳送法律文件時，會比較有用。

另一個問題是實用性的問題。數位簽字涉及必須使用發送者的私有暗碼，將文件或信息簽名。這也代表接收者必須以發送者的公開暗碼，來驗證數位簽字。在一典型的網際網路伺服器上，要做這些可能有點不切實際。因為，客戶可能是來自世界任何角落的任何人。一個伺服器如何能擁有與儲存世界所有或絕大多數人的公開暗碼呢？

所以，數位簽字對某些應用，諸如以電子方式提交或傳遞法律文件而言，的確價值連城。但是，對其他的應用而言，可能並不合適或不實際。這個瞭解是非常重要的，因為作者已碰過很多人，他們一直覺得數位簽字永遠是最佳的解決方案。事實並不然。坦白說，對許多其他應用而言，MAC/HMAC 或許是安全階梯的最高點了，而不是再往上爬至數位簽字。

15-6-2-6 MAC/HMAC 與數位簽字

MAC/HMAC 提供了信息完整與來源確認。產生與驗證 MAC/HMAC 使用的都是同一個秘密的暗碼。所以，它是一個對稱式（或秘密暗碼）的密碼術。這表示信息的發送者與接收者必須共用相同的秘密暗碼，並在通信開始之前，彼此同意這個秘密暗碼。

相對地，數位簽字則以一對暗碼中的私有暗碼加以產生，並以相關的公開暗碼加以驗證。因此，它是不對稱式（或公開暗碼）的密碼術。信息的發送者自己產生一對暗碼，將其中的私有暗碼留著並加以保密，而將其中的公開暗碼讓信息接收者或大家知道，暗碼的產生完全不需與接收者商量。

數位簽字提供了信息完整，來源確認，與不可否認。

數位簽字提供了不可否認，因為，假若人們能以某某人的公開暗碼，將一數位簽字過的信息解密，那這信息一定是他/她所發出的，因為，這世上只有他/她一人知道相關的私有暗碼（假設這私有暗碼沒有洩漏的話）。

換言之，使用 MAC/HMAC 並未也不需用到**公開暗碼結構**（Public Key Infrastructure，PKI），而使用數位簽名則一定要用它。

摘要

技術	所達成的安全特色
檢驗和，紋摘	完整性
MAC, HMAC	完整性，來源確認
數位簽字	完整性，來源確認，不可否認

15-6-3 程式例題

這節舉例說明如何分別以 DSA 與 RSA 演算法做數位簽字。

15-6-3-1 DSA

圖15-17 使用 DSA 演算法做數位簽字（dsa1.c）

```
/*
 * Doing digital signature using Digital Signature Algorithm (DSA) in Openssl.
 * Use the same DSA structure for DSA_sign() and DSA_verify().
 * DSA_verify() succeeds.
 * Copyright (c) 2015, 2016, 2020 Mr. Jin-Jwei Chen. All rights reserved.
 */
```

```
#include <stdio.h>
#include <errno.h>
#include <string.h>          /* memset(), strlen() */
#include <openssl/dsa.h>
#include <openssl/err.h>
#include <openssl/evp.h>
#include "myopenssl.h"
#include "netlib.h"

int main(int argc, char *argv[])
{
  unsigned char  digest[64]="1234567890axij25F7S4302dhLMyTRs2";
  unsigned int   dgstlen;
  unsigned char  *signature = NULL;      /* digital signature */
  unsigned int   siglen = 0;             /* length of digital signature */
  int             ret;

  DSA   *dsa = NULL;
  int  bits = DSABITSLEN;  /* length of the prime number p to be generated */
  unsigned char  seed[DSASEEDLEN+1] = DSASEED;  /* seed */

  /* Initialize DSA */
  ret = init_DSA(bits, seed, DSASEEDLEN, &dsa);
  if (ret != SUCCESS || dsa == NULL)
  {
    fprintf(stderr, "DSA_init() failed, ret=%d.\n", ret);
    return(ret);
  }

  /* Allocate space for receiving the digital signature */
  signature = malloc(DSA_size(dsa));
  if (signature == NULL)
  {
    fprintf(stderr, "malloc() failed\n");
    DSA_free(dsa);
    return(ENOMEM);
  }
  memset(signature, 0, DSA_size(dsa));
  siglen = 0;

  /* Compute the digital signature using DSA */
  dgstlen = strlen((char *)digest);
  ret = get_DSA_signature(digest, dgstlen, signature, &siglen, dsa);
  if (ret != SUCCESS)
  {
    fprintf(stderr, "get_DSA_signature() failed, ret=%d\n", ret);
    DSA_free(dsa);
    free(signature);
    return(ret);
  }
```

```
    fprintf(stdout, "Signing the message digest using DSA was successful "
      "(siglen=%u).\n", siglen);
    print_binary_buf(signature, siglen);

    /* Verify the DSA signature */
    ret = verify_DSA_signature(digest, dgstlen, signature, siglen, dsa);
    if (ret != SUCCESS)
    {
      fprintf(stderr, "verify_DSA_signature() failed, ret=%d\n", ret);
      DSA_free(dsa);
      free(signature);
      return(ret);
    }
    fprintf(stdout, "The DSA digital signature was successfully verified.\n");

    DSA_free(dsa);
    free(signature);
    return(0);
  }
```

圖 15-17 所示，即為一以 DSA 演算法達成數位簽字的程式例子。這是一個非常簡單的程式，旨在示範如何以 DSA_sign() 函數產生數位簽字，以及如何以 DSA_verify() 函數驗證數位簽字。為了簡單起見，我們直接把信息紋摘定死在程式裡，存在一稱為 digest 的變數內。

此外，值得一提的是，這例題程式原先採用 32 位元組的種子與 2048 位元的 DSA， 其在 OpenSSL 1.1.1g 没問題，但 OpenSSL 3.0 有退化不動作。因此，我們將之降為 1024 位元， 且使用 20 位元組的種子。 這樣在兩個 OpenSSL 版本就都没問題。

以下所示即為執行此一 dsa1 程式的輸出結果：

```
    $ ./dsa1
    init_DSA, bits=1024 seed=G3fLw789Os3f8JV24dZ9 seedlen=20
    Signing the message digest using DSA was successful (siglen=46).
    0x302c021404db69373cf73b95ac8fb771e74b44dfa009bcf102144d7b59a303e2bdcc5
bf122ea53ab003a6e5ed971
    The DSA digital signature was successfully verified.
```

在知道基本上程式如何以 DSA 演算法作數位簽字時，緊接的問題是，在實際應用上，信息的發送者與接收者是兩個不同的人、個體、或程式，如何在其中一個程式叫用 DSA_sign() 而在另一個程式叫用 DSA_verify() 呢？

欲在另一個程式做簽字的查核或驗證，基本上我們須將信息發送者的公開暗碼想辦法交給信息的接收者。在叫用 DSA_sign() 產生數位簽字之前，信息的發送者先產生一對暗碼，其中的私有暗碼發送者必須保留且保密，在產生 DSA 數位簽字時會用到它。而公開暗碼則必須讓信息的接收者知道, 以便在驗證簽字時使用。

將公開暗碼讓信息的接收者知道的其中一種方式，就是將之抽出，放在一個檔案內，並讓接收者能存取這檔案。以下就是這些步驟：

1. 信息發送者叫用 PEM_write_DSA_PUBKEY() 函數，將發送者的 DSA 公開暗碼，存入一個檔案內。
2. 發送者把檔案交給接收者。
3. 信息接收者叫用 PEM_read_DSA_PUBKEY() 函數，自檔案讀取信息發送者的公開暗碼。
4. 信息接收者叫用 DSA_verify() 函數以發送者的公開暗碼，驗證 DSA 簽字。

圖 15-18 即為將 DSA 數位簽字，應用在客戶伺服通信上的一對程式，tcpsrvdsa.c 與 tcpclntdsa.c。

圖15-18　使用 DSA 數位簽字的客戶伺服程式

（a）tcpsrvdsa.c

```
/*
 * Demonstrating secrecy and nonrepudiation in network communications.
 * This is a TCP server program which gets a request message from a client
 * and sends back a reply. Both request messages and replies are all encrypted.
 * DSA digital signature is also used to ensure message integrity and
 * sender nonrepudiation.
 * Copyright (c) 2015, 2016, 2020 Mr. Jin-Jwei Chen. All rights reserved.
 */

#include <stdio.h>
#include <errno.h>
#include <sys/types.h>
#include <sys/socket.h>
#include <netinet/in.h>     /* protocols such as IPPROTO_TCP, ... */
#include <string.h>         /* memset(), strlen(), memcmp() */
#include <stdlib.h>         /* atoi() */
#include <openssl/evp.h>
#include <openssl/dsa.h>
#include <openssl/pem.h>
#include <openssl/err.h>
#include "myopenssl.h"
#include "netlib.h"
```

```
int main(int argc, char *argv[])
{
  int    sfd;                          /* file descriptor of the listener socket */
  struct sockaddr_in    srvaddr;       /* IPv4 socket address structure */
  struct sockaddr_in6   srvaddr6;      /* IPv6 socket address structure */
  in_port_t  portnum = SRVPORT;        /* port number this server listens on */
  int        portnum_in = 0;           /* port number specified by user */
  struct sockaddr_in6   clntaddr6;     /* client socket address */
  socklen_t            clntaddr6sz = sizeof(clntaddr6);
  int       newsock;                   /* file descriptor of client data socket */
  int       ipv6 = 0;
  int       ret;
  char       reqmsg[MAXREQSZ];         /* request message buffer */
  char       reply[MAXRPLYSZ];         /* buffer for server reply message */
  size_t     reqmsgsz;                 /* size of client request message */
  size_t     replysz;                  /* size of server reply message */
  size_t     insize;                   /* size of encrypted request message */
  size_t     outsz;                    /* size of encrypted reply message */
  int        done;                     /* done with current client */
  int        msgcnt;                   /* count of messages from a client */
  unsigned char  inbuf[MAXREQSZ+DSASIGLEN+LENGTHSZ];    /* input buffer
*/
  unsigned char  outbuf[MAXRPLYSZ];  /* output buffer */

  /* variables for encryption/decryption */
  struct cipher  cipher;             /* cipher to be used */
  unsigned char  newiv[EVP_MAX_IV_LENGTH];  /* new IV */

  /* variables for message digest */
  const EVP_MD   *hashfunc;                 /* hash function */
  unsigned char  digest[EVP_MAX_MD_SIZE];   /* digest of the request message */
  unsigned int   dgstlen = 0;               /* length of hash */

  /* variables for DSA */
  FILE           *fp = NULL;               /* file pointer */
  DSA            *dsa = NULL;              /* pointer to DSA structure */
  DSA            *dsaret = NULL;           /* DSA pointer returned */
  unsigned long  error = 0L;               /* Openssl error code */
  unsigned int   siglen = 0;               /* length of signature */
  unsigned int   *siglenp = NULL;          /* pointer to signature length field */

  /* Get the server port number from user, if any */
  if (argc > 1)
  {
    portnum_in = atoi(argv[1]);
    if (portnum_in <= 0)
    {
      fprintf(stderr, "Error: port number %s invalid\n", argv[1]);
      fprintf(stderr, "Usage: %s [server_port] [1 (use IPv6)]\n", argv[0]);
      return(-1);
```

```
    }
    else
      portnum = portnum_in;
  }

  /* Get the IPv6 switch from user, if any */
  if (argc > 2)
  {
    if (argv[2][0] == '1')
      ipv6 = 1;
    else if (argv[2][0] != '0')
    {
      fprintf(stderr, "Usage: %s [server_port] [1 (use IPv6)]\n", argv[0]);
      return(-2);
    }
  }

  fprintf(stdout, "TCP server listening at portnum=%u ipv6=%u\n", portnum, ipv6);

  /* Get the structure describing the message digest algorithm by name */
  hashfunc = EVP_get_digestbyname(DSAHASH_NAME);
  if(hashfunc == NULL)
  {
    fprintf(stderr, "Error: unknown hash function %s\n", DSAHASH_NAME);
    return(-3);
  }

  /* Create the server listener socket */
  if (ipv6)
    ret = new_bound_srv_endpt(&sfd, (struct sockaddr *)&srvaddr6, AF_INET6,
      portnum);
  else
    ret = new_bound_srv_endpt(&sfd, (struct sockaddr *)&srvaddr, AF_INET,
      portnum);

  if (ret != 0)
  {
    fprintf(stderr, "Error: new_bound_srv_endpt() failed, ret=%d\n", ret);
    return(-4);
  }

  /* Listen for incoming requests and send replies */
  do
  {
    /* Listen for next client's connect request */
    newsock = accept(sfd, (struct sockaddr *)&clntaddr6, &clntaddr6sz);
    if (newsock < 0)
    {
      fprintf(stderr, "Error: accept() failed, errno=%d\n", errno);
      continue;
    }
```

```
fprintf(stdout, "\nServer got a client connection\n");

/* Initialize the cipher */
strcpy(cipher.name, DEFAULT_CIPHER);
strcpy((char *)cipher.key, DEFAULT_KEY);
strcpy((char *)cipher.iv, DEFAULT_IV);

/* Service this current client until done */
done = 0;
msgcnt = 1;
do
{
  /* Read the request message */
  insize = recv(newsock, inbuf, MAXREQSZ, 0);
  if (insize <= 0)
  {
    fprintf(stderr, "Error: recv() failed, insize=%lu\n", insize);
    break;
  }

  /* Decrypt the requested message */
  reqmsgsz = 0;
  ret = mydecrypt2(inbuf+DSASIGLEN+LENGTHSZ, insize-DSASIGLEN-LENGTHSZ,
      reqmsg, &reqmsgsz, &cipher);
  if (ret != 0)
  {
    fprintf(stderr, "Error: mydecrypt2() failed, ret=%d\n", ret);
    break;
  }

  reqmsg[reqmsgsz]='\0';
  fprintf(stdout, "Server received: %s\n", reqmsg);

  /* Compute message digest from the decrypted message */
  dgstlen = 0;
  ret = message_digest2(hashfunc, reqmsg, reqmsgsz, digest, &dgstlen);
  if (ret != SUCCESS)
  {
    fprintf(stderr, "Error: message_digest2() failed, ret=%d\n", ret);
    break;
  }

  /* Read the sender's DSA public key from the file */
  fp = fopen(DSAPUBKEYFILE, "r");
  if (fp == NULL)
  {
    fprintf(stderr, "Error: fopen()() failed, errno=%d\n", errno);
    break;
  }
```

```
          dsaret=PEM_read_DSA_PUBKEY(fp, &dsa, (pem_password_cb *)NULL, (void *)NULL);
          if (dsaret == NULL)
          {
            error = ERR_get_error();
            fprintf(stderr, "Error: PEM_read_DSA_PUBKEY() failed,
error=%lu\n", error);
            fclose(fp);
            break;
          }
          fclose(fp);

          /* Get the length of the actual signature. Do byte order conversion. */
          siglenp = (unsigned int *)inbuf;
          siglen = ntohl(*siglenp);

          /* Verify the DSA signature using the DSA public key read from file */
          ret = verify_DSA_signature(digest, dgstlen, inbuf+LENGTHSZ, siglen, dsa);
          if (ret != SUCCESS)
          {
            fprintf(stderr, "Error: verify_DSA_signature() failed, ret=%d\n", ret);
            break;
          }
          /* Note: You cannot free the dsa here! */

          fprintf(stdout, "DSA digital signature of the sender was
successfully verified.\n\n");

          /* Set reply message */
          if ( !strcmp(reqmsg, BYE_MSG) )
          {
            done = 1;
            strcpy(reply, reqmsg);
          }
          else
            sprintf(reply, SRVREPLY2, msgcnt++);

          replysz = strlen(reply);

          /* Encrypt the reply message */
          outsz = 0;
          ret = myencrypt2(reply, replysz, outbuf, &outsz, &cipher);
          if (ret != 0)
          {
            fprintf(stderr, "Error: myencrypt2() failed, ret=%d\n", ret);
            break;
          }

          /* Send back an encrypted reply */
          ret = send(newsock, outbuf, outsz, 0);
          if (ret < 0)
            fprintf(stderr, "Error: send() failed to send a reply, errno=%d\n",
```

```
          errno);

        /* Change the IV for encryption/decryption */
        ret = increment_iv(cipher.iv, newiv);
        if (ret == 0)
          strcpy((char *)cipher.iv, (char *)newiv);
        else
        {
          fprintf(stderr, "Error: increment_iv() failed, ret=%d\n", ret);
          break;
        }

      } while (!done);

      /* We can close the socket now. */
      close(newsock);
      /* Note: We cannot free dsa here either. */

    } while (1);
  }
```

（b） tcpclntdsa.c

```
/*
 * Demonstrating secrecy and nonrepudiation in network communications.
 * This is a TCP client program which exchanges messages with
 * a TCP server using encryption/decryption for secrecy and DSA digital
 * signature for message integrity and sender nonrepudiation.
 * Copyright (c) 2015, 2016, 2020 Mr. Jin-Jwei Chen. All rights reserved.
 */

#include <stdio.h>
#include <errno.h>
#include <sys/types.h>
#include <sys/socket.h>
#include <netinet/in.h>    /* protocols such as IPPROTO_TCP, ... */
#include <string.h>        /* memset(), strlen() */
#include <stdlib.h>        /* atoi(), malloc() */
#include <unistd.h>        /* close() */
#include <openssl/evp.h>
#include <openssl/hmac.h>
#include <openssl/dsa.h>
#include <openssl/pem.h>
#include <openssl/err.h>
#include "myopenssl.h"
#include "netlib.h"

#define FREEALL      \
    close(sfd);      \
    free(reqmsg);    \
    DSA_free(dsa);
```

```
int main(int argc, char *argv[])
{
  int         ret;                      /* return value */
  int         sfd=0;                    /* socket file descriptor */
  char        inbuf[MAXRPLYSZ];         /* input buffer */
  char        replymsg[MAXRPLYSZ];      /* reply message from server */
  size_t      reqbufsz = MAXREQSZ;      /* size of client request buffer */
  char        *reqmsg=NULL;             /* pointer to request message buffer */
  size_t      reqmsgsz;                 /* size of client request message */
  size_t      replysz;                  /* size of server reply message */
  size_t      outsz;                    /* size of encrypted request message */
  size_t      insize;                   /* size of encrypted reply message */
  unsigned char  outbuf[MAXREQSZ+DSASIGLEN+LENGTHSZ];    /* output buffer */

  in_port_t    srvport = SRVPORT;      /* port number the server listens on */
  int          srvport_in = 0;         /* port number specified by user */
  char         *srvhost = "localhost"; /* name of server host */
  int          done = 0;               /* to end client */

  struct cipher  cipher;                /* cipher to be used */
  unsigned char  newiv[EVP_MAX_IV_LENGTH];      /* new IV */

  const EVP_MD   *hashfunc;             /* hash function */
  unsigned int   dgstlen = 0;           /* length of hash */
  unsigned char  digest[EVP_MAX_MD_SIZE];    /* message digest */

  DSA            *dsa = NULL;           /* DSA structure */
  int            bits = DSABITSLEN;     /* length of the prime number p 
to be generated */
  unsigned char  seed[DSASEEDLEN+1] = DSASEED;  /* seed */
  unsigned int   siglen;                 /* actual length of DSA signature */
  FILE           *fp = NULL;             /* file holding DSA public key */
  unsigned long  error = 0L;             /* error code */
  unsigned int   *siglenp = NULL;        /* pointer to signature length field */

  /* Get the server port number from user, if any */
  if (argc > 1)
  {
    srvport_in = atoi(argv[1]);
    if (srvport_in <= 0)
    {
      fprintf(stderr, "Error: port number %s invalid\n", argv[1]);
      return(-1);
    }
    else
      srvport = srvport_in;
  }

  /* Get the name of the server host from user, if specified */
  if (argc > 2)
    srvhost = argv[2];
```

```
/* Set the cipher */
strcpy(cipher.name, DEFAULT_CIPHER);
strcpy((char *)cipher.key, DEFAULT_KEY);
strcpy((char *)cipher.iv, DEFAULT_IV);

/* Get the structure describing the message hash algorithm by name */
hashfunc = EVP_get_digestbyname(DSAHASH_NAME);
if(hashfunc == NULL)
{
  fprintf(stderr, "Error: unknown hash function %s\n", DSAHASH_NAME);
  return(-2);
}

/* Connect to the server */
ret = connect_to_server(&sfd, srvhost, srvport);
if (ret != 0)
{
  fprintf(stderr, "Error: connect_to_server() failed, ret=%d\n", ret);
  if (sfd) close(sfd);
  return(-3);
}

/* Allocate input buffer */
reqmsg = malloc(MAXREQSZ);
if (reqmsg == NULL)
{
  fprintf(stderr, "Error: malloc() failed\n");
  close(sfd);
  return(-4);
}

/* Send a few messages to the server */
do
{
  fprintf(stdout, "Enter a message to send ('bye' to end): ");
  reqmsgsz = getline(&reqmsg, &reqbufsz, stdin);
  if (reqmsgsz == -1)
  {
    fprintf(stderr, "Error: getline() failed, ret=%lu\n", reqmsgsz);
    close(sfd);
    free(reqmsg);
    return(-5);
  }

  /* Remove the newline character at end of input */
  reqmsg[--reqmsgsz] = '\0';

  /* Calculate the digest of the message */
  memset(digest, 0, EVP_MAX_MD_SIZE);
  memset(outbuf, 0, DSASIGLEN);
```

```
dgstlen = 0;
ret = message_digest2(hashfunc, reqmsg, reqmsgsz, digest, &dgstlen);
if (ret != SUCCESS)
{
  fprintf(stderr, "Error: message_digest2() failed, ret=%d\n", ret);
  close(sfd);
  free(reqmsg);
  return(-6);
}

/* Initialize DSA */
ret = init_DSA(bits, seed, DSASEEDLEN, &dsa);
if (ret != SUCCESS || dsa == NULL)
{
  fprintf(stderr, "Error: init_DSA() failed, ret=%d.\n", ret);
  close(sfd);
  free(reqmsg);
  return(-7);
}

/* Sign the message digest using DSA */
ret = get_DSA_signature(digest, dgstlen, outbuf+LENGTHSZ, &siglen, dsa);
if (ret != SUCCESS)
{
  fprintf(stderr, "Error: get_DSA_signature() failed, ret=%d\n", ret);
  FREEALL
  return(-8);
}

/* Place the signature length at beginning of the buffer */
siglenp = (unsigned int *)outbuf;
*siglenp = htonl(siglen);

/* Write the DSA public key out to a file for the recipient */
fp = fopen(DSAPUBKEYFILE, "w");
if (fp == NULL)
{
  fprintf(stderr, "Error: fopen()() failed, errno=%d\n", errno);
  FREEALL
  return(-9);
}

ret = PEM_write_DSA_PUBKEY(fp, dsa);
if (ret != OPENSSL_SUCCESS)
{
  error = ERR_get_error();
  fprintf(stderr, "Error: PEM_write_DSA_PUBKEY() failed, error=%lu\n", error);
  fclose(fp);
  FREEALL
  return(-10);
}
```

```
        fclose(fp);

        /* Encrypt the message to be sent and place it after the hash in buffer */
        ret = myencrypt2(reqmsg, reqmsgsz, outbuf+LENGTHSZ+DSASIGLEN,
&outsz, &cipher);
        if (ret != 0)
        {
          fprintf(stderr, "Error: myencrypt2() failed, ret=%d\n", ret);
          FREEALL
          return(-11);
        }

        fprintf(stdout, "Send request:\n");
        print_cipher_text(outbuf, outsz+DSASIGLEN+LENGTHSZ);

        /* Send the encrypted message, together with the DSA signature */
        ret = send_msg(sfd, (unsigned char *)outbuf, outsz+DSASIGLEN+LENGTHSZ, 0);
        if (ret != 0)
        {
          fprintf(stderr, "Error: send_msg() failed, ret=%d\n", ret);
          FREEALL
          return(-12);
        }

        /* Wait for server reply */
        memset((void *)inbuf, 0, MAXRPLYSZ);
        insize = 0;
        insize = recv(sfd, inbuf, MAXRPLYSZ, 0);
        if (insize <= 0)
        {
          fprintf(stderr, "Error: recv() failed to receive a reply from "
            "server, insize=%lu\n", insize);
          FREEALL
          return(-13);
        }

        /* Decrypt the server reply message */
        memset((void *)replymsg, 0, MAXRPLYSZ);
        replysz = 0;
        ret = mydecrypt2((unsigned char *)inbuf, insize, replymsg, &replysz, &cipher);
        if (ret != 0)
        {
          fprintf(stderr, "Error: mydecrypt2() failed, ret=%d\n", ret);
          FREEALL
          return(-14);
        }

        replymsg[replysz]='\0';
        fprintf(stdout, "Got this reply: %s\n", replymsg);

        if (!strcmp(replymsg, reqmsg))
```

```
      done = 1;

    /* Change the IV for encryption/decryption */
    ret = increment_iv(cipher.iv, newiv);
    if (ret == 0)
      strcpy((char *)cipher.iv, (char *)newiv);
    else
    {
      fprintf(stderr, "Error: increment_iv() failed, ret=%d\n", ret);
      FREEALL
      return(-15);
    }

    if (dsa)
    {
      DSA_free(dsa);
      dsa = NULL;
    }

  } while (!done);

  close(sfd);
  free(reqmsg);
  if (dsa) DSA_free(dsa);
  return(0);
}
```

注意到，這對例題程式做到了信息保密，因為不論是客戶程式所送出的請求信息，或是伺服程式所送回的答覆，兩者都是加密的。此外，由於使用了 DSA 數位簽字，因此，它們也做到了確保信息完整以及不可否認。

值得一提的是，為了要讓信息接收者能永遠成功地驗證一數位簽字，接收者必須知道簽字有多長（多少位元組）。為解決這問題，發送者把數位簽字的長度送給了接收者。所以，在信息發送端，輸出緩衝器所含的內容如下：

簽字的長度	數位簽字	信息
4 位元組	DSASIGLEN 位元組	MAXREQSZ 位元組

以下所示則為執行這對客戶伺服程式的樣本輸出結果：

```
$ ./tcpsrvdsa
TCP server listening at portnum=7878 ipv6=0
SO_REUSEADDR option is turned on.

Server got a client connection
```

```
    Server received: Let's go out and have a dinner to celebrate our
anniversary tomorrow.
    DSA digital signature of the sender was successfully verified.

    Server received: bye
    DSA digital signature of the sender was successfully verified.

    $ ./tcpclntdsa
    Enter a message to send ('bye' to end): Let's go out and have a dinner
to celebrate our anniversary tomorrow.
    Send request:
    Cipher text=0x0000004730450221 00c8c177132a51eac8563d531c0c70ea58bb6912
cae110f1c126d674b46139896e022036b665a0df1a11a2dc7e54daae0c5d5d261c27273228
2bcb51e80405e0cb8ef9000000000000000000f1f414407f370358acfe28dd97fa36a8107f
127e6b62a6bd23c246da118dda6fa6a6f4bfefa5223b75743b0dc3ba069d48f7ba3b9928cf
570c114ee83b60a97ee6cad598465d4249
    Got this reply: This is reply message # 1 from the server.
    Enter a message to send ('bye' to end): bye
    Send request:
    Cipher text=0x00000047304502210096544 96ee20fa4603ac71f6ab3204b37845519
b73169b0c90f7a1bacf7c96d9202203303162404c182dc669eff0d82a926c571b92e90d50c
e1a73c5d76cdbbecf334000000000000000000ffb0c0b202f607fe
    Got this reply: bye
```

在執行此一例題程式時你會發現，DSA 數位簽字真正需耗費一點時間。

15-6-3-1-1 產生 DSA 數位簽字

從這例題程式你可看出，欲產生一 DSA 數位簽字的準備工作，有下列步驟：

- DSA_new()：騰出一 DSA 資料結構
- DSA_generate_parameters_ex()：以一個你所選的種子，產生 DSA 數位簽字所需的參數
- DSA_generate_key()：以上一步驟所產生的參數，產生一對 DSA 的公開與私有暗碼

一旦 DSA 的參數與暗碼產生之後，下一個步驟即算出信息的 SHA 紋摘，並將之簽名以產生數位簽字：

- 求出信息的 SHA 紋摘
- DSA_sign()：以 DSA 私有暗碼，將信息紋摘簽名，以獲得 DSA 簽字。

為了能讓信息接收者得以驗證 DSA 數位簽字，發送者的公開暗碼必須由其 DSA 資料結構中抽出，並寫入一檔案內，以致信息接收者可從之讀取並加以應用。這以叫用 PEM_write_DSA_PUBKEY() 函數達成：

- PEM_write_DSA_PUBKEY()：將 DSA 公開暗碼寫出至檔案上

產生 DSA 簽字所需的參數

在 OpenSSL 上，程式經叫用 DSA_generate_parameters_ex() 函數，產生欲獲得一 DSA 簽字所需用到的參數。這個函數的規格如下：

```
int DSA_generate_parameters_ex(DSA *dsa, int bits,
        const unsigned char *seed, int seed_len,
        int *iter, unsigned long *cnt, BN_GENCB *cb);
```

除了 iter 與 cnt 之外，所有的引數都是輸入。除了 dsa 與 bits 之外，其他所有的引數也都可有可無。

DSA_generate_parameters_ex() 函數，產生在 DSA 簽字產生與驗證時所需用到的參數 p，q 與 g。p 與 q 是質數，g 則是一產生器（generator）。輸出結果會存在 dsa 引數所代表的 DSA 資料結構內。

在叫用 DSA_generate_parameters_ex() 函數之前，程式應已先行叫用過 DSA_new() 函數，騰出且產生 DSA 資料結構。函數叫用的第一引數，應輸入指向此一 DSA 資料結構的指標，以便函數所產生之參數結果，能存在那兒。

叫用程式可以選擇一個種子，並由第三引數輸入它，這讓叫用程式能夠對所產生之參數有所影響。第四引數 seed_len 即指出這種子的長度。

第二引數 bits 也是輸入，它指出即將被產生之質數 p 的長度。參數 q 的值通常與信息紋摘的長度相同。在 bits 長度小於 2048 位元時，q 的長度通常是 160 位元（SHA-1 雜數/紋摘長度）。當 bits 的長度大於或等於 2048 位元時，q 的長度是 256 位元（SHA-256 紋摘的長度）。

倘若函數叫用不提供種子的值，則 seed 引數就該為 NULL。這時，質數 p 與 q 的值就隨機產生。叫用者提供種子通常是個好主意。倘若 seed_len 的值小於 q 的長度，則叫用會送回錯誤。

DSA_generate_parameters_ex() 會在引數 iter 上送回反複次數的值，並在經由 cnt 引數送回一找到產生器的計數。這兩個引數都是可有可無。叫用者可以選擇這兩個引數都傳入 NULL。那種情況下，函數叫用即不送回這兩個值。

cb 引數指出一回叫（callback）函數。它可有可無。

DSA_sign() 函數

```
#include <openssl/dsa.h>
int  DSA_sign(int type, const unsigned char *dgst, int dgstlen,
          unsigned char *sigret, unsigned int *siglen, DSA *privkey);
```

OpenSSL 庫存裡的 DSA_sign() 函數，求出 dgst 引數所指之信息紋摘的數位簽字。函數的第三引數指出紋摘的長度。最後一引數 privkey 指出簽名者的私有暗碼。計算所得之簽字將存在 sigret 引數所指的輸出緩衝器上。簽字將寫碼成 ASN.1 DER 的格式。簽字的長度將由 siglen 引數送回。輸出緩衝器的容量，至少要有 DSA_size（dsa）個位元組。第一個引數 type 不用。

成功時，DSA_sign() 送回 1，出錯時，它送回 0。

15-6-3-1-2 驗證 DSA 數位簽字

為了驗證一個 DSA 數位簽字，信息接收者自其所收到的信息，計算出一 SHA 信息紋摘，讀入發送者的公開暗碼，然後以它所收到的簽字以及所獨立求得的紋摘，叫用簽字驗證函數。

在 OpenSSL 上，這些步驟如下：

- 以與發送者所使用的相同雜數函數，求出所收到信息的 SHA 紋摘
- PEM_read_DSA_PUBKEY()：自檔案讀入信息發送者的公開暗碼
- DSA_verify()：以發送者的公開暗碼，所收到的數位簽字，以及自己求得的紋摘，驗證發送者的簽字。

DSA_verify 函數

```
#include <openssl/dsa.h>
int  DSA_verify(int type, const unsigned char *dgst, int dgstlen,
          unsigned char *sigbuf, int siglen, DSA *pubkey);
```

OpenSSL 中的 DSA_verify() 函數，驗證存在引數 sigbuf 所指之輸入緩衝器中的數位簽字。這簽字的長度由 siglen 引數指出。第二引數 dgst 含驗證者

自己由所收到之信息所求得之紋摘，引數 dgstlen 指出紋摘的長度。最後引數 pubkey 則指出發送者的公開暗碼。第一引數 type 沒用到。

若數位簽字有效，則 DSA_verify() 函數送回 1。若簽字無效，函數送回 0。出錯時，函數送回 -1。

15-6-3-2 RSA

圖15-19 使用 RSA 數位簽字的客戶伺服程式

(a) tcpsrvrsa.c

```
/*
 * Demonstrating secrecy and nonrepudiation in network communications.
 * This is a TCP server program which gets a request message from a client
 * and sends back a reply. Both request messages and replies are all encrypted.
 * RSA digital signature is also used to ensure message integrity and
 * sender nonrepudiation.
 * Copyright (c) 2015, 2016, 2020 Mr. Jin-Jwei Chen. All rights reserved.
 */

#include <stdio.h>
#include <errno.h>
#include <sys/types.h>
#include <sys/socket.h>
#include <netinet/in.h>     /* protocols such as IPPROTO_TCP, ... */
#include <string.h>         /* memset(), strlen(), memcmp() */
#include <stdlib.h>         /* atoi() */
#include <openssl/evp.h>
#include <openssl/rsa.h>
#include <openssl/pem.h>
#include <openssl/err.h>
#include "myopenssl.h"
#include "netlib.h"

int main(int argc, char *argv[])
{
  int    sfd;                          /* file descriptor of the listener socket */
  struct sockaddr_in    srvaddr;       /* IPv4 socket address structure */
  struct sockaddr_in6   srvaddr6;      /* IPv6 socket address structure */
  in_port_t  portnum = SRVPORT;        /* port number this server listens on */
  int        portnum_in = 0;           /* port number specified by user */
  struct sockaddr_in6   clntaddr6;     /* client socket address */
  socklen_t             clntaddr6sz = sizeof(clntaddr6);
  int    newsock;                      /* file descriptor of client data socket */
  int    ipv6 = 0;
  int    ret;
  unsigned char  inbuf[MAXREQSZ+RSASIGLEN+LENGTHSZ];    /* input buffer */
  char           reqmsg[MAXREQSZ];   /* request message buffer */
  char           reply[MAXRPLYSZ];   /* buffer for server reply message */
```

```
    unsigned char  outbuf[MAXRPLYSZ];  /* output buffer */
    size_t         reqmsgsz;           /* size of client request message */
    size_t         replysz;            /* size of server reply message */
    size_t         insize;             /* size of encrypted request message */
    size_t         outsz;              /* size of encrypted reply message */
    int            done;               /* done with current client */
    int            msgcnt;             /* count of messages from a client */

    /* variables for encryption/decryption */
    struct cipher  cipher;               /* cipher to be used */
    unsigned char  newiv[EVP_MAX_IV_LENGTH];  /* new IV */

    /* variables for message digest */
    const EVP_MD   *hashfunc;                  /* hash function */
    unsigned char  digest[EVP_MAX_MD_SIZE];   /* digest of the request message */
    unsigned int   dgstlen = 0;                /* length of hash */

    /* variables for RSA */
    FILE           *fp = NULL;              /* file pointer */
    RSA            *rsa = NULL;             /* pointer to RSA structure */
    RSA            *rsaret = NULL;          /* RSA pointer returned */
    unsigned long  error = 0L;              /* Openssl error code */
    unsigned int   siglen = 0;              /* length of signature */
    unsigned int   *siglenp = NULL;         /* pointer to signature length field */
    int            dgsttype = RSADGSTTYPE;  /* digest type */

    /* Get the server port number from user, if any */
    if (argc > 1)
    {
      portnum_in = atoi(argv[1]);
      if (portnum_in <= 0)
      {
        fprintf(stderr, "Error: port number %s invalid\n", argv[1]);
        fprintf(stderr, "Usage: %s [server_port] [1 (use IPv6)]\n", argv[0]);
        return(-1);
      }
      else
        portnum = portnum_in;
    }

    /* Get the IPv6 switch from user, if any */
    if (argc > 2)
    {
      if (argv[2][0] == '1')
        ipv6 = 1;
      else if (argv[2][0] != '0')
      {
        fprintf(stderr, "Usage: %s [server_port] [1 (use IPv6)]\n",
argv[0]);
        return(-2);
      }
    }

    fprintf(stdout, "TCP server listening at portnum=%u ipv6=%u\n", portnum, ipv6);
```

```
/* Get the structure describing the message digest algorithm by name */
hashfunc = EVP_get_digestbyname(RSAHASH_NAME);
if(hashfunc == NULL)
{
  fprintf(stderr, "Error: unknown hash function %s\n", RSAHASH_NAME);
  return(-3);
}

/* Create the server listener socket */
if (ipv6)
  ret = new_bound_srv_endpt(&sfd, (struct sockaddr *)&srvaddr6, AF_INET6,
    portnum);
else
  ret = new_bound_srv_endpt(&sfd, (struct sockaddr *)&srvaddr, AF_INET,
    portnum);

if (ret != 0)
{
  fprintf(stderr, "Error: new_bound_srv_endpt() failed, ret=%d\n", ret);
  return(-4);
}

/* Listen for incoming requests and send replies */
do
{
  /* Listen for next client's connect request */
  newsock = accept(sfd, (struct sockaddr *)&clntaddr6, &clntaddr6sz);
  if (newsock < 0)
  {
    fprintf(stderr, "Error: accept() failed, errno=%d\n", errno);
    continue;
  }

  fprintf(stdout, "\nServer got a client connection\n");

  /* Initialize the cipher */
  strcpy(cipher.name, DEFAULT_CIPHER);
  strcpy((char *)cipher.key, DEFAULT_KEY);
  strcpy((char *)cipher.iv, DEFAULT_IV);

  /* Service this current client until done */
  done = 0;
  msgcnt = 1;
  do
  {
    /* Read the request message */
    insize = recv(newsock, inbuf, MAXREQSZ, 0);
    if (insize <= 0)
    {
      fprintf(stderr, "Error: recv() failed, insize=%lu\n", insize);
      break;
    }
```

```
        /* Decrypt the requested message */
        reqmsgsz = 0;
        ret = mydecrypt2(inbuf+RSASIGLEN+LENGTHSZ, insize-RSASIGLEN-LENGTHSZ,
            reqmsg, &reqmsgsz, &cipher);
        if (ret != 0)
        {
          fprintf(stderr, "Error: mydecrypt2() failed, ret=%d\n", ret);
          break;
        }

        reqmsg[reqmsgsz]='\0';
        fprintf(stdout, "Server received: %s\n", reqmsg);

        /* Compute message digest from the decrypted message */
        dgstlen = 0;
        ret = message_digest2(hashfunc, reqmsg, reqmsgsz, digest, &dgstlen);
        if (ret != SUCCESS)
        {
          fprintf(stderr, "Error: message_digest2() failed, ret=%d\n", ret);
          break;
        }

        /* Read the sender's RSA public key from the file */
        fp = fopen(RSAPUBKEYFILE, "r");
        if (fp == NULL)
        {
          fprintf(stderr, "Error: fopen()() failed, errno=%d\n", errno);
          break;
        }

        rsaret=PEM_read_RSA_PUBKEY(fp, &rsa, (pem_password_cb *)NULL, (void *)NULL);
        if (rsaret == NULL)
        {
          error = ERR_get_error();
          fprintf(stderr, "Error: PEM_read_RSA_PUBKEY() failed,
error=%lu\n", error);
          fclose(fp);
          break;
        }
        fclose(fp);

        /* Get the length of the actual signature. Do byte order conversion. */
        siglenp = (unsigned int *)inbuf;
        siglen = ntohl(*siglenp);

        /* Verify the RSA signature using the RSA public key read from file */
        ret = verify_RSA_signature(dgsttype, digest, dgstlen, inbuf+LENGTHSZ,
              siglen, rsa);
        if (ret != SUCCESS)
        {
          fprintf(stderr, "Error: verify_RSA_signature() failed, ret=%d\n", ret);
          break;
        }
        /* Note: You cannot free the rsa here! */
```

```
        fprintf(stdout, "RSA digital signature of the sender was 
successfully verified.\n\n");

        /* Set reply message */
        if ( !strcmp(reqmsg, BYE_MSG) )
        {
          done = 1;
          strcpy(reply, reqmsg);
        }
        else
          sprintf(reply, SRVREPLY2, msgcnt++);

        replysz = strlen(reply);

        /* Encrypt the reply message */
        outsz = 0;
        ret = myencrypt2(reply, replysz, outbuf, &outsz, &cipher);
        if (ret != 0)
        {
          fprintf(stderr, "Error: myencrypt2() failed, ret=%d\n", ret);
          break;
        }

        /* Send back an encrypted reply */
        ret = send(newsock, outbuf, outsz, 0);
        if (ret < 0)
          fprintf(stderr, "Error: send() failed to send a reply, errno=%d\n",
            errno);

        /* Change the IV for encryption/decryption */
        ret = increment_iv(cipher.iv, newiv);
        if (ret == 0)
          strcpy((char *)cipher.iv, (char *)newiv);
        else
        {
          fprintf(stderr, "Error: increment_iv() failed, ret=%d\n", ret);
          break;
        }

      } while (!done);

      /* We can close the socket now. */
      close(newsock);
      /* Note: We cannot free rsa here either. */

    } while (1);
  }
```

(b) tcpclntrsa.c

```
  /*
   * Demonstrating secrecy and nonrepudiation in network communications.
   * This is a TCP client program which exchanges messages with
```

```
 * a TCP server using encryption/decryption for secrecy and RSA digital
 * signature for message integrity and sender nonrepudiation.
 * Copyright (c) 2015, 2016, 2020 Mr. Jin-Jwei Chen. All rights reserved.
 */

#include <stdio.h>
#include <errno.h>
#include <sys/types.h>
#include <sys/socket.h>
#include <netinet/in.h>    /* protocols such as IPPROTO_TCP, ... */
#include <string.h>        /* memset(), strlen() */
#include <stdlib.h>        /* atoi(), malloc() */
#include <openssl/evp.h>
#include <openssl/hmac.h>
#include <openssl/rsa.h>
#include <openssl/pem.h>
#include <openssl/err.h>
#include "myopenssl.h"
#include "netlib.h"

#define FREEALL      \
    close(sfd);      \
    free(reqmsg);    \
    RSA_free(rsa);

int main(int argc, char *argv[])
{
  int       ret;          /* return value */
  int       sfd=0;        /* socket file descriptor */
  char      replymsg[MAXRPLYSZ];   /* reply message from server */
  size_t    reqbufsz = MAXREQSZ;   /* size of client request buffer */
  char      *reqmsg=NULL;          /* pointer to request message buffer */
  size_t    reqmsgsz;              /* size of client request message */
  size_t    replysz;               /* size of server reply message */
  size_t    outsz;                 /* size of encrypted request message */
  size_t    insize;                /* size of encrypted reply message */
  unsigned char  outbuf[MAXREQSZ+RSASIGLEN+LENGTHSZ];      /* output buffer */
  unsigned char  inbuf[MAXRPLYSZ];       /* input buffer */

  in_port_t      srvport = SRVPORT;       /* port number the server listens on */
  int            srvport_in = 0;          /* port number specified by user */
  char           *srvhost = "localhost"; /* name of server host */
  int            done = 0;                /* to end client */

  struct cipher  cipher;                      /* cipher to be used */
  unsigned char  newiv[EVP_MAX_IV_LENGTH];  /* new IV */

  const EVP_MD   *hashfunc;                   /* hash function */
  unsigned int   dgstlen = 0;                 /* length of hash */
  unsigned char  digest[EVP_MAX_MD_SIZE];   /* message digest */

  RSA            *rsa = NULL;                 /* RSA structure */
  int    bits = RSABITSLEN;  /* length of the prime number p to be generated */
  unsigned char  seed[RSASEEDLEN+1] = RSASEED;  /* seed */
```

```
unsigned int   siglen;                  /* actual length of RSA signature */
FILE           *fp = NULL;              /* file holding RSA public key */
unsigned long  error = 0L;              /* error code */
unsigned int   *siglenp = NULL;         /* pointer to signature length field */
int            dgsttype = RSADGSTTYPE; /* digest type */

/* Get the server port number from user, if any */
if (argc > 1)
{
  srvport_in = atoi(argv[1]);
  if (srvport_in <= 0)
  {
    fprintf(stderr, "Error: port number %s invalid\n", argv[1]);
    return(-1);
  }
  else
    srvport = srvport_in;
}

/* Get the name of the server host from user, if specified */
if (argc > 2)
  srvhost = argv[2];

/* Set the cipher */
strcpy(cipher.name, DEFAULT_CIPHER);
strcpy((char *)cipher.key, DEFAULT_KEY);
strcpy((char *)cipher.iv, DEFAULT_IV);

/* Get the structure describing the message hash algorithm by name */
hashfunc = EVP_get_digestbyname(RSAHASH_NAME);
if(hashfunc == NULL)
{
  fprintf(stderr, "Error: unknown hash function %s\n", RSAHASH_NAME);
  return(-2);
}

/* Connect to the server */
ret = connect_to_server(&sfd, srvhost, srvport);
if (ret != 0)
{
  fprintf(stderr, "Error: connect_to_server() failed, ret=%d\n", ret);
  if (sfd) close(sfd);
  return(-3);
}

/* Allocate input buffer */
reqmsg = malloc(MAXREQSZ);
if (reqmsg == NULL)
{
  fprintf(stderr, "Error: malloc() failed\n");
  close(sfd);
  return(-4);
}
```

```
    /* Send a few messages to the server */
    do
    {
      fprintf(stdout, "Enter a message to send ('bye' to end): ");
      reqmsgsz = getline(&reqmsg, &reqbufsz, stdin);
      if (reqmsgsz == -1)
      {
        fprintf(stderr, "Error: getline() failed, ret=%lu\n", reqmsgsz);
        close(sfd);
        free(reqmsg);
        return(-5);
      }

      /* Remove the newline character at end of input */
      reqmsg[--reqmsgsz] = '\0';

      /* Calculate the digest of the message */
      memset(digest, 0, EVP_MAX_MD_SIZE);
      memset(outbuf, 0, RSASIGLEN);
      dgstlen = 0;
      ret = message_digest2(hashfunc, reqmsg, reqmsgsz, digest, &dgstlen);
      if (ret != SUCCESS)
      {
        fprintf(stderr, "Error: message_digest2() failed, ret=%d\n", ret);
        close(sfd);
        free(reqmsg);
        return(-6);
      }

      /* Initialize RSA */
      ret = init_RSA(bits, seed, RSASEEDLEN, &rsa);
      if (ret != SUCCESS || rsa == NULL)
      {
        fprintf(stderr, "Error: init_RSA() failed, ret=%d.\n", ret);
        close(sfd);
        free(reqmsg);
        return(-7);
      }

      /* Sign the message digest using RSA */
      ret = get_RSA_signature(dgsttype, digest, dgstlen, outbuf+LENGTHSZ,
&siglen, rsa);
      if (ret != SUCCESS)
      {
        fprintf(stderr, "Error: get_RSA_signature() failed, ret=%d\n", ret);
        FREEALL
        return(-8);
      }

      /* Place the signature length at beginning of the buffer */
      siglenp = (unsigned int *)outbuf;
      *siglenp = htonl(siglen);

      /* Write the RSA public key out to a file for the recipient */
```

```
        fp = fopen(RSAPUBKEYFILE, "w");
        if (fp == NULL)
        {
          fprintf(stderr, "Error: fopen()() failed, errno=%d\n", errno);
          FREEALL
          return(-9);
        }

        ret = PEM_write_RSA_PUBKEY(fp, rsa);
        if (ret != OPENSSL_SUCCESS)
        {
          error = ERR_get_error();
          fprintf(stderr, "Error: PEM_write_RSA_PUBKEY() failed,
error=%lu\n", error);
          fclose(fp);
          FREEALL
          return(-10);
        }
        fclose(fp);

        /* Encrypt the message to be sent and place it after the hash in buffer */
        ret = myencrypt2(reqmsg, reqmsgsz, outbuf+LENGTHSZ+RSASIGLEN,
&outsz, &cipher);
        if (ret != 0)
        {
          fprintf(stderr, "Error: myencrypt2() failed, ret=%d\n", ret);
          FREEALL
          return(-11);
        }

        fprintf(stdout, "Send request:\n");
        print_cipher_text(outbuf, outsz+RSASIGLEN+LENGTHSZ);

        /* Send the encrypted message, together with RSA signature */
        ret = send_msg(sfd, (unsigned char *)outbuf, outsz+RSASIGLEN+LENGTHSZ, 0);
        if (ret != 0)
        {
          fprintf(stderr, "Error: send_msg() failed, ret=%d\n", ret);
          FREEALL
          return(-12);
        }

        /* Wait for server reply */
        memset((void *)inbuf, 0, MAXRPLYSZ);
        insize = 0;
        insize = recv(sfd, inbuf, MAXRPLYSZ, 0);
        if (insize <= 0)
        {
          fprintf(stderr, "Error: recv() failed to receive a reply from "
            "server, insize=%lu\n", insize);
          FREEALL
          return(-13);
        }
```

```
    /* Decrypt the server reply message */
    memset((void *)replymsg, 0, MAXRPLYSZ);
    replysz = 0;
    ret = mydecrypt2(inbuf, insize, replymsg, &replysz, &cipher);
    if (ret != 0)
    {
      fprintf(stderr, "Error: mydecrypt2() failed, ret=%d\n", ret);
      FREEALL
      return(-14);
    }

    replymsg[replysz]='\0';
    fprintf(stdout, "Got this reply: %s\n", replymsg);

    if (!strcmp(replymsg, reqmsg))
      done = 1;

    /* Change the IV for encryption/decryption */
    ret = increment_iv(cipher.iv, newiv);
    if (ret == 0)
      strcpy((char *)cipher.iv, (char *)newiv);
    else
    {
      fprintf(stderr, "Error: increment_iv() failed, ret=%d\n", ret);
      FREEALL
      return(-15);
    }

    if (rsa)
    {
      RSA_free(rsa);
      rsa = NULL;
    }

  } while (!done);

  close(sfd);
  free(reqmsg);
  if (rsa) RSA_free(rsa);
  return(0);
}
```

圖 15-19 所示即為一對以加密作信息保密，以及以 RSA 數位簽字作信息完整性保護與送出者確認，的客戶伺服程式。

在產生數位簽名時用到的送出者公開暗碼，被寫入一檔案內，以便信息接收者也能讀得到。信息接收者自檔案中讀取信息送出者的公開暗碼，並將之用於數位簽字的驗證上。

以下即為執行這對程式的輸出樣本。

```
    $ ./tcpsrvrsa
    TCP server listening at portnum=7878 ipv6=0
    SO_REUSEADDR option is turned on.

    Server got a client connection
    Server received: We are getting 18 inches of snow today which is the
most so far this year!
    RSA digital signature of the sender was successfully verified.

    Server received: bye
    RSA digital signature of the sender was successfully verified.

    $ ./tcpclntrsa
    Enter a message to send ('bye' to end): We are getting 18 inches of
snow today which is the most so far this year!
    Send request:
    Cipher text=0x0000010030a8a61690567007dac6ab83147a8c677635b9d43ca0a3dd
cfaf8bff6b5039e05661f3d3a8ec6e52e1b1c01b874bc5f5bc0d90dee2531570f6b46e7d91
dd03cafd95c8b2c8d594167f39a7c86fca907642c2c28a475b89336afdc9b54531c443c977
f21cb6f3679ab522f409895a1bef6ba3600581c2496db5285875e41bc1763a8b1e9de3c950
42782bd4f8ce7be55cde4374e4c9161942c1387bb93a5bbecd194081911fda0e221502e87b
ab5fd1149855264e149a36344b70eca6af25093c30f75325e1a3c1825f3ffdc5a6a13ecebe
a88b054f13d2dc1f72bd6991d94c00001afa2eb14f23751f114075c3944d0f183344007888
25ea70de405bcfa3e04f00000000608353bdb5215d1c147814fc4378e4cd9967a74ca43aa1
212d4b23cdeb8b8894f4decc135e9a305a987fc4e28df1068011bdfb72baa07265cbf2fca1
78104e630f7fdaf65594b5f525036d73b9947fdb1983214c
    Got this reply: This is reply message # 1 from the server.
    Enter a message to send ('bye' to end): bye
    Send request:
    Cipher text=0x000001006b6cdba527cc2076f304372e10aa08ae93ba4f08c86b5dbf
3eb813471dcc6f54c35c435d167d4146a53a35e28531e6aaaa149a049a823cb8c2e48b3669
f99d9b4ec36300a2ceaa7d62748929832314a1fdea645525730e54278b6f78df5ef82a614e
87db7b8a821a06f58610ded3330a5a4aa502d5156c988a8ddd64dc3b9af970e31138847078
bc0f331596c426776e2bf3283fe36c9ee714c5b64f4da691751e31cddf7e7e2207d3d4eebc
0e289091361c82c124bd32351156f41758e6554ea0fa7c944d92d0658c8acb01898786c37e
40edef4da23d285b754c0eff5db8be5f7c83a821a20d768145a7cc45cb248991f5b66c871e
675e426c28b0a564258c00000000608353bdffb0c0b202f607fe
    Got this reply: bye
```

15-6-3-2-1 產生 RSA 數位簽字

使用 OpenSSL 時，RSA 數位簽字的作業與 DSA 很類似。

從例題程式中可看出，產生一 RSA 數位簽字的準備步驟如下：

- RSA_new()：產生與騰出一 RSA 資料結構
- RAND_seed()：選擇一個種子，讓隨機數目產生器使用
- BN_new() 與 BN_set_word()：騰出與設定一個很大的數目

- RSA_generate_key_ex()：指定很大數目與 bits 的長度，產生一對 RSA 的公開暗碼與私有暗碼。

一旦 RSA 暗碼產生後，下一個步驟即算出信息的紋摘，然後將之簽名以獲得數位簽字：

- 求出信息紋摘
- RSA_sign()：以 RSA 私有暗碼將信息紋摘簽名，然後送回 RSA 簽字。

為了能讓信息接收者有辦法查核簽字，信息送出者的公開暗碼必須自 RSA 資料結構中取出，並存入一檔案內，以便信息接收者能讀取與使用。這個步驟以叫用 PEM_write_RSA_PUBKEY() 達成：

PEM_write_RSA_PUBKEY()：將 RSA 公開暗碼寫出至一檔案上

RSA_sign() 數

```
#include <openssl/rsa.h>
int RSA_sign(int type, const unsigned char *dgst, unsigned int dgstlen,
             unsigned char *sigret, unsigned int *siglen, RSA *privkey);
```

RSA_sign() 函數以簽字者的私有暗碼（存在 privkey 引數內），將第二引數 dgst 所指的紋摘簽名。紋摘的長度則由第三引數 dgstlen 指明。結果由 sigret 引數所指的輸出緩衝器送回。引數 siglen 則指出該緩衝器的容量。

函數的第一引數 type 指出用以求出 dgst 引數中之紋摘的信息紋摘演算法，它可以是 NID_sha1，NID_md5，NID_ripemd160，等等。

成功時，RSA_sign() 送回 1。

15-6-3-2-2 驗證 RSA 數位簽字

為了驗證 RSA 數位簽字，信息的接收者首先以發送者所使用之同一雜數函數，從他所收到之信息中，求出信息之紋摘。緊接讀取信息發送者的公開暗碼，然後以他所收到的數位簽字，以及獨立求得的信息紋摘，叫用簽字驗證函數。

在 OpenSSL 上，這些步驟如下：

- 以與信息發送者所使用之同一雜數函數，求出所接收到之信息的紋摘
- PEM_read_RSA_PUBKEY()：自檔案讀取信息發送者的公開暗碼

● RSA_verify()：以發送者之公開暗碼，所收到的數位簽字，以及自己獨立求得之收到信息的紋摘，驗證發送者的數位簽字。

RSA_verify() 函數

```
#include <openssl/rsa.h>
int RSA_verify(int type, const unsigned char *dgst, unsigned int dgstlen,
               unsigned char *sigbuf, unsigned int siglen, RSA *pubkey);
```

RSA_verify() 函數檢查 sigbuf 引數中所指的數位簽字（其長度由 siglen 引數指明），是否與 dgst 引數所指的接收者所求出的信息紋摘相符（該紋摘長度由 dgstlen 引數指出）。函數的第一引數 type 指明用以求出信息紋摘的信息紋摘演算法。函數的最後一個引數 pubkey 指明產生 sigbuf 之簽字的簽名者的公開暗碼。

若簽字驗證成功，則 RSA_verify() 函數送回 1。

15-7 公開暗碼環境結構（PKI）

讀者中有人很可能已聽過 PKI 這名詞。PKI 代表**公開暗碼大環境結構**（Public Key Infrastructure）。它是一個促使與輔助電子商務以及使諸如網際網路之計算機網路通信成為可能的基礎技術及環境結構。

網際網路（Internet）本身是一個涵蓋幾乎全世界的龐大計算機網路。由於網際網路包含無計其數的不同計算機，因此，傳統方式的用戶名稱與密碼的安全方式已不再可能。欲為可能用到某一網際網路伺服器之所有來自世界任何角落的所有用者，事先在伺服器上建立一個帳戶，根本就是不可能的。

由於通信的方式是遠距的，透過網際網路，根本看不到本人，也無法驗證身份證或指紋等等，試想，如何在這種情況下進行買賣又確保安全呢？你如何防止某人在網際網路上設立一個假的網站，專門收錢而從未寄出任何商品給買者呢？這些不同公司如何辨認呢？真正的答案就是**數位憑證**（digital certificate）。

在數位電子商務上，數位憑證用以代表與確認，涉及以計算機網路通信之各方，尤其是在可能的客戶無法事先知道的情況，像是在網際網路上。

數位憑證完全是根據以電腦產生一對公開暗碼與私有暗碼的公開暗碼密碼術（Public Key Cryptography ,PKC）。每一數位憑證，主要就是一含有憑證發行者以其自身之私有暗碼，將憑證之擁有個體的公開暗碼簽字的電子文件。

換言之，電子商務仰賴著以數位憑證代表與確認個人或個體。而數位憑證則基於公開暗碼密碼術。因此，電子商務是也根基於公開暗碼密碼術。

就如我們在以上幾節所討論的，計算機安全的很多方面都用到了公開暗碼密碼術。它用在達成保密（加密與解密），接收者確認（公開暗碼加密技術），以及發送者確認與無可否認（電子簽字）（私有暗碼加密技術）上。此外，它也在幫忙會議期的建立上，在諸如 SSL 與 TLS 等網路協定上，負責產生兩方共用的秘密會議期暗碼。會議期暗碼是通信雙方彼此同意，在一會議期間使用的對稱式加密演算法的秘密密碼。

由於其免除了在通信之前，必須將一共同的秘密暗碼事先交給通信雙方的要求，公開暗碼密碼術簡化了經由諸如網際網路之計算機網路，與一從未見過面，遠在千里之外之個體或個人，進行安全通信的工作。這是公開暗碼密碼術非常重要的貢獻。

基於公開暗碼密碼術所建的所有技術，都是公開暗碼環境結構（PKI）的一部分。但 PKI 並不止於僅包括這些技術。它實際包含了所有這些技術，規則，法令，角色，協定與政策。它的組成元素也包括憑證發放當局，憑證儲存所，憑證登記，憑證驗證，憑證吊銷（revocation），憑證更新，萬一暗碼遺失之暗碼恢復服務，暗碼與憑證生命週期管理等等。

總之，公開暗碼環境結構是一建立在公開暗碼密碼術的電子商務安全結構。

15-7-1 公開暗碼密碼術的應用

1. 公開暗碼加密—保密與接收者確認

在以公開暗碼密碼術提供通信的秘密性時，一信息的發送者以接收者的公開暗碼將信息加密。這種用法有時稱公開暗碼加密（PKE）。這有兩個好處。首先，因為信息在發送前被加密了，因此，它提供了保密或秘密性。第二，因為信息是以接收者的公開暗碼加密的，因此，加了密的信息只有以接收者的私有暗碼才能解密。所以只要接收者的私有暗碼沒有洩漏，則能看到原本信息的也一定只有那接收者本人。這就是接收者確認。

2. 數位簽字一保密，信息完整性與發送者確認 / 無可否認

公開暗碼密碼術的第二個主要用途是數位簽字。它提供了保密，信息完整性以及讓信息的發送者無法否認的功能。

在此應用上，信息的發送者以他自己的私有暗碼，將被送出的信息以及信息紋摘加密。加了密的信息與紋摘然後再傳給對方。信息的接收者以信息發送者的公開暗碼，將所收到的信息與紋摘解密。倘若能解密成功，那就代表信息與紋摘一定是以發送者的私有暗碼加密的。因此，只要發送者的私有暗碼未被洩漏，那這信息一定就是發送者所寄出的。發送者無法否認。這就提供了無法否認與保密。

此外，倘若信息的接收者由其所接收之信息所自己求出的紋摘與發送者所送來的紋摘相符，那就證明信息在傳送過程未被動過手腳。這就是信息完整性的保護。

15-8 X.509 憑證

在進一步討論 SSL/TLS 協定之前，這一節先介紹 SSL 與 TLS 網路協定所依賴的數位憑證，或簡稱憑證。

15-8-1 什麼是憑證？

在 SSL/TLS 領域裡，每一個體，不論是一個人，一個公司，一部電腦，一個程式（客戶或伺服），或一個設備，總是以一稱為**數位憑證**（digital certificate）或簡稱**憑證**（certificate）之電子文件加以辨別。

憑證是什麼呢？憑證事實上就是公開暗碼環境結構（PKI）的一部份。前面說過，公開暗碼密碼術總是以計算機產生一對公開與私有的暗碼，將之用在加密，解密，或諸如確認等其他用途上。這對暗碼是以一演算法，由計算機同時產生，因此，彼此是相關且相配的。其中，私有暗碼是應保密，只有擁有者一個人知道而已。而公開暗碼則可以公佈讓大眾知道的。一個數位憑證，就是一個載明一個公開暗碼以及其擁有者之資訊（諸如姓名，地位，公司名稱等）的數位文件。

每一憑證必須有一發行者（issuer）。憑證本身必須由發行者簽名，亦即，以發行者之私有暗碼加密的。

更明確的說，一個憑證就是一個由某個體 B 以其私有暗碼，將含有某個體 A 之公開暗碼簽名所得的數位文件。換言之，憑證的主要內含是某個體 A 的公開暗碼。它是由某一個體 B 所數位簽名發行的。個體 A 即為憑證之**主體**（subject）或擁有者，而個體 B 則為憑證之**發行人**。這憑證的發行人又稱**憑證官方**（Certificate Authority，簡稱 CA）。他就是在憑證上簽名者。

在憑證上簽名意指，憑證上所含的公開暗碼，是實際以加密演算法，以簽名者的私有暗碼作為第二輸入，所加密過的結果。

所以，除了擁有者之公開暗碼之外，每一憑證上通常還會含有許多其他資訊。這些資訊包括：

- 公開暗碼：這公開暗碼（以加密過的形式存在），辨別憑證的擁有者
- 主體的資訊：擁有者的姓名，住址，機構
- 發行者的資訊：憑證發行/簽名者的姓名，地址及機關
- 有效期限：憑證的有效期間
- 憑證簽字時所使用的演算法
- 憑證的字號（serial number）
- 憑證的版本
- 這憑證是否是權威或官方憑證

數位憑證的格式是由 **X.509 標準**所訂定。因此，數位憑證也叫 X.509 憑證。

15-8-2 X.509 數位憑證的結構

X.509 數位憑證的結構定義在 X.509 標準上，且表示成 ASN.1（Abstract Syntax Notation One）正規語言。圖 15-20 所示即為 X.509 憑證之第三版的格式。

如圖 15-20 所示，一個 X.509 憑證有兩個主要成員。第一部分是憑證本身，包括憑證之擁有者與發行者的資訊。第二部分則是憑證的發行者在將憑證簽名時所產生的憑證簽字。

每一擴充（extension）都有其自己的識別，表示成物件識別。假若有很重要的擴充無法辨認，或其資訊無法處理，則憑證就不能接受。但對一不是極端重要的擴充而言，假若其能辨別，就必須處理。萬一無法辨別，就可以忽略。

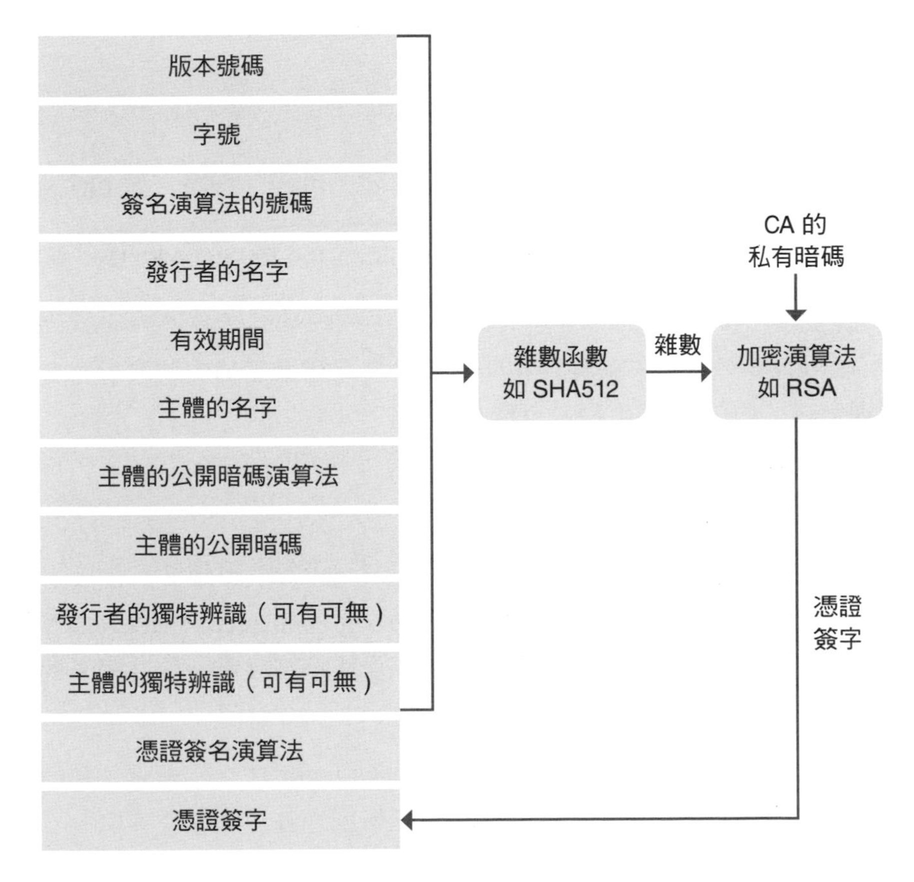

圖 15-20　X.509 憑證的內含及簽字的產生

憑證簽字

在 CA（憑證官方）在一憑證上簽字時，其簽字被附加在憑證最後。這簽字在憑證驗證時，必須查核。

此外，誠如圖 15-20 所示的，在憑證簽字時，事實上是只有憑證的雜數（hash）或紋摘（digest）被簽字（即加密）而已，而非整個憑證。

在產生憑證簽字時，憑證的第一部分（不包括憑證簽名演算法與憑證簽字欄）的紋摘，首先以憑證簽名演算法欄上所含的雜數演算法算出。所得紋摘再經憑證簽名演算法之第二部分所含的加密演算法，將之加密，以產生憑證之簽字。譬如，憑證簽名演算法可能是 sha512WithRSAEncryption，這代表憑證簽名演算法以 SHA512 雜數演算法算出憑證的紋摘，然後再以 RSA 加密演算法將該紋摘加密，以求得憑證的簽名。

15-8-3 憑證檔案的格式

儲存憑證與暗碼的檔案有三種不同格式：PEM，DER，與 PKCS#12。

他們使用兩種不同的寫碼方式（encoding）：Base64 ASCII 寫碼與 DER 二進制寫碼。

X.509 數位憑證一般都存在一個檔案裡。檔案名稱的型態經常會讓人搞迷糊了，這節分別介紹這每一種格式。

15-8-3-1 PEM 格式

PEM 的憑證格式是最常見的。它是文字（text）格式。

PEM 代表增強隱私性的電子郵件（Privacy-enhanced Electronic Mail）。它事實上是一種由網際網路隱私之研究工作小組所設計，作為電子郵件安全用的協定。

PEM 格式的憑證檔案是以 Base64 寫碼的 ASCII 文字檔案。其內容是可以看得懂的文字，但因為已經過寫碼過，所以，真正內容看不出。

一個存成 PEM 格式的憑證開頭會是

```
"-----BEGIN CERTIFICATE-----"
```

而結尾會是

```
"-----END CERTIFICATE-----"
```

憑證的真正內含就落在這兩者之間。有時，開頭與結尾也會如下所示：

```
"-----BEGIN X509 CERTIFICATE----"
"-----END X509 CERTIFICATE----"
```

一個 PEM 檔案可以儲存 X.509 憑證，私有暗碼（RSA 或 DSA）與公開暗碼（RSA 或 DSA）。

每次以肉眼檢視一下 PEM 檔案的內容，並非壞事，一個含有公開暗碼的 PEM 檔案永遠會以下列一行開頭：

```
-----BEGIN PUBLIC KEY-----
```

且以這一行結尾：

```
-----END PUBLIC KEY-----
```

一個含有 RSA 私有暗碼的 PEM 檔案，開頭第一行會是：

```
-----BEGIN RSA PRIVATE KEY-----
```

且最後一行會是

```
-----END RSA PRIVATE KEY-----
```

PEM 檔案之檔案名稱的型態通常是“.pem”，但偶而也會有“.crt”，“.cer”，或“.key”的時候。名叫“*.key”的檔案，通常是只有包含私有暗碼的PEM格式的檔案。

OpenSSL 的既定格式是 PEM。在 OpenSSL，一個 PEM 格式的檔案可以含一個或多個憑證或私有暗碼。寫成 C 語言的 SSL/TLS 程式，可以使用 SSL_FILETYPE_PEM 代表 PEM 檔案格式。

記得，PEM 是寫碼成 Base64。緊接我們介紹 DER 格式。

15-8-3-2 DER 格式

與 PEM 格式的憑證檔案使用 Base64 ASCII 寫碼相對照的，DER 格式的憑證檔案則使用二進制的 DER 寫碼。

DER 代表高尚的寫碼規則（Distinguished Encoding Rules）。DER 是一種用以產生以 ASN.1 符號所描述之資料結構的不模棱兩可的移轉文法的寫碼方式。一數位憑證就是以 ASN.1 的值計算的。ASN 代表抽象文法符號（Abstract Syntax Notation）。ASN.1 是一種用以描述遠距通信協定所傳輸之資料的正規符號。它與資料的語言實作與實體表示都無關。

DER 格式是一種二進制格式，是人眼所看不懂的。與 PEM 格式的憑證檔案不同的是，DER 格式的憑證檔案並不使用任何文字式的開頭或結尾。

一個 DER 格式的檔案可以含有憑證，公開暗碼與私有暗碼。絕大多數網際網路的瀏覽器都採用 DER 作為既定格式。

注意到，在 OpenSSL 上，當程式在自檔案型態是 SSL_FILETYPE_ASN1（使用 DER 二進制寫碼）的檔案讀取憑證或私有暗碼時，許多程式界面都只支援每個檔案只存一個憑證或私有暗碼。

DER 格式的憑證檔案，其檔案名的型態通常是“.der”，“.cer” 或“.crt”。

15-8-3-3 PKCS#12

美國 RSA實驗室於 1996 年公佈了一系列稱為**公開暗碼密碼術標準**（Public-Key Cryptography Standards，PKCS）的標準，PKCS#12 就是其中一個。

PKCS#12 標準規定了一個能將多個密碼術物件（objects），都同時儲存在同一個檔案上的備存（archive）檔案格式。其主要用以**將一個 X.509 憑證與其相關的私有暗碼，同時存放在同一個檔案上**。由於它可以包含多個密碼術物件，因此，經常用以將一連串可信賴的 CA 憑證都集中在同一檔案上。

PKCS#12 格式之憑證檔案的檔案型態名，通常是“.p12”或“.pfx”。PFX 格式以及“.pfx”之檔案名型態，通常是在微軟視窗上使用。它就是 PKCS#12 的前身。

一個 PKCS#12 檔案可以儲存私有暗碼，公開暗碼，與憑證。這個格式之檔案內所存的資料，也是二進制格式。

15-8-4 憑證官方（CA）

人們如何取得數位憑證呢？

在實際的商業應用上，憑證是由一些眾所皆知之憑證發行公司"正式"發出的。一個憑證的發行者稱作**憑證官方**（certificate authority，**CA**）。記得，這些是私人或私人公司，而非政府機構。需要數位憑證者可向這些公司申請，登記與繳費，以取得你或你公司的憑證。所以，一個憑證官方就是一個發行數位憑證的個體。

有許多公司都在發行憑證。比較有名的包括 Symantec，Comodo，GoDaddy，Entrust，GlobalSign，DigiCert，StartCom，Verizon，SwissSign，Verisign，還有其他許多公司。像這些眾所皆知的憑證發行公司，一般都被認為是可信賴的。因此，它們是可信賴的憑證官方（trusted CAs）。

通常，欲取得一個憑證時，你必須先產生一對公開與私有的暗碼，填好一**憑證簽字請求**（certificate signing request, **CSR**）的表格，然後將之寄給這其中一家憑證發行公司，讓它們將你的憑證簽字請求，簽名變成憑證，再寄回給你。這個手續一般是要收費的。當然，在你的憑證上簽名之前，這些憑證官方有義務查明你在憑證簽字請求上所列的所有資訊都屬實，值得信賴。這個過程需要一些時間，也需要付費。

15-8-5 憑證鏈

一個憑證用以辨認一個個體，如一部計算機或一個伺服器。許多情況下，光一個公司就會有幾拾或幾百個網際網路伺服器。要向一個憑證發行公司申請這麼多憑證，不僅費時也需要不少錢。因此，實務上，很多公司就會只申請一個或少數幾個具有憑證官方效力的憑證，然後隨後再利用這些官方憑證，發出公司內所需的其他憑證。

在一個憑證發行時，它可以記載這個憑證是憑證官方與否。若是憑證官方，則代表它可以進一步認可與發行其他的憑證。

亦即，一個官方的憑證，可以進一步用來在其他的憑證上簽名，發行其他的憑證。不是憑證官方的憑證就不能這樣。因此，這就產生了所謂的憑證官方連鎖。憑證官方 A 簽名認證憑證官方 B，憑證官方 B 簽名認證憑證官方 C，憑證官方 C 再簽名認證憑證 D，等等。

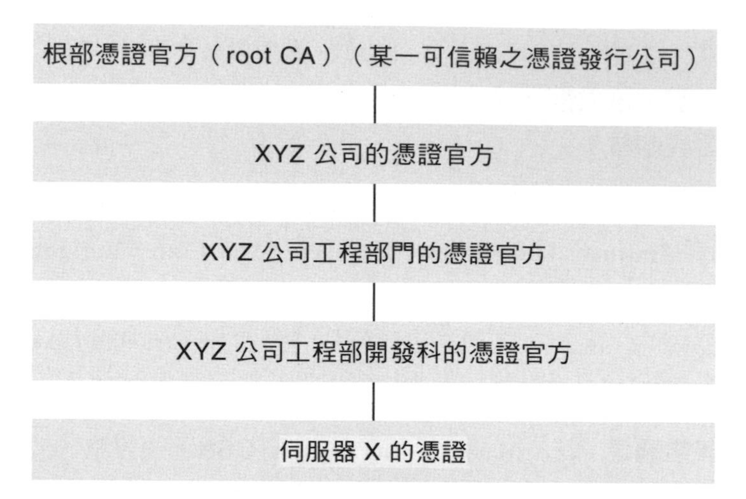

換言之，每一公司都有一個最頂端的憑證官方。這個憑證的主體名稱通常就是公司的名字。這個憑證是由其中一家憑證發行公司所發出。這個公司的憑證官方就可進一步在公司多個不同部門的憑證簽名請求上簽名，發行公司各部門之憑證。若這些部門憑證註記成憑證官方，則它們就可進一步發行其部門內所需的其他憑證。憑證鏈就這樣形成了。

在實際的情況下，一個伺服器通常會看到由多個不同根部憑證官方所發行的憑證（畢竟世上有這麼多家不同的憑證發行公司）。因此，實際會有多個不同的可信賴的憑證鏈，如圖 15-21 所示。

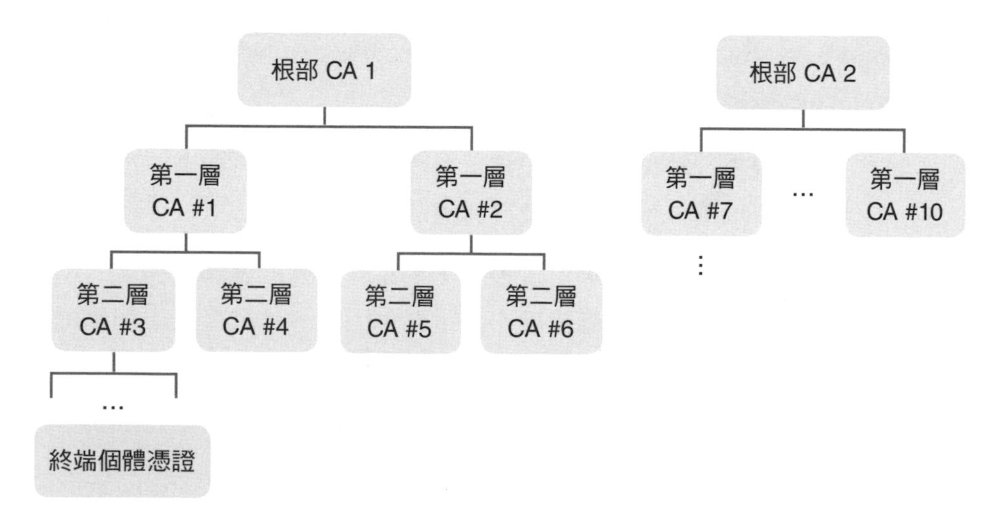

圖 15-21 多個憑證鏈是很平常的

記得，根部憑證官方本身的憑證也是要經過簽名的。因此這些憑證有時會是自己簽名或**自簽的**（self-signed）。

在發行時，倘若一個憑證被註記成不是憑證官方，那它就無法被用來在其他任何憑證簽名請求上簽名。更準確的說，你是可以以它在其他憑證上簽字，但稍後，這個它所簽名與發行的憑證在驗證時就會被認定是無效的。因為，它不是憑證官方所簽名發行的。一般的憑證在既定上都不是憑證官方。

15-8-6 憑證的驗證

在技術上而言，任何懂得電腦而且知道如何以一些安全程式產生數位憑證的人，都可以自己產生一個自簽的憑證。但問題是，究竟有誰信賴那憑證？這才是真正的問題。

信賴的問題出現在憑證的驗證階段，在使用數位憑證的 SSL/TLS 與其他網路協定上，為了確認一個憑證所代表之個體的身份，每一憑證都必須經過驗證，認可或查核。驗證一憑證主要是要將憑證所含之公開暗碼解密，這在之前是以發行者的私有暗碼加密過的。所以，欲將憑證擁有者（即主題）的公開暗碼解密，就必須用到憑證發行者的公開暗碼，亦即，憑證發行者自己的憑證。這意謂，當你以某一憑證官方的憑證，試圖將另一憑證解密時，你是信賴那憑證官方的，倘若不信任，那就不應該使用他的憑證。

這就是為何每一部計算機，都會有一**憑證儲存所**（certificate store），用以儲存它所信賴之所有憑證官方的憑證。倘若你不信任某一憑證官方，那就記得不要把他的憑證安裝在你的計算機上。在你我買到一部微軟視窗電腦時，安裝視窗作業系統的過程就會安裝許多一般都可以信賴之憑證官方的憑證。假若你還有其他額外的憑證官方是你願意信賴的，你就可以以系統管理者的身份將之也安裝在你的電腦上。這樣，在憑證的自動驗證過程，它們就會自動被用上。一般的用者是不必這樣做的。

每一個憑證證明一個個人或個體的身份，在驗證一個最終端的憑證時，假若這憑證有一連串的憑證官方，則這一串官方的憑證，也必須一一分別驗證。要所有牽涉到的憑證，包括終端憑證以及其所有發行官方的憑證，都通過檢驗，這個個人或個體的憑證，才會通過檢驗，成為有效的憑證。萬一有其中一個憑證不通過，那這用戶或用者的最終憑證，就會被判定成無效的。

除了會查證一憑證之所有發行的官方是否值得信賴之外，每一憑證是否已失效了也是一個查證重點。倘若其中有某一憑證的有效期間已過，或甚至還尚未生效，則憑證的驗證都會算是失敗的。每一憑證都有一有效期限，藉著將目前的時間與憑證有效期限的起始與終止時間相比，就能知道一憑證是否仍然有效。

這章稍後，我們會示範如何產生自我簽名的伺服憑證與自我簽名的根部憑證官方，以及如何以之測試你的例題程式。

15-8-7 憑證的取消

每一憑證都有一有效期限，寫在憑證上，但在某些情況下，有些憑證可能會在到期前，就先被吊銷或註銷（revoked）。這就是**憑證註銷**或**吊銷**。憑證會註銷的情況包括其所對應的私有暗碼洩漏或遺失，擁有憑證的員工已經離職或被裁員，憑證所代表的伺服器已不再使用，或是憑證上所載明的資料已更動，等等。

欲吊銷一個憑證必須至少做兩件事。首先，必須通知憑證的發行者，以便變更憑證的狀態。其次，憑證的取消必須發佈，讓憑證的使用群體知道。吊銷的日期與理由必須公布。

憑證吊銷有一種特殊狀況，那就是非吊銷，但暫時延後。這種情況下，吊銷的理由就是**憑證扣留**（certificate Hold）。換言之，憑證吊銷有兩種不同狀態：取消及扣留。

憑證取消的所有不同理由是規定在 RFC5280 之內。這些包括 keyCompromise（私有暗碼洩漏），CACompromise（憑證官方暗碼洩漏），aACompromise，privilegeWithdrawn（權利收回），affiliationChanged（關係改變），cessationOfOperation（停業），superseded（被取代了），certificateHold（憑證扣留），removeFromCRL（從 CRL名單中剔除），與未載明等。

記得，不僅個人或個體憑證，憑證官方的憑證也都有可能被吊銷。

所有已被註銷的個人或個體（非憑證官方）憑證，即形成所謂的**憑證註銷名單**（certificate revocation list，**CRL**），而所有已被註銷的官方憑證，則形成所謂的**官方註銷名單**（authority revocation list，**ARL**）。

發行被註銷之憑證的發行者，必須負責將之公佈。為了預防造假，每一註銷都必須附有公佈它之憑證官方的數位簽字。因此，在相信註銷之前，務必先驗證公佈者的憑證。

誠如你可想像得到的，憑證註銷在實務上是帶來了一些挑戰。註銷名單在那兒？都有及時公布嗎？系統如何知道呢？總共有多少註銷名單？如何取得所有的註銷名單呢？理想上，憑證檢驗應該也要包括確認憑證沒有在註銷名單上。如何可靠地與及時地做到這些呢？

在實務上，許多作業系統都依賴者安裝的註銷名單（CRL）。截至目前為止，它似乎還可以，問題是，這個名單多久更新一次呢？

網上有一些公司提供有及時線上查詢註銷名單的服務。另一種辦法則採用諸如線上憑證狀態協定（Online Certificate Status Protocol，OCSP）之協定，作為憑證驗證。OCSP 宣稱具有在高流量時能即時或近乎即時查證，並耗費較少網路資源的長處。有一些網際網路瀏覽器漸漸轉而使用諸如 OCSP 協定作驗證，而不再使用 CRL。

15-9 產生 X.509 憑證

我們曾提過，SSL/TLS 主要是設計以用於客戶與伺服程式間之通信用的，而且主要用以保護客戶程式。也因此，這兩種協定要求一定要有伺服器確認，但客戶確認則可有可無，一般都沒做。所以，在測試使用 SSL/TLS 協定的通信時，至少你必須有一個伺服器憑證。

伺服憑證可以自簽，自己產生的。事實上，這是最簡單的情況。因為，全部只需要一個憑證，一個自簽的伺服憑證，就夠了。在比較典型的情況，伺服憑證一般都是由憑證官方正式發行的。

這節，我們會教你如何以 openssl 命令，產生這兩種伺服憑證。我們假設你的系統有安裝 OpenSSL 1.1.1 或更新的版本。安裝 OpenSSL 除了會安裝前述所需的兩個庫存，前頭檔案，以及一些其它東西之外，最重要的是，它也會給你 openssl 公用程式或命令。這個程式有許多種用途。

假若你已經所有的憑證都有了，那你可以選擇略過這一節。

組構檔案

產生憑證時，需要有一組構檔案（configuration file），以指出各種屬性的值，以便你不必將它們全都打在命令上。這些屬性包括憑證是否應是一官方憑證與否，憑證的有效期應有多少天，紋摘演算法是什麼，憑證存在那一個檔案夾等，還有其他的。

在你安裝 OpenSSL 時，它會自動安裝一個名叫 openssl.cnf 的組構檔案。當你執行 openssl 命令從事各種作業時，它自動會去讀取這個檔案。譬如，我將 OpenSSL 安裝在 /opt/openssl 檔案夾上時，這個組構檔案就在 /usr/local/ssl/ 檔案夾上。你可以使用那個檔案，也可以使用你自己所建的檔案。

有關如何建立你自己的 openssl.conf 檔案，請參考：

https://jamielinux.com/docs/openssl-certificate-authority/create-the-root-pair.html

付錢買憑證嗎？

欲測試憑證鏈時，你可以付錢買個憑證，亦可自己產生一個自簽的根部官方憑證。基於教育與示範的目的，本書將採用一自簽的根部官方憑證。它們動作的情形與一買來的憑證是一模一樣的。

15-9-1 建立一自簽的伺服憑證

之前說過了，假若你只是想測試一下你所寫的 SSL/TLS 程式，那最簡單的方法，就是自己產生一個自簽的伺服憑證，就了事了。因為這樣就足夠了。

以下我們即教你如何以 OpenSSL 所安裝的組構檔案，建立一自簽的伺服憑證。假設這憑證的主體（擁者者）的名稱就叫 mysrv。

15-9-1-1 產生一私有暗碼

欲產生一個憑證，第一個步驟就是產生一私有暗碼。“openssl genrsa”命令產生一 RSA 暗碼，而“openssl gendsa”則產生一 DSA 暗碼。例如，下面命令就產生一個長度是 4096 位元的 RSA 私有暗碼，並將結果儲存在稱為 mysrv_privkey.pem 的檔案裡。

```
$ openssl genrsa -out mysrv_privkey.pem 4096
```

假若你略掉“-out mysrv_privkey.pem”部分，則所產生的私有暗碼即會輸出在螢幕上。這命令所產生的私有暗碼，會存成 PEM 格式。

為安全計，在你產生一私有暗碼時，輸出前，你最好能以 DES，3DES，或 IDEA 演算法，將之加密。例如，以下的命令即產生一 4096 位元的 RSA 私有暗碼，將之以 3DES 演算法加密，並將結果儲存在 rsaprivkey2.pem 檔案裡：

```
$ openssl genrsa -des3 -out rsaprivkey2.pem 4096
```

在你執行這命令時，它會叫你打入一個密碼（password）。緊接它會由你所選擇的密碼，產生加密用的暗碼，並以之作為加密作業的第二輸入。此後，每次你必須存取或使用這個私有暗碼時，都得打入這密碼才行，為了簡單起見，本章中之例子，我們就省略了這一步。

值得注意的是，在 OpenSSL 1.1，假若你將 4096 與“-out rsaprivkey2.pem”兩個命令引數的位置對調，它就不會動作了。這時，輸出結果就會顯示在螢幕上，而不是你所指定的檔案。

15-9-1-2 產生憑證簽字請求，並將之簽名

產生憑證的第二個步驟是產生一**憑證簽字請求**（certificate signing request，**CSR**），並將之簽名成為憑證。“openssl req -new”命令將產生一憑證簽名請求（CSR）。若你在同一命令上又加上“-x509”選項，則它便會將所產生之 CSR 又簽字，讓它變成一正式憑證。

你可以在命令上指出一些屬性的值，用以蓋過組構檔案中所指定的這些屬性的既定值。例如，在以下的命令中，“-days 14600”就指出憑證的有效期限是 14600 天。“-key mysrv_privkey.pem”即指出這憑證所對應的私有暗碼，是存在名叫 mysrv_privkey.pem 的檔案裡。而“-out mysrv_cert.pem”則指明，命令所產生的憑證欲存在稱為 mysrv_cert.pem 的檔案裡。選項“-sha512”則說你欲使用 SHA512 作為紋摘演算法，比一般的 SHA256 更強。

```
$ openssl req -new -x509 -nodes -sha512 -days 14600 -key
mysrv_privkey.pem -out mysrv_cert.pem
```

選項“-new”則說你想產生一憑證簽名請求。“-x509”選項說同時將憑證簽名請求給簽了，進而輸出一 X509 結構，而非憑證簽名請求。

“-nodes”選項則說不必將輸出暗碼加密。若你不指明這選項，則命令所輸出的暗碼即會加密，而在執行命令時，你就得打入密碼。

以下所示即為上述兩個步驟的螢幕輸出與用者輸入的情形：

```
$ openssl genrsa -out mysrv_privkey.pem 4096
Generating RSA private key, 4096 bit long modulus
.......................................++
..........................++
e is 65537 (0x10001)
$ ls -l mysrv_*
-rw-r--r-- 1 oracle oinstall 3247 Dec 11 16:28 mysrv_privkey.pem

$ openssl req -new -x509 -nodes -sha512 -days 14600 -key
mysrv_privkey.pem -out mysrv_cert.pem
You are about to be asked to enter information that will be incorporated
into your certificate request.
What you are about to enter is what is called a Distinguished Name or a DN.
There are quite a few fields but you can leave some blank
For some fields there will be a default value,
If you enter '.', the field will be left blank.
-----
Country Name (2 letter code) [GB]:US
State or Province Name (full name) [Berkshire]:New Hampshire
Locality Name (eg, city) [Newbury]:Nashua
Organization Name (eg, company) [My Company Ltd]:Chen Systems, Inc.
Organizational Unit Name (eg, section) []:Engineering
Common Name (eg, your name or your server's hostname) []:mysrv
Email Address []:

$ ls -l mysrv_*
-rw-r--r-- 1 oracle oinstall 2260 Dec 11 16:31 mysrv_cert.pem
-rw-r--r-- 1 oracle oinstall 3247 Dec 11 16:28 mysrv_privkey.pem
$ openssl verify -verbose mysrv_cert.pem
mysrv_cert.pem: /C=US/ST=New Hampshire/L=Nashua/O=Chen Systems,
Inc./OU=Engineering/CN=mysrv
error 18 at 0 depth lookup:self signed certificate
OK
```

注意到，當你在建立一個伺服器憑證時，假若那是要給網際網路伺服器用的，則憑證的主體名（subject name or common name）一定要與這伺服器的領域名完全一樣。譬如，叫 www.xyzcompany.com。否則，是不會動作的。這主要是因為，當一客戶瀏覽器在連線時，它通常會指明網際網路伺服器的領域名稱作為目標。在 SSL 連線的相互握手階段，伺服器會將其憑證送給客戶程式，並由客戶程式加以驗證。在驗證時，只要將用者所打入之伺服器名稱，與伺服器之憑證上所寫的主體名稱比較，發現兩者不同，整個憑證驗證過程就會立即失敗，客戶的連線請求就無法成功。因此，這伺服憑證上的主體名稱極端重要，千萬不能不一樣或隨便打打。

15-9-2 產生一憑證串

我們需要至少三個層次，來示範**憑證串或鏈**（certificate chain）的使用。為此，我們會產生至少三個憑證，一自簽的根部官方憑證，一中間的官方憑證，以及一終端的伺服憑證（或許再加個客戶憑證）。伺服（與客戶）憑證將由中層憑證官方簽字發行，而中層官方憑證則由根部自簽憑證官方簽字發行。

中層憑證官方可代表根部憑證官方，在其他的憑證上簽字。使用它的目的除了方便與其他因素外，主要也是為了安全。因為，這樣就可以將根部官方憑證暫時收起，不必那麼常用。萬一中層憑證官方的私有暗碼洩漏了，根部官方還可將之註銷，並產生一個新的中層官方。

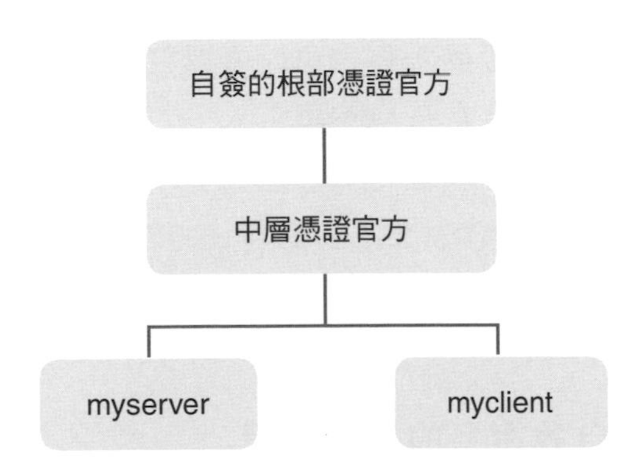

圖 15-22　例題憑證串的階層

一般而言，產生一數位憑證需要下列三個步驟：

1. 為主體產生一對私有暗碼與公開暗碼
2. 產生一憑證簽字請求（CSR）
3. 請一憑證官方，將憑證簽字請求簽名變成憑證。

不論主體是誰，這三個步驟都是一樣的。唯一的差別就是你所輸入的有關主體的資料不一樣而已。

當你在產生憑證簽字請求時，你所必須打入之有關主體的資訊包括下列幾項：

```
Country Name (2 letter code) [GB]:US
State or Province Name (full name) [Berkshire]:New Hampshire
Locality Name (eg, city) [Newbury]:Nashua
Organization Name (eg, company) [My Company Ltd]:Chen Systems, Inc.
Organizational Unit Name (eg, section) []:Engineering
Common Name (eg, your name or your server's hostname) []:mysslserver
Email Address []:.
```

前面幾項資料是主體的國名，所在的省份或州名，城市，機關或公司的名稱，公司的部門，主體的名字，與電子郵件地址。

請注意，主體的名字（Common Name）非常重要。這是主體的正式名稱，它在憑證驗證時是真正用到的。驗證過程會比較此一名稱。倘若其值不一樣，憑證驗證即過不了關。就伺服器而言，它的名稱一般就是伺服器的全名，譬如，像 xyzcompany.com 等。

在使用 openssl 命令時，你也可以選擇將憑證主體的有關資訊。都以“-subj”這選項，給在命令上，例如，

```
-subj "/C=US/ST=New Hampshire/L=Nashua/O=Chen Systems, Inc/CN=mysslserver"
```

這裡，我們產生一個代表 SSL 伺服程式的憑證。在稍後測試 SSL/TLS 伺服程式時，我們會用到它。已說過了，使用 SSL/TLS 協定通信時，伺服程式永遠必須有一憑證才行。客戶程式憑證則可有可無。

15-9-2-1 產生自我簽名的根部憑證

產生自己的根部 CA 憑證

產生你自己的根部 CA 憑證事實上很簡單。這裡我們一樣使用 openssl 程式。

為了產生一 X.509 憑證，你必須先產生一對私有暗碼與公開暗碼。其中，私有暗碼必須保密，不能讓其他人知道。公開暗碼則要加密簽名，變成一憑證。它則可公開讓大家知道。

以下的命令產生一對暗碼，並將其中的私有暗碼，存在稱為 rootca_privkey.pem 的檔案裡：

```
$ openssl genrsa -out rootca_privkey.pem 4096
Generating RSA private key, 4096 bit long modulus
.................................................................++
......................++
e is 65537 (0x10001)

$ ls -l rootca_privkey.pem
-rw-r--r-- 1 oracle oinstall 3243 Nov 27 11:49 rootca_privkey.pem
```

命令中的引數 4096 告訴 openssl 命令產生一 4096 位元的暗碼。暗碼的長度可為512，1024，2048 或 4096 位元。這暗碼愈長，安全強度就愈高，愈難破解。一般而言，現在最好至少都要 2048 位元或以上。

一旦暗碼產生後，下一個步驟即執行以下的命令，產生一自我簽名的根部官方憑證：

```
        $ openssl req -x509 -new -nodes -sha512 -days 14600 -key
rootca_privkey.pem -out rootca_cert.pem

        You are about to be asked to enter information that will be
incorporated
        into your certificate request.
        What you are about to enter is what is called a Distinguished Name
or a DN.
        There are quite a few fields but you can leave some blank
        For some fields there will be a default value,
        If you enter '.', the field will be left blank.
        -----
        Country Name (2 letter code) [GB]:US
        State or Province Name (full name) [Berkshire]:New Hampshire
        Locality Name (eg, city) [Newbury]:Nashua
        Organization Name (eg, company) [My Company Ltd]:Chen Systems, Inc.
        Organizational Unit Name (eg, section) []:Engineering
        Common Name (eg, your name or your server's hostname) []:rootca
        Email Address []:.

        $ ls -l rootca_cert.pem
        -r--r--r-- 1 oracle oinstall 2179 Nov 27 16:13 rootca_cert.pem
```

這命令讀取檔案 rootca_privkey.pem 所含的私有暗碼，以之產生一憑證簽字請求，將這請求簽字，產生有效期限為 14600 天的憑證，並將這憑證輸出，存在稱為 rootca_cert.pem 的檔案內。

15-9-2-2 產生中層官方的憑證

圖 15-23 OpenSSL 組構檔案 openssl-ca.cnf 的樣本

```
# -------------------------------------------------------------------------
[ signing_policy1 ]
countryName                = match
stateOrProvinceName        = match
organizationName           = match
organizationalUnitName     = optional
commonName                 = supplied
emailAddress               = optional

[ signing_policy2 ]
countryName            = optional
stateOrProvinceName = optional
localityName           = optional
organizationName       = optional
organizationalUnitName  = optional
commonName             = supplied
emailAddress           = optional

# -------------------------------------------------------------------------
[ signing_req ]
subjectKeyIdentifier=hash
authorityKeyIdentifier=keyid,issuer

basicConstraints = CA:FALSE
keyUsage = digitalSignature, keyEncipherment
default_days     = 10950             # how long certs valid for, 30 years max

# -------------------------------------------------------------------------
[ ca ]
default_ca       = CA_default          # The default CA section

# -------------------------------------------------------------------------
[ CA_default ]
wkdir    = .
certificate      = $wkdir/cacert.pem  # The CA certifcate
private_key      = $wkdir/cakey.pem   # The CA private key
new_certs_dir    = $wkdir             # Location for new certs after signing
database         = $wkdir/index.txt   # Database index file
serial           = $wkdir/serial.txt  # The current serial number
unique_subject   = no                 # Set to 'no' to allow creation of
                                      # several certificates with same subject.
default_md       = sha512             # use public key default MD
default_days     = 10950              # how long to certify for, 30 years max

# -------------------------------------------------------------------------
[ req ]
```

```
# Options for the `req` tool
default_bits              = 2048
default_keyfile           = privkey.pem
distinguished_name        = req_distinguished_name
x509_extensions = v3_ca   # The extensions to add to self-signed certs.

[ req_distinguished_name ]
countryName                    = Country Name (2 letter code)
countryName_default            = US
countryName_min                = 2
countryName_max                = 2

stateOrProvinceName            = State or Province Name (full name)
stateOrProvinceName_default    = Massachusetts

localityName                   = Locality Name (e.g. city)

0.organizationName             = Organization Name (e.g. company)
0.organizationName_default     = XYZ Company

organizationalUnitName         = Organizational Unit Name (e.g. department)

commonName                     = Common Name (e.g. your name or server's FQDN)
commonName_max                 = 64

emailAddress                   = Email Address
emailAddress_max               = 64

[ req_attributes ]
challengePassword              = A challenge password
challengePassword_min          = 4
challengePassword_max          = 20

# ----------------------------------------------------------------------
# This is required for TSA certificates.

[ v3_req ]

# Extensions to add to a certificate request
basicConstraints = CA:FALSE
keyUsage = nonRepudiation, digitalSignature, keyEncipherment

[ intermediate_ca ]

# Extensions for an intermediate CA
basicConstraints = CA:true
keyUsage = nonRepudiation, digitalSignature, keyEncipherment, cRLSign,
keyCertSign

[ v3_ca ]
```

```
# Extensions for a typical CA
# PKIX recommendation.

subjectKeyIdentifier=hash
authorityKeyIdentifier=keyid:always,issuer
basicConstraints = CA:true
# ----------------------------------------------------------------
```

產生一由根部官方所簽名的中層官方憑證

以下步驟產生一中層憑證官方的憑證：

1. 建立一屬於你自己的組構檔案（如圖 15-23 所示）

```
$ vi openssl-ca.cnf
```

2. 產生中層 CA 的私有暗碼：

```
$ openssl genrsa 4096 -out deptca_privkey.pem > deptca_privkey.pem
```

這命令產生中層官方的私有暗碼，並將之存在稱為 deptca_privkey.pem 的檔案內。

3. 產生中層的憑證簽字請求（CSR）

```
$ openssl req -config openssl-ca.cnf -new -sha512 -days 14500 -key
deptca_privkey.pem -out deptca_csr.pem
```

以上這命令產生一憑證簽字請求，並將之存在稱為 deptca_csr.pem 檔案內。

在產生憑證簽字請求時，openssl 命令會自你在命令上所指明（若命令未指明，則使用既定）的組構檔案中的 [req] 部分，讀取必須詢問使用者的問題，並以之一一詢問使用者。所以，確定你自己的組構檔案裡有這一節。

4. 以根部 CA，將中層 CA 的憑證簽字請求簽名，產生中層 CA 憑證

記得，組構檔案中所提及的兩個檔案 index.txt 與 serial.txt 必須存在。以下是我們如何第一次建立這兩個檔案：

```
$ touch index.txt
$ echo "01" > serial.txt
```

index.txt 檔案是所謂的“資料庫”。每次有憑證產生時，openssl 即會在這檔案增加一行。其資訊包括憑證之過期失效的日子（每一行資料之第

二欄上的值），以及有關主體的資料。serial.txt 則負責追蹤憑證字號或編號。每次有新的憑證產生時，這個編號的值即加一，它的值表示成十六進制形式。

順便一提的是，OpenSSL 1.1 有個程式錯蟲在，其資料庫 index.txt 檔案中的憑證失效日期（第二欄），有時會弄錯，以致在將一憑證請求簽字時，會出現以下的錯誤：

```
entry 5: invalid expiry date
```

費了作者一陣子才找出並加以化解。最快的方法是，直接編輯 index.txt。並將這個值的前兩位數字拿掉。

以下的命令實際產生這中間 CA 的憑證。

```
$ openssl ca -config openssl-ca.cnf -extensions intermediate_ca
-days 14500 -notext -keyfile rootca_privkey.pem -cert rootca_cert.pem
-in deptca_csr.pem -out deptca_cert.pem -policy signing_policy1
```

-keyfile 選項則指出簽字者（即根部 CA）的私有暗碼，-cert 選項則指出簽名者（即根部 CA）的憑證。-config 選項指名組構檔案。-policy 則指出欲使用那一種簽名政策。

5. 驗證中層 CA 的憑證

```
$ openssl verify -verbose -CAfile rootca_cert.pem deptca_cert.pem
deptca_cert.pem: OK
```

注意，記得要驗證你中層 CA 的憑證正確無誤。否則，隨後在驗證整個憑證鏈時，你會遇到 24 號錯誤。關鍵是當你在將中層 CA 的憑證簽字時，你的組構檔案中所對應的擴充（extension），應該有下面這一行，說這憑證應該是一官方憑證：

```
basicConstraints = CA:true
```

這一行讓簽字所得之憑證成為一官方憑證，可以用以再發行其他的憑證。既定值是否定的。在 openssl 命令上，我們指名了使用擴充 "-extensions intermediate_ca"，而在組構檔案接近最後的這個擴充上，你可以看到有上面這一行。

平常，basicConstraints 屬性的值是設定成CA：false。這代表所產生的憑證並非官方憑證，無法用以再發行其他的憑證。正如前面說過的，萬一你這沒弄對，只有在最後憑證驗證時才會發現。屆時，SSL_get_verify_result() 會送回錯誤號碼 24，這錯誤通常意指憑證鏈中其中有一些憑證不是官方憑證，無法用作憑證發行者。

15-9-2-3 將所有官方憑證存在同一檔案

在一 C 語言程式內做憑證驗證時，假若你能將所有官方（CA）憑證全部存放在同一個檔案內，做起來會簡單些。這個檔案，通常是 PEM 型態，且檔案名上的型態是 ".pem"。

譬如，以下的命令即將根部 CA 與中層 CA 兩個憑證，都一起存在一個稱為 myCAchain_cert.pem 的檔案裡。

```
$ cat deptca_cert.pem rootca_cert.pem > myCAchain_cert.pem

$ ls -ltr deptca_cert.pem rootca_cert.pem  myCAchain_cert.pem
-r--r--r-- 1 oracle oinstall 2179 Nov 27 16:13 rootca_cert.pem
-rw-r--r-- 1 oracle oinstall 2045 Dec 10 14:15 deptca_cert.pem
-rw-r--r-- 1 oracle oinstall 4224 Dec 10 16:06 myCAchain_cert.pem
```

15-9-2-4 產生由中層 CA 所簽名的客戶與伺服憑證

一旦你產生了自己的官方憑證，你即可以之將憑證簽字請求簽名，發行其他個體的憑證，包括使用者，客戶程式，伺服程式等。

這節，我們舉例說明如何以中層的官方憑證，發行一個伺服程式以及一客戶程式的憑證，以便我們稍後能用以測試各種 SSL/TLS 的例題程式。

產生一由中層CA所簽名的伺服憑證

以中層 CA 產生一伺服程式之憑證的三個命令如下：

```
    $ openssl genrsa -out myserver_privkey.pem 4096
    $ openssl req -config openssl-ca.cnf -new -sha512 -key
myserver_privkey.pem -out myserver_csr.pem
    $ openssl ca -config openssl-ca.cnf -keyfile deptca_privkey.pem -cert
deptca_cert.pem -in myserver_csr.pem -out myserver_cert.pem -policy
signing_policy2
```

第一個命令為憑證主體 myserver 產生一 RSA 私有暗碼。第二個命令為憑證主體 myserver 產生一憑證簽字請求。第三個命令則以中層 CA為發行者，在 myserver 的憑證簽字請求上簽字，將之變成憑證。這一步驟（簽名）必須用到中層 CA 的私有暗碼。命令上以下所示的部分，指明了中層 CA 的私有暗碼以及其憑證：

```
-keyfile deptca_privkey.pem -cert deptca_cert.pem
```

其中，-keyfile 選項指出簽名者（中層 CA）的私有暗碼，而 -cert 選項則指出其憑證。

簽字命令的 -config 選項指名要使用的組構檔案。-policy 選項則指出要使用的簽名政策（在組構檔案內）。

以下所示即是這三個命令的執行情形。

```
$ openssl genrsa -out myserver_privkey.pem 4096
Generating RSA private key, 4096 bit long modulus
.................................++
......++
e is 65537 (0x10001)
[oracle@jvmx cert]$ ls -l myse*
-rw-r--r-- 1 oracle oinstall 3243 Nov 27 17:39 myserver_privkey.pem

$ openssl req -config openssl-ca.cnf -new -sha512 -key
myserver_privkey.pem -out myserver_csr.pem

You are about to be asked to enter information that will be incorporated
into your certificate request.
What you are about to enter is what is called a Distinguished Name or a DN.
There are quite a few fields but you can leave some blank
For some fields there will be a default value,
If you enter '.', the field will be left blank.
-----
Country Name (2 letter code) [US]:US
State or Province Name (full name) [California]:New Hampshire
Locality Name (e.g. city) []:Nashua
Organization Name (e.g. company) [XYZ Company]:Chen Systems, Inc.
Organizational Unit Name (e.g. section) []:Engineering
Common Name (e.g. your name or server FQDN) []:myserver
Email Address []:
$ ls -ltr myse*
-rw-r--r-- 1 oracle oinstall 3243 Nov 27 17:39 myserver_privkey.pem
-rw-r--r-- 1 oracle oinstall 1724 Nov 27 17:41 myserver_csr.pem
$ ls -ltr dept*pem
-r--r--r-- 1 oracle oinstall 3239 Nov 27 16:34 deptca_privkey.pem
-r--r--r-- 1 oracle oinstall 1728 Nov 27 17:11 deptca_csr.pem
-r--r--r-- 1 oracle oinstall 6632 Nov 27 17:30 deptca_cert.pem

$ openssl ca -config openssl-ca.cnf -keyfile
deptca_privkey.pem -cert deptca_cert.pem -in myserver_csr.pem -out
myserver_cert.pem -policy signing_policy2
```

```
Using configuration from openssl-ca.cnf
Check that the request matches the signature
Signature ok
The Subject's Distinguished Name is as follows
countryName          :PRINTABLE:'US'
stateOrProvinceName    :PRINTABLE:'New Hampshire'
localityName           :PRINTABLE:'Nashua'
organizationName       :PRINTABLE:'Chen Systems, Inc.'
organizationalUnitName:PRINTABLE:'Engineering'
commonName             :PRINTABLE:'myserver'
Certificate is to be certified until Nov 20 22:44:01 2046 GMT (10950 days)
Sign the certificate? [y/n]:y

1 out of 1 certificate requests certified, commit? [y/n]y
Write out database with 1 new entries
Data Base Updated

$ ls -ltr myse*
-rw-r--r-- 1 oracle oinstall 3243 Nov 27 17:39 myserver_privkey.pem
-rw-r--r-- 1 oracle oinstall 1724 Nov 27 17:41 myserver_csr.pem
-rw-r--r-- 1 oracle oinstall 6680 Nov 27 17:44 myserver_cert.pem
```

產生一由中層 CA 所簽名的客戶憑證

產生客戶憑證的手續與伺服憑證完全相同。唯一不同的是憑證本體的名稱及其有關資訊。以下所示即是一個例子：

```
$ openssl genrsa -out myclient_privkey.pem 4096
$ openssl req -config openssl-ca.cnf -new -sha512 -key
myclient_privkey.pem -out myclient_csr.pem
$ openssl ca -config openssl-ca.cnf -keyfile deptca_privkey.pem -cert
deptca_cert.pem -in myclient_csr.pem -out myclient_cert.pem -policy
signing_policy1
```

15-9-3 憑證驗證

“openssl verify” 命令可用以驗證一個數位憑證。使用這命令時，命令本身必須指明一含有這憑證之所有發行者的憑證的檔案或路徑名。例如，以下的命令即驗證根部 CA 所發行之中層 CA 的憑證：

```
$ openssl verify -verbose -CAfile rootca_cert.pem deptca_cert.pem
deptca_cert.pem: OK
```

以下命令則驗證由中層 CA 所簽字之伺服憑證。中層 CA 的憑證則由根部 CA 所簽字的：

```
$ openssl verify -verbose -CAfile <(cat deptca_cert.pem
rootca_cert.pem) myserver_cert.pem
myserver_cert.pem: OK
```

圖15-24 印出 X.509 憑證中之資料（get_cert_info.c）

```
/*
 * Print information in an X.509 certificate.
 * Authored by Mr. Jin-Jwei Chen.
 * Copyright (c) 2014-2016, 2020 Mr. Jin-Jwei Chen. All rights reserved.
 */

#include <stdio.h>
#include <errno.h>
#include <sys/types.h>
#include <string.h>          /* memset(), strlen(), memcmp() */
#include <stdlib.h>          /* atoi() */
#include <unistd.h>
#include <openssl/ssl.h>
#include <openssl/err.h>
#include <openssl/evp.h>
#include <openssl/x509.h>
#include <openssl/x509v3.h>
#include <openssl/pem.h>
#include <openssl/bn.h>
#include <openssl/asn1.h>
#include <openssl/x509_vfy.h>
#include <openssl/bio.h>
#include "myopenssl.h"

/* Peek into a X.509 certificate */
int main(int argc, char *argv[])
{
  char  *certfname;    /* file name of an X.509 certificate */
  FILE  *fp;
  int   ret;
  X509  *cert;         /* pointer to an X.509 object */

  /* Get the name of the file containing the certificate in PEM format */
  if (argc < 2)
  {
    fprintf(stderr, "Usage: %s certificate_file_name (PEM format)\n", argv[0]);
    return(-1);
  }
  certfname = argv[1];

  /* Try to open the certificate file */
  fp = fopen(certfname, "r");
  if (fp == NULL)
  {
```

```
      fprintf(stderr, "Error, failed to open certificate file %s,
error=%d\n",
        certfname, errno);
      return(-2);
    }

    /* Read the PEM-format certificate into an X.509 object */
    cert = PEM_read_X509(fp, NULL, NULL, NULL);
    if (cert == NULL)
    {
      fprintf(stderr, "Error, PEM_read_X509() failed to read certificate from"
        " file %s\n", certfname);
      fclose(fp);
      return(-3);
    }

    /* Display information contained in the X.509 certificate */
    ret = display_certificate_info(cert);

    X509_free(cert);
    fclose(fp);
    return(0);
  }
```

圖15-24所示即為一能顯示出一X.509憑證中之資料的程式。它會告訴你一個憑證是否是自簽的，以及它是否是一可以進一步發行其他憑證的官方憑證。

以下所示即為該程式的樣本執行結果。

```
  $ get_cert_info deptca_cert.pem

  This is not a self-signed certificate.
  Subject of the X509 certificate:
  C=US, ST=New Hampshire, O=Chen Systems, Inc., OU=Engineering,
CN=IntermediateCA
  Issuer of the X509 certificate:
    C=US, ST=New Hampshire, L=Nashua, O=Chen Systems, Inc., CN=Jim Chen
  Serial number of the X509 certificate: 6
  Validity period: from Dec 10 19:15:32 2016 GMT to Aug 22 19:15:32 2056 GMT
  Version of the X509 certificate: 3
  Certificate's signature algorithm: sha512WithRSAEncryption
  This is a valid CA certificate.
  Public-Key: (4096 bit)
  Modulus:
    :
```

15-9-4 不同憑證格式之間的轉換

這一章一開始我們說過，儲存憑證的檔案有多種不同格式。有時，你會發現你必須將憑證由某一格式轉換成另一格式，以符應用程式或網際網路瀏覽器所需。這種格式轉換可由 openssl 命令達成。這裡我們舉幾個例子。

1. PEM→DER

以下的命令將 mysrv2 的憑證，由 PEM 格式轉換成 DER 格式：

```
$ openssl x509 -outform der -in mysrv2_cert.pem -out mysrv2_cert.der

$ ls -l mysrv2_cert.*
-rw-r--r-- 1 oracle oinstall 1629 Jan 29 20:07 mysrv2_cert.der
-rw-r--r-- 1 oracle oinstall 2260 Dec 11 16:31 mysrv2_cert.pem
```

2. DER→PEM

以下命令則將憑證由 DER 格式轉換成 PEM 格式：

```
$ openssl x509 -in mysrv2_cert.der -inform DER -out
mysrv2_cert.pem -outform PEM
```

3. PEM→PKCS#12

以下命令將一自簽，PEM 格式的憑證檔案和其相關私有暗碼，轉換成 PKCS#12（即.p12 或 .pfx）格式：

```
$ openssl pkcs12 -export -out mysrv2_cert.p12 -inkey
mysrv2_privkey.pem -in mysrv2_cert.pem

Enter Export Password:
Verifying - Enter Export Password:
$ ls -ltr mysrv2_cert.*
-rw-r--r-- 1 oracle oinstall 2260 Dec 11 16:31 mysrv2_cert.pem
-rw-r--r-- 1 oracle oinstall 1629 Jan 29 20:07 mysrv2_cert.der
-rw-r--r-- 1 oracle oinstall 4389 Jan 29 20:24 mysrv2_cert.p12
```

下面的命令則將一憑證檔案，其所對應的私有暗碼，以及發行之CA的憑證檔案，三者全都是 PEM 格式，全都轉換成 PKCS#12 格式（.p12 或 .pfx），並存在同一檔案內：

```
$ openssl pkcs12 -export -out mysrv1_cert_bundle.p12 -inkey
mysrv1_privkey.pem -in mysrv1_cert.pem -certfile rootca_cert.pem
Enter Export Password:
Verifying - Enter Export Password:
$ ls -l mysrv1_cert_bundle.p12
-rw-r--r-- 1 oracle oinstall 5733 Jan 29 20:51 mysrv1_cert_bundle.p12
```

4. PKCS#12→PEM

下述命令則將一含有私有暗碼，一憑證，以及該憑證之發行者的憑證三者在一起的 PKCS#12 檔案，轉換成 PEM 格式：

```
    $ openssl pkcs12 -in mysrv1_cert_bundle.p12 -out
mysrv1_cert_bundle.pem -nodes
    Enter Import Password:
    MAC verified OK

    $ ls -l mysrv1_cert_bundle.pem
    -rw-r--r-- 1 oracle oinstall 7880 Jan 29 20:55 mysrv1_cert_bundle.pem
```

15-10 SSL 與 TLS

SSL 與 TLS 兩者都是用在從事於安全的計算機網路通信(特別是今天的網際網路)的標準網路協定。這節介紹 SSL 與 TLS，其歷史，它們在整疊網路協定中的位置，以及它們如何動作。同時也討論了在 SSL/TLS 的握手階段時，通信的雙方交換了那些信息。當然，還有許多程式例子。

15-10-1 什麼是 SSL/TLS？

SSL 代表**安全的插口層**（Secure Sockets Layer）。它是一個為在由計算機網路所連接之兩部不同計算機上執行的兩個程式，提供一安全的通信管道的網路協定。SSL 協定提供了計算機安全上的三項保護：**確認**（authentication），**保密**（secrecy），與**信息完整**（message integrity）。

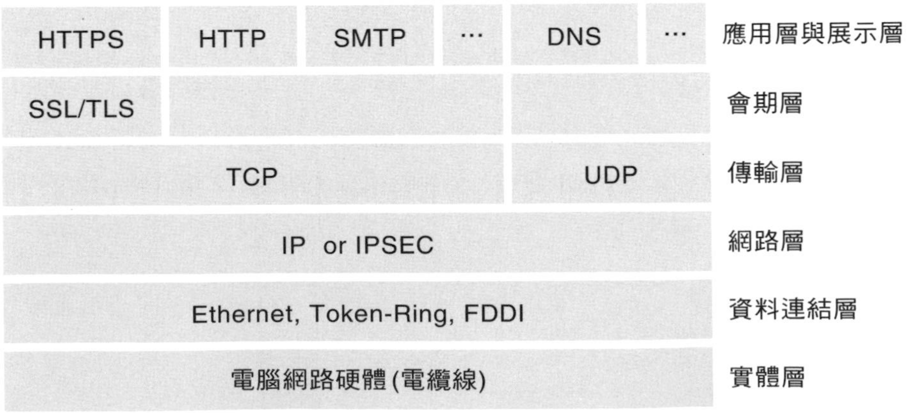

HTTPS　HTTP　SMTP　…　DNS　…　應用層與展示層
SSL/TLS　會期層
TCP　UDP　傳輸層
IP or IPSEC　網路層
Ethernet, Token-Ring, FDDI　資料連結層
電腦網路硬體(電纜線)　實體層

圖 15-25 SSL/TLS 在整疊網路協定中的位置

TLS 代表**傳輸層安全**（Transport Layer Security）。它是一根據 SSL 所訂定的 IETF 標準。SSL 與 TLS 之間雖然有些微的差異，但兩者的目的完全相同，都是在為兩計算機之間，提供一個安全的網路通信管道。SSL 是計算機工業界先開發出並已廣泛使用的網路安全協定。TLS 則是後來將 SSL 標準化，並作少許的修改。由於兩者極為相近，人們經常就指 SSL/TLS。

SSL/TLS 可以用作客戶伺服協定或是對手與對手的協定，那一方先主動連線，那一方就是客戶。

在網上購物時，幾乎絕大多數的網站現在都已使用新的 HTTPS 協定。HTTPS 是原先舊有之網路協定 HTTP 的安全版。HTTPS 就是使用了 SSL/TLS 的 HTTP 版本。換言之，HTTPS=HTTP+SSL/TLS。

在整疊的計算機網路協定中，SSL/TLS 所佔位置正好是在傳輸層的 TCP 協定之上。SSL/TLS 在傳輸層都使用 TCP 協定。所以，在 OSI 的七層網路結構中，SSL/TLS 是位於第五層，會期層。

15-10-2 SSL/TLS 的歷史

SSL 是由美國的 Netscape 公司於 1994 年所設計。不過，由於具有嚴重的安全瑕疵，SSL 1.0 從未正式出廠。第二版本 SSLv2 則於 1994 年十一月公佈。Netscape 在 1995 年所設計與推出的網際網路瀏覽器（當初是最流行的瀏覽器）Netscape Navigator 1.1 即採用了SSLv2。

由於美國政府限制最先進的加密與解密技術出口，因此，SSLv2 有一個特殊的出口模式，將加密技術的安全強度限制在 40 位元。

由於 SSLv2 還是有一些弱點，因此，Netscape 在 1996 年將之重新設計，並推出 SSLv3。

SSLv3 提供了幾個新的特色。包括一個只有確認但沒有加密的模式，以便作資料確認，新增加了 DH 與 DSS 密碼術，重做暗碼擴充轉換，支援憑證鏈，以及增加了對關閉握手的支援，以防截短攻擊。在 SSLv2 上，駭客可以傳送一個假的 TCP 連線的關閉，讓它看起來真正的資料並不包括最後一部分。SSLv3 即可測知這種攻擊。

SSL 在版本與版本之間的相容性並沒有做得很好。SSL 不同版本之間的相容性非常有限。

除了Netscape 設計且推出了 SSL 之外，當初與 Netscape 打對頭的美國微軟公司，也開發了自己 SSL，稱之為隱私通信技術（Private Communications Technology，PCT）。PCT 是根據 1995 年推出的 SSLv2 設計的。基於 1996 年的 SSLv3，微軟公司也設計推出了另一個稱為安全傳輸層協定（Secure Transport Layer Protocol，STLP）的新版本。

1996 年，網際網路工程工作小組（Internet Engineering Task Force，IETF）開始像 SSL 之網路協定標準化的工作，試圖統一 Netscape 與微軟兩大陣營。這工作小組收到了多家廠商所提的計畫書。微軟當初就提出了 STLP，它是由 SSLv3 改變而來，增加了 UDP 資料郵包以及客戶確認的支援。這小組最終達成名字的妥協，稱之為**傳輸層安全**（Transport Layer Security，**TLS**），而不是叫 SSL，也不叫 PCT 或 STLP。

由於當時 SSL 已經存在而且許多客戶已使用了一兩年，許多人都將之看成是事實的標準。因此，有人提出一些改變的建議，都在維持往後相容性的名義下未被採納。不過，最終 TLS 還是採納了對 SSLv3 的一些改變，因此，SSLv3 與 TLS 並不百分之百完全相容（compatible）。

TLS 的改變包括要求在暗碼交換/同意（key exchange/agreement）上，一定要有支援 DH 演算法，在確認上一定要支援 DSS 演算法，以及在加密上一定要支援 3DES。暗碼擴張與信息確認上亦有所改變。

由於 SSL 先來到，而且 TLS 晚到了幾年，因此，支援 SSL 的產品遠多於支持 TLS 者。不過，趨勢一直在轉變。TLS 愈來愈普遍。可以想像的，未來的某一天，TLS 的支援有可能會超過 SSL 也說不定。

15-10-3 SSL/TLS 的特色

SSL/TLS 提供了多重的安全特色，包括下列三方面：

1. 確認（authentication）
2. 保密（confidentiality）
3. 信息完整（message integrity）

在 SSL/TLS，伺服器確認永遠都是必須的。客戶確認則可有可無。在以 SSL/TLS 協定進行網路通信時，在網路上傳送的信息，一定都是永遠加密的。因此，通信具有秘密性或保密性。此外，SSL/TLS 協定永遠計算信息的紋摘，並將信息與紋摘一起傳送。因此，信息的完整性永遠可以確保。

此外，由於在加密的過程必須用到一隨機性的暗碼（random key），而這暗碼必須是通信雙方同意而共用的，因此，也必須用到**暗碼互換／同意**（key exchange/agreement）演算法。

因此，一個 SSL/TLS 的密碼術套組，會包括下列四個安全方面的演算法:

1. 暗碼互換/同意
2. 確認
3. 加密
4. 信息紋摘

舉例而言，TLS 的其中一個密碼術套組（cipher suite）的名字即叫 TLS_DH_DSS_WITH_3DES_EDE_CBC_SHA。這個名字說明了這個密碼術套組採用了 DH 演算法作暗碼互換/同意，以 DSS演算法作確認，以 3DES_EDE_CBC 演算法進行加密，以及以 SHA 演算法計算信息的紋摘。這個DH/DSS/3DES 組合，即為 TLS 規定一定要支援的密碼術套組之一。

15-10-4 SSL/TLS 握手 [1]

這一節介紹在建立一 SSL/TLS 連線時，通信雙方所互相交換的信息。討論這些信息讓讀者更深入瞭解 SSL/TLS 協定是如何動作的。

在使用 SSL/TLS 協定的網路通信上，通信雙方是在互相交換了一系列的信息之後，才能建立起連線的。

欲建立 SSL/TLS 連線時，客戶程式首先送出一 ClientHello（客戶說喂）信息。這信息含有客戶程式建議採用的密碼術參數及演算法。其中包括一個將用以產生最終雙方都同意之會議期暗碼的隨機數目。

ClientHello 信息的主要功用在於讓客戶程式，能將其所偏好的網路連線參數告知伺服程式。這些參數包括協定的版本，客戶程式所支援的密碼演算法，以及資料壓縮（compression）演算法等。

版本號碼代表客戶程式所能支援的最高 SSL 版本。就 SSLv3 協定而言，主要版本數是 3，次要版本數是 0。就 TLS1.0 而言，主要版本數是 3，且次要版本數是 1。

每一密碼演算法套組都以一個兩個位元組的數目代表。客戶程式最喜歡的套組擺在最前面，依序愈來（後面）就愈不喜歡。

資料壓縮的演算法則以一個位元組的數目代表，由於涉及專利的考量，SSL 並未規定任何的壓縮演算法。因此，這個位元組通常是空的（NULL）。雖然如此，OpenSSL 與一些其他產品則採用了私人的壓縮演算法。

除此之外，ClientHello 信息也包含了一個會期號碼，一個該信息產生的時間，以及一個即將被用以產生主要秘密（master secret）的 28 位元組長的隨機數目。

在回應 ClientHello 信息時，伺服程式會送出 ServerHello（伺服器說喂）信息。這信息會含有由伺服器所選定的密碼術套組，一資料壓縮演算法與一由伺服程式所產生，用以在稍後產生主要秘密用的隨機數目。做資料壓縮是可有可無的，並不是一定要。不過，若選擇做資料壓縮，那一定要在加密之前做。伺服程式也應送出一個會期號碼，這通常是隨機產生的，客戶程式稍後可以之恢復會期。

有關密碼術套組的選擇，SSL 標準並無強制規定。客戶程式將其所偏好的套組，在 ClientHello 信息中告訴了伺服程式，但伺服程式並無義務選擇客戶程式所喜好的。它可以選擇自己的，也可以選擇客戶程式喜歡的。不過，一般的作法是，伺服程式都會選擇客戶程式有支援而且最喜歡的那個套組。

在送出 ServerHello 信息後，伺服程式緊接會將其憑證送給客戶程式。這是假若伺服認證是一定要做的話。有少數幾個密碼術套組，其伺服器是匿名（anonymous）的。在那些情況下，伺服程式就不送它的憑證了。不過，這些套組很少用。在所有常用的 SSL/TLS 密碼術套組上，伺服器的憑證是一定會送給客戶程式的。這伺服認證主要在保護客戶程式，讓客戶程式永遠知道它是在與誰通信。

憑證信息基本上就是一系列的 X.509 憑證資料依序送出。最前面是伺服器的憑證，緊接是用以發行伺服憑證之憑證官方的公開暗碼，再來是發行中間憑證官方之憑證，如此依序排列，一直到最後（高）的根部憑證官方的憑證為止。

伺服憑證中所含之伺服器的公開暗碼將在稍後用到。倘若密碼術套組選擇使用 RSA 暗碼交換演算法，則稍後在客戶程式送出 ClientKeyExchange 信息時，它會以這個伺服器的公開暗碼，將 pre_master_secret（先遣或預備主要秘密）加密，再送給伺服器。倘若所選定的密碼術套組使用的是 DH 暗碼交換，則這個伺服公開暗碼，將用以驗證 ServerKeyExchange 信息。

在送完伺服憑證信息後，伺服器緊接送出 ServerHelloDone（伺服器說喂終了）信息。

此時，客戶程式該做的是伺服器認證，進行伺服憑證的驗證工作。假若伺服憑證驗證失敗，則客戶程式即應立即終止連線作業，說“喂”的階段全部結束。

倘若伺服憑證驗證成功，而且客戶程式決定繼續，則這時它便可進入暗碼交換與同意的階段。在這階段，客戶程式首先送出 ClientKeyExchange（客戶暗碼交換）信息。這信息會含有一個新產生的暗碼值，這個值是由之前客戶程式與伺服程式兩人各自分別產生的兩個隨機數目，計算求得的。這種以通信雙方各自產生的兩個隨機數目，求出暗碼值的方式，讓駭客無法中途切入，把暗碼替換掉。再度地，為了安全計，這個暗碼也會以伺服器的公開暗碼（是由伺服器的憑證中求得的）將之加密的。以便只有伺服程式自己才能以其私有暗碼加以解密。

ClientKeyExchange 信息，帶來了客戶程式所產生，用以進一步產生主要秘密的隨機數目。這個隨機數目儲存在一個稱為 PreMasterSecret 的資料結構中。這個資料結構包含一個兩位元組長的版本號碼，以及一個長度為 46 個位元組的隨機數目。

為了安全起見，這個隨機數目一定要以一個在密碼學上安全的隨機數目產生器產生。倘若這步驟使用的是 RSA 暗碼交換演算法，則客戶程式即會以伺服程式的 RSA 暗碼，將這 PreMasterSecret 的值加密。

SSLv3 與 TLS 有兩個信息不一樣，ClientKeyExchange 信息就是其中一個。這主要是因為許多 SSLv3 的產品實作，在將已加密的 PreMasterSecret（預備主要秘密）寫碼（encoding）時，都錯誤地省略了長度的位元組數。

客戶程式緊接也送出一 ChangeCipherSpec 信息，告訴伺服程式，從此以後，客戶程式所發送出的所有信息，都會以剛剛磋商所得的密碼演算法，以及剛剛產生的暗碼，將之加密。這個 ChangeCipherSpec 信息本身並不加密。

客戶程式緊接會再送出一Finished（好了）信息。這信息會含這會議期截至目前為止所交換之所有信息（不包括 Finished）的紋摘，讓伺服程式知道，截至目前為止，彼此的會話並未被駭客闖入，是安全的。Finished 信息本身是加密的。

一旦伺服程式收到了客戶程式所送來的 Finished 信息，它便會送出它自己的 ChangeCipherSpec 與 Finished 兩個信息。這等於向客戶程式說，伺服程式已經準備好接收真正應用的資料了。至此，握手階段正式結束，而應用程式的資料通信階段正式開始，客戶程式可以開始對伺服程式提出服務請求！

誠如你可看出的，就為了通信的雙方能建立起一 SSL/TLS 連線，在能正式互送資料之前，雙方必須走過這麼多步驟，並且互相交換這麼多信息。而在正式交換資料時，資料的發送者也永遠都計算信息紋摘，送出信息紋摘，並將資料加密。然後，資料收到時，接收者再將之解密並核對紋摘。為了安全故，這些都是 SSL/TLS所帶來的額外成本。

在一一送出服務請求以及收到伺服程式的答覆後，在客戶程式都好了以後，它會先送出一個 close_notify 的警告信息給伺服程式，通知它客戶程式準備結束這通信了。緊接客戶程式即可送出 FIN 信息，關閉連線。伺服程式則會送回同樣的兩個信息，結束整個連線。

圖 15-26 SSL/TLS 的信息交換 [1]

圖 15-26 所示即為在 SSL/TLS 協定上，客戶與伺服程式間互相交換之信息的摘要。

在某些應用上，伺服器可能有必要限制只有某些人或客戶程式能存取伺服器上的資料或接受其服務，而非任何人都可以。這種情況下，伺服程式可選擇以客戶認證來過濾用者。

在 SSL/TLS 上，客戶認證永遠都是伺服程式主動提出的。欲做客戶認證時，伺服程式在送出伺服憑證信息後，緊接會送出一 CertificateRequest（要求憑證）的信息。此時，客戶程式在送出其 ClientKeyExchange 信息之前，就必須先送出其數位憑證。同時，在送出其 ClientKeyExchange 信息之後，必須再多送出一 CertificateVerify（請查驗憑證）信息。就這樣！

圖15-27 所示即為附有客戶認證時，SSL/TLS 協定之通信雙方所交換的所有信息。

圖 15-27 有客戶認證時，SSL/TLS 客戶與伺服程式間的信息互換 [1]

15-10-5 暗碼建立/交換

嚴格來說，依暗碼是由單方或雙方決定來分，暗碼的建立有兩種方式。假若暗碼是由單方決定的，那它就必須要送給另一方，因此，就有所謂的 **“暗碼交換”** 或 **“暗碼傳輸”**。在這種方式，某一方產生一對稱暗碼，並以對方之公開暗碼將之加密，送給對方。

假若暗碼是由雙方合作產生的，就叫**暗碼同意**。暗碼同意是通信雙方一起合作計算產生暗碼，並共用此同一暗碼。

最常見的兩種暗碼建立演算法就是 RSA 和 DH（Diffie-Hellman）。RSA 是一種暗碼傳輸演算法，而 DH 則是一種暗碼同意演算法。不過，絕大多數人在用詞上都不是很嚴謹，因此，經常是概稱為“暗碼建立”或”暗碼交換”。

15-10-5-1 為何做暗碼建立/交換？

我們都知道，為了要讓彼此的通信能保密，必須將信息加密。欲加密，就需要用到暗碼。為了安全，暗碼必須是隨機的，而且每一通信會期都改變。此外，要是採用對稱密碼術的話，由於信息發送者在加密時與接收者在將信息解密時必須使用相同的暗碼，因此同一暗碼必須發送者與接收者共用。因此，為了能讓通信雙方都能同意採用同一暗碼，通信一開始之時，就必須先做暗碼產生，傳輸/交換，與/或同意。

前一節說過，在建立一 SSL/TLS 連線時，通信雙方經歷了一相互握手或磋商的階段。在這階段，雙方決定了要以那種演算法組合進行保密，信息完整，與來源確認的工作。雙方也做了暗碼的交換/同意，以致最後算出兩人共用的會期暗碼。所以，暗碼建立/交換，是 SSL/TLS 協定很重要的一部分。

這個會期建立的最初階段是，以公開暗碼密碼術，在通信雙方之間相互交換了雙方各自獨立產生的第一個暗碼，傳送這第一個暗碼的信息是以很正統的密碼演算法加以加密並計算紋摘的。因為，一開始時，SSL/TLS 握手的協定是假設沒有暗碼交換演算法，沒有正統密碼演算法，以及沒有信息完整演算法的，整個協商過程最後才為這三項作業其中的每一項，選定其中一個演算法。

這節所剩部分，我們就分別介紹 DH 與 RSA 這兩種主要的暗碼建立/交換演算法。

15-10-5-2 暗碼建立/交換演算法

兩個最為人知的暗碼建立/交換演算法即 DH 與 RSA。這一節介紹這兩個演算法。

15-10-5-2-1 DH

DH 暗碼建立事實上是暗碼同意。DH 暗碼建立演算法讓原來完全不知道彼此的雙方，能經由一不安全的溝通管道上，共同合力建立起一共用的秘密暗碼。這個暗碼緊接可以用在一對稱的密碼術上，將雙方隨後的通信加密。

由於從這時起，雙方共用同一秘密暗碼，因此，DH 演算法是一對稱式的暗碼交換協定。

傳統上，安全的加密通信需要兩方透過某些安全的管道，如可信賴的信差，事先交換暗碼。因此，DH 暗碼交換演算法算是一個突破，因為，它讓兩個事先完全不知道對方的個體，在沒有事先安排的情況下，能經由一不安全的通信管道，合力產生一雙方共用的秘密暗碼。這在對今日許多提供網際網路安全的協定而言，貢獻真是無比，這些協定包括 TLS 與短暫式的支援 EDH 或 DHE 等。

DH 暗碼交換方式在美國是一項專利，專利號碼 US4200770。專利申請在 1977 年 9 月 6 日提出，於 1980 年 4 月 29 日批准。發明人為美國史坦福大學的 Martin E. Hellman，Bailey W. Diffie 與 Ralph C. Merkle。這個專利到現在已經過期了。

DH 暗碼交換在 1976 年由 Whitfield Diffie 與 Martin Hellman 首先公佈。不過，後來在 1997年時，人們才知道早在 1969 年時，英國信號情報署的 Clifford Cocks，James H. Ellis，與Malcolm J. Williamson 就已先證明公開暗碼密碼術可以達成了。

DH 暗碼交換如何動作？

Diffie-Hellman 暗碼建立程序的第一步是，通信雙方彼此同意兩個共有的值。

緊接是雙方各自選擇一個自己私有的秘密值。下一步是以兩個共有的值與自己所選定的私有值，計算出一個值，然後互相交換這計算所得的值。最後，雙方再各自以自己從對方收到的值以及其自己選的私有秘密數，求出另一個（第二個）計算所得的值。這個最後結果（第二個計算所得的值）即為最終的秘密值 — 兩個人所得到的這個值，應該是完全一樣的。這個值就是要用以將隨後的所有信息都加密用的公共秘密暗碼！

這個 DH 暗碼交換（同意）演算法的動作情形，解釋如下：[3][2]

在 DH 密碼術，通信雙方選擇且共用一模數（modulus）p，p 是一個很大的質數，以及另一數目 g，g 不能是 0，1 或 p-1。g 是一原始的基數（primitive root），模數 p。

模數 p 與基數 g 就是雙方一開始所一致同意的。雙方可以經由暗碼交換或另外方式同意這兩個數目。這兩個數目不必保密無所謂。事實上，在 SSL/TLS 協定上，這兩個數目是以明文傳送的。在共有值 p 與 g 同意之後，DH 暗碼交換演算法的動作情形如下：

第一步，每一方選擇一個私有的秘密值，並求出第一個計算所得的值：

第一方	第二方
選擇秘碼 a	選擇秘碼 b
求出 $X = (g^a) \bmod p$	求出 $Y = (g^b) \bmod p$

第二步，雙方互相交換第一個計算所得的值。

第一方	第二方
X ⟶	
	⟵ Y

第三步，雙方各自以自己所選定的私有秘密數以及對方所送來的第一個計算值，求出最終的共用秘密：

第一方	第二方
求出 $(Y^a) \bmod p$	求出 $(X^b) \bmod p$

就如以下所示的，雙方最後會得到完全一樣的結果：

$$(g^{(ab)}) \bmod p = (g^{(ba)}) \bmod p = (Y^a) \bmod p = (X^b) \bmod p$$

這裡，數目 a 是第一方（甲方）所選定的私有值，數目 b 則是第二方（乙方）所選定的私有值。（a^b）代表 a 的 b 次方。

這數學事實上並不難，任何有初中或高中數學程度的人，應該都可以了解。

當然，實際上這要很安全的話，a，b 與 p 的值都要很大。

注意到，只有 a，b，以及 ((g^(ab) mod p=(g^(ba)) mod p) 這些值必須保密而已。所有其他的值，p，g，(g^a mod p)，與 ((g^b)mod p) 都是以明文傳送的。

這個演算法奇特的地方是，最後，雙方所求得的值是完全一樣的！每一方都擁有一整個圓的一半，但由於每一方也知道對方所擁有的半圓，因此，可以湊成整個圓。駭客由於無法知道每一方各自選定的秘密私有值（因為，這些值從不需在網路上傳送）。因此，無法湊出整個圓或知道雙方所共用的秘密。

由於這是由通信雙方合作所產生的共有秘密暗碼，所以，DH 暗碼演算法是一暗碼同意演算法。它是一個不需先確認的暗碼同意協定。

DH 暗碼交換演算法有一個特性是，即令私有暗碼被發現了，通信還是安全的。這個特性稱之為：**"完美前向秘密"**（perfect forward secrecy），並且用在 SSL/TLS 內。**前向秘密**（Forward Secrecy，FS）的意思是萬一伺服器的長期私有暗碼被洩露了，以往過去的通信還是安全的。

對竊（偷）聽而言，DH 協定也是安全的。因此，它用在許多網際網路的服務上。雖然如此，但有研究發現，有一些早期應用 DH 演算法的程式，其所使用的參數安全強度不夠，因此，有可能易於受到攻擊。

DH 密碼術的三種型態

在應用於像 SSL/TLS 的網路協定時，DH 密碼術事實上有三種。

正常的 DH 密碼術是，所送出的憑證是由一妥適的憑證官方所簽名發行的，而且 DH 密碼術所使用的參數也都含在裡面。

短暫的（ephemeral）DH 密碼術指的是以一 RSA 或 DSS 憑證將 DH 密碼術所用的參數簽名，然後這些參數不再重複使用的 DH 密碼術。取名叫短暫的，就是因為這樣。相對的，靜態的 DH 暗碼交換則總是使用相同的 DH 私有暗碼。短暫的 DH 暗碼交換則在每一連線時都產生一個臨時的暗碼，但用過一次就丟，從不重複使用。這使得前向秘密成為可能。

匿名 DH 密碼術則是通信雙方都不用確認的 DH 密碼術。因此叫匿名。也因為這樣，一般認為匿名的 DH 密碼術並不安全，也不建議使用。

15-10-5-2-2 RSA

RSA 暗碼交換/建立事實上是暗碼傳輸。

當選用 RSA 演算法作暗碼建立/交換時，信息的發送者自己產生一隨機的會期暗碼，確定它有妥善的填墊，然後以信息接收者的公開暗碼，將此一會期暗碼加密。收到這信息時，接收者用它自己的私有暗碼將所收到之信息解密，然後除去填墊部分，以獲得共用的會期暗碼。就這麼簡單！

在以 RSA 演算法做暗碼交換時，伺服器就必須提供一 RSA 伺服憑證。但在那之後，伺服器則可要求客戶程式提供 RSA 或 DSS 的憑證，兩者都可。

15-10-5-2-3 TLS支援

TLS 在暗碼建立/交換上，同時支援 DH 與 RSA 兩種演算法。不過，由於速度快，因此，實務上通常選用 DH 暗碼交換演算法。

在選擇DH 或RSA演算法做暗碼交換時，只有一些加密與紋摘演算法可供選擇。就信息紋摘而言，SHA 與 MD 兩個族系的紋摘演算法都能與 DH 或 RSA 搭配。但並非所有可能組合都有。就傳統的加密而言，DES，IDEA，RC2 與 RC4 都能與 RSA 暗碼交換搭配，而 DES 與 RC4 則可與 DH 演算法搭配。不過，同樣地，並非所有可能組合都有支援。查一下你所使用的 SSL/TLS 實作，就能知道那些組合有支援。

15-10-5-2-4 暗碼建立/交換信息 [1]

TLS1.0 支援兩種暗碼交換方式：RSA 與 DH。RSA暗碼交換比 DH 簡單。

還記得在 SSL/TLS 握手階段，伺服器送出伺服憑證給客戶程式。在客戶程式成功地查驗伺服憑證，並決定信任這伺服器之後，倘若伺服憑證在所選定的密碼套組上含有暗碼交換方式的資訊，客戶程式緊接即會以一 ClientKeyExchange 信息回覆給伺服器。

視所選定之暗碼建立方式而定，（這通常是由伺服器憑證中所含的資訊決定），ClientKeyExchange 信息應該包含的，若非一以 RSA 加密的預備主要秘密，就是 DH 暗碼交換演算法所使用的幾個數值。

若是 RSA 暗碼傳輸，則客戶程式會產生一隨機的預備主要秘密，以伺服器的公開暗碼（由伺服憑證中取得的）將之加密，再放進 ClientKeyExchang 信息中送出。收到後，伺服程式再以其私有暗碼，將之解密。

若所選定的是 DH 暗碼交換，則伺服程式勢必已在其伺服憑證信息中送來了 g，p，與 ((g^b) mod p) 等參數值，其中 g 與 p 是雙方所共知共有的值，而 b 則是伺服程式自己所選定的秘密值。因此，這時客戶程式即會將其自己的 g，p，與 ((g^a) mod p) 等參數值，在 ClientKeyExchange 信息中寄給伺服器程式。

假若你真的倒出 SSL/TLS 之客戶程式與伺服程式之間彼此交換的信息，你就可看出實際的 g 與 p 的值。

以 DH 演算法所獲得的雙方同意的暗碼，通常叫 **“預備主要秘密”**（premaster secret）。它並不是最終的暗碼。這個預備主要秘密會擴充成 “主要秘密 “，然後，主要秘密再擴充成最後的暗碼。兩次擴充都輸入了一客戶程式所產生的隨機數目以及一由伺服程式所產生的隨機數目。

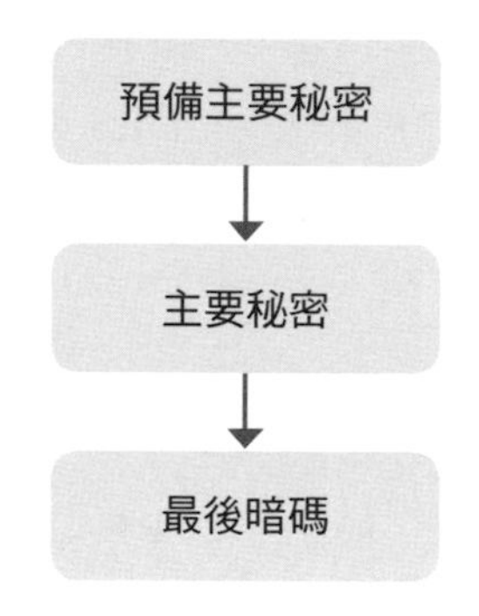

圖15-28 獲得 SSL 的暗碼

15-10-6 SSL/TLS 密碼術套組的組成

前面提過，一個完整的密碼術演算法套組（cipher suite）必須包括加密，信息完整，暗碼交換與數位簽字等多種演算法在內。亦即，含有多種不同功能用的多種不同演算法。

圖 15-29 密碼術演算法套組的組成

套組的名稱	暗碼交換	數位簽字	加密	紋摘
TLS_DH_DSS_WITH_3DES_EDE_CBC_SHA	DH	DSS	3DES_EDE_CBC	SHA
TLS_DH_RSA_WITH_3DES_EDE_CBC_SHA	DH	RSA	3DES_EDE_CBC	SHA
TLS_RSA_WITH_RC4_128_MD5	RSA	RSA	RC4_128	MD5
TLS_DHE_DSS_EXPORT_WITH_DES40_CBC_SHA	DHE_EXPORT	DSS	DES_40_CBC	SHA

例如，圖15-29所示即為少數幾個SSL/TLS密碼演算法套組的組成。圖中列出了四種不同的演算法套組，以及它們用以從事各種不同作業的演算法。

就舉其中 TLS_DH_DSS_WITH_3DES_EDE_CBC_SHA 演算法套組為例，這套組是一個 TLS 協定所使用的套組，它採用了 DH 演算法做暗碼交換（ServerKeyExchange 信息），以 DSS 演算法做數位簽字，以 3DES_EDE_CBC 演算法做信息的加密/解密，以達保密作用，並且以 SHA 演算法計算信息紋摘，以保護信息的完整性。

再度地，請查閱你所使用之 SSL/TLS 的文書，以得知那些演算法套組有支援。

15-10-7 SSL/TLS 應用的考量

這個時代，應該所有人都有啟動一個網際網路瀏覽器，打入一諸如以下的一個網站地址：

http://www.google.com

進行網站瀏覽的經驗的。事實上，大部分時間裡，人們所使用的也應該是網際網路協定 HTTP 的安全版，HTTPS 的：

https://www.amazon.com/

https://www.bankofamerica.com/

這尤其是在上網購物或存取或管理銀行帳戶之時，特別是這樣。

這安全的 HTTPS 網路協定，就是在會期層使用了 SSL 或 TLS 協定的。SSL 與 TLS 為 HTTPS 協定提供了確認，加密，與信息完整三方面的安全。SSL 與 TLS 協定主要是設計以用在網際網路伺服器與瀏覽器之間的溝通用的。在這環境下，伺服器使用一眾所皆知的網址（用者所打入瀏覽器的 URL），等在那兒，準備接受來自世界各地的客戶連線請求。這連線請求可能來自瀏覽器，也可能來自其他任何使用 HTTPS 協定的程式，或一插口應用程式。

典型的應用是，用者以瀏覽器連接至某公司的網站，瀏覽後，打入其信用卡的號碼與資料，在網上購物。由於通常都是客戶主動與伺服器連線，並輸入重要資訊，因此，很重要的是要永遠對伺服器認證，以保護客戶，而不是倒過來。也因此，SSL 與 TLS 的規格規定，伺服器認證永遠是必須做的，但客戶認證則可有可無，一般都沒做。

我們說過，在 SSL 與 TLS 協定，客戶程式與伺服程式在彼此能開始通信前，必須先經歷一段握手的程序，以在彼此之間建立起一個安全的連線。在握手的階段，伺服器永遠必須主動送出自己的憑證給客戶程式，以便做伺服器認證。客戶程式必須查驗是誰發行了伺服憑證，它是否值得信賴，以及有關的所有憑證是否全都仍然有效等等。倘若萬一有任何條件不成立，則伺服認證就算失敗，這時，連線即應失敗。客戶程式與伺服程式就不能彼此通信。相對地，除非伺服程式特別要求，否則，平常客戶程式都是不必送出它自己的憑證給伺服程式的。

由於伺服認證在 SSL/TLS 協定是永遠是必須做的，因此，每一伺服器永遠都要有一有效的憑證才行。但是因為客戶認證規定是可有可無，所以，客戶程式一般都無客戶憑證。這意指任何客戶程式隨時都可以連線至伺服程式上，使用它們所提供的服務，而完全不需揭露自己的身份。

顯然，SSL/TLS 協定的設計，安全性是偏一邊的。其設計主要在保護客戶方，而非伺服方。基本上，任何程式都可以與一伺服器連線，而不需證明自己的身份。在應用 SSL/TLS 協定時，很重要讀者必須瞭解這一點。

倘若你負責開發某些網路式或分散式系統，而且你希望能確保通信雙方的通信能絕對安全，很多人都會立即想到應該使用 SSL/TLS 協定。請善思。這可能是對，也可能是錯。首先，SSL/TLS 並不強制要求客戶認證。這是你真正所要的嗎？你是只想要保護客戶就夠了嗎？還是你真正想保護的是伺服器呢？有許多應用事實上該保護的是伺服器本身，而非客戶。因為，伺服器上存有許多重要的資料！或是你的應用事實上是對手與對手式的，兩方同等重要？

此外，在 SSL 與 TLS 上，即使伺服器要求一定要做客戶認證，但是，你真的願意讓來自全世界，只要擁有一憑證的任何客戶，都可以享用你的伺服器所提供的所有服務與資料嗎？

我想，就很多應用而言，這些問題的答案應該是否定的。有許多應用都牽涉很敏感的資料，其所需要的安全強度，不該就止於一數位憑證而已。換言之，對某些應用而言，即使使用了 SSL 或 TLS 溝通協定，安全強度還是不見得夠的。就這些應用而言，SSL 或 TLS 在用者認證上可能是最弱的一環。

亦即，SSL/TLS 雖提供了網路資料傳輸的安全，但在資料存取的安全限制與保護上，可能還有其他的保護措施必須要強化的。

打個比方，你願意讓所有有駕照或身份證的人，都可以存取你伺服器上的資料嗎？對許多應用而言，答案應該是否定的。有權利存取這些資料的人，範圍應該是比這小多了。所以，SSL/TLS 不見得就是可以安全保護你的資料的協定！

當然，在認證之外，SSL/TLS 提供了加密與信息紋摘。但是，認證本身對許多應用都是很重要的。倘若你敞開大門，讓不該進的人進了，那在傳輸過程的保密與紋摘，還有多少意義與價值呢？因此，記得先把誰能存取資料管好，再擔心保密的問題。兩者缺一不可。此外，若非經過計算機網路，那可能根本不需用到像 SSL/TLS 這樣的大刀的。

摘要

所以，在使用 SSL/TLS 時，確定有四件事你必須做對。首先，你必須問自己這一個問題：

1. 對我的應用而言，SSL/TLS 是最佳的安全協定嗎？

   就如同以上我們所說的，對許多應用而言，這答案可能是否定的。萬一答案是肯定的，那你就必須再確定你做對下列三件事：

2. 憑證的驗證。確認憑證是由一可信賴的憑證官方所簽名與發行的。所有的憑證都還有效，且未被註銷或扣留。

3. 核對憑證之主體的名字，完全相符。

4. 認真地問自己，是否必須做客戶認證？就一般的網際網路應用而言，答案是否定的。但是，對許多其他應用而言，尤其是你必須保護伺服器上的資料時，則答案可能是肯定的。甚至，憑證有可能都還不夠，必須進一步強化用者／客戶認證。

SSL 與 TLS 網路協定的長處在於其能保護傳輸中的資料，尤其是在經由像網際網路等之公開計算機網路傳輸時。它的另一個特色是，客戶可以來自世界任何角落。因此，它最適合網際網路商務。但並非所有應用都必須支援如此廣泛的用者。就那些應用而言，SSL/TLS 是否是最佳的解決辦法，是必須經過三思的。

SSL/TLS 的弱點，是對有些應用而言，憑證的認證並不見得夠強，夠安全，或完全適合。此外，它也佔用不少計算時間。雖然如此，但無可否認的，SSL/TLS 在網際網路的應用上，早已是不可或缺的了。

15-11 SSL/TLS 程式設計

這節，我們討論如何開發使用 SSL/TLS 協定的客戶伺服程式。同樣的，我們還是使用 OpenSSL 的程式界面，進行各種 SSL，TLS，與網路安全的作業。

首先，我們會教你如何建立一 TLS/SSL 連線，並以之交換信息。緊接，我們會示範如何做伺服認證，驗證一伺服器的憑證。其次，我們也會舉例說明如何驗證一個由一串憑證官方所發行的伺服憑證。最後，再舉例說明如何做客戶認證。每一項這些作業都各有一例題程式做示範。

15-11-1 最基本的 TLS/SSL 客戶伺服程式

圖 15-30　第一個 SSL/TLS 應用程式

(a) tlsserver1.c

```
/*
 * A TLS/SSL server.
 * This server program communicates with clients using TLS/SSL protocol.
 * Authored by Mr. Jin-Jwei Chen.
 * Copyright (c) 2014-2016, 2020-2021 Mr. Jin-Jwei Chen. All rights reserved.
 */

#include <stdio.h>
#include <errno.h>
#include <sys/types.h>
#include <sys/socket.h>
#include <netinet/in.h>    /* protocols such as IPPROTO_TCP, ... */
#include <string.h>        /* memset(), strlen(), memcmp() */
#include <stdlib.h>        /* atoi() */
#include <unistd.h>
#include <resolv.h>
#include <netdb.h>
#include <arpa/inet.h>
#include <resolv.h>
#include <openssl/ssl.h>
#include <openssl/err.h>
#include <openssl/x509.h>
#include "myopenssl.h"
#include "netlib.h"

/*
 * This function serves a newly connected SSL client.
 * Parameters:
 *   ctx (input) - SSL context.
 *   clntsock (input) - the child socket to communicate with the client.
 * Function output: return 0 on success, non-zero on failure.
 * Note that Openssl provides different functions to retrieve the actual
 * error. Unfortunately, they return different data types, some 'int'
 * (SSL_get_error()) and some 'unsigned long' (ERR_get_error()).
 * It makes it hard to return both types of errors from a function.
 */
int serve_ssl_client(SSL_CTX *ctx, int clntsock)
{
  SSL            *ssl = NULL;          /* SSL structure/connection */
  char           reqmsg[MAXREQSZ];     /* buffer for incoming request message */
  char           reply[MAXRPLYSZ];     /* buffer for outgoing server reply */
  unsigned char  replysz;              /* length in bytes of reply message */
  int            insize;               /* actual number of bytes read */
  int            outsz;                /* actual number of bytes written */
```

```
    int              error = 0;          /* error from certain SSL_xxx
calls */
    unsigned char  msgcnt;              /* count of reply messages to client */
    int              done = 0;          /* done with current client */
    int              ret;

    if (ctx == NULL)
      return(EINVAL);
    ERR_clear_error();

    /* Create a new SSL structure to hold the connection data */
    ssl = SSL_new(ctx);
    if (ssl == NULL)
    {
      fprintf(stderr, "Error: SSL_new() failed:\n");
      ERR_print_errors_fp(stderr);
      return(OPENSSL_ERR_SSLNEW_FAIL);
    }

    /* Associate the SSL structure with the socket */
    ret = SSL_set_fd(ssl, clntsock);
    if (ret != OPENSSL_SUCCESS)
    {
      fprintf(stderr, "Error: SSL_set_fd() failed:\n");
      ERR_print_errors_fp(stderr);
      SSL_free(ssl);
      return(OPENSSL_ERR_SSLSETFD_FAIL);
    }

    /* Wait for the TLS/SSL client to initiate the TLS/SSL handshake */
    ret = SSL_accept(ssl);
    if (ret != OPENSSL_SUCCESS)
    {
      error = SSL_get_error(ssl, ret);
      fprintf(stderr, "Error: SSL_accept() failed, error=%d\n", error);
      SSL_free(ssl);
      return(error);
    }

    /* The service loop */
    done = 0;
    msgcnt = 1;
    do
    {
      /* Read the next request message from the TLS/SSL client */
      insize = SSL_read(ssl, reqmsg, MAXREQSZ);
      if (insize <= 0)
      {
        error = SSL_get_error(ssl, insize);
        fprintf(stderr, "Error: SSL_read() failed, error=%d\n", error);
        break;
```

```
    }

    reqmsg[insize] = '\0';
    fprintf(stdout, "Server received: %s\n", reqmsg);

    /* Process the request here ... */

    /* Construct a reply message */
    if ( !strcmp(reqmsg, BYE_MSG) )
    {
      done = 1;
      strcpy(reply, reqmsg);
    }
    else
      sprintf(reply, SRVREPLY2, msgcnt++);

    replysz = strlen(reply);

    /* Send back a reply */
    outsz = SSL_write(ssl, reply, replysz);
    if (outsz != replysz)
    {
      error = SSL_get_error(ssl, outsz);
      fprintf(stderr, "Error: SSL_write() failed, error=%d\n", error);
      break;
    }
  } while (!done);

  /* Free up resources and return */
  SSL_free(ssl);
  return(error);
}

/* TLS/SSL server program */
int main(int argc, char *argv[])
{
  int    sfd;                         /* file descriptor of the listener socket */
  struct sockaddr_in    srvaddr;      /* IPv4 socket address structure */
  struct sockaddr_in6   srvaddr6;     /* IPv6 socket address structure */
  in_port_t  portnum = SRVPORT;       /* port number this server listens on */
  int        portnum_in = 0;          /* port number specified by user */
  struct sockaddr_in6   clntaddr6;    /* client socket address */
  socklen_t             clntaddr6sz = sizeof(clntaddr6);
  int    newsock = 0;                 /* file descriptor of client data socket */
  int    ipv6 = 0;                    /* IPv6 mode or not */
  int    ret;                         /* return value */
  SSL_CTX    *ctx;                    /* SSL context */

  /* Print Usage if requested by user */
  if (argc > 1 && argv[1][0] == '?' )
  {
```

```
      fprintf(stderr, "Usage: %s [server_port] [1 (use IPv6)]\n", argv[0]);
      return(0);
    }

    /* Get the server port number from user, if any */
    if (argc > 1)
    {
      portnum_in = atoi(argv[1]);
      if (portnum_in <= 0)
      {
        fprintf(stderr, "Error: port number %s invalid\n", argv[1]);
        fprintf(stderr, "Usage: %s [server_port] [1 (use IPv6)]\n", argv[0]);
        return(-1);
      }
      else
        portnum = portnum_in;
    }

    /* Get the IPv6 switch from user, if any */
    if (argc > 2)
    {
      if (argv[2][0] == '1')
        ipv6 = 1;
      else if (argv[2][0] != '0')
      {
        fprintf(stderr, "Usage: %s [server_port] [1 (use IPv6)]\n", argv[0]);
        return(-2);
      }
    }

    fprintf(stdout, "TLS/SSL server listening at portnum=%u ipv6=%u\n",
      portnum, ipv6);

    /* Create the server listener socket */
    if (ipv6)
      ret = new_bound_srv_endpt(&sfd, (struct sockaddr *)&srvaddr6, AF_INET6,
        portnum);
    else
      ret = new_bound_srv_endpt(&sfd, (struct sockaddr *)&srvaddr, AF_INET,
        portnum);

    if (ret != 0)
    {
      fprintf(stderr, "Error: new_bound_srv_endpt() failed, ret=%d\n", ret);
      return(-3);
    }

    /* Create a TLS/SSL context -- a framework enabling TLS/SSL connections. */
    ctx = SSL_CTX_new(TLS_server_method());
    if (ctx == NULL)
    {
```

```
    fprintf(stderr, "Error: SSL_CTX_new() failed\n");
    close(sfd);
    return(-4);
  }

  /* Load the server's certificate and private key */
  ret = load_certificate(ctx, SS_SRV_CERT_FILE, SS_SRV_KEY_FILE);
  if (ret != SUCCESS)
  {
    fprintf(stderr, "Error: load_certificate() failed, ret=%d\n", ret);
    SSL_CTX_free(ctx);
    close(sfd);
    return(-5);
  }

  /* Server's service loop. Wait for next client and service it. */
  while (1)
  {
    /* Accept the next client's connection request */
    newsock = accept(sfd, (struct sockaddr *)&clntaddr6, &clntaddr6sz);
    if (newsock < 0)
    {
      fprintf(stderr, "Error: accept() failed, errno=%d\n", errno);
      continue;
    }

    fprintf(stdout, "\nServer got a client connection\n");

    /* Service the current SSL client */
    ret = serve_ssl_client(ctx, newsock);
    if (ret != 0)
      fprintf(stderr, "Error: serve_ssl_client() failed, ret=%d\n", ret);

    close(newsock);
  }  /* while */

  SSL_CTX_free(ctx);    /* release SSL context */
  close(sfd);           /* close server socket */
  return(0);
}
```

(b) tlsclient1.c

```
/*
 * A TLS/SSL client.
 * This program communicates with a TLS/SSL server using TLS/SSL protocol.
 * Authored by Mr. Jin-Jwei Chen.
 * Copyright (c) 2014-2016, 2020-2021 Mr. Jin-Jwei Chen. All rights reserved.
 */

#include <stdio.h>
#include <errno.h>
```

```
#include <sys/types.h>
#include <sys/socket.h>
#include <netinet/in.h>    /* protocols such as IPPROTO_TCP, ... */
#include <string.h>        /* memset(), strlen(), memcmp() */
#include <stdlib.h>        /* atoi() */
#include <unistd.h>
#include <resolv.h>
#include <netdb.h>
#include <openssl/ssl.h>
#include <openssl/err.h>
#include <openssl/x509.h>
#include "myopenssl.h"
#include "netlib.h"

/* Free all resources */
#define  FREEALL  \
    SSL_free(ssl); \
    SSL_CTX_free(ctx); \
    close(sfd);

/* A TLS/SSL client program */
int main(int argc, char *argv[])
{
  char          *srvhost = "localhost"; /* name of server host */
  in_port_t     srvport = SRVPORT;      /* port number server listens on */
  int           srvport_in = 0;         /* port number specified by user */

  int       ret;          /* return value */
  int       sfd=0;        /* socket file descriptor */
  int       error;        /* return value of SSL_get_error() */

  SSL_CTX   *ctx = NULL;  /* SSL/TLS context/framework */
  SSL       *ssl = NULL;  /* SSL/TLS connection */

  char          replymsg[MAXRPLYSZ];   /* reply message from server */
  size_t        reqbufsz = MAXREQSZ;   /* size of client request buffer */
  char          *reqmsg=NULL;          /* pointer to request message buffer */
  size_t        reqmsgsz;              /* size of client request message */
  int           bytes;                 /* number of bytes received */
  int           done=0;                /* done communicating with server */

  /* Print Usage if requested by user */
  if (argc > 1 && argv[1][0] == '?' )
  {
    fprintf(stdout, "Usage: %s [srvportnum] [srvhostname]\n", argv[0]);
    return(0);
  }

  /* Get the port number of the target server host specified by user */
  if (argc > 1)
  {
```

```
    srvport_in = atoi(argv[1]);
    if (srvport_in <= 0)
    {
      fprintf(stderr, "Error: port number %s invalid\n", argv[1]);
      return(-1);
    }
    else
      srvport = srvport_in;
  }

  /* Get the name of the target server host specified by user */
  if (argc > 2)
    srvhost = argv[2];

  /* Connect to the server */
  ret = connect_to_server(&sfd, srvhost, srvport);
  if (ret != 0)
  {
    fprintf(stderr, "Error: connect_to_server() failed, ret=%d\n", ret);
    if (sfd) close(sfd);
    return(-2);
  }

  /* Create a TLS/SSL context -- a framework enabling TLS/SSL connections. */
  ctx = SSL_CTX_new(TLS_client_method());
  if (ctx == NULL)
  {
    fprintf(stderr, "Error: SSL_CTX_new() failed\n");
    close(sfd);
    return(-3);
  }

  /* Allocate a new SSL structure to hold SSL connection data */
  ssl = SSL_new(ctx);
  if (ssl == NULL)
  {
    fprintf(stderr, "Error: SSL_new() failed\n");
    SSL_CTX_free(ctx);
    close(sfd);
    return(-4);
  }

  /* Associate the SSL object with the socket file descriptor */
  ret = SSL_set_fd(ssl, sfd);
  if (ret != OPENSSL_SUCCESS)
  {
    fprintf(stderr, "Error: SSL_set_fd() failed, ret=%d\n", ret);
    FREEALL
    return(-5);
  }
```

```
    /* Initiate the TLS/SSL handshake with the TLS/SSL server */
    ret = SSL_connect(ssl);
    if (ret != OPENSSL_SUCCESS)
    {
      error = SSL_get_error(ssl, ret);
      fprintf(stderr, "Error: SSL_connect() failed, error=%d\n", error);
      FREEALL
      return(-6);
    }

    /* Connected with TLS/SSL server. Display server certificate info. */
    fprintf(stdout, "Connected with TLS/SSL server, cipher algorithm is %s\n",
      SSL_get_cipher(ssl));
    fprintf(stdout, "Information in the server certificate:\n");
    display_ssl_certificate_info(ssl);

    /* Allocate input buffer */
    reqmsg = malloc(MAXREQSZ);
    if (reqmsg == NULL)
    {
      fprintf(stderr, "Error: malloc() failed\n");
      FREEALL
      return(-7);
    }

    /* Send a message and get a response until done */
    do
    {
      /* Get next message the user wants to send */
      fprintf(stdout, "Enter a message to send ('bye' to end): ");
      reqmsgsz = getline(&reqmsg, &reqbufsz, stdin);
      if (reqmsgsz == -1)
      {
        fprintf(stderr, "Error: getline() failed, ret=%lu\n", reqmsgsz);
        break;
      }

      /* Remove the newline character at end of input */
      reqmsg[--reqmsgsz] = '\0';

      /* Send a message using SSL -- message automatically encrypted */
      bytes = SSL_write(ssl, reqmsg, reqmsgsz);
      if (bytes != reqmsgsz)
      {
        error = SSL_get_error(ssl, bytes);
        fprintf(stderr, "Error: SSL_write() failed, error=%d\n", error);
        free(reqmsg);
        FREEALL
        return(-8);
      }
```

```
    /* Receive a reply using SSL -- reply automatically decrypted */
    bytes = SSL_read(ssl, replymsg, sizeof(replymsg));
    if (bytes <= 0)
    {
      error = SSL_get_error(ssl, bytes);
      fprintf(stderr, "Error: SSL_read() failed, error=%d\n", error);
      free(reqmsg);
      FREEALL
      return(-9);
    }
    else
    {
      replymsg[bytes] = 0;
      fprintf(stdout, "Received: %s\n", replymsg);
    }

    if (!strcmp(replymsg, reqmsg))
      done = 1;

  } while (!done);

  /* release all resources */
  free(reqmsg);
  SSL_free(ssl);       /* release the SSL structure/connection */
  SSL_CTX_free(ctx);   /* release the SSL context */
  close(sfd);          /* close socket */
  return (0);
}
```

圖 15-30 所示即為第一個 SSL/TLS 應用程式。其中，客戶程式與伺服程式彼此以 SSL/TLS 協定相互通信。伺服程式使用的是一個自簽的伺服憑證。

在執行這對例題程式時，確定伺服憑證的檔案有在現有檔案夾上。這兩個檔案是 mysrv2_cert.pem 與 mysrv2_privkey.pem，分別含有伺服程式的憑證與私有暗碼在內。

以下所示即為執行這對程式時的輸出樣本。

```
  $ ./tlsserver1
  TLS/SSL server listening at portnum=7878 ipv6=0

  Server got a client connection
  Server received: This is a test message from the SSL client.
  Server received: bye

  $ ./tlsclient1
  Connected with TLS/SSL server, cipher algorithm is ECDHE-RSA-AES256-
GCM-SHA384
  Information in the server certificate:
```

```
      Subject of the X509 certificate:
        C=US, ST=New Hampshire, L=Nashua, O=Chen Systems, Inc.,
OU=Engineering, CN=mysrv2
      Issuer of the X509 certificate:
        C=US, ST=New Hampshire, L=Nashua, O=Chen Systems, Inc.,
OU=Engineering, CN=mysrv2

    Enter a message to send ('bye' to end): This is a test message from the
SSL client.
    Received: This is reply message # 1 from the server.
    Enter a message to send ('bye' to end): bye
    Received: bye
```

緊接我們介紹這兩個應用程式的基本結構。

15-11-1-1 SSL/TLS 客戶程式

一個 SSL/TLS 客戶程式必須包含下列主要步驟。

SSL/TLS 客戶程式的主要步驟：

1. 產生一個插口，並且與伺服程式連上線（socket(),connect()）
2. 初值設定SSL 庫存（OPENSSL_init_ssl()）
3. 產生一 SSL 上下文（SSL_CTX_new()）
4. 產生一 SSL 資料結構（SSL_new()）
5. 將 SSL 結構與插口的檔案描述互相關連在一起（SSL_set_fd()）
6. 啟動與 SSL/TLS 伺服程式的握手程序（SSL_connect()）
7. 發送信息（SSL_write()）
8. 接收信息（SSL_read()）

第一步是產生客戶程式所需的插口，並與伺服程式建立起連線。這兩個步驟與先前討論的插口程式設計時一樣，分別以 socket() 與 connect() 函數叫用達成。

第二步驟則是初值設定 SSL 庫存。OPENSSL_init_ssl() 初值設定 SSL 庫存。這一步可有可無。因為，從 1.1.0 版本起，OpenSSL 會自動騰出與釋放其所需用到的資源。因此，程式不須再特別做 SSL 庫存的初值設定。

叫用 OPENSSL_init_ssl() 函數同時設定 libssl 與 libcrypto 的初值。若只想設定 libcrypto 的初值，則可叫用 OPENSSL_init_crypto() 函數。若使用 OPENSSL_init_ssl()，則它必須在程式叫用任何其他 OpenSSL 函數之前。

OPENSSL_init_ssl() 函數在成功時送回 1，失敗時送回 0。

第三步驟是產生一 SSL 上下文（context）物件。SSL_CTX_new() 函數產生一能讓 TLS/SSL 連線建立的結構。它初值設定整串的密碼術，會議期的快捷記憶（session cache），回叫（callback），暗碼，憑證，以及各種選項，將它們設定成既定值。

SSL_CTX_new() 函數叫用接受一 SSL_METHOD 作為輸入引數。這個輸入參數值可以是多個函數所送回的值。就如以下所列的，這個 SSL方法參數的值可以有許多選擇，但就一個 SSL/TLS 客戶程式而言，通常你必須傳入的值是 TLS_client_method()（TLS客戶方法）。

1. TLS_method(), TLS_server_method(), TLS_client_method()

   這些 TLS_xxx_method() 函數是通用的，有版本彈性的 SSL/TLS 方法。SSL/TLS 連線實際所使用的協定版本，會經過協商決定，而且會是客戶程式與伺服程式兩者都同時支援的最高版。有支援的版本包括 SSLv3，TLSv1，TLSv1.1，與 TLSv1.2。應用程式最好使用這些通用的方法，而不是某一特定版本的方法。

2. TLSv1_2_method(), TLSv1_2_server_method(), TLSv1_2_client_method()

   這些方法是 TLSv1.2 專用的。

3. TLSv1_1_method(), TLSv1_1_server_method(), TLSv1_1_client_method()

   這些方法是 TLSv1.1 協定用的。

4. TLSv1_method(), TLSv1_server_method(), TLSv1_client_method()

   這些方法是 TLSv1.0 協定用的。

5. DTLS_method(), DTLS_server_method(), DTLS_client_method()

   這些方法是通用，版本不限的 DTLS 方法。DTLS1.0 與 DTLS1.2都有支援。

6. SSLv3_method(), SSLv3_server_method(), SSLv3_client_method()

   這些方法是 SSLv3 協定用的。這些現在已過時了。

7. SSLv23_method(), SSLv23_server_method(), SSLv23_client_method()

   這些方法是 SSLv2.3 協定用的，目前都已過時。

第四步驟是產生一 SSL 物件。SSL_new() 函數產生一用以儲存 SSL/TLS 連線之資料的全新 SSL 資料結構。這個資料結構的某些值就直接由引數所指之上下文直接遺傳得來，這包括連線方法，選項，驗證的設定與時間到的設定。因此，記得永遠先產生 SSL 上下文，然後再以之產生 SSL 資料結構。

第五步是將在第一步驟所產生的插口檔案描述，與 SSL 物件關連在一起。這經由叫用 SSL_set_fd（ssl，sfd）函數達成。它把 SSL 物件的輸入/輸出設備設定成插口的檔案描述 sfd。這等於賦予 sfd 所代表的插口，SSL/TLS 的能力。

第六步驟是啟動與 SSL/TLS 伺服程式的握手程序，以建立一 SSL/TLS 連線。這以 SSL_connect(ssl) 函數達成。客戶方的 SSL_connect() 函數與伺服方的 SSL_accept() 互動。假若握手程序因故出錯，則 SSL_connect() 即會送回一錯誤號碼，且連線建立失敗。倘若 SSL_connect() 成功回返，則連線即會建立成功。一旦連線成功，雙方即可以 SSL_write() 發送信息，且以 SSL_read() 接收信息，開始以一 SSL/TLS 溝通管道，相互通信。

為了程式除錯與提供詳細資訊，客戶程式叫用了我們自己的庫存函數 display_ssl_certificate_subject（SSL *ssl），顯示出對手（即伺服程式）之憑證上的資料。這函數並未印出所有資料，僅印出下列資訊：

- 這憑證代表誰（憑證主體的名字）
- 是誰發行這憑證的（憑證的簽名/發行者）

倘若你想知道憑證的更多細節，那你可叫用 display_certificate_info（X509 *cert）函數，它會印出更多資訊，包括憑證的有效期限，簽名的演算法，與公開暗碼等。你亦可進一步改善這個函數以印出更多的資料。

15-11-1-2 SSL/TLS 伺服程式

SSL/TLS 伺服程式的綱要與客戶程式稍有重疊。

SSL/TLS 伺服程式的主要步驟如下：

1. 產生一伺服插口，且將之繫綁在一已知的端口號上。
2. 初值設定 SSL 庫存（OPENSSL_init_ssl ()）
3. 以TLS_server_method() 產生一 SSL 上下文（SSL_CTX_new()）
4. 載（取）入伺服器的憑證與私有暗碼。
5. 執行一迴路，在迴路中聽取並接受客戶程式的連線請求，並且服務該客戶。
6. 執行以下的步驟以服務每一客戶
   - 產生一新的 SSL 資料結構（SSL_new()）
   - 將這 SSL 資料結構與伺服側之客戶插口的檔案描述，互相關連在一起（SSL_set_fd())
   - 啟動與 SSL/TLS 客戶程式的握手程序（SSL_accept()）
   - 接收客戶程式請求（SSL_read()）
   - 送出一個回覆給客戶程式（SSL_write()）

第一步驟是產生一個伺服插口，並將之繫綁在伺服器的端口號上。這步驟與一般的插口程式設計完全一樣，無新花樣。

第二與第三步驟與 SSL/TLS 客戶程式類似，唯一不同的是 SSL 上下文以 TLS_server_method() 產生。

第四步驟則讀入伺服器的憑證與其私有暗碼。這是做伺服認證用的，是必須的。

為了使用憑證，一個 SSL/TLS 伺服（或客戶）程式，必須透過分別叫用下面兩個函數，將自己的憑認與私有暗碼，放入 SSL 上下文物件內：

```
SSL_CTX_use_certificate_file(ctx, certfile, SSL_FILETYPE_PEM)
SSL_CTX_use_PrivateKey_file(ctx, keyfile, SSL_FILETYPE_PEM)
```

在此，certfile 與 keyfile 兩個引數分別指出儲存憑證及私有暗碼的檔案的路徑名。兩個函數的最後一個引數則指出這些檔案的格式。這裡，兩個檔案都是 PEM 格式。

我們建立了一個稱為 load_certificate() 的庫存函數，專門來做這件事，以便這函數能為客戶與伺服程式所共用。在這函數中，我們叫用了

```
SSL_CTX_check_private_key(ctx)
```

函數，以檢查正被取入 SSL 上下文物件中的私有暗碼是正確的。

第五步驟是執行伺服程式的主要迴路，聆聽並接受客戶程式的連線請求，以及服務每一客戶。這步驟與一般的伺服程式完全一樣。

在服務每一 SSL/TLS 客戶程式時，SSL/TLS 伺服程式首先由伺服程式的 SSL 上下文，產生一新的 SSL 資料結構。緊接將這 SSL 資料結構，與伺服器側的客戶資料插口，相連在一起，使其具有 SSL/TLS 能力。然後再叫用 SSL_accept() 函數，啟動與客戶程式之間的 SSL/TLS 握手程序。

假若握手程序沒問題，SSL_accept() 函數即會成功回返，且客戶程式與伺服程式之間的 SSL/TLS 連線即建立。在這情況下，伺服程式緊接即叫用 SSL_read()，試圖讀取客戶程式的請求，並在處理完後，以SSL_write() 將回覆送回給客戶程式。

萬一 SSL/TLS 握手步驟失敗，則 SSL_accept() 即會錯誤回返，送回錯誤號碼。這時，伺服程式與客戶程式之間就無連線。

15-11-2 取入憑證與私有暗碼

15-11-2-1 取入憑證

欲使用數位憑證時，一個 SSL/TLS 程式（客戶或伺服）必須將辨別該程式的憑證取入（load）程式內。這意謂伺服程式必須取入伺服憑證，而客戶程式必須取入客戶憑證。

憑證可以取入一 SSL_CTX 物件或一 SSL 物件內。一個取入一 SSL_CTX 物件的憑證，可以在多個 SSL 連線間使用並共用，而一個取入一 SSL 物件中的憑證，則只能在那連線使用。

被取入的憑證可以來自檔案，一個 X509 物件，或一表示成 ASN1 格式的位元組陣列。以下即為這六個不同的程式界面：

```
#include <openssl/ssl.h>

int SSL_CTX_use_certificate(SSL_CTX *ctx, X509 *x);
int SSL_CTX_use_certificate_file(SSL_CTX *ctx, const char *file, int type);
int SSL_CTX_use_certificate_ASN1(SSL_CTX *ctx, int len, unsigned char *d);

int SSL_use_certificate(SSL *ssl, X509 *x);
int SSL_use_certificate_file(SSL *ssl, const char *file, int type);
int SSL_use_certificate_ASN1(SSL *ssl, unsigned char *d, int len);
```

SSL_CTX_use_certificate（SSL_CTX *ctx, X509 *x）將第二引數所含的憑證，取入函數第一引數所指名的 SSL 上下文內。SSL_use_certificate() 的功用完全一樣，唯一不同的是它將憑證取入一 SSL 物件內。

SSL_CTX_use_certificate_file() 將函數第二引數所指名之檔案中的第一個憑證，取入函數第一引數所指的 SSL 上下文物件內。憑證的格式則由函數的第三引數指明。格式可為 SSL_FILETYPE_PEM 或 SSL_FILETYPE_ASN1。SSL_use_certificate_file() 與 SSL_CTX_use_certificate_file() 功用相同，唯一的不同是其將憑證取入一 SSL 物件內。

SSL_CTX_use_certificate_ASN1() 則將一儲存在函數第三引數所指之記憶位置上，寫碼成 ASN1 格式之憑證，取入函數第一引數所指 SSL 上下文內。函數的第二引數指出憑證資料的長度。

SSL_use_certificate_ASN1() 功能完全一樣，唯一的是，它將憑證取入一 SSL 物件內。

注意到，SSL_* 函數將憑證與暗碼取入一 SSL 物件內。當程式叫用 SSL_clear() 函數，清除一 SSL 物件時，有關的憑證與暗碼的資訊會留著。

SSL_CTX_* 函數將憑證與暗碼取入一 SSL_CTX 上下文物件內。這資訊會被拷貝至經由 SSL_new()函數叫用所產生的所有 SSL 物件上。這意謂在一 SSL 物件產生後，上下文物件所作的改變，並不自動散播至既有的 SSL 物件上。

在成功時，以上這六個函數都送回 1。出錯時，錯誤的理由可以自錯誤堆疊中取得。

15-11-2-2 取入私有暗碼

一 X.509 憑證有主體的公開暗碼在上面。這公開暗碼有一配對的私有暗碼。這相配的私有暗碼也要同時提供，才能動作。倘若程式所提供的憑證與私有暗碼，不相配，則那是無法動作的。欲設定或取代一個憑證與私有碼配對時，程式必須先取入/設定憑證在先，然後再取入/設定私有暗碼在後。

就如取入憑證一樣的，程式同樣可把一私有暗碼取入一 SSL 或 SSL_CTX 物件內。私有暗碼可以來自一個檔案，一 EVP_PKEY 物件，或一 ASN1 格式的位元組陣列。以下所示即為這六種不同的程式界面：

```
    #include <openssl/ssl.h>

    int SSL_CTX_use_PrivateKey(SSL_CTX *ctx, EVP_PKEY *pkey);
    int SSL_CTX_use_PrivateKey_file(SSL_CTX *ctx, const char *file, int type);
    int SSL_CTX_use_PrivateKey_ASN1(int pk, SSL_CTX *ctx, unsigned char *d, long
len);

    int SSL_use_PrivateKey(SSL *ssl, EVP_PKEY *pkey);
    int SSL_use_PrivateKey_file(SSL *ssl, const char *file, int type);
    int SSL_use_PrivateKey_ASN1(int pk, SSL *ssl, unsigned char *d, long len);
```

SSL_CTX_use_PrivateKey() 將函數第二引數所指的私有暗碼，取入第一引數所指的 SSL 上下文物件內。SSL_use_PrivateKey() 的功能完全一樣，唯一不同的是，私有暗碼被取入一 SSL 物件內。

SSL_CTX_use_PrivateKey_file() 將第二引數所指之檔案中的第一個私有暗碼，取入第一引數所指的 SSL 上下文物件內。檔案的格式則由第三引數指出，其值可為 SSL_FILETYPE_PEM 或 SSL_FILETYPE_ASN1。SSL_use_PrivateKey_file() 功用類似，唯一不同的是，它將私有暗碼取入一 SSL 物件內。

SSL_CTX_use_PrivateKey_ASN1() 將型態是由 pk 引數指出，儲存在第三引數所指之記憶位置上，長度為 len 引數所指的私有暗碼，加至 SSL 上下文物件上。SSL_use_PrivateKey_ASN1() 完全類似，唯一的是，它將私有暗碼，取入至一 SSL 物件上。

一般而言，在數位簽字上有兩個主要演算法：RSA 與 DSA。假若私有暗碼是一 RSA 暗碼（亦即，以 RSA 演算法產生），則同樣有一組類似的函數可以將之取入。這些程式界面如下所示：

```
int SSL_CTX_use_RSAPrivateKey(SSL_CTX *ctx, RSA *rsa);
int SSL_CTX_use_RSAPrivateKey_file(SSL_CTX *ctx, const char *file, int type);
int SSL_CTX_use_RSAPrivateKey_ASN1(SSL_CTX *ctx, unsigned char *d, long len);

int SSL_use_RSAPrivateKey(SSL *ssl, RSA *rsa);
int SSL_use_RSAPrivateKey_file(SSL *ssl, const char *file, int type);
int SSL_use_RSAPrivateKey_ASN1(SSL *ssl, unsigned char *d, long len);
```

在成功時，以上這些函數送回 1。出錯時，失敗的理由可由錯誤堆疊中取得。

15-11-2-3 驗證私有暗碼

```
#include <openssl/ssl.h>
int SSL_CTX_check_private_key(const SSL_CTX *ctx);
int SSL_check_private_key(const SSL *ssl);
```

在一取入一私有暗碼之後，立即加以驗證一下，永遠是個好主意。

SSL_CTX_check_private_key() 函數將一已取入 SSL 上下文物件中的私有暗碼，與其所對應的憑證，做個校驗，以確保其正確性。

倘若程式總共取入了一對以上的私有暗碼與憑證，則這函數將檢驗最後取入的那一對。SSL_check_private_key() 函數的功能類似，唯一不同的是，它是檢查存在 SSL 物件中的私有暗碼與憑證配對。

15-11-3 驗證自簽的伺服憑證

注意到，在前一節的第一個 SSL/TLS 程式例題中，雖然在連線正式建立前，於 SSL/TLS 的握手階段，伺服程式有將其憑證送給客戶程式（因為這是 SSL/TLS 協定規定一定要做的），但客戶程式實際並未查驗這伺服憑證。因此，倘若伺服程式隨便送個假的或無效的憑證，SSL/TLS 連線還是照常建立的。

在實際的應用上，你千萬不要這樣做。在實際的應用上，收到憑證時一定要查驗。而萬一憑證驗證沒過關，連線就不應該建立的。

這節，我們討論程式如何驗證伺服器的憑證。

15-11-3-1 如何驗證一數位憑證？

欲驗證一伺服器的憑證時，客戶程式必須叫用下面三個函數：

```
int SSL_CTX_load_verify_locations(SSL_CTX *ctx, const char *CAfile,
                                  const char *CApath);

void SSL_CTX_set_verify(SSL_CTX *ctx, int mode,
                   int (*verify_callback)(int, X509_STORE_CTX *));

long SSL_get_verify_result(const SSL *ssl);
```

首先，客戶程式叫用 SSL_CTX_load_verify_locations() 函數，將可信賴的憑證官方，設定好在其 SSL 上下文物件中。叫用這函數時，程式必須在函數的第二引數指明所有這些可信賴的憑證官方的憑證，是存在那個檔案上，並在第三引數指出這檔案所在的檔案夾。這些官方憑證將用以驗證伺服器的憑證。

在我們的例子裡，由於伺服憑證是自簽的，因此，伺服憑證本身也是可信賴憑證官方的憑證。這就是為何在程式中，客戶程式就直接取入伺服憑證的緣故。

注意到，這函數的第二引數不能是 NULL。但是，第三引數（及檔案的檔案夾名稱）則可以是 NULL。當第三引數是 NULL 時，函數就假設檔案是存在現有工作檔案夾上。

請注意，SSL_CTX_load_verify_locations() 函數的叫用，一定要發生在 SSL 上下文物件產生後，並且在 SSL_connect() 叫用之前，否則，它是不會動作的。

第二步，客戶程式叫用

```
SSL_CTX_set_verify(ctx, SSL_VERIFY_PEER, NULL)
```

函數，並在第二引數設定 SSL_VERIFY_PEER 旗號，宣稱程式欲驗證對手（亦即，伺服程式）的憑證。

SSL_XXX_set_verify() 函數有兩種不同口味。第一種是設定在 SSL 上下文物件中，它只需叫用一次。第二種則設定在 SSL 物件上，它是每一連線都需叫用一次。第二種口味的函數格式如下（其名稱沒有 CTX 字眼）。

```
void SSL_set_verify(SSL *s, int mode,
              int (*verify_callback)(int, X509_STORE_CTX *));
```

第三，在 SSL_connect() 函數叫用之後，客戶程式叫用

```
SSL_get_verify_result(ssl);
```

函數，實際驗證伺服憑證，並取得驗證的結果。假若這函數送回 X509_V_OK，則代表伺服憑證驗證成功。萬一客戶程式取入了錯誤的憑證官方，則這函數即會送回錯誤號碼 20。在驗證失敗時，客戶程式可以選擇終止或繼續。

要不然，在另外一種方式，客戶程式也可以選擇在叫用 SSL_CTX_set_verify() 時，除了設定 SSL_VERIFY_PEER 旗號外，也同時設定SSL_VERIFY_FAIL_IF_NO_PEER_CERT 旗號。指明這個旗號時，假設另一端（在目前的情況是伺服器）沒送憑證來，則 SSL/TLS 握手程序與連線請求就會自動失敗。不過，這個旗號只關照到對方沒送憑證來的情況，它並不涵蓋對方送來的是一個不良的憑證的狀況。

假若對方送了它的憑證，不管它是好的或不好的憑證，則設定 SSL_VERIFY_FAIL_IF_NO_PEER_CERT 旗號並無差別。程式還是要靠 SSL_get_verify_result() 來得知驗證是成功還是失敗。不過，萬一對方沒送憑證來，則設定這個旗號將會防止連線的建立，因為 SSL_connect() 與 SSL_accept() 兩者都會失敗回返。

再強調一次，SSL_VERIFY_FALL_IF_NO_PEER_CERT旗號，只影響到對方沒送憑證的情況，它並不影響或涵蓋無效憑證或憑證驗證沒過關的情況。

此外，由於一 SSL/TLS 伺服程式總是會將伺服憑證送給 SSL/TLS 客戶程式的，除非是在一匿名的密碼套組上，因此，在一 SSL/TLS 客戶程式上，不叫用 SSL_get_peer_certificate()，而只叫用 SSL_get_verify_result() 也行得通，完全沒問題。

圖 15-31 所示即為第一個 SSL/TLS 客戶伺服程式例題，加上了伺服憑證驗證後的樣子。

圖15-31 含有伺服憑證驗證的 SSL/TLS 客戶伺服程式

（a）tlsserver2.c

```
/*
 * A TLS/SSL server.
 * This server program communicates with clients using TLS/SSL protocol.
 * Using a self-signed server certificate.
```

```
 * Authored by Mr. Jin-Jwei Chen.
 * Copyright (c) 2014-2016, 2020-2021 Mr. Jin-Jwei Chen. All rights reserved.
 */

#include <stdio.h>
#include <errno.h>
#include <sys/types.h>
#include <sys/socket.h>
#include <netinet/in.h>     /* protocols such as IPPROTO_TCP, ... */
#include <string.h>         /* memset(), strlen(), memcmp() */
#include <stdlib.h>         /* atoi() */
#include <unistd.h>
#include <resolv.h>
#include <netdb.h>
#include <arpa/inet.h>
#include <resolv.h>
#include <openssl/ssl.h>
#include <openssl/err.h>
#include <openssl/x509.h>
#include "myopenssl.h"
#include "netlib.h"

/*
 * This function serves a newly connected SSL client.
 * Parameters:
 *   ctx (input) - SSL context.
 *   clntsock (input) - the child socket to communicate with the client.
 * Function output: return 0 on success, non-zero on failure.
 * Note that Openssl provides different functions to retrieve the actual
 * error. Unfortunately, they return different data types, some 'int'
 * (SSL_get_error()) and some 'unsigned long' (ERR_get_error()).
 * It makes it hard to return both types of errors from a function.
 */
int serve_ssl_client(SSL_CTX *ctx, int clntsock)
{
  SSL           *ssl = NULL;          /* SSL structure/connection */
  char          reqmsg[MAXREQSZ];     /* buffer for incoming request message */
  char          reply[MAXRPLYSZ];     /* buffer for outgoing server reply */
  unsigned char replysz;              /* length in bytes of reply message */
  int           insize;               /* actual number of bytes read */
  int           outsz;                /* actual number of bytes written */
  int           error = 0;            /* error from certain SSL_xxx calls */
  unsigned char msgcnt;               /* count of reply messages to client */
  int           done = 0;             /* done with current client */
  int           ret;

  if (ctx == NULL)
    return(EINVAL);
  ERR_clear_error();

  /* Create a new SSL structure to hold the connection data */
```

```
  ssl = SSL_new(ctx);
  if (ssl == NULL)
  {
    fprintf(stderr, "Error: SSL_new() failed:\n");
    ERR_print_errors_fp(stderr);
    return(OPENSSL_ERR_SSLNEW_FAIL);
  }

  /* Associate the SSL structure with the socket */
  ret = SSL_set_fd(ssl, clntsock);
  if (ret != OPENSSL_SUCCESS)
  {
    fprintf(stderr, "Error: SSL_set_fd() failed:\n");
    ERR_print_errors_fp(stderr);
    SSL_free(ssl);
    return(OPENSSL_ERR_SSLSETFD_FAIL);
  }

  /* Wait for the TLS/SSL client to initiate the TLS/SSL handshake */
  ret = SSL_accept(ssl);
  if (ret != OPENSSL_SUCCESS)
  {
    error = SSL_get_error(ssl, ret);
    fprintf(stderr, "Error: SSL_accept() failed, error=%d\n", error);
    SSL_free(ssl);
    return(error);
  }

  /* The service loop */
  done = 0;
  msgcnt = 1;
  do
  {
    /* Read the next request message from the TLS/SSL client */
    insize = SSL_read(ssl, reqmsg, MAXREQSZ);
    if (insize <= 0)
    {
      error = SSL_get_error(ssl, insize);
      fprintf(stderr, "Error: SSL_read() failed, error=%d\n", error);
      break;
    }

    reqmsg[insize] = '\0';
    fprintf(stdout, "Server received: %s\n", reqmsg);

    /* Process the request here ... */

    /* Construct a reply message */
    if ( !strcmp(reqmsg, BYE_MSG) )
    {
      done = 1;
```

```
      strcpy(reply, reqmsg);
    }
    else
      sprintf(reply, SRVREPLY2, msgcnt++);

    replysz = strlen(reply);

    /* Send back a reply */
    outsz = SSL_write(ssl, reply, replysz);
    if (outsz != replysz)
    {
      error = SSL_get_error(ssl, outsz);
      fprintf(stderr, "Error: SSL_write() failed, error=%d\n", error);
      break;
    }
  } while (!done);

  /* Free up resources and return */
  SSL_free(ssl);
  return(error);
}

/* TLS/SSL server program */
int main(int argc, char *argv[])
{
  int    sfd;                        /* file descriptor of the listener socket */
  struct sockaddr_in    srvaddr;     /* IPv4 socket address structure */
  struct sockaddr_in6   srvaddr6;    /* IPv6 socket address structure */
  in_port_t  portnum = SRVPORT;      /* port number this server listens on */
  int        portnum_in = 0;         /* port number specified by user */
  struct sockaddr_in6   clntaddr6;   /* client socket address */
  socklen_t             clntaddr6sz = sizeof(clntaddr6);
  int    newsock = 0;                /* file descriptor of client data socket */
  int    ipv6 = 0;                   /* IPv6 mode or not */
  int    ret;                        /* return value */
  SSL_CTX    *ctx;                   /* SSL context */

  /* Print Usage if requested by user */
  if (argc > 1 && argv[1][0] == '?' )
  {
    fprintf(stderr, "Usage: %s [server_port] [1 (use IPv6)]\n", argv[0]);
    return(0);
  }

  /* Get the server port number from user, if any */
  if (argc > 1)
  {
    portnum_in = atoi(argv[1]);
    if (portnum_in <= 0)
    {
      fprintf(stderr, "Error: port number %s invalid\n", argv[1]);
```

```
      fprintf(stderr, "Usage: %s [server_port] [1 (use IPv6)]\n", argv[0]);
      return(-1);
    }
    else
      portnum = portnum_in;
  }

  /* Get the IPv6 switch from user, if any */
  if (argc > 2)
  {
    if (argv[2][0] == '1')
      ipv6 = 1;
    else if (argv[2][0] != '0')
    {
      fprintf(stderr, "Usage: %s [server_port] [1 (use IPv6)]\n", argv[0]);
      return(-2);
    }
  }

  fprintf(stdout, "TLS/SSL server listening at portnum=%u ipv6=%u\n",
    portnum, ipv6);

  /* Create the server listener socket */
  if (ipv6)
    ret = new_bound_srv_endpt(&sfd, (struct sockaddr *)&srvaddr6, AF_INET6,
      portnum);
  else
    ret = new_bound_srv_endpt(&sfd, (struct sockaddr *)&srvaddr, AF_INET,
      portnum);

  if (ret != 0)
  {
    fprintf(stderr, "Error: new_bound_srv_endpt() failed, ret=%d\n", ret);
    return(-3);
  }

  /* Create a TLS/SSL context -- a framework enabling TLS/SSL connections. */
  ctx = SSL_CTX_new(TLS_server_method());
  if (ctx == NULL)
  {
    fprintf(stderr, "Error: SSL_CTX_new() failed\n");
    close(sfd);
    return(-4);
  }

  /* Load the server's certificate and private key */
  ret = load_certificate(ctx, SS_SRV_CERT_FILE, SS_SRV_KEY_FILE);
  if (ret != SUCCESS)
  {
    fprintf(stderr, "Error: load_certificate() failed, ret=%d\n", ret);
    SSL_CTX_free(ctx);
```

```
    close(sfd);
    return(-5);
  }

  /* Server's service loop. Wait for next client and service it. */
  while (1)
  {
    /* Accept the next client's connection request */
    newsock = accept(sfd, (struct sockaddr *)&clntaddr6, &clntaddr6sz);
    if (newsock < 0)
    {
      fprintf(stderr, "Error: accept() failed, errno=%d\n", errno);
      continue;
    }

    fprintf(stdout, "\nServer got a client connection\n");

    /* Service the current SSL client */
    ret = serve_ssl_client(ctx, newsock);
    if (ret != 0)
      fprintf(stderr, "Error: serve_ssl_client() failed, ret=%d\n", ret);

    close(newsock);
  }  /* while */

  SSL_CTX_free(ctx);    /* release SSL context */
  close(sfd);           /* close server socket */
  return(0);
}
```

（b）tlsclient2.c

```
/*
 * A TLS/SSL client.
 * This program communicates with a TLS/SSL server using TLS/SSL protocol.
 * The client verifies a self-signed server certificate.
 * Authored by Mr. Jin-Jwei Chen.
 * Copyright (c) 2014-2016, 2020-2021 Mr. Jin-Jwei Chen. All rights reserved.
 */

#include <stdio.h>
#include <errno.h>
#include <sys/types.h>
#include <sys/socket.h>
#include <netinet/in.h>    /* protocols such as IPPROTO_TCP, ... */
#include <string.h>        /* memset(), strlen(), memcmp() */
#include <stdlib.h>        /* atoi() */
#include <unistd.h>
#include <resolv.h>
#include <netdb.h>
#include <openssl/ssl.h>
#include <openssl/err.h>
```

```
#include <openssl/x509.h>
#include "myopenssl.h"
#include "netlib.h"

/* Free all resources */
#define  FREEALL  \
    SSL_free(ssl); \
    SSL_CTX_free(ctx); \
    close(sfd);

/* A TLS/SSL client program */
int main(int argc, char *argv[])
{
  char         *srvhost = "localhost"; /* name of server host */
  in_port_t    srvport = SRVPORT;      /* port number server listens on */
  int          srvport_in = 0;         /* port number specified by user */

  int       ret;           /* return value */
  int       sfd=0;         /* socket file descriptor */
  int       error;         /* return value of SSL_get_error() */
  long      sslret;        /* return value of some SSL calls */

  SSL_CTX   *ctx = NULL;   /* SSL/TLS context/framework */
  SSL       *ssl = NULL;   /* SSL/TLS connection */

  char          replymsg[MAXRPLYSZ];   /* reply message from server */
  size_t        reqbufsz = MAXREQSZ;   /* size of client request buffer */
  char          *reqmsg=NULL;          /* pointer to request message buffer */
  size_t        reqmsgsz;              /* size of client request message */
  int           bytes;                 /* number of bytes received */
  int           done=0;                /* done communicating with server */

  unsigned char  errstrbuf[ERR_STRING_LEN];  /* error string */

  /* Print Usage if requested by user */
  if (argc > 1 && argv[1][0] == '?' )
  {
    fprintf(stdout, "Usage: %s [srvportnum] [srvhostname]\n", argv[0]);
    return(0);
  }

  /* Get the port number of the target server host specified by user */
  if (argc > 1)
  {
    srvport_in = atoi(argv[1]);
    if (srvport_in <= 0)
    {
      fprintf(stderr, "Error: port number %s invalid\n", argv[1]);
      return(-1);
    }
    else
```

```
    srvport = srvport_in;
  }

  /* Get the name of the target server host specified by user */
  if (argc > 2)
    srvhost = argv[2];

  /* Connect to the server */
  ret = connect_to_server(&sfd, srvhost, srvport);
  if (ret != 0)
  {
    fprintf(stderr, "Error: connect_to_server() failed, ret=%d\n", ret);
    if (sfd) close(sfd);
    return(-2);
  }

  /* Create a TLS/SSL context -- a framework enabling TLS/SSL connections. */
  ctx = SSL_CTX_new(TLS_client_method());
  if (ctx == NULL)
  {
    fprintf(stderr, "Error: SSL_CTX_new() failed\n");
    close(sfd);
    return(-3);
  }

  /* Allocate a new SSL structure to hold SSL connection data */
  ssl = SSL_new(ctx);
  if (ssl == NULL)
  {
    fprintf(stderr, "Error: SSL_new() failed\n");
    SSL_CTX_free(ctx);
    close(sfd);
    return(-4);
  }

  /* Set default locations for trusted CA certificates for verification */
  if(SSL_CTX_load_verify_locations(ctx, SS_CA_FILE, CA_DIR) < 1)
  {
    fprintf(stderr, "Error: SSL_CTX_load_verify_locations() failed to set "
      "verify location\n");
    return(-5);
  }

  /* Set to do server certificate verification */
  SSL_CTX_set_verify(ctx, SSL_VERIFY_PEER, NULL);

  /* Associate the SSL object with the socket file descriptor */
  ret = SSL_set_fd(ssl, sfd);
  if (ret != OPENSSL_SUCCESS)
  {
    fprintf(stderr, "Error: SSL_set_fd() failed, ret=%d\n", ret);
```

```
        FREEALL
        return(-6);
      }

      /* Initiate the TLS/SSL handshake with the TLS/SSL server */
      ERR_clear_error();
      ret = SSL_connect(ssl);
      if (ret != OPENSSL_SUCCESS)
      {
        error = SSL_get_error(ssl, ret);
        fprintf(stderr, "Error: SSL_connect() failed, error=%d\n", error);
        print_ssl_io_error(error);
        fprintf(stderr, "%s\n", ERR_error_string((unsigned long)error,
(char *)NULL));
        FREEALL
        return(-7);
      }

      /* Connected with TLS/SSL server. Display server certificate info. */
      fprintf(stdout, "Connected with TLS/SSL server, cipher algorithm is %s\n",
        SSL_get_cipher(ssl));
      fprintf(stdout, "Information in the server certificate:\n");
      display_ssl_certificate_info(ssl);

      /* Verify the peer's certificate and get the result */
      ERR_clear_error();
      if ((sslret = SSL_get_verify_result(ssl)) == X509_V_OK)
      {
        /* The server sent a certificate which verified OK. */
        fprintf(stdout, "Verifying server's certificate succeeded.\n");
      }
      else
      {
        fprintf(stderr, "SSL_get_verify_result() failed, ret=%ld\n", sslret);
        fprintf(stderr, "%s\n", ERR_error_string((unsigned long)sslret,
(char *)NULL));
        FREEALL
        return(-8);
      }

      /* Allocate input buffer */
      reqmsg = malloc(MAXREQSZ);
      if (reqmsg == NULL)
      {
        fprintf(stderr, "Error: malloc() failed\n");
        FREEALL
        return(-9);
      }
```

```
/* Send a message and get a response until done */
do
{
  /* Get next message the user wants to send */
  fprintf(stdout, "Enter a message to send ('bye' to end): ");
  reqmsgsz = getline(&reqmsg, &reqbufsz, stdin);
  if (reqmsgsz == -1)
  {
    fprintf(stderr, "Error: getline() failed, ret=%lu\n", reqmsgsz);
    break;
  }

  /* Remove the newline character at end of input */
  reqmsg[--reqmsgsz] = '\0';

  /* Send a message using SSL -- message automatically encrypted */
  bytes = SSL_write(ssl, reqmsg, reqmsgsz);
  if (bytes != reqmsgsz)
  {
    error = SSL_get_error(ssl, bytes);
    fprintf(stderr, "Error: SSL_write() failed, error=%d\n", error);
    free(reqmsg);
    FREEALL
    return(-10);
  }

  /* Receive a reply using SSL -- reply automatically decrypted */
  bytes = SSL_read(ssl, replymsg, sizeof(replymsg));
  if (bytes <= 0)
  {
    error = SSL_get_error(ssl, bytes);
    fprintf(stderr, "Error: SSL_read() failed, error=%d\n", error);
    free(reqmsg);
    FREEALL
    return(-11);
  }
  else
  {
    replymsg[bytes] = 0;
    fprintf(stdout, "Received: %s\n", replymsg);
  }

  if (!strcmp(replymsg, reqmsg))
    done = 1;

} while (!done);

/* release all resources */
free(reqmsg);
```

```
  SSL_free(ssl);          /* release the SSL structure/connection */
  SSL_CTX_free(ctx);  /* release the SSL context */
  close(sfd);             /* close socket */
  return (0);
}
```

摘要

總之，在一個 C 語言程式內做憑證驗證時，不論這憑證是自簽的或是由一串憑證官方所發行的，一個 SSL/TLS 客戶程式，必須執行下列三個步驟：

(1) 叫用 SSL_CTX_load_verify_locations() 函數，指明含有所有可信賴之憑證官方之憑證的檔案，以及該檔案所在的檔案夾名稱，將所有所信賴的憑證官方，設定好在 SSL 上下文物件裡。

    假若檔案夾名稱的引數是 NULL，則檔案就應存在現有工作檔案夾內。這個函數叫用必須發生在 SSL 上下文物件產生之後，而且在客戶程式叫用 SSL_connect() 或伺服程式叫用 SSL_accept() 之前，否則，就不會動作。

(2) 叫用 SSL_CTX_set_verify() 或 SSL_set_verify() 函數，並指明至少 SSL_VERIFY_PEER 旗號，以顯示想驗證對手的憑證。

    對客戶程式而言，設定這個旗號代表它欲驗證伺服憑證。對伺服程式而言，設定這個旗號代表它欲驗證客戶憑證。

(3) 叫用SSL_get_verify_result(ssl) 函數以取得憑證的驗證結果。客戶程式在 SSL/TLS 連線建立後（亦即，SSL_connect() 函數回返後），執行這一步。伺服程式則在接受客戶連線請求（亦即，SSL_accept() 回返）後，做這個。

注意到，就第(2)及第(3)步驟而言，伺服程式的作業稍稍比客戶程式複雜一些。詳情請參閱“客戶認證”一節。

驗證自簽憑證可能發生的錯誤

假若你使用的是自簽的憑證，則在程式叫用 SSL_get_verify_result() 函數欲取得憑證驗證的結果時，若是一自簽憑證，則該函數可能會送回錯誤碼 18；若是有一以自簽憑證建立起的一串憑證官方，則該函數即可能送回錯誤 19。

錯誤號碼	意涵
18	X509_V_ERR_DEPTH_ZERO_SELF_SIGNED_CERT:自簽的憑證。這憑證是自簽的，在信賴的憑證官方名單中找不到。
19	X509_V_ERR_SELF_SIGNED_CERT_IN_CHAIN: 在憑證官方鏈中發現有自簽的憑證。整個憑證官方鏈可能是以不可信賴的憑證建成的，根部憑證找不到。

15-11-4 驗證由一串官方所發行的伺服憑證

OpenSSL 簡化了作業，在其他的產品上，欲驗證一個由一串憑證官方所發行的憑證時，程式通常必須使用一個迴路，每次讀取其中一個憑證官方的憑證，驗證它，可以後，再繼續下一個，一直到驗證過根部官方憑證為止。可是，在 OpenSSL 內，你只要將所有整串的官方憑證都收集在同一個檔案內，然後叫用 SSL_CTX_load_verify_locations() 取入那個檔案即可，相對簡單多了。

圖 15-32 所示的 tlsserver3.c 與 tlsclient3.c，即為一驗證一個由一串憑證官方所發行之伺服憑證的例子。藉著使用整串憑證官方的憑證，客戶程式成功地驗證了伺服程式的憑證。

圖 15-32 驗證由一串官方所發行之伺服憑證的 SSL/TLS 客戶伺服程式

(a) tlsserver3.c

```
/*
 * A TLS/SSL server.
 * This server program communicates with clients using TLS/SSL protocol.
 * Using a server certificate signed by a chain of CAs.
 * Authored by Mr. Jin-Jwei Chen.
 * Copyright (c) 2014-2016, 2020-2021 Mr. Jin-Jwei Chen. All rights reserved.
 */

#include <stdio.h>
#include <errno.h>
#include <sys/types.h>
#include <sys/socket.h>
#include <netinet/in.h>     /* protocols such as IPPROTO_TCP, ... */
#include <string.h>         /* memset(), strlen(), memcmp() */
#include <stdlib.h>         /* atoi() */
#include <unistd.h>
#include <resolv.h>
#include <netdb.h>
#include <arpa/inet.h>
```

```
#include <resolv.h>
#include <openssl/ssl.h>
#include <openssl/err.h>
#include <openssl/x509.h>
#include "myopenssl.h"
#include "netlib.h"

/*
 * This function serves a newly connected SSL client.
 * Parameters:
 *   ctx (input) - SSL context.
 *   clntsock (input) - the child socket to communicate with the client.
 * Function output: return 0 on success, non-zero on failure.
 * Note that Openssl provides different functions to retrieve the actual
 * error. Unfortunately, they return different data types, some 'int'
 * (SSL_get_error()) and some 'unsigned long' (ERR_get_error()).
 * It makes it hard to return both types of errors from a function.
 */
int serve_ssl_client(SSL_CTX *ctx, int clntsock)
{
  SSL           *ssl = NULL;         /* SSL structure/connection */
  char          reqmsg[MAXREQSZ];    /* buffer for incoming request message */
  char          reply[MAXRPLYSZ];    /* buffer for outgoing server reply */
  unsigned char replysz;             /* length in bytes of reply message */
  int           insize;              /* actual number of bytes read */
  int           outsz;               /* actual number of bytes written */
  int           error = 0;           /* error from certain SSL_xxx calls */
  unsigned char msgcnt;              /* count of reply messages to client */
  int           done = 0;            /* done with current client */
  int           ret;

  if (ctx == NULL)
    return(EINVAL);
  ERR_clear_error();

  /* Create a new SSL structure to hold the connection data */
  ssl = SSL_new(ctx);
  if (ssl == NULL)
  {
    fprintf(stderr, "Error: SSL_new() failed:\n");
    ERR_print_errors_fp(stderr);
    return(OPENSSL_ERR_SSLNEW_FAIL);
  }

  /* Associate the SSL structure with the socket */
  ret = SSL_set_fd(ssl, clntsock);
  if (ret != OPENSSL_SUCCESS)
  {
    fprintf(stderr, "Error: SSL_set_fd() failed:\n");
    ERR_print_errors_fp(stderr);
    SSL_free(ssl);
```

```
      return(OPENSSL_ERR_SSLSETFD_FAIL);
    }

    /* Wait for the TLS/SSL client to initiate the TLS/SSL handshake */
    ret = SSL_accept(ssl);
    if (ret != OPENSSL_SUCCESS)
    {
      error = SSL_get_error(ssl, ret);
      fprintf(stderr, "Error: SSL_accept() failed, error=%d\n", error);
      SSL_free(ssl);
      return(error);
    }

    /* The service loop */
    done = 0;
    msgcnt = 1;
    do
    {
      /* Read the next request message from the TLS/SSL client */
      insize = SSL_read(ssl, reqmsg, MAXREQSZ);
      if (insize <= 0)
      {
        error = SSL_get_error(ssl, insize);
        fprintf(stderr, "Error: SSL_read() failed, error=%d\n", error);
        break;
      }

      reqmsg[insize] = '\0';
      fprintf(stdout, "Server received: %s\n", reqmsg);

      /* Process the request here ... */

      /* Construct a reply message */
      if ( !strcmp(reqmsg, BYE_MSG) )
      {
        done = 1;
        strcpy(reply, reqmsg);
      }
      else
        sprintf(reply, SRVREPLY2, msgcnt++);

      replysz = strlen(reply);

      /* Send back a reply */
      outsz = SSL_write(ssl, reply, replysz);
      if (outsz != replysz)
      {
        error = SSL_get_error(ssl, outsz);
        fprintf(stderr, "Error: SSL_write() failed, error=%d\n", error);
        break;
      }
```

```
  } while (!done);

  /* Free up resources and return */
  SSL_free(ssl);
  return(error);
}

/* TLS/SSL server program */
int main(int argc, char *argv[])
{
  int    sfd;                          /* file descriptor of the listener socket */
  struct sockaddr_in    srvaddr;       /* IPv4 socket address structure */
  struct sockaddr_in6   srvaddr6;      /* IPv6 socket address structure */
  in_port_t  portnum = SRVPORT;        /* port number this server listens on */
  int        portnum_in = 0;           /* port number specified by user */
  struct sockaddr_in6   clntaddr6;     /* client socket address */
  socklen_t             clntaddr6sz = sizeof(clntaddr6);
  int    newsock = 0;                  /* file descriptor of client data socket */
  int    ipv6 = 0;                     /* IPv6 mode or not */
  int    ret;                          /* return value */
  SSL_CTX    *ctx;                     /* SSL context */

  /* Print Usage if requested by user */
  if (argc > 1 && argv[1][0] == '?' )
  {
    fprintf(stderr, "Usage: %s [server_port] [1 (use IPv6)]\n", argv[0]);
    return(0);
  }

  /* Get the server port number from user, if any */
  if (argc > 1)
  {
    portnum_in = atoi(argv[1]);
    if (portnum_in <= 0)
    {
      fprintf(stderr, "Error: port number %s invalid\n", argv[1]);
      fprintf(stderr, "Usage: %s [server_port] [1 (use IPv6)]\n", argv[0]);
      return(-1);
    }
    else
      portnum = portnum_in;
  }

  /* Get the IPv6 switch from user, if any */
  if (argc > 2)
  {
    if (argv[2][0] == '1')
      ipv6 = 1;
    else if (argv[2][0] != '0')
    {
      fprintf(stderr, "Usage: %s [server_port] [1 (use IPv6)]\n", argv[0]);
```

```
      return(-2);
    }
  }

  fprintf(stdout, "TLS/SSL server listening at portnum=%u ipv6=%u\n",
    portnum, ipv6);

  /* Create the server listener socket */
  if (ipv6)
    ret = new_bound_srv_endpt(&sfd, (struct sockaddr *)&srvaddr6, AF_INET6,
      portnum);
  else
    ret = new_bound_srv_endpt(&sfd, (struct sockaddr *)&srvaddr, AF_INET,
      portnum);

  if (ret != 0)
  {
    fprintf(stderr, "Error: new_bound_srv_endpt() failed, ret=%d\n", ret);
    return(-3);
  }

  /* Create a TLS/SSL context -- a framework enabling TLS/SSL connections. */
  ctx = SSL_CTX_new(TLS_server_method());
  if (ctx == NULL)
  {
    fprintf(stderr, "Error: SSL_CTX_new() failed\n");
    close(sfd);
    return(-4);
  }

  /* Load the server's certificate and private key */
  ret = load_certificate(ctx, SRV_CERT_FILE, SRV_KEY_FILE);
  if (ret != SUCCESS)
  {
    fprintf(stderr, "Error: load_certificate() failed, ret=%d\n", ret);
    SSL_CTX_free(ctx);
    close(sfd);
    return(-5);
  }

  /* Server's service loop. Wait for next client and service it. */
  while (1)
  {
    /* Accept the next client's connection request */
    newsock = accept(sfd, (struct sockaddr *)&clntaddr6, &clntaddr6sz);
    if (newsock < 0)
    {
      fprintf(stderr, "Error: accept() failed, errno=%d\n", errno);
      continue;
    }
```

```
    fprintf(stdout, "\nServer got a client connection\n");

    /* Service the current SSL client */
    ret = serve_ssl_client(ctx, newsock);
    if (ret != 0)
      fprintf(stderr, "Error: serve_ssl_client() failed, ret=%d\n", ret);

    close(newsock);
  }  /* while */

  SSL_CTX_free(ctx);   /* release SSL context */
  close(sfd);          /* close server socket */
  return(0);
}
```

(b) tlsclient3.c

```
/*
 * A TLS/SSL client.
 * This program communicates with a TLS/SSL server using TLS/SSL protocol.
 * The client verifies a server certificate signed by a chain of CAs.
 * Authored by Mr. Jin-Jwei Chen.
 * Copyright (c) 2014-2016, 2020-2021 Mr. Jin-Jwei Chen. All rights reserved.
 */

#include <stdio.h>
#include <errno.h>
#include <sys/types.h>
#include <sys/socket.h>
#include <netinet/in.h>    /* protocols such as IPPROTO_TCP, ... */
#include <string.h>        /* memset(), strlen(), memcmp() */
#include <stdlib.h>        /* atoi() */
#include <unistd.h>
#include <resolv.h>
#include <netdb.h>
#include <openssl/ssl.h>
#include <openssl/err.h>
#include <openssl/x509.h>
#include "myopenssl.h"
#include "netlib.h"

/* Free all resources */
#define FREEALL  \
    SSL_free(ssl); \
    SSL_CTX_free(ctx); \
    close(sfd);

/* A TLS/SSL client program */
int main(int argc, char *argv[])
{
  char          *srvhost = "localhost"; /* name of server host */
  in_port_t     srvport = SRVPORT;      /* port number server listens on */
```

```
int          srvport_in = 0;         /* port number specified by user */

int        ret;            /* return value */
int        sfd=0;          /* socket file descriptor */
int        error;          /* return value of SSL_get_error() */
long       sslret;         /* return value of some SSL calls */

SSL_CTX    *ctx = NULL;   /* SSL/TLS context/framework */
SSL        *ssl = NULL;   /* SSL/TLS connection */

char          replymsg[MAXRPLYSZ];    /* reply message from server */
size_t        reqbufsz = MAXREQSZ;    /* size of client request buffer */
char          *reqmsg=NULL;           /* pointer to request message buffer */
size_t        reqmsgsz;               /* size of client request message */
int           bytes;                  /* number of bytes received */
int           done=0;                 /* done communicating with server */

unsigned char  errstrbuf[ERR_STRING_LEN];  /* error string */

/* Print Usage if requested by user */
if (argc > 1 && argv[1][0] == '?' )
{
  fprintf(stdout, "Usage: %s [srvportnum] [srvhostname]\n", argv[0]);
  return(0);
}

/* Get the port number of the target server host specified by user */
if (argc > 1)
{
  srvport_in = atoi(argv[1]);
  if (srvport_in <= 0)
  {
    fprintf(stderr, "Error: port number %s invalid\n", argv[1]);
    return(-1);
  }
  else
    srvport = srvport_in;
}

/* Get the name of the target server host specified by user */
if (argc > 2)
  srvhost = argv[2];

/* Connect to the server */
ret = connect_to_server(&sfd, srvhost, srvport);
if (ret != 0)
{
  fprintf(stderr, "Error: connect_to_server() failed, ret=%d\n", ret);
  if (sfd) close(sfd);
  return(-2);
}
```

```
    /* Create a TLS/SSL context -- a framework enabling TLS/SSL connections. */
    ctx = SSL_CTX_new(TLS_client_method());
    if (ctx == NULL)
    {
      fprintf(stderr, "Error: SSL_CTX_new() failed\n");
      close(sfd);
      return(-3);
    }

    /* Allocate a new SSL structure to hold SSL connection data */
    ssl = SSL_new(ctx);
    if (ssl == NULL)
    {
      fprintf(stderr, "Error: SSL_new() failed\n");
      SSL_CTX_free(ctx);
      close(sfd);
      return(-4);
    }

    /* Set default locations for trusted CA certificates for verification */
    if(SSL_CTX_load_verify_locations(ctx, CA_FILE, CA_DIR) < 1)
    {
      fprintf(stderr, "Error: SSL_CTX_load_verify_locations() failed to set "
        "verify location\n");
      return(-5);
    }

    /* Set to do server certificate verification */
    SSL_CTX_set_verify(ctx, SSL_VERIFY_PEER, NULL);

    /* Associate the SSL object with the socket file descriptor */
    ret = SSL_set_fd(ssl, sfd);
    if (ret != OPENSSL_SUCCESS)
    {
      fprintf(stderr, "Error: SSL_set_fd() failed, ret=%d\n", ret);
      FREEALL
      return(-6);
    }

    /* Initiate the TLS/SSL handshake with the TLS/SSL server */
    ERR_clear_error();
    ret = SSL_connect(ssl);
    if (ret != OPENSSL_SUCCESS)
    {
      error = SSL_get_error(ssl, ret);
      fprintf(stderr, "Error: SSL_connect() failed, error=%d\n", error);
      print_ssl_io_error(error);
      fprintf(stderr, "%s\n", ERR_error_string((unsigned long)error,
(char *)NULL));
      FREEALL
```

```
        return(-7);
      }

      /* Connected with TLS/SSL server. Display server certificate info. */
      fprintf(stdout, "Connected with TLS/SSL server, cipher algorithm is %s\n",
        SSL_get_cipher(ssl));
      fprintf(stdout, "Information in the server certificate:\n");
      display_ssl_certificate_info(ssl);

      /* Verify the peer's certificate and get the result */
      ERR_clear_error();
      if ((sslret = SSL_get_verify_result(ssl)) == X509_V_OK)
      {
        /* The server sent a certificate which verified OK. */
        fprintf(stdout, "Verifying server's certificate succeeded.\n");
      }
      else
      {
        fprintf(stderr, "SSL_get_verify_result() failed, ret=%lu\n", sslret);
        fprintf(stderr, "%s\n", ERR_error_string((unsigned long)sslret,
(char *)NULL));
        FREEALL
        return(-8);
      }

      /* Allocate input buffer */
      reqmsg = malloc(MAXREQSZ);
      if (reqmsg == NULL)
      {
        fprintf(stderr, "Error: malloc() failed\n");
        FREEALL
        return(-9);
      }

      /* Send a message and get a response until done */
      do
      {
        /* Get next message the user wants to send */
        fprintf(stdout, "Enter a message to send ('bye' to end): ");
        reqmsgsz = getline(&reqmsg, &reqbufsz, stdin);
        if (reqmsgsz == -1)
        {
          fprintf(stderr, "Error: getline() failed, ret=%lu\n", reqmsgsz);
          break;
        }

        /* Remove the newline character at end of input */
        reqmsg[--reqmsgsz] = '\0';

        /* Send a message using SSL -- message automatically encrypted */
        bytes = SSL_write(ssl, reqmsg, reqmsgsz);
```

```
    if (bytes != reqmsgsz)
    {
      error = SSL_get_error(ssl, bytes);
      fprintf(stderr, "Error: SSL_write() failed, error=%d\n", error);
      free(reqmsg);
      FREEALL
      return(-10);
    }

    /* Receive a reply using SSL -- reply automatically decrypted */
    bytes = SSL_read(ssl, replymsg, sizeof(replymsg));
    if (bytes <= 0)
    {
      error = SSL_get_error(ssl, bytes);
      fprintf(stderr, "Error: SSL_read() failed, error=%d\n", error);
      free(reqmsg);
      FREEALL
      return(-11);
    }
    else
    {
      replymsg[bytes] = 0;
      fprintf(stdout, "Received: %s\n", replymsg);
    }

    if (!strcmp(replymsg, reqmsg))
      done = 1;

  } while (!done);

  /* release all resources */
  free(reqmsg);
  SSL_free(ssl);       /* release the SSL structure/connection */
  SSL_CTX_free(ctx);  /* release the SSL context */
  close(sfd);          /* close socket */
  return (0);
}
```

你可看出，這兩個程式與前一節驗證一自簽之伺服憑證的程式非常類似。唯一的不同是，現在客戶程式在叫用 SSL_CTX_load_verify_locations() 函數時，所取入的是一個存有所有憑證官方之憑證的檔案。

此外，伺服程式也取入了一個不同的憑證檔案，因為，現在伺服憑證已不是自簽，而是由一串憑證官方所發行的。

15-11-4-1 取入憑證串

有兩個函數可用以取入一個憑證串或憑證鏈（certificate chain），它們的格式如下：

```
#include <openssl/ssl.h>
int SSL_CTX_use_certificate_chain_file(SSL_CTX *ctx, const char *file);
int SSL_use_certificate_chain_file(SSL *ssl, const char *file);
```

SSL_CTX_use_certificate_chain_file() 自第二個引數所指名的檔案，將一整串的憑證，取入由第一引數所指明的 SSL 上下文物件中。這一串憑證必須都是 PEM 格式，而且依序排列，由主題憑證（亦即，伺服或客戶憑證）開始，緊接是在主題憑證上簽字之憑證官方的憑證，再來是發行這官方憑證的另一官方的憑證，等等，一直至最高層的根部官方的憑證為止。

SSL_use_certificate_chain_file() 的功能完全一樣，唯一不同的是，它將這整串的憑證，取入一 SSL 物件中，而非 SSL_CTX。

注意到，SSL_CTX_use_certificate_chain_file() 與 SSL_use_certificate_chain_file() 只能用在 PEM 格式（型態為 SSL_FILETYPE_PEM）的檔案。因為，DER 格式的檔案，每一檔案一次只能儲存一個憑證或私有暗碼而已。

15-11-4-2 以 openssl 命令驗證一憑證串

以下的命令驗證稱為 mysever 的終端用者憑證以及中間官方憑證。如示地，你必須將所有的官方憑證串接在一起，並把結果作為 -CAfile 的值。

```
    $ openssl verify -verbose -CAfile <(cat deptca_cert.pem rootca_cert.pem)
myserver_cert.pem
    myserver_cert.pem: OK
    $ openssl verify -verbose -CAfile rootca_cert.pem deptca_cert.pem
    deptca_cert.pem: OK
    $ openssl verify -verbose -CAfile rootca_cert.pem rootca_cert.pem
    rootca_cert.pem: OK


    $ cat deptca_cert.pem rootca_cert.pem > myserver_CAchain_cert.pem
    $ openssl verify -verbose -CAfile myserver_CAchain_cert.pem myserver_cert.pem
    myserver_cert.pem: OK
```

注意到，下面的命令則只有驗證中間部門官方（deptca）的憑證，而不驗證 myserver 的憑證：

```
    $ openssl verify -verbose -CAfile rootca_cert.pem deptca_cert.pem
myserver_cert.pem
    deptca_cert.pem: OK
    myserver_cert.pem: /C=US/ST=New Hampshire/L=Nashua/O=Chen Systems,
Inc./OU=Engineering/CN=myserver
    error 20 at 0 depth lookup:unable to get local issuer certificate
```

15-11-5 客戶認證

記得之前我們說過，SSL/TLS 標準要求握手階段一定得做伺服器認證，但客戶認證則可有可無。這主要是因為，SSL/TLS 的設計主要是用以保護客戶方。可是，依應用之不同而異，有時也是需要保護伺服器的。在這種情況下，你在開發你使用 SSL/TLS 的軟體時，就可以加上要求一定要做客戶認證這一步。雖然可以如此，但你還是要慎重考量，使用憑證的客戶認證，是否真的夠強呢？還有沒有其他更強或更適當的客戶認證方式呢？

這節討論如何做 SSL/TLS 的客戶認證。

你已知道，在 SSL/TLS 的領域裡，每一個體均以數位憑證作身份識別。因為如此，欲在 SSL/TLS 協定做客戶認證，你就必須有一個客戶憑證。在我們所舉的例子裡，客戶憑證是由代表部門的中層憑證官方所簽字的。因此，伺服程式在驗證客戶憑證時，也是需要一串的官方憑證。

除了需要客戶憑證外，在做客戶認證時，客戶程式與伺服程式雙方都必須做一些額外的處理，以下我們即討論這個。

15-11-5-1 客戶程式的作業

欲做客戶認證時，在 SSL/TLS 的客戶端，客戶程式必須取入其憑證與私有暗碼，以致其憑證可在雙方握手階段，傳送給伺服方。這可經由叫用我們所寫的 load_certificate() 庫存函數為之。

值得注意的是，客戶程式取入其憑證與私有暗碼的時機，必須是在產生 SSL 物件（亦即，叫用 SSL_new()）之前。若是在 SSL_new() 之後才取入，那就徒勞無功了！

倘若客戶程式沒有取入其憑證與私有暗碼，或是在 SSL 物件產生了之後才做，那握手過程即不會把客戶憑證送給對方（伺服器）。這時，假若伺服程式要求一定要做客戶認證，那整個 SSL/TLS 的握手程序即會失敗（要是伺服程式沒弄錯的話）！

15-11-5-2 伺服程式的作業

在SSL/TLS伺服端，伺服程式必須執行下列步驟，驗證客戶程式所送來的客戶憑證。這些步驟與先前 SSL/TLS 客戶程式在驗證伺服憑證的作業極為類似，但細節上有一些差異。

(1) 伺服程式必須設定可信賴的憑證官方。

這以叫用 SSL_CTX_load_verify_locations() 函數達成：

```
SSL_CTX_load_verify_locations(ctx, CA_FILE, CA_DIR)
```

SSL_CTX_load_verify_locations() 函數指出含有發行客戶憑證之所有官方憑證的檔案，以及這檔案所在的檔案夾名稱，這分別由 CA_FILE 與 CA_DIR 引數指明。這些官方憑證是驗證客戶憑證時要用的。

叫用 SSL_CTX_load_verify_locations() 函數的時機，通常是在 SSL 上下文物件產生之後。

(2) 伺服程式必須指明它欲驗證客戶的憑證

這可經由叫用 SSL_CTX_set_verify() 函數達成。這個函數叫用宣示伺服程式欲驗證客戶憑證。最好的作法是如下所示地，在這函數叫用時，同時設定 SSL_VERIFY_PEER 與 SSL_VERIFY_FAIL_IF_NO_PEER_CERT 兩個旗號：

```
SSL_CTX_set_verify(sslctx,
    SSL_VERIFY_PEER|SSL_VERIFY_FAIL_IF_NO_PEER_CERT , NULL);
```

這樣，萬一客戶程式沒有將其憑證送來，其 SSL/TLS 連線請求即會立刻被回絕。同時，假若客戶憑證沒有通過驗證，連線請求也會被拒絕。

若是你略掉了 SSL_VERIFY_FAIL_IF_NO_PEER_CERT 旗號，則在客戶程式未送來其憑證時，SSL/TLS 連線請求還是會繼續前進的。這種情況下，那就只有靠伺服程式自己去偵測出與停止連線請求了。例如，在連線一建立時，SSL/TLS 伺服程式可以經由叫用 SSL_get_peer_certificate(ssl) 函數，檢查看看客戶程式是否有送來憑證否。假若沒有（亦即，這函數叫用送回一 NULL 空指標），則伺服程式即可直接關閉連線，終止一切作業。

假若沒有設定 SSL_VERIFY_FAIL_IF_NO_PEER_CERT 旗號，則在客戶程式有送來其憑證，但卻驗證失敗時，伺服程式端的 SSL_accept() 叫用即會自動拒絕連線請求，這將導致客戶程式端的 SSL_connect() 也會跟著失敗。

記得將 SSL_CTX_set_verify() 函數叫用也擺在 SSL/TLS 伺服程式的正確位置上。在 accept() 迴路之前叫用這函數是適當的。但在 SSL_new() 之後而 SSL_accept() 之前叫用它，則毫無作用。換言之，不能太晚叫。記得永遠在自 SSL_CTX 物件中產生 SSL 物件（亦即，SSL_new() 函數叫用）之前，叫用 SSL_CTX_set_verify() 函數。若你等到 SSL_new() 之後才叫用這函數，那它會毫無作用的。

要是所有客戶程式都必須做客戶認證，那 SSL_CTX_set_verify() 函數，可以在伺服器的服務迴路之前，叫用一次即可。要是必須看不同客戶而定，而不是全部客戶都要，那這個叫用就可擺在伺服器的服務迴路內，但在叫用 SSL_new() 之前。

以叫用 SSL_get_verify_result() 函數作驗證

一個 SSL/TLS 伺服程式有兩種方式從事客戶認證。

第一種方法就是以上所述的，叫用 SSL_CTX_set_verify() 函數，並且同時設定 SSL_VERIFY_PEER 與 SSL_VERIFY_FAIL_IF_NO_PEER_CERT 旗號。這樣，萬一客戶程式沒有送來其憑證，或是送來了但驗證失敗，那客戶程式的 SSL/TLS 連線請求即會自動失敗。亦即，客戶程式的 SSL_connect() 與伺服程式的 SSL_accept() 叫用，會同時失敗。這是最好的方法。

第二種強制執行客戶認證的方式，即叫用 SSL_CTX_set_verify() 函數，但只設定 SSL_VERIFY_PEER 旗號。

```
SSL_CTX_set_verify(ctx, SSL_VERIFY_PEER, NULL);
```

然後，等到連線建立後，再叫用以下的函數：

```
SSL_get_peer_certificate(ssl);
```

試著取得客戶程式所送來的憑證。若這函數送回 NULL 指標，那就代表客戶程式沒有送來其憑證。此時，伺服程式即可立即決定關閉連線請求。倘若客戶程式有送來憑證，亦即，SSL_get_peer_certificate() 的回返值不是 NULL，則伺服程式緊接即可再叫用

```
SSL_get_verify_result(ssl);
```

函數，進行客戶憑證的驗證。假若這函數送回 X509_V_OK，即代表客戶憑證驗證通過。萬一這函數送回其他的值，伺服程式也可以決定關閉連線。（附註：在 OpenSSL v1.1，倘若客戶程式送來的憑證驗證失敗，則 SSL_accept() 會失敗，拒絕客戶程式的連線請求）。

請注意到，在伺服程式端，SSL_get_verify_result() 函數並不能單獨使用。它必須與 SSL_get_peer_certificate() 一起使用。在沒跟 SSL_get_peer_certificate() 函數一起使用時，SSL_get_verify_result() 在客戶程式沒有送來憑證時，會送回 X509_V_OK。這就變成了一個漏洞了。你當然不希望這種情形發生。

15-11-5-3 可能的錯誤

在 SSL/TLS 伺服程式要求客戶認證，而且做得都對時，假若客戶程式沒有送出其憑證，或其所送出的憑證驗證失敗，則客戶的連線請求就會失敗。明確的說，這代表客戶程式端的 SSL_connect() 函數叫用，以及伺服程式端的 SSL_accept()，兩者都應該同時失敗（都送回回返值 1）。

圖 15-33 若 SSL_VERIFY_FAIL_IF_NO_PEER_CERT 旗號有設定，而且客戶或伺服認證失敗，這兩個函數叫用應該都會出錯失敗

當客戶認證失敗時，SSL/TLS 伺服程式可能得到的錯誤如下：

```
(a) Server-side error of 'Client does not send its certificate'

  Error: SSL_accept() failed, error=1
  140235133703904:error:1417C0C7:SSL
  routines:tls_process_client_certificate:peer did not return a
  certificate:ssl/statem/statem_srvr.c:2873:
```

```
(b) Server-side error of 'Client certificate fails to verify'

  Error: SSL_accept() failed, error=1
  140005507901152:error:1417C086:SSL
  routines:tls_process_client_certificate:certificate verify
  failed:ssl/statem/statem_srvr.c:2887:
```

15-11-5-4 程式例題

圖 15-34 所示，即為一對以 SSL/TLS 協定相互通信，而且要求做客戶認證的客戶伺服程式。

圖 15-35 所示，則為一稍稍不同的伺服程式版本。這個版本以 SSL_get_verify_result() 與 SSL_get_peer_certificate() 函數併用來驗證客戶程式的憑證。它可以與 tlsclient4 一起測試/使用。

圖15-34　要求客戶認證的 SSL/TLS 客戶伺服程式

(a) tlsserver4.c

```
/*
 * A TLS/SSL server.
 * This server program communicates with clients using TLS/SSL protocol.
 * The server verifies a client certificate signed by a chain of CAs.
 * Requiring client authentication using the SSL_VERIFY_FAIL_IF_NO_PEER_CERT
 * flag.
 * Authored by Mr. Jin-Jwei Chen.
 * Copyright (c) 2014-2016, 2020-2021 Mr. Jin-Jwei Chen. All rights reserved.
 */

#include <stdio.h>
#include <errno.h>
#include <sys/types.h>
#include <sys/socket.h>
#include <netinet/in.h>     /* protocols such as IPPROTO_TCP, ... */
#include <string.h>         /* memset(), strlen(), memcmp() */
#include <stdlib.h>         /* atoi() */
#include <unistd.h>
#include <resolv.h>
#include <netdb.h>
#include <arpa/inet.h>
#include <resolv.h>
#include <openssl/ssl.h>
#include <openssl/err.h>
#include <openssl/x509.h>
#include "myopenssl.h"
#include "netlib.h"

/*
```

```
 * This function serves a newly connected SSL client.
 * Parameters:
 *   ctx (input) - SSL context.
 *   clntsock (input) - the child socket to communicate with the client.
 * Function output: return 0 on success, non-zero on failure.
 * Note that Openssl provides different functions to retrieve the actual
 * error. Unfortunately, they return different data types, some 'int'
 * (SSL_get_error()) and some 'unsigned long' (ERR_get_error()).
 * It makes it hard to return both types of errors from a function.
 * Note: If SSL_CTX_set_verify() is called in this function, it must be
 * placed before SSL_new().
 */
int serve_ssl_client(SSL_CTX *ctx, int clntsock)
{
  SSL           *ssl = NULL;        /* SSL structure/connection */
  char          reqmsg[MAXREQSZ];   /* buffer for incoming request message */
  char          reply[MAXRPLYSZ];   /* buffer for outgoing server reply */
  unsigned char replysz;            /* length in bytes of reply message */
  int           insize;             /* actual number of bytes read */
  int           outsz;              /* actual number of bytes written */
  int           error = 0;          /* error from certain SSL_xxx calls */
  unsigned char msgcnt;             /* count of reply messages to client */
  int           done = 0;           /* done with current client */
  int           ret;
  X509          *clnt_cert = NULL;  /* pointer to peer's certificate */

  if (ctx == NULL)
    return(EINVAL);
  ERR_clear_error();

  /* Create a new SSL structure to hold the connection data.
   * Note that to require client authentication, the call to
   * SSL_CTX_set_verify() must be done BEFORE SSL_new(). Or it has no effect.
   */
  ssl = SSL_new(ctx);
  if (ssl == NULL)
  {
    fprintf(stderr, "Error: SSL_new() failed:\n");
    ERR_print_errors_fp(stderr);
    return(OPENSSL_ERR_SSLNEW_FAIL);
  }

  /* Associate the SSL structure with the socket */
  ret = SSL_set_fd(ssl, clntsock);
  if (ret != OPENSSL_SUCCESS)
  {
    fprintf(stderr, "Error: SSL_set_fd() failed:\n");
    ERR_print_errors_fp(stderr);
    SSL_free(ssl);
    return(OPENSSL_ERR_SSLSETFD_FAIL);
  }
```

```
/* Wait for the TLS/SSL client to initiate the TLS/SSL handshake */
ret = SSL_accept(ssl);
if (ret != OPENSSL_SUCCESS)
{
  error = SSL_get_error(ssl, ret);
  fprintf(stderr, "Error: SSL_accept() failed, error=%d\n", error);
  ERR_print_errors_fp(stderr);
  SSL_free(ssl);
  return(error);
}

/* Display information about the peer/client certificate */
display_ssl_certificate_info(ssl);

/* The service loop */
done = 0;
msgcnt = 1;
do
{
  /* Read the next request message from the TLS/SSL client */
  insize = SSL_read(ssl, reqmsg, MAXREQSZ);
  if (insize <= 0)
  {
    error = SSL_get_error(ssl, insize);
    fprintf(stderr, "Error: SSL_read() failed, error=%d\n", error);
    break;
  }

  reqmsg[insize] = '\0';
  fprintf(stdout, "Server received: %s\n", reqmsg);

  /* Process the request here ... */

  /* Construct a reply message */
  if ( !strcmp(reqmsg, BYE_MSG) )
  {
    done = 1;
    strcpy(reply, reqmsg);
  }
  else
    sprintf(reply, SRVREPLY2, msgcnt++);

  replysz = strlen(reply);

  /* Send back a reply */
  outsz = SSL_write(ssl, reply, replysz);
  if (outsz != replysz)
  {
    error = SSL_get_error(ssl, outsz);
    fprintf(stderr, "Error: SSL_write() failed, error=%d\n", error);
```

```
      break;
    }
  } while (!done);

  /* Free up resources and return */
  SSL_free(ssl);
  return(error);
}

/* TLS/SSL server program */
int main(int argc, char *argv[])
{
  int    sfd;                        /* file descriptor of the listener socket */
  struct sockaddr_in    srvaddr;     /* IPv4 socket address structure */
  struct sockaddr_in6   srvaddr6;    /* IPv6 socket address structure */
  in_port_t  portnum = SRVPORT;      /* port number this server listens on */
  int        portnum_in = 0;         /* port number specified by user */
  struct sockaddr_in6   clntaddr6;   /* client socket address */
  socklen_t             clntaddr6sz = sizeof(clntaddr6);
  int    newsock = 0;                /* file descriptor of client data socket */
  int    ipv6 = 0;                   /* IPv6 mode or not */
  int    ret;                        /* return value */
  SSL_CTX    *ctx;                   /* SSL context */

  /* Print Usage if requested by user */
  if (argc > 1 && argv[1][0] == '?' )
  {
    fprintf(stderr, "Usage: %s [server_port] [1 (use IPv6)]\n", argv[0]);
    return(0);
  }

  /* Get the server port number from user, if any */
  if (argc > 1)
  {
    portnum_in = atoi(argv[1]);
    if (portnum_in <= 0)
    {
      fprintf(stderr, "Error: port number %s invalid\n", argv[1]);
      fprintf(stderr, "Usage: %s [server_port] [1 (use IPv6)]\n", argv[0]);
      return(-1);
    }
    else
      portnum = portnum_in;
  }

  /* Get the IPv6 switch from user, if any */
  if (argc > 2)
  {
    if (argv[2][0] == '1')
      ipv6 = 1;
    else if (argv[2][0] != '0')
```

```
    {
      fprintf(stderr, "Usage: %s [server_port] [1 (use IPv6)]\n", argv[0]);
      return(-2);
    }
  }

  fprintf(stdout, "TLS/SSL server listening at portnum=%u ipv6=%u\n",
    portnum, ipv6);

  /* Create the server listener socket */
  if (ipv6)
    ret = new_bound_srv_endpt(&sfd, (struct sockaddr *)&srvaddr6, AF_INET6,
      portnum);
  else
    ret = new_bound_srv_endpt(&sfd, (struct sockaddr *)&srvaddr, AF_INET,
      portnum);

  if (ret != 0)
  {
    fprintf(stderr, "Error: new_bound_srv_endpt() failed, ret=%d\n", ret);
    return(-3);
  }

  /* Create a TLS/SSL context -- a framework enabling TLS/SSL connections. */
  ctx = SSL_CTX_new(TLS_server_method());
  if (ctx == NULL)
  {
    fprintf(stderr, "Error: SSL_CTX_new() failed\n");
    close(sfd);
    return(-4);
  }

  /* Set default locations for trusted CA certificates for verification */
  /* I found whether doing this first or last does not make a difference */
  if(SSL_CTX_load_verify_locations(ctx, CA_FILE, CA_DIR) < 1)
  {
    fprintf(stderr, "Error: SSL_CTX_load_verify_locations() failed to set "
      "verify location\n");
    SSL_CTX_free(ctx);
    close(sfd);
    return(-5);
  }

  /* Load the server's certificate and private key */
  ret = load_certificate(ctx, SRV_CERT_FILE, SRV_KEY_FILE);
  if (ret != SUCCESS)
  {
    fprintf(stderr, "Error: load_certificate() failed, ret=%d\n", ret);
    SSL_CTX_free(ctx);
    close(sfd);
    return(-6);
```

```
  }

  /* Require client authentication -- this function returns void.
   * Fail the client connection request if client does not send its certificate
   * or the sent client certificate fails in verification.
   */
  SSL_CTX_set_verify(ctx, SSL_VERIFY_PEER|SSL_VERIFY_FAIL_IF_NO_PEER_CERT, NULL);

  /* Server's service loop. Wait for next client and service it. */
  while (1)
  {
    /* Accept the next client's connection request */
    newsock = accept(sfd, (struct sockaddr *)&clntaddr6, &clntaddr6sz);
    if (newsock < 0)
    {
      fprintf(stderr, "Error: accept() failed, errno=%d\n", errno);
      continue;
    }

    fprintf(stdout, "\nServer got a client connection\n");

    /* Service the current SSL client */
    ret = serve_ssl_client(ctx, newsock);
    if (ret != 0)
      fprintf(stderr, "Error: serve_ssl_client() failed, ret=%d\n", ret);

    close(newsock);
  }  /* while */

  SSL_CTX_free(ctx);    /* release SSL context */
  close(sfd);           /* close server socket */
  return(0);
}
```

（b）tlsclient4.c

```
/*
 * A TLS/SSL client.
 * This program communicates with a TLS/SSL server using TLS/SSL protocol.
 * The client verifies a server certificate signed by a chain of CAs.
 * The client supplies a client certificate signed by a chain of CAs to
 * participate in client authentication.
 * Authored by Mr. Jin-Jwei Chen.
 * Copyright (c) 2014-2016, 2020-2021 Mr. Jin-Jwei Chen. All rights reserved.
 */

#include <stdio.h>
#include <errno.h>
#include <sys/types.h>
#include <sys/socket.h>
#include <netinet/in.h>     /* protocols such as IPPROTO_TCP, ... */
#include <string.h>         /* memset(), strlen(), memcmp() */
```

```
#include <stdlib.h>         /* atoi() */
#include <unistd.h>
#include <resolv.h>
#include <netdb.h>
#include <openssl/ssl.h>
#include <openssl/err.h>
#include <openssl/x509.h>
#include "myopenssl.h"
#include "netlib.h"

/* Free all resources */
#define  FREEALL  \
    SSL_free(ssl); \
    SSL_CTX_free(ctx); \
    close(sfd);

/* A TLS/SSL client program */
int main(int argc, char *argv[])
{
  char          *srvhost = "localhost"; /* name of server host */
  in_port_t     srvport = SRVPORT;      /* port number server listens on */
  int           srvport_in = 0;         /* port number specified by user */

  int        ret;            /* return value */
  int        sfd=0;          /* socket file descriptor */
  int        error;          /* return value of SSL_get_error() */
  long       sslret;         /* return value of some SSL calls */

  SSL_CTX    *ctx = NULL;   /* SSL/TLS context/framework */
  SSL        *ssl = NULL;   /* SSL/TLS connection */

  char          replymsg[MAXRPLYSZ];   /* reply message from server */
  size_t        reqbufsz = MAXREQSZ;   /* size of client request buffer */
  char          *reqmsg=NULL;          /* pointer to request message buffer */
  size_t        reqmsgsz;              /* size of client request message */
  int           bytes;                 /* number of bytes received */
  int           done=0;                /* done communicating with server */

  unsigned char  errstrbuf[ERR_STRING_LEN];  /* error string */

  /* Print Usage if requested by user */
  if (argc > 1 && argv[1][0] == '?' )
  {
    fprintf(stdout, "Usage: %s [srvportnum] [srvhostname]\n", argv[0]);
    return(0);
  }

  /* Get the port number of the target server host specified by user */
  if (argc > 1)
  {
    srvport_in = atoi(argv[1]);
```

```
  if (srvport_in <= 0)
  {
    fprintf(stderr, "Error: port number %s invalid\n", argv[1]);
    return(-1);
  }
  else
    srvport = srvport_in;
}

/* Get the name of the target server host specified by user */
if (argc > 2)
  srvhost = argv[2];

/* Connect to the server */
ret = connect_to_server(&sfd, srvhost, srvport);
if (ret != 0)
{
  fprintf(stderr, "Error: connect_to_server() failed, ret=%d\n", ret);
  if (sfd) close(sfd);
  return(-2);
}

/* Create a TLS/SSL context -- a framework enabling TLS/SSL connections. */
ctx = SSL_CTX_new(TLS_client_method());
if (ctx == NULL)
{
  fprintf(stderr, "Error: SSL_CTX_new() failed\n");
  close(sfd);
  return(-3);
}

/* Load the client's own certificate in case client authentication needed.
 * Note that this loading client certificate step MUST be done BEFORE the
 * SSL object is created. Or the client certificate won't be sent! */
ret = load_certificate(ctx, CLNT_CERT_FILE, CLNT_KEY_FILE);
if (ret != SUCCESS)
{
  fprintf(stderr, "Error: load_certificate() failed, ret=%d\n", ret);
  SSL_CTX_free(ctx);
  close(sfd);
  return(-4);
}

/* Allocate a new SSL structure to hold SSL connection data.
 * Note: If you do this step before load_certificate(), client certificate
 * won't be sent even if the server requires it. */
ssl = SSL_new(ctx);
if (ssl == NULL)
{
  fprintf(stderr, "Error: SSL_new() failed\n");
  SSL_CTX_free(ctx);
```

```
      close(sfd);
      return(-5);
    }

    /* Set default locations for trusted CA certificates for verification */
    if(SSL_CTX_load_verify_locations(ctx, CA_FILE, CA_DIR) < 1)
    {
      fprintf(stderr, "Error: SSL_CTX_load_verify_locations() failed to set "
        "verify location\n");
      return(-6);
    }

    /* Set to do server certificate verification */
    SSL_CTX_set_verify(ctx, SSL_VERIFY_PEER, NULL);

    /* Associate the SSL object with the socket file descriptor */
    ret = SSL_set_fd(ssl, sfd);
    if (ret != OPENSSL_SUCCESS)
    {
      fprintf(stderr, "Error: SSL_set_fd() failed, ret=%d\n", ret);
      FREEALL
      return(-7);
    }

    /* Initiate the TLS/SSL handshake with the TLS/SSL server */
    ERR_clear_error();
    ret = SSL_connect(ssl);
    if (ret != OPENSSL_SUCCESS)
    {
      error = SSL_get_error(ssl, ret);
      fprintf(stderr, "Error: SSL_connect() failed, error=%d\n", error);
      print_ssl_io_error(error);
      fprintf(stderr, "%s\n", ERR_error_string((unsigned long)error,
(char *)NULL));
      FREEALL
      return(-8);
    }

    /* Connected with TLS/SSL server. Display server certificate info. */
    fprintf(stdout, "Connected with TLS/SSL server, cipher algorithm is %s\n",
      SSL_get_cipher(ssl));
    fprintf(stdout, "Information in the server certificate:\n");
    display_ssl_certificate_info(ssl);

    /* Verify the peer's certificate and get the result */
    ERR_clear_error();
    if ((sslret = SSL_get_verify_result(ssl)) == X509_V_OK)
    {
      /* The server sent a certificate which verified OK. */
      fprintf(stdout, "Verifying server's certificate succeeded.\n");
    }
```

```
      else
      {
        fprintf(stderr, "SSL_get_verify_result() failed, ret=%ld\n", sslret);
        fprintf(stderr, "%s\n", ERR_error_string((unsigned long)sslret,
(char *)NULL));
        FREEALL
        return(-9);
      }

      /* Allocate input buffer */
      reqmsg = malloc(MAXREQSZ);
      if (reqmsg == NULL)
      {
        fprintf(stderr, "Error: malloc() failed\n");
        FREEALL
        return(-10);
      }

      /* Send a message and get a response until done */
      do
      {
        /* Get next message the user wants to send */
        fprintf(stdout, "Enter a message to send ('bye' to end): ");
        reqmsgsz = getline(&reqmsg, &reqbufsz, stdin);
        if (reqmsgsz == -1)
        {
          fprintf(stderr, "Error: getline() failed, ret=%lu\n", reqmsgsz);
          break;
        }

        /* Remove the newline character at end of input */
        reqmsg[--reqmsgsz] = '\0';

        /* Send a message using SSL -- message automatically encrypted */
        bytes = SSL_write(ssl, reqmsg, reqmsgsz);
        if (bytes != reqmsgsz)
        {
          error = SSL_get_error(ssl, bytes);
          fprintf(stderr, "Error: SSL_write() failed, error=%d\n", error);
          free(reqmsg);
          FREEALL
          return(-11);
        }

        /* Receive a reply using SSL -- reply automatically decrypted */
        bytes = SSL_read(ssl, replymsg, sizeof(replymsg));
        if (bytes <= 0)
        {
          error = SSL_get_error(ssl, bytes);
          fprintf(stderr, "Error: SSL_read() failed, error=%d\n", error);
          free(reqmsg);
```

```
        FREEALL
        return(-12);
      }
      else
      {
        replymsg[bytes] = 0;
        fprintf(stdout, "Received: %s\n", replymsg);
      }

      if (!strcmp(replymsg, reqmsg))
        done = 1;

    } while (!done);

    /* release all resources */
    free(reqmsg);
    SSL_free(ssl);        /* release the SSL structure/connection */
    SSL_CTX_free(ctx);    /* release the SSL context */
    close(sfd);           /* close socket */
    return (0);
}
```

圖 15-35 要求客戶認證的 SSL/TLS伺服程式（另一種作法）（tlsserver5.c）

```
/*
 * A TLS/SSL server.
 * This server program communicates with clients using TLS/SSL protocol.
 * The server verifies a client certificate signed by a chain of CAs.
 * Requiring client authentication without using the
 * SSL_VERIFY_FAIL_IF_NO_PEER_CERT flag but using SSL_get_verify_result().
 * Authored by Mr. Jin-Jwei Chen.
 * Copyright (c) 2014-2016, 2020-2021 Mr. Jin-Jwei Chen. All rights reserved.
 */

#include <stdio.h>
#include <errno.h>
#include <sys/types.h>
#include <sys/socket.h>
#include <netinet/in.h>     /* protocols such as IPPROTO_TCP, ... */
#include <string.h>         /* memset(), strlen(), memcmp() */
#include <stdlib.h>         /* atoi() */
#include <unistd.h>
#include <resolv.h>
#include <netdb.h>
#include <arpa/inet.h>
#include <resolv.h>
#include <openssl/ssl.h>
#include <openssl/err.h>
#include <openssl/x509.h>
```

```
#include "myopenssl.h"
#include "netlib.h"

/*
 * This function serves a newly connected SSL client.
 * Parameters:
 *   ctx (input) - SSL context.
 *   clntsock (input) - the child socket to communicate with the client.
 * Function output: return 0 on success, non-zero on failure.
 * Note that Openssl provides different functions to retrieve the actual
 * error. Unfortunately, they return different data types, some 'int'
 * (SSL_get_error()) and some 'unsigned long' (ERR_get_error()).
 * It makes it hard to return both types of errors from a function.
 * Note: If SSL_CTX_set_verify() is called in this function, it must be
 * placed before SSL_new().
 */
int serve_ssl_client(SSL_CTX *ctx, int clntsock)
{
  SSL            *ssl = NULL;         /* SSL structure/connection */
  char           reqmsg[MAXREQSZ];    /* buffer for incoming request message */
  char           reply[MAXRPLYSZ];    /* buffer for outgoing server reply */
  unsigned char  replysz;             /* length in bytes of reply message */
  int            insize;              /* actual number of bytes read */
  int            outsz;               /* actual number of bytes written */
  int            error = 0;           /* error from certain SSL_xxx calls */
  unsigned char  msgcnt;              /* count of reply messages to client */
  int            done = 0;            /* done with current client */
  int            ret;
  X509           *clnt_cert = NULL;   /* pointer to peer's certificate */

  if (ctx == NULL)
    return(EINVAL);
  ERR_clear_error();

  /* Create a new SSL structure to hold the connection data.
   * Note that to require client authentication, the call to
   * SSL_CTX_set_verify() must be done BEFORE SSL_new(). Or it has no effect.
   */
  ssl = SSL_new(ctx);
  if (ssl == NULL)
  {
    fprintf(stderr, "Error: SSL_new() failed:\n");
    ERR_print_errors_fp(stderr);
    return(OPENSSL_ERR_SSLNEW_FAIL);
  }

  /* Associate the SSL structure with the socket */
  ret = SSL_set_fd(ssl, clntsock);
  if (ret != OPENSSL_SUCCESS)
  {
    fprintf(stderr, "Error: SSL_set_fd() failed:\n");
```

```
    ERR_print_errors_fp(stderr);
    SSL_free(ssl);
    return(OPENSSL_ERR_SSLSETFD_FAIL);
  }

  /* Wait for the TLS/SSL client to initiate the TLS/SSL handshake */
  ret = SSL_accept(ssl);
  if (ret != OPENSSL_SUCCESS)
  {
    error = SSL_get_error(ssl, ret);
    fprintf(stderr, "Error: SSL_accept() failed, error=%d\n", error);
    ERR_print_errors_fp(stderr);
    SSL_free(ssl);
    return(error);
  }

  /* Display information about the peer/client certificate */
  display_ssl_certificate_info(ssl);

  /* Retrieve client's certificate and verify it */
  clnt_cert = SSL_get_peer_certificate(ssl);
  if (clnt_cert == NULL)
  {
    fprintf(stderr, "Error: Client did not send its certificate.\n");
    /* Return error so that the socket connection can be closed */
    SSL_free(ssl);
    return(OPENSSL_ERR_NO_CLIENT_CERT);
  }
  else
  {
    if ((ret = SSL_get_verify_result(ssl)) == X509_V_OK)
    {
      /* The client sent a certificate which verified OK */
      fprintf(stdout, "Verifying client's certificate succeeded\n");
    }
    else
    {
      fprintf(stderr, "SSL_get_verify_result() failed to verify client's"
        " certificate, ret=%d\n", ret);
      SSL_free(ssl);
      return(OPENSSL_ERR_CLIENT_CERT_VERIFY_FAIL);
    }
  }

  /* The service loop */
  done = 0;
  msgcnt = 1;
  do
  {
    /* Read the next request message from the TLS/SSL client */
    insize = SSL_read(ssl, reqmsg, MAXREQSZ);
```

```
      if (insize <= 0)
      {
        error = SSL_get_error(ssl, insize);
        fprintf(stderr, "Error: SSL_read() failed, error=%d\n", error);
        break;
      }

      reqmsg[insize] = '\0';
      fprintf(stdout, "Server received: %s\n", reqmsg);

      /* Process the request here ... */

      /* Construct a reply message */
      if ( !strcmp(reqmsg, BYE_MSG) )
      {
        done = 1;
        strcpy(reply, reqmsg);
      }
      else
        sprintf(reply, SRVREPLY2, msgcnt++);

      replysz = strlen(reply);

      /* Send back a reply */
      outsz = SSL_write(ssl, reply, replysz);
      if (outsz != replysz)
      {
        error = SSL_get_error(ssl, outsz);
        fprintf(stderr, "Error: SSL_write() failed, error=%d\n", error);
        break;
      }
    } while (!done);

  /* Free up resources and return */
  SSL_free(ssl);
  return(error);
}

/* TLS/SSL server program */
int main(int argc, char *argv[])
{
  int    sfd;                          /* file descriptor of the listener socket */
  struct sockaddr_in    srvaddr;       /* IPv4 socket address structure */
  struct sockaddr_in6   srvaddr6;      /* IPv6 socket address structure */
  in_port_t  portnum = SRVPORT;        /* port number this server listens on */
  int        portnum_in = 0;           /* port number specified by user */
  struct sockaddr_in6   clntaddr6;     /* client socket address */
  socklen_t             clntaddr6sz = sizeof(clntaddr6);
  int    newsock = 0;                  /* file descriptor of client data socket */
  int    ipv6 = 0;                     /* IPv6 mode or not */
  int    ret;                          /* return value */
```

```
SSL_CTX    *ctx;                    /* SSL context */

/* Print Usage if requested by user */
if (argc > 1 && argv[1][0] == '?' )
{
  fprintf(stderr, "Usage: %s [server_port] [1 (use IPv6)]\n", argv[0]);
  return(0);
}

/* Get the server port number from user, if any */
if (argc > 1)
{
  portnum_in = atoi(argv[1]);
  if (portnum_in <= 0)
  {
    fprintf(stderr, "Error: port number %s invalid\n", argv[1]);
    fprintf(stderr, "Usage: %s [server_port] [1 (use IPv6)]\n", argv[0]);
    return(-1);
  }
  else
    portnum = portnum_in;
}

/* Get the IPv6 switch from user, if any */
if (argc > 2)
{
  if (argv[2][0] == '1')
    ipv6 = 1;
  else if (argv[2][0] != '0')
  {
    fprintf(stderr, "Usage: %s [server_port] [1 (use IPv6)]\n", argv[0]);
    return(-2);
  }
}

fprintf(stdout, "TLS/SSL server listening at portnum=%u ipv6=%u\n",
  portnum, ipv6);

/* Create the server listener socket */
if (ipv6)
  ret = new_bound_srv_endpt(&sfd, (struct sockaddr *)&srvaddr6, AF_INET6,
    portnum);
else
  ret = new_bound_srv_endpt(&sfd, (struct sockaddr *)&srvaddr, AF_INET,
    portnum);

if (ret != 0)
{
  fprintf(stderr, "Error: new_bound_srv_endpt() failed, ret=%d\n", ret);
  return(-3);
}
```

```
/* Create a TLS/SSL context -- a framework enabling TLS/SSL connections. */
ctx = SSL_CTX_new(TLS_server_method());
if (ctx == NULL)
{
  fprintf(stderr, "Error: SSL_CTX_new() failed\n");
  close(sfd);
  return(-4);
}

/* Set default locations for trusted CA certificates for verification */
/* I found whether doing this first or last does not make a difference */
if(SSL_CTX_load_verify_locations(ctx, CA_FILE, CA_DIR) < 1)
{
  fprintf(stderr, "Error: SSL_CTX_load_verify_locations() failed to set "
    "verify location\n");
  SSL_CTX_free(ctx);
  close(sfd);
  return(-5);
}

/* Load the server's certificate and private key */
ret = load_certificate(ctx, SRV_CERT_FILE, SRV_KEY_FILE);
if (ret != SUCCESS)
{
  fprintf(stderr, "Error: load_certificate() failed, ret=%d\n", ret);
  SSL_CTX_free(ctx);
  close(sfd);
  return(-6);
}

/* Require client authentication but do not fail the connect request.
   This function returns void. */
SSL_CTX_set_verify(ctx, SSL_VERIFY_PEER, NULL);

/* Server's service loop. Wait for next client and service it. */
while (1)
{
  /* Accept the next client's connection request */
  newsock = accept(sfd, (struct sockaddr *)&clntaddr6, &clntaddr6sz);
  if (newsock < 0)
  {
    fprintf(stderr, "Error: accept() failed, errno=%d\n", errno);
    continue;
  }

  fprintf(stdout, "\nServer got a client connection\n");

  /* Service the current SSL client */
  ret = serve_ssl_client(ctx, newsock);
  if (ret != 0)
```

```
        fprintf(stderr, "Error: serve_ssl_client() failed, ret=%d\n", ret);

      close(newsock);
    }  /* while */

    SSL_CTX_free(ctx);      /* release SSL context */
    close(sfd);             /* close server socket */
    return(0);
  }
```

15-11-5-5 驗證由多個官方串所發行的憑證

在實際的商務應用環境下，一個伺服程式與許多使用由不同憑證官方串所發行的憑證的不同客戶通信，是很平常的事。在這種情況下，一個伺服程式如何處理所有不同客戶憑證的認證呢？

所幸的是，你會發現，OpenSSL 又再度地簡化了這工作。身為程式開發者，所有你必須做的，就是將第二串憑證官方的憑證，依同樣順序，附加在同一官方憑證的檔案上即可。伺服程式會將這含有所有憑證官方之憑證的檔案取入。倘若你有第三個憑證官方串，就繼續附加在後就對了。

圖 15-37 所示即為一對不同的客戶伺服程式。在此，SSL/TLS 客戶程式叫 xyzclnt。其憑證是由另一串的憑證官方所發行的。這個新的 SSL/TLS 伺服程式，也能與這一個新的客戶程式相互通信。

這個伺服程式所不同的是，這次它所取入的檔案，是同時也含有發行新的客戶憑證之第二串憑證官方的所有官方憑證。這個新的檔案與前一個例子不同，它含有兩個不同官方串的所有官方憑證：

```
SSL_CTX_load_verify_locations(ctx, CAALL_FILE, CA_DIR)
```

其中，CAALL_FILE 即是含有兩串官方憑證的檔案。OpenSSL 的內部憑證儲藏所可以同時儲存很多對的私有暗碼與憑證。

這個新的 SSL/TLS 伺服程式，tlsserver6，既可與前一個客戶程式 myclient 溝通，也可以與叫 xyzclnt 的新的客戶程式通信。如圖 15-36 所示的，這兩個客戶程式的憑證，是由兩個完全不同系列的憑證官方所發行的。

圖 15-36 兩個不同的憑證官方串

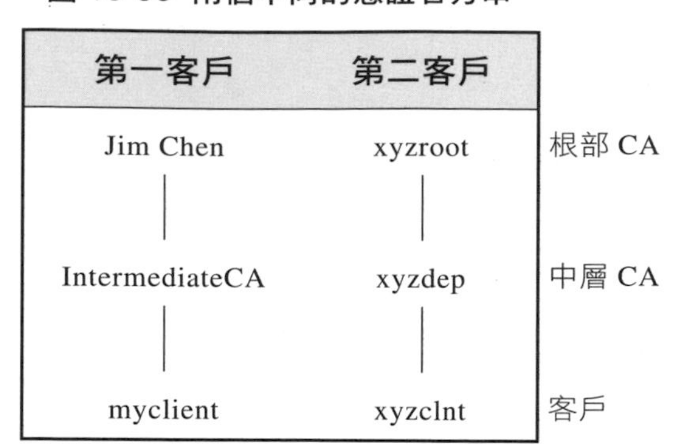

總之，不論是伺服或客戶程式，欲驗證由不同串之憑證官方所發行的數位憑證時，程式必須將所有有關之憑證官方的憑證都全部取入。這也是為何幾乎所有的計算機都有一憑證儲藏所，而且系統的管理者必須負責將所有可信賴之憑證官方的憑證安裝在裡面的緣故。這樣，當系統上有網際網路瀏覽器以 HTTPS 協定連接至世界各地的伺服器上時，伺服器憑證的驗證工作才都能平順地在幕後進行，讓使用者都不知道有這些在幕後發生的作業。

以下所示即為 tlsclient4 以及 tlsclient6 與 tlsserver6 伺服程式一起通信的輸出樣本。注意到，兩個客戶的憑證是由兩串不同的官方所發行的。

```
$ tlsserver6
TLS/SSL server listening at portnum=7878 ipv6=0

Server got a client connection
  Subject of the X509 certificate:
    C=US, ST=New Hampshire, O=Chen Systems, Inc., OU=Engineering, CN=myclient
  Issuer of the X509 certificate:
    C=US, ST=New Hampshire, O=Chen Systems, Inc., OU=Engineering,
CN=IntermediateCA

Server received: Hello, this is tlsclient4.
Server received: bye

Server got a client connection
  Subject of the X509 certificate:
    C=US, ST=New Hampshire, O=XYZ Inc., OU=Engineering, CN=xyzclnt
  Issuer of the X509 certificate:
    C=US, ST=New Hampshire, O=XYZ Inc., OU=Engineering, CN=xyzdept

Server received: Hi, this is tlsclient6.
Server received: bye

$ tlsclient4
```

```
   Connected with TLS/SSL server, cipher algorithm is ECDHE-RSA-AES256-
GCM-SHA384
   Information in the server certificate:
     Subject of the X509 certificate:
       C=US, ST=New Hampshire, O=Chen Systems, Inc., OU=Engineering, CN=myserver
     Issuer of the X509 certificate:
       C=US, ST=New Hampshire, O=Chen Systems, Inc., OU=Engineering,
CN=IntermediateCA

   Verifying server's certificate succeeded.
   Enter a message to send ('bye' to end): Hello, this is tlsclient4.
   Received: This is reply message # 1 from the server.
   Enter a message to send ('bye' to end): bye
   Received: bye

   $ tlsclient6
   Connected with TLS/SSL server, cipher algorithm is ECDHE-RSA-AES256-
GCM-SHA384
   Information in the server certificate:
     Subject of the X509 certificate:
       C=US, ST=New Hampshire, O=Chen Systems, Inc., OU=Engineering, CN=myserver
     Issuer of the X509 certificate:
       C=US, ST=New Hampshire, O=Chen Systems, Inc., OU=Engineering,
CN=IntermediateCA

   Verifying server's certificate succeeded.
   Enter a message to send ('bye' to end): Hi, this is tlsclient6.
   Received: This is reply message # 1 from the server.
   Enter a message to send ('bye' to end): bye
   Received: bye
```

圖 15-37 驗證由多串不同官方所發行的憑證

(a) tlsserver6.c

```
/*
 * A TLS/SSL server.
 * This server program communicates with clients using TLS/SSL protocol.
 * The server verifies a client certificate signed by a chain of CAs.
 * Requiring client authentication using the SSL_VERIFY_FAIL_IF_NO_PEER_CERT
 * flag.
 * Client certificates are signed by multiple different CA chains.
 * Authored by Mr. Jin-Jwei Chen.
 * Copyright (c) 2014-2016, 2020-2021 Mr. Jin-Jwei Chen. All rights reserved.
 */

#include <stdio.h>
#include <errno.h>
#include <sys/types.h>
#include <sys/socket.h>
#include <netinet/in.h>     /* protocols such as IPPROTO_TCP, ... */
```

```
#include <string.h>        /* memset(), strlen(), memcmp() */
#include <stdlib.h>        /* atoi() */
#include <unistd.h>
#include <resolv.h>
#include <netdb.h>
#include <arpa/inet.h>
#include <resolv.h>
#include <openssl/ssl.h>
#include <openssl/err.h>
#include <openssl/x509.h>
#include "myopenssl.h"
#include "netlib.h"

/*
 * This function serves a newly connected SSL client.
 * Parameters:
 *   ctx (input) - SSL context.
 *   clntsock (input) - the child socket to communicate with the client.
 * Function output: return 0 on success, non-zero on failure.
 * Note that Openssl provides different functions to retrieve the actual
 * error. Unfortunately, they return different data types, some 'int'
 * (SSL_get_error()) and some 'unsigned long' (ERR_get_error()).
 * It makes it hard to return both types of errors from a function.
 * Note: If SSL_CTX_set_verify() is called in this function, it must be
 * placed before SSL_new().
 */
int serve_ssl_client(SSL_CTX *ctx, int clntsock)
{
  SSL           *ssl = NULL;        /* SSL structure/connection */
  char          reqmsg[MAXREQSZ];   /* buffer for incoming request message */
  char          reply[MAXRPLYSZ];   /* buffer for outgoing server reply */
  unsigned char replysz;            /* length in bytes of reply message */
  int           insize;             /* actual number of bytes read */
  int           outsz;              /* actual number of bytes written */
  int           error = 0;          /* error from certain SSL_xxx calls */
  unsigned char msgcnt;             /* count of reply messages to client */
  int           done = 0;           /* done with current client */
  int           ret;
  X509          *clnt_cert = NULL;  /* pointer to peer's certificate */

  if (ctx == NULL)
    return(EINVAL);
  ERR_clear_error();

  /* Create a new SSL structure to hold the connection data.
   * Note that to require client authentication, the call to
   * SSL_CTX_set_verify() must be done BEFORE SSL_new(). Or it has no effect.
   */
  ssl = SSL_new(ctx);
  if (ssl == NULL)
  {
```

```
    fprintf(stderr, "Error: SSL_new() failed:\n");
    ERR_print_errors_fp(stderr);
    return(OPENSSL_ERR_SSLNEW_FAIL);
  }

  /* Associate the SSL structure with the socket */
  ret = SSL_set_fd(ssl, clntsock);
  if (ret != OPENSSL_SUCCESS)
  {
    fprintf(stderr, "Error: SSL_set_fd() failed:\n");
    ERR_print_errors_fp(stderr);
    SSL_free(ssl);
    return(OPENSSL_ERR_SSLSETFD_FAIL);
  }

  /* Wait for the TLS/SSL client to initiate the TLS/SSL handshake */
  ret = SSL_accept(ssl);
  if (ret != OPENSSL_SUCCESS)
  {
    error = SSL_get_error(ssl, ret);
    fprintf(stderr, "Error: SSL_accept() failed, error=%d\n", error);
    ERR_print_errors_fp(stderr);
    SSL_free(ssl);
    return(error);
  }

  /* Display information about the peer/client certificate */
  display_ssl_certificate_info(ssl);

  /* The service loop */
  done = 0;
  msgcnt = 1;
  do
  {
    /* Read the next request message from the TLS/SSL client */
    insize = SSL_read(ssl, reqmsg, MAXREQSZ);
    if (insize <= 0)
    {
      error = SSL_get_error(ssl, insize);
      fprintf(stderr, "Error: SSL_read() failed, error=%d\n", error);
      break;
    }

    reqmsg[insize] = '\0';
    fprintf(stdout, "Server received: %s\n", reqmsg);

    /* Process the request here ... */

    /* Construct a reply message */
    if ( !strcmp(reqmsg, BYE_MSG) )
    {
```

```
        done = 1;
        strcpy(reply, reqmsg);
      }
      else
        sprintf(reply, SRVREPLY2, msgcnt++);

      replysz = strlen(reply);

      /* Send back a reply */
      outsz = SSL_write(ssl, reply, replysz);
      if (outsz != replysz)
      {
        error = SSL_get_error(ssl, outsz);
        fprintf(stderr, "Error: SSL_write() failed, error=%d\n", error);
        break;
      }
    } while (!done);

    /* Free up resources and return */
    SSL_free(ssl);
    return(error);
}

/* TLS/SSL server program */
int main(int argc, char *argv[])
{
  int    sfd;                           /* file descriptor of the listener socket */
  struct sockaddr_in    srvaddr;        /* IPv4 socket address structure */
  struct sockaddr_in6   srvaddr6;       /* IPv6 socket address structure */
  in_port_t  portnum = SRVPORT;         /* port number this server listens on */
  int        portnum_in = 0;            /* port number specified by user */
  struct sockaddr_in6   clntaddr6;      /* client socket address */
  socklen_t             clntaddr6sz = sizeof(clntaddr6);
  int    newsock = 0;                   /* file descriptor of client data socket */
  int    ipv6 = 0;                      /* IPv6 mode or not */
  int    ret;                           /* return value */
  SSL_CTX    *ctx;                      /* SSL context */

  /* Print Usage if requested by user */
  if (argc > 1 && argv[1][0] == '?' )
  {
    fprintf(stderr, "Usage: %s [server_port] [1 (use IPv6)]\n", argv[0]);
    return(0);
  }

  /* Get the server port number from user, if any */
  if (argc > 1)
  {
    portnum_in = atoi(argv[1]);
    if (portnum_in <= 0)
    {
```

```
      fprintf(stderr, "Error: port number %s invalid\n", argv[1]);
      fprintf(stderr, "Usage: %s [server_port] [1 (use IPv6)]\n", argv[0]);
      return(-1);
    }
    else
      portnum = portnum_in;
  }

  /* Get the IPv6 switch from user, if any */
  if (argc > 2)
  {
    if (argv[2][0] == '1')
      ipv6 = 1;
    else if (argv[2][0] != '0')
    {
      fprintf(stderr, "Usage: %s [server_port] [1 (use IPv6)]\n", argv[0]);
      return(-2);
    }
  }

  fprintf(stdout, "TLS/SSL server listening at portnum=%u ipv6=%u\n",
    portnum, ipv6);

  /* Create the server listener socket */
  if (ipv6)
    ret = new_bound_srv_endpt(&sfd, (struct sockaddr *)&srvaddr6, AF_INET6,
      portnum);
  else
    ret = new_bound_srv_endpt(&sfd, (struct sockaddr *)&srvaddr, AF_INET,
      portnum);

  if (ret != 0)
  {
    fprintf(stderr, "Error: new_bound_srv_endpt() failed, ret=%d\n", ret);
    return(-3);
  }

  /* Create a TLS/SSL context -- a framework enabling TLS/SSL connections. */
  ctx = SSL_CTX_new(TLS_server_method());
  if (ctx == NULL)
  {
    fprintf(stderr, "Error: SSL_CTX_new() failed\n");
    close(sfd);
    return(-4);
  }

  /* Set default locations for trusted CA certificates for verification */
  /* I found whether doing this first or last does not make a difference */
  if(SSL_CTX_load_verify_locations(ctx, CAALL_FILE, CA_DIR) < 1)
  {
    fprintf(stderr, "Error: SSL_CTX_load_verify_locations() failed to set "
```

```
        "verify location\n");
      SSL_CTX_free(ctx);
      close(sfd);
      return(-5);
    }

    /* Load the server's certificate and private key */
    ret = load_certificate(ctx, SRV_CERT_FILE, SRV_KEY_FILE);
    if (ret != SUCCESS)
    {
      fprintf(stderr, "Error: load_certificate() failed, ret=%d\n", ret);
      SSL_CTX_free(ctx);
      close(sfd);
      return(-6);
    }

    /* Require client authentication -- this function returns void.
     * Fail the client connection request if client does not send its certificate
     * or the sent client certificate fails in verification.
     */
    SSL_CTX_set_verify(ctx, SSL_VERIFY_PEER|SSL_VERIFY_FAIL_IF_NO_PEER_CERT,
NULL);

    /* Server's service loop. Wait for next client and service it. */
    while (1)
    {
      /* Accept the next client's connection request */
      newsock = accept(sfd, (struct sockaddr *)&clntaddr6, &clntaddr6sz);
      if (newsock < 0)
      {
        fprintf(stderr, "Error: accept() failed, errno=%d\n", errno);
        continue;
      }

      fprintf(stdout, "\nServer got a client connection\n");

      /* Service the current SSL client */
      ret = serve_ssl_client(ctx, newsock);
      if (ret != 0)
        fprintf(stderr, "Error: serve_ssl_client() failed, ret=%d\n", ret);

      close(newsock);
    }  /* while */

    SSL_CTX_free(ctx);    /* release SSL context */
    close(sfd);           /* close server socket */
    return(0);
  }
```

（b）tlsclient6.c

```
/*
 * A TLS/SSL client.
 * This program communicates with a TLS/SSL server using TLS/SSL protocol.
 * The client verifies a server certificate signed by a chain of CAs.
 * The client supplies a client certificate signed by a chain of CAs to
 * participate in client authentication.
 * This client uses a certificate signed by a second, different chain of CAs.
 * Authored by Mr. Jin-Jwei Chen.
 * Copyright (c) 2014-2016, 2020-2021 Mr. Jin-Jwei Chen. All rights reserved.
 */

#include <stdio.h>
#include <errno.h>
#include <sys/types.h>
#include <sys/socket.h>
#include <netinet/in.h>     /* protocols such as IPPROTO_TCP, ... */
#include <string.h>         /* memset(), strlen(), memcmp() */
#include <stdlib.h>         /* atoi() */
#include <unistd.h>
#include <resolv.h>
#include <netdb.h>
#include <openssl/ssl.h>
#include <openssl/err.h>
#include <openssl/x509.h>
#include "myopenssl.h"
#include "netlib.h"

/* Free all resources */
#define  FREEALL  \
    SSL_free(ssl); \
    SSL_CTX_free(ctx); \
    close(sfd);

/* A TLS/SSL client program */
int main(int argc, char *argv[])
{
  char          *srvhost = "localhost"; /* name of server host */
  in_port_t     srvport = SRVPORT;      /* port number server listens on */
  int           srvport_in = 0;         /* port number specified by user */

  int        ret;             /* return value */
  int        sfd=0;           /* socket file descriptor */
  int        error;           /* return value of SSL_get_error() */
  long       sslret;          /* return value of some SSL calls */

  SSL_CTX    *ctx = NULL;   /* SSL/TLS context/framework */
  SSL        *ssl = NULL;   /* SSL/TLS connection */

  char          replymsg[MAXRPLYSZ];    /* reply message from server */
```

```
    size_t          reqbufsz = MAXREQSZ;    /* size of client request buffer */
    char            *reqmsg=NULL;           /* pointer to request message buffer */
    size_t          reqmsgsz;               /* size of client request message */
    int             bytes;                  /* number of bytes received */
    int             done=0;                 /* done communicating with server */

    unsigned char  errstrbuf[ERR_STRING_LEN];  /* error string */

    /* Print Usage if requested by user */
    if (argc > 1 && argv[1][0] == '?' )
    {
      fprintf(stdout, "Usage: %s [srvportnum] [srvhostname]\n", argv[0]);
      return(0);
    }

    /* Get the port number of the target server host specified by user */
    if (argc > 1)
    {
      srvport_in = atoi(argv[1]);
      if (srvport_in <= 0)
      {
        fprintf(stderr, "Error: port number %s invalid\n", argv[1]);
        return(-1);
      }
      else
        srvport = srvport_in;
    }

    /* Get the name of the target server host specified by user */
    if (argc > 2)
      srvhost = argv[2];

    /* Connect to the server */
    ret = connect_to_server(&sfd, srvhost, srvport);
    if (ret != 0)
    {
      fprintf(stderr, "Error: connect_to_server() failed, ret=%d\n", ret);
      if (sfd) close(sfd);
      return(-2);
    }

    /* Create a TLS/SSL context -- a framework enabling TLS/SSL connections. */
    ctx = SSL_CTX_new(TLS_client_method());
    if (ctx == NULL)
    {
      fprintf(stderr, "Error: SSL_CTX_new() failed\n");
      close(sfd);
      return(-3);
    }

    /* Load the client's own certificate in case client authentication needed.
```

```
    * Note that this loading client certificate step MUST be done BEFORE the
    * SSL object is created. Or the client certificate won't be sent! */
   ret = load_certificate(ctx, CLNT2_CERT_FILE, CLNT2_KEY_FILE);
   if (ret != SUCCESS)
   {
     fprintf(stderr, "Error: load_certificate() failed, ret=%d\n", ret);
     SSL_CTX_free(ctx);
     close(sfd);
     return(-4);
   }

   /* Allocate a new SSL structure to hold SSL connection data.
    * Note: If you do this step before load_certificate(), client certificate
    * won't be sent even if the server requires it. */
   ssl = SSL_new(ctx);
   if (ssl == NULL)
   {
     fprintf(stderr, "Error: SSL_new() failed\n");
     SSL_CTX_free(ctx);
     close(sfd);
     return(-5);
   }

   /* Set default locations for trusted CA certificates for verification */
   if(SSL_CTX_load_verify_locations(ctx, CA_FILE, CA_DIR) < 1)
   {
     fprintf(stderr, "Error: SSL_CTX_load_verify_locations() failed to set "
       "verify location\n");
     return(-6);
   }

   /* Set to do server certificate verification */
   SSL_CTX_set_verify(ctx, SSL_VERIFY_PEER, NULL);

   /* Associate the SSL object with the socket file descriptor */
   ret = SSL_set_fd(ssl, sfd);
   if (ret != OPENSSL_SUCCESS)
   {
     fprintf(stderr, "Error: SSL_set_fd() failed, ret=%d\n", ret);
     FREEALL
     return(-7);
   }

   /* Initiate the TLS/SSL handshake with the TLS/SSL server */
   ERR_clear_error();
   ret = SSL_connect(ssl);
   if (ret != OPENSSL_SUCCESS)
   {
     error = SSL_get_error(ssl, ret);
     fprintf(stderr, "Error: SSL_connect() failed, error=%d\n", error);
     print_ssl_io_error(error);
```

```
        fprintf(stderr, "%s\n", ERR_error_string((unsigned long)error,
(char *)NULL));
        FREEALL
        return(-8);
      }

      /* Connected with TLS/SSL server. Display server certificate info. */
      fprintf(stdout, "Connected with TLS/SSL server, cipher algorithm is %s\n",
        SSL_get_cipher(ssl));
      fprintf(stdout, "Information in the server certificate:\n");
      display_ssl_certificate_info(ssl);

      /* Verify the peer's certificate and get the result */
      ERR_clear_error();
      if ((sslret = SSL_get_verify_result(ssl)) == X509_V_OK)
      {
        /* The server sent a certificate which verified OK. */
        fprintf(stdout, "Verifying server's certificate succeeded.\n");
      }
      else
      {
        fprintf(stderr, "SSL_get_verify_result() failed, ret=%ld\n", sslret);
        fprintf(stderr, "%s\n", ERR_error_string((unsigned long)sslret,
(char *)NULL));
        FREEALL
        return(-9);
      }

      /* Allocate input buffer */
      reqmsg = malloc(MAXREQSZ);
      if (reqmsg == NULL)
      {
        fprintf(stderr, "Error: malloc() failed\n");
        FREEALL
        return(-10);
      }

      /* Send a message and get a response until done */
      do
      {
        /* Get next message the user wants to send */
        fprintf(stdout, "Enter a message to send ('bye' to end): ");
        reqmsgsz = getline(&reqmsg, &reqbufsz, stdin);
        if (reqmsgsz == -1)
        {
          fprintf(stderr, "Error: getline() failed, ret=%lu\n", reqmsgsz);
          break;
        }

        /* Remove the newline character at end of input */
        reqmsg[--reqmsgsz] = '\0';
```

```
    /* Send a message using SSL -- message automatically encrypted */
    bytes = SSL_write(ssl, reqmsg, reqmsgsz);
    if (bytes != reqmsgsz)
    {
      error = SSL_get_error(ssl, bytes);
      fprintf(stderr, "Error: SSL_write() failed, error=%d\n", error);
      free(reqmsg);
      FREEALL
      return(-11);
    }

    /* Receive a reply using SSL -- reply automatically decrypted */
    bytes = SSL_read(ssl, replymsg, sizeof(replymsg));
    if (bytes <= 0)
    {
      error = SSL_get_error(ssl, bytes);
      fprintf(stderr, "Error: SSL_read() failed, error=%d\n", error);
      free(reqmsg);
      FREEALL
      return(-12);
    }
    else
    {
      replymsg[bytes] = 0;
      fprintf(stdout, "Received: %s\n", replymsg);
    }

    if (!strcmp(replymsg, reqmsg))
      done = 1;

  } while (!done);

  /* release all resources */
  free(reqmsg);
  SSL_free(ssl);       /* release the SSL structure/connection */
  SSL_CTX_free(ctx);   /* release the SSL context */
  close(sfd);          /* close socket */
  return (0);
}
```

15-11-6 設定密碼術套組

是否設定密碼術套組呢？

就你所擁有的特定憑證而言，並不是每一個密碼術套組都可以行得通，順利動作的。因此，一般而言，每一個人是不應該指定某一密碼術套組的。除非你有特定的理由，必須指定某一個，否則，應該就讓系統去決定。

有些 OpenSSL 的文書似乎暗示，假若程式採用的是匿名密碼術套組，則伺服程式即不會送出伺服憑證。假如你碰上這問題，那你可能就得叫用 SSL_CTX_set_cipher_list() 函數，選定一個有辦法動作的密碼術套組。

如何取得所有的密碼術套組？

你可能要問，那程式如何取得或顯示出所有的密碼術套組呢？其實，這很簡單的。圖 15-39b 所示的庫存 mycryptolib.c 中的 display_cipher_suites（ss1）函數，就做這件事：

```
void display_cipher_suites(SSL *ssl)
{
  const char *cipher;
  int        i;

  fprintf(stdout, "Cipher suite(s) used:");
  for( i = 0; (cipher = SSL_get_cipher_list( ssl, i )); i++ )
    fprintf(stdout, "  %s", cipher );
  fprintf(stdout, "\n");
}
```

你會發現，可以使用的密碼術套組，就存在 SSL 資料結構內。只要叫用 SSL_get_cipher_list() 函數，程式即可將之一一取出。

15-12 OpenSSL 的錯誤處理

當程式有出錯時，OpenSSL 會把它存在程線的錯誤排隊（error queue）上。發現程式有出錯，正確地加以報導，並妥善地管理與清除程線的錯誤排隊，是每一個程式的責任。

一般而言，一個 OpenSSL 程式至少有兩種不同的方式，可以報告錯誤。一個是使用 OpenSSL 的其中一個錯誤印出函數。例如，ERR_print_errors() 函數即將一程線之錯誤排隊內所記錄的所有錯誤，一次全部印出。這同時也將這所有印出的錯誤，從錯誤排隊中去除，清空錯誤排隊。

另一種方式則透過叫用其中一個讀取錯誤的函數，先取得錯誤的號碼，然後再以其中一個 ERR_error_string() 函數，將錯誤號碼翻譯成錯誤字串，然後印出。

這一節介紹所有這些函數。

▶ 回返值的資料型態

從作者的觀點來看，OpenSSL 之回返值或錯誤的設計，似乎有些可改善的空間。

幾乎每一個使用 OpenSSL 的程式，都會叫用諸如 SSL_connect()，SSL_accept()，SSL_read()，SSL_write()，與 SSL_shutdown() 等函數。當這些函數出錯時，OpenSSL 的文書教你以 SSL_get_error() 函數取得實際的錯誤號碼，這個回返值的資料型態是 "int"。

```
#include <openssl/ssl.h>
int SSL_get_error(const SSL *ssl, int ret);
```

當你叫用其他 OpenSSL 函數（譬如，SSL_new()），而函數出錯時，有很多情況下，程式照理應該叫用 ERR_get_error()，以取得實際的錯誤。但 ERR_get_error() 所送回之值的資料型態，卻是 "unsigned long"，而不是 "int"。

```
#include <openssl/err.h>
unsigned long ERR_get_error(void);
```

這兩個函數所送回的錯誤號碼的資料型完全不一樣。不僅其大小不同，一個還是可正或可負，但另一個則永遠是正數。

經常，一個函數有可能會進一步同時叫用到這兩類的函數，該函數的回返資料，究竟該用 "unsigned long" 或 "int" 呢？是很難決定的，這點讓 OpenSSL 有些難用，尤其是在錯誤的回返與處理上。

當你只需印出 OpenSSL 的錯誤時，程式可叫用 ERR_print_errors_fp(stderr) 函數，將 OpenSSL 的錯誤，印出在標準錯誤檔案 stderr 上。

15-12-1 印出錯誤

OpenSSL 提供了下列錯誤印出函數讓程式使用：

```
#include <openssl/err.h>
void ERR_print_errors(BIO *bp);
void ERR_print_errors_fp(FILE *fp);
void ERR_print_errors_cb(int (*cb)(const char *str, size_t len, void
*u), void *u)
```

ERR_print_errors() 函數印出 OpenSSL 在程線的錯誤排隊上所記錄的所有錯誤的錯誤字串，印出至一 BIO 上，然後將所有這些錯誤，自程線的錯誤排隊中去除，清空。

ERR_print_errors_fp() 將 OpenSSL 在程線的錯誤排隊上所記錄的所有錯誤的錯誤字串，印出至一 FILE（檔案）型態的物件上（如stderr），然後將錯誤排隊清空。

ERR_print_errors_cb() 功能一樣，唯一不同的是叫用者可以在第一引數上提供一個回叫（callback）函數，以致每一行的錯誤，都會執行這回叫函數一次，並附上錯誤字串，其長度，以及一用者資料作引數。這回叫函數可以是叫用者所選定的一個輸出或印出函數。

記得，以上這三個函數都會印出程線錯誤排隊內的所有錯誤，並將錯誤排隊清空。

15-12-2 清空錯誤排隊

ERR_clear_error()

在 OpenSSL 上，為了確保讀取與印出錯誤能順利正確地進行，一定要記得，在啟動作業（尤其是 SSL/TLS 輸入/輸出作業）之前，一定要先清空目前程線的錯誤排隊。

為了確保程線的錯誤排隊是淨空的，程式可以叫用 ERR_clear_error() 函數。這個函數既無引數也無回返值。

```
#include <openssl/err.h>
void ERR_clear_error(void);
```

15-12-3 讀取錯誤號碼

SSL_get_error()

SSL_get_error() 讓程式取得一 SSL/TLS 輸入/輸出作業的結果。這函數所送回的錯誤號碼的資料型態是 “int” 。

```
#include <openssl/ssl.h>
int SSL_get_error(const SSL *ssl, int ret);
```

SSL_get_error() 函數，送回幾個 SSL/TLS 輸入/輸出作業叫用的結果，這些輸入/輸出作業包括 SSL_connect()，SSL_accept()，SSL_do_handshake()，SSL_read_ex()，SSL_read()，SSL_peek_ex()，SSL_peek()，SSL_write_ex()，或 SSL_write()。為了能讀取實際的錯誤，這些 SSL/TLS 輸入/輸出函數所送回的值，必須以 SSL_get_error() 函數的第二引數傳入。

記得，叫用 SSL_get_error()，函數的程線，必須是執行 SSL/TLS 輸入/輸出函數的同一程線，而且兩者之間不能有其他的 OpenSSL 函數叫用。這是因為 SSL_get_error() 查看目前程線的OpenSSL錯誤排隊。在叫用 SSL/TLS 輸入/輸出函數之前，現有程線的錯誤排隊，必須是清空的，否則，SSL_get_error() 即不會完全可靠。

欲知道 SSL_get_error() 的所有可能的回返值，請參閱 OpenSSL 這個函數的文書。其網址如下：

https://www.openssl.org/docs/manmaster/man3/SSL_get_error.html

以下所示即為一 SSL_get_error() 函數的應用例子。

```
ret = SSL_connect(ssl);
if (ret != OPENSSL_SUCCESS)
{
  error = SSL_get_error(ssl, ret);
  fprintf(stderr, "Error: SSL_connect() failed, error=%d\n", error);
  SSL_free(ssl);
  SSL_CTX_free(ctx);
  close(sfd);
  return(-7);
}
```

ERR_get_error(void)

通常，在一 OpenSSL 程式裡，程式都以叫用 ERR_get_error() 函數，讀取與剔除現有程線之錯誤排隊上的第一個(最早發生的)錯誤。根據 OpenSSL 錯誤的設計，有幾件事你必須知道。

第一，若一個程線忘了將其錯誤排隊總是清除乾淨，則錯誤排隊就很可能有前一個作業所殘留下來的錯誤。因此，叫用 ERR_get_error() 函數所取得的，很可能就不是你想像中或所想要的，最新的錯誤。

第二，ERR_get_error() 送回（而且去除）最早，而不是最新的錯誤。絕大多數時候，除非是一個作業造成多個錯誤，否則，程式真正需要的，是最新（最後）的錯誤。

不過，當一個作業造成多重錯誤時，先取得最早或第一個錯誤，一般可能會更有用。

第三，ERR_get_error() 函數送回的值是“unsigned long”。這個資料型態與絕大多數 Linux/Unix 以及其他的 OpenSSL 程式界面，都不相容。因此，倘若你寫的函數必須送回一個回返值，而這函數又同時叫用了其他的程式界面以及 ERR_get_error() 函數，則決定函數的最後回返資料的型態，可能會是一項挑戰。你欲如何將“int”與“unsigned long”合併成一種資料型態呢？

OpenSSL 還有以下這些能取得或偷窺錯誤排隊中之錯誤的函數：

```
#include <openssl/err.h>

unsigned long ERR_get_error(void);
unsigned long ERR_peek_error(void);
unsigned long ERR_peek_last_error(void);

unsigned long ERR_get_error_line(const char **file, int *line);
unsigned long ERR_peek_error_line(const char **file, int *line);
unsigned long ERR_peek_last_error_line(const char **file, int *line);

unsigned long ERR_get_error_line_data(const char **file, int *line,
    const char **data, int *flags);
unsigned long ERR_peek_error_line_data(const char **file, int *line,
    const char **data, int *flags);
unsigned long ERR_peek_last_error_line_data(const char **file, int *line,
    const char **data, int *flags);
```

ERR_get_error() 送回現有程線之錯誤排隊中最早的錯誤號碼，並將之自錯誤排隊中剔除。程式可以反複叫用這函數，逐一讀取且剔除錯誤排隊中的下一個錯誤，直至錯誤排隊清空為止。

ERR_peek_error() 送回（偷窺）目前程線之錯誤排隊中最早的錯誤，但讓錯誤排隊保持原封不動。

ERR_peek_last_error() 偷窺並送回目前程線之錯誤排隊中最後（最新）的錯誤號碼，但讓錯誤排隊保持原封不動。

ERR_get_error_line()，ERR_peek_error_line()，ERR_peek_last_error_line() 與上述的三個函數都類似，唯一不同的是，假若 file 與 line 兩個引數不是 NULL，則函數會額外地將錯誤發生所在的檔案名以及行數，經由這兩個引數送回。

倘若現有程線的錯誤排隊內沒有任何錯誤，則這些函數會送回 0。否則，函數會送回錯誤號碼。

15-12-4 將錯誤號碼轉換成錯誤字串

你也可以選擇在一項作業之後，自己取得錯誤號碼，然後再自己將錯誤印出。以下的 OpenSSL 函數，將一錯誤號碼，翻譯成一人們看得懂的錯誤字串：

```
#include <openssl/err.h>

char *ERR_error_string(unsigned long e, char *buf);
void ERR_error_string_n(unsigned long e, char *buf, size_t len);

const char *ERR_lib_error_string(unsigned long e);
const char *ERR_func_error_string(unsigned long e);
const char *ERR_reason_error_string(unsigned long e);
```

ERR_error_string（e, buf）將錯誤號碼 e，翻譯成一個人們看得懂，代表這錯誤的字串，並將結果存在 buf 所指的緩衝器內。緩衝器長度必須至少 256 個位元組。

倘若 buf 引數是 NULL，則錯誤字串即會被放在一靜態的緩衝器上。不過，這個函數並不是程線安全的，而且也不檢查緩衝器的大小。為了預防資料大過緩衝器造成滿溢現象，程式最好使用 ERR_error_string_n() 函數。在必要時（亦即，字串值超出緩衝器的實際長度），這個函數會將實際字串多出的部分截掉。用 ERR_error_string_n() 時，輸出緩衝器（buf 引數）即不能是 NULL。

一 OpenSSL 錯誤字串的格式如下：

```
error:[錯誤號碼]:[庫存名稱]:[函數名稱]:[理由字串]
```

其中，錯誤號碼是一個八個數字的十六進制數目。而庫存名稱，函數名稱與理由字串則都是 ASCII 文字。

ERR_lib_error_string()，ERR_func_error_string()，與 ERR_reason_error_string() 則分別送回錯誤字串中的庫存名稱，函數名稱，與理由字串。若是有錯誤號碼沒有註冊對應的錯誤字串，則錯誤字串本身將會含錯誤號碼。

15-13 庫存函數的原始碼

這一節列出本章之例題程式所使用到，我們自己所寫的庫存函數的程式碼。圖 15-38 列出網路庫存函數及其前頭檔案，netlib.c 與netlib.h。圖 15-39 則列出我們自己所寫的網路安全公用庫存 my cryptolib.c 以及其前頭檔案 myopenssl.h。

圖15-38 我們自己的網路庫存函數（netlib.h 與 netlib.c）

（a）netlib.h

```
/*
 * Defines and declarations for networking library
 * Copyright (c) 2015, 2016, 2020 Mr. Jin-Jwei Chen. All rights reserved.
 */

#include <stdio.h>
#include <errno.h>
#include <string.h>         /* memset() */
#include <stdlib.h>         /* malloc(), atoi() */
#include <ctype.h>          /* isdigit() */
#include <sys/types.h>
#include <sys/socket.h>     /* socket() */
#include <unistd.h>         /* gethostname() */
#include <netinet/in.h>     /* protocols such as IPPROTO_TCP, ... */
#include <netdb.h>          /* HOST_NAME_MAX */
#include <arpa/inet.h>      /* inet_ntop(), inet_pton() */
#include <pthread.h>

#define  MINIPADDRSZ      64    /* minimum buffer size for IP address */
#ifndef HOST_NAME_MAX
#define  HOST_NAME_MAX  255    /* maximum length of a host name */
#endif

#define  LSNRBACKLOG    1500   /* length of listener request queue */

/*
 * ================== Get host name/IP-address functions ====================
 */

/*
```

```
 * Get the hostname of this host as a pointer to string.
 * The caller must provide the buffer to hold the returned hostname.
 * The buffer must be at least HOST_NAME_MAX bytes.
 * The function returns 0 on success or a non-zero value otherwise.
 */
int get_hostname(char *buf, size_t buflen);

/*
 * Get the hostname of this host as string -- no parameter version.
 * A pointer to the hostname string is returned on success.
 * The caller must free the memory pointed at by the returned pointer.
 * A NULL pointer is returned in case of failure.
 */
char *get_hostname2();

/*
 * Get the IP address of this host as a string.
 * The IP address is returned in the ipaddr buffer which must be provided
 * by the caller. The ipaddrlen parameters specifies the size of the
 * ipaddr buffer, which must be at least MINIPADDRSZ bytes.
 * Return value: 0 if success, non-zero if failure
 * get_ipaddr() invokes get_hostname() and get_ipaddr_host().
 */
int get_ipaddr(char *ipaddr, size_t ipaddrlen);

/*
 * Get the IP address of this host as a string -- no parameter version.
 * A pointer to the IP address string is returned on success.
 * The caller is responsible for freeing that memory.
 * The caller must free the memory pointed at by the returned pointer.
 * A NULL pointer is returned in case of failure.
 * get_ipaddr() invokes get_hostname2() and get_ipaddr_host().
 */
char *get_ipaddr2();

/*
 * Get the IP address of the specified host as a string.
 * The IP address is returned in the ipaddr buffer which must be provided
 * by the caller. The hostname is specified by the hostname input parameter.
 * The ipaddrlen parameter specifies the length of the ipaddr buffer
 * which must be at least MINIPADDRSZ bytes long.
 * If hostname is NULL, it is assumed to be the current host.
 * The function returns 0 if success, non-zero if failure
 */
int get_ipaddr_host(char *hostname, char *ipaddr, size_t ipaddrlen);

/*
 * ================== Network connection functions ============================
 */

/* Connect to a connection-oriented server */
```

```
int connect_to_server(int *sfdp, char *host, int portnum);

/* Create a bound network communication endpoint */
int new_bound_endpt(int *sfdp, struct sockaddr *srvaddrp,
  sa_family_t protocol, int portnum);

/* Create a bound server network communication endpoint */
int new_bound_srv_endpt(int *sfdp, struct sockaddr *srvaddrp,
  sa_family_t protocol, int portnum);

/* Create a bound client network communication endpoint */
int new_bound_clnt_endpt(int *sfdp, struct sockaddr *srvaddrp,
  sa_family_t  protocol);

/*
 * ====================== Network I/O functions ============================
 */

/* Send a message via a socket */
int send_msg(int sfd, unsigned char *bufp, size_t msgsz, int flags);

/* Receive a message via a socket */
int receive_msg(int sfd, unsigned char *bufp, size_t msgsz, int flags);

/* Print the contents of a binary buffer */
void print_binary_buf(unsigned char *buf, unsigned int buflen);
```

（b） netlib.c

```
/*
 * Network utility functions
 * Authored by Mr. Jin-Jwei Chen.
 * Copyright (c) 2015, 2016, 2020 Mr. Jin-Jwei Chen. All rights reserved.
 */

#include "netlib.h"

/*
 * ==========================================================================
 * Utility functions for getting the name or IP address of a host.
 */

/*
 * This function returns the name of this host (i.e. the local host).
 * The caller must provide the buffer (the buf parameter) to hold the returned
 * hostname. The size of this buffer (specified by the buflen parameter)
 * must be at least HOST_NAME_MAX bytes.
 * The function returns 0 on success or a non-zero value otherwise.
 */
int get_hostname(char *buf, size_t buflen)
{
  int   ret;
```

```
  if ((buf == NULL ) || (buflen < HOST_NAME_MAX))
    return(EINVAL);

  /* Get the hostname */
  memset((void *)buf, 0, buflen);
  errno = 0;
  ret = gethostname(buf, buflen);
  if (ret != 0)
  {
    fprintf(stderr, "get_hostname(): gethostname() failed, errno=%d\n", errno);
    return(errno);
  }

  return(0);
}

/*
 * This function returns the name of this host (i.e. the local host).
 * A NULL pointer is returned in case of error or failure.
 * The caller is responsible for freeing the memory associated with
 * the returned pointer.
 */
char *get_hostname2()
{
  int   ret;
  char  *hostnamep;

  /* Dynamically allocate the buffer holding the returned hostname string */
  hostnamep = malloc(HOST_NAME_MAX+1);
  if (hostnamep == NULL)
    return((char *)NULL);

  /* Get the hostname */
  memset((void *)hostnamep, 0, (HOST_NAME_MAX+1));
  ret = gethostname(hostnamep, HOST_NAME_MAX);
  if (ret != 0)
  {
    fprintf(stderr, "get_hostname2(): gethostname() failed, errno=%d\n", errno);
    free(hostnamep);
    return((char *)NULL);
  }

  return(hostnamep);
}

/*
 * Get the IP address of the specified host as a string.
 * If the hostname argument is null, IP address of the current host is returned.
 * Parameters:
 *   hostname - INPUT: name of host whose IP address is being looked up
```

```
 *                If NULL, the IP address of the local host will be returned.
 *   ipaddr - IN/OUT: starting address of buffer to hold returned IP address
 *              The IP address of the host will be returned in this buffer.
 *   ipaddrlen - INPUT: length (in bytes) of buffer in the second parameter
 *                 The minimum size is MINIPADDRSZ bytes, just in case it's IPv6.
 * Return value: 0 if success, non-zero if failure
 */
int get_ipaddr_host(char *hostname, char *ipaddr, size_t ipaddrlen)
{
  char  hostname1[HOST_NAME_MAX+1];
  char  *hostnamep;
  struct hostent  *hp;
  char   **addrlp;
  char   *ptr;
  int    ret;

  if (ipaddr == NULL || ipaddrlen < MINIPADDRSZ)
    return(EINVAL);

  /* If host name is not given, get it here */
  if (hostname != NULL)
    hostnamep = hostname;
  else
  {
    hostnamep = hostname1;
    memset((void *)hostnamep, 0, (HOST_NAME_MAX+1));
    errno = 0;
    ret = gethostname(hostnamep, HOST_NAME_MAX);
    if (ret != 0)
    {
      fprintf(stderr, "get_ipaddr_host(): gethostname() failed, errno=%d\n",
        errno);
      return(errno);
    }
  }

  /* Get the IP address of the host */
  if ((hp = gethostbyname(hostnamep)) == NULL) {
    fprintf(stderr, "get_ipaddr_host(): gethostbyname() failed, h_errno=%d\n",
      h_errno);
    return(h_errno);
  }

  addrlp = hp->h_addr_list;
  if (addrlp == NULL) return(ENOENT);
  if (*addrlp == NULL) return(ENOENT);
  else
  {
    /* Convert IP address from number to text */
    memset((void *)ipaddr, 0, ipaddrlen);
    errno = 0;
```

```
    ptr = (char *)inet_ntop(hp->h_addrtype, *addrlp, ipaddr, ipaddrlen);
    if (ptr == NULL)
    {
      fprintf(stderr, "get_ipaddr_host(): inet_ntop() failed, errno=%d\n",
        errno);
      return(errno);
    }
  }

  return(0);
}

/*
 * Get the IP address of this host (i.e. the local host).
 * The caller needs to provide the output buffer for the IP address.
 * Parameters:
 *   ipaddr: (INPUT) - starting address of the buffer to receive the IP address
 *   ipaddrlen: (INPUT) - size in bytes of the buffer pointed to by ipaddr
 *             This buffer size must be at least MINIPADDRSZ bytes.
 */
int get_ipaddr(char *ipaddr, size_t ipaddrlen)
{
  int   ret;
  char  hostname[HOST_NAME_MAX+1];

  if (ipaddr == NULL || ipaddrlen < MINIPADDRSZ)
    return(EINVAL);

  ipaddr[0] = '\0';

  /* Get the hostname of this host */
  ret = get_hostname(hostname, HOST_NAME_MAX);
  if (ret != 0)
  {
    fprintf(stderr, "get_ipaddr(): get_hostname() failed, ret=%d\n", ret);
    return(ret);
  }
  hostname[HOST_NAME_MAX] = '\0';

  /* Get the IP address of this host */
  ret = get_ipaddr_host(hostname, ipaddr, ipaddrlen);
  if (ret != 0)
    fprintf(stderr, "get_ipaddr(): get_ipaddr_host() failed, ret=%d\n", ret);

  return(ret);
}

/*
 * Get the IP address of this host (i.e. the local host).
 * A pointer to the IP address string is returned on success.
 * The caller must free the memory pointed at by the returned pointer.
```

```
 * A NULL pointer is returned in case of failure.
 */
char *get_ipaddr2()
{
  int   ret = 0;
  char  *hostnamep = (char *)NULL;
  char  *ipaddrp = (char *)NULL;

  /* Get the hostname of this host */
  hostnamep = get_hostname2();
  if (hostnamep == (char *)NULL)
  {
    fprintf(stderr, "get_ipaddr2(): get_hostname2() failed.\n");
    return((char *)NULL);
  }

  /* Allocate the memory for the buffer holding the returned IP address */
  ipaddrp = malloc(MINIPADDRSZ+1);
  if (ipaddrp == (char *)NULL)
  {
    fprintf(stderr, "get_ipaddr2(): malloc() failed.\n");
    free(hostnamep);
    return((char *)NULL);
  }

  /* Get the IP address of this host */
  ipaddrp[0] = '\0';
  ret = get_ipaddr_host(hostnamep, ipaddrp, MINIPADDRSZ);
  if (ret != 0)
  {
    fprintf(stderr, "get_ipaddr2(): get_ipaddr_host() failed, ret=%d\n", ret);
    free(ipaddrp);
    ipaddrp = (char *)NULL;
  }

  ipaddrp[MINIPADDRSZ] = '\0';
  free(hostnamep);
  return(ipaddrp);
}

/* ===========================================================================
 * Utility functions for making network connections
 */

/*
 * Connect to a connection-oriented server
 * This function supports both IPv4 and IPv6 protocols.
 * Parameters:
 *   sfdp - OUTPUT, returns socket file descriptor
 *   host - INPUT, hostname or IP address of the target server
 *   portnum - INPUT, port number of the server
```

```
 * The function returns 0 on success and a non-zero value on failure.
 */
int connect_to_server(int *sfdp, char *host, int portnum)
{
  int    sfd;                          /* socket file descriptor */
  struct sockaddr_in    server;        /* IPv4 server socket's address */
  struct sockaddr_in6   server6;       /* IPv6 server socket's address */
  int    option;                       /* socket option */
  struct hostent *hp;
  struct in_addr   inaddr;             /* IPv4 address as an integer */
  struct in6_addr  inaddr6;            /* IPv6 address as an integer */
  int    protocol;
  int    ret;

  /* Check input arguments */
  if (sfdp == NULL || host == NULL)
    return(EINVAL);

  *sfdp = 0;

  /* For IPv6 this needs to be changed to have a more generic solution.
   * We need to include the case of numeric IPv6 addresses.
   */
  /* Translate the server's host name or IP address into socket address. */
  if (!strcmp(host, "::1"))
  {
    protocol = AF_INET6;
    hp = gethostbyname2(host, protocol);
  }
  else if (isdigit(host[0]))
  {
    /* Convert the numeric IP address to an integer. */
    protocol = AF_INET;
    ret = inet_pton(protocol, host, (void *)&inaddr);
    if (ret <= 0)
    {
      /* ret<0 means EAFNOSUPPORT, ret=0 means net addr invalid */
      protocol = AF_INET6;
      ret = inet_pton(protocol, host, (void *)&inaddr6);
      if (ret <= 0)
      {
        fprintf(stderr, "connect_to_server(): error, inet_pton() failed for"
          " [%s]," " errno=%d\n", host, errno);
        return(errno);
      }
    }
    if (protocol == AF_INET)
      hp = gethostbyaddr((char *)&inaddr, sizeof(inaddr), protocol);
    else if (protocol == AF_INET6)
      hp = gethostbyaddr((char *)&inaddr6, sizeof(inaddr6), protocol);
  }
```

```
else
{
  /* Assume a host name is given if it starts with a letter. */
  protocol = AF_INET;
  hp = gethostbyname(host);
  if (hp == NULL)
  {
    protocol = AF_INET6;
    hp = gethostbyname2(host, AF_INET6);
  }
}

if (hp == NULL )
{
  fprintf(stderr, "connect_to_server(): error, cannot get address for [%s],"
    " errno=%d\n", host, errno);
  return(errno);
}

/* Copy the resolved information into sockaddr_in/sockaddr_in6 structure. */
if (protocol == AF_INET)
{
  memset((void *)&server, 0, sizeof(struct sockaddr_in));
  server.sin_family = hp->h_addrtype;     /* protocol */
  server.sin_port = htons(portnum);
  memcpy(&(server.sin_addr), hp->h_addr, hp->h_length);
}
else if (protocol == AF_INET6)
{
  memset((void *)&server6, 0, sizeof(struct sockaddr_in6));
  server6.sin6_family = hp->h_addrtype;     /* protocol */
  server6.sin6_port   = htons(portnum);
  memcpy(&(server6.sin6_addr), hp->h_addr, hp->h_length);
}

/* Create a Stream socket. */
sfd = socket(protocol, SOCK_STREAM, 0);
if (sfd < 0)
{
  fprintf(stderr, "connect_to_server(): error, socket() failed, errno=%d\n",
    errno);
  return (errno);
}

/* Set the SO_KEEPALIVE socket option. Do this before connect. */
option = 1;
ret = setsockopt(sfd, SOL_SOCKET, SO_KEEPALIVE, &option, sizeof(option));
if (ret < 0)
{
  fprintf(stderr, "connect_to_server(): warning, setsockopt(SO_KEEPALIVE) "
    "failed, errno=%d\n", errno);
```

```
    }

    /* Connect to the server. */
    if (protocol == AF_INET)
      ret = connect(sfd, (struct sockaddr *)&server, sizeof(struct sockaddr_in));
    else if (protocol == AF_INET6)
      ret = connect(sfd, (struct sockaddr *)&server6, sizeof(struct
sockaddr_in6));
    if (ret == -1)
    {
      fprintf(stderr, "connect_to_server(): error, connect() failed on port %d,"
        " errno=%d\n", portnum, errno);
      close(sfd);
      return(errno);
    }

    *sfdp = sfd;
    return(0);
  }

  /*
   * Create a bound network communication endpoint
   * Bind to a well-known port
   * INPUT and OUTPUT:
   *   sfdp : pointer to a file descriptor
   *   srvaddrp: pointer to a sockaddr_in or sockaddr_in6 structure
   * INPUT:
   *   protocol: specify AF_INET for IPv4 or AF_INET6 for IPv6
   *   port : specify the server's port number or 0 for a client
   * Return 0 on success or other values if failure.
   */
  int new_bound_endpt(int *sfdp, struct sockaddr *srvaddrp,
    sa_family_t protocol, int portnum)
  {
    int    sfd;        /* socket file descriptor */
    struct sockaddr_in   *sap;     /* pointer to IPv4 socket address */
    struct sockaddr_in6  *sa6p;    /* pointer to IPv6 socket address */
    int    option;     /* socket option */
    int    ret;

    /* Check input arguments */
    if (sfdp == NULL || srvaddrp == NULL)
      return(EINVAL);
    if (!((protocol == AF_INET) || (protocol == AF_INET6)))
      return(EINVAL);

    *sfdp = 0;

    /* Create a Stream socket. */
    if ((sfd = socket(protocol, SOCK_STREAM, 0)) < 0)
    {
```

```
      fprintf(stderr, "new_bound_endpt(): error, socket() failed,"
        " errno=%d\n", errno);
      return(errno);
    }

    /* Turn on SO_KEEPALIVE socket option. */
    option = 1;
    ret = setsockopt(sfd, SOL_SOCKET, SO_KEEPALIVE, &option, sizeof(option));
    if (ret < 0)
    {
      fprintf(stderr, "new_bound_endpt(): warning, setsockopt(SO_KEEPALIVE)"
        " failed, errno=%d\n", errno);
    }

    /* Turn on SO_REUSEADDR option */
    option = 1;
    ret = setsockopt(sfd, SOL_SOCKET, SO_REUSEADDR, &option,
sizeof(option));
    if (ret < 0)
      fprintf(stderr, "new_bound_endpt(): error, setsockopt(SO_REUSEADDR) "
        "failed, errno=%d\n", errno);
    else
      fprintf(stdout, "SO_REUSEADDR option is turned on.\n");

    /* Fill in the socket address. */
    if (protocol == AF_INET)
    {
      sap = (struct sockaddr_in *)srvaddrp;
      memset((void *)sap, 0, sizeof(struct sockaddr_in));
      sap->sin_family = protocol;
      sap->sin_port   = htons(portnum);
      sap->sin_addr.s_addr = htonl(INADDR_ANY);
    }
    else if (protocol == AF_INET6)
    {
      sa6p = (struct sockaddr_in6 *)srvaddrp;
      memset((void *)sa6p, 0, sizeof(struct sockaddr_in6));
      sa6p->sin6_family = protocol;
      sa6p->sin6_port   = htons(portnum);
      sa6p->sin6_addr   = in6addr_any;
    }

    /* Bind the server or client socket to its address. */
    if (protocol == AF_INET)
      ret = bind(sfd, (struct sockaddr *)sap, sizeof(struct sockaddr_in));
    else if (protocol == AF_INET6)
      ret = bind(sfd, (struct sockaddr *)sa6p, sizeof(struct sockaddr_in6));

    if (ret != 0)
    {
      fprintf(stderr, "new_bound_endpt(): error, bind() failed,"
```

```
      " errno=%d\n", errno);
    close(sfd);
    return(errno);
  }

  /* If server, set maximum connection request queue length. */
  if (portnum > 0)
  {
    if (listen(sfd, LSNRBACKLOG) == -1) {
      fprintf(stderr, "new_bound_endpt(): error, listen() failed,"
        " errno=%d\n", errno);
      close(sfd);
      return(errno);
    }
  }

  *sfdp = sfd;
  return(0);
}

/*
 * Create a bound server network communication endpoint
 * Bind to a well-known port on the local host
 * INPUT and OUTPUT:
 *   sfdp : pointer to a file descriptor
 *   srvaddrp: pointer to a sockaddr_in or sockaddr_in6 structure
 * INPUT:
 *   protocol: specify AF_INET for IPv4 and AF_INET6 for IPv6
 *   port : specify the server's port number
 * Return 0 on success or other values if failure.
 */
int new_bound_srv_endpt(int *sfdp, struct sockaddr *srvaddrp,
  sa_family_t protocol, int portnum)
{
  int     ret;

  if (sfdp == NULL || srvaddrp == NULL)
    return(EINVAL);
  if (!((protocol == AF_INET) || (protocol == AF_INET6)))
    return(EINVAL);
  /* A server must use a known port number */
  if (portnum <= 0)
    return(EINVAL);

  ret = new_bound_endpt(sfdp, srvaddrp, protocol, portnum);
  return(ret);
}

/*
 * Create a bound client network communication endpoint
 * Bind to an available port number picked by the operating system
```

```
 * INPUT and OUTPUT:
 *   sfdp : pointer to a file descriptor
 *   srvaddrp: pointer to a sockaddr_in or sockaddr_in6 structure
 * INPUT only:
 *   protocol: specify AF_INET for IPv4 and AF_INET6 for IPv6
 * Return 0 on success or other values if failure.
 */
int new_bound_clnt_endpt(int *sfdp, struct sockaddr *srvaddrp,
sa_family_t  protocol)
{
  int      ret;

  if (sfdp == NULL || srvaddrp == NULL)
    return(EINVAL);
  if (!((protocol == AF_INET) || (protocol == AF_INET6)))
    return(EINVAL);

  /* A client can bind to the next available port picked by the O.S. */
  ret = new_bound_endpt(sfdp, srvaddrp, protocol, 0);
  return(ret);
}

/* ===================== Network I/O functions ========================= */

/*
 * Send a message whose fixed size is known using a socket.
 * Parameters:
 *   sfd (INPUT): socket file descriptor to be used
 *   bufp (INPUT): starting address of the message buffer
 *   msgsz (INPUT): length in bytes of the message to be sent
 *   flags (INPUT): flags for send() call
 * Return value:
 *   0 is returned on success. errno is returned if the send() call
 *   encounters an error. -1 is returned if the peer has closed its socket.
 */
int send_msg(int sfd, unsigned char *bufp, size_t msgsz, int flags)
{
  int      ret;           /* return code */
  ssize_t  nbytes;        /* number of bytes just being sent */
  size_t   total;         /* total number of bytes that have been sent */

  if ((sfd == 0) || (bufp == NULL) || (msgsz <= 0))
    return(EINVAL);

  errno = 0;
  total = 0;
  /* Make sure the entire message is sent */
  do
  {
    nbytes = send(sfd, bufp+total, msgsz-total, flags);
    if (nbytes > 0)
```

```
      total += nbytes;
    else
      break;
  } while (total < msgsz);

  if (total != msgsz)
  {
    if (nbytes < 0)
    {
      /* send() encounters an error */
      fprintf(stderr, "send_msg(): error, send() failed, errno=%d\n", errno);
      ret = errno;
    }
    else
    {
      /* Peer might have closed its socket */
      fprintf(stderr, "send_msg(): error, send() expected to send"
        " %lu bytes but sent only %lu bytes\n", msgsz, total);
      ret = (-1);
    }
  }
  else
    ret = 0;

  return(ret);
}

/* To receive a message of up to msgsz bytes from socket sfd */
int receive_msg(int sfd, unsigned char *bufp, size_t msgsz, int flags)
{
  int      ret;          /* return code */
  ssize_t  nbytes;       /* number of bytes just received */
  size_t   total;        /* total number of bytes that have been received */

  if ((sfd == 0) || (bufp == NULL) || (msgsz <= 0))
    return(EINVAL);

  errno = 0;
  total = 0;
  /* Make sure the entire message is received */
  do
  {
    nbytes = recv(sfd, bufp+total, msgsz-total, flags);
    if (nbytes > 0)
      total += nbytes;
    else
      break;
  } while (total < msgsz);

  if (total != msgsz)
  {
```

```
    if (nbytes < 0)
    {
      /* recv() encounters an error */
      fprintf(stderr, "recv_msg(): error, recv() failed, errno=%d\n", errno);
      ret = errno;
    }
    else
    {
      /* Peer might have closed its socket */
      fprintf(stderr, "receive_msg(): error, recv() expected to receive"
        " %lu bytes but got only %lu bytes\n", msgsz, total);
      ret = (-1);
    }
  }
  else
    ret = 0;

  return(ret);
}

/* Print the contents of a binary buffer */
void print_binary_buf(unsigned char *buf, unsigned int buflen)
{
  int   i;

  if (buf == NULL) return;
  printf("0x");
  for (i = 0; i < buflen; i++)
    printf("%02x", buf[i]);
  printf("\n");
}
```

圖 15-39 我們自己所寫的 OpenSSL 公用庫存函數
（mycryptolib.c 與 myopenssl.h）

（a）myopenssl.h

```
/*
 * #defines for Openssl programs -- myopenssl.h.
 */

#define  SUCCESS            0    /* Linux/Unix functions return 0 as success */
#define  OPENSSL_SUCCESS    1    /* Openssl functions return 1 as success */
#define  OPENSSL_FAILURE    0    /* Openssl functions return 0 as failure */
#define  ERRBUFLEN        256    /* length of error string buffer */

/* Constants used in client-server communications */
#define SRVPORT   7878      /* server's port number */
#define MAXREQSZ  1024      /* maximum size of client request messages */
#define MAXRPLYSZ 256       /* maximum size of server reply messages */
```

```
#define SRVREPLY  "This is a reply message from the server."
#define SRVREPLY2 "This is reply message #%2d from the server."
#define BYE_MSG   "bye"    /* input message to end session */

/* Length of error string buffer */
#define ERR_STRING_LEN  256  /* length of buffer to hold error string */

/* Structure representing a cipher in EVP */
#define MAX_CIPHER_NAME_LEN 32
struct cipher
{
  char            name[MAX_CIPHER_NAME_LEN+4];
  unsigned char   key[EVP_MAX_KEY_LENGTH+4];
  unsigned char   iv[EVP_MAX_IV_LENGTH+4];
};
typedef struct cipher cipher;

/*
 * Default values for key and IV used in encryption/decryption.
 * Note that KEYLEN and IVLEN vary from one algorithm to another.
 * These values are shared by the encryption and decryption.
 */
#define DEFAULT_CIPHER    "aes-256-cbc"
#define DEFAULT_CIPHER2   "DES-EDE3-CBC"
#define IVLEN            16     /* length of IV (number of bytes) */
#define KEYLEN           32     /* key length (number of bytes) */
#define DEFAULT_IV       "2596703183564237"
#define DEFAULT_KEY      "Axy3pzsk%3q#0)yH+sTcG6Wo27yjFFiw"

/* IV and Key used by myencrypt2() and mydecrypt2() */
#define DEFAULT_IV2      "7593215400406031"
#define DEFAULT_KEY2     "Gxy3pzek%3q#0)tH+sTcG6Wc27gjFF(*"

/* Constants used by myencrypt2() and mydecrypt2() */
#define MAXMSGSZ  1024
#define MAXOUTSZ  (MAXMSGSZ+IVLEN)

/*
 * Defines for HMAC.
 */
#define HASHFUNC_NAME    "sha512"
#define HMACKEY          "15y3pz70%8q#0)yH+sTcG6Wo27yjFF(!"

/* File I/O */
#define INSIZE           1024  /* read this many bytes each time */

/*
 * Defines for digital signatures
 */
#define  LENGTHSZ  (sizeof(unsigned int))  /* size of signature/msg length */
#define  MAXDGSTSZ 512                     /* size of buffer for digest */
```

```
/* #defines for DSA signature with SHA256 256-bit digest */
#define  DSASEEDLEN     20         /* length of seed */
#define  DSASEED        "G3fLw789Os3f8JV24dZ9"  /* seed for DSA */
#define  DSABITSLEN     1024       /* bits - length of the prime number p */
#define  DSASEEDLEN2    32         /* length of seed */
#define  DSASEED2       "0123456tsiQ1G3fLw789Os3f8JV24dZ9"  /* seed for DSA */
#define  DSABITSLEN2    2048       /* bits - length of the prime number p */
#define  DSASIGLEN      80         /* buffer length of DSA signature */
#define  DSAHASH_NAME   "sha256" /* use 256 bits hash */
#define  DSAHASHKEY     "B6h8eA39%8p#4)iM+sTcG64o1eXj(!s4"  /* hash key */
#define  DSAPUBKEYFILE "DSAPubKeyFile"  /* file holding DSA public key */

/* #defines for RSA signature */
#define  RSASEEDLEN     32         /* length of seed */
#define  RSASEED        "ksNi01E$U&35Hm9ad12)KedQ3=Pnc5+="  /* seed */
#define  RSABITSLEN     2048       /* bits - length of ????? */
#define  RSASIGLEN      264        /* buffer length of RSA signature */
#define  RSAHASH_NAME   "sha512" /* use 512 bits hash */
#define  RSADGSTTYPE    NID_sha512        /* type of digest algorithm */
#define  RSAPUBKEYFILE "RSAPubKeyFile"  /* file holding RSA public key */

/*
 * Different types of message digest algorithms.
 * NID_sha1 NID_sha224 NID_sha256 NID_sha384 NID_sha512 NID_md5 ...
 */

/*   */
#define  SIG_ALGRTH_LEN      256  /* length of signature algorithm */
#define  PUBKEY_ALGRTH_LEN  512  /* length of key algorithm */

/*
 * Errors in calling some OPENSSL functions.
 */
#define OPENSSL_ERR_SSLNEW_FAIL      (-1001)
#define OPENSSL_ERR_SSLSETFD_FAIL    (-1002)
#define OPENSSL_ERR_BAD_CERTFILE     (-1003)
#define OPENSSL_ERR_BAD_KEYFILE      (-1004)
#define OPENSSL_ERR_KEY_MISMATCH     (-1005)
#define OPENSSL_ERR_NO_CLIENT_CERT  (-1006)
#define OPENSSL_ERR_CLIENT_CERT_VERIFY_FAIL  (-1007)

/*
 * TLS/SSL certificates for server, client and CAs.
 * For self-signed server certificate, SRV_CERT_FILE and CA_FILE must be
 * the same.
 */
/* Self-signed server certificate */
#define  CA_DIR  "./"
#define  SS_SRV_CERT_FILE "mysrv2_cert.pem"
#define  SS_SRV_KEY_FILE  "mysrv2_privkey.pem"
```

```
#define  SS_CA_FILE        "mysrv2_cert.pem"

/* Server certificate signed by a chain of CAs */
#define  SRV_CERT_FILE     "myserver_cert.pem"
#define  SRV_KEY_FILE      "myserver_privkey.pem"
#define  CLNT_CERT_FILE    "myclient_cert.pem"
#define  CLNT_KEY_FILE     "myclient_privkey.pem"
#define  CA_FILE           "myCAchain_cert.pem"
/* A second certificate chain */
#define  CLNT2_CERT_FILE   "xyzclnt_cert.pem"
#define  CLNT2_KEY_FILE    "xyzclnt_privkey.pem"
#define  CA2_FILE          "mychain2CAs_cert.pem"
#define  CAALL_FILE        "myAllCAs_cert.pem"

/* Cipher list to be used in SSL/TLS */
#define CIPHER_LIST "AES256-SHA256 "

/*
 * Function prototypes
 */
void display_certificate_names(SSL* ssl);
int display_certificate_info(X509 *cert);
void print_ssl_io_error(int error);
void display_cipher_suites(SSL *ssl);
void display_ssl_certificate_info(SSL* ssl);
/* Print the encrypted message -- the cipher text */
void print_cipher_text(unsigned char *buf, unsigned int buflen);

/* Encryption and decryption APIs */
int myencrypt1(char *inbuf, size_t inlen, unsigned char *outbuf, size_t
*outlen, cipher *cipher);
int mydecrypt1(unsigned char *inbuf, size_t inlen, char *outbuf, size_t
*outlen, struct cipher *cipher);

int myencrypt2(char *inbuf, size_t inlen, unsigned char *outbuf, size_t
*outlen, struct cipher *cipherin);
int mydecrypt2(unsigned char *inbuf, size_t inlen, char *outbuf, size_t
*outlen, struct cipher *cipherin);

/* Digital signature APIs */
int init_DSA(int bits, unsigned char *seed, unsigned int seedlen, DSA
**dsa);
int get_DSA_signature(unsigned char *digest, unsigned int dgstlen,
   unsigned char *signature, unsigned int *siglen, DSA *dsa);
int verify_DSA_signature(unsigned char *digest, unsigned int dgstlen,
    unsigned char *signature, unsigned int siglen, DSA *dsa);

int init_RSA(int bits, unsigned char *seed, unsigned int seedlen, RSA
**rsa);
int get_RSA_signature(int dgsttype, unsigned char *digest, unsigned int
dgstlen,
```

```
    unsigned char *signature, unsigned int *siglen, RSA *rsa);
  int verify_RSA_signature(int dgsttype, unsigned char *digest, unsigned
int dgstlen,
     unsigned char *signature, unsigned int siglen, RSA *rsa);

  /* Compute the digest of a message using the hash algorithm specified */
  int message_digest(char *hashname, char *message, unsigned int msglen,
     unsigned char *digest, unsigned int *dgstlen);
  int message_digest2(const EVP_MD *hashfunc, char *message,
     unsigned int msglen, unsigned char *digest, unsigned int *dgstlen);

  /* Increment the IV value by one */
  int increment_iv(unsigned char *inbuf, unsigned char *outbuf);

  int load_certificate(SSL_CTX *ctx, char *certfile, char *keyfile);
```

（b）mycryptolib.c

```
/*
 * Cryptographic utility functions.
 * Authored by Mr. Jin-Jwei Chen.
 * Copyright (c) 2014-2016, 2020 Mr. Jin-Jwei Chen. All rights reserved.
 */

#include <stdio.h>
#include <errno.h>
#include <sys/types.h>      /* open() */
#include <sys/stat.h>
#include <fcntl.h>
#include <unistd.h>         /* read(), write() */
#include <string.h>         /* memset(), strlen() */
#include <strings.h>        /* bzero() */
#include <stdlib.h>
#include <limits.h>         /* LONG_MIN, LONG_MAX */

#include <openssl/evp.h>
#include <openssl/err.h>
#include <openssl/blowfish.h>
#include <openssl/rsa.h>
#include <openssl/dsa.h>
#include <openssl/ssl.h>
#include <openssl/x509.h>
#include <openssl/x509v3.h>
#include <openssl/rand.h>
#include "myopenssl.h"

/* ================ encryption/decryption utility functions =============== */
/* Print the encrypted message -- the cipher text */
void print_cipher_text(unsigned char *buf, unsigned int buflen)
{
  int   i;
```

```
  if (buf == NULL) return;
  printf("Cipher text=0x");
  for (i = 0; i < buflen; i++)
    printf("%02x", buf[i]);
  printf("\n");
}

/*
 * Encryption and decryption using EVP_EncryptXXX() and
EVP_DecryptXXX() APIs.
 * Encrypt the contents of the input buffer specified by 'inbuf' and
 * write the encrypted output (i.e. the cipher text) to the output
buffer
 * specified by the 'outbuf' parameter using the cipher algorithm
 * specified by the 'cipher' parameter.
 */
int myencrypt1(char *inbuf, size_t inlen, unsigned char *outbuf, size_t
*outlen, cipher *cipher)
{
  const EVP_CIPHER *algrm = NULL;     /* cipher algorithm */
  EVP_CIPHER_CTX   *ctx = NULL;       /* cipher context */
  int      outlen2;                   /* length of last part of cipher text */
  int      ret;

  if (inbuf == NULL || outbuf == NULL || outlen == NULL || cipher == NULL)
    return(EINVAL);

  /* Get the EVP_CIPHER using the string name of the cipher algorithm */
  algrm = EVP_get_cipherbyname(cipher->name);
  if (algrm == NULL)
  {
    fprintf(stderr, "Error: myencrypt1(), failed to look up cipher algorithm %s\n"
      , cipher->name);
    return(-1);
  }

  /* Creates a cipher context */
  ctx = EVP_CIPHER_CTX_new();
  if (ctx == NULL)
  {
    fprintf(stderr, "Error: myencrypt1(), EVP_CIPHER_CTX_new() failed\n");
    return(-2);
  }

  /* Set up the cipher context with a specific cipher algorithm */
  ret = EVP_EncryptInit_ex(ctx, algrm, NULL, cipher->key, cipher->iv);
  if (!ret)
  {
    fprintf(stderr, "Error: myencrypt1(), EVP_EncryptInit_ex() failed, "
      "ret=%d\n", ret);
    return(-3);
```

```
  }

  /* Encrypt the message in the input buffer */
  *outlen = 0;
  if ((ret = EVP_EncryptUpdate(ctx, outbuf, (int *)outlen,
      (unsigned char *)inbuf, (int)inlen) != OPENSSL_SUCCESS))
  {
    fprintf(stderr, "Error: myencrypt1(), EVP_EncryptUpdate() failed, "
      "ret=%d\n", ret);
    return(-4);
  }

  /* Wrap up the encryption by handling the last remaining part */
  outlen2 = 0;
  if ((ret = EVP_EncryptFinal_ex(ctx, outbuf+(*outlen), &outlen2) !=
      OPENSSL_SUCCESS))
  {
    fprintf(stderr, "Error: myencrypt1(), EVP_EncryptFinal_ex() failed, "
      "ret=%d\n", ret);
    return(-5);
  }
  *outlen = *outlen + outlen2;

  EVP_CIPHER_CTX_free(ctx);

  return(0);
}

/*
 * Encryption and decryption using EVP_EncryptXXX() and EVP_DecryptXXX() APIs.
 * Decrypt the contents of the input buffer specified by 'infbuf' and
 * write the decrypted output (i.e. the plain text) to the output buffer
 * specified by 'outbuf' parameter using the cipher algorithm
 * specified by the 'algrm' parameter.
 */
int mydecrypt1(unsigned char *inbuf, size_t inlen, char *outbuf, size_t
*outlen, struct cipher *cipher)
{
  const EVP_CIPHER *algrm = NULL;     /* cipher algorithm */
  EVP_CIPHER_CTX   *ctx = NULL;       /* cipher context */
  int       outlen2;                  /* length of last decrypted part */
  int       ret;

  if (inbuf == NULL || outbuf == NULL || outlen == NULL || cipher == NULL)
    return(EINVAL);

  /* Get the EVP_CIPHER using the string name of the cipher algorithm */
  algrm = EVP_get_cipherbyname(cipher->name);
  if (algrm == NULL)
  {
    fprintf(stderr, "Error: mydecrypt1(), failed to look up cipher algorithm %s\n"
```

```
      , cipher->name);
    return(-1);
  }

  /* Creates a cipher context */
  ctx = EVP_CIPHER_CTX_new();
  if (ctx == NULL)
  {
    fprintf(stderr, "Error: mydecrypt1(), EVP_CIPHER_CTX_new() failed\n");
    return(-2);
  }

  /* Set up the cipher context with a specific cipher algorithm */
  ret = EVP_DecryptInit_ex(ctx, algrm, NULL, cipher->key, cipher->iv);
  if (!ret)
  {
    fprintf(stderr, "Error: mydecrypt1(), EVP_DecryptInit_ex() failed, "
      "ret=%d\n", ret);
    return(-3);
  }

  /* Decrypt the contents in the input buffer */
  *outlen = 0;
  if ((ret = EVP_DecryptUpdate(ctx, (unsigned char *)outbuf, (int *)outlen,
       inbuf, (int)inlen) != OPENSSL_SUCCESS))
  {
    fprintf(stderr, "Error: mydecrypt1(), EVP_DecryptUpdate() failed, "
      "ret=%d\n", ret);
    return(-4);
  }

  /* Wrap up the decryption by handling the last remaining part */
  /* Note that EVP_DecryptFinal_ex() returns 1 on success for all algorithms
     except aes-nnn-gcm where it returns 0 on success in OpenSSL 1.1.1.
     This seems to be a bug. Hope OpenSSL will fix this someday.
  */
  outlen2 = 0;
  if ((ret = EVP_DecryptFinal_ex(ctx, (unsigned char *)outbuf+(*outlen),
       &outlen2)) != OPENSSL_SUCCESS)
  {
    fprintf(stderr, "Error: mydecrypt1(), EVP_DecryptFinal_ex() failed, "
      "ret=%d\n", ret);
    return(-5);
  }
  *outlen = *outlen + outlen2;

  EVP_CIPHER_CTX_free(ctx);

  return(0);
}
```

```
/*
 * Encryption and decryption using EVP_CipherXXX() APIs.
 * Encrypt the contents of the input buffer specified by 'inbuf' and
 * write the encrypted output (i.e. the cipher text) to the output buffer
 * specified by the 'outbuf' parameter using the cipher algorithm
 * specified by the 'cipherin' parameter.
 */
int myencrypt2(char *inbuf, size_t inlen, unsigned char *outbuf, size_t
*outlen, struct cipher *cipherin)
{
  EVP_CIPHER_CTX     *ctx = NULL;     /* cipher context */
  int                outlen2;         /* length of last part of cipher text */
  int                ret;             /* return code */
  struct cipher      dfcipher;        /* default cipher */
  struct cipher      *cipher;         /* the cipher used */
  const EVP_CIPHER   *algrm = NULL;   /* cipher algorithm */

  if (inbuf == NULL || outbuf == NULL || outlen == NULL)
    return(EINVAL);

  /* Use the default cipher algorithm if none is specified */
  if (cipherin != NULL)
    cipher = cipherin;
  else
  {
    strcpy(dfcipher.name, DEFAULT_CIPHER);
    strcpy((char *)dfcipher.key, DEFAULT_KEY2);
    strcpy((char *)dfcipher.iv, DEFAULT_IV2);
    cipher = &dfcipher;
  }

  /* Get the EVP_CIPHER using the string name of the cipher algorithm */
  algrm = EVP_get_cipherbyname(cipher->name);
  if (algrm == NULL)
  {
    fprintf(stderr, "Error: myencrypt2(), failed to look up cipher algorithm"
      " %s\n", cipher->name);
    return(-1);
  }

  /* Creates a cipher context */
  ctx = EVP_CIPHER_CTX_new();
  if (ctx == NULL)
  {
    fprintf(stderr, "Error: myencrypt2(), EVP_CIPHER_CTX_new() failed\n");
    return(-2);
  }

  /* Set up the cipher context with a specific cipher algorithm */
  ret = EVP_CipherInit_ex(ctx, algrm, NULL, cipher->key, cipher->iv, 1);
  if (!ret)
```

```
  {
    fprintf(stderr, "Error: myencrypt2(), EVP_CipherInit_ex() failed, "
      "ret=%d\n", ret);
    return(-3);
  }

  /* Encrypt the message in the input buffer */
  *outlen = 0;
  if ((ret=EVP_CipherUpdate(ctx, outbuf, (int *)outlen, (unsigned char *)inbuf,
      (int)inlen)) != OPENSSL_SUCCESS)
  {
    fprintf(stderr, "Error: myencrypt2(), EVP_CipherUpdate() failed, "
      "ret=%d\n", ret);
    return(-4);
  }

  /* Wrap up the encryption by handling the last remaining part */
  outlen2 = 0;
  if ((ret = EVP_CipherFinal_ex(ctx, outbuf+(*outlen), &outlen2) !=
        OPENSSL_SUCCESS))
  {
    fprintf(stderr, "Error: myencrypt2(), EVP_CipherFinal_ex() failed, "
      "ret=%d\n", ret);
    return(-5);
  }
  *outlen = *outlen + outlen2;

  EVP_CIPHER_CTX_free(ctx);
  return(0);
}

/*
 * Encryption and decryption using EVP_CipherXXX() APIs.
 * Decrypt the contents of the input buffer specified by 'infbuf' and
 * write the decrypted output (i.e. the plain text) to the output buffer
 * specified by 'outbuf' parameter using the cipher algorithm
 * specified by the 'cipherin' parameter.
 */
int mydecrypt2(unsigned char *inbuf, size_t inlen, char *outbuf,
    size_t *outlen, struct cipher *cipherin)
{
  EVP_CIPHER_CTX     *ctx = NULL;     /* cipher context */
  int                outlen2;         /* length of last part of cipher text */
  int                ret;             /* retrun code */
  struct cipher      dfcipher;        /* default cipher */
  struct cipher      *cipher;         /* the cipher used */
  const EVP_CIPHER   *algrm = NULL;   /* cipher algorithm */

  if (inbuf == NULL || outbuf == NULL || outlen == NULL)
    return(EINVAL);
```

```
/* Use the default cipher algorithm if none is specified */
if (cipherin != NULL)
  cipher = cipherin;
else
{
  strcpy(dfcipher.name, DEFAULT_CIPHER);
  strcpy((char *)dfcipher.key, DEFAULT_KEY2);
  strcpy((char *)dfcipher.iv, DEFAULT_IV2);
  cipher = &dfcipher;
}

/* Get the EVP_CIPHER using the string name of the cipher algorithm */
algrm = EVP_get_cipherbyname(cipher->name);
if (algrm == NULL)
{
  fprintf(stderr, "Error: mydecrypt2(), failed to look up cipher algorithm"
    " %s\n", cipher->name);
  return(-1);
}

/* Creates a cipher context */
ctx = EVP_CIPHER_CTX_new();
if (ctx == NULL)
{
  fprintf(stderr, "Error: mydecrypt2(), EVP_CIPHER_CTX_new() failed\n");
  return(-2);
}

/* Set up the cipher context with a specific cipher algorithm */
ret = EVP_CipherInit_ex(ctx, algrm, NULL, cipher->key, cipher->iv, 0);
if (!ret)
{
  fprintf(stderr, "Error: mydecrypt2(), EVP_CipherInit_ex() failed, "
    "ret=%d\n", ret);
  return(-3);
}

/* Decrypt the contents in the input buffer */
*outlen = 0;
if ((ret = EVP_CipherUpdate(ctx, (unsigned char *)outbuf, (int *)outlen,
     inbuf, (int)inlen)) != OPENSSL_SUCCESS)
{
  fprintf(stderr, "Error: mydecrypt2(), EVP_CipherUpdate() failed, "
    "ret=%d\n", ret);
  return(-4);
}

/* Wrap up the decryption by handling the last remaining part */
/* Note that EVP_CipherFinal_ex() returns 1 on success for all algorithms
   except aes-nnn-gcm where it returns 0 on success in OpenSSL 1.1.1.
   This seems to be a bug. Hope OpenSSL will fix this someday.
```

```
  */
  outlen2 = 0;
  outlen2 = 0;
  ret = EVP_CipherFinal_ex(ctx, (unsigned char *)outbuf+(*outlen), &outlen2);
  if (ret != OPENSSL_SUCCESS)
  {
    fprintf(stderr, "Error: mydecrypt2(), EVP_CipherFinal_ex() failed, "
      "ret=%d\n", ret);
    return(-5);
  }
  *outlen = *outlen + outlen2;

  EVP_CIPHER_CTX_free(ctx);
  return(0);
}

/*
 * This function takes a decimal numeric string and increment its value by one.
 * The parameter inbuf holds the input string and outbuf holds the output.
 * Make sure the outbuf has enough space to hold the output value.
 */
int increment_iv(unsigned char *inbuf, unsigned char *outbuf)
{
  long int  val;              /* numeric value */
  char      *endptr = NULL;   /* end pointer */
  int       ret;

  if (inbuf == NULL || outbuf == NULL)
    return(EINVAL);

  /* Convert the value from string to integer */
  val = strtol((char *)inbuf, (char **)&endptr, 10);
  if (val == LONG_MIN)
  {
    fprintf(stderr, "increment_iv(): error, strtoll() underflow\n");
    return(ERANGE);
  }
  else if (val == LONG_MAX)
  {
    fprintf(stderr, "increment_iv(): error, strtoll() overflow\n");
    return(ERANGE);
  }

  /* We limit the length of an IV to 8 characters here. */
  if (val  >= 99999999)
    val = 0;

  val = val + 1;
  ret = sprintf((char *)outbuf, "%ld", val);

  return(0);
```

```
}

/* ================== message digest utility functions =================== */
/*
 * A generic message digest function -- with hashname.
 * This function computes the digest (i.e. hash) of a message using the hash
 * function provided.
 * Input parameters:
 *   hashname - name of a hash function to be used
 *   message - the message whose digest is to be computed
 *   msglen - length of the message in bytes
 * Output parameters
 *   digest - digest of the message
 *   dgstlen - length of the digest in bytes
 */
int message_digest(char *hashname, char *message, unsigned int msglen,
    unsigned char *digest, unsigned int *dgstlen)
{
  const EVP_MD   *hashfunc=NULL;  /* descriptor of message digest algorithm */
  EVP_MD_CTX     *ctx = NULL;     /* digest context */
  int            ret;

  if (hashname == NULL || message == NULL || digest == NULL || dgstlen == NULL)
    return(EINVAL);

  /* Get the structure describing the message digest algorithm by name */
  hashfunc = EVP_get_digestbyname(hashname);
  if(hashfunc == NULL)
  {
    fprintf(stderr, "Error, message_digest(): unknown message digest algorithm"
      " %s\n", hashname);
    return(-1);
  }

  /* Allocate and initialize a digest context */
  ctx = EVP_MD_CTX_new();
  if (ctx == NULL)
  {
    fprintf(stderr, "Error, message_digest(): EVP_MD_CTX_new() failed\n");
    return(-2);
  }

  /* Set up digest context ctx to use the digest type specified by hashfunc */
  ret = EVP_DigestInit_ex(ctx, hashfunc, NULL);
  if (ret == OPENSSL_FAILURE)
  {
    fprintf(stderr, "Error, message_digest(): EVP_DigestInit_ex() failed\n");
    EVP_MD_CTX_free(ctx);
    return(-3);
  }
```

```
  /* Hash the current message segment into the digest context ctx. This
     can be called several times on the same ctx to hash additional data. */
  ret = EVP_DigestUpdate(ctx, message, msglen);
  if (ret == OPENSSL_FAILURE)
  {
    fprintf(stderr, "Error, message_digest(): EVP_DigestUpdate() failed\n");
    EVP_MD_CTX_free(ctx);
    return(-4);
  }

  /* Retrieves the digest value from ctx and places it in digest argument */
  ret = EVP_DigestFinal_ex(ctx, digest, dgstlen);
  if (ret == OPENSSL_FAILURE)
  {
    fprintf(stderr, "Error, message_digest(): EVP_DigestFinal_ex() failed\n");
    EVP_MD_CTX_free(ctx);
    return(-5);
  }

  /* Free the digest context allocated */
  EVP_MD_CTX_free(ctx);

  return(0);
}

/*
 * A generic message digest function -- with hashfunc.
 * This function computes the digest (i.e. hash) of a message using the hash
 * function provided.
 * Input parameters:
 *   hashfunc - pointer to a hash function to be used
 *   message - the message whose digest is to be computed
 *   msglen - length of the message in bytes
 * Output parameters
 *   digest - digest of the message
 *   dgstlen - length of the digest in bytes
 */
int message_digest2(const EVP_MD *hashfunc, char *message,
    unsigned int msglen, unsigned char *digest, unsigned int *dgstlen)
{
  EVP_MD_CTX      *ctx = NULL;      /* digest context */
  int             ret;

  if (hashfunc == NULL || message == NULL || digest == NULL || dgstlen == NULL)
    return(EINVAL);

  /* Allocate and initialize a digest context */
  ctx = EVP_MD_CTX_new();
  if (ctx == NULL)
  {
    fprintf(stderr, "Error, message_digest(): EVP_MD_CTX_new() failed\n");
```

```
    return(-2);
  }

  /* Set up digest context ctx to use the digest type specified by hashfunc */
  ret = EVP_DigestInit_ex(ctx, hashfunc, NULL);
  if (ret == OPENSSL_FAILURE)
  {
    fprintf(stderr, "Error, message_digest(): EVP_DigestInit_ex() failed\n");
    EVP_MD_CTX_free(ctx);
    return(-3);
  }

  /* Hash the current message segment into the digest context ctx. This
     can be called several times on the same ctx to hash additional data. */
  ret = EVP_DigestUpdate(ctx, message, msglen);
  if (ret == OPENSSL_FAILURE)
  {
    fprintf(stderr, "Error, message_digest(): EVP_DigestUpdate() failed\n");
    EVP_MD_CTX_free(ctx);
    return(-4);
  }

  /* Retrieves the digest value from ctx and places it in digest argument */
  ret = EVP_DigestFinal_ex(ctx, digest, dgstlen);
  if (ret == OPENSSL_FAILURE)
  {
    fprintf(stderr, "Error, message_digest(): EVP_DigestFinal_ex() failed\n");
    EVP_MD_CTX_free(ctx);
    return(-5);
  }

  /* Free the digest context allocated */
  EVP_MD_CTX_free(ctx);

  return(0);
}

/* =================== DSA signature utility functions =================== */
/*
 * Initialize DSA structure.
 * Input parameters:
 *   bits - the length of the prime number p to be generated.
 *     For lengths under 2048 bits, the length of q is 160 bits; for lengths
 *     greater than or equal to 2048 bits, the length of q is set to 256 bits.
 *   seed - seed
 *     'seed' being NULL is supported by DSA_generate_parameters_ex().
 *   seedlen - length of the seed in bytes
 * Output parameter:
 *   dsa - pointer to the DSA structure allocated and initialized.
 *         This memory must be freed by the caller after use.
 */
```

```
int init_DSA(int bits, unsigned char *seed, unsigned int seedlen, DSA **dsa)
{
  DSA    *dsa1 = NULL;        /* opaque DSA structure */
  int    iter = 0;            /* iteration count used in finding a generator */
  unsigned long  cntr = 0;    /* counter used in finding a generator */
  unsigned long  error = 0L;            /* error code */
  char           errstr[ERRBUFLEN];     /* error string */
  int      ret;

  if (dsa == NULL)
    return(EINVAL);

  /* Create a new DSA structure */
  errstr[0] = '\0';
  dsa1 = DSA_new();
  if (dsa1 == NULL)
  {
    error = ERR_get_error();
    fprintf(stderr, "init_DSA(): DSA_new() failed, error=%lu\n", error);
    return(-1);
  }

  /*
   * Generate DSA parameters.
   * Never try to clear the memory of a DSA. It will get Segmentation Fault.
   */
  ret = DSA_generate_parameters_ex(dsa1, bits, seed, seedlen, &iter,
        &cntr, (void *)NULL);
  if (ret != OPENSSL_SUCCESS)
  {
    error = ERR_get_error();
    fprintf(stderr, "init_DSA(): DSA_generate_parameters_ex() failed,"
      " error=%lu\n", error);
    ERR_error_string_n(error, errstr, ERRBUFLEN);
    fprintf(stderr, "%s\n", errstr);
    DSA_free(dsa1);
    return(-2);
  }

  /* Generate DSA public and private keys */
  ret = DSA_generate_key(dsa1);
  if (ret != OPENSSL_SUCCESS)
  {
    error = ERR_get_error();
    fprintf(stderr, "init_DSA(): DSA_generate_key() failed, "
      "error=%lu\n", error);
    DSA_free(dsa1);
    return(-3);
  }

  *dsa = dsa1;
```

```
  return(0);
}

/*
 * This function computes the digital signature of a message digest
 * using the DSA (Digital Signature Algorithm) algorithm.
 * INPUT parameters:
 *   digest - message digest to be signed
 *   dgstlen - length of the message digest
 *   dsa - allocated and initialized DSA structure
 * OUTPUT parameters:
 *   signature - DSA digital signature
 *   siglen - length of the digital signature
 * This function returns 0 for success.
 */
int get_DSA_signature(unsigned char *digest, unsigned int dgstlen,
   unsigned char *signature, unsigned int *siglen, DSA *dsa)
{
  int     iter = 0;    /* iteration count used in finding a generator */
  unsigned long    cntr = 0;    /* counter used in finding a generator */
  unsigned long  error = 0L;              /* error code */
  char           errstr[ERRBUFLEN];      /* error string */
  int     ret;

  if (digest == NULL || dgstlen == 0 || signature == NULL || siglen == NULL
      || dsa == NULL)
    return(EINVAL);

  /* Sign the message */
  ret = DSA_sign(0, digest, dgstlen, signature, siglen, dsa);
  if (ret != OPENSSL_SUCCESS)
  {
    error = ERR_get_error();
    fprintf(stderr, "get_DSA_signature(): DSA_sign() failed, error=%lu\n",
      error);
    return(-1);
  }

  return(0);
}

/*
 * Verify a DSA signature.
 * Input parameters:
 *   dsa - allocated and initialized DSA structure
 *   digest - message digest to be verified
 *   dgstlen - length of the message digest
 *   dsa - allocated and initialized DSA structure
 *   signature - DSA digital signature
 *   siglen - length of the digital signature
 * This function returns 0 for success.
```

```
 */
int verify_DSA_signature(unsigned char *digest, unsigned int dgstlen,
    unsigned char *signature, unsigned int siglen, DSA *dsa)
{
  int  ret;
  unsigned long  error = 0L;              /* error code */
  char           errstr[ERRBUFLEN];       /* error string */

  if (digest == NULL || signature == NULL || dsa == NULL)
    return(EINVAL);

  /* Verify the signature */
  ret = DSA_verify(0, digest, dgstlen, signature, siglen, dsa);
  if (ret != OPENSSL_SUCCESS)
  {
    error = ERR_get_error();
    fprintf(stderr, "verify_DSA_signature(): DSA_verify() failed, "
      "error=%lu\n", error);
    ERR_error_string_n(error, errstr, ERRBUFLEN);
    fprintf(stderr, "  %s\n", errstr);
    return(-1);
  }

  return(0);
}

/* ================== RSA signature utility functions ==================== */

/*
 * Initialize RSA structure.
 * Input parameters:
 *   bits - the length of modulus
 *   seed - seed to the pseudo-random number generator
 *   seedlen - length of the seed in bytes
 * Output parameter:
 *   rsa - pointer to the RSA structure allocated and initialized.
 *         This memory must be freed by the caller using RSA_free().
 */
int init_RSA(int bits, unsigned char *seed, unsigned int seedlen, RSA **rsa)
{
  RSA    *rsa1 = NULL;         /* opaque RSA structure */
  BIGNUM *bignum = NULL;       /* the exponent e */
  unsigned long  error = 0L;              /* error code */
  char           errstr[ERRBUFLEN];       /* error string */
  int      ret;

  if (seed == NULL || rsa == NULL)
    return(EINVAL);

  /* Create a new RSA structure */
  errstr[0] = '\0';
```

```
  rsa1 = RSA_new();
  if (rsa1 == NULL)
  {
    error = ERR_get_error();
    fprintf(stderr, "init_RSA(): RSA_new() failed, error=%lu\n", error);
    return(-1);
  }

  /* Seed the random number generator */
  RAND_seed(seed, (int)seedlen);

  /* Generate RSA public and private keys */
  bignum = BN_new();
  if (bignum == NULL)
  {
    error = ERR_get_error();
    fprintf(stderr, "init_RSA(): BN_new() failed, " "error=%lu\n", error);
    RSA_free(rsa1);
    return(-2);
  }
  BN_set_word(bignum, 4271395487);

  ret = RSA_generate_key_ex(rsa1, bits, bignum, (BN_GENCB *)NULL);
  if (ret != OPENSSL_SUCCESS)
  {
    error = ERR_get_error();
    fprintf(stderr, "init_RSA(): RSA_generate_key() failed, "
      "error=%lu\n", error);
    RSA_free(rsa1);
    return(-3);
  }

  *rsa = rsa1;
  return(0);
}

/*
 * This function computes the digital signature of a message digest
 * using the RSA algorithm.
 * INPUT parameters:
 *   dgsttype - type of digest (NID_sha1, NID_md5, NID_ripemd160 ...)
 *   digest - message digest to be signed
 *   dgstlen - length of the message digest
 *   rsa - allocated and initialized RSA structure (RSA private key)
 * OUTPUT parameters:
 *   signature - RSA digital signature
 *       This buffer must be at least RSA_size(rsa) bytes.
 *   siglen - length of the digital signature
 * This function returns 0 for success.
 */
```

```
int get_RSA_signature(int dgsttype, unsigned char *digest, unsigned int
dgstlen,
     unsigned char *signature, unsigned int *siglen, RSA *rsa)
{
  unsigned long  error = 0L;              /* error code */
  char           errstr[ERRBUFLEN];       /* error string */
  int            ret;

  if (digest == NULL || dgstlen == 0 || signature == NULL || siglen == NULL
      || rsa == NULL)
    return(EINVAL);

  /* Sign the message */
  ret = RSA_sign(dgsttype, digest, dgstlen, signature, siglen, rsa);
  if (ret != OPENSSL_SUCCESS)
  {
    error = ERR_get_error();
    fprintf(stderr, "get_RSA_signature(): RSA_sign() failed, error=%lu\n",
      error);
    ERR_error_string_n(error, errstr, ERRBUFLEN);
    fprintf(stderr, "  %s\n", errstr);
    return(-1);
  }

  return(0);
}

/*
 * Verify a RSA signature.
 * Input parameters:
 *   dgsttype - type of digest (NID_sha1, NID_md5, NID_ripemd160 ...)
 *     This is the message digest algorithm used to generate the signature.
 *   digest - message digest to be verified against the signature
 *   dgstlen - length of the message digest
 *   signature - RSA digital signature to be verified
 *   siglen - length of the digital signature
 *   rsa - allocated and initialized RSA structure (RSA public key)
 * This function returns 0 for success.
 */
int verify_RSA_signature(int dgsttype, unsigned char *digest, unsigned
int dgstlen,
     unsigned char *signature, unsigned int siglen, RSA *rsa)
{
  unsigned long  error = 0L;              /* error code */
  char           errstr[ERRBUFLEN];       /* error string */
  int            ret;

  if (digest == NULL || signature == NULL || rsa == NULL)
    return(EINVAL);

  /* Verify the RSA signature */
```

```
  ret = RSA_verify(dgsttype, digest, dgstlen, signature, siglen, rsa);
  if (ret != OPENSSL_SUCCESS)
  {
    error = ERR_get_error();
    fprintf(stderr, "verify_RSA_signature(): RSA_verify() failed, "
      "error=%lu\n", error);
    ERR_error_string_n(error, errstr, ERRBUFLEN);
    fprintf(stderr, "  %s\n", errstr);
    return(-1);
  }

  return(0);
}

/* =================== TLS/SSL utility functions ==================== */

/*
 * This function loads certificate and private key from files.
 * Parameters:
 *   ctx (input) - SSL context
 *   certfile (input) - name of certificate file
 *   keyfile (input) - name of file containing the private key
 */
int load_certificate(SSL_CTX *ctx, char *certfile, char *keyfile)
{
  int    ret;

  /* Clear the error queue */
  ERR_clear_error();

  /* Load certificate from a file into the SSL context */
  ret = SSL_CTX_use_certificate_file(ctx, certfile, SSL_FILETYPE_PEM);
  if (ret != OPENSSL_SUCCESS)
  {
    fprintf(stderr, "Error: SSL_CTX_use_certificate_file() failed\n");
    ERR_print_errors_fp(stderr);
    return(OPENSSL_ERR_BAD_CERTFILE);
  }

  /* Load the private key into SSL context */
  ret = SSL_CTX_use_PrivateKey_file(ctx, keyfile, SSL_FILETYPE_PEM);
  if (ret != OPENSSL_SUCCESS)
  {
    fprintf(stderr, "Error: SSL_CTX_use_PrivateKey_file() failed\n");
    ERR_print_errors_fp(stderr);
    return(OPENSSL_ERR_BAD_KEYFILE);
  }

  /* Verify the private key just loaded into the SSL context */
  ret = SSL_CTX_check_private_key(ctx);
  if (ret != OPENSSL_SUCCESS)
```

```
  {
    fprintf(stderr, "Error: SSL_CTX_check_private_key() failed\n");
    ERR_print_errors_fp(stderr);
    return(OPENSSL_ERR_KEY_MISMATCH);
  }

  return(0);
}

/*
 * Display information in an X509 certificate.
 * Input argument: cert -- pointer to an X.509 certificate.
 */
int display_certificate_info(X509 *cert)
{
  X509_NAME *nm = NULL;         /* X509 name */
  int  version;
  ASN1_INTEGER  *serial_num;  /* serial number of the certificate */
  BIGNUM        *bignum;
  char          *serialptr;   /* pointer to a serial number */

  const ASN1_TIME *time1;     /* start time of cert valid time period */
  const ASN1_TIME *time2;     /* end time of cert valid time period */
  BIO   *outbio = NULL;       /* BIO output stream */

  int sig_algrtm_nid;         /* nid of signature algorithm */
  const char* namebuf;        /* buffer for signature algorithm's name */

  int      isca;              /* is a valid CA certificate */
  EVP_PKEY *pubkey = NULL;    /* public key of the certificate */
  int      ret;

  if (cert == NULL)
    return(EINVAL);

  /* Is this a self-signed certificate? */
  if (X509_check_issued(cert, cert) == X509_V_OK)
    fprintf(stdout, "This is a self-signed certificate.\n");
  else
    fprintf(stdout, "This is not a self-signed certificate.\n");

  /* Extract and print the subject name from the X.509 certificate */
  nm = X509_get_subject_name(cert);
  if (nm != NULL)
  {
    fprintf(stdout, "  Subject of the X509 certificate:\n    ");
    X509_NAME_print_ex_fp(stdout, nm, 0, 0);
  }
  else
    fprintf(stderr, "Error, X509_get_subject_name() failed\n");
```

```
      /* Extract and print the issuer name from the X.509 certificate */
      nm = X509_get_issuer_name(cert);
      if (nm != NULL)
      {
        fprintf(stdout, "\n  Issuer of the X509 certificate:\n    ");
        X509_NAME_print_ex_fp(stdout, nm, 0, 0);
        fprintf(stdout, "\n");
      }
      else
        fprintf(stderr, "Error, X509_get_issuer_name() failed\n");

      /* Extract and print the certificate's serial number */
      serial_num = X509_get_serialNumber(cert);
      if (serial_num != NULL)
      {
        bignum = ASN1_INTEGER_to_BN(serial_num, NULL);
        if (!bignum)
          fprintf(stderr, "Error, ASN1_INTEGER_to_BN() failed to convert "
            "ASN1INTEGER to BN\n");
        else
        {
          serialptr = BN_bn2dec(bignum);
          fprintf(stdout, "  Serial number of the X509 certificate: %s\n",
serialptr);
          BN_free(bignum);
        }
      }
      else
        fprintf(stderr, "Error, X509_get_serialNumber() failed\n");

      /* Extract and print the certificate's valid time period */
      time1 = X509_getm_notBefore(cert);
      time2 = X509_getm_notAfter(cert);
      outbio  = BIO_new_fp(stdout, BIO_NOCLOSE);
      if (time1 != NULL && time2 != NULL)
      {
        if (outbio != NULL)
        {
          BIO_printf(outbio, "  Validity period: from ");
          ASN1_TIME_print(outbio, time1);
          BIO_printf(outbio, " to ");
          ASN1_TIME_print(outbio, time2);
          BIO_printf(outbio, "\n");
        }
        else
          fprintf(stderr, "Cannot print validity period because outbio is
NULL.\n");
      }
      else
        fprintf(stderr, "Error, failed to get start or end valid time\n");
```

```
  /* Extract and print the certificate's X509 version - zero-based */
  version = ((int) X509_get_version(cert)) + 1;
    fprintf(stdout, "  Version of the X509 certificate: %u\n", version);

  /* Extract and print the certificate's signature algorithm */
  sig_algrtm_nid = X509_get_signature_nid(cert);
  if (sig_algrtm_nid != NID_undef)
  {
    namebuf = OBJ_nid2ln(sig_algrtm_nid);
    if (namebuf != NULL)
      fprintf(stdout, "  Certificate's signature algorithm: %s\n", namebuf);
    else
      fprintf(stderr, "Error, OBJ_nid2ln() failed to convert nid to name\n");
  }
  else
    fprintf(stderr, "Error, X509_get_signature_nid() failed to get signature"
      " algorithm's nid\n");

  /* See if this is a CA certificate */
  isca = X509_check_ca(cert);
  if (isca >= 1)
    fprintf(stdout, "  This is a valid CA certificate (ret=%d).\n", isca);
  else
    fprintf(stdout, "  This is not a valid CA certificate.\n");

  /* Extract and print the public key of the certificate */
  pubkey = X509_get_pubkey(cert);
  if (pubkey != NULL)
  {
    if (outbio != NULL)
    {
      ret = EVP_PKEY_print_public(outbio, pubkey, 0, NULL);
      if (!ret)
        fprintf(stderr, "Error, EVP_PKEY_print_public() failed to print"
          " certificate's public key\n");
      /* must free the pubkey */
      EVP_PKEY_free(pubkey);
    }
    else
      fprintf(stderr, "Cannot print public key because outbio is NULL.\n");
  }
  else
    fprintf(stderr, "Error, X509_get_pubkey() failed to extract public key\n");

  if (outbio) BIO_free(outbio);
  return(0);
}

/*
 * Display information about the subject and issuer of a X509 certificate
 * used in an SSL/TLS handshaking.
```

```
 * If you like to see more details of the certificate, change this
 * function to call display_certificate_info(X509 *cert) instead.
 * Input argument: ssl -- a SSL structure representing a SSL connection
 */
void display_ssl_certificate_info(SSL* ssl)
{
  X509      *cert = NULL;     /* X509 certificate */
  X509_NAME *nm = NULL;       /* X509 name */

  /* Get the X509 certificate of the peer */
  cert = SSL_get_peer_certificate(ssl); /* get the server's certificate */

  /* Here we're simply interested in subject and issuer's names.
   * For full details of a certificate, call
   * display_certificate_info(X509 *cert) instead.
   */
  if ( cert != NULL )
  {
    /* Extract and print the subject name from the X.509 certificate */
    nm = X509_get_subject_name(cert);
    if (nm != NULL)
    {
      fprintf(stdout, "  Subject of the X509 certificate:\n    ");
      X509_NAME_print_ex_fp(stdout, nm, 0, 0);
    }
    /* Extract and print the issuer name from the X.509 certificate */
    nm = X509_get_issuer_name(cert);
    if (nm != NULL)
    {
      fprintf(stdout, "\n  Issuer of the X509 certificate:\n    ");
      X509_NAME_print_ex_fp(stdout, nm, 0, 0);
      fprintf(stdout, "\n\n");
    }
  }
  else
    fprintf(stdout, "No peer certificates received.\n");
}

/*
 * Print error returned from TLS/SSL I/O functions.
 */
void print_ssl_io_error(int error)
{
  switch (error)
  {
    case SSL_ERROR_NONE:
      fprintf(stderr, "SSL_ERROR_NONE\n");
    break;
    case SSL_ERROR_ZERO_RETURN:
      fprintf(stderr, "SSL_ERROR_ZERO_RETURN\n");
    break;
```

```
    case SSL_ERROR_WANT_READ:
      fprintf(stderr, "SSL_ERROR_WANT_READ\n");
    break;
/*
    case ERROR_WANT_WRITE:
      fprintf(stderr, "ERROR_WANT_WRITE\n");
    break;
*/
    case SSL_ERROR_WANT_CONNECT:
      fprintf(stderr, "SSL_ERROR_WANT_CONNECT\n");
    break;
    case SSL_ERROR_WANT_ACCEPT:
      fprintf(stderr, "SSL_ERROR_WANT_ACCEPT\n");
    break;
    case SSL_ERROR_WANT_X509_LOOKUP:
      fprintf(stderr, "SSL_ERROR_WANT_X509_LOOKUP\n");
    break;
    case SSL_ERROR_WANT_ASYNC:
      fprintf(stderr, "SSL_ERROR_WANT_ASYNC\n");
    break;
/*
    case SSL_ERROR_WANT_ASYNC_JOB:
      fprintf(stderr, "SSL_ERROR_WANT_ASYNC_JOB\n");
    break;
*/
    case SSL_ERROR_SYSCALL:
      fprintf(stderr, "SSL_ERROR_SYSCALL\n");
    break;
    case SSL_ERROR_SSL:
      fprintf(stderr, "SSL_ERROR_SSL\n");
    break;
    other:
      fprintf(stderr, "Unknown error\n");
  }
}

/*
 * Display the cipher suites used in the SSL/TLS connection.
 */
void display_cipher_suites(SSL *ssl)
{
  const char *cipher;
  int        i;

  fprintf(stdout, "Cipher suite(s) used:");
  for( i = 0; (cipher = SSL_get_cipher_list( ssl, i )); i++ )
    fprintf(stdout, "  %s", cipher );
  fprintf(stdout, "\n");
}
```

問題

1. 計算機網路通信安全包括那幾個方面？請分別列出與說明。
2. 下列作業達成那一方面的計算機通信安全？
   (a) 紋摘　(b) HMAC　(c) 數位簽字　(d) 加密
3. 什麼是 SHA-1，SHA-2，與 SHA-3？
4. 什麼是 MAC？什麼是 HMAC？MAC 與 HMAC 有何差別？
5. 何謂對稱密碼術？何謂不對稱密碼術？
6. 有那些演算法是對稱密碼術？那些演算法是不對稱密碼術？
7. 說明 RSA 與 DH 密碼演算法是如何動作的。
8. 何謂區塊密碼術？何謂連串密碼術？請列出幾個對稱式區塊密碼演算法。
9. 通常那一類的密碼演算法用以將信息本身簽字，且那一類密碼演算法用以將信息紋摘簽字？為什麼？
10. 何謂數位簽字？
11. 請分別解釋 RSA 與 DSA 簽字演算法如何動作。這兩者有何區別？
12. 什麼是不可否認？如何達成？
13. 當信息在加密又簽字時，先加密再簽字是否較安全？
14. 簽字時，將信息本身簽字與將信息紋摘簽字，那個較安全？
15. 為什麼必須要有暗碼建立/交換呢？
16. “暗碼傳輸”與”暗碼同意” 有何不同？請各舉一個演算法作例子。
17. 說明 DH 暗碼交換/同意如何動作。
18. 說明 RSA 暗碼交換如何動作。
19. 解釋在暗碼建立時，”主要秘密”如何求出？
20. 何謂 PKI？
21. 公開暗碼加密作何用？私有暗碼加密又做何用？

22. 說明在 TLS_DH_RSA_WITH_3DES_EDE_CBC_SHA 密碼術套組，暗碼交換，數位簽字，加密，與信息紋摘分別使用什麼演算法？
23. 何謂 SSL？何謂 TLS？它們做什麼用？
24. SSL/TLS 協定提供了那些計算機安全特色？
25. SSL 與 TLS 之間有何差異？
26. 在要求必須做客戶認證的情況下，在相互握手階段時，一 SSL/TLS 客戶程式與一 SSL/TLS 伺服程式之間，彼此互傳了那些信息？
27. SSL/TLS 協定的設計比較保護伺服程式，對嗎？
28. 假若伺服程式送出很敏感的資料，那 SSL/TLS 協定是在那一安全方面可能會比較弱？
29. 什麼是數位憑證或簡稱憑證？一憑證裡主要含的是什麼？
30. 說明一個 X.509 憑證的主要結構。
31. 憑證官方（CA）是什麼？什麼是憑證串？
32. 憑證檔案的格式有那些？
33. 你如何將一 DER 格式憑證轉換成 PEM 格式？

✎ 習題

1. 試著下載 OpenSSL 原始程式碼，自己建立該軟體，並將之安裝在你所使用的電腦上。
2. 在執行 SSL/TLS 的程式例題時，試著倒出 SSL/TLS 的信息。找出其所使用的暗碼交換演算法，預備主要祕密，以及 DH 演算法參數（若有的話）。
3. 測量 tcpclntdsa 與 tcpsrvdsa 例題程式的執行時間，列出每一主要步驟與函數叫用所耗費的時間。
4. 測量 RSA 與 DSA/DSS 數位簽字演算法所耗費的時間，並做個比較。

5. 產生你自己的伺服器憑證，中層官方的憑證，以及根部官方的憑證，根部官方憑證使用自簽。中層官方憑證則由根部官方簽字發行。而伺服憑證則由中層官方簽字發行。

6. 改變下列例題程式，變更其所使用之憑證，憑證的檔案，及私有暗碼的檔案，改成你自己在上一題所產生的三個憑證。重新編譯並執行這些程式，確認它們都還能正常動作：

   (a) tlsclient1 and tlsserver1

   (b) tlsclient2 and tlsserver2

   (c) tlsclient3 and tlsserver3

   (d) tlsclient4 and tlsserver4

   (e) tlsclient4 and tlsserver5

7. 修改例題程式 tlsclient4.c 與 tlsserver4.c，讓它顯示出所有的密碼術套組。

8. 寫出一對能示範如何應用 SSL_CTX_use_certificate_file() 與 SSL_CTX_use_certificate_chain_file() 函數的客戶伺服程式。

9. 寫出一對客戶伺服程式，讓客戶程式利用一 SSL/TLS 溝通管道，將一個檔案送給伺服程式。在傳輸過程中，檔案的內含必須加密。此外，程式還必須保證伺服程式所收到的檔案內容正確無誤。

10. 重複上一習題的檔案傳輸作業，但採用不同的加密／解密演算法。

11. 重複上一習題的檔案傳輸作業，但改用不同的信息紋摘演算法。

12. 寫出一對利用 SSL/TLS 協定相互通信的客戶伺服程式。其中，客戶程式選擇設定某一個密碼術套組。

參考資料

1. SSL and TLS: Designing and Building Secure Systems, by Eric Rescorla, Addison Wesley 2001
2. Computer Security: Art and Science, by Matt Bishop, Addison-Wesley 2003
3. Implementing SSL/TLS Using Cryptography and PKI, by Joshua Davies, Wiley Publishing, Inc. 2011
4. Applied Cryptography, by B. Schneier, John Wiley and Sons, New York, NY.
5. Computer Security Basics, by Deborah Russell and G. T. Gangemi Sr. O'Reilly & Associates. Inc.
6. PKI: Implementing and Managing E-Security, by Andrew Nash, William Duane, Celia Joseph, and Derek Brink, Osborne/McGraw-Hill
7. B. Moeller (May 20, 2004), Security of CBC Ciphersuites in SSL/TLS: Problems and Countermeasures.
8. Kuo-Tsang Huang, Jung-Hui Chiu, and Sung-Shiou Shen (January 2013). "A Novel Structure with Dynamic Operation Mode for Symmetric-Key Block Ciphers". International Journal of Network Security & Its Applications (IJNSA).
9. "Stream Cipher Reuse: A Graphic Example". Cryptosmith LLC.
10. FIPS 180-4: Secure Hash Standards, NIST, August 2015
11. Wikipedia, https://en.wikipedia.org/wiki/SHA-1
12. Wikipedia, https://en.wikipedia.org/wiki/SHA-2
13. Wikipedia, https://en.wikipedia.org/wiki/SHA-3
14. Wikipedia, https://en.wikipedia.org/wiki/MD5
15. https://en.wikipedia.org/wiki/Hash-based_message_authentication_code

16. Wikipedia, https://en.wikipedia.org/wiki/Block_cipher

17. https://en.wikipedia.org/wiki/Block_cipher_mode_of_operation

18. Wikipedia, https://en.wikipedia.org/wiki/Triple_DES

19. Wikipedia, https://en.wikipedia.org/wiki/Advanced_Encryption_Standard

20. https://en.wikipedia.org/wiki/International_Data_Encryption_Algorithm

21. https://en.wikipedia.org/wiki/CAST-128

22. https://en.wikipedia.org/wiki/Galois/Counter_Mode

23. Wikipedia, https://en.wikipedia.org/wiki/Public-key_cryptography

24. https://en.wikipedia.org/wiki/Public_key_infrastructure

25. Wikipedia, https://en.wikipedia.org/wiki/Diffie-Hellman_key_exchange

26. https://en.wikipedia.org/wiki/Message_authentication_code

27. https://en.wikipedia.org/wiki/Digital_Signature_Algorithm

28. https://en.wikipedia.org/wiki/Certificate_authority

29. https://en.wikipedia.org/wiki/Certificate_revocation_list

30. https://en.wikipedia.org/wiki/Transport_Layer_Security

31. OpenSSL man pages: https://www.openssl.org/docs/manmaster/

32. Security Guidance for ICA and Network Connections, Tariq Bin Azad, 2008
https://www.sciencedirect.com/topics/computer-science/diffie-hellman-key-exchange

33. Diffie–Hellman key exchange, Wikipedia
https://en.wikipedia.org/wiki/Diffie%E2%80%93Hellman_key_exchange

軟體設計原理與程式設計建議

16

CHAPTER

這本書的最終目的，旨在於提倡設計與開發一流的軟體，以及提高世界軟體產品整體的品質。因此，這一章討論一些能幫忙達成此一目標的一般軟體設計與開發的原理以及程式設計上的建議。

這個主題本身可以有好幾本書的篇幅，作詳細的理論探討。這裡我們只是提供一些軟體工程師可以當場立即使用的一些原理，原則及經驗。這些都是計算機軟體界幾十年來所累積的經驗與學到的。

16-1 程式設計的科學，工程及藝術

計算機程式設計是一種很富創意性，但也很需要深入思考的活動。它很富創意性，因為，同一個問題幾乎永遠有很多不同的解法。幾乎每位軟體工程師所想到的解決方案都不太一樣。這就是程式設計的藝術層面。

不過，程式設計也有它科學與工程的一面，那就是為何在大學裡，這個主修不是稱為計算機科學，就是計算機工程。

在同一個問題的多種不同解決方案中，有好的，也有壞的。有時，甚至有對的跟錯的之分。這就是因為一個軟體解決方案的品質，事實上是可以用很多測量標準或原理去加以衡量的。

這不像繪畫，任何作品都可以加以讚美，鼓勵，容許主觀意見的。因為實際好壞很難衡量，也沒有對錯的。即令不好，也不會對任何人造成傷害的。軟體產品則不一樣。

不良或錯誤的軟體產品，當用在飛機或醫院的設備上時，可能會鬧人命的。

為了提升軟體產品的品質，程式設計的科學與工程面，必須加以強調和強化，才有可能達成。軟體工程師的教育與培養必須再加強。當今現實的環境裡，有些世界聞名的軟體產品，內部實際是不堪忍睹，有一些很基本的都沒做，或沒做對的。程式錯蟲也太多，品質低劣。

身為軟體設計的從業人員，我們應該著眼於設計與開發非常堅固可靠，自己會屹立不搖，幾乎沒有程式錯蟲，沒問題，很簡單，很容易使用，安全，快速，可伸展性高，不需人看著，幾乎不需維護，也不會有客戶問題的軟體，這應該是你我共同努力的目標。

16-2 設計與開發一流的軟體

所有軟體產品都應該是一流的產品。

一流的軟體產品是簡單，堅固可靠，快速，安全，展延性高，易於使用，且幾乎不須要維護的。這是真正由專家所設計，一切都做對了，沒有任何不必要的複雜，徹底測試過，而且沒有或幾乎沒有程式錯蟲的。

那是一切事情，各方面，各階段都做對了的最後總結果，包括從最初的收集客戶的需求，探討其可行性，設計，撰寫功能與設計規格，這些規格的公開檢討，程式撰寫，建立，測試的設計與開發，單元測試，整合測試，性能測試，壓力測試，第一與第二階段的實際客戶測試，文書與產品釋出等等。

一個一流的軟體應是基於至少下列原理原則而設計的：

1. 確保資料的完整（正確）性
2. 堅固可靠性
3. 簡單
4. 安全
5. 易於使用
6. 可伸缩性/可伸展性
7. 快速

8. 無單一崩潰點
9. 程式碼共用
10. 資料只存在單一位置
11. 維持往後相容性
12. 容易擴充
13. 幾乎不需要維護
14. 幾乎不需要客戶支援與維修

同時，程式寫碼也永遠做到下列原則：

1. 每一程式變數都有設定初值。
2. 使用每一位址指標之前都一定先檢查並確定它不是空的（NULL）。
3. 錯誤號碼設計正確，且程式永遠檢查並正確和妥善的處理每一錯誤情況。

以下我們分別進一步解釋這每一要點。

16-3 軟體設計原理 — 設計層次的要點

16-3-1 沒有單一崩潰點

確定你所設計的整個系統沒有單一崩潰點（single point of failure），是無比重要的。不能讓在系統的某一部分萬一出了問題，整個系統就不能動作了的情況發生。

系統要是當掉，不動作了，對客戶而言，是非常嚴重的。客戶的營業就必須因而暫停，減少收入或流失客戶。因此，確保沒有系統當機的情況，或是將系統當機減至最低程度，是絕對必要的。傳統上，許多硬體及作業系統（包括 Unix）都能保持一直運作半年或一年以上而不會當機。應用軟體至少也應該維持這種標準。

不論是硬體或軟體，當你在設計系統時，確保沒有單一崩潰點，沒有單一組件或單元，會讓整個系統當掉或停擺，是極端重要的。這在大型複雜的分散式或網路系統，同等重要。

例如，在公司的資料庫系統，保持永不或幾乎永不當機是幾乎每一客戶的基本要求。為達此一目標，通常的作法就是使用兩套系統，一個是主要的（primary）運作系統，另一個則作為備用（secondary），以防萬一主要系統故障時，能將所有應用程式**倒換**（fail over）至備用系統上。

這也需要平常主要系統在作業時，它能即時地將其所有資料的更新，也複製一份在備用系統上，以便備用系統接管時，能從主要系統的最新狀態點開始。現在很多公司都要求一整年當機的時間不能超過幾分鐘或甚至幾秒鐘。

在一群集（clustered）系統上，整個系統有好幾部計算機同時在運作。這種系統的設計，就必須確保某一計算機當掉，不會把整個群集系統都拖垮了，這點無比重要。

要很小心的是，有些系統原來設計時是有重複多餘（redundancy）配置的，以確保某些組件當掉時，系統仍能繼續維持正常動作。但後來系統在演進時，有人會在系統上加上新組件而把這重複多餘性破壞了，在系統引進了單一崩潰點。作者就親自在某一大公司，多次發現此一相同的他人的錯誤。像這種在高度可用性（high availability）上的倒退（regression），其他人卻都沒發現。

第一個例子是在一主要與備用資料庫系統的組構上，後來有人增加了具有額外功能的第三個系統，但這些人並不知這個新的第三系統本身就是一個單一崩潰點。主要與備用是相互保護的，只要其中有一個故障了，另一個就立即接管。但是這第三系統卻沒有任何備用撐著它，變成整個系統的單一崩潰點。

第二個例子是在一群集系統上，有人費時了三年，一直想在這群集系統上加上一安全資料的儲存系統，將群集內各計算機所使用的有關安全的資料，全都儲存在這新的系統上。可是，這些人卻完全沒想到，此一新的系統將是一個單一的崩潰點。要是那系統當掉，整個群集系統就變癱瘓了，是一點都動不了的。

在現有系統上加上一個新系統或組件，結果它本身就等於引入了一個新的單一崩潰點。切記你不要犯這種錯誤。記得，若是你所設計的系統有單一的崩潰點，那就是一個結構上的缺陷。

16-3-2 永遠只將資料存在單一位置

記得，每一項資料只存在單一位置，永遠勿將同一資料存在兩個或甚至兩個以上的位置上。

在我的職業生涯上，我看過幾次，有人將同一資料存在一個以上的位置上，這是很不好的主意與設計。

當同一項資料存在一個以上的位置時，這些拷貝之間很容易就會變得彼此不同。屆時，究竟那一份資料才是正確的？取用了另一份資料者不就是用錯了資料了嗎？這真的是糟透了。

有人或許會說，我存兩份在不同的檔案上，每次都兩份同時更新。這種做法有一致性與速度上的兩項問題。首先，為何要永遠更新二份並減緩速度？其次，更重要的是，在電腦上，沒有辦法保證同時更新兩個不同檔案這樣的作業，可以是不可切割的。相反地，很可能系統會在更新兩個不同檔案中間正好死掉，讓兩者變成不一致的。或甚至不死掉，但交錯執行的結果會讓其中某一檔案先更新而另一檔案後更新，以致造成有些應用會取得舊資料而同時有些應用會取得新資料的情況。這種不一致性就可能會造成最後的計算結果是錯誤的。當最後結果的正確性可疑，無法保證時，很可能一切就枉然了。

我們在第九章曾經討論過，唯有特殊的組合語言指令能確保某種微小的特定計算的不可分割性（atomic）。沒有任何計算機有辦法保證同時更新兩個檔案這樣“大”的作業，可以是不可切割，永遠保證是兩個檔案都同時一起更新或同時不更新的。

因此，從一致性的觀點而言，將同一資料存在兩個不同地方，幾乎保證它們終會變得彼此不一致的，除非那資料從不改變。

所以，千萬勿將同一資料存在兩個或兩個以上的地方。這會讓它們最後變成彼此不一致，會造成資料正確性的疑問，那便是個大災難。其同時也減緩了速度。

16-3-3 永遠確保共用資料的完整性

除了將資料存在單一位置外，同樣非常重要的是，要永遠確保資料的完整（亦即，正確）性。

在資料是由一個以上的程序或程線共用，同時或共時更新時，一定要記得做共時控制，確保每一瞬間只能有一個程序或程線更新共用資料，以保持其完整性。

倘若沒有正確的使用共時控制，以致讓資料更新流失，那是一大災難。一流的軟體絕對不能讓那發生。這本書有專門一章討論共時控制，是有原因的。因為，再也沒有比確保資料的完整性更重要的事了。資料的正確性要是無法確保，談任何其他的都是無用的。

在更新共用的資料時，更新者一定要每次都取得看管資料的互斥鎖之後，才能進行更新。而且所有有關的程序或程線，都要這樣做。為了確保資料的正確，這是絕對必要的。

缺乏了必要且正確的共時控制，程式就會出現一些問題。經常聽到的"競賽問題"（race condition），就是因為沒有使用共時控制，或共時控制沒做對造成的。做對了共時控制，就不會有這種問題。

16-3-4 總是做必要的同步

有多種不同型態的同步（synchronization）作業存在。確保共時更新共有資料的作業是互斥的，只是其中之一。

另一類型的同步作業是，有些軟體使用多個互相協力的程序或程線，這些執行不同作業的程序或程線間，有互相的依賴性存在。某些程線或程序，必須等到其他的程線或程序完成之後，才能繼續。

當某些程序或程線必須等待其他的程序或程線完成之後才能開始的情況，就不是以互斥鎖作同步了。這種情況使用的通常是以一條件變數，旗號或計數器等變數做為同步的工具。在多程線程式設計一章，我們舉例過的生產者與消費者的問題，就是一例。那是用條件變數相互同步的。有時，就簡單的設定一旗號（共用的變數），也是一種方式，重點在於，你必須洞察彼此之間有先後順序的相互依賴性存在，然後想出一種辦法，做彼此間的同步控制。

另外舉個例子。假設有某一應用使用多個程線，產生多個用者數位憑證以及一個根部憑證。由於這根部憑證是用來發行其他這些用者憑證用的，其他所有產生用者憑證的程線，必須等到這產生根部憑證的程線完成後，才能前進。因此，它們必須等待根部憑證之程線的完成。通常，這只要使用一個旗號，來顯示根部憑證的程線是否已完成，就解決了。

總之，記得總是要做必要的同步措施，以確保計算的結果正確。

16-3-5 簡單性 — 記得要永遠簡化

坦白說，從作者所經歷過的，**簡單性**（simplicity）是目前計算機軟體工業界做得最差的一項，有太多軟體都設計錯誤，很多東西沒做對，以致造成了太多不必要的額外複雜性。說來有時會讓人感到驚訝，連許多一些最基本的東西都沒做對。市場上銷售的軟體產品，有許多是不必要地過度複雜，以及程式錯蟲太多。這也讓人想到，有許多在職的軟體工程師，其所受過的教育與訓練，都有非常大的改善空間。

不必要的複雜性，作者有好幾十，甚至上百個例子。有太多舉不完了。這裡只舉一些作參考。

第一個例子，我看過了一個產品，在做網路非同步的連線時，總共使用了好幾十個函數，叫用深達好幾層，算算總共超過 1500 行的程式碼，連我自己都看不太懂是在做什麼。我把它重寫，總共才 25 行，在所有這產品所支援的五個平台上全都沒問題。我寫的是非常簡單的 C 語言程式碼，只用到兩個 POSIX 標準所定義的兩個函數，沒有用到任何其他的函數。

第二個例子是，有位工程師在一現有產品上，增加了跨印地的支援，他總共改了五十幾個原始程式檔案，寫了 15000 行以上的程式碼。知道了以後，我進去在兩個原始檔案上，加了 220 行，就行了。

第三個例子，1988 年，我為我在美國所買的第一部電腦，Dell 310，購了第一個 Unix 作業系統，是 AT&T Unix 3.2 版本。整個作業系統包括核心與用者空間，全部就裝在 19 個當初的 5.5 英寸的軟式磁碟上。整個軟體總共才 20MB 左右。而作業系統核心才 1MB 左右。試看今日 Unix 作業系統以及其他的系統軟體，動不動就好幾個 GB。

作者最深的感觸是，軟體工程師把事情做對，將複雜的問題簡化，實在是太重要了！而不是像當今太多的工程師，都將簡單問題複雜化！

通常，一個問題最好的解決方案，就是最簡單的方案，這是真的。唯有那真正懂的專家，才有辦法想出那最簡單且最好的解決辦法。

一個軟體工程師必須要真正懂他（她）所做的東西。知曉有關的概念，原則，現有技術與所需技巧，對相關領域也要有基本甚至是深入的認識，才能正確地選擇最佳且最適合的技術，工具，與基本建構方塊，來解決手上的問題。最重要的是，要能見樹又見林，能不會走錯方向，並預見與解決所有有關各方面的問題，而不是事後才想到，真正以最少的工夫，達成最佳的效果。

就某層意義而言，將解決問題的方案簡化，是最難達成的，也唯有真正的專家能做到。

當一個工程師在一開始時就沒把產品設計對的代價是很大的。它會導致極大膨脹的軟體，既浪費時間，程式錯蟲也會很多。每個程式錯蟲都會產生客戶的請求服務電話，然後公司有很多人就會涉入，產品的第一線支援人員，產品開發部的經理，負責的工程師。之後，在修復時，必須經過品管工程師的測試。每一個程式錯蟲所產生的額外工作量以及所耗費的人力，物力與時間的資源，是極為龐大的。

除此之外，現實是，事情一旦在一開始若沒做對，產品一旦出版了，若欲再重新設計，把它做對，幾乎是不可能的。因此，修復通常也是貼綳帶式的，沒有真正根本解決問題。日久下來，這種複雜度就會像滾雪球式的，愈滾愈大，到最後會很難維修這產品，既費時又費力。

這不僅大幅地增加了開發與維護整個產品的成本，減緩了產品推出的速度，也提高了客戶的不滿意度，且會造成客戶營業的中斷與不便。

因此，當你在設計一軟體時，最重要的是要一了百了，一開始就把它做對，真正把問題給解決了。而做對了的解決方案，往往都是最簡單的。當解決辦法變得很複雜時，你就要問問自己，“我究竟有沒有做對？”。當然，這與您的知識、經驗、技能，以及是否是一真正的專家有關！

以下是我幾十年來所得到的結論：

1. 優秀的工程師會將複雜的問題簡單化。品質不良的工程師會將簡單的問題複雜化。
2. 好的工程師會為自己以及為他人減少工作。壞的工程師會幫自己和他人製作問題及工作。
3. 優秀的工程師所設計與開發的產品，沒有設計上的問題，程式錯蟲很少，幾乎不需什麼維修，就自己動作得好好的。劣等的工程師所設計開發的產品，問題與錯蟲很多，產品只是勉強可以動作，必須經常有人看護著，維修起來費時費力。
4. 好的工程師，產品做完就完了，沒事了。不好的工程師，同一產品或組件似乎一輩子做不完，隨時都有問題，必須永遠不停地修改。

16-3-6 易於使用與用戶友善性

你所設計的產品，讓使用者覺得很容易使用是很重要的，也是你的職責。設計產品時，應該把你自己放在產品使用者的位置，才能儘可能地提高使用者的滿意度。

理想上，一個產品應該一安裝好就能動作，不需要再做額外的組構，設定或調整。與使用者的界面，應該簡單且直覺性很高（intuitive）。換言之，儘量替使用者簡化一切是最高的設計指導原則。使用者需要知道的或需要做的，愈少愈好！

一個軟體產品應該能**自我組構**（self-configure），或至少要在安裝時，根據使用者的輸入以及所偵測知之系統狀況，完成組構。

萬一有什麼真正需要因使用者的不同需要而有不同組構的，儘量想辦法在安裝時自動完成，或至少將之變得很容易。就每一可組構的參數，總是選擇且設定一個對絕大多數用者都合適的既定值。

一個軟體最好能做到自我調整（self-tune）。儘量減少使用者所必須做的組構或調整。萬一有任何組構、設定或調整必須做，越簡化愈好，步驟也是愈少愈好。

作者曾看過與用過有幾拾個組構的產品，有些複雜到幾乎沒有人看得懂，像這些都是很不好的設計例子。真正專家所設計與開發的產品，應該都是很簡單且很容易使用的。

16-3-6-1 不要經常更動使用者界面

軟體設計的原理之一，就是不要經常更動使用者界面。倘若每次產品一有新版出來，使用者就必須重新學習新的，不同的使用者界面，那是很糟糕的事。為什麼使用者每次一有新版都要重學一次呢？

使用者界面是產品的設計者與使用者之間的一個契約，假若那要經常或每一版本都改變，那代表設計者根本不知道他自己在做什麼。

一開始就把它設計對，在整個產品的歷史上，從不做改變，或幾乎很少做改變，是非常重要的。愈常改變就顯示設計者的水準越差。使用者界面經常改變，幾乎每次更新到新的版本，使用者就有很多需要重新學習的，是一極為不良的設計。

很不幸，有些大公司就經常犯這種錯誤。作者身為微軟視窗系統的用戶幾十年，最大的挫折就是視窗系統幾乎每一新版本都改變了使用者界面。我記得當年視窗系統第 8 版本一出來時，我就跟我同事說，我永遠不會更新到那版本。未料，不久之後，微軟就把那版本取消了。這是很大的錯誤，一個產品，從設計，開發測試，到出廠，耗費無數的人力，時間，與資源，竟然在出廠後不久完全取消！微軟公司這麼多員工為何當初都沒有人看出且加以阻擋？對身為用者的我，這是再明顯不夠了，用膝蓋想都知道！而且微軟公司犯這種錯誤還不只一次呢！

很難想像微軟公司的人在想什麼。竟然會天真到認為一般客戶玩家所喜愛的手觸的螢幕，也能適用於所有公司的這些使用者！

所以，記得，一開始時就要徹底想清楚使用者界面。一旦設計好了之後，就儘量不要去更動。微軟公司這種做中學的經驗，是一個很好的反面教材，值得大家作為警惕。

16-3-6-2 讓產品自我組構，自我微調，與動態為之

記得，永遠將產品設計成很容易使用。假若使用者在使用產品時，需要做許多組構，設定與調整，那就不是很好的設計。

作者曾用過一個高可得性的產品，其組構程序冗長，與極端的複雜，讓人覺得都不想使用那個產品。這就是一個不良設計的例子。

沒錯，你希望你所設計的產品有彈性，可以組構與調整，以應付不同客戶的需求。那就是為何產品具備一些可組構與微調的參數。但產品的使用者友善度也是很重要的。像這類的組構與微調能愈少就愈好。

理想上，一個產品最好是不需設定，能自我組構與自我微調最好。選擇一些絕大多數用者都適合的既定參數值，可以的話，就根據那些既定值啟動。

軟體本身最好也要有點智慧。例如，能自動偵測電腦本身的硬體或甚至是其他軟體的組構，進而據之組構調整自己。甚至能進一步在運作時，自動測知那裡有問題，進而自我修復。所有組構與調整，若能在軟體運作時自我動態調整，不需重新啟動，那就更好不過了。

萬一有些需要使用者自己組構或調整的，那就愈簡單愈好。

把這些組構或調整搞得太複雜，不僅增加產品使用的難度，降低使用者的滿意度，也容易造成程式錯蟲，製造不必要的額外工作。

16-3-7 永遠建立庫存函數，共用程式碼

我還記得在大學時代，修第一門 FORTRAN 程式設計課程時，所學到的項目之一，就是永遠要將會用到一次以上的程式片段，寫成一個函數，以便可以反複叫用之。這是一個非常基本也很重要的程式設計基本觀念與作法。我們在第三章時也提過這個共用程式碼的概念。

無論何時，當你覺得某一程式片段很可能會用到一次以上，或將來其他人或其他單元可能會用得上，或甚至是只是在寫一個能做某一件工作的程式碼時，請將之寫成函數，以便同一程式碼，能被反複叫用或為許多不同組件或單元所共用。

這種習慣與作法有下列優點：

1. 共用程式碼。同樣的程式片段，不會重複出現在程式或整個軟體的許多不同地方。它會減少每一個程式之程式碼的數量，以降低整個產品的大小。
2. 藉著叫用此同一函數，所有組件與單元都使用同一程式碼與同一程式界面，行為一致。
3. 萬一這共用的函數有錯蟲，必須修改，或必須加上新特色，就只有一個地方必須更改，而不是許多地方。
4. 這讓程式變得更有結構，也讓程式簡化，易懂，且易於維護。

當你看到某一組件或單元是由 A，B 與 C 三個函數組成，而其中函數 A 分別叫用函數 D 與 E 去做兩件事，函數 B 分別叫用函數 F，G 與 H，共做了三件事，然後函數 C，則進一步叫用 I，J，K 與 L 函數，又做了四件事時，你會感受到，你真的很幸運，碰到了高手寫的軟體了。

當你設計與開發一個函數時，你主要是在設計一個新的程式界面。記得要深入思考一下將來還有誰會用到此一程式界面，它們的不同需求會是什麼，以便把它設計成更通用的形式，經由使用不同的函數參數，以達成不同客戶的需求。

要是做得對，這程式界面在一定好之後，很可能一輩子就都不必修改的。這是最理想的狀況。萬一界面將來需要修改，則你就得找出所有的現有使用者，把它們全部也都跟著改了。要是有客戶的產品也用了這程式界面，那就很麻煩了。那種情況下，或許可以看看，是否能再產生一個新的程式界面，而在實作上看看能否儘量使用原來舊有的程式界面。

一個設計得好的軟體，應該是會抽出所有的共同功能，並將之全都寫成庫存函數，讓軟體內的所有單元與組件，都共用這些庫存函數的。因此，同樣的程式碼片段，不會重複出現在整個軟體的不同地方的。如此，萬一這些庫存函數有必要修改，那就只有一個地方必須修改，而不是多個。這是軟體開發很基本且很重要的一環，也是為何本書第三章專門討論庫存的緣故。

16-3-8 維持往後相容

隨著時間的過去，軟體有時需要改變是很正常的。理由很多，增加新的特色，修錯蟲，修補安全性漏洞，改進速度，等等皆是。

很重要，但一般軟體工程師卻不見得都有這個概念的是，在修改現有產品的程式碼時，一定要記得保持**往後相容**（backward compatible）。換言之，新的版本不能改變舊有版本的行為，以前動作的，在新的版本仍要繼續保持動作，而且行為不能改變。這主要是要確保客戶既有的應用，即使更新至將來的新版本，也是完好動作如初，而不會有不動作或行為改變的情形發生。就如同在第十四章我們所提過的，程式在新版所增加的新特色或改變，應該只影響到純新版的使用，所有舊版的作業程式碼，不能去掉，必須全部都保留著，以便能在與舊版本相互通信或作業時，繼續表現出舊版本的行為。

如同我們在第十四章所示範的，這通常都是做得到的。亦即，在修錯蟲或增加新特色時，你是可以完全不破壞軟體的舊有動作方式的。只要你做得對，這是永遠可行的。萬一你真的無法保持往後相容，那一定要事先與客戶溝通，並有完善的文書才行。再次強調，只要你一開始設計有使用版本術，而且一直都做對，保持往後相容是絕對做得到的。

這有兩種情況。首先，在不牽涉到網路的情況下，你只要將對演算的改變，放在一個 if 述句內，將之條件化，讓新的改變，只有在那唯一必須執行的情況下（亦即，在碰上你想修復的錯蟲情況下或新版）才被執行，就對了。

譬如，作者就做過一個產品，原來所支援的最長主機名，最長只能有 32 個文字，欲加長至 64 個文字。這要是原來產品設計得對的話，只要更改一個地方，將原來定義成代表此一長度之符號的值，由於 32 改成 64，將產品重新編譯，就完了。可是，因為那產品沒做對，我發現總共有 12 個不同地方需要修改。不僅如此，另外還有使用 Unix 領域插口的程式碼也用到這主機名，也因此需要修改。所以，最後我得將我所做的修改，全部放在“若主機名長度大於 32”的條件下，以維持百分之百的往後相容。亦即，我所做的全部更改，都僅有在萬一真正的主機名是超過 32 個文字時，才生效。只要主機名維持在原來 32 個文字或以下的長度，就完全看不到我所做的更改，一切還是執行原來舊有的程式碼。所以，百分之百往後相容。

在另一種更複雜的情況下，倘若程式碼的改變牽涉到兩個程式間的信息交換，那就必須用到版本術了。程式必須已經有使用版本術。此時，你必須將版本數加一，更改通信雙方之程式瑪，將原有的舊有程式全部保留，且將新的改變只有在新版本時才執行。測試時，確認新版的軟體與舊版之間的相互作業完全沒問題。這如何做，我們在第十四章已舉例說明過。

記得在更改一已經出廠過之軟體產品時，一定要永遠保持往後相容性。千萬不能破壞，以前動作的，要持續動作，而且行為不能更改，你所做的新的改變，必須只有在新的版本或情況下，才能生效，才能有影響。換言之，那改變必須是條件式的。

維持產品的往後相容是對客戶最基本的尊重，也是產品成功的重要因素之一。

舉例而言，美國 Intel 公司的 x86 處理器，之所以會如此成功的因素之一，就是它一直都很用心地保持著往後相容性。

當時十六位元 80286 處理器問世時，所有既有的 8086 與 8088 的應用軟體，全部都不需修改就能執行。

當三十二位元的 80386 問世時，所有既有的 8086，8088，與 80286 的應用程式，全部都不需修改，就能執行。

當 80486 處理器到來時，所有舊有的 8086，8088，80286，與 80386 的軟體，全部都不需修改，就能執行。

當 Pentium 處理器來臨時，所有舊有的 8086，8088，80286，80386 與 80486 軟體，也都全都不用修改，就能執行。

這往後相容性一直延續下去，直到現在...

換言之，Intel x86 處理器，幾十年來一直都保持著往後的相容性！也因此，為這中央處理器所設計的系統與應用軟體，數目一直增加，只有增加，沒有減少。日子愈久，這處理器所擁有以擊敗對手的本錢就愈雄厚！這就是為何幾十年來，許多其他的處理器相繼出現，有些甚至都比 x86 更先進與優秀，但還是都撼動不了 x86 的盟主地位的主要原因！

Intel x86 是一個在硬體上，維持往後相容性幫忙贏得最後的戰爭的最佳例子。在軟體上應該也是一樣的。

16-3-9 永遠把安全設計在內

隨著網路與網際網路到處都是，電腦安全變得日益重要。

記得把安全永遠考慮與設計在內。事實上，每一功能規格與設計規格都應該包括有安全一節。

安全的問題涵蓋多方面：用者確認，資料存取，竊聽攻擊，愚弄攻擊，病毒，癱瘓攻擊，封鎖，等等。最近的攻擊都到了能斷油或斷食物的地步了。第十五章已討論了計算機網路的安全。第十二章插口程式設計也提及了如何防止基本的癱瘓攻擊。

同時，記得不要在安全上衝過頭了。當然，你希望你所設計的軟體非常安全，但是，也應同時注意到使用者的友善性。有很多工程師會在安全上做得太過份，最後產品變成很難用，甚至幾乎無法使用。這是不對的，安全應與可用性（usability）取得適當的平衡，千萬勿走極端！

16-3-10 永遠快速度

設計軟體時，記得永遠把保持最快速度放在心上。對軟體而言，速度永遠是個優點。隨時隨地都要想到，我如何以最快的速度做每一件事。確保你所設計的軟體，沒有任何速度的瓶頸。要知道程式內的那些作業最費時，最可能造成速度的瓶頸，並加以避免或克服。

舉個例子而言，從磁碟讀取資料一定比自記憶器讀取慢上好多好多。因此，能把常用的資料，自磁碟僅讀取一次，然後就存放在記憶器裡，不斷地多次使用，而不是每次都要去磁碟讀取，就能大幅改善速度。

另外一個例子，本書稍前也討論過多種不同的程序間通信方法。有些作業是可以使用多種不同的程序間通信方法達成的。這種情況下，你就可自己做點速度的測量與比較，然後選擇速度最快的那種。譬如，共有記憶之類的。

第三，假若有某些作業費時特久，那就可考慮是否能將之分成幾塊，且將每一小塊分別以一程線或程序，同時並行去處理。

第四，比起平常的計算，磁碟或網路的輸入／輸出相對慢了許多。因此，為了加快速度，假設在等候輸入／輸出作業完成的同時，還有其他的事可以做的話，或許可以考慮採用非阻擋式的輸入／輸出。將不同的工作以另外的程線去執行，也是加快速度的方法之一。

第五，對於某些經常用到或是在迴路內執行的作業，若能想辦法改善其速度，則經常也會獲益不淺的。例如，在第九章時，我們曾介紹與比較過多種不同的上鎖以達成互斥作用的技術。若能選擇改用一種比較快速或甚至是最快速的方式，那對整體的速度提升，也會是很有幫助的。

最後，有時速度緩慢的問題有可能是因為某些資源受到限制的問題，而這資源限制又是可調整的。這是指諸如每一用者所能使用的最高程序數目，每一程序所能使用的最高程線數，堆疊的大小，或甚至是每一程序（如 Java 程序）所能使用的最大記憶容量等等。作者曾藉著提高一 Java 程序的最高記憶量，讓一 Java 應用的速度加快了一倍，就是個例子。網路應用程式的可調參數在第十三章也討論過。

在設計規格上加上速度／性能一節，也是很普遍的作法。產品的測試也都會包括速度／性能測試。透過速度／性能的測試，找出速度的瓶頸並加以解決與去除。就像開一部跑車一樣，誰都希望自己設計的軟體，跑起來像在飛一樣快！

16-3-11 設計成富伸展性的

可伸展性（scalability）很重要，因為，你希望你所設計的軟體，能支援越多用者越好。當硬體資源保持固定時，你希望能盡量可能地伸展你的軟體以支援更多的用戶。此外，當硬體資源增加時，你也希望你所設計的軟體能隨之自動伸展開，以支援更多的用戶。

儘可能地讓你的軟體，能平行地或共時地進行處理。最常見的作法就是分別以一個不同的程線或程序去處理每一用者或客戶的要求或不同作業，而不是只使用單一程線或程序服務所有的用者。如此，軟體才能依使用者數目的增加而伸展，也能隨硬體資源的增加（如更多的處理器，處理器核心，或記憶器）而自動往上伸展。

同時，也不會因等候某一輸入/輸出作業而讓其他許多作業都停擺。記得，最好設計成讓你的軟體能隨各種不同的硬體資源的增加，而自動伸展。這除了處理器與記憶器之外，網路界面卡的數目，網路的頻寬（bandwidth）/速度等也是。

高速度也對伸展性有幫助。讓軟體速度更快也有助於它在既定的資源下，能處理更高的載量（load）。

試圖找出可伸展性的瓶頸，並加以移除。設計或改變演算法，讓它能實際利用更多的硬體資源。

16-3-12　錯誤號碼的設計與錯誤處理

談及錯誤號碼的設計與錯誤處理，很不幸的是，許多軟體工程師都不重視或甚至忽略了這方面，有許多甚至還走錯方向，做錯的。

對許多人而言，錯誤號碼的設計與錯誤處理，似乎並不重要，尤其是在計劃一開始時。但是，它們的確重要。在這方面，若你一開始做對了，那它會幫你省下很多工夫，也會減少你在除錯，診斷與隨後的產品支援上，省去很多麻煩。

除此之外，錯誤號碼的設計與錯誤處理，尤其是錯誤處理，是影響產品之堅固可靠性的重要因素之一。因此，對一個產品的品質而言，它是非常重要的，不可忽視。

16-3-12-1　錯誤號碼的正確設計

我做過一個很大的產品，這產品有很多單元，每一單元都定義有自己的 enum 型態，作為那單元所產生之錯誤號碼的資料型態。假若這產品有 30 個不同單元，那就有 30 種不同的 enum 型態的錯誤號碼存在。

這種作法的問題在於，每一產品單元並不單獨存在。每一單元都會叫用其他單元，而那被叫用的單元會再進一步叫用其他的單元。由於單元間彼此叫用，某一單元所產生的錯誤號碼，經常必須往上傳，流經其他許多單元，直至抵達最後能真正處理掉那錯誤的單元為止。因此，每一單元都有自己錯誤資料型態的作法，簡直就是一大災難！因為這樣做時，每當錯誤號碼欲跨界進入另一單元時，程式就得做錯誤號碼資料型態的轉換。這些轉換都是多餘非必要的。一點好處或實際效用都沒有。有人說那是為了資料型態安全，我說那是用錯了地方，多此一舉。都是整數，有何資料型態不安全之有？

畢竟，所有錯誤號碼都只是一個整數而已！何須要有這麼多不同資料型態來代表?又何須必要做這麼多次的資料型態轉換呢？程式從中得到什麼？這是走錯方向，把簡單問題複雜化了！把這物件導向的觀念用錯地方。

所以，記得你一定要把錯誤號碼設計得對！

錯誤號碼的重要屬性包括：（1）每一錯誤號碼必須是獨一無二的，與眾不同。（2）每一錯誤號碼要能分辨它是源自那一單元。

因此，正確且最佳的錯誤號碼設計，是整個產品全部是使用單一錯誤號碼的資料型態。在傳統上，所有 Unix 與 Linux 作業系統都使用 int。正確的作法是，將整數型態的整個數值空間分成若干段落，並讓每一單元的錯誤號碼使用其中一個段落。如此，不但從每一錯誤號碼就能得知它是來自那一單元。同時，由於所有錯誤號碼都是同一資料型態，根本完全不需作任何錯誤號碼資料型態的轉換。所有錯誤號碼都能自由地在所有函數之間傳遞而不需做任何額外的工作。此外，每一錯誤號碼也都獨一無二，絕不互相衝突。

例如，以下所示即為一錯誤號碼的設計樣本的一小部分：

```
#define ERROR_MIN        10000    /* minimum self-defined error code */
#define ERROR_MAX       500000    /* maximum self-defined error code */

#define ERR_COMP_A_MIN   10000    /* minimum error code from component A */
#define ERR_COMP_A_MAX   19999    /* maximum error code from component A */

#define ERR_COMP_B_MIN   20000    /* minimum error code from component B */
#define ERR_COMP_B_MAX   29999    /* maximum error code from component B */

#define ERR_COMP_C_MIN   30000    /* minimum error code from component C */
#define ERR_COMP_C_MAX   39999    /* maximum error code from component C */
   :

/* defined error codes for component A */
#define ERR_COMP_A_NODATA              10001
#define ERR_COMP_A_BAD_SIZE            10002
#define ERR_COMP_A_BAD_HOST            10003
```

```
#define ERR_COMP_A_CANNOT_CONNECT    10004
#define ERR_COMP_A_SEND_FAIL         10005
#define ERR_COMP_A_RECV_FAIL         10006
  :

/* defined error codes for component B */
#define ERR_COMP_B_BAD_INPUT         20001
#define ERR_COMP_B_USER_QUIT         20002
#define ERR_COMP_B_TIMEOUT           20003
  :

/* defined error codes for component C */
#define ERR_COMP_C_VAL_TOO_LONG      30001
#define ERR_COMP_C_NO_MEMORY         30002
#define ERR_COMP_C_TOO_MANY_FILES    30003
  :
```

你或許看出，它顯得有點機械化，但這就是它美麗之處。

我們從號碼 1000 開始，因為，最小的幾百個整數通常都用作作業系統所保留的錯誤號碼。我們騰出 10000 個錯誤號碼給產品的每一單元，這應該足夠了。有些人喜歡用負整數，但卻並非必要。

這樣做，根本就不需白白浪費很多工夫，去做不同錯誤號碼之不同資料型態間的轉換。每一錯誤來自那一單元也一清二楚。既簡單，又整齊乾淨！

在一行銷世界的產品，錯誤號碼所代表之錯誤的信息，通常都會翻譯成不同的語言。為了幫助使用者瞭解每一錯誤所真正代表的意義以及該如何消除每一錯誤，錯誤信息通常會附加有說明以及建議用者該採取的行動。

16-3-12-2 正確地處理每一項錯誤

錯誤檢查與處理，是產品的堅固可靠性非常重要的一環。欲開發一個非常紮實，如銅牆鐵壁般堅固可靠的軟體產品，至少有兩件事免不了。

第一是，除了極少數很特殊的情況外，每一個函數都應該有一個回返值。換言之，程式的每一個函數看起來都應該像這樣：

```
int myfunc(…)
```

而不是這樣

```
void myfunc(…)
```

正常上，每一個函數所從事的計算，都可能會失敗或出錯的。（當然，在極少數情況下，計算可能極度簡單而不可能出錯，因此，函數可以無回返值。）因此，一個函數應該永遠至少送回其計算是成功或失敗的狀態訊息給其叫用者，讓它知道。而且倘若是失敗，錯誤是什麼。

第二，一旦計算失敗或有錯誤，則叫用者就有責任檢查每一種可能的錯誤，並正確或適當的處置每一項錯誤。這點就是真正決定一項軟體究竟有多堅實可靠的重要因素。

當然，叫用的函數有時並無所需之資訊，能用以處理所發生之錯誤。這種情況下，它所能做的，就是把錯誤號碼往上傳。因此，決定在那個函數處理一個錯誤，也是另一項影響產品之堅固性的因素。

總之，開發一個堅固可靠，如銅牆鐵壁般攻不破的軟體產品，是每位工程師的目標與責任。而在這一點上，讓每一函數都送回狀態值與錯誤號碼，並且在每一函數回返時，都立即檢查其狀態值，並在萬一出錯時，正確與妥善地處理每一項錯誤，是除了本章 16-4 節所提的作法外，達成此一目標的重要方法。

16-3-13 設計成通用的

這點雖然很明顯，但還是提一下，以防萬一。

當你設計一個函數或特色時，請將之設計成通用的情況，而不是只用在某一特定情況而已。一般而言，軟體產品應該愈通用，能用在最多的狀況下愈好。

倘若不同的情況下，函數或程式的作業與處理有所不同，那就以輸入參數來區分這些不同情況。輸入參數的值可以來自叫用函數，使用者，或甚至是檔案。這總比把它寫成只適用某一種情況而已好多了。

舉例而言，假若你設計開發了一個插口程式，記得將之寫成不論在任何主機，IP 位址，或端口號上，都可以動作的形式。同時，也是不論在 IPv4 或 IPv6 上都能動作的形式。

簡言之，在設計一個函數或特色時，記得將之通用化，讓其能應付多種不同情況，而不是只單一情況。

16-3-14 設計成不須知的

在可能的情況下，將你所設計的軟體，設計成不須知的或無知的（agnostic）。

譬如說，在設計網路插口程式時，將之設計成不需預知是 IPv4 或 IPv6 協定。換言之，不管 IPv4 或 IPv6 協定都可以動作的形式。

再舉另一個例子。假若你在設計一項跟用者有關的軟體，請將之設計成不須知道用者是誰或那一個的樣子。換言之，一個不論用者是誰，都可以正常動作的樣子。不論是那位用者產生這檔案都可以。同時，也不論誰都可以使用這檔案，而不是只有某人。當然，為安全計，可以限制某些用者不能使用。不過，那只要以權限加以控制即可。

在某一家大公司做事時，作者發現其他工程師所開發的通用檔案函數，竟有假若用者 A 產生這檔案，用者 B 就無法使用（即令 B 也有權限）的情形。原因是，檔案在建立後是擺在一個稱為用者 A 的子檔案夾內。因此，非用者 A 的使用者全都找不到這檔案，這種錯誤的設計不應該發生。

16-3-15 設計成有持一性的

若適用的話，你也應將軟體的某些作業設計成同一性的（idempotent）。

同一性指的是，對一項作業而言，不論你做一次或很多次，結果都是一樣的。在電腦作業上，有一些運算就是有這種特質的。譬如說，設定某一變數的值。譬如，x=5，將變數 x 的值設定成 5，這運算不論執行一次或一百次，結果都是一樣的。最後結果，變數 x 的值都是 5。

另外再舉個例子，關閉一個檔案。將一個檔案關閉一次，二次或三次，最後結果應該都是一樣的。

舉第三個例子，關掉（shut down）一個軟體。當一個用者連下兩次關掉某一個軟體的命令時，其結果應該與只下一道命令是一樣的。

換言之，重複執行一次或多次一個理應是具有同一性的作業，應該不致於造成任何傷害或改變最後結果的。其結果與只執行一次應完全一樣的。

在計算機程式設計上，並非所有作業都是同一性的，但有些是。譬如，將某一變數的值加一，就不該具有同一性。

因此，同一性是一個正確性與可靠性的問題。談到這個的主要用意是，在設計軟體時，你必須要注意到那些作業具有同一性的特質。而在履行那些作業時，務必要確定最後的計算結果是具有同一性的。

16-3-16 千萬勿造成退化

在軟體產品的品質控制上，記得要永遠確保新的版本不要有退步或退化（regression）的情形發生。退化表示有些東西原來是好好的，正常運作的，現在卻變成不能動作了。

在軟體開發的過程中，為了修錯蟲或增加新的特色，更改原有的軟體程式碼，是經常的事。改了或增加新的之後，有些原來正常動作的東西會突然變成不動作了，也是偶而會有的事。最重要的是要能發現得早，愈早愈好。

發現退化的情形必須靠一套寫得很好，很完整的**退化測試套組**（regression test suites）。平常，當某位工程師在既有的軟體上增加了新的特色或修錯蟲做修改時，在將其所做的改變併入時，他就應該先自己重建與測試。最好是把整個退化測試套組全部執行過一次，確定沒有造成任何退化之後，才正式提交併入自己的更改。最糟糕且最醜的情形，是公司自己沒發現卻到了客戶手上時才發現有退化的情形。這種情形千萬要避免。一切就依賴有一個很完整的退化測試套組。在你每次增加一個新的特色或修了一個錯蟲時，為了避免他人不慎將之弄壞了，你最好也應在現有退化測試套組內增加這樣一個新的測試。

16-3-17 切勿破壞升級

典型上，客戶是經由**升級**（upgrade）的程序，而非重新安裝，進階至產品的下一個新版本的。一流的軟體都應該讓客戶可以經由升級，前進至下一個新的版本，而不是要求他們一定要重新安裝。

因此，很重要的是，每次你在現有已出廠的軟體上更改或增加新東西時，一定要記得確認你的更改，沒有破壞到升級。萬一產品的升級因你的改變而不再動作了，那是不行的。執行升級測試，確定你的更改沒有破壞了升級的程序。

16-3-18 一次做對，一了百了

設計軟體時，很重要的是第一次就做對，而且最好一次就做完，一了百了。要是你不第一次就做對，一旦產品出廠，客戶開始使用了，要重新設計或更改，把它更正做對，幾乎是不可能的。因為，客戶已經開始用了，通常也開發了他們自己的應用程式了。欲更改軟體的設計與行為，通常都代表客戶的應用或操作程序也要跟著改，這茲事體大，通常都是很難辦到的。所以，經常的實際狀況是，一旦你第一次沒做對，要再重新設計幾乎是不可能的。不僅牽涉廣泛，成本也極高。

此外，只要第一次沒做對，將來增加新的功能或修錯蟲時，新加的或修改的，也只能將錯就錯，在現有的東西上疊上去了。這會造成產品愈變愈複雜，不必要的複雜性會像滾雪球一樣的，最後變成很難維修。

這一切都是從一開始就沒把事情做對開始的。因此，第一次就把事情做對，再重要不過了！

所以，當你在設計軟體時，一定要徹底地把手上待解的問題，瞭解清楚。做必要的探討與研究，確定你完全瞭解問題的本質及範圍。然後再選擇正確的技術與建構方塊，形成正確的解決方案。要能在一開始時，就想到有關的問題，一次設計在內。不要事後，尤其是產品出廠了以後，還得再回頭重新檢討原來的設計。

當然，這一切都是說之容易，做之難。能成功到什麼地步，主要也是看設計者本身的知識，經驗和技能。這也是為何作者要寫這本書，分享自己的所知及經驗的原因。

在三十幾年的職業生涯裡，我看到有太多東西都做錯，做得太複雜了。

我看過有許多的工程師，是負責整個產品的一小部分，但卻一輩子做不完，永遠是改了又改，永遠有做不完的事。這通常顯示這些人並不是專家，做了幾十年了還是沒把產品做對。我是每次做一個新東西，第一版本出去後，

就沒事了，也幾乎很少有錯蟲可以修。所以，我幾乎所有時間都是在做新的東西或特色的。

一個工程師，要是自己做的產品部分，老是做不完，老是有問題，那很顯然的是，他根本不是專家，東西一直都沒做對，沒做好。

作者也看過很多做了十幾年，很資深的軟體工程師，也都有電腦碩士學位，但修一個錯蟲，產生了另一個錯蟲。而在修第二個錯蟲時，又產生了第三個錯蟲。所以，一個錯蟲，最後變成三個。有些沒概念的經理，會以一個工程師總共所修的總錯蟲數作為評估表現的依據。結果這種最爛的工程師，表現卻變成是最優秀的！生產力的評估完全搞反了。

總之，當你在設計軟體時，儘量多花些工夫在前頭，把一切有關問題都想清楚，設計進去，儘量第一次就把它做對，這樣才能事半功倍，省時又省力。否則，要是一開始沒做對，事後欲再重新設計或更改，都是很難的。經常這樣的結果最後都是造成產品異常的複雜（不必要的複雜），東補西漏，到最後是要費九牛二虎之力，才能維修。

一開始就把事情做對了，就等於替你自己，也替他人減少了很多的工作，提升了個人，群組與公司的生產力。相反地，你就是在替你自己與替他人，創造了很多不必要的工作，減損個人，團隊，以及整個公司的效率以及生產力。

16-4 程式設計的建議

這一節介紹幾個有助於開發出一個堅固可靠之高品質軟體的程式設計做法。

16-4-1 永遠設定變數的初值

當你在程式內宣告一個變數時，記得永遠立即做初值設定。每一程式變數在第一次使用之前，都應該有設定一個初值。

忘了設定一個變數的初值，是一個很常見也很普遍的程式設計錯誤。這經常會造成程式當掉死亡，或產生不正確的結果。

作者曾修過一個別人的錯蟲。就只是在一個庫存函數更改一行，將一個變數設定初值。所有改變就只加了一個字，就修復了六個不同程式中途當掉死亡的問題。

當你在程式內宣告一個變數而不設定初值時，這變數的初值是未知的，視當時變數所佔用記憶位置的實際現有內含而定。可能會是任何值都有可能。

倘若這變數正好是一個指標（用以儲存記憶位址的），則不為之設定初值而使用一個含有任意值的指標，肯定是會讓程式當掉死亡的。這種錯誤若非"節段錯誤"（Segmentation Fault），即是"存取違規"（Access Violation）。因為指標內含所指的位址，肯定是不合法的。

倘若這變數不是一個指標，而只是一個普通純量的變數，則不設定其初值即開始計算，幾乎肯定會是導致錯誤的結果的。

因此，請記得每次宣告一個變數時，就應立即設定其初值。好讓函數或程式的計算，能從一已知正確的狀態開始。

16-4-1-1 變數初值設定的基本

每次在程式內宣告一個變數時，不論它是一簡單的變數，一陣列，或是一個結構，除非你明確地設定其初值，否則，它的值就是垃圾。這個值就是變數所正好佔用之記憶位置當時的值，可能是任何值。記得，計算機是不會自動將記憶器都清除為 0 或自動替你設定變數的初值的。

為每一變數設定一個初值，是在確保程式能由一個乾淨已知的狀態開始。確定你的雙腳是踩在地上的。

以下即為一最簡單的變數初值設定例子：

```
int count = 0;  /* initialize a simple variable */
```

以下則為一將一用以儲存資料之緩衝器全部清除為零的例子：

```
/* 永遠將動態騰出之記憶緩衝器的內含全部清除為零 */
#define BUFSIZE 2048
char *buf;
buf = malloc(BUFSIZE);
if (buf != NULL)
  memset(buf, 0, BUFSIZE);  /* clear the entire buffer before use */
```

注意到，我共事過一個有 15 年 C 語言程式設計的資深工程師，但卻不懂下列兩項初值設定有何不同：

這個

```
if (buf != NULL)
    buf[0] = '\0';
```

與這個

```
if (buf != NULL)
    memset(buf, 0, BUFSIZE);
```

兩者是不一樣的。前者只將緩衝器的第一個位元組清除為 0，後者則將緩衝器的所有（總共有 BUFSIZE 個）位元組，全部都清除為零，兩者當然不同。倘若程式每次就只將 buf 用以儲存一個字串，整個字串拷貝進拷貝出，則結果可能沒差別。但在其他應用或不同用法時，可能就會有差別。雖然很多工程師都經常使用前者，但真正正確或保證百分之百可靠的初值設定方式，則是後者，將整個緩衝器的全部每一位元組都清除為零。

一個緩衝器有很簡單的用法，但也有很複雜的用法。假設某應用將緩衝器分割，將好幾個指標值或字串值存在 buf 內，則上述第一個初值設定方式就肯定會出問題，而第二種方式就不會。

很多程式中途當掉死亡，都是因為忘了做變數的初值設定造成的。因此，請記得永遠設定每一變數的初值。同時，記得將整個緩衝器的每一個位元組都全部設定初值，而不是只做第一個位元組。

16-4-2 使用每一指標之前，永遠先檢查

欲開發一極度堅固可靠的軟體，這是另一個要件。

許多軟體工程師最常犯的錯誤之一，就是不檢查一個指標值是否是 NULL 與否，就直接用了。這幾乎肯定會讓程式死掉的。一個優秀的軟體工程師所開發的軟體，是沒有這種錯蟲的。這是一件很簡單的事情，只要有紀律的軟體工程師都會做的。

理論上，你是無法知道一個已知的指標值，究竟是有效或無效的。唯一能做的，就是檢查它是否是 NULL（空的）。但是，假若你總是在宣告一個

指標變數時，永遠記得將其初值設定為 NULL，並且在每次使用之前，都檢查看它是否是 NULL，則你的程式即可免去所有因使用了一個未初值設定之指標（為一雜亂值），或是空指標而導致當掉死亡的所有情況。作者在三十幾年的職業生涯中， 從未在我自己所寫的程式中，有過這樣的錯蟲，一次都沒有。但卻在別人所寫的程式中，修過幾十個這樣的錯蟲。

假若你永遠做到這兩項（宣告指標變數時永遠將其初值設定成 NULL，並在每次使用之前，檢查並確定它不是 NULL），則你所開發的軟體，就不會因為使用了不良的指標，而導致死掉的情形。至少在作者的經驗裡，這種情形從未發生過。有太多程式錯蟲，都是因為沒做好這兩項所造成的。這種程式錯誤，永遠不該發生。

是的，這是任何軟體工程師都應該要求自己達到的最低水準，修這種程式錯蟲，根本就是浪費時間。這是很基本的。

16-4-3 使用函數的每一輸入引數之前，一定先檢查

在你設計一個函數時，在函數一開頭，開始真正做計算之前，一定先檢查每一輸入引數的值，看它是否正確或在有效範圍之內。若不，就馬上回返 EINVAL 的錯誤。千萬勿假設它們一定都是對的或好的。

函數的叫用者經常會弄錯。這樣做可以及時逮到這些錯誤，以免其進一步造成傷害。它確保函數或程式永遠不致於糊裡糊塗地將錯誤的資料也拿來計算。這也可防止駭客故意當掉你的程式。

16-4-4 函數一定要有回返值

除了極少數很極端的情況下，函數的計算永遠不可能失敗或出錯時之外，所有的函數都應該有回返值，將其計算狀況（成功或失敗）送回給叫用者知道。萬一失敗了，也應送回錯誤是什麼。這是送回計算結果之外的狀態（status）資訊。

將函數寫成沒有回返值，是很不好的程式設計習慣，一定要避免。

習慣上，一個函數在成功時，應送回 0。送回其他值代表失敗，有出錯。這樣正好與傳統的 Unix 與 Linux 等作業系統，習慣一樣。

每一函數都送回一狀態值，而且每一函數叫用都永遠檢查函數的回返值並做正確的錯誤處置，是建構一堅固可靠之軟體所不可或缺的。

16-4-5 確保沒有記憶流失

記得總是要確定你所開發的軟體沒有**記憶流失**（memory leak）。記憶流失是一種程式錯誤。

程式透過叫用 malloc() 或類似的函數所騰出的記憶空間，就叫**動態記憶**（dynamic memory）。動態記憶是一起擺在一個稱為**堆積**（heap）的記憶區域裡。這種動態記憶是整個程式都存取得到的。它在被明確地釋回（freed）之前，會一直存在的。倘若程式在用完時，未將之釋回，就會造成記憶流失。

因此，一個程式若有騰出/使用動態記憶，就必須記得在用完時將之釋回。誰最後使用那記憶空間的，就必須負責將之釋回。

倘若你寫了一個函數，它騰出了動態記憶空間，那它就該負責將之釋回。萬一那記憶空間被傳遞至其他的函數，則那最後使用到它的函數就一定要負責將之釋回。為了能讓叫用者知道它有負將動態記憶釋回的責任，一個很好的作法是在函數前頭的說明裡闡明。萬一叫用函數又進一步將這記憶空間所存的資料傳給別的函數，則它就必須負責提醒其他進一步使用這資料的函數，必須記得將此一記憶空間釋回。記憶流失會發生，通常都是資料傳來傳去，到最後誰有責任將那動態記憶空間釋回，沒有交待清楚造成的。

萬一你有記憶空間流失的錯蟲要修，你就得必須找到下列三個問題的答案：

1. 是那一動態記憶空間造成記憶流失的？
2. 這動態記憶空間是在那兒騰出的？
3. 是誰（那一函數）應該負責將之釋回的？

欲得到第一個問題的答案，你可以自己去找，也可以執行一些分析程式幫你找。有許多軟體工具（如 valgrind）可幫忙分析找尋漏口在那兒。

要得知某一動態記憶在那裡騰出時，通常你必須看函數的引數。那些資料型態是“指標的指標”（pointer-to-pointer）的函數引數，通常都是用以傳回動態記憶的起始位址的。就順著函數叫用的順序及控制流程，一直往下追蹤這一指標變數，最後在那裡取得它的指標值，大概就可以找到騰出該動態記憶的程式碼。

欲得知那一函數該負責將此一動態記憶釋回，你得再度地反向往回追蹤此同一指標變數的行蹤，一直到使用這指標變數的最後（最高一層）一個函數為止。找到最後使用那指標變數的函數，它就是應該負責將之釋回的函數。

16-4-6 勿將運轉記錄與追蹤搞得太複雜

運轉記錄／追蹤

運轉記錄／追蹤（logging/tracing）旨在幫忙檢修與找出真正的問題所在。

絕大多數系統軟體都寫成 C 語言，因為它很簡單，高效率，功能強大，且可移植性高。當今的 C 語言編譯程式幾乎都是與 C 語言標準相容的。在 C 語言裡，運轉記錄／追蹤事實上也是很簡單容易的，就是使用 printf() 函數，你或許會將其輸出改道至某一檔案上，就這樣。將運轉記錄存在檔案裡，免得遺失，可供事後分析之用。

在這最基本的 printf() 函數之上，有時你或許會想要將之分幾個層次（logging levels）。譬如，將所有欲印出的信息，**依嚴重程度分等級**。譬如，分成錯誤，警告，通知資訊幾類。不同的信息，有不同的嚴重性或等級，每一類以一不同的號碼代表。

為了不一下子就記錄太多資訊，每一軟體產品或單元，通常會設定一個既定的記錄或追蹤層次。只有欲印出的信息，抵達或超過既定的層次時，才實際將信息印出，記錄下來，否則就略過。

有些較小的軟體會整個產品只使用一個既定層次。比較大或複雜的產品則會讓每一單元都設有其自己的既定層次。在這種情況下，記得所使用的符號名，所有單元之間要一致。

運轉記錄與追蹤要有效，最基本的要件是，軟體工程師們要徹底分析其所負責的單元，看看有那些資訊，在檢修與尋找問題所在時，最重要而且一定要知道的，記得將那些永遠印出。要是印出一大堆，可是真正需要的都沒印到，那就是全部白費了。所以，重點是，真正重要，真正需要的資訊，一定要記得永遠都印出。這就必須依賴負責每一單元或部分的軟體工程師，真正去分析與瞭解，找出這些資訊項目，並將之全部印出。運轉記錄與追蹤的功效，就主要取決於此。

很重要的是，這些重要的資訊，在記錄層次設在既定層次時，一定最好都有印出。萬一客戶發現了一個產品的錯蟲，而在既定層次時，運轉記錄／追蹤未能記錄下一切診斷所必需的資訊，以致必須請客戶更改運轉記錄／追蹤的層次，重新再來一次，那不僅費時，對客戶的生意經營也是很不方便的。更何況，再重來一次也不見得就能讓同樣的問題又出現一次。

因此，一定要先做好功課，確定在既定的運轉紀錄/追蹤的層次下，問題診斷所需的必要資訊，一定都有印出且記錄下來，這樣才會既有效又省時。而不需事後再要求客戶，更改運轉記錄／追蹤層次，重來一次。

最佳的既定層次是什麼？

運轉記錄／追蹤的最佳既定層次，有時會很難找到一個全體客戶都適用的層次。它是一個有些難以達成的平衡點。

理想上，既定運轉記錄／追蹤的既定層次，應放在記錄所有資訊的層次上。這樣，就幾乎不會有必須要求客戶改變層次，重試一次的情形發生。不過，這種設定至少有兩個缺點。一是它減緩了產品運作速度，因為，印出這些資訊都有些費時。二是，它佔用了許多的磁碟空間，而且有可能會將磁碟佔滿，不再有空出剩下的磁碟空間可用。

另一極端則是將既定的層次調到記錄最少資訊的層級。這不僅佔用最少的磁碟空間，產品的運轉速度也最快。但萬一產品有問題，真正的診斷可能就必須要求客戶重試一次或甚至多次，對客戶造成麻煩。這個層次，最適合產品已非常穩定，幾乎都不會有問題出現的情況。

總之，重點是工程師必須開發幾乎不會出問題的產品，以及徹底分析程式碼，將診斷所需之必要資訊，能在既定的運轉記錄／追蹤層次時，永遠印出記錄下來。

軟體工程師做得愈好，必須仰賴運轉記錄／追蹤的機會就愈少，必須回頭打擾客戶，要求他們重試的機會也愈少。當日子久了，產品穩定性提高了，既定的層次也可慢慢地改成記錄得更少資訊的層次。

切勿在運轉記錄／追蹤上做過頭了

記得要儘量簡化，切勿在運轉記錄／追蹤上，做過頭了。

作者曾在一家很大的公司，看到難以相信的做法。光是其中一個單元，就有幾百個運轉記錄／追蹤的巨集符號（macro）存在，連這些巨集本身都有錯蟲存在。這種過度使用運轉記錄／追蹤巨集的情形，實在是沒必要的。根本就是浪費時間，也是製造不必要的工作和麻煩。

所以，記得各單元都使用統一的方式，進行運轉記錄／追蹤。千萬不要定義與使用過多的巨集。畢竟，最終所需的就是那 printf() 函數而已。千萬不要在上面又疊層架屋，搞出幾十個或甚至上百個額外的運轉記錄／追蹤巨集出來。這樣只是自找麻煩而已，無太大意義或用處的。

筆記

附錄 A 本書例題程式

Appendix

例題程式請至 http://books.gotop.com.tw/download/ACL064200 下載。其內容僅供合法持有本書的讀者使用，未經授權不得抄襲、轉載或任意散佈。

第 12 章

第 13 章

第 14 章

第 15 章

附錄 B 中英文名詞對照表

Appendix

A

API 程式界面
absolute pathname 絕對路徑名
aggregate 集合，聚集
allocate 分配，騰出，安置
alternate 替代的，交替的
architect 總設計師
argument 引數
array 陣列
asymmetric cryptography 不對稱密碼術
asynchronous 非同步的
attach 附上，相連，附屬，附帶
attribute 屬性，特性
authentication 確認
authenticity 確實性，真實性
availability 可用性，可得性

B

backward compatible 往後相容
banner 標題
big-endian: 大印地（位元組由大到小，大端的）
binary 二進，二進制
binary semaphore 二進旗誌
bit 位元
bit map 位元圖
block cipher 區塊密碼術
blocking 阻擋式/著
bootstrap 接力啟（起）動
Bourne shell 邦氏母殼
bug 錯蟲
build 建立
bundle 束
byte 位元組

C

cache coherence 快捷記憶內含一致性
call 叫用
catch signal 攔接信號，接住信號
caveat 警訊
centralized 集中式
certificate 憑證
certificate authority 憑證官方
chaining 連鎖
checksum 檢驗和
child process 子程序
cipher, ciphertext 密文
cipher suite 密碼套組
classes 類別，種類
cleartext 明文，白文，平文

client 客戶
client request 客（用）戶請求
client-server 客戶伺服
cluster 群集
collaborating 互相協力的
compiler 編譯程式
computer process 電腦程序
concurrency 共時
concurrency control 共時控制
condition variable 條件變數
confidential 保密的，秘密的
configuration 配置
connection 連線，網路連線
contention scope 競爭範圍
connection-oriented 連線式的，連線的
context swith 換手
continuous 連續的，一直持續的
core 核心
corrupted 出錯了
counting semaphore 計數旗誌
create 產生，建立
crypto 密碼
cryptography 密碼術，密碼學
current file offset 現有檔案位置或位移
cylinder 圓柱

D

daemon 幕後程式，背景伺服器
datagram 郵包，資料郵包
deadlock 死鎖，鎖死
decryption, decrypt 解密
decryption key 解密暗碼
deferred 延緩的
defunct 亡魂的
demand paging 需求取頁
denial-of-service attack 癱瘓攻擊，使不能動作攻擊
dependent 依賴，依靠
detach 分開，分離
detached state 分離狀態
detached thread 分離的程線
digest 紋摘，指紋摘要，信息摘要
digital certificate 數位憑證
directive 指引
directory 檔案夾，目錄
disable 使失能，禁止，關閉
disk arm 磁臂
disk sector 磁段
documentation 文件，文書，說明
dynamic library 動態庫存

E

enable 致能，允許，打開
Euclidean algorithm 歐幾里得演算法
endian 印地
endianness 印地
encryption, encrypt 加密
encryption key 加密暗碼
Ethernet 乙太網

F

factor 求出因子
file descriptor 檔案描述，文件描述符
file directory 檔案夾，文件目錄
file handle 檔案把手
file offset 檔案位移，文件偏移
file permission 檔案權限（許可），文件權限
firmware 膠體

flags 旗號
flip-flop 搖擺器
fork 複製
forward compatible 往前相容
free 釋回，釋放
function 函數
function call 函數叫用

G

global 全面的

H

hacker 駭客
hard disk 磁碟，硬碟（牒）
hash 雜數，亂數，紋摘
hash function 雜數函數，亂數函數
header files 前頭檔案
heap 堆積
home directory 住所檔案夾，用戶檔案夾
host 主持，支撐，主機

I

implement 實現，做成
inode 索引節點
inode list - inode 清單
inode table - indoe 表格
install, installation 安裝
instance 實例
integrity 完整，正確
Internet 網際網路
interpreter 解譯程式
interprocess communication（IPC）程序間通信
interprocess communication mechanism 程序間通信方式（法）
I/O redirection 輸入輸出轉向

J

join thread 接回程線

K

kernel 核心，核心層
kernel mode 核心模式
key 暗碼（加密或解密用）（公開或私有），檢索（IPC）
knob 旋鈕

L

layout 佈置，擺設
library 庫存
load 載入
lock 鎖，上鎖
logical block 邏輯磁段，邏輯區段
login 登入，登錄
logarithm 對數
loop 迴路

M

macro 代號，巨集
magic number 暗號碼
mapped file 映入檔案
memory leak 記憶流失
message 信息
message digest 信息紋摘，信息指紋摘要
message authentication 信息確認

message authentication code（MAC）信息確認碼
meta data 宏觀資料，高層資料
model 模式，模型
modulo arithmetic 模數算術
modular addition 模數加法，循環加法，繞回加法
mount 上架
mount point 上架點
multicore processor 多核心處理器
multicasting 多播
multithreading 多程線
mutex 互斥鎖
mutual exclusion 互斥

N

network connection 網路連線，連線
network packet 網路包裹，網路資料包，網路數據包
network protocol 網路協定，協定，協議
network socket 網路插口，網路插座
nonrepudiation 無可否認

O

object 物件
option 選項
orphaned process 孤兒程序
overhead 冗員，虛功

P

pad, padding 填墊
page fault 記憶頁不在
paradigm 類型
parallel 並行
parameter 參數
parity bit 同等位元
password 密碼
pending 懸而未決，尚待處理
performance 速度，性能
permission 權限，權限許可
phantom 幽靈
physical address 實際位址
physical block 實際磁段，實際區段
physical layer 實體層
pipe 導管，管線
plaintext 明文，白文，平文
plate 磁盤
pool 池，湖，潭，組
portable 可移植的
port number 端口號，港口號，岸口號
POSIX-compliant 順從 POSIX 的
prefix 字首
presentation layer 展示層，表示層
prime number 質數
primitive 原始的，根本的
prioceiling 優先順序極限
priority inversion 優先順序倒置
private key 私有暗碼，私有匙
process 程序
program 程式
propagating 繁殖，增殖
protocol 協定，網路協定，協議，禮儀
public key 公開暗碼，公開匙
public key infrastructure（PKI）公開暗碼環境結構

Q

queue 排隊

R

read-write heads 讀寫頭
reboot 重新啟動，重啟
rebuild 重建
recipient authenticaion 接收者確認
recovery 復原
recursion 回歸式反複
recursive 回歸式反複的
redundancy 重複，多餘備用
register 暫存器
reinvent the wheel 另起爐灶
relocatable 可移位的
return 回返
return value 回返值
robust 健全牢固的，堅固的
rollback 回復，捲回，倒回
root partition 根部區分
rounds 輪迴
router 尋路器，找路器，路由器
routine 例行公事，常用公事，常用函數

S

sandbox 玩沙盒
scalability 可伸展性，可擴展性
scalar value 單純數目，單純值
scheduling 排班
script 劇本
secrecy 保密，秘密
sector 磁段，磁區
segmentation 記憶器分段化
semaphore 旗誌
sender authentication 發送者確認
session 會期，互動期間
session leader 會期領袖
shared memory 共有記憶器
shell 命令母殼，母殼
signal 信號
simultaneous 同時
socket 網路插口，插口
software release 軟體釋出
source control system 原始程式控制系統
specification 規格（書）
spindle 主軸，軸承
spin lock 空轉鎖
stack 堆疊（器）
static library 靜態庫存
stream 源流
stream cipher 連串密碼術
stream socket 連播插口
sub-exclusive 半互斥的
subnet 子網，副網
sub-shared 半共用的
super user 超級用戶
supplementary group 補充群組
symbolic link 象徵連結
symmetric cryptography 對稱密碼術
synchronization 同步
synchronous 同步的
system call 系統叫用

T

target 目標，目的
thread 程線
thread cancellation 程線取消
thread-specific data 程線私（特）有資料
timeout lock 限時鎖
time quantum 時間配額，時間片段
token bus 令牌巴士
token ring 令牌環

topology 脫普結構
totient 質數因子
track 磁軌
transaction 交易，異動
transport layer 傳輸層
truncate 截去，截掉
try lock 嚐試鎖

U

Unicode 世通碼，統一碼
unlock 解鎖，開鎖
unmount 下架
user mode 用者模式
utility 公用程式

V

vectored I/O 向量式 I/O
view 視野
virtual memory 虛擬記憶器
update loss 更新遺失
vulnerable 容易被攻陷的

W

web server 網際網路伺服器
wildcard address 通配位址，通配符位址
word size 字元大小
World Wide Web 網際網路

Z

zombie 亡魂的

系統程式設計(下冊)

作　　者：陳金追
企劃編輯：江佳慧
文字編輯：江雅鈴
設計裝幀：張寶莉
發 行 人：廖文良

發 行 所：碁峰資訊股份有限公司
地　　址：台北市南港區三重路 66 號 7 樓之 6
電　　話：(02)2788-2408
傳　　真：(02)8192-4433
網　　站：www.gotop.com.tw
書　　號：ACL064200
版　　次：2022 年 03 月初版
建議售價：NT$880

國家圖書館出版品預行編目資料

系統程式設計 / 陳金追著. -- 初版. -- 臺北市：碁峰資訊, 2022.03
面； 公分
ISBN 978-626-324-111-4(下冊：平裝)
1.CST：系統程式
312.5　　111000142

讀者服務

- 感謝您購買碁峰圖書，如果您對本書的內容或表達上有不清楚的地方或其他建議，請至碁峰網站:「聯絡我們」\「圖書問題」留下您所購買之書籍及問題。(請註明購買書籍之書號及書名，以及問題頁數，以便能儘快為您處理)
http://www.gotop.com.tw

- 售後服務僅限書籍本身內容，若是軟、硬體問題，請您直接與軟體廠商聯絡。

- 若於購買書籍後發現有破損、缺頁、裝訂錯誤之問題，請直接將書寄回更換，並註明您的姓名、連絡電話及地址，將有專人與您連絡補寄商品。